Über dieses Buch

Die Biologie, Wissenschaft vom Lebendigen, ist eine der wichtigsten und zukunftweisenden naturwissenschaftlichen Disziplinen. Die Erkenntnisse der biologischen Forschung sollten deshalb nicht nur einem Kreis von Fachgelehrten, sondern in gleichem Maße auch dem interessierten Laien zugänglich sein, denn »alles, was wir in der modernen Biologie erfahren, kann von eminent praktischer Bedeutung für die menschliche Gesellschaft werden« (Adolf Butenandt).
Der ›dtv-Atlas zur Biologie‹ ist nicht nur Einführung, sondern auch Wissenschaftskunde und Nachschlagewerk. Die Kombination von Abbildungs- und Textseiten – beim ›dtv-Atlas zur Weltgeschichte‹ vorzüglich bewährt – wurde hier zum erstenmal auf eine naturwissenschaftliche Disziplin angewandt. Diese Form der Darstellung gibt dem Leser die Möglichkeit, auch bei geringer naturwissenschaftlicher Vorkenntnis, komplizierte Sachverhalte zu erfassen. Der ›dtv-Atlas zur Biologie‹ ist deshalb sowohl ein Kompendium für Studenten aller Naturwissenschaften als auch eine Orientierungshilfe für jeden an der modernen biologischen Forschung interessierten Menschen.

Günter Vogel/Hartmut Angermann:

dtv-Atlas zur Biologie
Tafeln und Texte

Graphische Gestaltung der Abbildungen:
Inge Szász-Jakobi und István Szász

Band I
Mit 127 Abbildungsseiten

Deutscher
Taschenbuch
Verlag

dtv

Originalausgabe
Oktober 1967

Umschlaggestaltung: Celestino Piatti
Gesamtherstellung: C. H. Beck'sche Buchdruckerei,
Nördlingen
Offsetreproduktionen: Amann & Co., München
Printed in Germany

Vorwort

Der ›dtv-Atlas zur Biologie‹, der in zwei Bänden erscheinen wird, soll einen Überblick über das Wissenschaftsgebiet der Biologie geben. Er ist nicht nur Einführung, sondern auch Wissenschaftskunde und – durch das ausführliche Register – Nachschlagewerk.
Die Anordnung und Gliederung der Sachgebiete erfolgte grundsätzlich nach didaktischen Gesichtspunkten. Dadurch werden im ersten Band grundlegende Dinge der vorwiegend deskriptiven Disziplinen abgehandelt, während manche besonders im Brennpunkt des Interesses stehende Fachgebiete – Verhaltensforschung, Genetik, Abstammungslehre – auf den zweiten Band entfallen. – Auch die Trennung von Botanik und Zoologie einerseits und Morphologie und Physiologie andererseits wurde nicht als Einteilungsprinzip verwandt, sondern nur nach ihrer didaktischen Notwendigkeit.
Die in dieser Taschenbuchreihe schon bewährte Kombination von Text- und farbigen Abbildungseinheiten, die einander ergänzen und intensivieren, wurde beibehalten. Bei den Abbildungen wurden Einzelheiten dort dargestellt, wo sie einen Informationsgewinn bedeuten; schematisiert wurde dort, wo komplizierte aber wesentliche Strukturen und Vorgänge vereinfacht und hervorgehoben werden sollen. Im Interesse einer Verdeutlichung bestimmter Sachverhalte wurde oft eine nicht den wirklichen Verhältnissen entsprechende Farbgebung gewählt, z. B. im submikroskopischen Bereich. – Die Gliederung in abgeschlossene Einheiten wurde – obgleich sie der Sache und den Verfassern gewisse Beschränkungen auferlegte – durchgeführt, um durch Schaffung überschaubarer Abschnitte die teilweise komplizierte Materie faßbar zu machen. – Vorausgesetzt werden muß beim Leser die Bereitschaft zum Nach-Denken; dieser für jedes naturwissenschaftliche Verständnis notwendige Prozeß sollte durch die Konzeption des Buches so erleichtert werden, daß auch bei geringer naturwissenschaftlicher Vorbildung das Erfassen selbst komplizierter Sachverhalte möglich wird.
Die Autoren, die bei der Planung dieses ›Atlas zur Biologie‹ optimistisch genug waren zu glauben, das Buch könne alle Gebiete der Biologie umfassen und zugleich auf dem neuesten Stand der Forschung sein, mußten während ihrer Arbeit erkennen, wie schwer dies Ziel zu erreichen ist. Sie hoffen aber, daß das Buch frei von wesentlichen Fehlern und Unvollkommenheiten ist. Für Anregungen und Hinweise sind sie jedoch stets dankbar.
Dank gebührt Frau Inge Szász-Jakobi und Herrn István Szász, die die Abbildungen nach den Entwürfen der Verfasser sorgfältig und gewissenhaft ausführten.

Bielefeld, im September 1967 Die Verfasser

Inhalt

Symbol- und Abkürzungsverzeichnis

Ø	Durchmesser
♂	männlich
♀	weiblich
☿	zwittrig
B!	Befruchtung
R!	Reduktion
	Ortsbewegung (Bewegungspfeil)
	Bewegungsrichtung (Richtungspfeil)
←	»wird zu«, »wirkt auf« (Entwicklungspfeil)
>	größer als
<	kleiner als
*	einheimische Art, Gattung usw.
=	getrennt
	verbunden
~	ungefähr
– 	»wirkt hemmend«
+ 	»wirkt fördernd«
	Ausschnittvergrößerung

Abb.	Abbildung
ADP	Adenosindiphosphat
Al	Alanin
allg.	allgemein
an	animal
Ar	Arginin
Asp	Asparaginsäure
asymm.	asymmetrisch
ATP	Adenosintriphosphat
ausdiff.	ausdifferenziert
äuß.	äußere(r)
Å	Ångström (10^{-8} cm, Maßeinheit für die Wellenlängen des Lichtes)
Bakt.	Bakterium
bas.	basisch
bes.	besonders
biochem.	biochemisch
biocönot.	biocönotisch
biolog., biol.	biologisch
betr.	betreffend
C	Kohlenstoff
Ca	Calcium
chem.	chemisch
cm	Zentimeter
CO_2	Kohlendioxid
Cy	Cystin
Diff.	Differenzierung
diff.	differenziert
DNA	Desoxyribonukleinsäure
entspr.	entsprechend
Entw.	Entwicklung
entw.	entwickelt
ER	endoplasmatisches Reticulum
experiment.	experimentell
förm.	förmig
Funkt.	Funktion
funkt.	funktionell

g	Gramm
GA	Golgi-Apparat
genet.	genetisch
Gesch.	Geschichte
Gg	Gleichgewicht
Glu	Glutaminsäure
Gly	Glycin
Gp	Grundplasma
GW	Generationswechsel
H	Wasserstoff
Hi	Histidin
höh.	höhere
Hz	Hertz (1 Hz = 1 Schwingung/sec; Maßeinheit der Frequenz)
H_2O	Wasser
Ile	Isoleucin
IZ	Interzellularsubstanz
Jh.	Jahrhundert
K	Kalium
kg	Kilogramm
klass.	klassisch
kontrakt.	kontraktil
KW	Kernphasenwechsel
kybernet.	kybernetisch
Leu	Leucin
Li	Lithium
Lys	Lysin
Ma	Makromeren
max.	maximal
Me	Mesomeren
method.	methodisch
Mg	Magnesium
MG	Molekulargewicht
Mi	Mikromeren
Mill.	Million
Min.	Minute
min.	minimal
mm	Millimeter
mμ	s. nm
n	haploid
2n	diploid
3n	triploid
4n	tetraploid
N, N_2	Stickstoff
Na	Natrium
nied.	niedere
nm	Nanometer (= mμ = 10^{-7} cm)
NS	Nervensystem
n. Chr.	nach Christi Geburt
O, O_2	Sauerstoff
ökol.	ökologisch

ontogenet.	ontogenetisch
opt.	optisch
organ.	organisch
osmot.	osmotisch
P 730	Phytochrom 730
pflanzl.	pflanzlich
pH	negativer Logarithmus der Wasserstoffionenkonzentration
präsum.	präsumtiv
Phe	Phenylalanin
prim.	primär
Pro	Prolin
rd.	rund
reduz.	reduziert
RNA	Ribonukleinsäure
s.	siehe
SCN^-	Rhodanid-Ion
sec	Sekunde
sek.	sekundär
senkr.	senkrecht
Ser	Serin
sex.	sexuell
sog.	sogenannte
spec.	species
spez.	speziell
spezif.	spezifisch
Std.	Stunde
Strukt.	Struktur
strukt.	strukturell
symm.	symmetrisch
Syst.	System
teleolog.	teleologisch
Thr	Threonin
tier.	tierisch
Tyr	Tyrosin
u. a.	unter anderem
urspr.	ursprünglich
U/sec	Umdrehungen pro Sekunde
Val	Valin
var.	variatio
v. Chr.	vor Christi Geburt
vegetat., veg	vegetativ
versch.	verschieden
waagr.	waagrecht
weitentw.	weitentwickelt
zahlr.	zahlreich
z. B.	zum Beispiel
ZNS	Zentralnervensystem
zool.	zoologisch
z. T.	zum Teil
zw.	zwischen
z. Z.	zur Zeit

Das Erstaunen bleibt unverändert – nur unser Mut wächst, das Erstaunliche zu verstehen. NIELS BOHR

Die Auseinandersetzung mit biol. Aussagen ist aus mancherlei histor. und psycholog. Gründen der Gefahr grundsätzl. Mißverständnisse ausgesetzt. Sieht man von der Schwierigkeit der Sache selbst und dem Dickicht der Fachsprache ab, so liegt die Ursache nicht selten in einer mangelhaften Kenntnis des **Geltungsbereiches naturwissenschaftl. Aussage.** Worüber, auf welche Weise und wie weit die Biologie als Naturwissenschaft aussagen kann und will, darüber sollte sich derjenige klar werden, der Ergebnisse biol. Forschung begreifen und beurteilen will.

Objekte naturwissenschaftlicher Forschung

Naturwissenschaften untersuchen nur die **reale Welt,** d. h. eine auch außerhalb unseres Bewußtseins bestehende Wirklichkeit, deren Existenz an sich sie nicht beweisen, sondern voraussetzen. Da sich die reale Welt nicht als Ganzes begreifen läßt, wird sie in überschaubare **Systeme** zerlegt, deren Systemelemente und Wirkungsgefüge analysiert werden können. Historisch bedingt werden die Systeme der realen Welt nun entweder als »lebend« oder als »nichtlebendig« bezeichnet und dementspr. den **Arbeitsgebieten der Physik bzw. Biologie** zugeordnet.

Diese Unterscheidung ist jedoch nicht grundsätzlicher, sondern praktischer Art; denn der Unterschied zw. beiden Systemarten liegt einzig in dem Grad ihrer Komplexität:

Die außerordentl. große Zahl der Wechselbeziehungen zw. den ebenfalls zahlreichen Elementen biol. Systeme führt nämlich zu Sachverhalten, die sich gegenwärtig noch nicht aus Atom- oder Molekültheorien erklären lassen, selbst wenn etwa die Atome und Moleküle eines lebenden Systems vollständig ermittelt wären. Darüber hinaus gilt es als höchst unpraktisch, die Theorie lebender Systeme vollständig aus einer physikal.-chem. Atomtheorie ableiten zu wollen. Doch bleibt davon die Forderung unberührt, daß die Gesetze der Physik auch potentiell Gesetze der Biologie sind (I, S. 17).

Die hochgradige Kompliziertheit lebender Systeme läßt eigene Methoden als angemessen erscheinen, da es arbeitstechnisch vorteilhafter ist, die Untersuchung direkt auf einer höheren Ebene der Komplexität anzusetzen als z. B. der der Chemie und Physik und dabei in Begriffen auszusagen, die in den Basiswissenschaften keine Rolle spielen:

> Die biol. Aussage »Das Pferd trabt« läßt sich vielleicht, aber sehr umständlich als raum-zeitl. koordinierte Reaktion zahlr. Moleküle chemisch beschreiben, eine umfassende Darstellung auf der Ebene der Physik wäre jedoch hoffnungslos verwirrend.

Darauf, und nicht auf irgendwelchen metaphysischen Elementen lebender Organismen, fußt die **Eigenständigkeit der Biologie** als Wissenschaft. – Allerdings kann die Tendenz beobachtet werden, daß zumindest in einigen Forschungsgebieten der Biologie die Verfeinerung der Theorienbildung von einem Ersatz spezifisch biol. Begriffe durch solche der Basiswissenschaften Physik und Chemie begleitet ist.

Der Weg zur naturwissenschaftl. Aussage

Zuverlässige Theorien realer Systeme kommen auf einem für alle Naturwissenschaften verbindlichen Wege zustande:

Objektive Daten bilden grundsätzlich die einzige Basis. »Objektiv« bedeutet hier nicht, die Feststellung zeige etwa direkt die reale Welt, sondern soll nur ausdrükken, daß es sich um Tatsachen handelt, die unabhängig vom jeweils erkennenden Subjekt und jederzeit, auch bei komplizierten Beziehungen der Daten, vollständig nachvollziehbar (reproduzierbar) sind.

Die Hypothese faßt dann in dem konstruktiven Prozeß der Induktion die Ausgangsdaten aus Beobachtung und Experiment zusammen, bereichert um die dabei vom Subjekt beigesteuerten Elemente seines Erkenntnisapparates.

Die Theorie, die zumindest gewisse Systemeigenschaften der Ausschnitte der realen Welt richtig beschreibt, ergibt sich, wenn Hypothesen durch weitere objektive Daten verfeinert und deduktiv aus ihr abgeleitete Schlüsse im Experiment geprüft und bestätigt worden sind.

Die Aussage erfolgt in Form von Sätzen, d. h. in einer logischen Anordnung eindeutig definierter Begriffe, und ist nur dann sinnvoll, wenn ihre inhaltliche Richtigkeit anhand objektiver Daten geprüft werden kann.

Das Wesen naturwissenschaftl. Aussagen

Die Theorien der Naturwissenschaften unterliegen wegen ständig neuer Daten und Folgerungen einer immerwährenden Verfeinerung und Umbildung. Die Einsicht in diese **Dynamik der Erkenntnisse** sollte daher jede Art naturwissenschaftl. Dogmenbildung, Ansprüche auf »absolute Wahrheit« und »endgültige Richtigkeit« der Aussage ausschließen. Zudem beschränkt sich jeder Wissenschaftszweig auf den Bereich, aus dem er objektive Daten ermitteln kann; denn nur hier ist er – aber auch nur er allein – zuständig. Naturwissenschaft fragt also nicht, ob ihre Aussagen in einem metaphysischen Sinn »wahr« sind, sondern nur, ob sie in keinem Widerspruch zu objektiven Daten und logischen Verbindlichkeiten stehen.

Die in diesem Sinne »richtigen« Theorien verleihen die **Fähigkeit zur Voraussage:** Das Verhalten eines Systems unter bestimmten Bedingungen kann durch die es repräsentierende Theorie vorhergesagt werden. Damit wird dieser Abschnitt der Welt dem planenden und zweckgerichteten Handeln des Menschen zugänglich, der diese Macht zur Manipulation mit dem Bewußtsein der Verantwortlichkeit verknüpfen sollte.

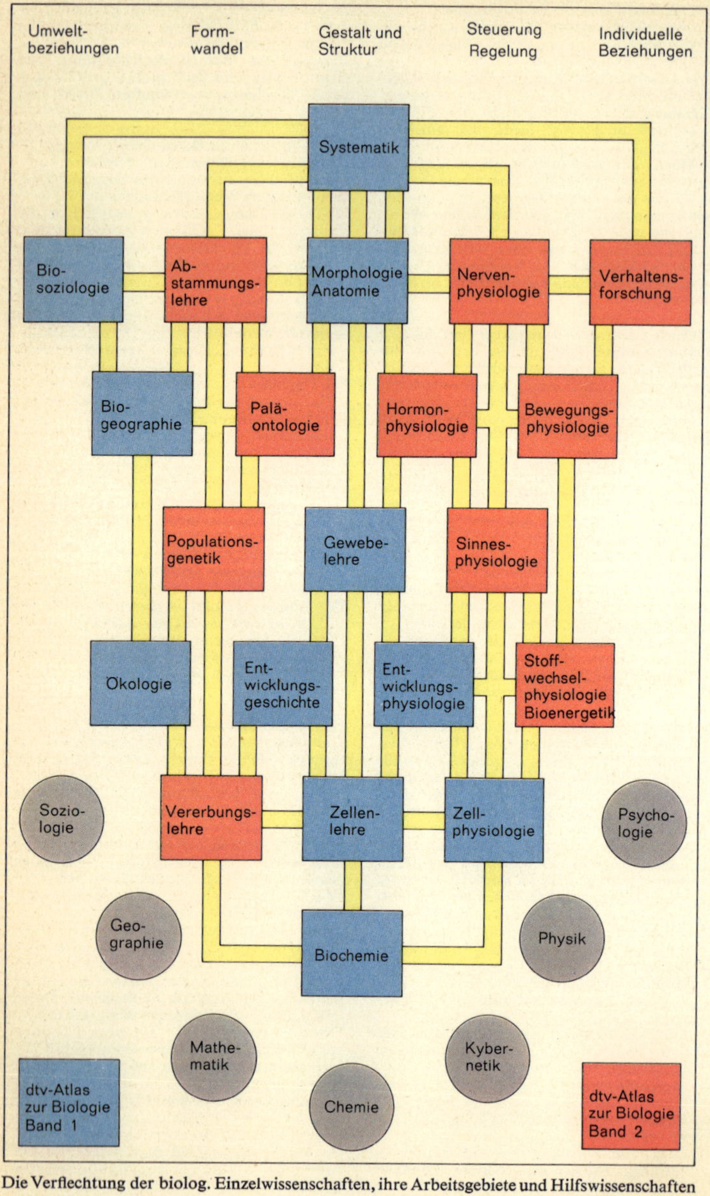

Die Verflechtung der biolog. Einzelwissenschaften, ihre Arbeitsgebiete und Hilfswissenschaften

Die Biologie
ist die Gesamtwissenschaft vom Lebendigen. Sie umfaßt die Einzeller-(Protisten-)Kunde, Pflanzen-, Tier- und Menschenkunde (Botanik, Zoologie, Anthropologie). Durch GOETHE, CUVIER und LAMARCK vorbereitet, tritt sie als übergeordnete Disziplin erst nach 1800 auf, als durch SCHLEIDENS und SCHWANNS **Zelltheorie** und DARWINS **Abstammungslehre** überzeugende Beweise für die Einheitlichkeit und den verwandtschaftlichen Zusammenhang aller Lebewesen erbracht waren.

Die Biologie versucht, Eigenschaften der Lebewesen wie Gestalt und Struktur, Formwandel und die Lebenserscheinungen in ihrer regulatorischen, individuellen oder umweltlichen Beziehung zu erkennen. Sie fußt dabei auf ihren künstlich abgegrenzten Einzelwissenschaften: – Die

Abstammungslehre ermittelt den histor. Ablauf und das Kausalgefüge der Entwicklung (Evolution) der Organismen im Laufe der Erdgesch. vom Unbelebten bis zu den gegenwärtigen Formen einschl. des Menschen. – Die

Anatomie ermittelt den inneren Bau der Lebewesen, um Strukturen und Funktionen des Ganzen oder der Teile in ihrem gesetzmäßigen Erscheinen bei Gruppen von Organismen zu erkennen. – Die

Bewegungsphysiologie erforscht die bis auf molekulares Geschehen rückführbaren Vorgänge, die einen Organismus befähigen, Ortsveränderungen des Ganzen oder seiner Teile vorzunehmen. – Die

Biochemie (physiolog. Chemie) untersucht Zusammensetzung und -wirken chem. Verbindungen, die an der Struktur der Organismen und am Stoffwechselgeschehen beteiligt sind. Als Grundwissenschaft versucht sie eine Erklärung des Lebens auf molekularbiolog. Ebene zu geben. – Die

Bioenergetik erforscht Gesetze, nach denen sich stoffl. Umwandlungen unter Veränderung des Energiegehalts vollziehen. Die klass. oder phänomenolog. Form basiert mehr auf makroskop. Beobachtung, die molekularstatist. Betrachtung auf der Physik und Chemie. – Die

Biogeographie stellt fest, wieweit bestimmte Pflanzen- und Tiergruppen verschiedene Land- und Meereszonen kennzeichnen und wie sich die heutige Arealgliederung im Laufe der Zeit entwickelt hat. – Die

Biosoziologie erfaßt Formen und Gesetzmäßigkeiten des Zusammenlebens von Organismen. – Die

Entwicklungsgeschichte (Embryologie) verfolgt Entstehen und Wachsen des Einzelwesens von der Befruchtung der Eizelle bis zur Geburt (Tiere) bzw. bis zur Bildung der Keimpflanze im Archegonium (Pflanze). – Die

Entwicklungsphysiologie leitet kausal-analytisch Gesetze des individuellen Formwechsels (Ontogenese) ab. – Die

Gewebelehre (Histologie) erforscht Aufbau und besondere Leistung (Spezialisation) der Gewebe, also der Verbände von Zellen gleicher Aufgabe. – Die

Hormonphysiologie erfaßt die chem. Koordinierung und Regelung durch im Organismus selbst erzeugte Botenstoffe (Hormone). – Die

Morphologie untersucht und vergleicht Bau und Gestalt der Lebewesen (Formenlehre) und ihrer Organe (Organlehre) und sucht deren Mannigfaltigkeit auf wenige Grundtypen (Baupläne) zurückzuführen. – Die

Nervenphysiologie ermittelt Leistung und Funktion des Nervensystems. – Die

Ökologie deckt die Beziehungen der Lebewesen zu ihrer Umwelt auf: Die Anpassung jeder einzelnen Art an Außenfaktoren (Autökologie) und die Beeinflussung durch Zusammenleben mit anderen Organismen (Synökologie). – Die

Paläontologie ermittelt den Bau und die systemat. Zugehörigkeit ausgestorbener Formen, verfolgt ihr erdgeschichtl. Auftreten und dient durch die »paläontolog. Beweise« der Abstammungslehre, durch Leitfossilien der histor. Geologie. – Die

Populationsgenetik dringt tief in das Wirkgefüge der genet. Wandlungen ein und erfaßt quantitativ statist. und experiment. deren Auswirkungen auf die Genverhältnisse und Merkmalsverschiebungen innerhalb der Fortpflanzungsgemeinschaft (Population). – Die klass. Form der

Sinnesphysiologie arbeitet vorwiegend phänomenologisch-makroskopisch im Tierverhaltensversuch zur Aufklärung der Sinnesfunktionen; heute werden biochem. und biophysikal. Methoden bevorzugt (z. B. Elektrophysiologie). – Die

Stoffwechselphysiologie untersucht die Aufnahme der Stoffe aus der Umwelt in den Körper (Ernährung, Verdauung, Resorption), den Umbau in körpereigene Stoffe (Assimilation), Abbau (Dissimilation), Ausscheidung (Exkretion) und die Regulation dieser Vorgänge. – Die

Systematik versucht, durch vergleichende Untersuchungen der einzelnen Organismen verschiedene nat. Gruppen zu finden, denen sich Lebewesen auf Grund gemeinsamer Merkmale zuordnen lassen, sie zu beschreiben und im nat. System anzuordnen. In der Systematik soll sich die Stammesgesch. widerspiegeln. – Die

Vererbungslehre (Genetik) beschäftigt sich mit den Unterschieden, ihrer Ursache und ihrer Übertragung bei Einzelindividuen, deren Geschwistern, Vor- und Nachfahren als Trägern bestimmter Erbanlagen (Gene). – Die

Verhaltensforschung (Ethologie) analysiert Formen und Gesetzmäßigkeiten des arttyp. Tierverhaltens unter stammesgeschichtl. Gesichtspunkten. – Die

Zellenlehre (Cytologie) erfaßt licht- und elektronenopt. Strukturen der Zelle und sucht sie bis zum chem. Gefüge aufzulösen. – Die

Zellphysiologie (Cytophysiologie) untersucht die Lebenstätigkeit der Zelle; ihr Ziel ist die Erklärung der Zellfunktionen in molekularen Begriffen.

500 v. Chr.	ALKMAION	**BESCHREIBUNG** von Auge und Ohr auf Grund eigener Sektionen, ihre Verbindung mit dem Gehirn und dessen Bedeutung.
350 v. Chr.	ARISTOTELES	**VERGLEICHENDE BESCHREIBUNG** von Federn und Fischschuppen, von Knochen und Gräten.
300 v. Chr.	HIPPOKRATES	**BEOBACHTUNG DER ENTWICKLUNG** des Hühnchens im Ei zum Beweis der Embryonalentwicklung.
150 n. Chr.	GALENUS	**QUALITATIVES EXPERIMENT** zur Funktionsbestimmung des Harnleiters durch Abbinden und Öffnen.
um 1700	HALES	**QUANTITATIVE EXPERIMENTE** zum Stoffwechsel, vor allem zum Wasserhaushalt der Pflanzen unter bewußter Anwendung physikalischer Methoden auf biologische Fragen.
1892	BÜTSCHLI	**MODELL-BILDUNG** als bewußt gewählter Umweg unter Hinweis auf objektive Schwierigkeiten biologischer, besonders physiologischer Experimente (Protoplasma und mikroskopischer Schaum).

Geschichtliche Entwicklung der biologischen Methoden

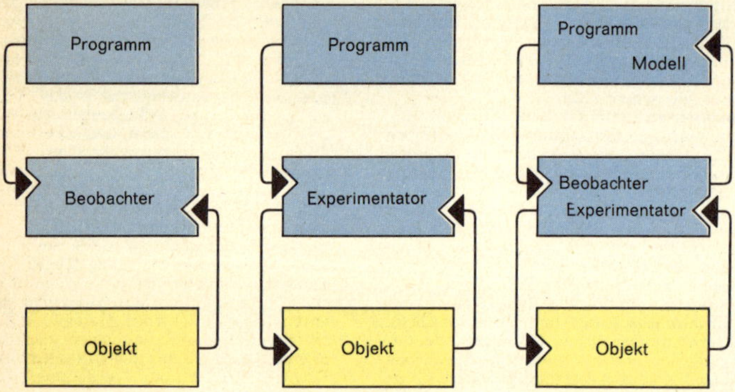

Das **BEOBACHTEN** entspricht dem kybernetischen Prinzip der Steuerung: keine Rückwirkung vom Beobachter auf das betrachtete Objekt.

Das **EXPERIMENTIEREN** verwirklicht den Regelkreis: Wechselbeziehungen zwischen Experimentator und Objekt bis zur programmgemäßen Lösung.

Das **BILDEN** eines **MODELLS** läßt sich in den Strukturen des Lern- und Denkkreises darstellen: Rückwirkung der Problemlösung auf das Programm.

Arbeitsmethoden der Biologie

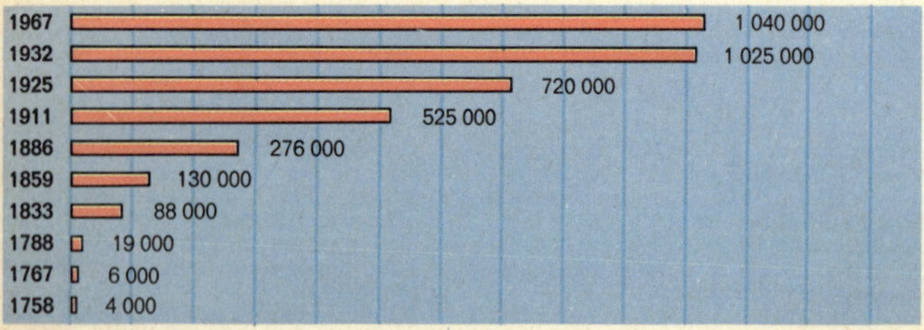

Das Anwachsen der Zahl bekannter Tierarten

Als **Denkmethoden** stehen der Biologie wie anderen Wissenschaften Deduktion und Induktion zur Verfügung: beim induktiven Schließen ist der Informationsgehalt des Schlusses (Konklusion) höchstens gleich dem der Voraussetzung (Prämisse), beim deduktiven Verfahren übersteigt er denjenigen der Prämisse und ist daher mit einer entsprechenden Unsicherheit belastet.
Die **Methode der biol. Praxis** weist drei verschiedene Formen auf: Beobachtung und Beschreibung, Experiment, Modell. Sie hängen eng miteinander zusammen, weil die entwickeltere, histor. später entstandene Form (A) die ältere als Bestandteil enthält. Die wachsende Komplexität wird deutlich, wenn die drei Methoden als kybernet. Modelle (I, S. 17) dargestellt werden (B).

1. Die Beobachtung und Beschreibung bilden histor. wie systemat. die Elementarform biol. Forschung und äußern sich als
- reine Beobachtung und Beschreibung biol. Erscheinungen,
- vergleichende Beobachtung,
- Beobachtung von Entwicklungsabläufen.

Ihre **Leistungsfähigkeit** entspricht grundsätzlich dann derjenigen der anderen Methoden, wenn die Zahl der wesentl. Wechselbeziehungen, die das zu untersuchende System mit benachbarten Systemen verbindet, klein ist. Das ist im allg. z. B. in der Cytologie, Histologie, Anatomie, Morphologie, Embryologie, Ökologie der Fall, so daß hier diese Methode noch heute eine beherrschende Rolle einnehmen kann. Zudem vermehrt sie als klassifizierende Methode nicht nur quantitativ Wissen, sondern deckt Wesensbeziehungen und Kausalzusammenhänge auf; die großen Theorien des 19. Jhs., Zelltheorie (I, S. 19) und Evolutionstheorie (Bd. II), wurden durch sie gestützt.
Die **Bewertung** dieser Arbeitsweise als zu passiv, unschöpferisch und dem Zufall unterworfen trifft nicht das Wesen dieser Praxisform: ihr Handlungscharakter liegt in der angemessenen Fragestellung, der Wahl eines bestimmten Lösungsweges unter den möglichen, der Bestimmung des günstigsten Beobachtungszeitpunktes und der Auswahl der Hilfsmittel und der unter Umständen notwendig werdenden Maßnahmen zur Aufrechterhaltung der Gleichheit des beobachteten Objektes.

2. Das Experiment am biolog. Objekt tritt in zwei Erscheinungsformen auf.
Qualitative Experimente stehen histor. wie systemat., d. h. im Laufe der Untersuchung, am Anfang und erfordern nur geringere apparative Hilfsmittel. Sie erlauben nur Ja-Nein-Antworten.
Quantitative Experimente treten infolge ihrer techn. Voraussetzungen später auf. Sie ergeben die zahlenmäßig erfaßte Zuordnung von den veränderlichen Werten der herausgegriffenen Bedingung und den Experimentalwerten.
Das Experiment unterscheidet sich also dadurch von der Beobachtung, daß es ein bewußter Eingriff in einen Ausschnitt der Natur ist. Es dringt dabei tiefer vor und macht auch komplexe Systeme der Erkenntnis zugänglich, weil durch Veränderung und Ausschaltung von Faktoren Einblick in die Bedeutung einzelner Bedingungen für das Ganze gewährt wird. Dabei bleibt sowohl beim vorbereitenden Planen wie bei der Fixierung der Experimentalergebnisse die Methode des Beobachtens und Beschreibens Voraussetzung. Wegen der techn. Geräte und der Möglichkeit, Richtung und Ausmaß des Eingriffs zu bestimmen, ist das Experiment stärker als die Beobachtung an den techn., wissenschaftl. und weltanschaul. Stand der Biologie gebunden. Ein weiterer Vorzug des Experiments liegt in seiner Wiederholbarkeit. Allerdings kann sie durch Prozesse der ontogenet. wie der phylogenet. Entwicklung gestört werden.
Die **Bewertung** des Experiments kann je nach philosoph. Einstellung unterschiedlich sein: Für die idealist. Erkenntnistheorie kann im Experiment nur die vorhandene Idee bestätigt werden, »das Experimentieren ist ein Hervorbringen der Erscheinungen« (SCHELLING). Nach Auffassung des erkenntnistheoret. Realismus bringen die vom Menschen gesetzten Veränderungen die zu beobachtenden Erscheinungen nicht hervor, sondern lenken sie nur in bestimmte Bahnen.

3. Die Modellbildung baut, im Gegensatz zu den beiden anderen Methoden, die direkt mit dem biol. Objekt arbeiten, auf künstl. Systemeinheiten auf, die aus dem konkreten biol. Zusammenhang abstrahiert sind. Außer Analogiemodellen, die nach der Erhellung des Sachverhaltes nur zu Lehrzwekken konstruiert sind, gibt es
- Modelle zur Mechanik biol. Funktionen, z. B. das Vogelflugmodell, und
- Modelle zur Physiologie von Funktionen, z. B. Modelle der Nervenerregung.

Die Biologie zieht Modelle dann heran, wenn Komplexität und Empfindlichkeit der Organismen andere Methoden ausschließen. Modelle erreichen allgemein größere Übersichtlichkeit, Anschaulichkeit und Meßbarkeit, stellen die Einzelerscheinungen oft als Teil oder Entsprechung schon bekannter Systeme dar und regen zu neuen Hypothesen an. Ihr Erfolg hängt wesentl. von der Ableitung des Analogiefalles aus den unter einer bestimmten Fragestellung wichtigen Faktoren und dem Erkennen der damit gezogenen Grenzen ab. Da sich die Komplexität biol. Systeme aus den Wechselbeziehungen zwischen den Elementen ableitet und das Modell nur eine sehr geringe Anzahl berücksichtigt, bestimmt das Wechselspiel zwischen Teil und Ganzem die Grenze der Modellmethode. Sie bleibt immer nur Hilfsmittel der eigentlichen biol. Forschung.
Nach Auffassung des erkenntnistheoretischen Idealismus kann ein Modell sogar nie genaue Reproduktion des Konkreten im Denken sein.

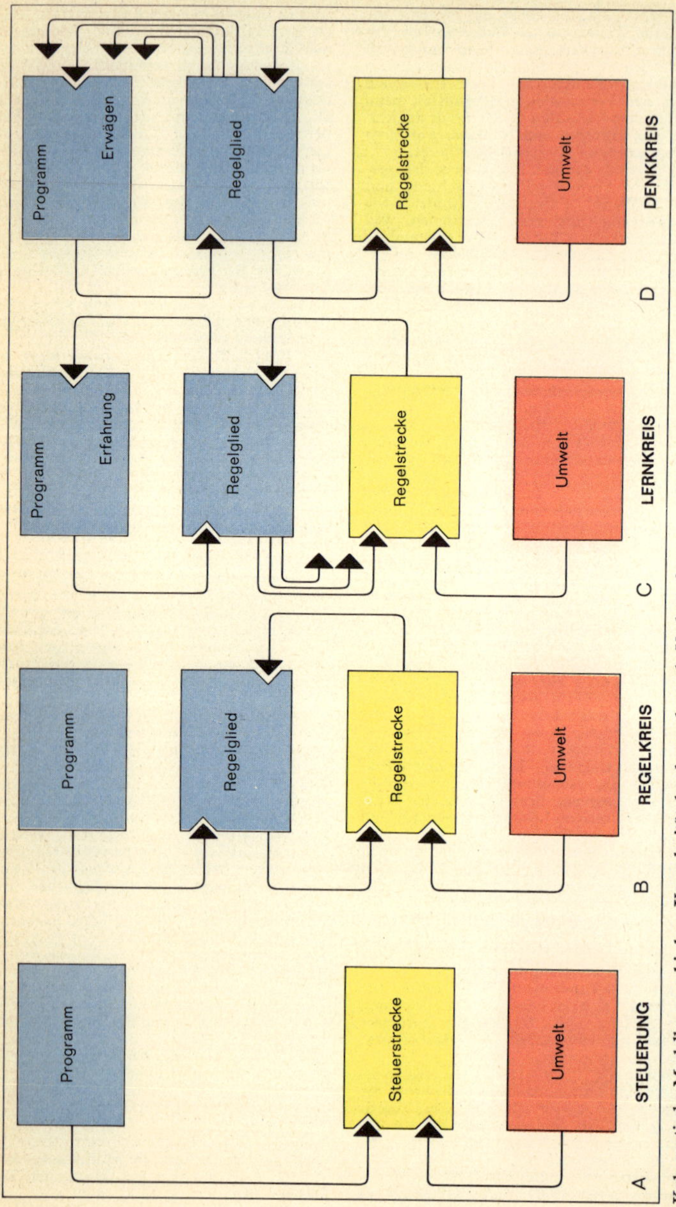

Kybernetische Modelle: verschiedene Komplexität durch zunehmende Verknüpfung

Das widerspruchsfreie Schachtelsystem
Es gilt als method. Pflicht der biol. Wissenschaft, sich dem widerspruchsfreien Schachtelsystem der Naturwissenschaften einzufügen. Diese Anschauung lehrt, daß es ein einziger Satz einander einschließender Naturgesetze sei, der die Vorgänge im ganzen Universum beherrscht. Jedes spezielle, nur in der komplexeren Struktur faßbare Gesetz ist aus dieser Struktur selbst und allgemeineren Naturgesetzen der Basiswissenschaften grundsätzl. abzuleiten. Die Verknüpfung versch. Sachverhalte geschieht dabei ausschließl. nach dem **Kausalitätsprinzip** (Frage »Warum«), der strengen, jederzeit nachprüfbaren und möglichst meßbaren Zuordnung von Ursache und Wirkung. Da nun aber die ununterbrochene Verfolgung der Kausalkette bei den höchst komplexen Systemen »Lebewesen« sehr schwer ist, versucht die Biologie Modelle zu entwickeln, die dieses Vorhaben übersichtlicher gestalten. So wird zuweilen vorübergehend eine zum Kausalitätsprinzip in Widerspruch stehende **finale (teleolog.) Betrachtungsweise** (Frage »Wozu«) benutzt, also eine solche, die den Zweck, die Zweckmäßigkeit aus übergeordneter Sicht als wirkliche Ursache begreift, weil dadurch eine bessere Zusammenschau von Struktur und Funktion möglich wird. Man erklärt so, »als ob« die Zweckmäßigkeit die Struktur herausgebildet hätte, bleibt sich also des Modellcharakters durchaus bewußt (**heuristisches Prinzip**). Meistens wird aber der Sachverhalt vereinfacht, indem das Modell den Organismus zu imitieren sucht, um die vorhandenen Wirkungszusammenhänge herauszustellen. Auch dabei ist der Grad der Übereinstimmung zwischen objektiver und modellhafter Kausalverknüpfung unterschiedlich groß.

Kybernetische Modelle
Die Kybernetik vereinigt recht unterschiedliche Wissenschaftsgebiete, bei denen die ursprünglich in der Technik entwickelten Theorien der Kommunikation, des Informationsflusses zwischen versch. Elementen eines Systems nützl. Hilfe zum Verständnis und zur Erklärung nichttechn. Erscheinungen leisten. So gelingt es z. B., aus den Gebieten Technik, Biologie und Gesellschaftswissenschaften gleichartige Kommunikationsstrukturen versch. Komplexität zu abstrahieren. Die Variabilität gründet sich in diesem Beispiel nicht auf die versch. Anzahl von Elementen, sondern auf die Zunahme der Verbindungen zwischen ihnen.

Die Steuerung (A) ist definiert durch den Energie- und Informationsfluß in »Einbahnstraßen«. Nach einem starren Programm reagiert das System ungeachtet der Folgen; es ist einfach, ohne selbsterzeugte Instabilität, aber empfindlich gegen äußere Störung (Zigarettenautomat, lochkartengesteuerte Drehbank, Reflex [Bd. II], Greifen ohne Hinsehen, rücksichtslose Planerfüllung, Zentralverwaltungswirtschaft).

Der Regelkreis (B) erfaßt einen Kreisprozeß, in dem die nachfolgende Aktion die Folgen der vorausgegangenen berücksichtigt (Rückkoppelung, I, S. 39). Das programmierte System paßt sich nur quantitativ der veränderl. Umwelt an, entweder schnell und unvollkommen oder langsam, vollständig und durch selbsterregte Instabilität gefährdet (Thermostat, Greifen mit Augenkontrolle, biocönot. [I, S. 221], nervöse, hormonale, stoffwechselphysiolog. Gleichgewichte [Bd. II], wirtschaftl. Konjunkturzyklus).

Der Lernkreis (C) beschreibt programmierte Systeme, die versch. Aktionen ausprobieren (Versuch-Irrtum) und aus Erfahrung den besten Weg beibehalten; anfängl. Mißerfolge, sogar Katastrophen, sind wahrscheinlich (lernende Automaten und Lebewesen, Orthoselektion [Bd. II], frühkapitalist. Wirtschaft).

Der Denkkreis (D) erfaßt Systeme, die an einem inneren Modell der Außenwelt (Simulator) die Folgen einer geplanten Aktion überprüfen und gegebenenfalls Modell oder Programm revidieren (Einsicht- und Symbolverhalten, Orthogenese [Bd. II], »kalter Krieg«, Marketing).

Die Kybernetik beansprucht oft nur den bloß hinreichenden Charakter ihrer Modelle, könnte jedoch der Biologie die weitreichenden theoret. Hilfsmittel aus Mathematik und Technik nutzbar machen, wenn der tatsächl. biol. Wirkungszusammenhang abgeleitet ist.

Das Prinzip der einfachsten Erklärung,
bewährt und häufig benutzt, sucht den einfachsten unter den mögl. Kausalzusammenhängen zu finden, der das untersuchte Phänomen hervorbringen kann. Als Kriterium für »einfach« wird nicht die Zahl der Elemente eines Systems, sondern die geringste Anzahl von Verknüpfungen zwischen ihnen gewählt. Dabei müssen allerdings die Elemente bekannt sein. – Das als das einfachste System definierte ist nicht unbedingt auch das im untersuchten Sachverhalt wirklich vorliegende. Wenn aber nach jeder experiment. Prüfung immer wieder die einfachste Erklärung des Gesamtergebnisses gefordert wird, kann die Analyse von der richtigen Lösung nicht weit entfernt sein.

Das Prinzip der zwingenden Ableitung
fordert methodisch strenger, »nicht irgendeinen Wirkungszusammenhang zu finden, der das untersuchte Verhalten hervorbringen kann, sondern genau den, der im untersuchten Lebewesen wirklich besteht« (MITTELSTAEDT). Wenn zunächst alle Wirkungsmöglichkeiten ermittelt werden, muß darunter auch die richtige Lösung sein. Dann wird versucht, durch experiment. Entscheidungen alle Lösungsmöglichkeiten bis auf eine, die richtige, auszuschalten. – Es ist jedoch unsicher, ob sich die Forderung nach Untersuchung aller Elemente für beliebige biol. Systeme erfüllen läßt, denn von einer umfassenden Theorie aller möglichen Wirkungsgefüge gibt es einstweilen nur Bruchstücke.

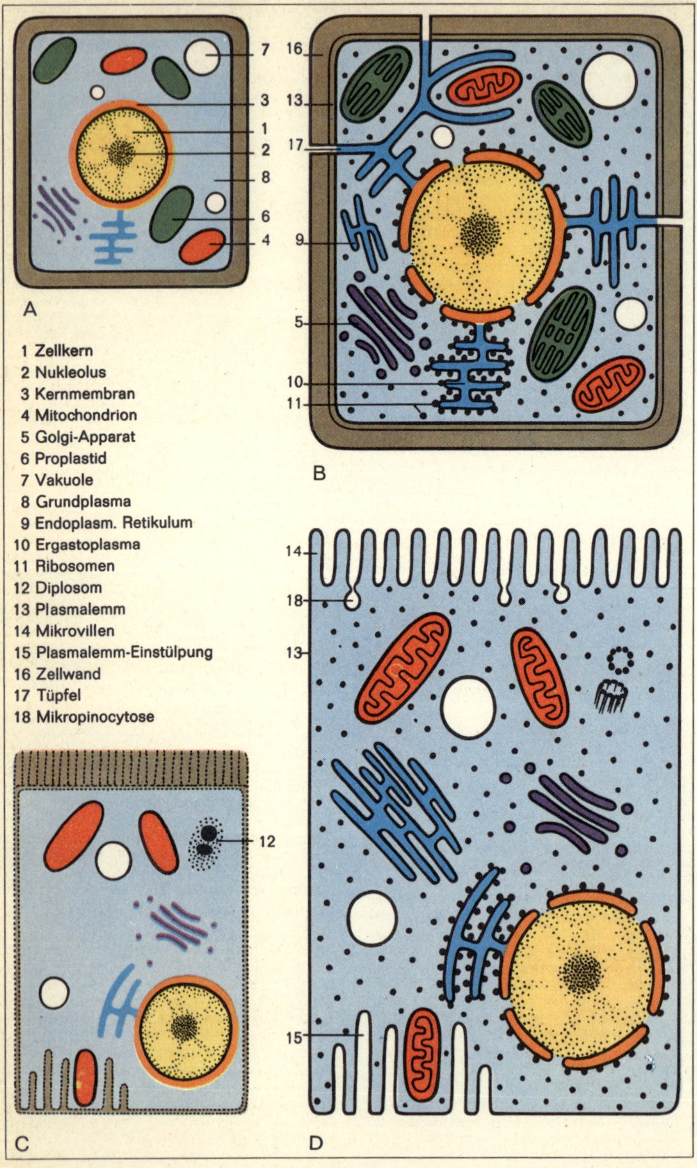

Lichtmikroskopisches (A, C) und elektronenoptisches Bild (B, D) einer pflanzlichen (A, B) und tierischen (C, D) Zelle

Die **Zelltheorie** von SCHLEIDEN und SCHWANN (1838) kennzeichnet die Zelle als strukturelle Organisationseinheit lebender Systeme. Zwar sind einzelne Strukturelemente unter Umständen auch außerhalb des Organismus noch zu gewissen biochem. Leistungen befähigt, doch ist die für den Prozeß »Leben« notwendige Regelung und Angleichung dieser Vorgänge normalerweise an die Strukturform der Zelle gebunden. – Wahrscheinlich gibt es keine »typische« Zelle; aber alle Zellen haben bestimmte **Grundzüge** gemeinsam:

Form: Sehr mannigfaltig entsprechend der unterschiedl. Aufgabe (Zelltypen, I, S. 58–61); in flüssiger Umgebung infolge der Oberflächenspannung oft kugelig (Blutzellen), im Zellverband polygonal durch gegenseitige Abflachung.

Größe: Von 0,001 mm bei Bakterien bis 500 mm bei Faserzellen, durchschnittlich 0,01–0,2 mm. Die Zellgröße ist beim ausgewachsenen vielzelligen Organismus unabhängig von der Körpergröße (*Amphibien* z. B. haben auffällig große Zellen), steht jedoch im einzelnen Organ in Beziehung zu Differenzierung und Leistung der betreffenden Zelle.

Anzahl: Abgesehen von Einzellern und Formen mit artspezifisch konstanter Zellanzahl (z. B. *Rädertier Epiphanes senta* 959 Zellkerne) abhängig von der Körpergröße (*Mensch* ohne Berücksichtigung der Blutzellen 10^{13}–10^{14}).

Bauplan: Innerhalb des lichtmikroskop. Auflösungsbereiches (Einzelheiten bis 0,0001 mm unterscheidbar) zeigen Zellen außer einer Zellwand (nur bei Pflanzen) einen Zellkern (Nukleus) aus Karyoplasma und den Zelleib aus Cytoplasma mit ihren spezifischen Strukturen (A, C). Daraus ergibt sich als

Definition der Zelle: Die Zelle oder der Protoplast ist ein Bezirk kernhaltigen Cytoplasmas, der immer von einer Zellmembran (Plasmalemma), bei Pflanzen zusätzlich von einer Zellwand umschlossen ist, einzeln oder im Verband vorkommt und Strukturen verschiedener Art einschließt (Ausnahmen I, S. 40ff., 52f.).

Cytoplasma

Zellorganelle treten in allen Zellen als relativ beständige und selbständige Einschlüsse bes. Struktur und Funktion auf. Man unterscheidet Mitochondrien, Golgi-Apparate, Centriolen (I, S. 23) und bei Pflanzen Plastiden (I, S. 25).

Metaplasma bildet sich im Laufe der Diff. einer Zelle in ihr als nicht rückbildbare (irreversible) stoffl. Grundlage spezif. Zelleistungen. Es sind vorwiegend Eiweißfäden, z. B. Myofibrillen in Muskelzellen, Tonofibrillen in Epithelzellen der Haut, Neurofibrillen in Nervenzellen.

Euplasma nennt man fädige Strukturen, die sich nur vorübergehend durch parallele Bündelung von Eiweißmolekülen im Zusammenhang mit speziellen Zelltätigkeiten bilden und dann mit lebhaftem Stoffwechsel auftreten, z. B. die bei der Kernteilung wirksamen Spindelfasern und Polstrahlungen (I, S. 30).

Paraplasma heißen tote reversible Einschlüsse, die in der Zelle gebildet (Drüsensekrete) oder nur abgelagert werden (Nutzstoffe wie Fette, Lipoide, Glykogen, Stärke, Pigmente). Vor allem bei Pflanzen treten Vakuolen auf, paraplasmat. Bezirke mit flüssigem bis festem Inhalt (I, S. 56). – Das

Grundplasma (Hyaloplasma) umgibt Zellkern, Organelle, paraplasmat. Einschlüsse und meta- wie euplasmat. Diff. als durchsichtige, zäh- oder dünnflüssige Masse; es verliert seine opt. Leere erst im Elektronenmikroskop (I, S. 21).

Kernplasma (Karyoplasma)

Die normale Kernform ist kugelig, in hochprismat. Zellen ellipsoid, immer jedoch verformbar. Die Lage im Zellzentrum wird über den Embryonalzustand hinaus meist beibehalten, wenn nicht paraplasmat. Einschlüsse den Kern randwärts drängen (I, S. 61). – Der Zellkern einer vollwertigen Zelle tritt in zwei Zustandsformen auf, die am Beginn und Ende der Kernteilung ineinander übergehen, und zwar in der

1. **Arbeitsform** mit erhöhtem Stoffwechsel und einer fadenförmigen, lichtmikroskop. kaum sichtbaren Innenstruktur;
2. **Teilungs-(Transport-)Form,** in der sich färbbare, charakterist. Körperchen formiert haben: die Chromosomen (I, S. 31). Diese enthalten die Erbanlagen (Gene). Neue Kerne können nur durch Teilung von Zellkernen entstehen.

Die lichtmikroskop. Struktur des Arbeitskerns zeigt sich besonders im fixierten und gefärbten Zustand. Eine Kernmembran begrenzt den Kern gegen den Zelleib; sie löst sich bei der Mitose (I, S. 30) vorübergehend auf. Innerhalb des Kernsaftes (Karyolymphe) liegt das mit bas. Farbstoffen gut anfärbbare Chromatin, das mit der Chromosomenbildung beim Übergang in die Teilungsform stark zunimmt, ferner das schwach färbbare achromat. Kerngerüst, das vermutlich den Chromonemen entspricht. Das meist in Einzahl im Zellkern auftretende rundliche Kernkörperchen (Nukleolus) ist keine Dauerstruktur. Es verschwindet bei der Zellteilung, steht aber in gewisser räuml. Beziehung zu besonderen Chromosomen.

Allgemein gilt die Kern-Plasma-Relation: Große Zellen (z. B. Eizellen) haben große Kerne. Daneben beobachtet man funktionell bedingte Kernvergrößerungen in rasch wachsenden Geschwülsten, in embryonalen Zellen und vorübergehend als Kernschwellung in denjenigen Organteilen, deren Stoffwechsel gerade besonders belastet ist. Im gleichen Organismus können verschiedene Kerngrößenklassen ermittelt werden, wobei die Kernvolumina in verschiedenen Zelltypen eine geometr. Reihe bilden: 1 (kleine Lymphocyten), 2 (Spermatiden), 4, 8, 16 (Leber), 32, 64, 128 (Spinalganglienzellen; alle beim *Menschen*).

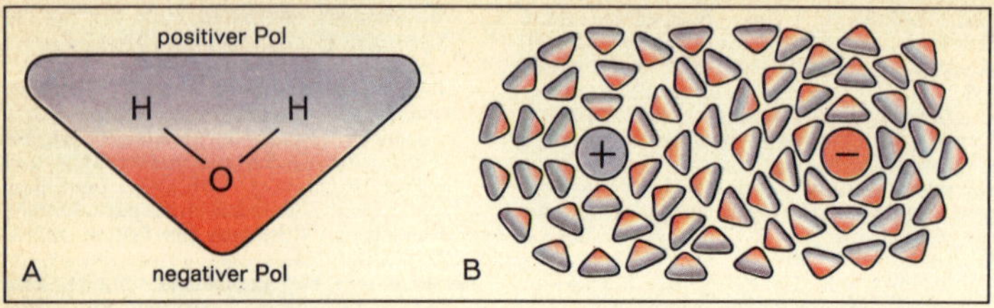

Hydratmantel der Dipolmoleküle des Wassers (A) um Kationen und Anionen (B)

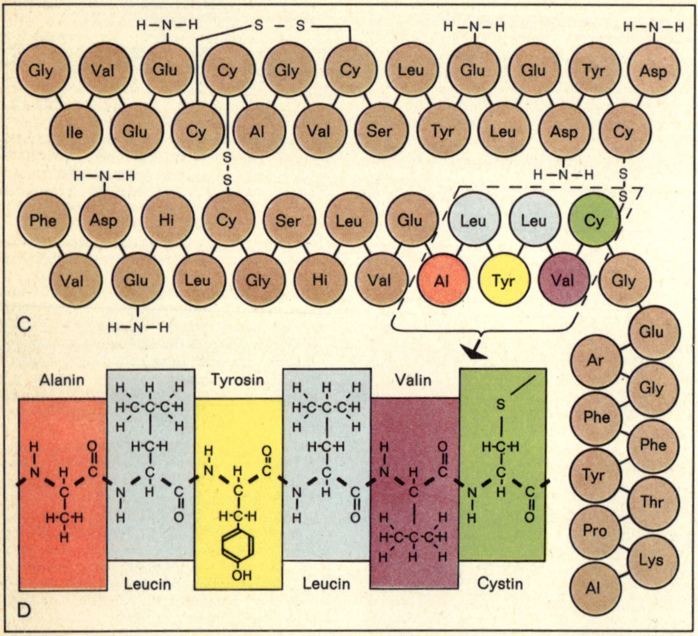

Eiweiß-Molekül: Aminosäure-Sequenz des Schaf-Insulins (C) und Ausschnitt aus seiner Strukturformel (D)

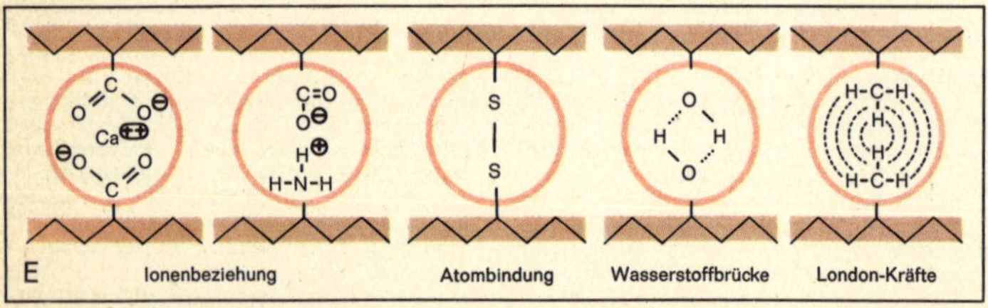

Haftpunkte zwischen Eiweißketten

Chemische Bestandteile des Grundplasmas
Das Grundplasma (Gp) ist ein organisiertes Gemisch vieler anorgan. und organ. Substanzen, die in Wasser teils gelöst, teils als kolloidähnl. Dispersion vorliegen.

Das Wasser ist der Hauptbestandteil aller Lebewesen, z. B. enthalten *Quallen* und manche *Algen* 98%, ein erwachsener *Mensch* 60%, sein Blut 80%, Knorpel, Gehirn, Muskel, Leber 70–75%, Knochen 20% Wasser. Freies und gebundenes Wasser erfüllt mannigfaltige biol. Aufgaben:

1. Wegen der winkeligen Molekülstruktur und der unterschiedl. Elektronegativität der H- und O-Atome ist die Ladungsverteilung im H_2O-Molekül nicht gleichmäßig, sondern bildet einen **Dipol** (A). Teilchen, die selbst eine elektr. Ladung (Ionen) oder Teilladungen tragen, ziehen Wassermoleküle an und umgeben sich mit einer Wasser-(Hydrat-)Hülle (B). Eiweiße hydratisieren bis zur kolloidalen Löslichkeit, d. h. sie sind frei beweglich im Wasser gelöst, können aber Ultrafilter nicht passieren und wandeln sich aus diesem **Sol**-Zustand durch Wasserverlust unter gallertartiger Erstarrung in ein **Gel** um, in dem es keine freie Beweglichkeit der Teilchen mehr gibt.
2. Wasser bildet mit den zahlreichen in ihm lösl. Stoffen den **Zellsaft,** der für den Quellungszustand und osmot. Druck wichtig ist.
3. Es dient als **Transportmittel** für Nährstoffe und Stoffwechselschlacken.
4. Es besitzt eine hinreichend große Wärmeleitfähigkeit und vermittelt so den **Temperaturausgleich** zwischen den Zellen.
5. Die hohe Verdampfungswärme bewirkt bei Oberflächenverdunstung eine Wärmeabgabe und mindert die Gefahr der Wärmestauung.

Anorgan. Stoffe, die im Gp auftreten, sind ionisiert; die Kationen, vor allem K^+, Na^+, Ca^{++}, Mg^{++}, stehen in einem fein abgestimmten Verhältnis, da sie über die Hydratbildung die Plasmaquellung beeinflussen. Für pflanzl. Organismen ist bes. das Gegenspiel der K- und Ca-Ionen **(Ionenantagonismus)** wichtig, da K^+ die Quellung verstärkt, während Ca^{++} infolge seiner zweifachen Ladung die Plasmaeiweiße viel stärker entlädt und somit deren Hydrathülle vermindert.

Organ. Stoffe des Gp sind vor allem Eiweiße (Proteine): 40% des Gesamtzellproteins liegen im Gp vor. Die ganz speziellen Eigenschaften der äußerst zahlreichen Eiweißarten beruhen auf ihrem makromolekularen Aufbau: etwa 20 versch., relativ einfache molekulare Bausteine, die **Aminosäuren,** sind sowohl mit wechselnder Anzahl als auch mit veränderter Aufeinanderfolge (Sequenz) kombiniert (C, D). Von den lineargestreckten, **fibrillären Proteinen** unterscheiden sich die **globulären Sphäroproteine** durch ihre zusammengeballte, kugelige Gestalt und ihre Löslichkeit in Wasser (Albumine) oder Salzlösung (Globuline). Fibrilläre und globuläre Proteine können an bestimmten Molekülstellen **Haftpunkte** bilden, an denen die Makromoleküle untereinander mehr oder weniger fest und reversibel verbunden sind (E). Dadurch entstehen die größeren, nun auch elektronenmikroskop. faßbaren Verbände von körniger (Granula), fädiger (Fibrillen) oder flächiger Gestalt (Membranen).

Submikroskop. Analyse des Grundplasmas
In der auch elektronenopt. zumeist strukturlosen **Matrix** des Gp findet man neben den größeren und kleineren Körnchen (Cytosomen, Ribosomen) eine Vielzahl von Membranen, die außerhalb einer strukturellen oder funktionellen Zuordnung zu Zellorganellen das endoplasmat. Reticulum bilden. Wesentl. Element der Matrix selbst scheinen Fäden zu sein, »Plasmafilamente«, die als kontraktile Strukturen angesprochen und möglicherweise für die Plasmaströmung und amöboide Bewegung, darüber hinaus aber auch für Vorgänge bei der Zellteilung u. -diff. verantwortl. gemacht werden können.

Das endoplasmatische Reticulum (ER) ist ein aus Membranen aufgebautes räuml. System, das bei allen pflanzl. und kernhaltigen tier. Zellen nachgewiesen ist (I, S. 18). Sein Umfang hängt vom herrschenden physiolog. Zustand der Zelle ab: in weniger aktiven oder diff. Zellen ist es meist nur schwach ausgeprägt. Es durchzieht als ein vielfach verbundenes System von Kanälchen das Gp, steht mit der Kern- und der Zellmembran in Verbindung, gibt die Kontinuität seiner Bestandteile durch Isolation von Bläschen (Vesikeln) gelegentlich auf und trennt durch seine Doppellamellen zwei versch. wäßrige Mischphasen: die Matrix und den Inhalt des ER (»Reticulumplasma«). Die Membran des ER ist entweder glatt (agranuläre Form, z. B. in quergestreiften Muskelfasern) oder auf der Matrixseite mit einer Unzahl Ribosomen besetzt. Diese granuläre Form ist weit verbreitet und auffälligerweise in Zellen mit starker Proteinsynthese zu finden (Drüsen-, Nervenzellen). Häufig zeigt sich das granuläre ER als ein System von fast parallelen Schichten: **Ergastoplasma** mit hoher Stoffwechselaktivität (Leber, Bauchspeicheldrüse).

Die Ribosomen, Körnchen von 0,000 015 mm ∅, finden sich außer auf den ER-Membranen und der äuß. Kernmembran auch frei im Gp. Sie bestehen vorwiegend aus Ribonukleinsäure (RNA, I, S. 29) und makromolekul. Eiweißen, deren Verhältnis zeitl. und örtl. wechselt.

Die Funktion von ER und Ribosomen steht im Zusammenhang mit der Eiweißsynthese. In vielen Drüsenzellen entstehen Sekretprodukte in körniger Form in den Hohlräumen des Ergastoplasmas, zweifellos unter Mitwirkung der Ribosomen. Zudem scheint das ER beim Kohlenhydratstoffwechsel und im interzellulären Stofftransport eine Rolle zu spielen; dabei können die Produkte der Biosynthese wie des Stoffwechsels im endoplasmat. Hohlraumlabyrinth überall hinwandern

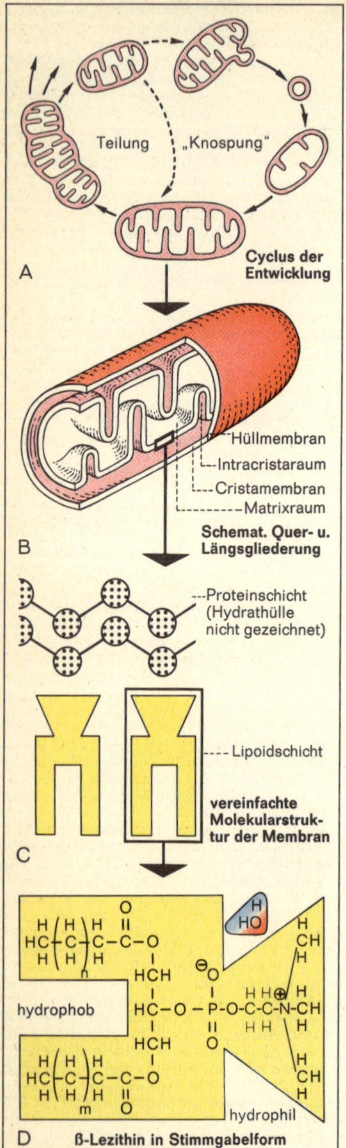

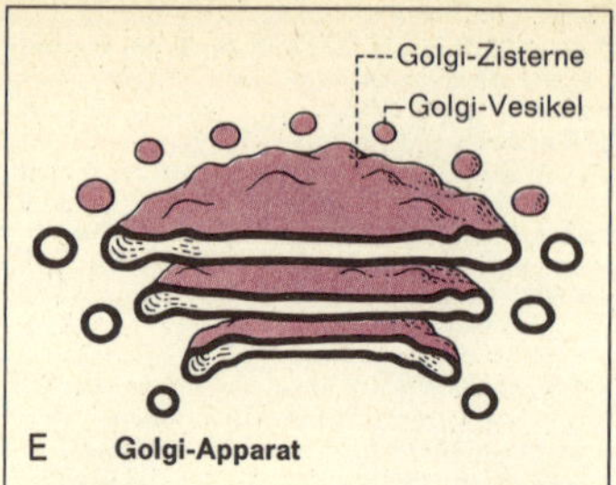

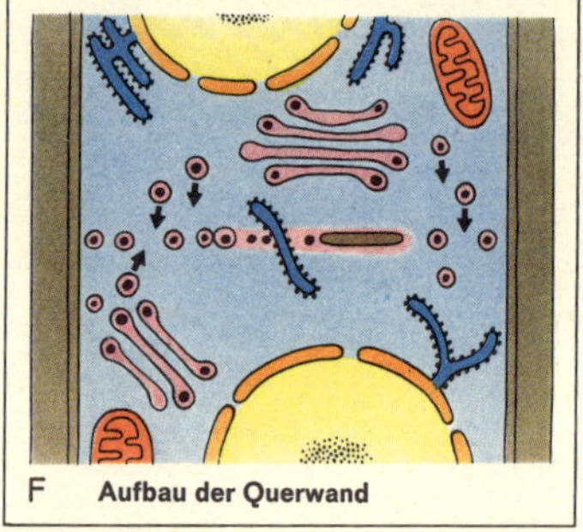

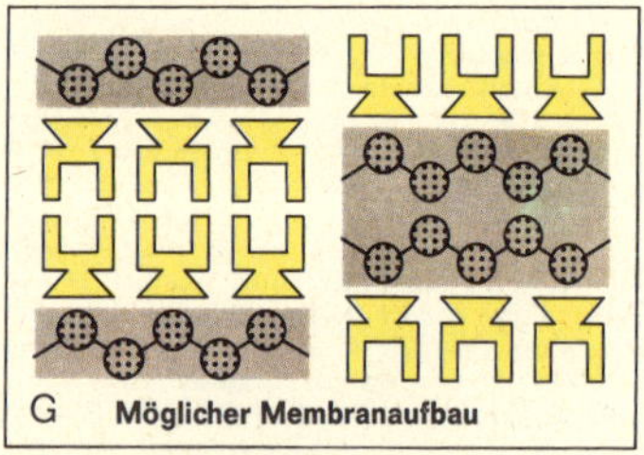

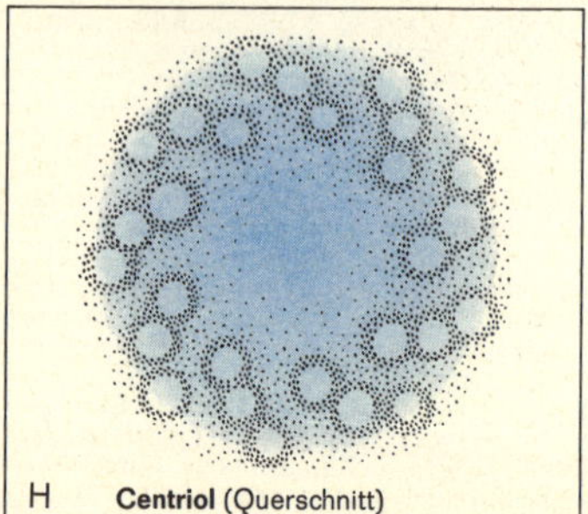

Cytoplasmat. Strukturen: Mitochondrien (A–D), Bau und Funktion der Golgi-Apparate (E, F), Membran-Feinbau (G) und Centriol (H)

Mitochondrien

Diese winzigen, aber lichtmikroskop. sichtbaren Zellorganelle wurden bereits 1886 entdeckt. Sie zählen zu den neben dem Zellkern beständigsten und treten in fast allen tier. und pflanzl. Zellen, sogar in den kernlosen Blutplättchen (I, S. 61), auf. Ihr Anteil an der Zellmasse kann 25 % erreichen, ihre Zahl z. B. in den Leberparenchymzellen des *Menschen* 2500.

Im allg. sind Mitochondrien gestreckt zylindrisch, selten kugelförmig; bei einem Durchmesser von 0,0005 mm sind sie wenige Tausendstel mm lang. Sie entstehen entweder an fertig diff. Mitochondrien durch »Knospung« und Abschnürung von Frühformen (Promitochondrien) oder durch irisblendenartige Querteilung (A). Sie werden passiv bei der Zellteilung auf die Tochterzellen übertragen.

Der Feinbau der Mitochondrien wurde elektronenopt. gut analysiert: einer äußeren Hüllmembran liegt in geringem Abstand eine innere an, die sich mit Falten (Cristae), Röhren (Tubuli) oder Säckchen (Sacculi) in einen als mitochondriale Matrix bezeichneten, bisher strukturlosen Binnenraum einstülpt (B). Dadurch lassen sich zwei voneinander abgetrennte Bezirke unterscheiden, der Matrix- und der von den beiden Membranen umschlossene Intracristaraum. Die Membranen sind ähnlich wie die Zellmembran aufgebaut und bestehen aus hydratisierten Protein- und fettartigen Lipoidschichten (C).

Funktionell gesehen sind die Mitochondrien Träger der Atmungsfermente (Bd. II): Cytochromoxydase und Enzyme des Zitronensäurezyklus sind in der Zelle nur in ihnen festgestellt worden. Ihre Aufgabe ist demnach die Energiegewinnung durch Oxydation der versch. Nährstoffe in der Zelle, wobei zugleich Rohstoffe für einige Biosynthesen anfallen (Phospholipoide, Aminosäuren, Porphyrin, Häm). Die freiwerdende Energie wird vorwiegend zur Bildung von Adenosintriphosphat (ATP) verwendet. Zweifellos bilden Mitochondrien ein »geordnetes Multi-Enzym-System«, d. h. die einzelnen Enzyme liegen nach funktionellen Zusammenhängen geordnet, so daß die Reaktionsketten in der richtigen Folge ablaufen können; vermutlich liegen die Enzyme des Zitronensäurezyklus in der Matrix, die der oxydativen Phosphorylierung im Intracristaraum und die der Atmungskette zur Elektronenübertragung vom Substrat auf Sauerstoff in der Hüllmembran.

Der Golgi-Apparat (GA)

Ursprünglich als ein Bezirk chem. reduzierender Stoffe in Nervenzellen erfaßt, erwies sich der GA elektronenopt. als ein Zellorganell, das allen Zellen außer *Bakterien* und *Blaualgen* eigen ist. Strukturelle Einheit der auch Dalton-Komplex genannten »Zelldrüse« ist das Dictyosom: ein Stapel mehrerer flacher Membranen, die aufeinander geschichtet liegen (E). Das in sich geschlossene einzelne Membranpaar aus dem Dictyosom heißt Golgi-Zisterne, die an seinem Rand durch Abschnürung gebildeten Bläschen Golgi-Vesikel oder -Vakuolen.

Die Funktion des GA ist es, Stoffe durch eine Membran vom Gp zu trennen, um sie dann zumeist vom innerplasmat. zum außerplasmat. Raum zu befördern. Der GA steht damit im Dienst der Sekretion und Zellexkretion und schützt die Zelle vor Schädigungen durch Stoffe, deren Produktion und Speicherung für überzelluläre Aspekte notwendig sind, aber in der erreichten Konzentration ohne Isolation in gesonderten Räumen schädlich oder tödlich für die Einzelzelle wären.

In pflanzl. Drüsenzellen übernimmt der GA die **Synthese des Sekretes** aus sauren Polysacchariden und seinen Transport in Form von Golgi-Vesikeln zur Zellmembran. – Bei tier. Zellen werden vorwiegend eiweißhaltige Sekrete versch. Aufgabe abgeschieden (Milchdrüse: Nahrungseiweiß; Bauchspeicheldrüse: Enzym; Schilddrüse: Hormon; Chondrocyten, Seidendrüsen: Gerüst).

Bei der **Neubildung der Membran** (F) zw. den Tochterkernen einer Zellteilung bzw. -furchung bieten bei Tieren vielleicht, bei Pflanzen sicher die GA das Material. In der frühen Telophase (I, S. 31) ordnen sich zahlreiche Vesikel flächenförmig zwischen den Tochterkernen an, weiten sich bei höheren Pflanzen zentrifugal, bei niederen irisblendenartig aus, verschmelzen und bilden mit ihrem Inhalt (Pektinstoffe und Hemizellulose) die Primärwand.

Bei dem **Wachstum der pflanzl. Zellwand** (I, S. 57) isolieren die Golgi-Zisternen das Wandmaterial aus dem Gp und transportieren es in abgelösten Golgi-Vesikeln nach außen, um es an der Streckungsstelle, z. B. der Spitze eines Pollenschlauches oder der Streckungszone hinter dem Vegetationspunkt an der Zellmembran abzuliefern.

Zentralkörperchen (Centriolen)

Diese zarten Organelle sind in Arbeitskernen tier. Zellen (I, S. 18) nur schwer nachzuweisen, treten aber meist paarig auf. Pflanzen fehlen sie dagegen ganz, ausgenommen einige primitivere Formen wie *Moose*, *Farne*, *Cycadeen* oder *Ginkgo*. Hier sind Centriolen während der Diff. der beweglichen männl. Gameten zu erkennen, und es scheint, daß sie bei der Geißelbildung eine entscheidende Rolle spielen; überhaupt ist die strukturelle Ähnlichkeit der Centriolen mit den Basalkörperchen der Cilien und Geißeln auffällig. Ihre allg. Aufgabe übernehmen die Zentralkörperchen bei der Kernteilung: In der Mitose (I, S. 31) veranlassen die auseinandergerückten, schließlich an den Polen der Teilungsspindel gelegenen Centriolen die euplasmat. Strukturen der Astrosphäre und der Spindelfasern. – Elektronenopt. erweist sich jedes Zentralkörperchen als ein Hohlzylinder von 0,00015 mm ∅ und bis 0,0005 mm Länge. In seiner Wand sind 9 (oder zwei- bis dreimal 9) längs verlaufende Röhrchen in einer opt. dichten Grundsubstanz eingebettet (H).

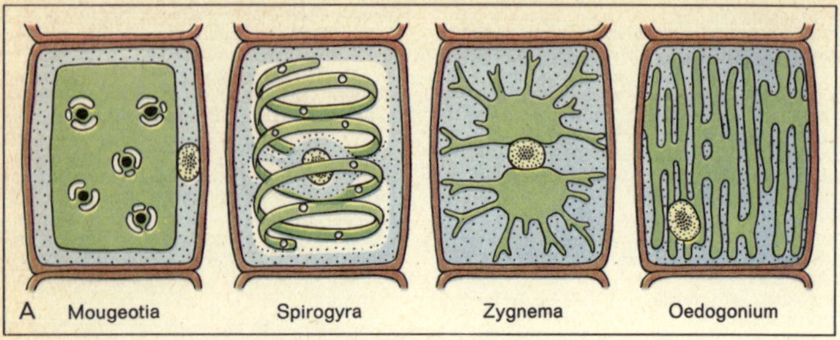

Verschieden geformte Chloroplasten bei Algen (A)

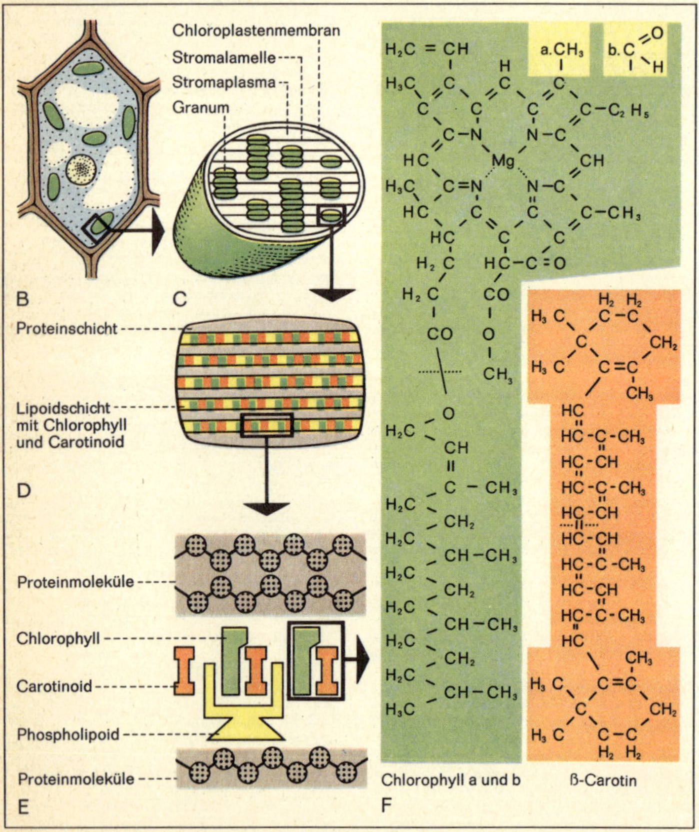

Zelle einer höheren Pflanze (B), Chloroplast (C), Granum (D) und dessen hypothetische Struktur (E) mit Chlorophyll- und Carotin-Molekülen (F)

Plastiden

Die Plastiden sind Zellorganelle, die allen Tieren fehlen, dagegen für grüne, photoautotrophe Pflanzen (Bd. II) mit Ausnahme der *Blaualgen* und der photosynthet. aktiven *Bakterien* typisch sind.

Von den farblosen **Leukoplasten** unterscheidet man die Chromatoplasten nach ihrer Färbung als grüne **Chloroplasten** und gelb bis rote **Chromoplasten.**

Diese versch. Plastidentypen sind vermutlich gleichen Ursprungs (homolog), und es gibt zw. ihnen Übergänge: Leukoplasten der wachsenden *Kartoffelknolle* entwickeln im Sonnenlicht Chlorophyll und werden zu Chloroplasten; Chloroplasten der reifenden *Zitrone* werden zu Chromoplasten.

Innerhalb der Zelle verhalten sich Plastiden wie sich selbst reproduzierende, nahezu selbständige Organelle: unabhängig von der Zellteilung vermehren sie sich durch einfache Durchschnürung oder durch »Knospung« an ausdiff. Plastiden. Hierbei werden aus den submikroskop. Plastideninitialen noch undiff., oft amöboid geformte Proplastiden, die sich durch Membraneinstülpung zu Chloroplasten oder durch Vakuolenbildung zu Leukoplasten spezialisieren:

1. **Leukoplasten** enthalten kein Pigment. Sie finden sich oft in farblosen Speicherorganen (Knollen, Wurzelstöcke, Mark) und sind als Amyloplasten an dem Aufbau der Reservestärke beteiligt.
2. **Chromoplasten** sind in gelben Blütenblättern (z. B. *Stiefmütterchen*, *Kapuzinerkresse [Tropaeolum]*), im Fruchtfleisch gelbroter Früchte (z. B. *Tomaten*) und in den Wurzeln der *Karotten* anzutreffen. Es sind meist linsenförmige Gebilde, die Carotin (F) enthalten und keine Stoffwechselfunktionen durchführen.
3. **Chloroplasten** sind die Organelle der Photosynthese (Bd. II), die die photosynthetisch aktiven Farbstoffe, Chlorophylle und Carotinoide, enthalten. **Chlorophyll** a und b (F) besteht aus einem Porphyrinringsystem mit komplex gebundenem Magnesium (Mg) und versch. Seitenketten, von denen eine – ein Propionsäurerest – mit dem langkettigen Alkohol Phytol verestert ist.

   Carotinoide sind symmetrisch gebaute Kohlenwasserstoffe mit abwechselnden (konjugierten) Doppelbindungen, die wegen ihrer orange-gelben Färbung und geringen Löslichkeit in Wasser auch Lipochrome heißen. Oxydierte Abkömmlinge sind die Xanthophylle, z. B. das Blattxanthophyll Lutein, der Maisfarbstoff Zeaxanthin und das braune Fucoxanthin der *Kieselalgen* und *Braunalgen.*

In der **Form der Chloroplasten** herrscht bei *Algen* große Mannigfaltigkeit (A): sie sind plattenförmig *(Mougeotia)*, bandförmig-schraubig *(Spirogyra)*, netzartig *(Oedogonium)* oder sternförmig *(Zygnema)*. Der submikroskop. Aufbau zeigt, daß hier die durchgehenden Membranen auf der ganzen Fläche mit Chlorophyllmolekülen besetzt sind.

Abweichend davon zeigen die Chloroplasten höherer Pflanzen (B) neben diesem Lamellentypus vorwiegend den Granatyp: Geldrollenartig sind die chlorophyllhaltigen Grana quer durch den linsenförmigen Chloroplasten angeordnet (C). Sie sind aus Lamellen aufgebaut (D), und Trägerlamellen verbinden sie in Längsrichtung. Zw. diesem Membransystem befindet sich das Stromaplasma, das eine lichtorientierte Beweglichkeit erlaubt und den Assimilationszucker gleich in Stärke verwandelt. Theoretische Überlegungen legen eine Anordnung nahe, die CALVIN vorgeschlagen hat (E).

Elementarmembran

Sowohl die einzelnen Zellorganelle nebst ER und Vakuolen als auch der ganze Protoplast werden von Elementarmembranen, die wahrscheinlich gleiche stoffliche Zusammensetzung und Bauprinzipien aufweisen, begrenzt. Es sind submikroskop. Doppelmembranen, an deren Aufbau neben fibrillären Eiweißen auch Lipoide beteiligt sind. Nach der Modellvorstellung von DANIELLI (I, S. 22) bestehen die Lamellen aus einer zweimolekularen Lipoidschicht, in der sich die wasserabstoßenden (hydrophoben) Pole einander zukehren, während die hydratisierten wasseranziehenden (hydrophilen) Molekülenden nach außen zu den ebenfalls von einer Hydrathülle umgebenen Proteinen weisen.

Den Elementarmembranen ist eine große Dynamik und Wandelbarkeit eigen: sie können sowohl aus der cytoplasmat. Grundsubstanz neu gebildet, als auch mit ihrem Material wechselseitig in versch. Strukturen aus- und eingebaut werden. Die Golgi-Vesikel-Membran kann zur äußeren Zellmembran (Plasmalemma) werden und diese bei der Phagocytose (I, S. 35) zu einer Vakuolenmembran (Tonoplast) usw.

Physiolog. wirkt die Elementarmembran als Barriere, die den Stoffaus- und -eintritt kontrolliert. Sie besitzt nämlich eine **selektive Permeabilität,** d. h. es werden nur bestimmte Stoffe durch aktive energieverbrauchende Filterwirkung der Membran, oft einem Konzentrationsgefälle entgegen, hindurchtransportiert.

Im Extrem führt dies in lebenden Zellen zur **Semipermeabilität,** also zur Undurchlässigkeit der Membran für den gelösten Stoff bei gutem Durchgang für das Lösungsmittel. Dies wiederum ermöglicht die physikal. Erscheinung der **Osmose,** einen auf Diffusion beruhenden, aber einseitig gerichteten Stoffaustausch zw. Flüssigkeiten versch. Konzentration. Dabei entzieht die konzentriertere, hypertonische Lösung der hypotonischen das Lösungsmittel (im Falle der Zelle also Wasser), wodurch erstere an Volumen zunimmt und einen verstärkten osmotischen Druck auf die begrenzenden Wände ausübt. Dieser **Turgordruck** spannt die elastischen Zellwände und festigt dadurch den ganzen Körper. Abgestorbene Zellen verlieren die Semipermeabilität und damit die Turgeszenz (Folge: Verwelken der Pflanze).

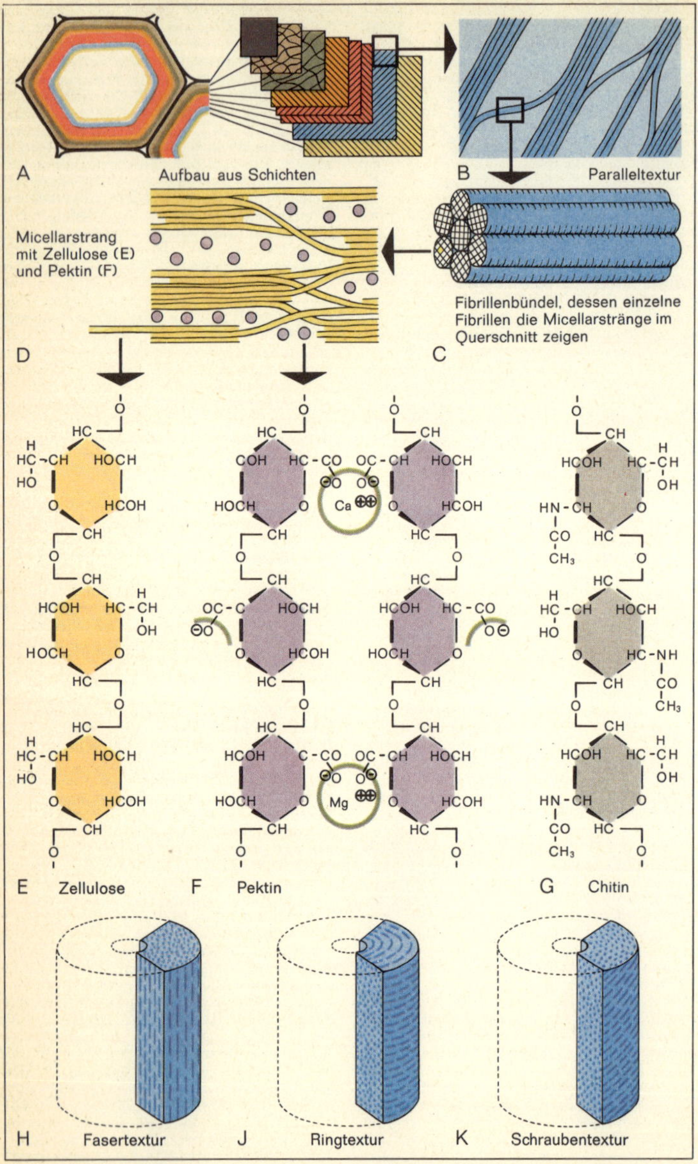

Die pflanzliche Zellwand

Alle pflanzl. Zellen sind im Gegensatz zu tier. von einer festen, irreversiblen Zellwand umgeben, die von dem Cytoplasma aufgebaut wird. Sie ist notwendig, weil die erwachsene pflanzl. Zelle mit ihren Zellsaftvakuolen hoher Salzkonzentration ein osmot. System bildet, das bis zum Zerplatzen Wasser aufsaugen würde, wenn nicht dem osmot. Druck ein Wanddruck entgegenwirkte.

Die Struktur der Zellwand
gliedert sich bei den gut erforschten höheren Pflanzen in vier deutlich erkennbare **Schichten** (A): Mittellamelle, Primärwand, mehrschichtige Sekundärwand und innere Tertiärwand (Abschlußlamelle).

1. **Die Mittellamelle** oder Interzellularsubstanz ist aus Pektinen mit Ca^{++} und Mg^{++} zusammengesetzt, die in die noch flüssige Zellplatte zw. den Tochterkernen im Bereich des Phragmoplasten eingelagert werden (I, S. 23). Sie hat Gel-Charakter, ist von geringer Ausdehnung und läßt ihr sicher vorhandenes Netzwerk fädiger Strukturen auch im Elektronenmikroskop nicht sichtbar werden. An Stellen, wo das ER die Zellplatte durchzieht, unterbleibt jegliche Ein- oder Ablagerung, was zur Bildung der Plasmodesmen führt.
2. **Die Primärwand** wird von den Tochterzellen von beiden Seiten her der Mittellamelle angelagert, noch bevor die Zellplatte ganz fertig ist und Anschluß an die Längswand gefunden hat. Die Grundstruktur aus Pektinen und Hemizellulose enthält bereits Zellulose, die zwar zu Mikrofibrillen gebündelt, aber noch regellos verstreut ist (**Streutextur**). Die Primärwand ist sehr elastisch und dehnbar, z. B. im *Baumwollhaar* auf das Tausendfache. Sie kann sich somit leicht der Größenzunahme beim Wachstum der Zelle anpassen.
3. **Die Sekundärwand** ist das tragende Grundgerüst der Pflanzenzelle. Sie bildet sich nach Abschluß der Zellvergrößerung durch irreversible Aufschichtung von Zellulose. Die **Übergangslamelle** zeigt noch Streutextur, doch herrschen schon bestimmte Faserrichtungen vor. Die dann folgenden **Außen-**, **Zentral-** und **Innenschichten** besitzen eine parallele Anordnung der unter sich verbänderten Mikrofibrillen (B, **Paralleltextur**). Besteht die Zentralschicht, die den Hauptanteil der Zellwand stellt, selbst aus mehreren Lagen, so überkreuzt sich meist in ihnen die Strichrichtung ihrer Fibrillen.
4. **Die Tertiärwand** deckt die Zellwand nach innen ab. Sie trägt eine warzige Oberfläche und ist reich an Pektinen und Hemizellulosen.

Die Mikrofibrillen, die zu Bündeln (C) zusammengefaßt sind, haben eine Dicke von 250 Å und bestehen aus etwa 20 **Micellarsträngen** von 30–100 Å ∅ (D). Diese wiederum vereinigen je 50–100 **Zellulosemoleküle** (E), die in kristalliner Anordnung die **Micelle** bilden. Viele Moleküle laufen ununterbrochen durch mehrere Micelle hindurch, wodurch diese durch Molekülteile verbunden sind, die selbst keine kristalline Ordnung aufweisen. Zw. dieser Micellarstruktur tritt ein Spaltensystem von **Intermicellarräumen** auf, die außer Wasser und quellbaren Pektinen (F) viele andere Stoffe enthalten und transportieren.

Der Chemismus der Wandstoffe ist ziemlich einheitlich insofern, als alle Stoffe **Polysaccharide** sind: kettenartige, von einem gleichförmigen Strukturprinzip beherrschte Makromoleküle aus maximal 8000 Zucker-Einheiten.

Zellulose (E) entsteht aus zahlreichen Molekülen des **Monosaccharids** Traubenzucker (Glukose) unter Wasserabspaltung in β-glukosidischer Bindung (im Gegensatz zu Stärke, die nach dem gleichen Prinzip, aber α-glukosidisch strukturiert ist). Bei den *Pilzen* tritt neben Zellulose oder statt ihrer das **Chitin** (G) auf, das β-glukosidisch aus einem Amidabkömmling der Glukose (Glukosamin) aufgebaut wird. Die Zellulosebegleiter, **Pektine** (F) und **Hemizellulose,** sind versch. Ursprungs: Während letztere außer Hexosen (6 C-Atome) auch Pentosen (5 C-Atome) sein können und teils die Funktion von Reservestoffen (Reservezellulose) haben, teils Bestandteile der Pflanzenschleime sind, bestehen erstere aus 20 bis 100 Galakturonsäuremolekülen. Diese zeigen statt der Seitenkette $-CH_2OH$ am Glukosering die saure Carboxylgruppe $-COOH$, die mit Mg^{++} oder Ca^{++} leicht Salze bildet und so zur Verknüpfung der Makromoleküle führt. Da diese salzartigen Haftpunkte leicht gelöst und an anderer Stelle neu geknüpft werden, entsteht ein elastisches, veränderliches Gerüst. Die stark hydrophilen Gruppen verleihen den Pektinmolekülen die Möglichkeit, große Hydrathüllen auszubilden: Pektine sind außerordentlich stark quellbar (Fruchtgelee).

Die Textur der Zellwand verleiht längsgestreckten Zellen entspr. der Orientierung der Micelle charakteristische mechanische Eigenschaften:

Fasertextur (H), bei der die Fibrillen achsenparallel laufen, verleiht hohe Zugfestigkeit bei geringer Dehnbarkeit *(Hanf, Flachs);*

Ringtextur (J) mit tangentialer Orientierung erlaubt starke Dehnung in Längsrichtung, findet sich aber nur selten verwirklicht;

Schraubentextur (K) mit ihrem spiraligen Verlauf der Fibrillen um die Längsachse der Zelle ist häufig und führt zu großer Dehnbarkeit (Tracheiden, Holzfasern).

Tierische Zellen sind grundsätzl. nur durch ihr Plasmalemma begrenzt. Scheinbare Wände entstehen im knorpeligen oder knochigen Stützgewebe (I, S. 71) durch die nach außen abgeschiedene Interzellularsubstanz, die der Zellmembran im Gegensatz zur pflanzl. Zelle außen aufgelagert ist und als amorphes oder mit Fibrillen durchsetztes Kittmaterial die Räume zwischen den Zellen ausfüllt.

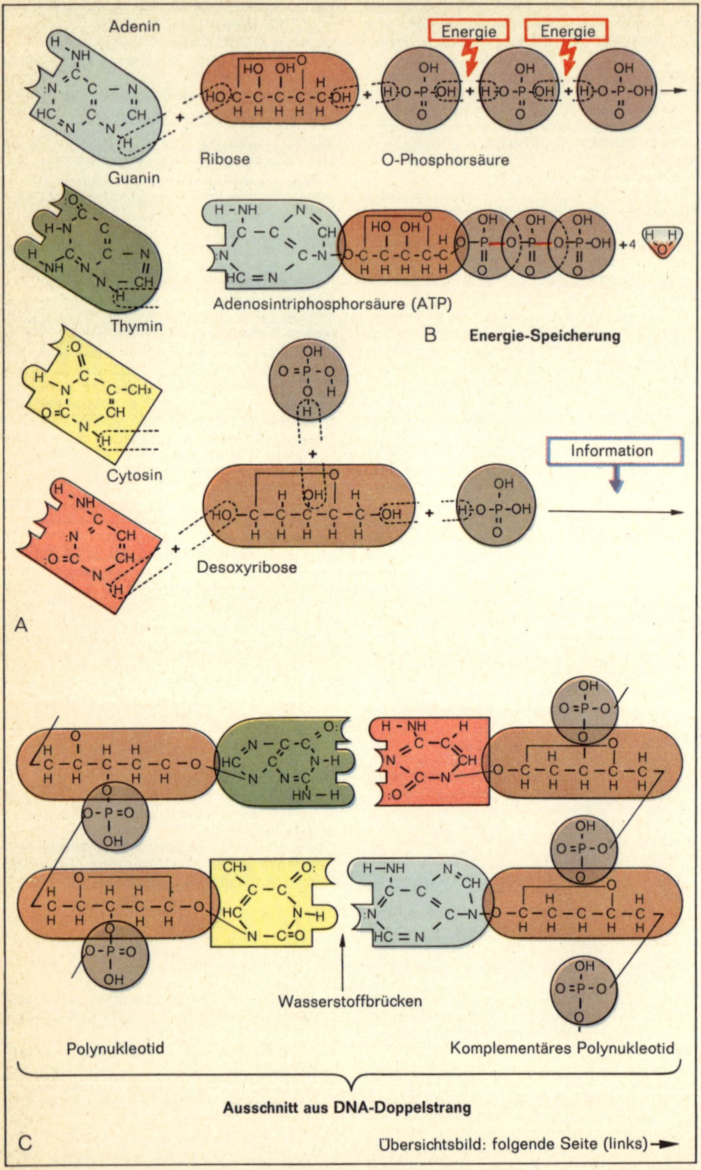

Bildung von Nukleotiden: Von den vier Basen (A) bildet das Adenin den Energie-Speicher ATP (B), alle die Polynukleotiden der DNA (C)

Während die Elektronenmikroskopie die Kenntnisse über Cytoplasma und Zellwand stark erweitern konnte, hat sie die Ultrastruktur des Zellkerns, mit Ausnahme seiner Kernmembran, kaum erhellt. Der Befund über die Chromosomen ist wegen ihrer starken Hydratisierung und noch unvollkommenen Fixierungsmöglichkeit bes. spärlich. Opt. Homogenität täuscht sicherl. das Fehlen von Ultrastrukturen nur vor, doch sind Aussagen über sie vorwiegend hypothetisch.

Die Kernmembran ist eine typ. Doppelmembran, deren innere und äußere Schicht von 60–70 Å eine 120 Å dicke Zwischenschicht umschließen. Letztere kann sich stark erweitern (perinukleärer Raum) und ist offensichtlich ein Teil des ER. Die gesamte Kernmembran ist von Kernporen durchbrochen, deren Weite von 300–400 Å einen Austausch selbst großer Moleküle zw. Kern und Cytoplasma erlaubt.

Die Kernkörperchen (Nukleolen) werden unter Mitwirkung der Chromosomen gebildet, enthalten vorwiegend Eiweiße, RNA und neben Lipoiden einige Enzyme. Der Ähnlichkeit der körnigen Einschlüsse mit Ribosomen entspricht funkt. die Mitwirkung an der Eiweißsynthese. Die Bedeutung für Protein- und RNA-Umsatz folgt auch aus dem morphologischen Befund, daß Zellen mit reger Eiweißsynthese vergrößerte Nukleolen zeigen.

Der chem. Aufbau des Kernplasmas ist bezüglich der Eiweiße durch die einfachen, basischen **Histone** als Strukturbildner und die zahlreichen enzymat. Verbindungen gekennzeichnet, die Vorstufen und Endprodukte des Kernstoffwechsels, vor allem DNA, auf- und abbauen. Enzyme der biol. Oxydation fehlen dem Kern ganz, so daß die Energie für nukleäre Biosynthesen zumindest teilweise aus dem ATP der Mitochondrien stammt. – Bezeichnend für den Kern ist der Gehalt an **Nukleinsäuren**, die mit den Histonen zu Nukleoproteiden verbunden und wie viele Naturstoffe hochpolymer sind: ein **Polynukleotid** besteht aus mehr als 100000 Einheiten von versch. **Mononukleotiden**, die selbst aus drei Stoffgruppen zusammengesetzt sind: organ. Basen der Purin- und Pyrimidingruppe sind mit einem Pentosezucker zu **Nukleosiden** verbunden, die durch Ortho-Phosphorsäure gekoppelt werden. Chem. und funkt. werden zwei Arten von Nukleinsäuren unterschieden:

1. **Die Desoxyribonukleinsäure DNA** enthält den Zucker D-Desoxyribose und die Stickstoffbasen Adenin, Guanin, Thymin und Cytosin (A).
2. **Die Ribonukleinsäure RNA** besteht aus dem Zucker D-Ribose und hat in dem Basenquartett Thymin durch das ähnl. Uracil ersetzt.

Grundlage der Polymerisation ist die Phosphorylierung der Nukleoside (Adenosin, Guanosin, Thymidin, Uridin, Cytidin) mit Phosphorsäure zu den Mononukleotiden, z. B. Adenosinmonophosphat. Bei weiterer Anlagerung von Phosphorsäure entstehen Adenosindiphosphat ADP und -triphosphat ATP (B), die im Zellstoffwechsel als Überträger kleiner Energiemengen auftreten (I, S. 35).

Die Desoxyribonukleinsäure

Der chem. Aufbau der DNA, d. h. ihre **Primärstruktur**, vor allem aber der Befund, daß sowohl das Verhältnis Adenin : Thymin als auch Guanin : Cytosin jeweils 1 : 1 ist, das Verhältnis dieser beiden Basenpaare zueinander aber für versch. Organismen stark schwankt (aber in gleichen Individuen konstant ist), legt folgende **Sekundärstruktur** (WATSON-CRICK-Modell) der DNA nahe: Ein DNA-Molekül (I, S. 30) besteht aus zwei unverzweigten Polynukleotidsträngen, die als rechtsdrehende Doppelspirale um eine gemeinsame Achse laufen. Ein Umgang umfaßt pro Strang etwa 10 Mononukleotide. Die Basen stehen rechtwinklig zur Achse nach innen, wobei stets Thymin dem Adenin, Cytosin dem Guanin komplementär gegenübersteht. Die Wasserstoffbrücken zw. den benachbarten Keto- und Aminogruppen der entspr. Basen lassen nur diese Paarung zu (C): die beiden Stränge entsprechen einander räumlich wie Schlüssel und Schloß. – Auffälligerweise besitzen die Körperzellen irgendeiner bestimmten Pflanzen- oder Tierart im Arbeitskern die gleiche Menge DNA (bei Säugern 5–7 · 10^{-12}g), die Kerne der reifen Geschlechtszellen genau die Hälfte davon. Diese qualitative und quantitative Stabilität der DNA hat dazu geführt, sie als Träger der Erbfaktoren (Gene) zu betrachten. Die ungeheuer große **Kombinationsmöglichkeit** der vier versch. Nukleotide in der DNA führt zu immer neuen Reihenfolgen (Sequenzen), die eine spez. Information – den Code – enthalten. Daneben besitzt die DNA die notwendige Voraussetzung für Vererbung, die Fähigkeit zur Selbstverdoppelung.

Diese **identische Reduplikation** läuft so ab, daß sich die beiden Stränge der Doppelspirale voneinander lösen, worauf sich isolierte, im Plasma frei schwimmende Mononukleotide an den nunmehr unbesetzten passenden Partnern aufreihen. Unter Einwirkung von Enzymen (DNA-Polymerasen) werden sie dann zum komplementären Strang verkettet, so daß aus jedem Einzelstrang wieder eine Doppelspirale entsteht.

Die Ribonukleinsäure

Auf Grund der Funktion (Bd. II) und des Molekulargewichtes (MG) werden drei Typen unterschieden. Die **ribosomale RNA** ist hochmolekular (MG 0,5–1 Mill.), die **Matrizen-RNA** (= Messenger-RNA) besitzen ein MG von mehreren 100000 und ähneln in der Basensequenz einem DNA-Strang. Die cytoplasmat. lösliche (soluble) s-RNA (= **Transfer-RNA**) schließlich mit MG zw. 20000–40000 und einer Sequenz von nur 70–80 Gliedern enthält auch andere, »ungewöhnliche« Nukleotide und scheint durch den Sequenzabschnitt Thymin-Pseudouracil-Cytosin-Guanin gekennzeichnet zu sein.

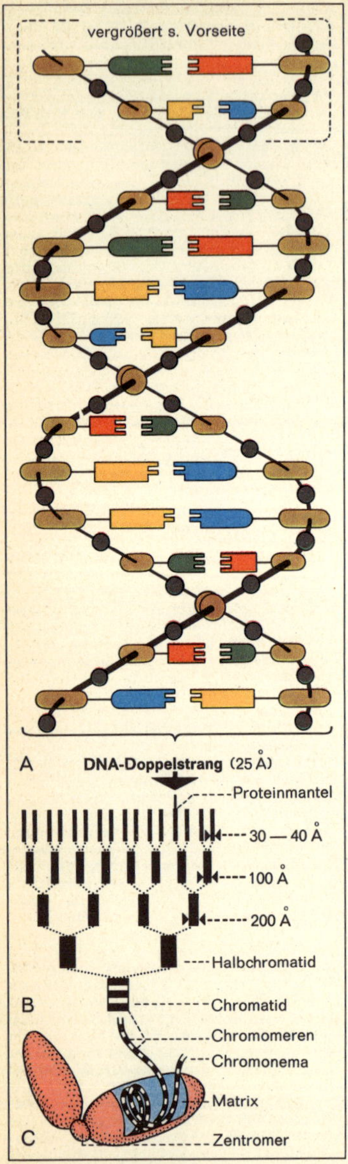

DNA-Doppelstrang (A) als eines der Elemente des Chromatids (B) im Chromosom (C)

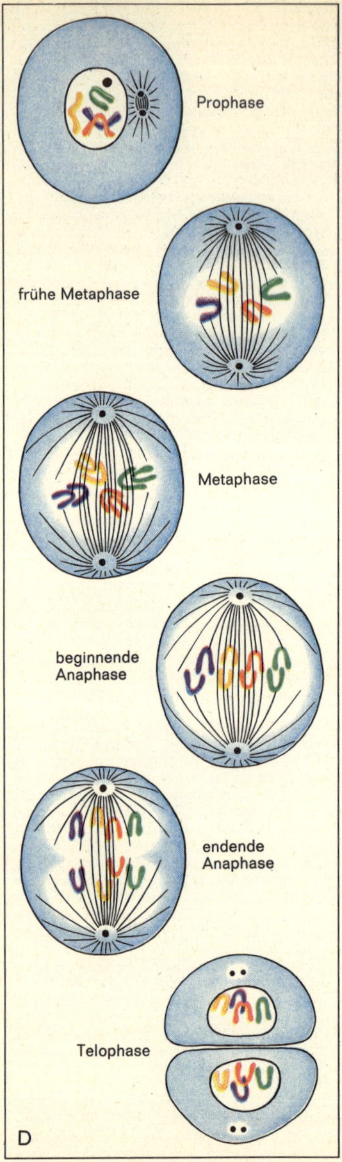

Indirekte Kernteilung (Mitose) (D)

Die Aufgabe des Zellkerns, die in ihm enthaltene genet. Information unverändert und vollständig von Zelle zu Zelle weiterzugeben, wird im Falle der normalen Kern- und Zellteilung, der Mitose, gelöst durch einen typ. **Formwechsel des Zellkerns,** wobei im Teilungskern die DNA in Gestalt lichtmikroskop. sichtbarer Chromosomen in Erscheinung tritt.

Chromosomen (C)
Chromosomen sind gedrungene, meistens gekrümmte oder gewinkelte Stäbchen, die ihren Namen von der Eigenschaft ableiten, sich durch bas. Farbstoffe gut färben zu lassen. Sie werden immer durch eine primäre Einschnürung **(Centromer)** in zwei Schenkel geteilt. Ihre Größe liegt bei 0,005 mm *(Mensch)*.
In der **Transportform** während des Teilungsgeschehens treten sie jeweils in einer individuellen Gestalt auf **(Chromosomenindividualität).** Sie zeigen eine charakteristische lichtmikroskop. **Längsgliederung:** eingebettet in die **Grundsubstanz** des Chromosoms (Matrix) liegen schraubig aufgerollt die **Chromonemen** mit ihren perlschnurartig aufgereihten, stark färbbaren **Chromomeren,** die vermutlich selbst Produkte einer Spiralisation sind. Daß diese Chromomeren die Genorte sind, gilt als unwahrscheinlich, denn einerseits sind sie viel zu groß, andererseits kann man Gene auch zw. den Chromomeren nachweisen.
Zur Zeit kann nur ein hypothet. Chromosomenmodell entworfen werden, da Zahl und Anordnung der DNA-Doppelstränge in einem einzelnen Chromosom noch unklar sind.
Die **Einstranghypothese** nimmt nur ein einziges Längselement an, das mehrfach schraubig aufgerollt ist. Nach der **Mehrstranghypothese** (B) besteht ein Chromosom aus mehreren, hierarchisch geordneten Längselementen, deren dünnste Fibrilleneinheit je ein DNA-Molekül von 25 Å ∅ und seinen Proteinmantel umfaßt.
Die **Anzahl** der Chromosomen in einer Zelle ist **artkonstant.** Dabei entsprechen sich in einer normalen Körperzelle je zwei in Form und Größe: **homologe Chromosomen** mit identischem Chromomerenmuster und vergleichbaren genet. Informationen, je eines von Vater und Mutter. Körperzellen enthalten also doppelte Chromosomensätze, sie sind **diploid** (2n). Im Gegensatz dazu stehen die Geschlechtszellen, deren genet. Ausstattung einfach, **haploid** (n) ist.

Teilungsverlauf (D)
Die Mitose läuft recht unterschiedlich ab. Es lassen sich aber generell über einen Zeitraum von mehreren Stunden fünf Phasen unterscheiden, die – durch typ. Chromosomenbilder belegt – einen kontinuierlichen Ablauf gliedern:

1. **Die Interphase** zw. zwei Teilungen umfaßt die Zeit, in der der Kern in der **Arbeitsform** stoffwechselaktiv ist, die diff. Zelle ihren Spezialaufgaben nachgeht und zudem die bei der letzten Teilung halbierten Bestandteile ergänzt. Die besonders wichtige Verdoppelung der genet. Substanz währt etwa 6–12 Stunden und endet etwa 1 Stunde vor Teilungsbeginn.
2. **Die Prophase** ist gekennzeichnet durch Anhäufung von RNA und zunehmende Spiralisierung der Chromonemen. Kernmembran und Nukleolen beginnen sich aufzulösen, die Centriolen wandern zu den Zellpolen und bilden die Polstrahlungen und zw. sich die Spindelfasern.
3. **Die Metaphase:** In ihr erfährt die spiralige Aufwindung der Chromosomen zur **Transportform** ihre Vollendung. Die **Längsspaltung in Chromatiden** ist fertig. Unter dem richtenden Einfluß der Spindelfasern zw. Spindelpol und den Centromeren der Chromatiden werden diese in der Äquatorialebene zur **Äquatorialplatte** geordnet.
4. **Die Anaphase** verläuft relativ rasch; die Chromatiden weichen mit dem Centromer voran nach den Polen auseinander. Die Ursache der Bewegung wird in einer Verkürzung der Spindelfasern (Zugfasertheorie) und in der Ausbildung eines aufquellenden Stemmkörpers zw. den beiden Chromosomengruppen gesehen (Stemmkörpertheorie).
5. **Die Telophase** umfaßt die Rückwandlung der Teilungsform beider Chromosomengruppen in die Arbeitsform. Die Kernmembran erneuert sich aus Teilen des ER; in der Äquatorialebene bildet sich die Zellplatte zur trennenden Zellmembran um, und der Zelleib schnürt sich ein.

Insgesamt umfaßt die Mitose drei voneinander unabhängige, normalerweise aber miteinander verknüpfte Vorgänge:
- die **identische Reduplikation** der DNA, die unter Längsspaltung der Chromosomen zur Chromosomenverdoppelung führt;
- die regelmäßige Verteilung der Hälften auf die neuen Tochterkerne **(Karyokinese);**
- die Zuordnung eines Cytoplasmabereiches zu jedem Kern durch Zellteilung oder Furchung **(Cytokinese).**

Mitosestörungen können in allen Stadien auftreten: Bei der **Endomitose** folgt der Chromosomenverdoppelung keine Kernmembranauflösung und Spindelbildung; die Tochterchromosomen verbleiben im Mutterkern, der auf diese Weise doppelte Chromosomenzahl erhält. Normalerweise diploide Zellen werden so tetraploid (4n), oktoploid (8n) oder allg. polyploid (somat. Polyploidie). Experimentell läßt sich die Spindelbildung durch Colchizin unterdrücken. Wird die Kernteilung normal beendet, der Zelleib jedoch nicht geteilt, entsteht eine zweikernige Zelle. Bei bestimmten *Algen* und *Pilzen* wird der Körper sogar regelmäßig vielkernig **(cönocytische Organisation,** I, S. 52).
Daß eine Cytokinese auch ohne Gegenwart eines Kernes ablaufen kann, hat man experimentell an *Seeigel*-Eiern zeigen können: Bruchstücke von Cytoplasma konnten zur Furchung angeregt werden und bildeten einen Haufen von mehreren hundert Zellen.

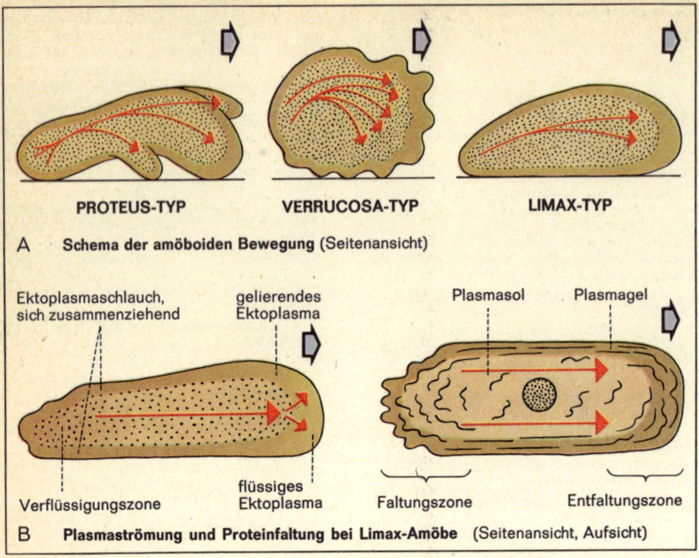

Amöboide Bewegung (A, B)

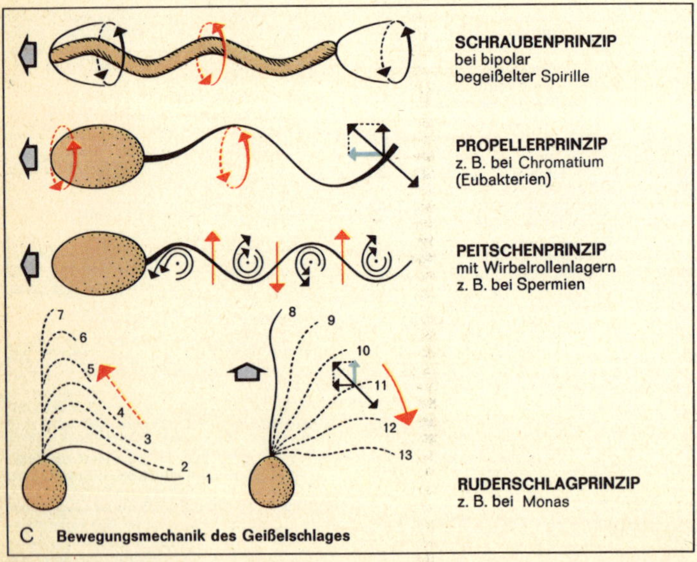

Geißelbewegung (C)

Für alle Zellen ist **Bewegung** ein kennzeichnendes Merkmal, auch wenn es nach Lebensstadium, Zellart und -diff. versch. geprägt ist. Bewegung entsteht in der Regel bei best. Stoffwechselvorgängen durch Umwandlung chem. in mechan. Energie. Einheitl. dient dabei ATP als Energielieferant für die Änderung des Kontraktionszustandes feinster Strukturelemente des Plasmas.

Die Plasmaströmung im Inneren der Zelle äußert sich bei Pflanzen vor allem durch die Orts- und Lageveränderung von Plastiden oder Zellkernen; sie ist in tier. Zellen verhältnismäßig schwach. Die Ursache ist nicht genügend geklärt, wahrscheinl. sind mehrere Faktoren wirksam. Die Bewegung wird ermöglicht durch den fortwährenden Wechsel der Protein-Haftpunkte (I, S. 21) und Umlagerung von Molekülen durch biochem. Prozesse, die sich zu stärkeren Plasmabewegungen addieren können.

Die amöboide Zellbewegung (A) fußt ebenfalls auf der Änderung des submikroskop. kolloidalen Gefüges, nämlich auf Viskositätsänderungen infolge der Sol-Gel-Umwandlung des Grundplasmas (I, S. 21) sowie örtl. Verringerung der Oberflächenspannung: Bei *Amöben* ist das Innere flüssig (Endoplasma), das Außenplasma (Ektoplasma) zäher, also im Gelzustand. Vermutlich durch Kontraktion im rückwärts gelegenen Teil einer *Amöbe* strömt Endoplasma (Plasmasol) nach vorn, wo sich ein Fortsatz (Pseudopodium) ausstülpt (B). Diese Art der Bewegung ist ursprüngl. allen nackten, zellwandlosen Zellen möglich. Sie ist charakterist. vor allem für *Schleimpilze*, *Amöben*, die meisten embryonalen Tierzellen, und in ausgewachsenen Organismen für die Wanderzellen (I, S. 61). Im Verlaufe der Ontogenese verschiebt sich der physiko-chem. Zustand der Zellen immer mehr zum Gelzustand, so daß von einer bestimmten Grenze ab die Pseudopodienbildung erschwert wird.

Die Geißelbewegung (C) beruht auf Dauerorganellen der Bewegung, auf den in Einzahl oder geringer Mehrzahl vorhandenen Geißeln (Flagellen), die als schwingende Plasmafäden die Zelle an Länge übertreffen. Sie sind die typ. Bewegungsorganelle der *Flagellaten*, mancher *Bakterien*, der flagellatenartigen Schwärmer und der Spermatozoen. Sie finden sich ferner in den Geißelkammern von *Schwämmen* und in manchen Ausscheidungsorganen, z. B. in Solenocyten. Die Bewegungsform zeigt Typen der schraubigen Drehung und des seitl. Ruderschlags. Am einfachsten sind die Verhältnisse bei den korkenzieherartigen *Spirillen:* Beginnen die Geißeln an den Enden zu rotieren (etwa 40 U/sec), so dreht sich der starre Körper gegenläufig mit etwa 13 U/sec und schraubt sich so durch das Wasser **(Schraubenprinzip).** Durch die Vorwärtsbewegung wird der Schwingungskreis der Geißeln glockenförmig deformiert. – Körper ohne diese Gestalt bewegen sich mit einer Schraubengeißel nach dem **Propellerprinzip**: Hier übt an der rasch rotierenden Geißel jeder Abschnitt eine dem Steigungswinkel entsprechende Kraft aus, deren längsgerichtete Resultante den Körper vorwärtstreibt, während die quergerichtete eine Drehung um die Längsachse erzeugt. – Seltener wird die Bewegung durch den Wellenschlag von **Peitschengeißeln** verursacht; auf den Wasserwirbeln gleitet die Geißel wie auf einem Rollenlager vorwärts. – Manche *Flagellaten* wenden auch das **Ruderschlagprinzip** an: die Geißel schwingt in einer Ebene, schlägt relativ starr nach hinten und bringt sich wieder gekrümmt in die Ausgangslage zurück, wobei die Krümmungsstelle von der Basis zur Spitze der Geißel vorrückt.

Die Cilienbewegung (I, S. 51) wird durch die kurzen, fädigen, in Vielzahl auftretenden Wimpern (Cilien) verursacht. Sie dient den *Wimpertierchen*, den Larven von *Hohltieren*, *Würmern*, *Weichtieren* und *Stachelhäutern*, aber auch den erwachsenen *Rippenquallen*, *Strudelwürmern* oder *Rädertierchen* zur Ortsbewegung. Bei vielzelligen Tieren erzeugen Cilien auf der Oberfläche (z. B. bei *Korallen*, *Moostierchen*) oder im Inneren von Organen (Därmen, Eileitern, Luftröhren) einen Flüssigkeitsstrom. – Der **Cilienschlag** erfolgt ruderartig, nach hinten schnell, bei Rückführung in die Ausgangslage langsamer. Die Cilien eines Feldes schlagen normalerweise in gleiche Richtung und regelmäßig nacheinander (metachron), so daß die Flimmerbewegung wellenartig fortzuschreiten scheint. Die Schlagfrequenz liegt bei 15–25 je Sekunde.

Der elektronenmikroskop. Feinbau ist bei allen Geißel- und Wimpertypen auffallend ähnlich: Sie bestehen aus elf längsverlaufenden Fibrillen, von denen zwei axial verlaufen, während sich die übrigen neun, jeweils in sich halbiert, zylindrisch darum herumlagern. Das Ganze ist als Achsenfaden in eine Matrix eingebettet und von einer Membran umgeben, die als Ausstülpung des Plasmalemmas entstanden ist. Verankert sind Geißel und Cilie in dem dicht unter der Zelloberfläche liegenden **Basalkörperchen,** aus dem sie auch hervorgegangen sind.

Diese prinzipiell gleiche Bauweise bei Einzellern, Pflanzen und Tieren – nur *Bakterien* zeigen nur zwei oder drei Fibrillen – läßt auf eine gemeinsame stammesgeschichtl. Ahnform schließen. Ähnliches gilt auch für ATP und die kontraktilen Proteine vom Actomyosintyp. Es gelingt, sowohl Muskelfibrillen als auch Proteine aus *Amöben*, Thrombocyten oder *Schleimpilzen* durch ATP zu kontrahieren. Interessanterweise ist das andere denkbare Prinzip der ATP-Einwirkung – die durch Ca^{++} ausgelöste Kontraktion der Proteine wieder energieverbrauchend rückgängig zu machen – außer bei gewissen *Protozoen* wie *Vorticella* nicht beibehalten oder fortentwickelt worden.

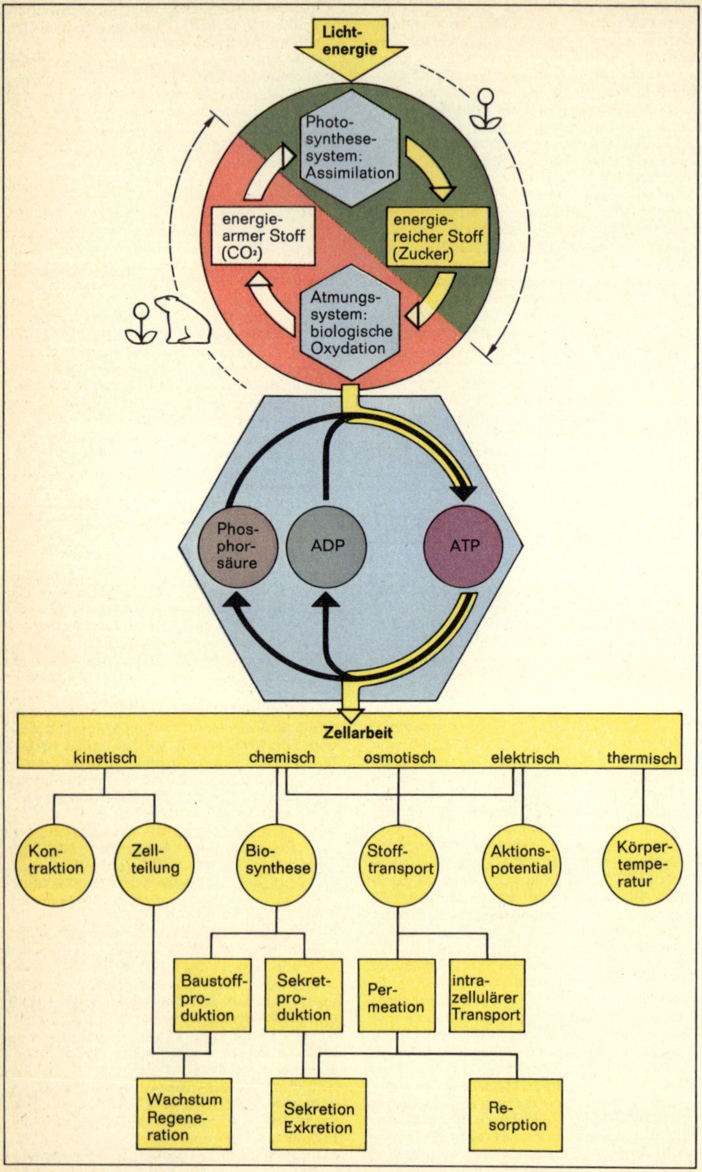

Der Energiefluß im globalen und zellulären Stoffwechsel

Zellstoffwechsel
Stoffwechselleistungen werden von allen lebenden Zellen vollbracht, jedoch ist die Stoffaufnahme, -verarbeitung und -abgabe nur selten sichtbar zu machen. Alle Stoffe – feste, flüssige, gelöste oder gasförmige – passieren dabei **Elementarmembranen,** die als sichtbare Strukturen des Stoffwechselgeschehens versch. Mischphasen voneinander trennen.
Der **passive Durchgang** bei Diffusion oder Osmose (I, S. 25), der keine Zellenergie benötigt, erfolgt auf Grund eines stoffl. Konzentrations- oder elektr. Potentialgefälles und sucht vorhandene Unterschiede auszugleichen.
Der energieverbrauchende **aktive Transport** ist ebenfalls unsichtbar, wenn er im molekularen Bereich stattfindet; er wird morpholog. greifbar, wenn er bei nackten Zellen an sichtbaren Membranbildungen abläuft. Bei einer solchen Einverleibung **(Endocytose)** unterscheidet man drei Möglichkeiten:

1. **Die Phagocytose** ist die Aufnahme von festen Mikroteilchen.
2. **Die Pinocytose,** ursprüngl. das »Trinken« der Zelle, also das Aufnehmen von Flüssigkeitstropfen, gilt dem Einbringen der echt oder kolloidal gelösten Substanzen in das Zellinnere.

Diese Vorgänge lassen sich an allen Zellen beobachten, die ganz oder teilweise einer amöboiden Zellformveränderung fähig sind. Morpholog. sind beide Formen gekennzeichnet durch die Ausstülpung eines Pseudopodiums, das das adsorbierte Teilchen oder den Tropfen umfängt und durch die Vereinigung seiner Spitze mit der gegenüberliegenden Zellmembran eine Vakuole bildet.

3. **Die Mikropinocytose** ist nur elektronenmikroskop. nachzuweisen, und zwar bei *Amöben,* vielen tier. Gewebezellen und sogar Pflanzenzellen. Wahrscheinl. ist sie eine fast allg. Leistung lebender Zellen. Sie stellt den Übergang her zum unsichtbaren molekularen Aktivtransport, denn hier werden molekular oder kolloidal gelöste Substanzen durch Einstülpung der Zellmembran mit nachfolgender Abschnürung von Bläschen kleinsten Ausmaßes aufgenommen.

Durch diese Verfahren gelangen kleine Volumina der Außenwelt zwar in das Zellinnere, nicht aber in das Cytoplasma, denn da sie weiterhin von dem Plasmalemma als Vakuolenwand eingeschlossen sind, handelt es sich nur um eine Verlagerung der physiolog. Membranbarriere von der Oberfläche in das Zellinnere. Wie schließlich der Eintritt in das Cytoplasma ermöglicht wird, ist noch ungenügend geklärt. Die Membran scheint die notwendige Durchlässigkeit sowohl chem. als auch physikal. zu erreichen, ersteres durch Verändern der stoffl. Zusammensetzung oder des molekularen Gefüges, letzteres durch Abschnüren von zahlr. kleinen Sekundärvakuolen, wodurch gleichzeitig die zu durchdringende Oberfläche vergrößert (300 mal) und die Membrandicke verringert wird. Sicherlich spielen diese Vakuolen auch eine Rolle im interzellulären Transport, gelegentlich wohl auch als transzelluläre Passage (Cytopempsis), bei der Stoffe z. B. durch Gefäßwände hindurchgeschleust werden. Wenn aber die Zelle an der Verwendung des eingeschlossenen Inhalts interessiert ist (»Nahrungsvakuole«), setzt eine innervakuolöse Verdauung durch Enzyme ein.

Der Baustoffwechsel
Ein großer Teil der aufgenommenen Stoffe dient der Synthese neuer Substanzen. Aus relativ einfachen Bausteinen wird hochorganisierte, lebende Materie geschaffen. Die Hälfte bis zwei Drittel des von der Zelle täglich gebildeten Proteins ist **Enzymeiweiß,** das den ganzen Lebensvollzug auslöst und steuert. Aber auch das **Struktureiweiß** ist ständigen Auf-, Um- und Abbauvorgängen unterworfen. Diese angleichenden **(assimilator.) Stoffwechselleistungen,** die zum Gewinn körpereigener Stoffe dienen, verbrauchen Energie; sie sind endergonische Prozesse.

Der Energie- oder Betriebsstoffwechsel
Er verknüpft energieaufnehmende Lebensäußerung mit energieliefernden (exergonischen) Reaktionen. Der wichtigste **dissimilator. Prozeß** ist die Zellatmung (biolog. Oxydation), bei der von der Zelle aufgenommene energiereiche Stoffe in den Mitochondrien zu energiearmen abgebaut werden. Verläuft diese Verbrennung unter Mitwirkung von molekularem Sauerstoff O_2, so nennt man die Atmung **aerob,** sonst anaerob **(Gärung).**
Je nachdem, ob die Organismen die Energie ausschließl. aus bereits vorhandenen organ. Stoffen gewinnen, oder ob sie primär auch andere Energieformen zu nutzen vermögen (z. B. Licht), bezeichnet man sie als **heterotroph** bzw. **autotroph.**
Heterotrophie herrscht bei *Mensch, Tier, Pilzen* und vielen *Bakterien,* die sich von den organ. Körperbestandteilen anderer Lebewesen ernähren. **Autotrophie** ist auf das Pflanzenreich beschränkt und ist die Voraussetzung des tier. Stoffwechsels. So stammt letztlich alle Energie, die den Organismen zufließt, von der Sonnenstrahlung, die bei der CO_2-Assimilation (Photosynthese) der Autotrophen in die chem. Energie der Kohlenhydrate überführt wird. Die Tiere benutzen bei der Oxydation der organ. Substanzen außerdem den Sauerstoff, der bei der Photosynthese der Pflanzen an die Atmosphäre abgegeben wird, und stellen »dafür« den Pflanzen CO_2 zur Verfügung. So sind pflanzl. und tier. Stoffwechsel in einem globalen Kreisprozeß miteinander verknüpft.
Der **Energieübertragung** im dissimilator. Zellstoffwechsel dient zumeist die **ATP,** die die Energie in kleinen, biol. brauchbaren Mengen wieder freisetzt, wann und wo sie bei der Verrichtung der kinet., chem., osmot., elektr. oder therm. Zellarbeit gebraucht wird (s. Abb.).

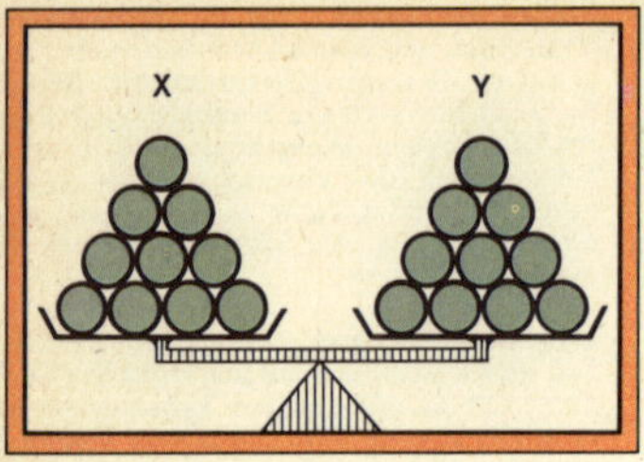

A

X=Y=KONSTANT

Statisches Gleichgewicht im geschlossenen System herrscht z. B. auf einer Waage, deren Schalen gleich schwer zur Ruhe gekommen sind und gegen weitere Einwirkungen durch einen Abschluß geschützt sind.

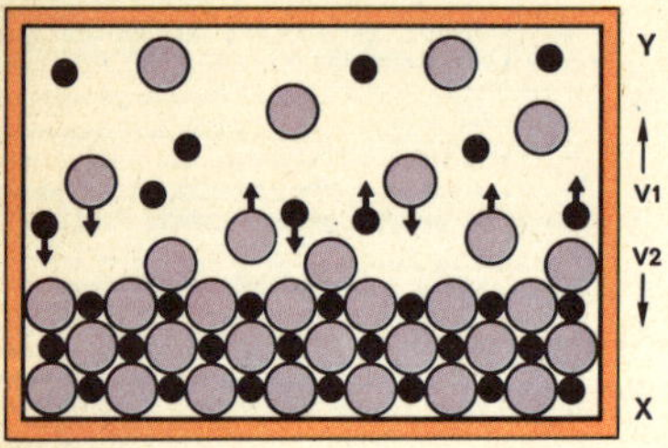

B

$X \underset{V2}{\overset{V1}{\rightleftarrows}} Y$

Dynamisches Gleichgewicht im geschlossenen System herrscht z. B. in einem abgeschlossenen Gefäß zw. der Flüssigkeit und ihren verdunsteten Molekülen: Es treten ständig ebensoviele Moleküle in den Gasraum (Y) über wie in die Flüssigkeit (X); die Austausch-Geschwindigkeiten V1 und V2 sind gleich.

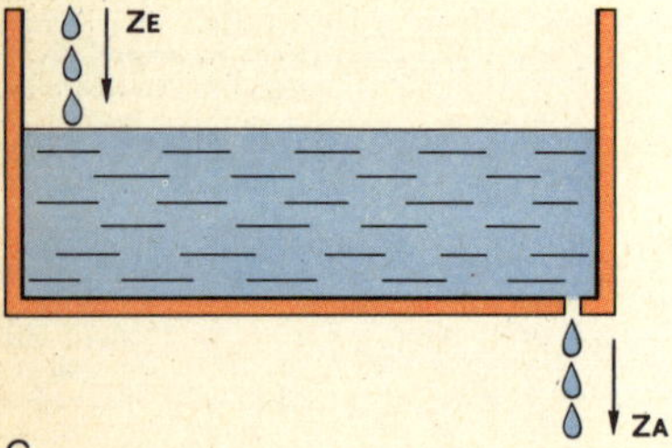

C

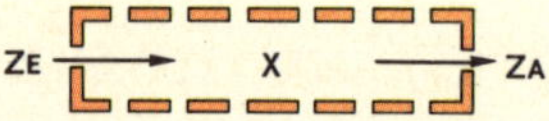

Stationäres Gleichgewicht im offenen System = Fließgleichgewicht liegt vor, wenn z. B. der Zufluß ZE dem Abfluß ZA in einem offenen Gefäß entspricht. (Veränderungen im System selbst sind hier zur Vereinfachung nicht berücksichtigt)

Halbwertzeit von:	Mensch	Ratte
Gesamteiweiß-N	80 Tage	17 Tage
Plasmaeiweiß-N	10 Tage	6 Tage
Muskeleiweiß-N	158 Tage	21 Tage
Glykogen		1 Tag
Blutzucker		0,8 Std.

D

Geschwindigkeit des Fließstroms (Umbaugeschwindigkeit) innerhalb eines Fließgleichgewichtes.

Systeme im Gleichgewicht

»Die Formen des Lebendigen sind nicht, sie geschehen« (BERTALANFFY); sie sind Ausdruck eines ständigen Fließens von Materie, Energie und Information.
Wir sind an die Gegensätze von Struktur und Funktion, von Morphologie und Physiologie gewöhnt. Aber was wir als lebende **Gestalt** beschreiben, sind langsame und lang anhaltende, was wir als **Funktion** auffassen, schnelle und nur kurz währende Prozesse. Jeder lebende Organismus ist ein sich im geordneten Geschehensfluß erhaltendes Gebilde.
Wir beobachten den ständigen Wechsel untergeordneter Teilsysteme und die scheinbare Konstanz umfassenderer Systeme auf allen Beschreibungsstufen des Lebens: **Makromoleküle** der Zellorganelle werden ständig ausgetauscht, während das **Organell** bestehen bleibt; aber auch dieses verändert sich mit der Zeit, in der die **Zelle** als Ganzes beharrt. Im vielzelligen **Organismus** nun sterben fortwährend Zellen ab und werden durch neue ersetzt, während die Gesamtgestalt bleibt. Innerhalb einer **Population,** einer Lebensgemeinschaft, einer Art sterben Individuen und werden neue geboren. Von einem bestimmten Modellniveau aus betrachtet, erscheint also jedes organ. Gebilde als beständig, als stationär: Der ständige Wechsel strebt oder führt zu einem **Gleichgewicht (Gg),** bei dem Ab- und Zufluß in einem bestimmten Verhältnis stehen. Dieses Gg wird aber nicht in einem nach außen hin isolierten, geschlossenen System erreicht. Der Organismus ist vielmehr ein **offenes System,** das fortwährend in einem stoffl., energet. und informator. Austausch mit seiner Umwelt steht. Das dynam. Gg in einem offenen System wird »**Fließgleichgewicht**« genannt (nach BERTALANFFY). Dieser Begriff läßt sich auf biol. Erscheinungen ebenso gut anwenden wie auf physikal. (Wasserstrahl), chem. (Flamme), ökolog. (Lebensgemeinschaft), polit. (Staat) oder wirtschaftl. (Markt).
Dynam. Gg in geschlossenen und **Fließ-Gg** in offenen Systemen haben gemeinsam, daß sowohl das System als Ganzes als auch seine Glieder konstant bleiben. Aber sonst sind sie (nach BERTALANFFY) grundverschieden:

1. Dynam. Gg in geschlossenen Systemen sind grundsätzlich umkehrbar (reversibel), denn es laufen gleichzeitig die einander entgegengesetzten Bildungs- und Zerfallsreaktionen ab. Das Gg ist dann erreicht, wenn die temperatur- und konzentrationsabhängigen Reaktionsgeschwindigkeiten der gegenläufigen Prozesse gleich groß sind. Fließ-Gg in offenen Systemen sind dagegen **nicht umkehrbar** (irreversibel), da die Reaktionsprodukte aus dem System austreten.
2. Dynam. Gg sind eine Folge des 2. thermodynam. Hauptsatzes und durch das **Minimum an freier Energie** bestimmt. Geschlossene Systeme *müssen* in diesen zeitunabhängigen Zustand des Gg übergehen, offene *können* schließlich unter bestimmten Bedingungen den zeitunabhängigen Zustand eines Fließ-Gg erreichen. Der 2. Hauptsatz gilt in seiner üblichen Form nicht für offene Systeme.
3. Das geschlossene System im Gg braucht zu seiner Erhaltung keine Zufuhr von Materie oder Energie; es ist stabil. Ein offenes System hingegen kann seinen stationären Zustand nur erhalten, wenn die Veränderungsgeschwindigkeiten genau aufeinander abgestimmt sind. Entscheidend ist nämlich, daß dieses Fließ-Gg in Organismen immer in einem bestimmten **Abstand zum wahren Gg** steht. Voraussetzung dafür ist die **Zufuhr von Energie** aus der Umwelt zur Erhaltung der Distanz, daneben auch eine gewisse **Langsamkeit der Reaktionen,** was jedoch durch die Reaktionsmechanismen organ.-chemischer Verbindungen gewährleistet ist (z. B. biolog. Oxydation).
4. Aus einem dynam. Gg im geschlossenen System kann keine Arbeit gewonnen werden. **Dauernde Arbeitsleistung** ist nur in einem offenen System möglich: als stationäres System im Fließ-Gg, worin fortwährend die zum wahren Gg führenden Reaktionen ablaufen, besitzt der Organismus jene ständige Arbeitsfähigkeit, die zur Verrichtung seiner ununterbrochenen Leistungen notwendig ist.

Faßt man einen Organismus als offenes System im Fließ-Gg auf, so lassen sich als Folgerungen daraus auch die klass. **Kriterien des Lebens** ableiten und auf das Zusammenwirken stoffl. Faktoren zurückführen: Stoff- und Energiewechsel, Formwechsel, Reizerscheinungen und autonome Tätigkeit.
Das Fließ-Gg im **Stoff- und Energiewechsel** ist mit dem Passieren von Membranen verbunden. Da die Oberfläche aber nur in der 2., das Körpervolumen aber in der 3. Potenz anwächst, ist eine einfach proportionale Vergrößerung des Körpers weit über Zellgröße hinaus unmöglich, da sonst die Bedarfsdeckung an Sauerstoff und Nährstoffen unterbliebe. Als strukturell und funktionell notwendige Anpassung folgen daraus vergrößerte innere Oberflächen, Transportmedien, Stoffumtrieb, d. h. eine insgesamt höhere Organisation. Damit bedingen Fließ-Gg samt seiner Erhaltung im Stoff- und Energiewechsel und differenzierte Form einander. Der **Formwechsel,** vor allem onto- und phylogenet. Wachstum, läßt sich also auf der Grundlage des Fließ-Gg exakt erfassen, wenn er als Resultat des Gegeneinanders von Auf- und Abbauprozessen betrachtet wird.
Die **Reizerscheinungen** und **autonomen Tätigkeiten** erscheinen als kleinere, dem Strom des Fließ-Gg aufgelagerte Prozeßwellen. Erstens reagiert der Organismus auf Umweltänderungen, »Reize«, mit vorübergehenden Schwankungen des stationären Zustandes, zweitens aber laufen systembedingte Aufladungsvorgänge ab, die sich im Sinne einer Kippladung spontan, also ohne äußeren Reiz entladen. Automat.-rhythm. Aktivität hat hier ihre Ursache.

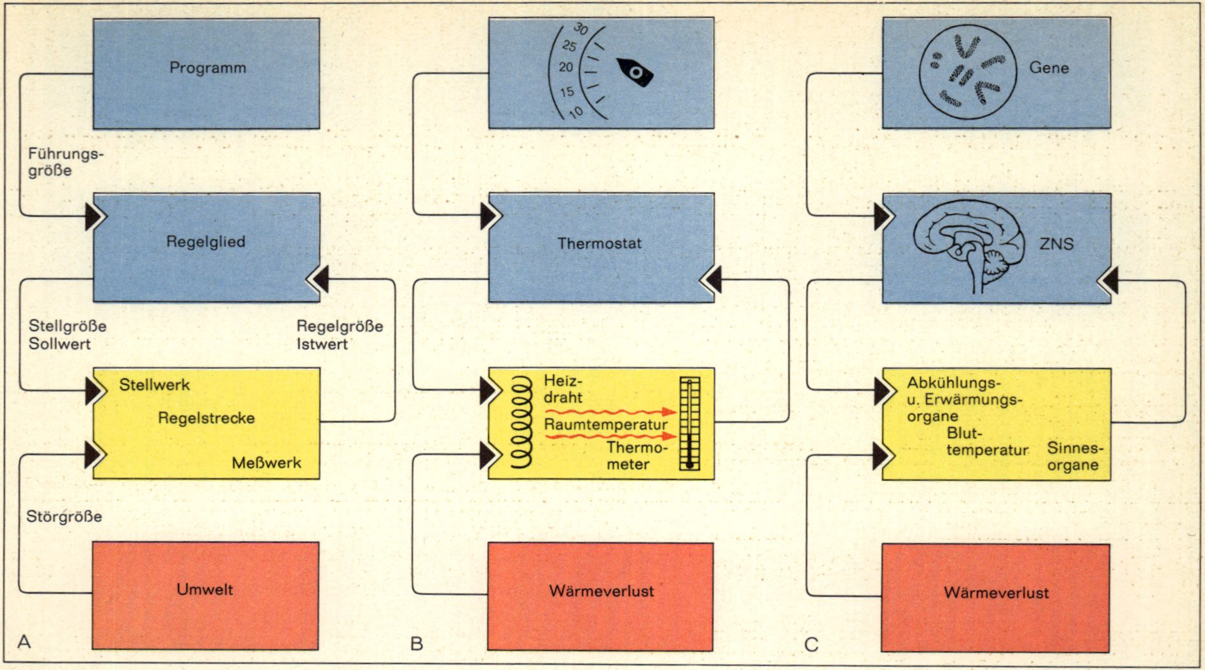

Regelkreis: Formale Darstellung (A) und technische (B) bzw. biologische (C) Temperaturregelung

Das Grundproblem des Lebendigen ist die Aufrechterhaltung des Fließ-Gg gegenüber den ständigen Störungen. Dies wird nicht durch maschinenhafte Starre, durch unbedingtes Festhalten am althergebrachten Programm erreicht. Vor allem die Fähigkeit zur Anpassung gewährleistet den Fortbestand und die Höherentwicklung lebendiger Strukturen. Dieses Gesetz gilt für alle Organismen, für die individuellen wie kollektiven, für die Einzeller wie Mehrzeller. Auch der Mensch ist einbezogen, selbst wenn er sich gelegentlich kraft seiner geistigen Fähigkeiten daraus in eigener Verantwortlichkeit löst.

Die Harmonisierung wird nur selten nach dem **Prinzip der Steuerung** (I, S. 17) versucht, indem von einer übergeordneten Zentrale, sozusagen *a priori* und diktatorisch die gestörte Größe eingestellt wird. Meist wird die Konstanz von Zustandsgrößen durch ihre ständige Kontrolle und Korrektur erreicht: Nach dem **Prinzip der Regelung** (I, S. 17) wirken in einem geschlossenen Kausalkreis die beteiligten Elemente auf sich selbst zurück. Rückmeldungen bzw. Erfahrungen beherrschen das Geschehen, hier wird gleichsam *a posteriori* und demokratisch regiert. – Damit diese Rückwirkung möglich ist, muß ein Teil der Energie, die in einem solchen System umgesetzt wird, zur Steuerung des Energiestroms selbst mit Hilfe einer Information verwendet werden. Die Informationsübermittlung allein braucht nur sehr wenig Energie. Außerdem kommt in dem geschlossenen Kausalkreis nur eine einzige Wirkungsrichtung für den Informationsfluß in Betracht.

Die so ausgestattete Selbstregelung durch **Rückkoppelung** (feed back, Reafferenz s. Bd. II) gilt als ein **Urprinzip des Lebenden.**

Negative Rückkoppelung (Gegenkoppelung)

Die vorgestellten kybernet. Modelle (I, S. 17), die sich vom Regelkreis ableiten (A), arbeiten so, daß sie stets das Gegenteil dessen veranlassen, was in dem System als Störung geschieht (negative Rückkoppelung, Gegenkoppelung, negatives feed back).

Der Vorgang spielt sich an einem techn. Regler, einem Thermostaten, folgendermaßen ab (B): Wenn in einem best. Raum **(Regelstrecke)** die Temperatur **(Regelgröße)** auf einem gewünschten Wert **(Sollwert)** gehalten werden muß, der durch ein **Programm** über eine **Führungsgröße** dem Thermostaten **(Regelglied)** angewiesen ist, dann mißt ein Thermometer **(Meßwerk)** die tatsächl. Temperatur **(Istwert)** und gibt die Information an den Regler weiter. Liegt der Istwert unter dem Sollwert, so informiert der Regler über eine **Stellgröße**, hier etwa durch hergestellten Kontakt in einem elektr. Schalter, die Heizeinrichtung **(Stellwerk)**. Diese produziert so lange einen die Regelstrecke durchfließenden Wärmestrom, bis der Sollwert erreicht, oder, bei einem normalerweise durch Trägheit verursachten Über-das-Ziel-Schießen, überkompensiert ist. So pendelt die Temperatur ständig um eine Gleichgewichtslage und Störungen werden sofort wieder ausgeglichen, indem gegenwärtige Abweichungen zukünftige Vorgänge in umgekehrter Weise beeinflussen.

Analog zu der techn. Wärmeregelung verläuft die biolog. im menschl. Körper in vereinfachter Sicht (C): die Kälterezeptoren in der Haut messen die niedrige Außentemperatur, senden auf Nervenbahnen eine entspr. Information zum Kältezentrum im Zwischenhirn, das dann versch. Stellwerke einschaltet und u. a. die Wärmeerzeugung im Inneren erhöht.

Auf Grund der Arbeitsweise und Leistungsfähigkeit unterscheidet die Kybernetik als **Reglertypen** proportional wirkende P-Regler, integral wirkende I-Regler und Regler mit Differentialquotienten-Empfindlichkeit (D-Einfluß).

P-Regler sind in biolog. Systemen am häufigsten vertreten. Bei ihnen ist einer best. Meßgröße des Meßwerks eine best. Stellung des Stellwerks zugeordnet. Die Regelung erreicht bei Störungsbeginn sofort maximale Entstörung, es bleibt aber aus mathemat. faßbaren Gründen immer ein Störrest. Diese unvollkommene Regelung ist jedoch kein Mangel: Das Vorhandensein eines Restreizes ist die unabdingbare Voraussetzung für den Bestand der neuen, angepaßten Lage im Fließ-Gg.

I-Regler benötigen keinen Restreiz zur Erhaltung der neuen Gleichgewichtslage, sie regeln total, brauchen dazu aber eine gewisse Zeit. Bei ihnen entspricht die Stellung des Stellgliedes dem Zeitintegral des Istwertes. Die Regelungsgeschwindigkeit nimmt mit Annäherung an den Sollwert ab.

Regler mit D-Einfluß berücksichtigen nicht nur die absolute Lage der Regelgröße, sondern auch ihre Änderungsgeschwindigkeit. PD- oder ID-Regler handeln als **Vorfühlregler**: sie arbeiten nicht nur entsprechend dem gegenwärtigen Istwert, sondern schon im Sinne des zukünftigen, der zu erwarten ist, wenn seine Änderung in der bisherigen Weise weitergeht. In die Zukunft hinein extrapolierende Regler scheinen sehr häufig zu sein.

»Daß sich die Zukunftsträchtigkeit des Lebenden – also die Fähigkeit, in der Gegenwart so vorzusorgen, daß auch für die Zukunft die Erhaltung des Lebens garantiert ist – aus den physikal. Gegebenheiten solcher Systeme verstehen läßt, ist . . . eine Erkenntnis, die aus dem Interessengebiet der Biologie weit in die Probleme der Philosophie hineingreift« (WAGNER, 1961).

Positive Rückkoppelung (Mitkoppelung)

Diese Rückkoppelung mit Selbstförderung ist ebenfalls ein wichtiges Urprinzip des Lebenden. Zur Erhaltung und Vermehrung des Lebensvorganges sind kettenreaktionsartige autokatalyt. Prozesse Voraussetzung. Ihre Verbreitung reicht von der DNA-Synthese über die gesamten kreisförmigen Stoffwechselprozesse bis hin zu der durch Sozialimitation hochgeschaukelten Mode (Bd. II).

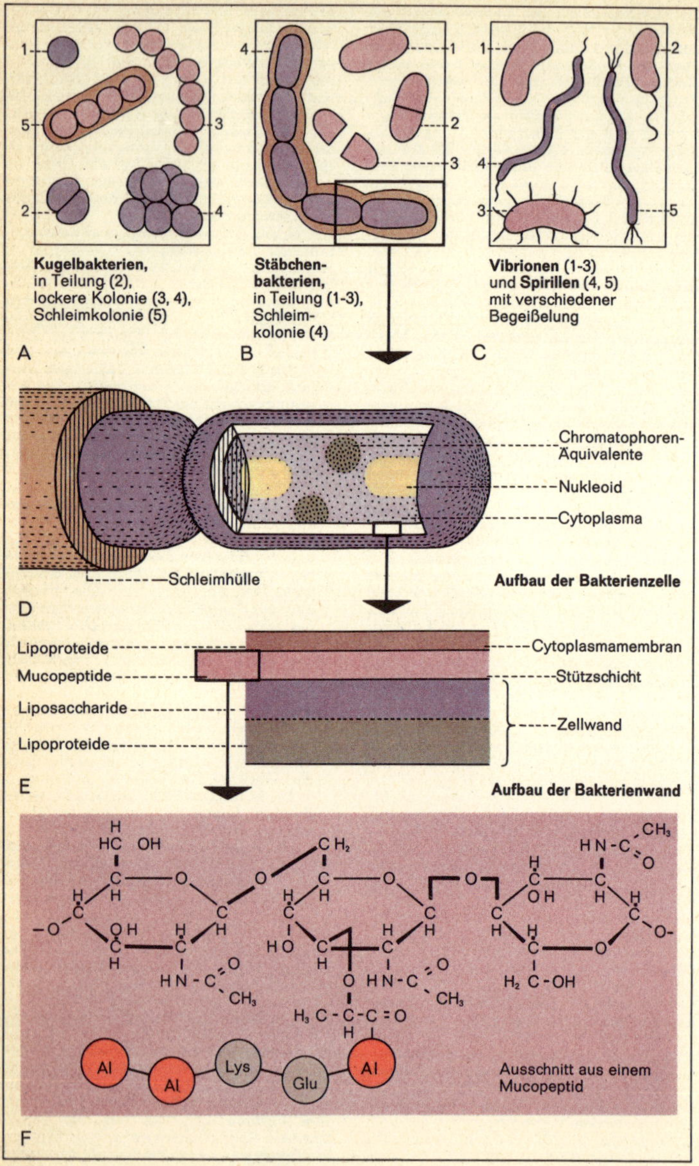

Bakterien: Typen (A–C) und Zellstruktur (D–F)

Schizophyten

Die einfachste Organisationsstufe, auf der die Einzelzelle den Wert eines ganzen, selbständigen Organismus hat, ist die systemat. Kategorie der **Einzeller.** Aber bereits hier können erhebliche Unterschiede festgestellt werden. Die erste Gruppe, die **Schizophyten,** zu der die *Bakterien* und die *Cyanophyceen* gehören, wird von den anderen (I, S. 44–53) abgegrenzt durch folgende Merkmale:

1. Fehlen von Membranen, die einen Kern, einen Photosyntheseapparat und Enzymsysteme der Zelloxydation abschließen;
2. Verteilung des genet. Materials ohne Mitose, durch »Spaltung«;
3. Strukturell und chem. eigenartige Zellwand.

I. Bakterien

Die Größe der Bakterienzelle liegt zw. 0,0001 und 0,02 mm, der häufigste Mittelwert ist 0,001 mm. Bakterien sind somit die kleinsten Organismen, die gerade noch im Lichtmikroskop wahrnehmbar sind.

Die Form der *Bakterien* wird zur systemat. Gliederung benutzt, ohne daß dadurch zugleich auch verwandtschaftl. Verhältnisse aufgezeigt würden.

1. **Die Eubakterien** sind einzellige, unverzweigte *Bakterien,* die die Hauptmasse stellen und untergliedert sind in:
   a. **Kokken** *(Kugelbakt.)* von kugelförmiger Gestalt (A): *Streptococcus, Sarcina;*
   b. **Bakterien** und **Bazillen** von Stäbchenform (B): *Nitratbakt., Pestbakterium;*
   c. **Vibrionen** *(Kommabazillen),* den Bruchteil einer Schraubenwindung bildende Stäbchen (C): *Vibrio cholerae;*
   d. **Spirillen** *(Schraubenbakterien),* korkenzieherartig gewundene Stäbchen (C).
2. **Die Fadenbakterien** sind zu fadenförm. Zellverbänden vereinigt, in denen die einzelnen *Bakterien* durch eine Scheide zusammengehalten werden (A, B): *Eisenbakterien.*
3. **Die Strahlenpilze** *(Actinomyceten)* bilden in der Regel aus den stäbchenförm., unbewegl. Zellen strahlige Verzweigungen aus sehr dünnen, langen Fäden.

In einzelnen Entwicklungsstadien besitzen viele *Bakterien* äußerst zarte **Plasmageißeln,** die die Zellen zu aktiven, oft sehr schnellen Schwimmbewegungen befähigen. Sie treten als Einzelgeißel (monotrich), als endständiges Büschel (lophotrich) oder auch als allseitiger Besatz auf (peritrich).

Als **Kernäquivalent,** also als genet. Steuerzentrum dem Zellkern funktionell vergleichbare Struktur, enthalten die Bakterienzellen mehr oder weniger runde, unscharf begrenzte Bereiche mit DNA, die **Nukleoide** (D). Durch genet. Untersuchungen wurde bewiesen (Bd. II), daß auch hier die Gene linear angeordnet sind und den allg. Chromosomengesetzen unterliegen. Vermutl. sind die Gene eines Nukleoids zu nur einem Chromosom zusammengefaßt.

Da einige *Bakterien,* so die *Purpurbakterien,* auch zur Photosynthese fähig sind, forschte man nach **Chromatophoren-Äquivalenten.** Man findet sie in Form von Lipoproteidlamellen, die ohne äußere Membranhülle, aber in Paketen oder Bläschen zusammenliegen und in monomolekularer Schicht Bakteriochlorophyll, Bakterioerythrin und Carotinoide tragen. Selbständige Mitochondrien sowie Golgi-Apparat und ER fehlen den *Bakterien.*

Eine der Elementarmembran wohl homologe **Cytoplasmamembran** (E) aus Lipoproteiden begrenzt das Cytoplasma. Sie dient nicht nur, wie das Plasmalemma anderer Zellen, als physiolog. Barriere dem selektiven Austausch mit der Umwelt, sondern sie ist zugleich Träger vieler Enzyme, so der Aminosäureaktivatoren und der Oxydationssysteme (Mitochondrienfunktion); außerdem scheint sie die Bildungsstätte der Chromatophoren zu sein.

Die formbestimmende **Stützschicht,** nach deren Entfernung alle Bakterienformen sich abrunden, liegt der Cytoplasmamembran direkt an; sie besteht vorwiegend aus Mucopeptiden, das sind polymere Verbindungen aus Aminozuckern (Glukosamin, Galaktosamin) und Peptiden, die durch Muraminsäure gekoppelt sind (F).

Die 100–400 Å dicke, starre **Zellwand** unterscheidet sich sowohl in der chem. Zusammensetzung als in der Ultrastruktur wesentlich von den Zellulosewänden der Pflanzenzelle. Sie ist immer mehrschichtig, ohne fibrilläre Strukturen und somit frei von Zellulose (Ausnahme: *Acetobacter xylinum* und Verwandte).

Manche *Bakterien,* die den bei der Färbung nach GRAM absorbierten Anilinfarbstoff, z. B. Kristallviolett, fest in der äußersten Wandschicht an den Protein-Mg-Nukleatkomplex binden und deswegen **grampositiv** heißen, weisen einen einfacheren Zellwandbau auf als die **gramnegativen** *Bakterien.* Bei diesen folgt auf die Stützschicht eine mittlere Liposaccharid- und darauf eine äußere Lipoproteidschicht (E).

Die Zellwand beherbergt die versch. gruppen- und typenspezif. Antigene (I, S. 61). Versch. *Bakterien,* so *Pneumokokken, Streptokokken* und *Bazillen,* vermögen scharf begrenzte Kapseln, andere, wie z. B. das *Essigbakterium,* verschleimende Gallerthüllen aus Polysacchariden und Polypeptiden zu bilden.

Unter ungünstigen Lebensbedingungen bilden viele *Bazillen* **Dauersporen** (Cysten) im Inneren der Zelle: Um die Nukleoide sammelt sich das Cytoplasma, reichert sich mit Reservestoffen an und umgibt sich mit einer derben Sporenhaut. In diesem ruhenden Lebenszustand werden sie auch leicht verbreitet.

Die **ungeschlechtl. Fortpflanzung** erfolgt durch Querteilung senkrecht zur Längsachse nach vollzogener Nukleoidteilung durch irisblendenartigen Aufbau einer sich später aufspaltenden Trennwand (**»Spaltung«**). Die dabei entstehenden Tochterzellen können noch vorübergehend zu charakterist. Kolonieverbänden (Coenobien) verbunden bleiben.

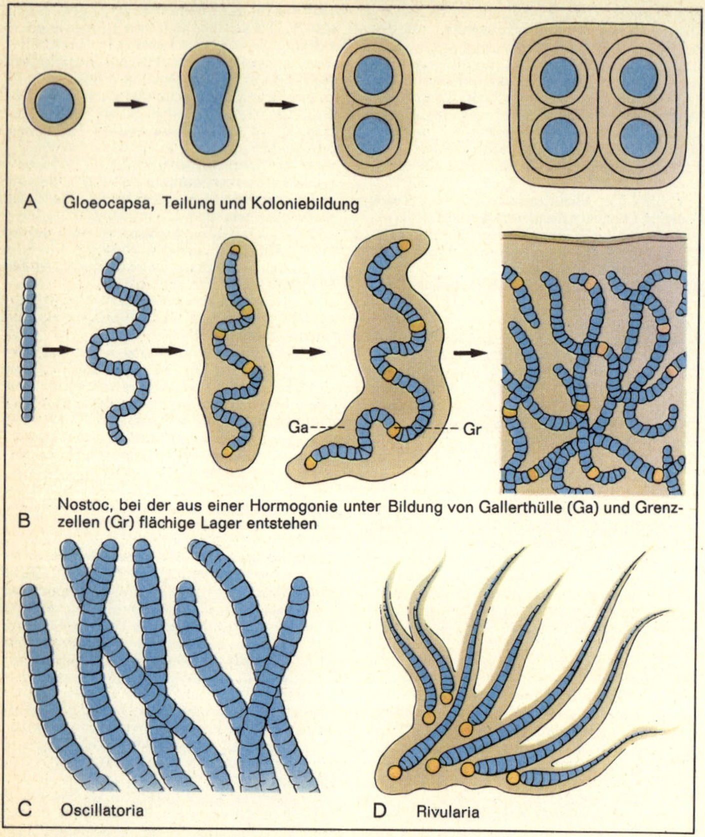

Blaualgen-Kolonien

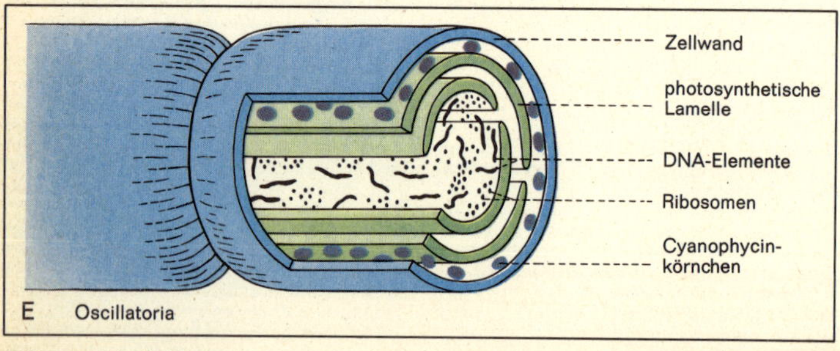

Zellaufbau der Blaualgen

Die Möglichkeit **sexueller Fortpflanzung** trotz Fehlens eines eigentl. Sexualaktes ist durch die Rekombination (Bd. II) gegeben.

Das **Vorkommen** der *Bakterien* in ungeheuer großen Zahlen in allen Medien (1g Ackerboden enthält bis 25 Milliarden, 1 cm^3 Milch etwa 25 Millionen *Bakterien*) findet seine Ursache in vier Faktoren:

1. Die **Vermehrungsrate** ist sehr hoch: alle 20–40 Min. kann sich ein *Bakterium* teilen. Es hat dann nach einem Tag 2^{48}, also ungefähr ¼ Billiarde Nachkommen.
2. Wegen ihrer **Kleinheit** können sie sich in Luft oder Wasser überallhin ausbreiten.
3. Die **Widerstandsfähigkeit** bes. der Dauersporen überwindet sowohl anhaltende Trockenheit, bis 30stündige Siedehitze oder extreme Kälte (-253°C), als auch giftige Desinfektionsmittel.
4. Die **Mannigfaltigkeit des Stoffwechsels** nützt alle Möglichkeiten aus: Manche *Bakterien* leben aerob, andere anaerob. *Stickstoffbakterien* vermögen atmosphärischen Stickstoff zu binden (Bd. II).

Die **autotrophen Formen,** die aber nur einen kleinen Formenkreis umfassen, assimilieren den Kohlenstoff entweder wie die übrigen Autotrophen durch **Photosynthese,** oder aber durch Oxydation anorgan. Verbindungen **(Chemosynthese).** Unter den letzteren sorgen die *Schwefelbakterien* durch Abbau von giftigem Schwefelwasserstoff in fauligen Abwässern für eine biolog. Reinigung. Die Mehrzahl der **heterotrophen** *Bakterien* ernährt sich saprophytisch, also von totem, organ. Material. Diese meist hochspezialisierten (1.) **Saprophyten** (Fäulniserreger) zersetzen bestimmte, aber insgesamt alle organ. Verbindungen und überführen sie wieder in niedermolekulare Formen, die von den Pflanzen assimiliert werden können. Damit schaffen *Bakterien* die Voraussetzung für den Kohlenstoff- und Stickstoffkreislauf. Manche *Bakterien* gedeihen in lebenden Wirtsorganismen, ohne diese dabei zu schädigen: (2.) **Synoeken.** Andere sind sogar sehr förderlich: Diese (3.) **Symbionten** findet man sowohl unter den *Stickstoffbakterien (Knöllchenbakterien* an *Leguminosen, Erlen)* als auch in der ausgedehnten bakteriellen Darmflora. Die im Magen der *Rinder* lebenden, die pflanzl. Nahrung zersetzenden *Bakterien* bilden fast ausschließl. die Ernährungsbasis ihrer Wirtstiere.

Die (4.) **Parasiten** ernähren sich von lebender Substanz. Sie befallen andere Lebewesen und schädigen sie durch Eiweißentzug und ausgeschiedene Gifte (Toxine). Solche krankheitserregenden (pathogenen) Formen sind an das arteigene Eiweiß ihres Wirtes hochgradig angepaßt, so daß sie nur für diesen gefährlich sein können. Eine große Zahl der *Eubakterien* sind Erreger menschl. Infektionskrankheiten: *Streptokokken* verursachen Entzündungen, *Bact. dysenteriae, B. typhi, B. pestis* Ruhr, Typhus, Pest. Der *Milzbrandbazillus* war das erste *Bakterium,* das als Erreger einer Krankheit exakt nachgewiesen wurde (ROBERT KOCH, 1876).

II. Blaualgen (Cyanophyceen)

Die zweite Gruppe unter den *Schizophyten* bilden die *Blaualgen,* vorwiegend blaugrüne, autotroph lebende, sehr kleine Einzeller von relativ einfacher Organisation (E).

Als **Kernäquivalent** sind bestimmte farblose Bereiche im Zentroplasma anzusehen, die faden- oder stäbchenförmige DNA-Elemente enthalten. Der Mechanismus der ident. Reduplikation und DNA-Verteilung ist, obwohl bestimmt vorhanden, noch unklar, da mitoseähnl. Teilungen bislang nicht gefunden wurden.

Der **Photosyntheseapparat** unterscheidet sich in einem wesentl. Punkt von den Plastiden: Die photosynthet. aktiven Farbstoffe Chlorophyll a, Carotinoide und die wasserlösl. Chromoproteide Phykocyan (blau) und Phykoerythrin (rot) liegen zwar auf in sich geschlossenen Lipoproteidlamellen, aber sie sind nicht so kompakt konzentriert und auch nicht von einer Membran gegen das Grundplasma abgegrenzt. Vielmehr umgibt das von ihnen gefärbte Chromatoplasma als äußere Schicht das Zentroplasma. Das Mengenverhältnis der Farbstoffe ist veränderlich, wodurch die *Cyanophyceen* bald mehr rot, bald blau aussehen können.

Der Protoplast unterscheidet sich ferner dadurch von einer typ. pflanzl. Organisation, daß das **Cytoplasma** gelartig ist, keine Plasmaströmung zeigt und frei von zellsafthaltigen Vakuolen auftritt. Anstelle von Mitochondrien werden bes., fermentativ wirksame Bezirke angelegt **(Mitochondrienäquivalente).** Von den körnigen Einschlüssen des äußeren Plasmas sind die **»Cyanophycinkörnchen«** als glykoproteidhaltige, die **»Volutinkörnchen«** als polyphosphathaltige Reservestoffe nachgewiesen.

Der Aufbau der **Zellwand** zeigt annähernd die gleichen Grundzüge wie bei den *Bakterien.* Außen kann eine ebenfalls geschichtete Schleimhülle aufgelagert sein.

Die **Zellteilung** der *Blaualgen* wird durch den irisblendenartigen Einbau einer Querwand eingeleitet und verläuft sehr langsam, so daß sich bis zu ¾ aller Zellen in Teilung befinden können. Die Schleimscheide der Mutterzelle umhüllt oft auch die beiden Tochterzellen, so daß sich hier **Zellkolonien** bilden:

Den aus kugeligen Einzelzellen bestehenden Gallertlagern von *Gloeocapsa* (A) stehen die geordneten Verbände anderer *Blaualgen* gegenüber. Bei *Nostoc* (B) sind perlschnurartig aneinander gereihte Zellen als gewundene Fäden in eine dichte Gallertmasse eingebettet. In gleichen Abständen werden hier die Fäden von derbwandigen, pigmentarmen **Grenzzellen** (Heterocysten) unterteilt, die nur selten selbst zu neuen Fäden auskeimen, sondern meist zerfallen und die zw. ihnen eingeschlossenen Fadenabschnitte freigeben. Diese wenigzelligen **Hormogonien** können fortkriechen, Gallerte bilden und zu neuen Kolonien Anlaß geben. Eine fädige Organisation zeigen die aus gleichartigen Scheibenzellen gebildete *Oscillatoria* (C) und die deutlich in eine Spitze und Basis gegliederte *Rivularia* (D).

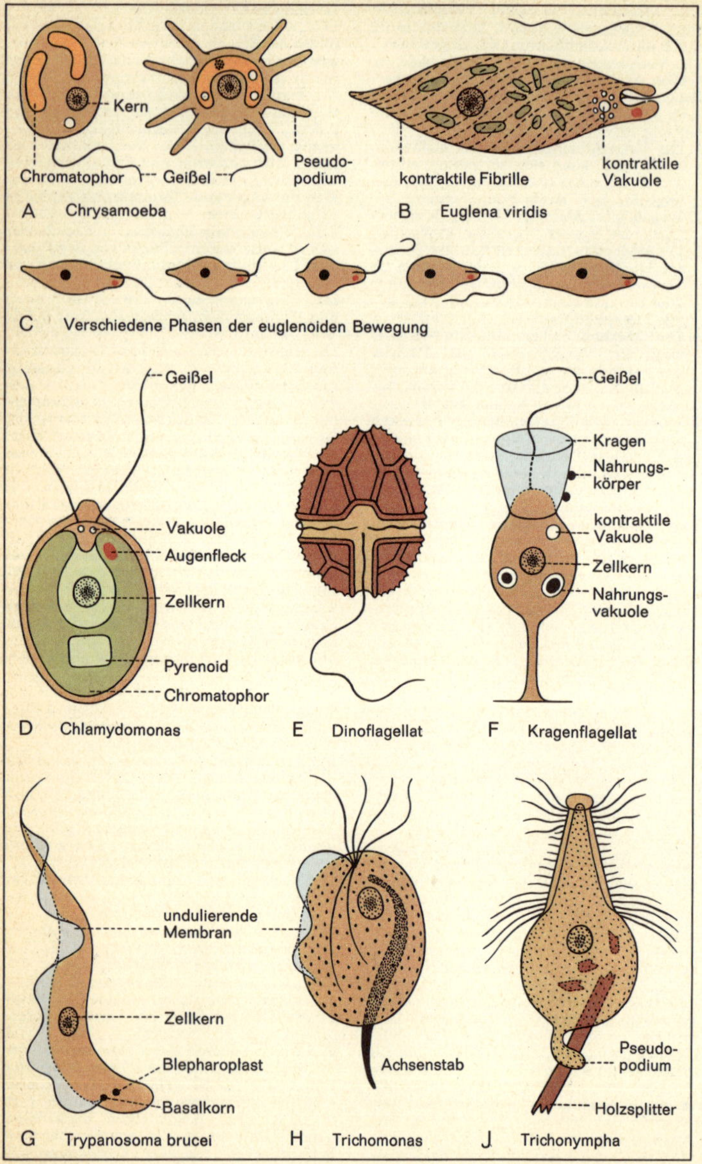

Flagellaten

Die sehr formenreiche Gruppe der *Flagellaten* umfaßt kleine, **einzellige Organismen** mit echtem **Zellkern** und einer oder mehreren **Geißeln**, mit deren Hilfe sie sich bewegen (I, S. 33) und deren Ursprungsstelle das **Vorderende** festlegt. Die Zellen besitzen **kontraktile Vakuolen**, Bläschen, die sich rhythmisch vergrößern, dabei Flüssigkeit aus dem Plasma aufsaugen und diese dann nach außen entleeren. Die ungeschlechtl. Fortpflanzung erfolgt durch Längsteilung (I, S. 122).
Die *Flagellaten* stehen an der Wurzel zum Pflanzen- und Tierreich und werden sowohl dem zoolog. *(Zooflagellaten)* wie dem botan. System eingegliedert *(Phytoflagellaten)*.

Die Phytoflagellaten
Sie assimilieren mit Hilfe gelber, brauner oder grüner Chromatophoren, besitzen z. T. den typisch pflanzl. Wandbaustein Zellulose und den Reservestoff Stärke. Von den *Phytoflagellaten* lassen sich die *Algen* ableiten.
Chrysamoeba (A) ist einer der einfachsten pflanzl. *Flagellaten*. Sie enthält gelbe Chromatophoren. Gelegentlich verliert sie vorübergehend die Geißel und bewegt sich mit Pseudopodien, mit deren Hilfe sie auch wie eine *Amöbe* feste Nahrung phagocytiert.
Euglena (B) ist im Süßwasser häufig. Sie wird von einer hochelast. Pellicula umhüllt und besitzt kontraktile Fibrillen, deren Kontraktion eine typ. »euglenoide Bewegung« erzeugt (C). Die Geißel entspringt einer flaschenartigen Einbuchtung des Ektoplasmas, dem Geißelsäckchen, das aber hier die bei heterotrophen Verwandten übliche Funktion eines Zellmundes eingebüßt hat. Daneben liegt der rote Augenfleck (Stigma), der aus Chromatophorenmaterial entstanden ist und gerichtete Lichtreaktionen (Phototaxis) ermöglicht: Treffen Strahlen eine sich rotierend bewegende *Euglena* von der Seite, so beschattet der Pigmentfleck rhythm. die als Bewegungszentrum und zugleich als Sitz des Photorezeptors anzusehende Geißelbasis. Diese period. Verdunklung löst jedesmal einen veränderten Geißelschlag aus, durch den die Längsachse des Körpers schließlich in Einfallsrichtung des Lichtes gedreht wird.
Bei Ausschaltung der Autotrophie durch Züchtung im Dunkeln ernähren sich *Euglenen* unter Rückbildung der Chromatophoren heterotroph von *Bakterien* oder gelösten Stoffen.
Die **Volvoxflagellaten** sind rein grün, mit 2 bis 8 gleichlangen Geißeln und einem gewöhnlich becherförmigen Chloroplasten. Die *Chlamydomonas*-Formen (D) sind bes. interessant durch die versch. Arten der geschlechtl. Fortpflanzung (I, S. 128 A–D), die *Volvox*-Formen durch die Bildung von Zellkolonien mit Arbeitsteilung (I, S. 52).
Die **Dinoflagellaten** (E) tragen einen plattenförmigen Zellulosepanzer mit langen Schwebefortsätzen, enthalten Öl als Assimilationsprodukt und können dadurch als Meeresplankton leben. *Noctiluca* erzeugt Meeresleuchten.

Die Zooflagellaten
Sie leben heterotroph, entweder durch Phagocytose oder, bei den parasit. Formen, durch Osmose bzw. aktive Membrantätigkeit.
Die **Kragenflagellaten** (*Choanoflag.* F) leben seßhaft (sessil), entweder einzeln oder, wenn die Zellen sich nach der Teilung nicht ganz voneinander lösen, kolonial, wie z. B. bei *Protospongia*. Die Zellen weisen eine sonst nur noch bei *Schwämmen* bekannte Struktur auf, nämlich einen zarten Plasmakragen, aus dessen Zentrum die Geißel entspringt (Kragengeißelzelle, I, S. 54). Die Nahrungsteile werden auf die Kragenoberfläche gestrudelt, wandern an der Außenseite durch die Plasmaströmung hinab und werden am Kragengrund phagocytiert.
Die **Trypanosomen** (G) sind Parasiten in der Blutflüssigkeit von *Wirbeltieren*. Sie werden durch blutsaugende *Insekten* von Wirt zu Wirt übertragen. Intrazelluläre Entwicklungsstadien sind geißellos (*Leishmania*-Form), im Darm der Wirbellosen eingeißelig (*Leptomonas*-Form), im Blut des *Wirbeltieres* ist die Geißel durch einen Plasmasaum (undulierende Membran) mit dem Körper verbunden (*Trypanosoma*-Form). *Leishmania tropica* ist der Erreger der Orientbeule, *L. donovani* der des gefährl. »schwarzen Fiebers«, Kal-Azar. *Trypanosoma gambiense*, Erreger der Schlafkrankheit im trop. Afrika, von der *Tsetsefliege (Glossina palpalis)* übertragen, gilt als Modifikation von *Tr. brucei*, dem Erreger der Naganaseuche der Haustiere, die von der *Glossina morsitans* übertragen wird. Krankheitsverlauf beim Menschen: bald nach dem Stich Furunkel, *Tr.* nach etwa 10 Tagen im Blut, Fieber erzeugend; nach 2–3 Monaten Übergang in das Nervensystem, wo medikamentöse Behandlung kaum noch Erfolg hat. Schließlich psych. Störungen, Schlafsucht, Auszehrung, Tod.
Die **Mastigamöbe** ist eine Übergangsform zw. *Flagellaten* und *Rhizopoden* (I, S. 242 A). Die Geißel dient bei der amöboiden Kriechbewegung mit Hilfe zahlr. Pseudopodien als nach vorn gerichtetes Tastorganell. Die Ernährung erfolgt durch Phagocytose.
Die **Trichomonas-Flagellaten** (H) bewohnen gewöhnlich den Darm von *Wirbeltieren*. Der birnenförmige Körper, der meist vier Geißeln und eine undulierende Membran trägt, wird durch einen inneren Achsenstab gestützt, der hinten herausragt und sich im Wirtstier verankert.
Da die *Flagellaten* eine stammesgeschichtl. sehr alte Gruppe sind, umfassen sie außer primitiven, urtüml. Formen auch hochentwickelte: **Trichonympha** (J) zählt zu den höchstspezialisierten Einzellern. Der Vorderkörper ist komplex strukturiert und bis zur Mitte mit zahlr. Geißelapparaten durchsetzt. Mit dem amöboiden hinteren Teil phagocytiert dieser im Darm der *Termiten* symbiontisch lebende *Flagellat* Holzteilchen, baut sie zu lösl. Kohlenhydraten ab und stellt diese z. T. dem Wirt zur Verfügung.

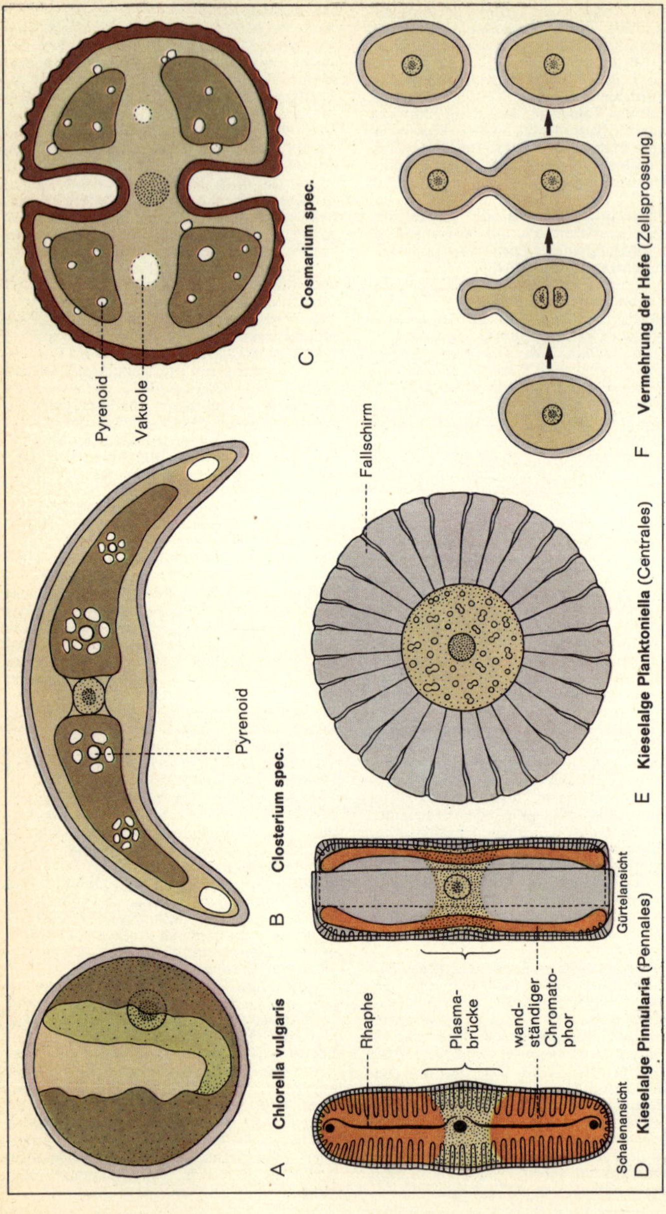

Pflanzliche Einzeller

Auf die begeißelten, dauernd bewegl. *Phytoflagellaten* folgt als nächst höhere Organisationsstufe pflanzl. Vegetationsformen der **Kugeltypus** unbeweglicher, einzelliger *Pilze* und *Algen* ohne Geißeln, Augenfleck und kontraktile Vakuole. Ihre Verwandtschaft zu den versch. Flagellatengruppen wird durch den Vergleich der Farb- und Reservestoffe sowie der Gestalt und Begeißelung ihrer bewegl. ungeschlechtl. Keimzellen (Zoosporen) bewiesen.

Die **Grünalgen** *(Chlorophyceen)* leiten sich vermutl. von den *Volvox-Flagellaten* ab, mit denen sie die Pigmente Chlorophyll a und b, Carotinoide, die Einzahl eines meist becherförmigen Chloroplasten sowie Stärke als Assimilationsprodukt gemeinsam haben. Die kugelförmigen *Chlorella-* und *Chlorococcum-Algen* (A) aus der nur Einzeller umfassenden Ordnung der *Chlorococcalen* besitzen im vegetativen Zustand keine Geißeln. Bei der ungeschlechtl. Fortpflanzung entstehen als Endosporen acht Zellen, die aus der später verquellenden Mutterzellmembran ausschlüpfen. Bei den meisten Arten sind diese Zoosporen zweigeißelig, nackt, birnenförmig und enthalten außer einem roten Augenfleck im hinteren Teil der Zelle einen becherförmigen Chloroplasten und eine kontraktile Vakuole. Diese bewegl., flagellatenähnl. Keimzellen kommen zur Ruhe und wandeln sich in eine typ. *Chlorococcalen*-Organisation um. Bei einigen Arten, wie z. B. bei der in *tier. Einzellern* oder *Hydren* symbiotisch lebenden *Chlorella vulgaris*, treten an die Stelle der Zoosporen geißellose, unbewegl. Keimzellen (Aplanosporen).
Die einzelligen *Grünalgen* leben vorwiegend als Plankton im Süßwasser. Einige bilden grüne Bezüge auf Baumrinden und Mauern. Bei dem *Wassernetz* bilden die Zoosporen noch innerhalb der Mutterzelle durch Zusammenlagerung ein charakterist. geformtes Zellaggregat.
Die **Schmuckalgen** *(Desmidiaceen)* sind einzellige Vertreter der wahrscheinl. aus *Grünalgen* abgeleiteten *Jochalgen*. Sie bewohnen bes. in Torfsümpfen Wasser von saurer Reaktion. Ihre zierl. Gestalt weist große Mannigfaltigkeit auf: halbmondförmig *(Closterium*, B*)*, in der Mitte eingeschnürt *(Cosmarium*, C*)* oder sternförmig *(Micrasterias)*. Die Zelle besitzt in den beiden genau symmetr. Hälften je einen großen Chloroplasten von verwickeltem Bau. Bei der ungeschlechtl. Fortpflanzung teilen sich die Zellen in der Mitte und ergänzen die fehlende Hälfte. Die Bildung ungeschlechtl. Keimzellen fehlt. In der geschlechtl. Fortpflanzung tritt eine für Pflanzen besondere Form auf, die Jochbildung (Konjugation, I, S. 131).
Die **Rhodophyceen** *(Rotalgen)* weisen als Einzeller nur die *Protoflorideen* auf. Die nie becherförmigen Chromatophoren enthalten nur Chlorophyll a, das durch rotes Phykoerythrin und blaues Phykocyan verdeckt wird (Beziehung zu *Cyanophyceen*?).

Die **Kieselalgen** *(Diatomeen)* sind kleine, braune Einzeller, die den *Flagellaten* noch nahestehen. Sie haben, im Gegensatz zu den anderen *Algen*, die Kugelorganisation nicht durch die Entwicklung auch fädiger oder flächiger Typen überwunden. Ihre Gestalt läßt sich immer auf einen zweiseitig- oder strahlig-symmetr. Bauplan zurückführen, die schiffchen- und scheibenförmigen Grundformen (D, E).
Die charakterist. Zellwand besteht aus einer geschlossenen Pektinschicht, auf die außen ein Kieselsäurepanzer aufgelagert ist. Dabei ist der Panzer aus zwei Schalen zusammengesetzt, die wie Deckel und Boden einer Schachtel ineinander greifen.
Bei der ungeschlechtl. Fortpflanzung werden die beiden Schachtelhälften durch den sich vergrößernden Plasmakörper auseinander gedrückt und jede der beiden Tochterzellen verwertet die alte Schale als Deckel, indem sie unter ihrem Rand ein neues Bodenstück bildet. Dadurch muß stets die eine Tochterzelle fortschreitend kleiner werden. Bei Erreichen eines Grenzwertes wirft die Zelle die Schale ab, wächst als nackte »Wachstumsspore« (Auxospore) auf mehrfache Größe heran und bildet neue Schalen. Die *Kieselalgen* enthalten neben einem Zellkern braungelbe Chromatophoren mit Chlorophyll a, das durch braune Xanthophylle überlagert wird.
Die **scheibenförmigen Kieselalgen** *(Centrales)* sind oft mit Stacheln oder Membranflügeln ausgestattet, die den Planktonformen als Schwebeeinrichtung dienen.
Die **schiffchenförmigen Kieselalgen** *(Pennales)* leben meist auf dem Grund von Gewässern. Bei manchen verläuft in der Mitte der Schalen in Längsrichtung ein bes. strukturierter Spalt (Rhaphe), der durch in ihm strömendes Plasma diese Formen ortsbeweglich macht.
Die **Algenpilze** *(Phycomyceten)*, die als *echte Pilze* keine Chromatophoren aufweisen und saprophyt. oder parasit. leben, sind nur in ihren niedersten Vertretern einzellig und einkernig. Flagellatenartige Zoosporen dringen in Wasserpflanzenzellen ein, leben hier parasit. als nackte Amöbe und umhüllen sich schließlich mit einem Chitinmantel.
Die **Hefepilze** *(Saccharomyces)* sind nied. Vertreter der höher organisierten *Schlauchpilze*. Die meist kugeligen, ovalen oder zylindr. Einzeller erzeugen durch Ausstülpung infolge lokalen Wandwachstums und erst nachfolgender Kernverdopplung neue Zellen (Zellsprossung), die sich entweder loslösen oder mit der Mutterzelle zu einem Sproßverband vereinigt bleiben (F). *Hefepilze* sind wichtige Kulturpflanzen (Bierhefe) und auf Früchten weitverbreitete Wildformen. Bei starker Sauerstoffversorgung geht *Hefe* in Zuckerlösung einer sehr intensiven Sprossung nach (aerobe Lebensweise), bei Luftabschluß stellt sie sich auf einen nicht-oxydativen Gärungsprozeß um (anaerobe Lebensweise) und produziert neben Kohlendioxid Alkohol.

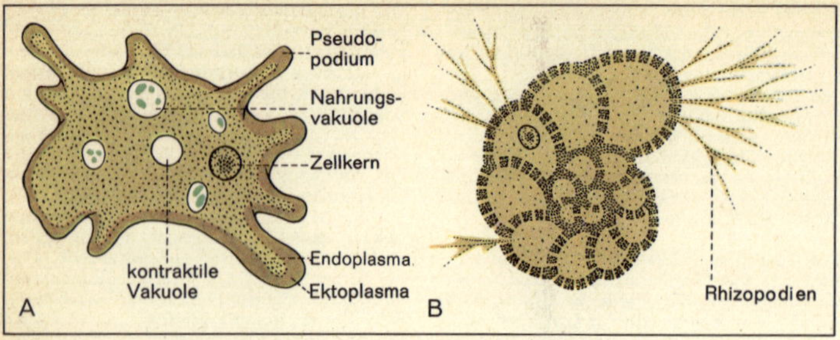

Amöbe (A), Kammerling (B)

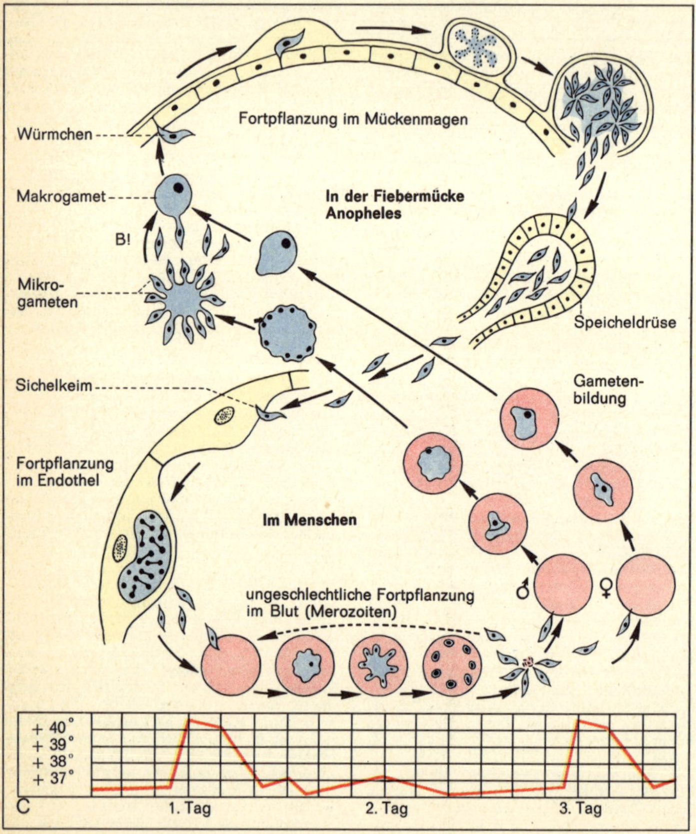

Entwicklungsgang des Malaria-Parasiten (Sporentierchen) und Fieberkurve

Die Einzeller unter den *Pflanzen* (Protophyten) können nur aufgrund ihrer gleichen Organisationsstufe zusammengefaßt werden. Sie sind Vertreter versch. entwicklungsgeschichtl. Reihen und systemat. Gruppen. Dagegen scheint die systemat. Einheit der *Protozoen* als Unterreich natürlich zu sein: Die Protozoenzelle ist ein selbständiger Organismus und Träger aller fundamentalen tier. Lebensleistungen wie Stoffwechsel, Wachstum, Fortpflanzung, Reizbarkeit und Beweglichkeit. Dennoch sind auch die tier. Einzeller durch versch. Ansätze mit den von ihnen scheinbar so scharf abgesetzten vielzelligen *Gewebetieren (Metazoen)* verbunden. Die *Protozoen* umfassen außer den *Zooflagellaten* (I, S. 45) die Stämme *Wurzelfüßler (Rhizopoden)*, *Sporentierchen (Sporozoen)* und *Wimpertierchen* (*Ciliaten*, I, S. 51).

Wurzelfüßler (Rhizopoden)

Die *Wurzelfüßler* bewegen sich durch vorübergehende Cytoplasmafortsätze (Pseudopodien) und ernähren sich durch Umfließen der Nahrung (Phagocytose, Pinocytose, I, S. 35).

Amöben (Wechseltierchen, A) zeigen die einfachste Organisation. In stets formverändernder Weise kriechen sie auf der Unterlage. Die meisten Arten leben im Süßwasser, manche in anderen Organismen:
Die Mundamöbe *Entamoeba gingivalis* bildet Zahnbelag im menschl. Mund und ernährt sich dort von *Bakterien* und losgelösten Zellen. *Entamoeba coli* ist ein harmloser, bakterienfressender Bewohner (Synoek) des menschl. Dickdarms, während *Entamoeba histolytica*, der Erreger der tropischen Amöbenruhr, als Parasit in den Darm eindringt, dort durch gewebezersetzende Enzyme Geschwüre erzeugt, was zu schweren gesundheitl. Störungen führen kann.

Sonnentierchen (Heliozoen, I, S. 132 A) schweben frei im Wasser oder sind mit einem Stiel angewachsen. Die kugeligen Zellen senden lange, dünne und unverzweigte Pseudopodien aus, die durch einen Achsenfaden gestützt werden. Diese Axopodien dienen als Angelorganelle zum Fang kleiner Lebewesen, die an ihnen festkleben und durch Plasmaströmung dem Körper einverleibt werden. Das Ektoplasma bildet eine grobblasige Rindenschicht mit kontraktiler Vakuole, das Endoplasma die feinblasige Markschicht um den Zellkern.

Strahlentierchen (Radiolarien) enthalten charakterist. Skelette aus Kieselsäure oder Strontiumsulfat. Die Pseudopodien sind fadenförmig und verzweigt (Filopodien). Wie anderen Meeresprotozoen fehlen den *Radiolarien* kontrakt. Vakuolen. Das Skelett bildet häufig konzentr. Gitterkugeln, in deren innerster der Kern ruht, während zu äußerst ein Plasmawabenwerk als Bildungsstätte der Skelettelemente und Filopodien liegt. Skelette toter *Radiolarien* bilden im Pazifischen Ozean in großer Tiefe Sedimente. *Radiolarien* besitzen oft polyploide Kerne mit kompliziertem Teilungsverlauf.

Kammerlinge (Foraminiferen, B) sind marine *Einzeller* mit ein- oder mehrkammerigen Kalkschalen, aus deren Hauptöffnung und Poren die zahlreichen, vernetzten Pseudopodien (Rhizopodien) austreten. Die junge *Foraminifere* gleicht zunächst einer *Amöbe*. Sie umgibt sich mit einer ersten Schale, aus der das anwachsende Plasma wieder ausbricht, baut eine zweite Kammer und wiederholt diesen Prozeß immer wieder, bis über hundert Kammern von dem Tier erfüllt sind. Die Schalen bilden mächtige Ablagerungen des Tertiärs, z. B. die 5–6 cm großen *Nummuliten* im Pariser Becken. Manche fossilen Flachmeerformen geben bei Bohrungen wichtige Hinweise auf Erdölvorkommen.

Sporentierchen (Sporozoen)

Diese systemat. Einheit umfaßt recht verschiedenartige Formen von einzelligen Innenparasiten, denen ein Merkmal gemeinsam ist, das offenbar in versch. Gruppen des Tierreiches entstand: die Sporenbildung durch Vielfachteilung. Innerhalb eines oft komplizierten Entwicklungskreises (I, S. 136 B) teilt sich der Zellkern in viele neue Kerne, die sich später, von Cytoplasma umgeben, in ebenso viele neue Zellen, die Sporen, isolieren. Diese, oftmals von einer Chitinhülle umgebenen Infektionskeime vollziehen den Wirtswechsel.
Die *Sporozoen* sind wichtige Erreger von Tierseuchen, z. B. der Kaninchencoccidiose, vor allem jedoch rufen die *Plasmodium*-Formen Malaria (Wechselfieber) hervor, die häufigste menschl. Infektionskrankheit.

Der Entwicklungsgang des Malariaerregers (C) beginnt, wenn die Infektionskeime (Sichelkeime) beim Stich der *Fiebermücke (Anopheles)* mit deren Speichel in das Blut des *Menschen* kommen.

1. In der ungeschlechtl. **endohistiocytären Phase** wachsen die Sichelkeime in den Zellen der Blutgefäße und der Leber zu vielkernigen, in viele einkernige Teilsprößlinge zerfallenden Gebilden heran. Wiederholter Befall durch Teilsprößlinge, bis diese
2. in der ungeschlechtl. **endoerythrocytären Phase** in rote Blutkörperchen eindringen und in ihnen durch Schizogonie pro Zelle 8–20 Merozoiten bilden. Diese befallen immer wieder rote Blutkörperchen; zeitlich parallel verlaufen die Fieberwellen.
3. Daneben entstehen männl. und weibl. Geschlechtsformen. Werden diese von der *Fiebermücke* beim Stich mit dem menschl. Blut aufgesogen, so wird in der **geschlechtl. Phase** im Mückendarm nach der Befruchtung das »Würmchen« gebildet, das in die Darmwand eindringt.
4. Hier bilden sich durch **Sporogonie** zahlreiche Sichelkeime, die in die Speicheldrüse wandern, von wo sie in das Blut des *Menschen* übertragen werden.

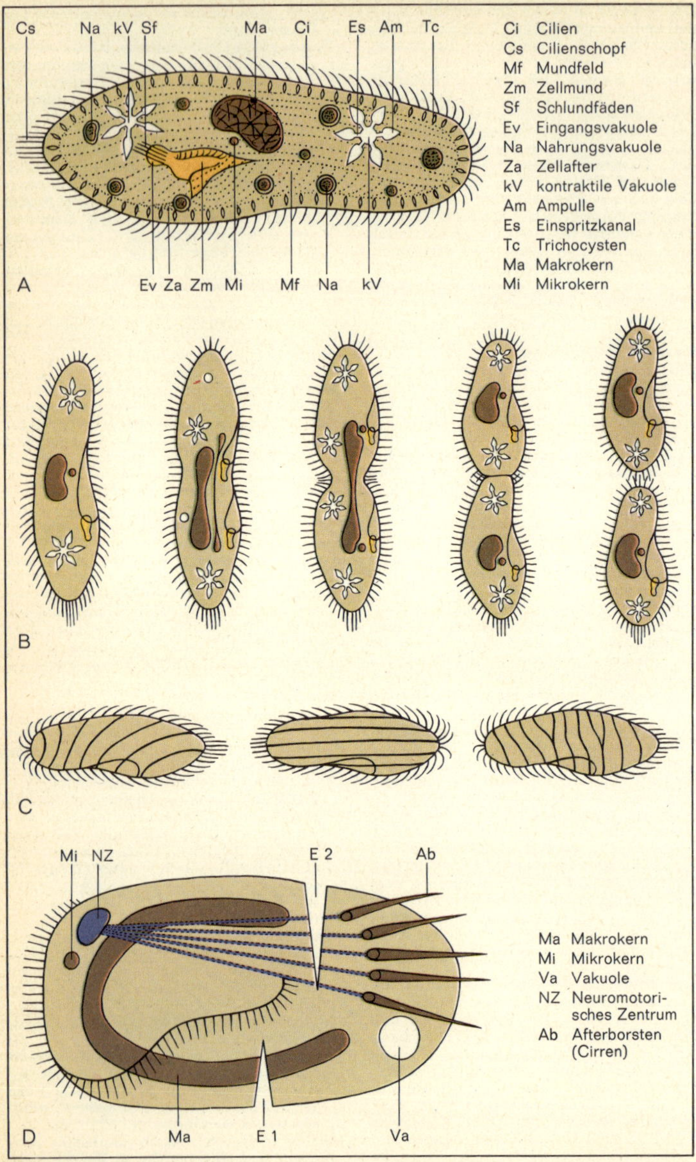

Pantoffeltierchen (A); ungeschlechtl. Teilung (B); Wellenmuster durch koordinierten Cilienschlag (C); Euplotes patella (D): E 1 ohne Wirkung, E 2 Aufhebung der Bewegungskoordination

Wimpertierchen (Ciliaten)
Von den übrigen *Protozoen*, den *Cytomorphen*, unterscheiden sich die *Ciliaten* ganz beträchtlich, denn insgesamt erreicht die **Differenziertheit des Cytoplasmas** hier unter den *Protozoen* ihr Höchstmaß. Die Sonderstellung wird durch den **Kerndualismus** (Mikro- und Makrokern) und die Art der geschlechtl. Fortpflanzung (**Konjugation,** I, S. 132 C) noch unterstrichen.
Die Diff. und Leistungsfähigkeit einer einzigen Zelle soll am Beispiel des bekanntesten *Ciliaten* dargestellt werden:

Das Pantoffeltierchen (*Paramaecium*, A)
Dieser Süßwasserbewohner und häufigste *Ciliat* in fauligen Heuaufgüssen wird 0,3 mm groß. Sein Körper hat durch Verfestigung des äußersten Ektoplasmas zu einer elastischen Haut, der **Pellicula,** eine **dauernde Eigenform,** nämlich im Umriß die einer Schuhsohle. Diese Stromlinienform und die etwa **2500 Cilien** verleihen dem Einzeller eine hohe Beweglichkeit. Die Bewegungsgeschwindigkeit ist regulierbar. Drehungen in jede Richtung sind möglich, bei Schreckreaktionen sogar durch Umkehr des Cilienschlages ein plötzl. Rückwärtsschwimmen. Die Schwimmbahnen sind Schraubenkurven, die in konstantem Abstand um eine Gerade führen: durch die ständige Rotation um die Längsachse wird die körperbedingte seitliche Bahnabweichung nicht zur Kreisbewegung, sondern zur Schraubenbahn.
Nahrungsaufnahme sowie Ausscheidung sind wegen der Pellicula an best. Poren in der Oberfläche örtl. gebunden. Eine Mulde mit zahlreichen Cilien führt rückwärts zu einer Öffnung, dem **Zellmund,** von dem ein Kanal, der Zellschlund, in das Cytoplasma hineinführt. Der Cilienschlag des Mundfeldes treibt kleine Nahrungsteilchen, z. B. *Bakterien*, in den Zellschlund, wo sich ein Ball bildet, der in einer Eingangsvakuole das Ektoplasma passiert. Mehrere dieser **Nahrungsvakuolen** kreisen auf einer best. Bahn durch das Endoplasma, während ihr Inhalt verdaut wird. Unverdauliches wird vom **Zellafter** ausgeschieden.
Der Austausch der Atemgase vollzieht sich an der ganzen Oberfläche, wobei durch den Cilienschlag ein Diffusionsgefälle ständig erhalten bleibt.
Zwei **kontraktile Vakuolen** nehmen feste Plätze ein. Sie sind viel komplizierter als bei anderen *Einzellern* und bauen sich aus dauernden Strukturen auf: submikroskop. Nephridialtubuli bilden ein dichtes Netz, münden in die radiären Nephridialkanäle, die in die Ampullen übergehen. Von hier führen Einspritzkanäle in die kontraktile Vakuole, die sich rhythmisch füllt und über den Exkretionsgang leert.
Anorgan. Stoffe werden auch durch die **Trichocysten** ausgeschieden, im Ektoplasma verankerte Stäbchen, die auf best. Reize hin explodieren. Sie dienen daher zugleich als Schutzorganelle gegen Angreifer. Der Hauptfeind der *Pantoffeltierchen*, der *Ciliat Didinium*, durchbricht jedoch diesen Sperrgürtel mit Hilfe der Trichiten: giftgefüllte Hohlfäden, die ausgeschleudert werden.
Der hohe Grad der Zusammenarbeit beim Schwimmen (C), Fressen und Abwehren läßt einen **Koordinationsmechanismus** vermuten, der funktionell dem Nervensystem *höherer Tiere* gleicht. Im Ektoplasma verbindet das Silberliniensystem (nervenspezif. Färbbarkeit) die Basalkörner der Cilien, die Trichocysten und andere Organelle. Seine Unterbrechung hebt den geordneten Cilienschlag auf. Bei dem *Ciliat Euplotes* (D) konnte im Endoplasma ein neuromotor. Zentrum als übergeordnetes Zellorganell festgestellt werden.
Auch das **Verhalten** des einzelligen *Pantoffeltierchens* wird durch Reize und spezif. Stimmungen bedingt:

Unterschieds-(phobische) Reaktionen erreichen *indirekt*, daß das Lebewesen günstige Bedingungen antrifft, indem es vor bestimmten, angeborenermaßen bekannten Reizschranken so lange zurückschreckt, bis die Reaktionen Erfolg haben (Versuch-Irrtum-Methode). Mechan. Hindernisse, eine zu hohe oder zu niedrige Temperatur, Sauerstoff-, CO_2- oder Säurekonzentration veranlassen ein *Paramaecium* zu der gleichen phobischen Reaktionsweise: es stoppt vor der Schranke, schwimmt ein Stück rückwärts, bleibt stehen und führt eine Wendung aus. Dann schwimmt es wieder vorwärts, stößt entweder wieder vor die Reizschranke oder ist in einem optimalen Bereich, in dem es bleibt (physiolog. Falle).

Orientierte (topische) Reaktionen, bei denen der Zusammenhang zw. Reizrichtung und Bewegungsrichtung in der Reaktion *direkt* zustande kommt, also ein Ziel angesteuert wird, sind noch selten. Man findet sie gegenüber der – unnatürlichen – Situation eines elektr. Feldes, aber auch im Schwerefeld (Erdanziehung, experimentelle Fliehkraft), indem hier Kristalle den Schwerereiz aufnehmen und unter best. Bedingungen das Tier veranlassen, nach oben zu schwimmen.
Nicht der Reiz und seine Stärke allein bestimmen die Reaktionsweise der *Pantoffeltierchen*. **Innere physiolog. Zustände,** Stimmungen wie »Hunger« oder Nachwirkungen vorausgegangener Reize und Reaktionen können mitwirken.

Im Endoplasma aller *Ciliaten* ruhen wenigstens zwei Kerne: ein **Makrokern,** der den Stoffwechsel einschließl. der sexuellen Fortpflanzung (I, S. 133, 135) steuert und polyploid ist, und mindestens ein **Mikrokern,** der diploid ist, erst kurz vor dem Geschlechtsprozeß auf den haploiden Satz gebracht wird und ganz den Charakter des Kerns einer Geschlechtszelle höherer Gewebeorganismen zeigt. Die beiden Aufgaben des normalen Zellkerns, Stoffwechselsteuerung und identische Reduplikation, sind hier also getrennt. Bei der **ungeschlechtl. Fortpflanzung** (B) trennt sich das *Paramaecium* nach Verdopplung beider Kerne quer durch – bei guter Ernährung 2–3mal täglich.

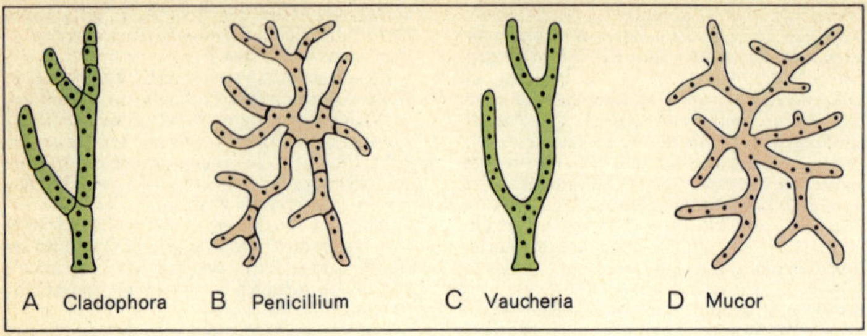

Polyenergide Zellen (A, B) und cönocytische Organisation (C, D) bei Algen und Pilzen

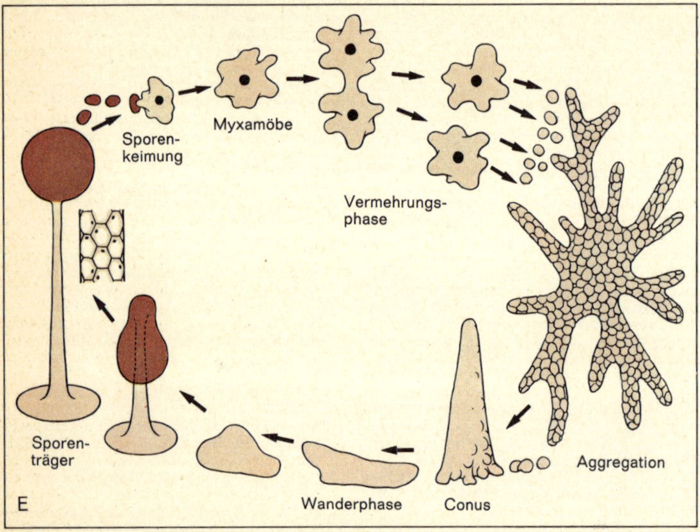

Entwicklungsgang des Schleimpilzes Dictyostelium

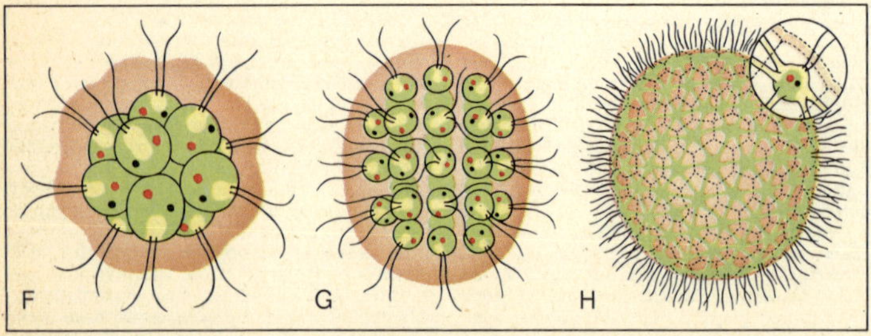

Kolonienbildung: Pandorina (F), Eudorina (G), Volvox (H)

Protozoen und *Protophyten* haben versch. Wege beschritten, um über die einfache Einzelligkeit hinauszukommen, die durch das Auftreten von nur einem Zellkern und seiner cytoplasmat. Wirkungssphäre – von SACHS zusammen als **Monoenergide** bezeichnet – charakterisiert ist. Der eine Weg führt über die Vermehrung der Kernzahl ohne Zerteilung des Plasmas **(Polyenergide)** zur **cönocytischen Organisation,** bei der der gesamte Organismus einer zellulären Gliederung entbehrt (Cönoblast). Die andere Entwicklungsreihe erreicht durch Zellteilung bzw. Furchung oder Zellzusammenlagerung über die **Koloniebildung** schließlich die echte **Vielzelligkeit** der **Gewebeorganismen.**

Die cönocytische Organisation

Sie ist vor allem bei *Algen* und *Pilzen* verbreitet: *Cladophora* (A) ist eine mehrzellige, fädig-verzweigte *Grünalge*, deren Zellen polyenergid sind, d. h. bei der eine Zelle mehrere Kerne enthält. Die verwandte *Schlauchalge Vaucheria* (C) weist überhaupt keine Zellgliederung mehr auf. Die Zellwand umschließt eine einzige Plasmamasse, die mit vielen Kernen und kleinen Chloroplasten ausgestattet ist. Nur die Fortpflanzungsorgane sind durch Querwände abgetrennt. Parallel dazu sind unter den *Pilzen* die vielkernigen Schläuche des *Pinselschimmels* zellig unterteilt (B), die des *Köpfchenschimmels* ungegliedert (D).

Gegenüber diesen fädigen Cönoblasten wirkt die Gestalt (Thallus) der mittelmeerischen *Schlauchalge Caulerpa* reich und eigenartig gegliedert: Blattartige, assimilierende Lappen entspringen einer farblosen, kriechenden Hauptachse, die durch wurzelähnl. Rhizoiden verankert ist. Hier wird also in cönocytischer Organisation eine den *Gewebepflanzen* vergleichbare Gestaltungsstufe erreicht.

Polyenergiden Aufbau zeigen auch einige *Protozoen.* Aus allen ihren Klassen sind Arten bekannt, die in einem einheitl. Cytoplasma mehrere Zellkerne enthalten, und die experimentell in ebenso viele lebensfähige Teile zerschnitten werden können, wie sie Energiden besitzen. Doch zeigen diese *Protozoen*, ebenso wie die pflanzl. Cönoblasten, keine Diff. der Energiden.

Über diese Stufe hat die gesamte Gruppe der *Ciliaten* durch ihren Kerndualismus (I, S. 51) einen Schritt hinaus gemacht. Hier sind in einer einzigen Zelle die beiden Grundfunktionen des Lebens, Stoffwechsel und Fortpflanzung, auf zwei versch. Kerne, Repräsentanten zweier Energiden, so verteilt wie bei *Gewebetieren* auf versch. Zellen. Dieser Weg von der Einzelligkeit zu einer diff. Mehrkernigkeit weicht von den anderen Entwicklungsreihen grundsätzlich ab.

Plasmodien

Sie werden sowohl der polyenergiden Entwicklungslinie wie den Zellkolonien zugerechnet und stellen vielleicht einen Übergang zw. diesen beiden Versuchen dar, monoenergide Einzelligkeit zu überwinden.

Verschmelzungsplasmodien, gebildet aus vielen zellwandlosen Myxamöben, finden sich bei *Schleimpilzen* (besser: kollektiven Amöben): Die formveränderliche Plasmamasse kriecht über den Boden. Ihre Vorderfront besteht aus dichterem Plasma, während der hintere Teil maschenartig ist. Einzelne Zonen haben versch. Funktionen wie Verdauung, Reservestoffbildung, Ausscheidung, Reizaufnahme, Bewegung.

Im Entwicklungsgang von *Dictyostelium* (E) vermehren sich die aus Sporen ausgeschlüpften, einkernigen Myxamöben durch Teilung so lange, wie sie *Bakterien* phagocytieren können. Dann bildet sich durch **Aggregation** ein vielzelliger, gewebeartiger Verband, der zum polar gebauten **Conus** wird. Dieser wandert positiv phototaktisch und formt sich in einen **Sporenträger** um, wobei sich die Zellen seiner Spitzenregion zu vakuolisierten Stielzellen, die anderen zu Sporen ausdifferenzieren (I, S. 163).

Zellkolonien

In einfachster Art treten sie bei *Blaualgen* (I, S. 43) auf, deren Zellen vereint bleiben, weil sie von der gallertartig aufgequollenen Membran ihrer Mutterzelle zusammengehalten werden (Coenobien). – Auffallend ist die Reihe der Koloniebildung bei *Grünalgen* und *Flagellaten*: Beim *Wassernetz* bilden sich in einer Zelle zahlr. freibewegl. Zoosporen, die nach Abwurf ihrer Geißeln zu einer netzartigen Kolonie verwachsen. Die Gleichartigkeit aller Zellen zeigt sich später, wenn jede wieder in sich Kolonien erzeugt.

Komplizierte Verhältnisse ergeben sich, wenn die Zellkolonie polar differenziert ist. Die aus 16 *Chlamydomonas*-ähnlichen Zellen bestehende *Pandorina morum* (F) bewegt sich immer in eine Richtung ihrer Längsachse; das Vorderende hat auch größere Augenflecke. Bei *Eudorina elegans* (G) liegen bereits 32 Zellen in einer Gallerthohlkugel, bei *Eudorina illinoisensis* kommt noch hinzu, daß die vorderen Zellen kleiner sind. Während hier noch alle Zellen vermehrungsfähig sind, ist das bei der 128-zelligen *Pleodorina* nur den Zellen der hinteren, generativen Halbkugel möglich. Bei *Volvox* (H) schließlich ist die höchste Stufe in der Entwicklungsreihe erreicht. Bis zu 20000 Einzelzellen bilden die Oberfläche einer Gallertkugel. Jede Zelle trägt noch zwei Geißeln, einen roten Augenfleck, zwei kontraktile Vakuolen und einen becherförmigen Chloroplasten. Der Geißelschlag aller Zellen ist aufeinander abgestimmt. Dies ist ermöglicht durch Plasmabrücken zw. den Zellen, die bei der unvollkommenen Zellteilung bestehen bleiben. Bei der ungeschlechtl. Fortpflanzung bilden sich in der hinteren Hälfte aus je einer Zelle Tochterkugeln, die in den Hohlraum absinken und erst nach dem Zerfall der Mutterkugel frei werden. Plasmat. Verbindung, Polarität und Arbeitsteilung lassen *Volvox* nicht mehr als Kolonie, sondern bereits als vielzelliges Individuum erscheinen.

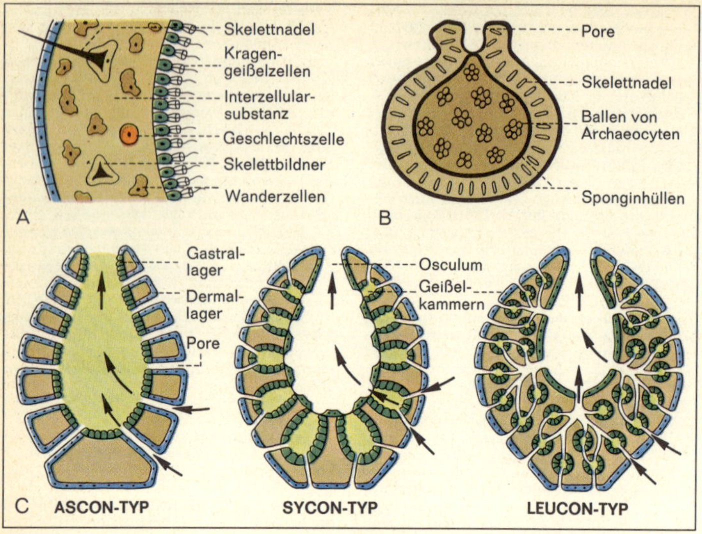

Schwämme: Ausschnitt aus der Wand (A), Dauerknospe (B) und Bautypen (C)

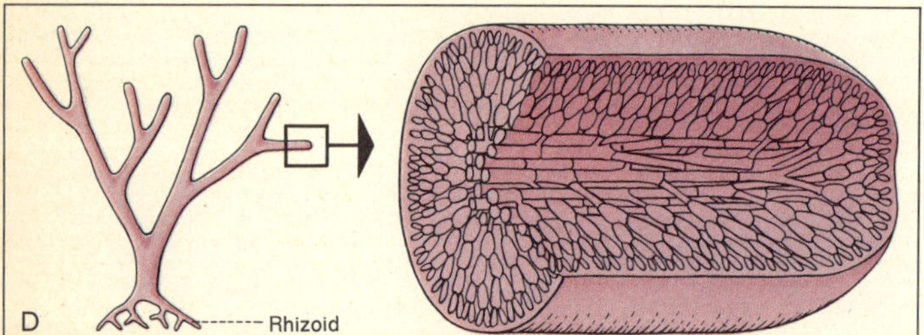

Rotalge Furcellaria fastigiata

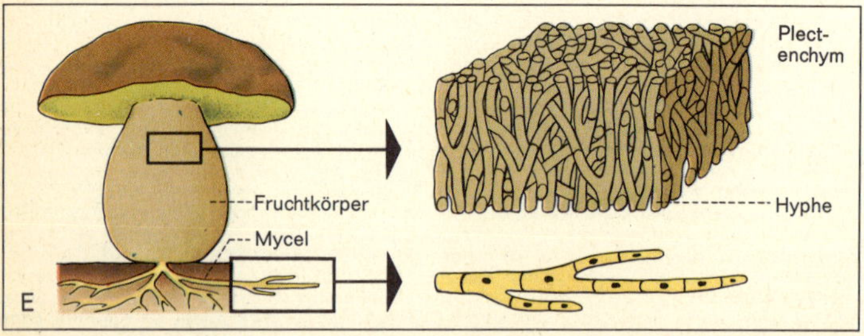

Hutpilz: Vereinfachter Ausschnitt aus dem Plectenchym und Mycel

Unter den vielzelligen Organismen finden sich in dem zool.-systemat. Stamm der *Schwämme* und in der pflanzl. Organisationsstufe der Lagerpflanzen (Thallophyten) diejenigen Vertreter, die bei beginnender Zelldiff. eine echte Gewebebildung noch vermissen lassen.

Schwämme (Poriferen)

Die etwa 5000 Arten dieses Tierstamms setzen sich nur aus zwei Zell-Grundtypen zusammen, den **Kragengeißelzellen** und den **Amöboidzellen,** die jedoch kein echtes Gewebe aufbauen. Vielmehr hängen die Zellen nur sehr lose miteinander zusammen, können leicht aus dem Verband auswandern und bauen ein mesenchymartiges Gewebe auf, d. h. eine Ansammlung selbständiger Zellen, die sich meist nur durch Zellfortsätze berühren oder sogar durch eine Grundsubstanz voneinander getrennt sind (A). Diese unterschiedl. stark ausgeprägte Interzellularsubstanz kann flüssig, gallertig oder fest, amorph oder fibrillär sein und wird vermutl. von Amöboidzellen abgeschieden.

Die versch. **Zelltypen** der *Schwämme* differenzieren sich sämtlich aus amöboiden Urzellen (Archaeocyten), die sich in den Dauerknospen (Gemmula, B) finden, aber auch noch in erwachsenen *Schwämmen*, wo sie allerdings ihre Totipotenz, d. h. die Fähigkeit zur Bildung aller Zelltypen und damit eines ganzen Tieres, z. T. eingebüßt haben. Amöbocyten, die der Phagocytose und Verdauung dienen, Skelettbildner (Skleroblasten), die Kalk-, Kiesel- oder Horn(Spongin-)nadeln einschließen, ferner Geschlechtszellen und andere Amöboidzellen bilden zusammen die äußeren Plasmamassen, die das umfangreiche **Dermallager** darstellen, während das innen liegende **Gastrallager** aus Kragengeißelzellen besteht, die Nahrung herbeistrudeln und aufnehmen.

Schwämme besitzen infolge der Unabhängigkeit ihrer Einzelzellen nur ein geringes Maß an Individualität:

- Ihre Form und Größe schwankt stark.
- Zerrieben regenerieren sie, wobei viele Zelltypen rückdifferenziert werden.
- Jede Zelle ist reizbar, aber es herrscht keine Zusammenarbeit zw. ihnen.

Die im Bauplan sichtbaren, für *Schwämme* typ. Ordnungsstrukturen beschränken sich auf ein der jeweiligen Körpergröße angemessenes Kanalsystem, das dem Herbeistrudeln und Abfiltrieren kleinster Nahrungsteilchen sowie dem Gasaustausch dient. Hier sind drei **Bauformen** von zunehmender Leistungsfähigkeit zu unterscheiden (C): Der Schlauch(Ascon-)typ besteht aus einem porigen Schlauch mit zentralem Hohlraum und einer oberen Ausströmöffnung (Osculum), aus der durch die Tätigkeit der Kragengeißelzellen das Wasser herausgedrückt wird. Beim Sycon-Typ ist durch Faltung der Schlauchwand, bei dem Leucon-Typ durch die Bildung von Geißelkammern in der Wand die Zahl der Kragengeißelzellen vergrößert.

Lagerpflanzen (Thallophyten)

Im Gegensatz zu der protophytischen Organisation ist der Thallus ein vielzelliges, allerdings manchmal auch polyenergides Gebilde, das arbeitsteilig diff. Zellen in **Vorstufen echter Gewebe** enthält und sich auch dann vom Kormus *höherer Pflanzen* unterscheidet, wenn es die Endstufe echter Gewebe erreicht; denn ihm fehlt gegenüber der kormophytischen Organisation die Gliederung in Wurzel, Sproßachse und Blätter. – Der

Fadenthallus, der sich durch zahlreiche Teilungen quer zur Längsrichtung aus Einzellern ableitet, ist für *Algen* und *Pilze* weithin charakteristisch. Neben den einfachen oder verzweigten **Zellfäden** treten bei manchen Formen auch Verbände vieler solcher Fäden auf, die nach außen hin durchaus den Eindruck von Geweben erwecken. Die Fäden sind durch eine aus der Verquellung von Wandsubstanz hervorgehende Gallerte zusammengeklebt, welche den Thallus nicht nur an der Oberfläche überzieht, sondern auch die Zwischenräume im Inneren ausfüllt.

Diesem **Scheingewebe paralleler Fäden** begegnet man vor allem bei *Rotalgen*. Der Thallus der etwa 10 cm langen, runden, sich knorpelig anfühlenden *Furcellaria fastigiata* (D) enthält in seinem Zentralkörper parallel verlaufende Fäden, die sich springbrunnenartig verzweigen und dann außen zu einer festen Rindenschicht zusammenschließen.

Ein ähnl. Bauprinzip weisen auch höhere *Schlauchalgen* auf, bei denen aber die zellige Struktur zugunsten der cönocytischen aufgegeben ist (I, S. 53). – Der

Flechtthallus geht auf den einfachen oder verzweigten Fadenthallus zurück. Den festen, gewebeartigen Zusammenhalt verdanken die Zellfäden hier einer starken Verflechtung zu einem Filzkomplex, dem **Flechtgewebe (Plectenchym).** Einige *Schlauchalgen*, vor allem aber die Fruchtkörper der *höheren Pilze* (E), die über dem Boden dem unterird. Fadensystem (Mycel) aufsitzen, bestehen aus solch einem unregelmäßigen Geflecht z. T. verzweigter und miteinander verwachsener Schläuche (Hyphen). Gelegentl. sind auch die Mycelstränge plectenchymatisch und bilden dann, z. B. beim *Hallimasch*, wurzelähnliche »Rhizomorphen«. – Der

Gewebethallus, für viele *Braunalgen* charakteristisch, zeigt zwar schon echte Gewebestruktur, doch bleibt bei dem *Blasentang* und den bis 5 m langen *Laminaria*-Arten der Nordsee – beides hochorganisierte Formen – auch das fädige Organisationsprinzip noch nachweisbar. Während in den Fadenthalli gewöhnlich nur eine Sonderung in teilungsfähige, meist einen Vegetationspunkt bildende Embryonalzellen und in ausgewachsene, parenchymartige Dauerzellen des übrigen Körpers eintritt, zeichnen sich die Dauerzellen der Gewebethalli bereits durch eine beginnende Diff. aus.

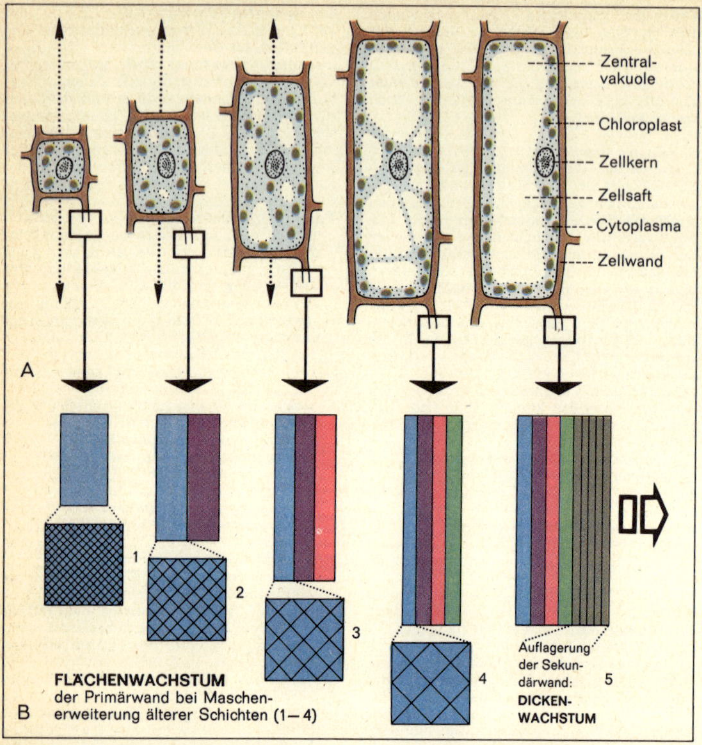

Streckungswachstum, Vakuolen-Bildung (A); Dickenwachstum (B) einer Pflanzenzelle

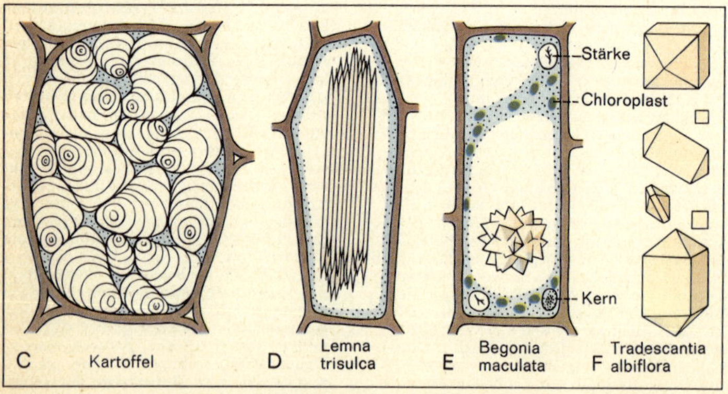

Inhaltsstoffe der Vakuolen: Stärkekörner (C), Calciumoxalat-Kristalle als Raphidenbündel (D), Druse (E) und Einzelkristalle (F)

Die Vielzelligkeit, die auf versch. Wegen erreicht ist (I, S. 53, 55), erlaubt den Lebewesen nach einem einheitl. Prinzip, den Bauplan der einzelnen Zelle so zu ändern, daß durch diese strukt. **Differenzierung** eine funkt. **Spezialisierung** ermöglicht wird: Zunächst entstehen überall durch wiederholte Teilungen aus einer Zelle viele neue, die sich zumindest äußerlich nicht wesentlich voneinander unterscheiden. Diese **Embryonalzellen** weisen bei *Tier* und *Pflanze* noch weitgehende Übereinstimmung auf (wenn man von den pflanzl. Plastiden und Primärwänden absieht). Später differenzieren sie sich; die ursprünglich totipotenten Embryonalzellen werden zu **Dauerzellen** mit best. Aufgaben im arbeitsteiligen System des Gesamtorganismus (Zellstaat). Sie ordnen ihre Bedürfnisse und Lebensäußerungen ihrem »Berufsleben« unter, indem sie die Selbständigkeit des Einzellers aufgeben, dafür aber auf die ergänzende Hilfe anderer Spezialisten vertrauen können. Tier. Zellen bestimmter Differenzierungsklassen können nur noch – wenn überhaupt – ihresgleichen bilden (I, S. 67); pflanzl. Dauerzellen haben im allg. die Teilungsfähigkeit ganz verloren. Letzteres hängt mit Vorgängen zusammen, die, bei allen *Pflanzen* in den Grundzügen übereinstimmend, alle Umwandlungen zu Dauerzellen kennzeichnen: Vakuolenbildung und Zellwandveränderungen.

Die Bildung der Vakuole (A)

Als erstes Symptom kündet sie das Ende der embryonalen Phase und den Anfang des Differenzierungsprozesses an. Durch vermehrte Wasseraufnahme entmischen sich Cytoplasma und Zellsaft. Letzterer sammelt sich zunächst in membranlosen Bläschen, die später unter Bildung einer Grenzschicht (Tonoplast) zu Dauervakuolen anwachsen. Häufig bildet sich eine einzige große Zentralvakuole, wobei das Plasma auf einen dünnen Wandbelag zurückgedrängt wird.

Dauervakuolen können sich nicht nach außen entleeren wie die kontraktilen und die Nahrungsvakuolen, obwohl auch ihnen die Aufgabe zukommt, Stoffwechselprodukte aufzunehmen. Die Speicherung kann hohe Konzentrationen erreichen, was im Sinne eines notwendigen osmot. Druckes in gewissen Grenzen nützlich ist (I, S. 25). Andererseits werden die lösl. Exkrete in osmot. unwirksame Formen übergeführt, z. B. durch Ausfällung und durch Umbildung zu Makromolekülen.

Inhaltsstoffe des Zellsaftes sind häufig Kohlenhydrate, Fette und Eiweiße, die als Reservestoffe gespeichert werden und manchmal die gesamte Zelle ausfüllen können. Der Konzentration von lösl. Zuckern z. B. in *Zuckerrüben* und *Zuckerrohr* sind osmot. Grenzen gesetzt; dagegen kann der Gehalt an dem unlösl., typ. pflanzl. Reservekohlenhydrat **Stärke** bis zu 70% des Frischgewichts ausmachen (C). **Eiweißvakuolen** erstarren bei Wasserentzug und bilden in der Kleberschicht des Getreidesamens die Aleuronkörner (I, S. 63). Neben den lösl. Salzen findet man in dem Zellsaft auch versch. geformte Kristalle schwerlösl. **Salze**, z. B. Nadeln aus Ca-oxalat (D, Fraßschutz), ferner artspezif. Alkaloide wie Atropin *(Tollkirsche)*, Morphin und Codein *(Schlafmohn)*, Strychnin *(Brechnuß)*, Nikotin *(Tabak)*, Coffein *(Kaffee, Tee)*, Colchicin *(Herbstzeitlose)*, ferner die Zuckerverbindungen **(Glykoside)** Digitalin *(Fingerhut)* und Saponin *(Seifenkraut)*. Schließlich werden neben den **Gerbstoffen** (z. B. Tannin) noch **Farbstoffe** im Zellsaft angereichert (gelbe Flavone und blaue bis rote Anthocyane).

Die Veränderung der Zellwand (B)

Notwendigerweise erfolgt sie mit der Vergrößerung des Vakuolenvolumens und der Zellsaftkonzentration (I, S. 25, 27): erstere erfordert ein Flächenwachstum, letztere eine Verstärkung der Zellwand durch Dickenwachstum.

Das Flächenwachstum der Embryonalzelle ist gering, da die Vermehrung des Plasmas nur langsam fortschreitet. Die Ausweitung der Vakuole dehnt die Primärwand (I, S. 27) in einem Prozeß des Streckungswachstums aus, wobei die Maschenweite des Fadennetzes immer größer wird, die Wanddicke aber abnähme, wenn nicht ständig neue Schichten von Fibrillen aufgelagert würden. Bei Beendigung des Flächenwachstums besitzt die Wand ihre urspr. Dicke; sie besteht aus zahlr. Netzen, deren Maschenweite von innen nach außen zunimmt. Ob neben diesem Appositionswachstum auch eine Einlagerung (Intussusception) von Zellulose erfolgt, ist neuerdings zweifelhaft.

Das Dickenwachstum, das sich anschließt, umfaßt den Aufbau der Sekundärwand (I, S. 27). Auch bei gleichmäßiger Verdickung werden einzelne Stellen ausgespart, die als Tüpfel oder in dicken Zellwänden als Tüpfelkanäle erscheinen (I, S. 58 A).

Häufig nimmt die Zellulosewand im weiteren Verlauf der Diff. durch **Einlagerung** anderer Stoffe neue physikal. und chem. Eigenschaften an:

Verholzung, Einlagerung von Lignin in die intermicellaren Räume ist auf *Kormophyten* beschränkt. Hierdurch büßen die Zellen zwar die Elastizität ein, gewinnen aber an Druckfestigkeit. Verholzte Zellen dienen auch nach ihrem Absterben und Verlust des Turgordruckes noch als Stützelemente.

Verkorkung erschwert durch abwechselnd aufgelagerte Schichten von Korkstoff (Suberin, hochpolymere Fettsäureester) und Wachs bei abgestorbenen Samenpflanzenzellen den Wasserdurchtritt.

Mineralisierung, d. h. die Einlagerung von Mineralstoffen wie Kalk oder Kieselsäure in die intermicellaren Räume verhärtet die Zellwand und ist charakteristisch für die *Kieselalgen* (I, S. 47), findet sich aber auch in *Schachtelhalmen* und in den oft messerscharfen Blättern von *Gräsern.*

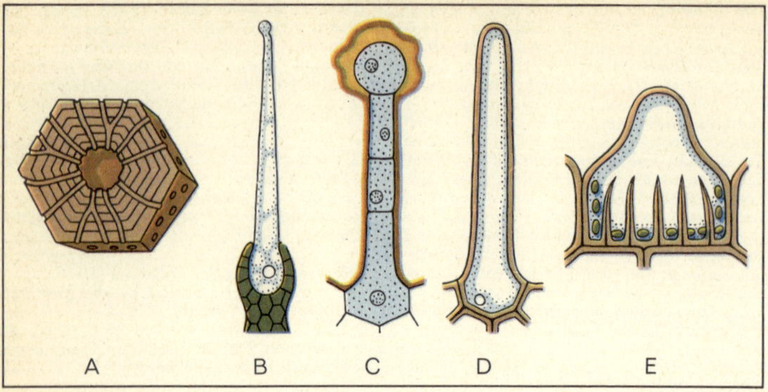

Pflanzliche Zelltypen

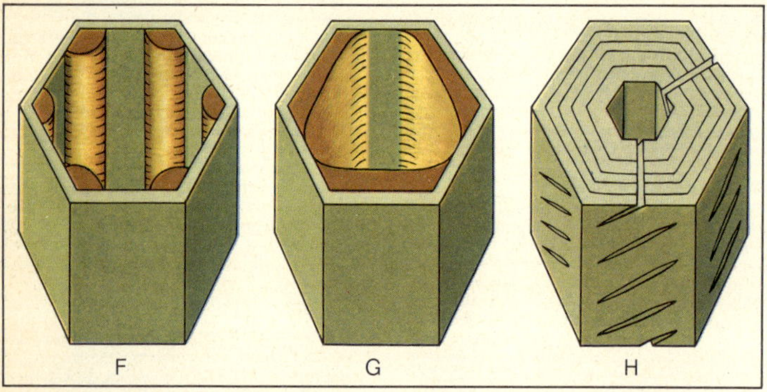

Pflanzliche Festigungselemente

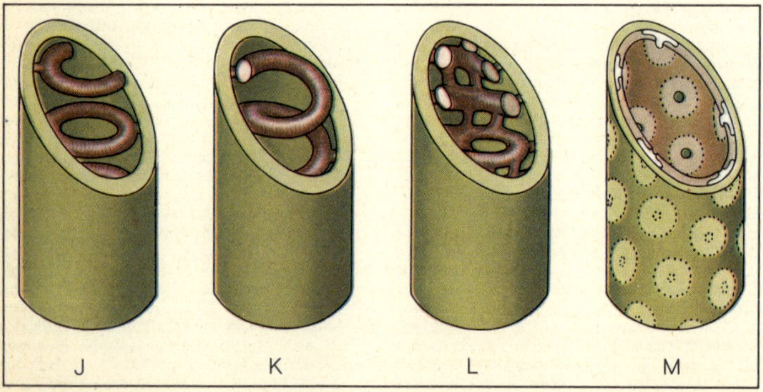

Gefäßtypen

Das Ergebnis der Diff. im Zusammenspiel von Flächen- und Dickenwachstum, deren örtlicher Verminderung oder Verstärkung ist recht mannigfaltig, so daß man etwa 70 Zelltypen unterscheiden kann.

Isodiametrische Zellen

Bei allseits gleichmäßigem Flächenwachstum entstehen aus den zunächst kubischen Embryonalzellen nach dem Prinzip der kleinsten Oberfläche isodiametrische Zellen, also polyedrische, kugelähnl. Körper, die in allen Richtungen etwa die gleichen Durchmesser aufweisen.

Parenchymzellen (I, S. 63) bilden den wenig differenzierten Grundtyp der Dauerzellen und kommen dem geometr. Ideal der Isodiametrie am nächsten, obwohl einzelne Formen (z. B. Palisadenzellen der Laubblätter) durchaus längsgestreckt sind. Die Zellkanten sind gerundet (Interzellularen, I, S. 63); hohe Turgorspannung verleiht der Zelle Festigkeit. Die Zellwände sind nur schwach verdickt und selten verholzt.

Epidermiszellen (I, S. 65) schließen den oberirdischen Vegetationskörper in einschichtiger Lage ab. Die flächig gedehnten Zellen erreichen durch Verdicken der Außenwand, Mineralisierung, interzellularenfreien und häufig verzahnten Anschluß an Nachbarzellen eine hohe mechan. Festigkeit, durch eine nach außen abgeschiedene, suberinartige Cuticula weitgehende Wasserundurchlässigkeit. Bei »blutfarbigen« Blättern enthält die Zentralvakuole Anthocyane. Außer bei wenigen Schatten- und untergetauchten Wasserpflanzen sind Epidermiszellen chloroplastenfrei.

Steinzellen (Sklereiden), z. B. in den harten Schalen der Nuß- und Steinfrüchte (A), entstehen durch gleichmäß. Dickenwachstum aller Sekundärwände mit meist deutl. Schichtung, bei dem nur die Tüpfel ausgespart bleiben. Der Protoplast stirbt nach dem Aufbau der Zellwand ab. Die Druckfestigkeit dieser meist stark verholzten, englumigen Festigungselemente ist groß.

Drüsenzellen sind lebende parenchymartige Zellen mit viel Plasma und großen Zellkernen. Sie scheiden Sekrete (Schleim, Öl, Harz, Verdauungsenzyme, Salz, Zucker, Wasser) aus ihrem Cytoplasma durch die Zellwände nach außen oder in die Interzellularen aus. Als Endzellen von Drüsenhaaren speichern sie die vom GA gebildeten Absonderungen zw. Zellwand und abgehobener Cuticula (C).

Prosenchymatische Zellen

Als Folge eindimensionaler Zellstreckung durch Spitzen- oder Streckungswachstum entstehen faserförmige, überwiegend der Festigung und der Stoffleitung dienende Zellen. Spitzenwachstum beschränkt sich auf die Zell-Enden; es ist unipolar (einseitig) bei Haaren, Pilzhyphen und Pollenschläuchen, bipolar bei Holzzellen.

Ungegliederte Milchröhren entstehen als polyenergide Drüsenzellen bei *Wolfsmilch*, *Ficus*-Arten *(Gummibaum, Feige)* oder *Oleander* aus einer einzigen Embryonalzelle durch starkes Spitzenwachstum. Indem sie der Größenzunahme des Keimlings folgt, erreicht sie eine Länge von mehreren Metern. Ihr schlauchförmiger Protoplast umschließt eine lange, mit Milchsaft (Latex) unter Druck stehende Vakuole.

Haare (Trichome) entstehen aus Epidermiszellen in reicher Formenfülle: kegelförmige Papillen (E), lange Schlauchhaare (D), zugespitzte und mineralisierte Borstenhaare *(Boretsch)*, Brennhaare (B) mit spröder, verkieselter Spitze und balgartiger Basis, deren Zellsaft Histamin, Acetylcholin und Natriumformiat enthält.

Kollenchymzellen mit abwechselnden Zellulose- und Pektinlagen an Kanten (F, Kantenkollenchym) oder ganzen Seiten (G, Plattenkollenchym) der Zellwände stellen lebens- und wachstumsfähige Stützelemente dar, die für jüngere, aber auch krautige erwachsene *Pflanzen* typ. sind.

Sklerenchymfaserzellen verleihen ausgewachsenen Pflanzenteilen als tote, langgestreckte, englumige, spindelförmige Zellen durch ihre regelmäßige Zelluloseschichtung mit Schraubentextur (H) große Zug- und Biegungsfestigkeit. Unverholzte Fasern sind sehr elastisch *(Lein)*, verholzte starr *(Hanf)*.

Tracheiden sind röhrenförmige, meist englumige Wasserleitungselemente, bei denen zur besseren Wegsamkeit die Querwände schräg gestellt und besonders stark getüpfelt sind. Der Protoplast stirbt ab, die fehlende Turgorfestigkeit wird durch Wandverdickung ersetzt, was der Zelle zusätzlich eine Stützfunktion verleiht.

Zellfusionen

Durch Auflösen der Querwände hintereinanderliegender Röhrenzellen (Zellfusion) und zusätzl. Weitenwachstum entwickeln sich sehr leistungsfähige Leitungssysteme.

Gegliederte Milchröhren bilden bei *Schlafmohn*, *Löwenzahn*, *Gummibaum* durch Zellverschmelzung ein Netzwerk, das in Funktion und Inhaltsstoffen den ungegliederten Milchröhren entspricht.

Gefäße (Tracheen) führen die Tracheidendifferenzierung weiter: die Querwände sind völlig oder bis auf einzelne Ringe aufgelöst. In den bis zu einigen Metern langen, weitlumigen Röhren sterben die Protoplasten ab. Unterschiedl. Wandverdickung (J–M) verhindert, daß diese Leitungssysteme für Wasser und Nährsalze eingedrückt werden.

Siebröhren sind lebende, in ihrem Zellsaft an organ. Stoffen reiche Transportzellen, deren Quer- und Längswände in den **Siebplatten** von Poren durchbrochen sind. Diese direkte Verbindung benachbarter Protoplasten erleichtert die Weitergabe organ. Stoffe. Siebröhren sind meist nur ein Jahr tätig, dann werden ihre Siebplatten durch Kallose, ein Polysaccharid, verschlossen.

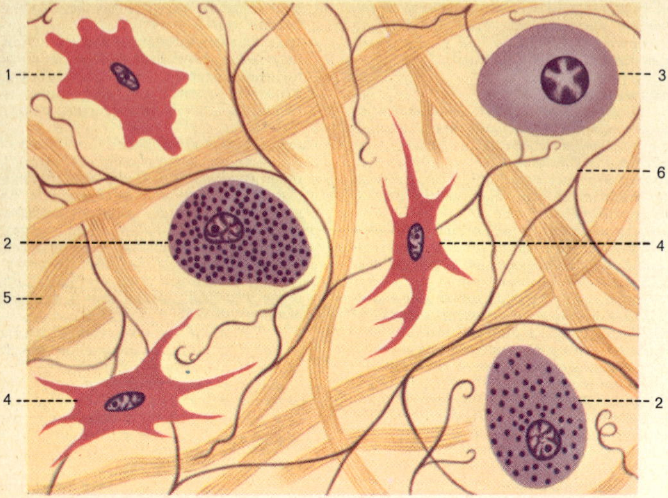

A

1 Histiocyt
2 Mastzellen
3 Plasmazelle
4 Fibrocyten
5 kollagene Fasern
6 elastische Fasern

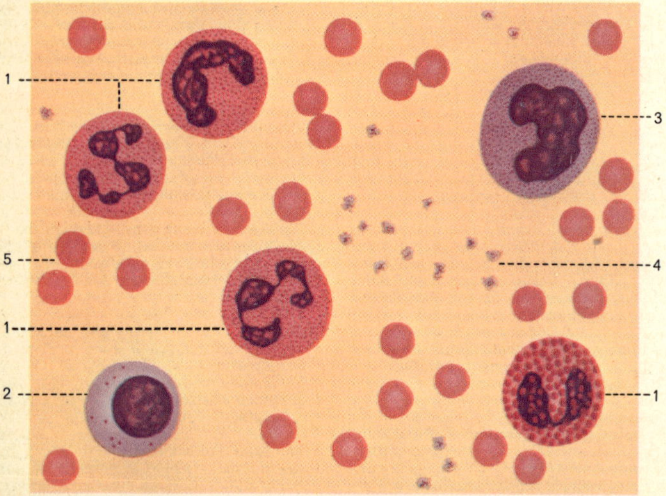

B

1 Granulocyten
2 Lymphocyt
3 Monocyt
4 Thrombocyten
5 Erythrocyten

Lockeres Bindegewebe (A) und Blutkörperchen (B) des Menschen

Die Zelltypen der *echten Gewebetiere (Eumetazoen)* sind weit zahlreicher als bei den *Pflanzen*. Das Ausmaß der Diff. nimmt in der Reihe der Tierstämme zu, was nicht verwundert, da tatsächl. der einzige objektive Maßstab für die Organisationshöhe eines *Tieres* der Grad der Diff. ist, den seine Zellen erreichen.

Den stets geschlechtl. diff. **Keimzellen,** welche die Generationenfolge gewährleisten, stehen die **Körperzellen** (Somazellen) gegenüber, die sterblich sind. Ihre Spezialisation ermöglicht intensivere und rationellere Leistung, gefährdet aber das ganze Individuum, sobald wichtige Spezialstrukturen, bes. teilungsunfähige Dauerzellen, durch Verletzung oder Erkrankung ausfallen.

Die Körperzellen erhalten ihre bes. Struktur im Laufe der Embryonal- und Jugendentwicklung, teils durch Selbstdiff., teils durch den mechan. oder chem. Einfluß ihrer Zellnachbarn. Losgelöste, in Kulturlösung wachsende Zellen weisen daher andere Formen auf.

Freie Zellen

Einige tier. Zellen scheinen insofern weniger diff. zu sein, als sie einen Gewebeverband vermissen lassen und oft aktiver Ortsveränderung und amöboider Phagocytose fähig sind. Diese freien Zellen begegnen vor allem im Bindegewebe und im Blut.

Histiocyten (A 1) von gedrungenem Zelleib mit kurzen Fortsätzen liegen als »**ruhende Wanderzellen**« in den interzellularen Räumen des Bindegewebes und wandern auf einen Entzündungsreiz hin als **Freßzellen** (Makrophagen) zu Aufräumungsarbeiten an Orte der Gewebszerstörung. Außer durch Speicher- und Phagocytosefähigkeit zeichnen sie sich durch Pinocytose mit Hilfe wellenartiger Bewegungen der Oberfläche aus (undulierende Membran).

Mastzellen (A 2), rundl., an Mitochondrien und Granula reiche Zellen, speichern nicht Nahrungsstoffe, wie ursprünglich vermutet, sondern neben Histamin und Serotonin vor allem **Heparin.** Dieses Mucopolysaccharid aus der Leber (Hepar) verhindert die Blutgerinnung (Antithrombin), ist aber auch am Stoffwechsel des Bindegewebes beteiligt.

Plasmazellen (A 3) tragen ihren Namen nach dem großen Zelleib. Ihr Zellkern liegt exzentrisch und besitzt eine radspeichenartige Chromatinverteilung. Granula fehlen, auffällig ist der Reichtum an Ergastoplasma und Mitochondrien. Die Plasmazellen bilden als Reaktion auf eingedrungenes körperfremdes Eiweiß (Antigen, Toxin) abwehrende, spezif. **Antikörper,** die als »Antitoxine« die Toxine vernichten, als »Agglutinine« z. B. *Bakterien* oder *Viren* verkleben oder als »Präzipitine« kleinere Eiweißteilchen gerinnen und sich absetzen lassen. Über den akuten Bedarf hinaus produzierte Antikörper können später wieder in Aktion treten und verleihen dem Organismus eine »erworbene Immunität«.

Leukocyten zählen zu denjenigen **Blutkörperchen,** die ständig oder auf Entzündungsreize hin die Gefäße verlassen und in das Bindegewebe einwandern, in dem sie aber z. T. auch entstanden sind. Ihre Lebensdauer beträgt wenige Tage. Sie bilden eine Funktionsgemeinschaft zur Abwehr schädigender Einflüsse, jedoch erfüllen die einzelnen Leukocytenformen versch. Sonderaufgaben:

Die im Knochenmark gebildeten **Granulocyten** (B 1) wandern amöboid und phagocytieren *Bakterien* (Eiterbildung), beteiligen sich am Fetttransport und an der Blutgerinnung. – **Lymphocyten** (B 2) gehen aus Reticulumzellen lymphatischer Organe hervor, enthalten wenig Cytoplasma und sind daher in ihrer amöboiden Beweglichkeit eingeschränkt. Ihre Funktion ist noch umstritten (Antikörperbildung, Nukleoproteinreserve). – **Monocyten** (B 3) schließl. sind cytoplasmareiche, lebhaft bewegl., als Makrophagen tätige Freßzellen, die sich in Entzündungsfeldern im Gewebe in Histiocyten umzuwandeln scheinen.

Blutplättchen (Thrombocyten) sind unregelmäßig geformte und kernlose Blutelemente (B 4) mit einer quellbaren Außenzone (Hyalomer) und einem körnchenreichen Zentrum (Granulomer). Diese beiden Cytoplasmaanteile spielen beim Blutgerinnungsvorgang versch. Rollen (Bd. II): Das Hyalomer kann zunächst über Pseudopodienbildung Blutplättchen miteinander verklumpen und damit kleine Wunden in der Gefäßwand verstopfen; das Granulomer leitet durch Freigabe von Thrombokinase den Gerinnungsvorgang ein. Es bildet das Gerinnungszentrum im Fibringerüst.

Rote Blutkörperchen (Erythrocyten) stellen bei den *Wirbeltieren* den größten Anteil an Blutzellen (B 5). Sie haben bei den *Säugern* die Form zweiseitig-konkaver runder Scheiben und sind im reifen Zustand kernlos. Ihre Regeneration erfolgt aus kernhaltigen Erythroblasten im roten Knochenmark. Ergastoplasma, Mitochondrien und GA fehlen; auch das elektronenopt. Bild ist amorph. 34 % des Zellvolumens entfallen beim *Menschen* auf den eisenhaltigen Eiweißfarbstoff **Hämoglobin,** der Sauerstoff reversibel binden kann. Neben ihrer Aufgabe bei der Atmung (Bd. II) erfüllen rote Blutkörperchen noch die Funktion der Blutgruppensubstanz-Träger, enthalten also agglutinierende, d. h. Eiweißballung erzeugende **Antigene** (Bd. II).

Ortsansässige Zellen

Neben den sich vom Organismus ablösenden Geschlechtszellen (I, S. 131) und den umherwandernden oder in einer Körperflüssigkeit schwimmenden freien Zellen bilden ortsansässige, unbewegl. Zellen den überwiegenden Anteil im Zellstaat der *Eumetazoen*. Aufgrund von Struktur, Funktion oder entwicklungsgeschichtl. Herkunft lassen sich die vielen unterschiedl. differenzierten und spezialisierten Zellen in wenige Typengruppen zusammenfassen. Sie werden im Zusammenhang mit der entspr. Gewebebildung dargestellt (I, S. 66–75).

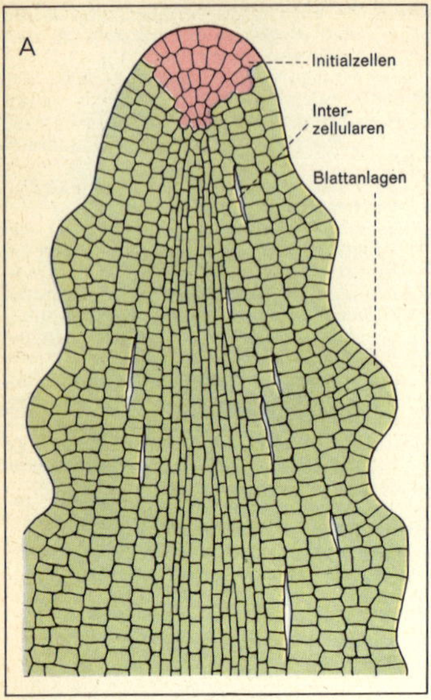

Vegetationskegel des Tannwedels

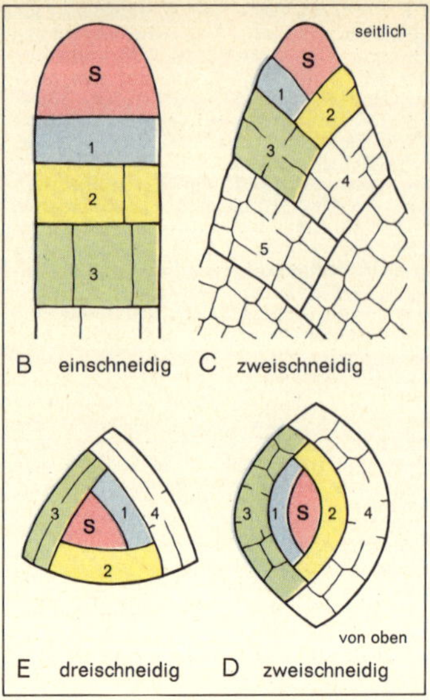

Scheitelzellen

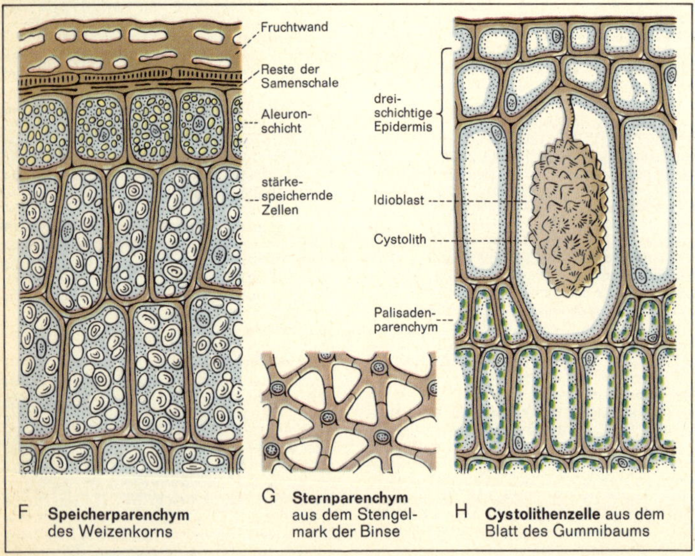

F **Speicherparenchym** des Weizenkorns

G **Sternparenchym** aus dem Stengelmark der Binse

H **Cystolithenzelle** aus dem Blatt des Gummibaums

Typen des Grundgewebes

Echte Gewebe nennt man nach TROLL im Unterschied zu Gewebe-Vorstufen (I, S. 53, 55) Verbände von gleichartigen Zellen, die schon im Augenblick ihrer Entstehung in unmittelbarem Konnex stehen und diesen auch in entwickeltem Zustand beibehalten. Gewebe entstehen also aus Zellen oder Zellgruppen, wobei sich die Tochterzellen nach Teilungen nicht voneinander trennen. Man unterscheidet Bildungs- und Dauergewebe.

Bildungsgewebe (Meristeme)
Ihre Zellen sind kubisch und haben embryonalen Charakter, d. h. sie sind dünnwandig, vakuolenlos und dauernd teilungsfähig (I, S. 56 A). – Meristeme, die seit dem Keimzustand der Pflanze ständig tätig sind, nennt man **Urmeristeme (primäre M.)**. Sie liegen hauptsächlich in den Sproß- und Wurzelspitzen, wo sie die Vegetationspunkte (I, S. 93) bilden (Spitzen- oder apikales Wachstum). Es können aber in anderen Sproßbereichen auch Meristemzonen erhalten bleiben (interkalares Wachstum, z. B. beim Grashalm). – Den Urmeristemen stehen **Folgemeristeme (sekundäre M.)** gegenüber, die entweder erst nach einer Ruhezeit aktiv werden oder gar aus Dauerzellen entstehen (I, S. 57), die ihre embryonalen Eigenschaften zurückerhalten. Ein Folgemeristem ist z. B. das Kambium (I, S. 77), das das sek. Dickenwachstum der zweikeimblättrigen Pflanze bewirkt.
Ein typ. **Vegetationskegel** (A) behält stets das gleiche Volumen, da gleichlaufend mit der Teilungstätigkeit der am Scheitel liegenden Zellgruppe **(Initialzellen)** ältere Gewebeteile in den Dauerzustand übergehen. Das Gewebe des Vegetationspunkts ist durch Gleichmäßigkeit des Zellgefüges gekennzeichnet. Die Zellen sind gleich groß, ihre Wände schneiden sich meistens rechtwinklig, und zwar vorwiegend parallel bzw. senkrecht zur Oberfläche (perikline bzw. antikline Zellwände). Der gleichmäßige Aufbau verwischt sich in einer Zone, in der das neugebildete Gewebe in den Dauerzustand übergeht. Dieser Bereich der Gewebediff. ist kenntlich durch das Auftreten von **Interzellularräumen**, das begleitet ist von Diff.-Vorgängen der einzelnen Zellen (I, S. 57, 59). Solche Vegetationspunkte mit Gruppen von Initialzellen, die sehr umfangreiche Gewebekomplexe liefern, sind bei den *Samenpflanzen* verbreitet. Bei den *Thallophyten* (I, S. 55) dient oft nur eine Initialzelle, die **Scheitelzelle**, der Gewebebildung.
Bei der *Fadenalge Cladophora* ist die oberste Zelle die Scheitelzelle, die sich ständig durch Querwände teilt (B). Da sie also nur in einer Richtung Tochterzellen abgliedert, nennt man sie **einschneidige** Scheitelzelle. Andere Algen zeigen gleiche Verhältnisse, doch können in den älteren Tochterzellen auch Längswände auftreten. Einschneidige Scheitelzellen liefern fädige Gewebe, **zweischneidige** flächige Gewebe (z. B. Moosblättchen), da sie bei keilförmiger Gestalt nach zwei Seiten Segmente abgliedern (C, D). In diesen können später weitere Teilungen erfolgen. **Dreischneidige** Scheitelzellen sind tetraederförmig. Sie geben nach drei Richtungen Tochterzellen ab und lassen so körperhafte Gewebe entstehen (E; Sproßachsen von *Moosen* und *Farnen*). **Vierschneidige** Scheitelzellen, auch tetraederförmig, gliedern an allen vier Flächen Segmente ab. Sie bilden z. B. in Farnwurzeln außer dem Wurzelkörper noch die Wurzelhaube (I, S. 81). Zur Erzeugung großer flächiger Gewebe (z. B. Blätter der *Samenpflanzen*) reicht die Tätigkeit einer Scheitelzelle nicht aus. Sie wird durch am Rand aufgereiht liegende Initialzellen ersetzt **(Randzellenwachstum).**

Grundgewebe (Parenchym)
Den aus embryonalen Zellen bestehenden Meristemen stehen die aus Dauerzellen aufgebauten **Dauergewebe (Somatische Gewebe)** gegenüber. Man gliedert sie nach ihrer Funktion.
Das Grundgewebe besteht aus den wenig diff. Parenchymzellen (I, S. 59), die noch viele Funktionen erfüllen. Im Parenchym, das in den meisten Pflanzenteilen vorherrscht, laufen daher auch die wichtigsten Lebensvorgänge ab. Es können aber bestimmte Funktionen bevorzugt sein, so daß sich mehrere Typen des Grundgewebes unterscheiden lassen.
Das in Blättern, aber auch peripher in Sprossen auftretende **Assimilationsparenchym** (I, S. 81) ist durch seinen Chloroplastenreichtum besonders befähigt zur Photosynthese (Bd. II).
Im **Speicherparenchym** sind hauptsächlich organ. Substanzen gespeichert (Zucker, Stärke, Eiweißstoffe, Fette). Beim Getreidekorn (F) ist das ganze Innere von sehr großzelligem Parenchym erfüllt, dessen Leukoplasten (I, S. 25) zahlreiche große Körner aus Reservestärke bilden. Zw. Stärkegewebe und Samenschale liegt die **Kleberschicht (Aleuronschicht)**, deren Zellen viele Aleuronkörner (durch Wasserentzug eingedickte Eiweißvakuolen; I, S. 57) enthalten. – Während Fette im allg. als Plasmaeinschlüsse gespeichert werden (z. B. in Samen), findet sich Zucker im Zellsaft gelöst (*Zuckerrohr*, *Zukkerrübe*). – Bei an Trockenheit angepaßten Pflanzen wird oft in sehr ausgedehnten Geweben Wasser gespeichert (**parenchymatisches Wassergewebe,** bei Sukkulenten, I, S. 99). – Parenchymzellen können auch Stoffwechselendprodukte **(Exkrete)** speichern, die in der Pflanze verbleiben (Exkretionssystem wie bei Tieren fehlt). Dies sind ätherische Öle, Harze, Milchsäfte (z. B. Kautschuk) oder Kristalle. Diese Exkretzellen sind oft Idioblasten, einzelne, nach Größe, Form und Beschaffenheit abweichende, in Grundgewebe eingebettete Zellen (H) und oft durch eine undurchlässige Suberinlamelle abgekapselt.
Eine weitere Sonderform des Grundgewebes ist das **Durchlüftungsgewebe (Aërenchym),** dessen Zellen große Interzellularräume freilassen (Sternparenchym bei Sumpf- und Wasserpflanzen, G; Schwammparenchym in Blättern, I, S. 81).

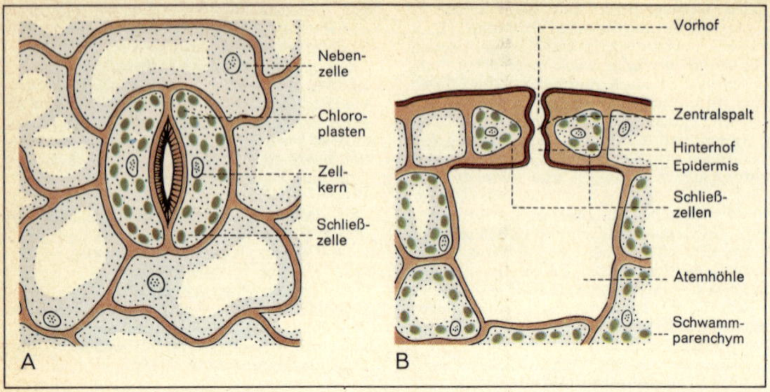

Spaltöffnungsapparat: Aufsicht (A), Querschnitt (B)

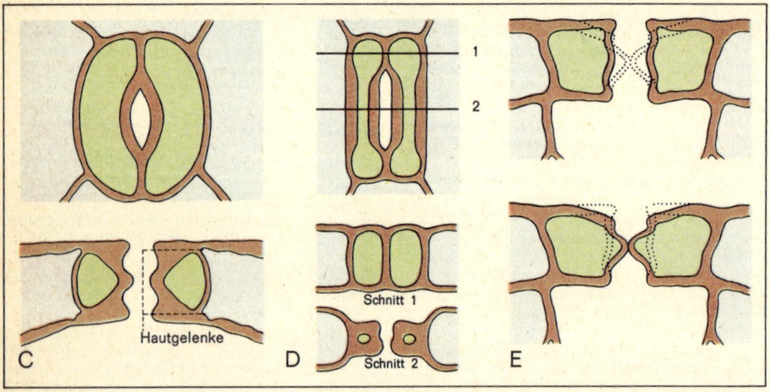

Spaltöffnungstypen: Amaryllideentyp (C), Gramineentyp (D), Mniumtyp (E)

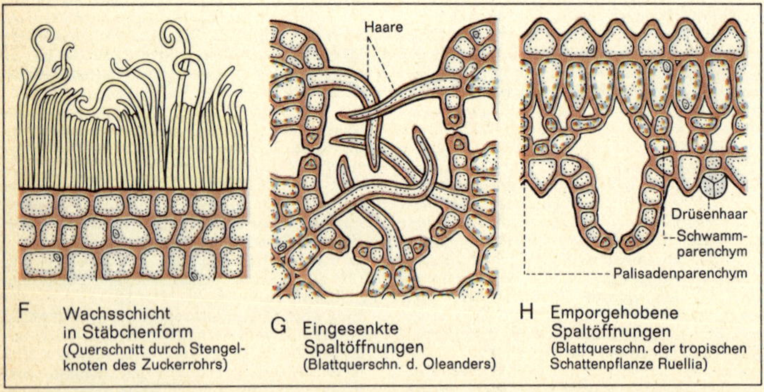

Sonderbildungen der Epidermis

Primäre Abschlußgewebe
Im Gegensatz zu den bisher behandelten parenchymat. Geweben sind bei anderen Dauergeweben die Zellen stark an Sonderaufgaben angepaßt.

Oberhaut (Epidermis) ist das prim., im typ. Fall einschichtige Abschlußgewebe, gebildet vom **Dermatogen**, der äußeren Meristemschicht des Vegetationskegels. Einerseits schützen ihre Zellen die Pflanze vor Beschädigungen und Infektionen, bes. aber vor Wasserverlust durch Verdunstung (Transpiration). Neben den schon erwähnten Einrichtungen (I, S. 59) finden sich manchmal Wachsüberzüge (z. B. bei *Pflaumen, Weinbeeren*), die die Transpiration weiter herabsetzen. Das oft in großen Mengen erzeugte Wachs (F) der Blätter einiger Palmenarten wird zur Kerzenherstellung verwendet **(Karnauba-Wachs).** Andererseits sorgen bestimmte Epidermisbildungen für die Regelung des für die Pflanze lebenswichtigen Stoffaustauschs mit der Außenwelt:

Wurzelhaare sind schlauchförmige, bis 8 mm lange Auswüchse einzelner Wurzelepidermiszellen (I, S. 80 B). Anderen einzelligen Haaren homolog (I, S. 59), haben sie aber sehr dünne, nicht kutinisierte Membranen. Ihre Resorptionsfähigkeit ist daher sehr groß. Da sie leicht verformbar sind, schmiegen sie sich den Bodenteilchen eng an, wodurch die resorbierende Oberfläche der Wurzel stark vergrößert wird.

Spaltöffnungen (Stomata) vermitteln an oberird. Pflanzenteilen den Gasaustausch und regeln die Transpiration. Sie sind vorwiegend auf den Blattunterseiten regelmäßig in der Epidermis verteilt (bis zu 700/cm²; auf dem Blatt der *Sonnenblume* rd. 13 Mill.).

Amaryllideentyp (C): Im allg. zeigt der Spaltöffnungsapparat (A, B) folgenden Bau: zwischen zwei bohnenförmigen, an den Enden zusammenstoßenden Schließzellen liegt ein Spalt (Porus). Die konvexen Schließzellenwände (Rückenwände) sind unverdickt, die konkaven Bauchwände dagegen haben zwei vorspringende Verdickungsleisten, die über und unter dem Zentralspalt einen Vor- und Hinterhof abgrenzen. Dieser stößt an einen großen Interzellularraum (Atemhöhle) und ist so mit dem Interzellularsystem der Pflanze verbunden. Oft sind die Schließzellen von schwach verdickten Epidermiszellen umgeben, mit denen sie durch bes. dünne Wandzonen (Hautgelenke) scharnierartig verbunden sind. – Durch Chloroplasten, die in normalen Epidermiszellen fast stets fehlen, werden die Schließzellen mit Zucker und Stärke versorgt (Photosynthese; Bd. II). Bei Belichtung werden nun in den Zellen stärkespaltende Enzyme aktiviert, die osmot. unwirksame Stärke wird z. T. in osmot. wirksamen Zucker überführt. Dadurch erhöht sich der Turgor der Schließzellen, und den Nebenzellen wird Wasser entzogen, wodurch sich die Schließzellen gegen letztere ausdehnen können. Durch die hieraus resultierende stärkere Krümmung der Schließzellen öffnet sich der Porus. Bei Verdunklung ist der Prozeß rückläufig, der Spalt schließt sich wieder **(Photoreaktion der Stomata).** Durch diesen empfindlichen Mechanismus kann die Transpiration den Bedürfnissen der Pflanze weitgehend angepaßt werden. Nach dem gleichen Prinzip arbeiten auch zwei weitere, morpholog. deutlich verschiedene Typen: Beim

Gramineentyp (D; bei *Gräsern* verbreitet) sind die Schließzellen hantelförmig und nur in der Mitte verdickt. Bei Turgorerhöhung erweitern sich die Endabschnitte und drängen die starren Mittelstücke auseinander. – Der

Mniumtyp (E; bei *Farnen* und *Moosen* vorkommend) hat Schließzellen mit dünner Bauchwand, während die übrigen Wände verdickt sind. Bei Turgorzunahme wird die Zelle höher, die Konvexkrümmung gegen den Spalt wird schwächer und dieser öffnet sich.

Bei Trockenpflanzen **(Xerophyten)** sind die Stomata oft in die Epidermis eingesenkt, wodurch die Verdunstung weiter herabgesetzt wird (windstille Räume; G). Bei Pflanzen feuchter Standorte **(Hygrophyten)** können sie schornsteinartig emporgehoben sein (H; Transpirationssteigerung).

In Ausnahmefällen kann die dann oft mehrschichtige Epidermis auch Speicherfunktion haben **(epidermales Wassergewebe;** z. B. in den sukkulenten Blättern von *Begonia* und *Peperomia*).

Sek. und tertiäre Abschlußgewebe
Wird durch Dickenwachstum eines Sprosses die Epidermis zerstört, treten sekundäre und tertiäre Abschlußgewebe an ihre Stelle.

Kork: In den subepidermalen Zellschichten bildet sich ein Folgemeristem **(Korkkambium),** das nach außen ein mehrschichtiges Gewebe erzeugt, dessen interzellularenlos aneinanderstoßende Zellen verkorken (I, S. 57). Schon dünne Korkhäute schützen wirksamer als die Epidermis. Korkschichten, die man an ihrer braunen oder grauen Färbung erkennt, können über 10 cm dick werden *(Korkeiche)*.

Den Spaltöffnungen der Epidermis entsprechen hier interzellularenreiche Poren **(Lenticellen),** die an das Interzellularensystem des lebenden Gewebes angeschlossen sind (z. B. beim *Holunder*).

Borke tritt an älteren Stämmen und Wurzeln der Holzgewächse als noch wirksameres Abschlußgewebe an Stelle des Korks und bildet immer neue Korklagen, die durch Schichten von Bastzellen (I, S. 78 D) getrennt sind. Daraus resultiert ein geschichteter Bau, bei sich ablösender Borke schon makroskopisch sichtbar.

(Festigungs- und Leitgewebe siehe Organbildung, I, S. 77, 79.)

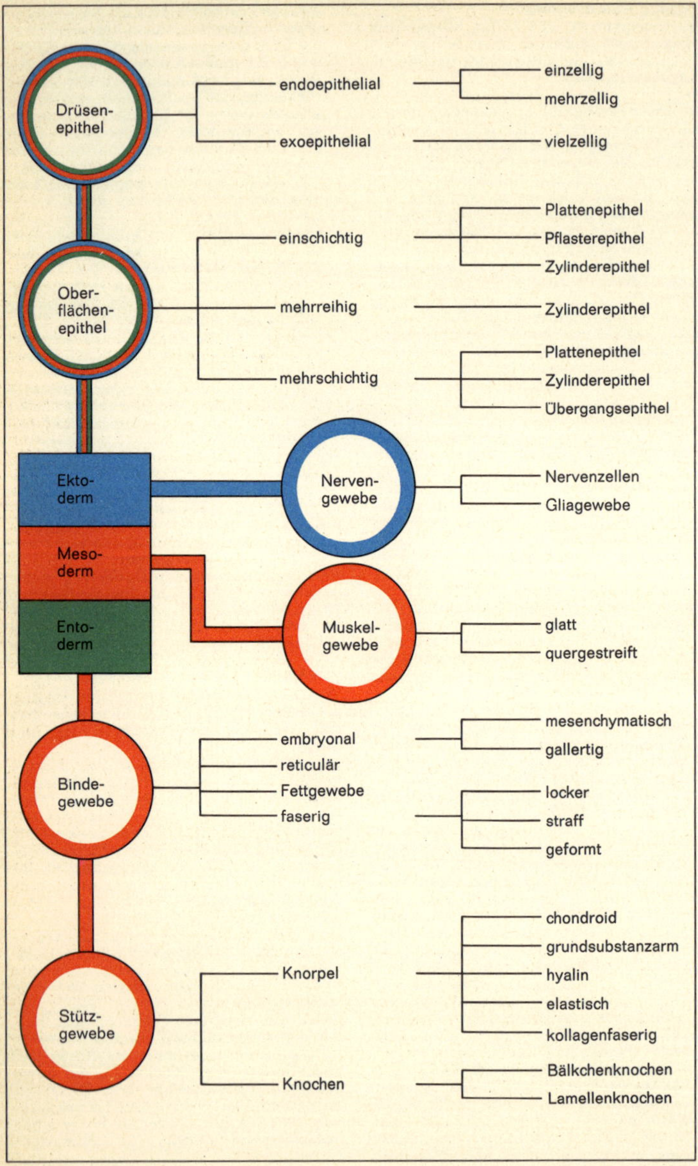

Einteilung und Herkunft tierischer Gewebe

In der Regel sind in den *Gewebetieren (Eumetazoen)* zahlr. Zellen der gleichen Funkt. zu einem Gewebe verbunden. Ein Gewebe ist jedoch auch bei den *Tieren* kein in sich geschlossenes Glied eines Syst. wie etwa Zellen oder Organe (I, S. 83), sondern nur Baumaterial des Organismus. Es entsteht aus den homologen Grundschichten aller *Eumetazoen*, dem äußeren Keimblatt **(Ektoderm)**, dem inneren Keimblatt **(Entoderm)** und der Zwischenschicht zw. ihnen, die entweder als drittes Keimblatt mit Gewebestruktur **(Mesoderm)** oder als aus Zellen und Interzellularsubstanz (IZ) bestehendes **Mesenchym** auftritt. – Hohlräume zw. Ekto- und Entoderm heißen **prim. Leibeshöhle**; die sek. Leibeshöhle, das **Cölom**, wird dagegen vom Mesoderm allein umschlossen. Nach den physiolog. und histolog. Eigenschaften unterscheidet man vier **Gewebeformen**, die hier zunächst nur in einer Übersicht vorgestellt werden.

Deckgewebe oder Epithelgewebe (I, S. 69)
Sie sind dicht geschlossene Zellverbände, in denen Zelle an Zelle gelagert ist, ohne durch nennenswerte Mengen von IZ getrennt zu sein. Da jedoch weder die Herkunft des Gewebes (aus allen Keimblättern) noch seine Funktion (Schutz, Stoffaustausch, Reizaufnahme) einheitlich ist, entfällt eine entwicklungsgesch. (ontogenetische) oder funkt. Definition des Epithel-Begriffes.
Die **Oberflächenepithelien** bilden entweder den Abschluß der äußeren Oberfläche, die Körperdecke, oder sie kleiden Körperhöhlen (primäre Leibeshöhle und Cölom) und Hohlorgane (Luft-, Harn-, Geschlechtswege, Darmrohr, Blutgefäße) innen aus. Durch weitere Diff. entstehen aus den Epithelien **Drüsengewebe.**
Die Lebensdauer der Epithelzellen ist gering. In allen Oberflächenepithelien gehen daher ständig Zellen zugrunde, die ersetzt werden. Diese **physiolog. vollkommene Regeneration** erfolgt in der Regel entfernt von den Stellen der Abnutzung, entweder in tiefer Lage (beim geschichteten Epithel) oder an geschütztem Ort (in Magengrübchen, Darmkrypten). Die höher diff. Drüsenepithelien regenerieren dagegen schlechter. Das neugebildete Gewebe ist beim *Menschen* häufig nicht mehr funktionsfähig.

Binde- und Stützgewebe (I, S. 71)
Sie umfassen die Gruppe weitmaschiger Zellverbände, die im Inneren des Körpers liegen und oberflächlich von Epithel bedeckt sind. Sie entstehen durch Umbildung des Mesenchyms und enthalten wie dieses Zellen und IZ. Unterschiedl. Ausprägung der Bauelemente, davon abhängige chem. und physikal. Eigenschaften (Härte, Elastizität) und Funktionen bestimmen die Gewebsklassifikation: **Bindegewebe** umfaßt – neben **freien** oder in flüssiger IZ strömenden Zellen (I, S. 61) – als zellige Anteile die typ. pluripotenten **Stammzellen (Fibrocyten)** mit oft langgestreckten Fortsätzen und großer Regenerationsfähigkeit, die ebenfalls verästelten **Pigmentzellen** der *Wirbellosen* und *niederen Wirbeltiere* und die netzförmig verbundenen **Reticulumzellen.** Die IZ enthält:

1. **Grundsubstanz,** eine lichtmikroskop. leere, quellbare Masse aus Eiweißen und Mucopolysacchariden. Sie reguliert den H_2O-Haushalt durch Wasserspeicherung und vermittelt den selektiven Stoffaustausch zw. benachbarten Zellen.
2. **Fasern** fangen mechan. Belastung auf. **Reticulinfasern** von 0,001 mm∅ verzweigen sich zu feinen Gitternetzen. **Kollagenfasern** sind sehr zugfest (600 kg/cm²), wenig dehnbar (4 %) und im entlasteten Zustand gewellt. Ihre lichtmikroskop. Streifung deutet auf einen geordneten Molekularverband hin. Das Gerüsteiweiß spaltet beim Kochen mit Wasser in lösl. Proteine auf (Gelatine, Leim). **Elastische Fasern** sind auf doppelte Länge dehnbar und bilden durch starke Verzweigung weitreichende Netze.

Stützgewebe werden bei *Wirbeltieren* vor allem von Knorpel- und Knochenzellen (Chondro- und Osteocyten) und der von ihnen ausgeschiedenen IZ gebildet, die hier bes. fest und lückenlos gefügt ist.
Beim **Knorpel** liegen in der wasserreichen, daher durch Turgor gefestigten Grundsubstanz nur Knorpelzellen und Fasern. Er ist druckelastisch, biegsam und wächst bei mitot. Teilung durch Apposition, in frühen Entwicklungsstufen durch Intussusception. Vermehrungsfähigkeit, Biegsamkeit und Schneidbarkeit fehlen den **Knochen** wegen Einlagerung von Kalksalzen in die Grundsubstanz. Ernährung durch Diffusion ist hier unmöglich; außer Nervenfasern durchziehen daher Blutgefäße die Knochen-IZ.

Muskelgewebe (I, S. 73)
Es ist funkt. durch die Kontraktilität, chem. durch Actomyosin und morpholog. durch die Myofibrillen und das als Kittsubstanz dienende Sarcoplasma der Muskelzelle definiert. Epithelmuskelzellen *niederer Metazoen* sind ektodermaler, die Muskeln *höherer Tiere* bis auf wenige Ausnahmen mesodermaler Herkunft. Nach dem Aufbau der Myofibrillen und des Muskelgewebes werden glatte und quergestreifte Muskulatur unterschieden.

Nervengewebe (I, S. 75)
Es ist auf die Reizaufnahme, die Erregungsproduktion, -leitung, -verarbeitung und Auslösung einer Reaktion bes. spezialisiert und stammt vom Ektoderm ab. Seine Bauelemente sind die Nervenzellen und die Glia. Diese findet sich nur im Nervengewebe, wo sie das Bindegewebe vertritt; als zeitlebens vermehrungsfähiges Hüllgewebe isoliert sie die leicht erregbare Nervensubstanz und nimmt an deren Stoffwechsel teil. Die Nervenzelle besitzt einen Zellkörper mit relativ großem Kern, stark ausgeprägtes Ergastoplasma in auffälliger Tigerfellzeichnung (Nissl-, Tigroid-Substanz) und netzartige Neurofibrillen, die in die oft langen Zellfortsätze übergehen.

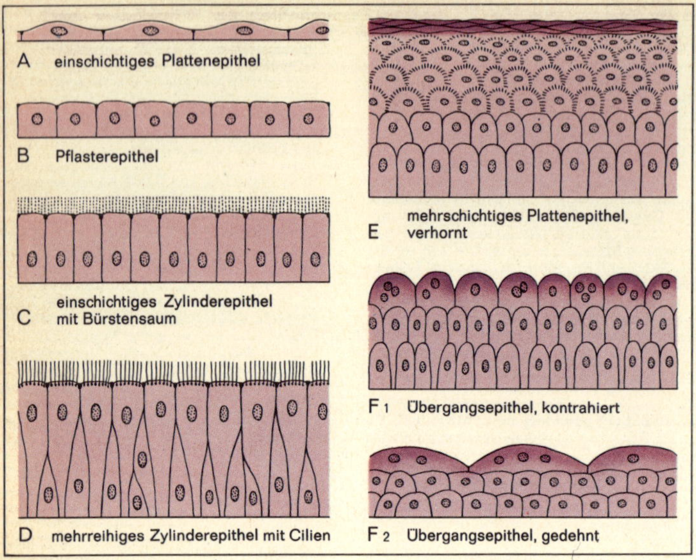

Oberflächenepithelgewebe

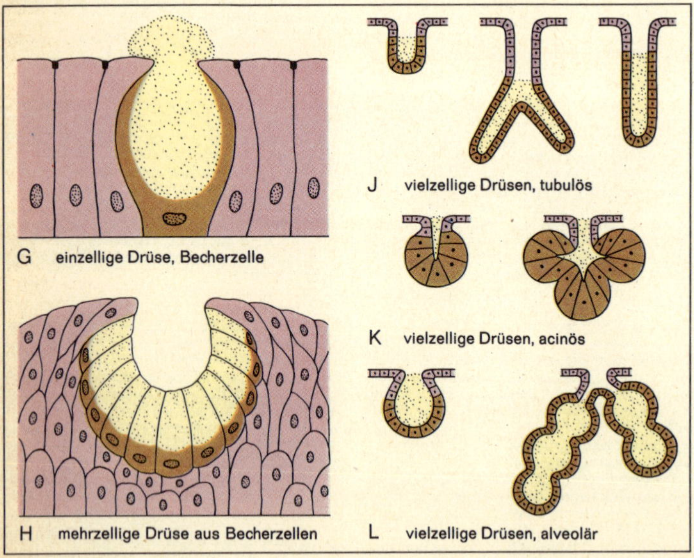

Drüsengewebe

Oberflächenepithelgewebe
Die für dieses Gewebe typ. Geschlossenheit wird selbst außerhalb des Organismus in der Gewebekultur beobachtet. Den innigen Zusammenhalt führt man heute auf molekulare Kräfte zw. den breitflächig aneinanderliegenden Zellen zurück, deren Kontakt durch Verzahnung und bes. Zelldiff. noch gesteigert werden kann:
An der Außenfläche schmiegen sich die Zellkanten in den Schlußleisten durch lokale, symmetr. Verdickungen der Zellmembran zusammen; seitlich stoßen in gleicher Struktur Erhebungen benachbarter Zellen zusammen, verkleben miteinander in der Haftplatte und durchspannen als Interzellularbrücke (Desmosom) die selbst bei Epithelien immer bestehenden Interzellularspalten. Tonofibrillen, deren Protofibrillen einerseits im Zellinneren, andererseits in den Desmosomen verankert sind, erhöhen die Festigkeit. Die übliche morpholog. Klassifizierung des Oberflächenepithelgewebes fußt auf den Kriterien der Schichtung und Zellform.

Einschichtiges Plattenepithel (A) aus bes. flachen Zellen findet man als Auskleidung von Blut- und Lymphgefäßen (Endothel), von Brust- und Bauchhöhle (Mesothel) und der Lungenbläschen, also an Stellen bes. Durchlässigkeit für Gase oder Flüssigkeiten.

Einschichtiges Pflasterepithel (B), dessen Zellen etwa gleich hoch wie breit sind, bildet die Körperdecke der *Wirbellosen*, viele Drüsenausführgänge und z. B. das Pigmentepithel der menschl. Netzhaut.

Einschichtiges Zylinderepithel (C) aus hochprismat. Zellen kleidet bei den meisten *Tieren* das Darmrohr aus, bei *Säugern* auch die Gebärmutter (Uterus). Es dient neben seiner Schutzfunktion gegenüber mechan. oder chem. Widrigkeiten vor allem dem Stoffaustausch.

Mehrreihiges Epithel (D) ist typ. für Gewebe, dessen Zellen kurzlebig sind und nach dem Tode aus dem Verband ausgestoßen werden, z. B. Nasenschleimhaut. Es besteht aus Zylinderepithelzellen, die aber von der gemeinsamen Basis aus nicht alle die Oberfläche erreichen. Sie besitzen in gleicher Höhe versch. Durchmesser; die Zellkerne reihen sich in mehreren Höhenlagen.

Mehrschichtiges Epithel (E) wird nur bei *Wirbeltieren* angetroffen und gewährt einen hohen mechan., chem. und Verdunstungsschutz. Die Gebrauchsabnutzung der äußeren Zellen wird durch die mitot. Teilung der Basalzellen wieder ausgeglichen. Die verhornte **Oberhaut** (Epidermis) bildet die Körperdecke, die unverhornte, mit Drüsensekreten feucht gehaltene **Schleimhaut** kleidet Mundhöhle, Speiseröhre, Scheide aus.

Übergangsepithel (F 1) ist mehrschichtig und überzieht Organe mit starken Volumenschwankungen (Nierenbecken, Harnleiter, Harnblase). Während die oberflächl. polyploiden, teils zweikernigen Deckzellen verformt werden, werden die Basalzellen bei Dehnung umgeordnet (F 2).

Differenzierungen der Epitheloberfläche sind sehr häufig. Während die mucopolysaccharidhaltige **Crusta** der Deckzellen ohne scharfe Grenze zum Cytoplasma hin ausläuft, ist die **Cuticula** als Ausscheidung der Zelle scharf begrenzt. Sie kann Außenskelette (*Gliederfüßler*, I, S. 111) und durch Mineralisierung Schalen oder Zahnschmelz bilden. Bei allen Tierstämmen außer bei den *Gliederfüßlern* dienen geißel- oder cilienbesetzte **Flimmerepithelien** dazu, in Hohlräumen Inhaltsstoffe fortzubewegen. **Bürstensäume** (Niere) und nur elektronenopt. sichtbare **Stäbchensäume** (Dünndarm) vergrößern als Cytoplasmafortsätze (Mikrovilli) die Oberfläche resorbierender Zellen um ein Vielfaches (I, S. 18 D). Im Gegensatz zu den Blut- und Lymphgefäßen dringen Nervenfasern, allerdings ohne ihre Markscheide, in das Epithelgewebe ein und durchziehen es in den Interzellularspalten.

Drüsengewebe
Seine Hauptaufgabe besteht in der Synthese und Abgabe von Stoffen (Sekreten). Während bei der Exkretion die Bedeutung allein in der Säuberung der Zelle von unbrauchbaren, in höherer Konzentration sogar schädl. Exkreten (z. B. CO_2, Harnstoff) liegt, erfüllen die im GA der Drüsenzelle gesammelten und durch Sekretion dem Körper vermittelten Stoffe eine weitergehende Funktion (I, S. 23; Bd. II). Ergießen Drüsen ihre Wirkstoffe als Inkrete (Hormone) in das Gefäßsystem, so nennt man sie **endokrin** (Bd. II), geben sie die Sekrete direkt oder durch ein ableitendes Gangsystem an die innere oder äußere Oberfläche ab, **exokrin.** Lichtmikroskopisch unterscheidet man drei **Sekretionstypen:**

1. Kontinuierlich sezernierende Zellen sind immer **merokrin:** bei ihnen wird das Sekret aus ständig zugeführten Rohstoffen aufgebaut, ohne daß Protoplasma verlorengeht.
2. Bei **holokriner** Sekretion tritt die ganze, mit Inhaltsstoff gefüllte Drüsenzelle aus dem Epithel heraus und zerfällt (Talgdrüsen). Nachbildung durch Ersatzzellen.
3. Bei **apokriner** Sekretion schnürt sich der äußere, mit Sekret gefüllte Endabschnitt einer Drüsenzelle ab. Anschließend Nachwachsen des Restes (Schweißdrüsen).

Einzellige Drüsen (G) sind z. B. die Schleim produzierenden Becherzellen in der Haut von *Schnecken*, *Fischen*, *Amphibien* oder im Dickdarm des *Menschen*. **Mehrzellige Drüsen** (H) liegen z. B. im mehrreihigen Epithel der Nasenschleimhaut. Die **vielzelligen Drüsen** sind meist aus dem Oberflächenepithel heraus in das darunterliegende Bindegewebe versenkt; nach der morpholog. Erscheinungsform dieser immer in einem Kanal nach außen mündenden Drüsen werden sie als tubulös (J), acinös (K) und alveolär (L) unterschieden; sie können sowohl verzweigt als unverzweigt vorkommen.

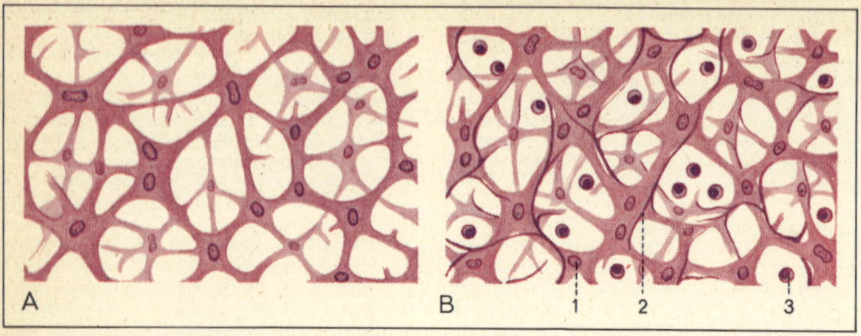

Embryonales (A) und reticuläres Bindegewebe (B) mit Reticulumzellen (1), Reticulumfasern (2) und Lymphocyten (3)

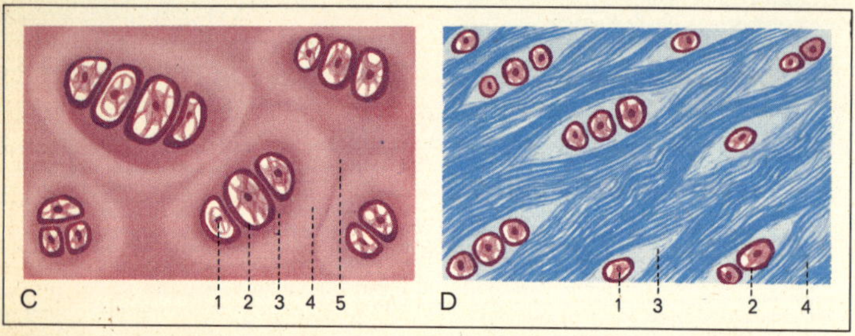

Hyaliner Knorpel (C): Knorpelzelle (1), -kapsel (2), -hof (3), Territorium (4), Interterritorium (5); Bindegewebsknorpel (D): (1), (2), (3) wie bei C, kollagene Fasern (4)

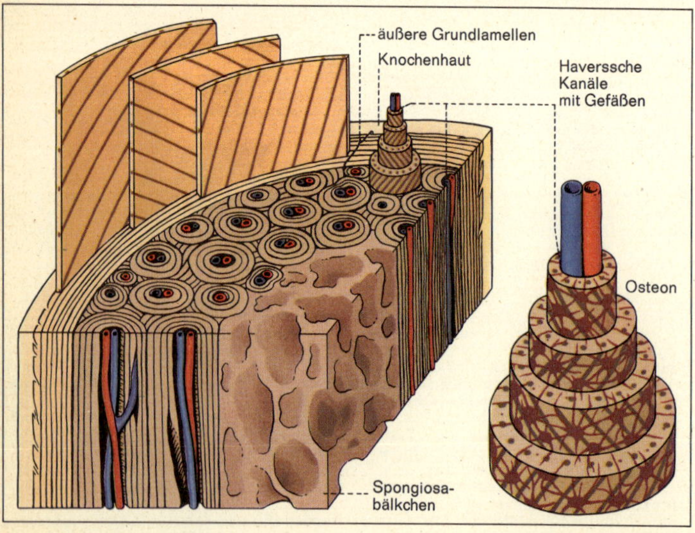

Ausschnitt aus einem Röhrenknochen

Die verschiedenartige Beschaffenheit der Interzellularsubstanz legt folgende Klassifikation der Binde- und Stützgewebe nahe:

Embryonales Bindegewebe (A) dient mit seiner Grundsubst. dem Stoffaustausch zw. Organanlagen und Gefäßen. Seine vereinzelten kollagenen Fasern mehren sich beim Übergang zum zellärmeren, aber faserreicheren Bindegewebe erwachsener Organismen. In der wichtigsten Form, dem **Mesenchym,** bauen verzweigte Zellen mit dünnen Ausläufern ein lockeres Schwammwerk auf, dessen Lücken mit IZ gefüllt sind. Ähnl., aber zur weiterführenden Gewebediff. unfähig, ist das **gallertige Bindegewebe** *(Quallen*, Schwanzsaum bei Amphibienlarven, Nabelschnur bei *Säugern)*.

Retikuläres Bindegewebe (B) ähnelt, auch in dem hohen Stoffwechsel, dem embryonalen, nur sind die Zellnetze aus ortsfesten Reticulumzellen in der Grundsubst. von freien Zellen begleitet.

Fettgewebe speichert nicht nur, sondern erfüllt in druckelastischen Polstern, z. B. an Ferse, Fußsohle (bes. bei *Elefanten*), Gesäß und Gelenken, eine mechan., gelegentlich auch eine formgebende (Wangenfettpfropf) oder Platzhalter-Funktion (Milchdrüse). Es leitet sich vom retikulären Bindegewebe ab, indem kleine intrazelluläre Fettvakuolen zu einem großen Tropfen zusammenfließen und das Protoplasma auf einen schmalen Saum verdrängen (univakuläre Fettzelle). Das mechan. Aufgaben wahrnehmende Baufett (braunes Fett), das bei *Nagetieren* und *Vögeln* bes. häufig ist, behält dagegen plurivakuläre Fettzellen.

Faseriges (fibrilläres) Bindegewebe ist in seiner Struktur wesentlich von den Fasern geprägt. Das **lockere Bindegewebe** ähnelt dem retikulären. Bei *Wirbellosen* selten anzutreffen, dient es den *Wirbeltieren* nicht nur als Stütz-, Hüll- oder Füllgewebe, sondern vor allem als Gleitgewebe in der Unterhaut, zw. Schleimhaut und Muskelschicht des Darmtraktes oder zw. Muskelbündeln. Daneben hat es stark regenerative Fähigkeiten. Das **straffe** und **geformte Bindegewebe** besitzt gruppenweise gebündelte Fasern, die geflechtartig (Organkapseln) oder parallelfaserig (Sehnen, elast. Bänder) angeordnet sind. Bei *niederen Wirbeltieren* ist der Anteil elast. Fasern geringer.

Chondroidgewebe tritt z. B. in dem Radulastützpolster der *Schnecken* auf und enthält in seinen bläschenförmigen Zellen große Vakuolen. Der dadurch bedingte Turgor wird durch die gegenüber dem Bindegewebe viel festere Grundsubst. unterstützt. Es leitet über zum folgenden Typ.

Grundsubstanzarmer Knorpel wird ebenfalls noch durch den Zellturgor gefestigt, obgleich hier die Grundsubst. bereits hart ist (Kopf- und Augenknorpel der *Tintenfische*, Skelettknorpel der *Neunaugen*, Stützknorpel in Kiemenblättern der *Knochenfische*). Verwandt ist das **chordoide Stützgewebe** z. B. der Chorda dorsalis *nied. Chordaten*. Es enthält dicht gelagerte, blasige Zellen mit dicker Membran.

Hyaliner Knorpel (C) ist die ursprüngl. Knorpelart, die bei *Knochenfischen* dauernd, bei den *höheren Wirbeltieren* nur in der Embryonalzeit die größte Verbreitung besitzt (dauernd: Nasen-, Kehlkopf-, Rippen-, Gelenkknorpel). Während die oberflächl. Knorpelhaut (Perichondrium) an elast. Fasern reich ist, enthält der Knorpel nur kollagene Fasern, was ihn druck-, aber nicht zugfest macht. Jede Zelle besitzt ihre Knorpelhöhle mit verdickter Wand (Knorpelkapsel) und einen Knorpelhof; mehrere Zellen bilden ein Territorium im zellfreien Interterritorium.

Elastischer Knorpel hat einen ähnl. Aufbau, ist aber infolge des Gehaltes an elast. Fasern sehr biegsam (Ohrmuschel). Territorien fehlen.

Bindegewebsknorpel (D) ist nicht elast., aber sehr druck-, zug- und bruchfest (Zwischenwirbelscheiben). Ein grobes, gebündeltes kollagenes Fasergeflecht verdrängt Grundsubst., Zellen und elast. Fasern.

Knochen kommen nur bei *Wirbeltieren* vor und zeichnen sich durch bes. Härte aus, die ihnen zusammen mit ihrem Feinbau große Druck-, Zug- und Verwindungsfestigkeit verleiht. – **Bindegewebsknochen,** die z.B. Schädeldach und Gesichtsknochen bilden und wegen ihrer Lage im Bereich der Haut auch Deck-, Beleg- oder Hautknochen heißen, sind selten. Sie entstehen direkt aus embryonalem Bindegewebe: Mesenchymzellen scheiden als **Knochenbildner (Osteoblasten)** kollagene Fasern und Grundsubst. ab und formen die zuerst noch kalkfreien Knochenbälkchen. Die Osteoblasten vermehren sich stark und lassen durch Apposition die Bälkchen weiter wachsen, werden eingeschlossen und wandeln sich in **Knochenzellen (Osteocyten)** um. Gleichzeitig beginnt die Mineralisation. – **Ersatzknochen** entstehen dagegen nach Auflösung des Hyalinknorpels an dessen Stelle von der Knochenhaut her (perichondral) oder auch von innen durch eingewanderte Osteoblasten (enchondral). In den Knochen *höherer Wirbeltiere*, bes. in Röhrenknochen (E), beginnt früh ein **Umbau** der Bälkchen- in Lamellenknochen: Amöboide, vielkernige **Knochenbrecher (Osteoklasten)** resorbieren primäres Knochenmaterial, während Osteoblasten vom Markraum und Periost (Knochenhaut, aus Knorpelhaut entstanden) her neue Knochengrundsubst. in konzentr. Lamellen um kleine Kanäle (Haverssche K. mit Gefäßen und Nerven) anordnen. In diesen **Knochenröhrchen (Osteonen)** verlaufen die Fasern im wesentlichen schraubig, aber so, daß die Streichrichtung in jeder Lamelle die der Nachbarlamellen kreuzt. Einzelne Lamellensysteme sind durch faserfreie Kittlamellen verbunden.

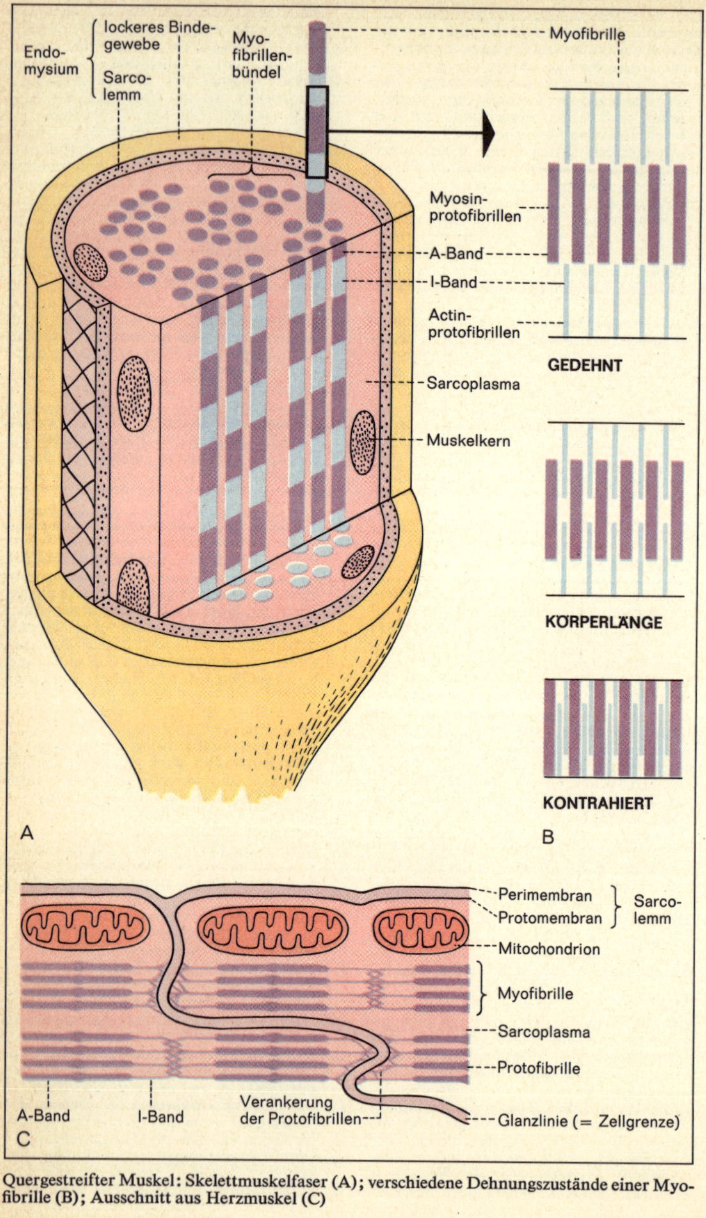

Quergestreifter Muskel: Skelettmuskelfaser (A); verschiedene Dehnungszustände einer Myofibrille (B); Ausschnitt aus Herzmuskel (C)

Die Bewegung durch kontraktile Elemente wird außer bei *Einzellern* (I, S. 33) und *Hohltieren* (Epithelmuskelzellen, I, S. 105) durch hochdiff. Muskelzellen erreicht.

Die glatten Muskelzellen sind langgestreckte, spindelförmige **Einzelzellen** von 0,02 mm (Blutgefäße), durchschnittl. 0,05–0,2 mm, im Extrem 0,8 mm Länge (schwangere Gebärmutter). Selten treten verzweigte Zellen auf (Herzinnenhaut, Aorta), deren Form noch die Herkunft aller Muskelzellen aus Mesenchym erkennen läßt. Der meist stabförmige Zellkern liegt zentral.
Bei hoher lichtmikroskop. Vergrößerung fallen im strukturlosen Cytoplasma der Muskelzelle, dem **Sarcoplasma**, zahlreiche parallele Fäden auf, die **Myofibrillen.** Im polarisierten Licht erscheinen sie positiv doppelbrechend (anisotrop); elektronenopt. und funkt. unterscheidet man Kontraktions- und Tonusfibrillen. Letztere sind vielleicht für den Muskeltonus (Dauerspannung, Bd. II) verantwortlich.
Der **Tonus** ist notwendig, um ein Erschlaffen der Gefäße zu verhindern. Glatte Muskeln finden sich daher bes. in den Wandungen der Eingeweide und Gefäße der *Wirbeltiere*. Aber nur für diese gilt allg., daß die Eingeweidemuskeln glatt, die willkürl. Skelettmuskeln dagegen quergestreift sind; denn bei den *Wirbellosen* verteilen sich die beiden Arten nach keinem einheitl. Plan. Allen glatten Muskelzellen eignet eine **langsame Kontraktion** und die »**Sperrung**«, d. h. die Aufrechterhaltung der Kontraktur ohne nennenswerten Energieverbrauch (Schalenschließmuskel der *Muschel*).

Die quergestreiften Muskelfasern (A) erreichen Längen von einigen bis mehreren cm, ∅ von 0,01–0,1 mm; wenige sind verzweigt (menschl. Zunge). Quergestreifte Muskelfasern sind offenbar durch Verschmelzung mehrerer Zellen zu einem **Syncytium** oder/und durch zahlreiche Kernteilungen ohne nachfolgende Zellteilungen **(Plasmodium)** entstanden: sie enthalten mehrere hundert Zellkerne, die meist oberflächennahe liegen, selten zentral (Embryo, weiße Muskeln der *Vögel*).
Das Sarcoplasma enthält neben unterschiedl. Mengen an Mitochondrien (Sarcosomen) bes. die Myofibrillen. Ihre Bündelung ist als Längsstreifung gut zu erkennen; die charakterist. **Querstreifung** geht dagegen auf den periodisch wiederkehrenden Wechsel von anisotropen Abschnitten (A-Bänder) mit isotropen (I-Bänder) auf den Fibrillen zurück, die in derselben Faser jeweils in gleicher Höhe liegen.
Das Verhältnis von Sarcoplasma und Myofibrillen variiert: »trübe« Muskelfasern sind reich an Sarcoplasma samt Mitochondrien, »helle« dagegen an Myofibrillen. Bei manchen Tieren *(Huhn, Kaninchen)* bestehen ganze Muskeln aus nur einer Faserart. »Rotes« (faserarmes) Muskelfleisch erhält seine Farbe von dem O_2-bindenden Myoglobin, kontrahiert sich etwas langsamer, aber anhaltender (ton. Kontraktion). »Weißes« (fibrillenreiches) Muskelfleisch kontrahiert sich rasch und erschlafft schnell.
Jede Einzelfaser wird von einer Scheide, dem aus Plasmalemm, Gitterfasern und glykoproteidhaltiger Basalmembran aufgebauten **Sarcolemm,** umhüllt. Dies bildet zusammen mit lockerem Bindegewebe das Endomysium, während jedes einzelne Faserbündel von einem derberen Perimysium umgeben ist. Gruppen solcher Faserbündel sind zu Muskeln zusammengefaßt. Ihre kräftigen Bindegewebshüllen (Fascien) machen die Muskelbewegungen nicht mit; eine Gleitschicht aus lockerem Bindegewebe vermittelt zw. ihnen und dem Perimysium. Durch alle diese Hüllen dringen Nerven und Gefäße ein und verzweigen sich innerhalb der Muskulatur.
Quergestreifte Muskeln **kontrahieren sich schnell,** sie eignen sich daher für Bewegungsvorgänge: man findet sie vor allem in den Skelett- und Herzmuskeln der *Wirbeltiere*, aber auch im Schirmrand von *Quallen* und im Schlundkopf der *Gliederwürmer*, die sonst nur glatte Muskulatur aufweisen.

Die Herzmuskulatur (C) zeigt einige Ausnahmen: die Muskelzellen verzweigen sich und bilden ein Netzwerk; »Glanzstreifen« gliedern 0,05–0,12 mm lange Abschnitte ab mit je einem Zellkern und Abbruch der Myofibrillen, wodurch sich die zelluläre Gliederung offenbart; der Gehalt an Sarcoplasma ist in diesem ständig arbeitenden Muskel bes. groß.

Ultrastruktur und Chemie der Muskelfasern sind in einigen Punkten noch hypothetisch. Im Muskelplasma ist ein **sarcoplasmat. Reticulum** elektronenopt. sichtbar. Diese Sonderform des endoplasmat. Reticulums verbindet durch ihr engmaschiges Kanälchensyst. Sarcolemm und Myofibrillen und erleichtert somit einen raschen Stoffaustausch, vielleicht auch die Ausbreitung der Muskelerregung in das Faserinnere. Die Myofibrillen bestehen aus zwei versch. Arten von **Protofibrillen** oder **Filamenten** (B).

1. Die **Myosinfibrillen** (A-Fibrillen) sind 110 Å dick und enthalten 400 langgestreckte Moleküle Myosin. Dies ist ein fibrilläres Eiweiß mit Schraubenstruktur, MG 600000 und enzymatischen Eigenschaften; durch Ca^{++} aktiviert, durch Mg^{++} gehemmt, spaltet es ATP.
2. Die **Actinfibrillen** (I-Fibrillen) sind nur 40 Å dick und aus etwa 600 Actinmolekülen aufgebaut, ebenfalls Eiweiße von Faden- und Doppelschraubenstruktur.

Diese beiden Eiweiße treten in Lösung leicht zu Actomyosin zusammen, vermutlich auch im Muskel. In den Muskelfibrillen bildet das Myosin die A-Bänder, während das Actin die I-Bänder aufbaut und bis in die Zwischenräume der Myosinfibrillen in die A-Bänder eindringt. Die parallele Verschiebbarkeit der Myosin- und Actinfibrillen liefert die Grundlage der Muskelkontraktion (Bd. II).

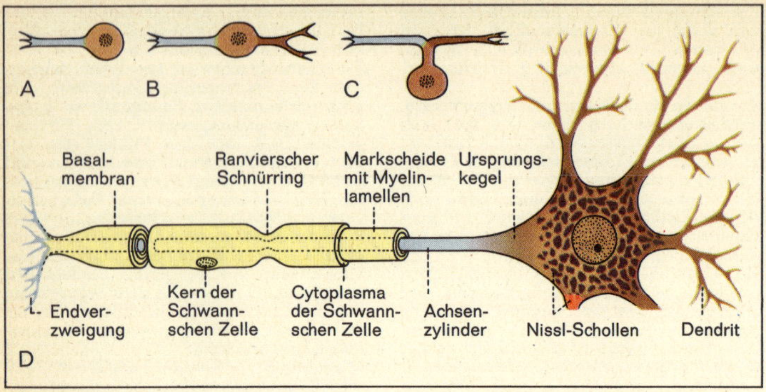

Typen der Nervenzellen: unipolar (A), bipolar (B), pseudounipolar (C), multipolar (D)

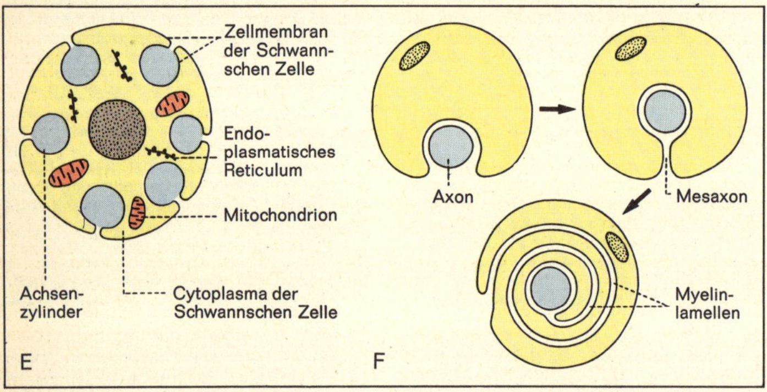

Querschnitt durch eine graue (E) und eine sich entwickelnde weiße Nervenfaser (F)

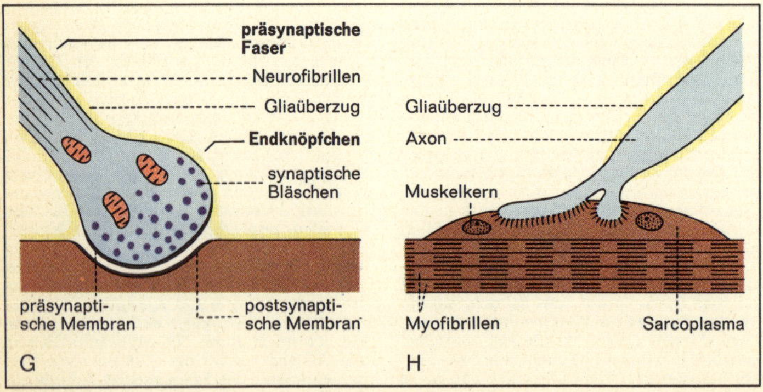

Synapse (G) und motorische Endplatte (H) einer Nervenzelle

Entwicklung und Bau der Nervenzelle
Funktionell ist das Nervensystem nur aus der Zusammenarbeit seiner Anteile zu verstehen. Aber gerade das Nervengewebe zeichnet sich durch die weitgehende Individualität seiner Zellen aus, gleichgültig, ob sie verstreut oder dicht gehäuft liegen (Nervennetz, Zentralnervensystem).
Die strukt. und funkt. Einheit ist die **Nervenzelle** (Neurocyt, Ganglienzelle, Neuron), die bei allen *Eumetazoen* vorkommt und trotz versch. Typen immer den gleichen Bauplan aufweist. Entwicklungsgeschichtl. geht sie auf ektodermale Neuroblasten der epithelialen Wandung bzw. des Neuralrohres (bei *Chordatieren*, I, S. 175) zurück: einzelne Zellen werden birnenförmig und bilden im Inneren Neurofibrillen, nach außen einen Zellfortsatz. Nach der Zahl der Fortsätze nennt man Nervenzellen

1. **unipolar** (A): nur ein Ausläufer (Riechschleimhaut und Netzhaut der *Wirbeltiere*, Sympathicus der *Amphibien*);
2. **bipolar** (B): zwei einander gegenüberstehende Fortsätze (Stäbchen- und Zapfenzellen der Wirbeltieraugen, Ganglien der *Fische*, Ganglien des Nervus statoacusticus *höh. Wirbeltiere*);
3. **pseudounipolar** (C): ursprünglich bipolare Elemente, deren Zellkörper sich seitlich unter Verjüngung von den beiden Ausläufern abgesetzt hat (Spinalganglien *höh. Wirbeltiere*);
4. **multipolar** (D): die am höchsten entwickelte Form mit mehreren Ausläufern (fast alle Stämme, bes. *höhere Wirbeltiere*).

Die Fortsätze sind nicht gleichwertig. Jede fertig entwickelte Nervenzelle hat einen **Neuriten** (die pseudounipolaren Zellen z. B. der menschl. Cerebrospinalganglien zwei), den ersten Ausläufer. Er entspringt unvermittelt dem an dieser Stelle immer von Nissl-Substanz freien Cytoplasma (Ursprungskegel), kann sehr lang werden (1 m im Nervus ischiaticus des *Menschen*), behält aber immer die gleiche Dicke, da er sich nicht oder selten gabelt. Die später, in Ein- oder Mehrzahl entsproßten **Dendriten** sind cytoplasmat. Fortsätze mit Neuroplasma, Neurofibrillen, Mitochondrien und Nissl-Schollen. An ihrem Ursprung breit, werden sie bald dünner, da sie sich schon nahe beim Zellkörper baumartig verästeln und so ihre Oberfläche stark vergrößern.
Nervenfasern bestehen aus einem Achsenzylinder und seiner Hülle. Der **Achsenzylinder (Axon)** ist der Neurit der Nervenzelle. Er enthält das oberflächl. Axolemm als die Fortsetzung der Zellmembran, die gebündelten Neurofibrillen und das interfibrilläre Axoplasma mit Mitochondrien und endoplasmat. Reticulum. Während der Neurit in Gehirn und Rückenmark in das Gliagewebe eingebettet ist, sind die peripheren Fortsätze durch eine gliöse **Zellhülle** aus Basalmembran, Schwannschen Zellen und Nervenmark (Myelin) vom umgebenden, gefäßführenden Bindegewebe (Endoneurium) isoliert. Nach dem Myelingehalt unterscheidet man zwei Arten von Nervenfasern:

1. **Marklose, »graue« Fasern** (E) sind polyaxon, d. h. sie beherbergen mehrere (6–12) Achsenzylinder. Diese haben sich in das Cytoplasma der Schwannschen Zelle eingesenkt, wobei sie aber von deren Plasma immer noch durch die Zellmembran getrennt bleiben.
2. **Markhaltige, »weiße« Fasern** (D) sind dagegen monaxon, d. h. sie enthalten nur einen einzigen Achsenzylinder, besitzen aber eine Markscheide aus Myelin, die in best. Abständen an den **Ranvierschen Schnürringen** unterbrochen ist. Dies sind die Grenzen der Schwannschen Zellen, die sich nebeneinander um den Achsenzylinder gewickelt haben, wobei der Kern in der äußeren Lamelle bleibt. Durch das Einwickeln liegen immer zwei Schwann-Zellmembranen aufeinander, die zusammen als Mesaxon bezeichnet werden und gemeinsam mit dem Schwann-Cytoplasma das Myelin aufbauen (F).

Markscheiden, die der chem. und elektr. Isolation dienen, sind bei den meisten Nervenfasern der *Wirbeltiere* gut ausgeprägt; dünn sind sie bei *Würmern* und *Gliederfüßlern*. Marklos sind viele Nervenzellen anderer *Wirbelloser*, die Fasern des sympath. Nervensystems der *Wirbeltiere* sowie die feinen Endverzweigungen aller Fasern.
Nerven sind Bündel von Nervenfasern versch. Art, die zusammen mit ihrem Endoneurium von einer Bindegewebshülle, dem Perineurium, eingeschlossen werden. Sie sind oft in ein lockeres, fetthaltiges Bindegewebe (Epineuron) verschiebbar eingebettet.

Kontakte zw. verschiedenen Nervenzellen
Die Erregung wird in **Synapsen** von der einen Nervenzelle auf die andere übertragen. Synapsen sind kolbige oder stempelförm. Verdickungen der Endabschnitte von Nervenfasern **(Endköpfchen)**, die sich ohne Markscheide einem platten oder muldenförmigen Bezirk des Zellkörpers, Neuriten oder Dendriten anlegen. Die präsynapt. Faserstrecke enthält keine Neurofibrillen, aber zahlr. Mitochondrien und »synaptische Bläschen« (Acetylcholin?). Die Zahl solcher Synapsen an einer Nervenzelle kann bis zu Hunderten gehen (motor. Vorderhornzellen des Rückenmarks).

Verbindung mit dem Erfolgsorgan
Der Neurit nimmt an spez. Strukturen Verbindung auf mit z. B. glatten Muskelzellen, Muskelfasern oder Drüsenzellen; diese Strukturen sind durch erregungsübertragende Grenzmembranen ausgezeichnet. Die Innervation z. B. der Skelettmuskelfaser geschieht an den **motorischen Endplatten**: Verästelungen des Axon liegen in rinnenartigen Vertiefungen des Sarcolemms; an der Kontaktstelle stößt das Axolemm direkt auf das stark gefaltete Sarcolemm, das hier als **subneuraler Apparat** bezeichnet wird und in den Membranfalten ein die Überträgersubstanz inaktivierendes Enzym Acetylcholinesterase enthält. – An den motor. Endplatten geht das Endoneurium in das Endomysium über.

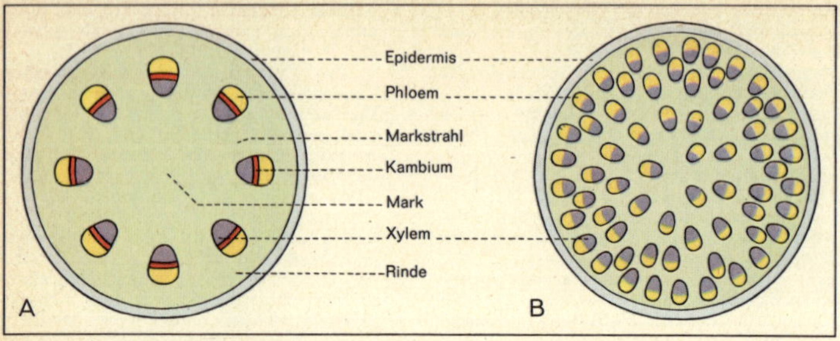

Dikotylensproß (A) und Monokotylensproß (B) im Querschnitt

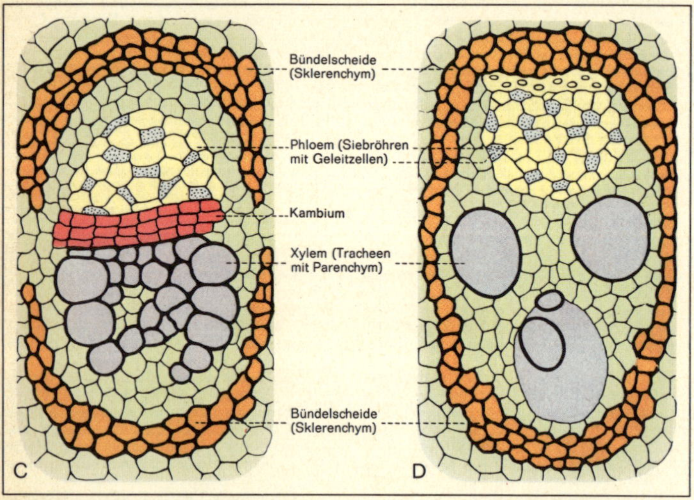

Leitbündel im Querschnitt: Offenes kollaterales Bündel des Hahnenfuß (C), geschlossenes kollaterales Bündel des Mais (D)

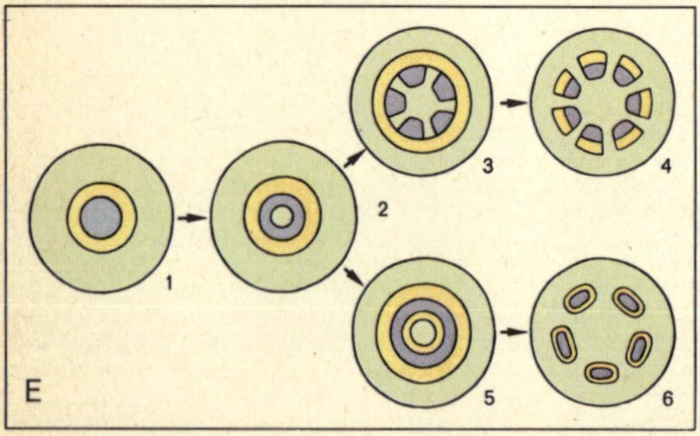

Leitbündeltypen

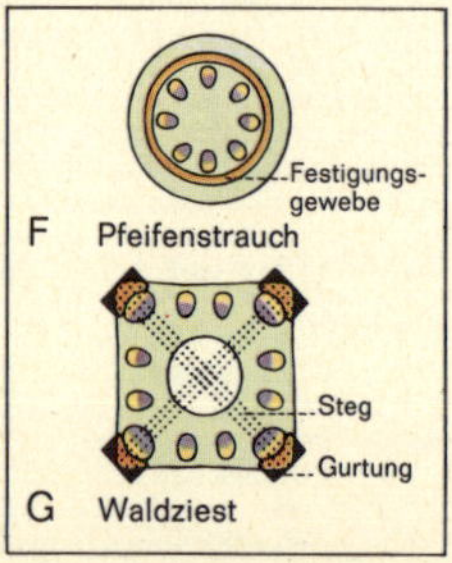

Verteilung der Festigungsgewebe im Sproß

Organe sind deutlich abgegrenzte Teile von Organismen, die eine bestimmte Funktion haben. Sie bestehen aus verschiedenartigen Geweben, die sich zur Erfüllung der Aufgabe des Organs ergänzen.

Primärer Bau der Sproßachse

Der Längsschnitt durch einen Vegetationskegel (I, S. 62 A) zeigt die beginnende Gewebediff. und die Entstehung von Blattanlagen aus den äußeren Schichten **(Tunica)** der Sproßachse, durch die eine Längsgliederung in Knoten **(Nodien)** und Zwischenstücke **(Internodien)** gegeben ist.

Ein Sproßquerschnitt durch eine Zone mit ausdiff. Geweben zeigt bei den *zweikeimblättrigen Pflanzen (Dikotylen)* dieses Bild (A): Durch die ringförmig angeordneten Leitbündel wird der Sproß in zwei Zonen zerlegt:

1. Die **Rinde,** nach außen durch die Epidermis abgeschlossen, im übrigen aus Parenchym bestehend.
2. Das **Mark,** zentral gelegen und ebenfalls parenchymatisch.

Die zw. den Leitbündeln liegenden, Mark und Rinde verbindenden Streifen von Grundgewebe heißen Markstrahlen.

Diese Verhältnisse können dadurch modifiziert sein, daß das Markgewebe zerreißt und eine Markhöhle entsteht (Stengel vieler Kräuter, z. B. *Löwenzahn*), oder durch Festigungsgewebe, das entsprechend der Biegungsbeanspruchung des Sprosses analog den statischen Grundsätzen der Technik peripher im Rindenbereich liegt (Prinzip des Hohlzylinders und das mehrerer gekreuzter Doppel-T-Träger; F, G).

Bei den *einkeimblättrigen Pflanzen (Monokotylen)* herrschen grundsätzlich andere Verhältnisse (B). Die Leitbündel sind über den ganzen Sproßquerschnitt verstreut, wenn sie auch außen dichter liegen.

Die Leitbündel, die für den Stofftransport und die Festigung des Sprosses wichtig sind, haben einen bes. komplizierten Bau (C). Eine aus sklerenchymat. Zellen (I, S. 59) bestehende Bündelscheide (Festigungsgewebe) umschließt die Bündel fast völlig. Das Bündel selbst ist geteilt durch einen Streifen meristemat. Gewebes (Bündel- oder **Fascicularkambium**). Dies leitet sich vom Urmeristem des Vegetationskegels ab, ruht vorübergehend, kann aber später wieder tätig werden (sekundäres Dickenwachstum; I, S. 79). In beiden Teilen der Bündel finden sich, entsprechend der Funktion, stark prosenchymat. Zellen oder durch Zellfusion entstandene Röhren (I, S. 59). Der markwärts gelegene Bündelteil, wegen der Verholzung seiner Leitelemente Holzteil **(Xylem)** genannt, leitet Wasser und Nährsalze von den Wurzeln zu den Blättern. Sein Leitgewebe besteht aus Tracheen und Tracheiden, toten Zellen von hoher Leitfähigkeit (bei einer *Birke* mittlerer Größe rd. 200 l Wasser tägl.). Dazu tritt noch lebendes Xylem- oder Holzparenchym.

Der rindenwärts liegende Siebteil **(Phloem)** ist nach den Siebröhren benannt, die sein Leitgewebe bilden. In diesen lebenden, von Geleitzellen begleiteten Zellen (I, S. 59) erfolgt ein, allerdings viel langsamerer, Transport von organ. Nährstoffen (Assimilaten) von den Blättern wurzelwärts. Daneben kommt auch hier Parenchym (Phloemparenchym) vor. Im Gegensatz zum Xylem enthält das Phloem keine verholzten Bestandteile. Ergänzend zum Sproßquerschnitt (A) ist zu betonen, daß die einzelnen Leitbündel, deren Lage in Beziehung zur Blattstellung (I, S. 93) steht, oft nicht getrennt verlaufen, sondern durch Schrägverbindungen zu einem netzartigen Bündelrohr verknüpft sind. Dabei werden die Netzlücken von Markstrahlen gebildet.

Kollaterale Leitbündel: Der hier beschriebene, bei den *Dikotylen* verbreitete Leitbündeltyp ist das **offene kollaterale Leitbündel,** offen deshalb, weil das Kambium erneut tätig werden kann.

Den Leitbündeln der *Monokotylen* fehlt dies Kambium (und damit auch die Fähigkeit zu sekundärem Dickenwachstum). Ihre Bündelscheide ist im Gegensatz zu der der *Dikotylen* völlig geschlossen; sie heißen daher **geschlossene kollaterale Leitbündel** (D). – Den 3. Typ bildet das **bikollaterale Leitbündel,** das nicht nur außen, sondern auch markwärts vom Xylem einen Phloemstrang besitzt (z. B. *Kürbisgewächse*).

Konzentrische Leitbündel: Ein zentral liegender Xylemstrang ist hier von einem Phloemmantel umgeben (konzentrisch mit Innenxylem; E) oder umgekehrt (konzentrisch mit Außenxylem). – Dieser bei den *Farnen* verbreitete Typ kommt bei versch. Farnarten in Abwandlungen vor, die es gestatten, die Formen voneinander abzuleiten. So kann der zentrale Xylemstrang unter Auftreten von Mark zu einem von Phloem umgebenen Hohlzylinder werden (*Gleicheniaceen*; E 2). Bei *Marsilea* (E 5) liegt innen noch ein 2. Phloem-Hohlzylinder, so daß das Xylem beidseitig von Phloem eingeschlossen ist. Denkt man sich dies Rohr von rhombischen Maschen netzartig durchbrochen, ergibt sich im Querschnitt ein Ring von vielen konzentrischen Leitbündeln (E 6), ein Fall, der beim *Wurmfarn (Dryopteris filix-mas)* verwirklicht ist. – Vom Zustand E 2 ist aber noch eine 2. Linie abzuleiten. Bei *Osmunda* z. B. (E 3) ist der Phloemring noch geschlossen, das Xylem aber in einzelne Stränge aufgelöst. Greifen die hier schon angedeuteten Markstrahlen auch noch durch den Phloemring (E 4), so ist das ursprünglich konzentrische Bündel aufgelöst in mehrere kollaterale Bündel *(Mono- und Dikotylen)*. Hieraus folgt, daß die Vielzahl der Bündel in E 4 und E 6 dem einen ursprünglich konzentrischen Leitbündel entsprechen.

Radiale Leitbündel kommen selten in Stengeln vor (z. B. bei manchen *Bärlappgewächsen*), finden sich aber normalerweise in Wurzeln (I, S. 81).

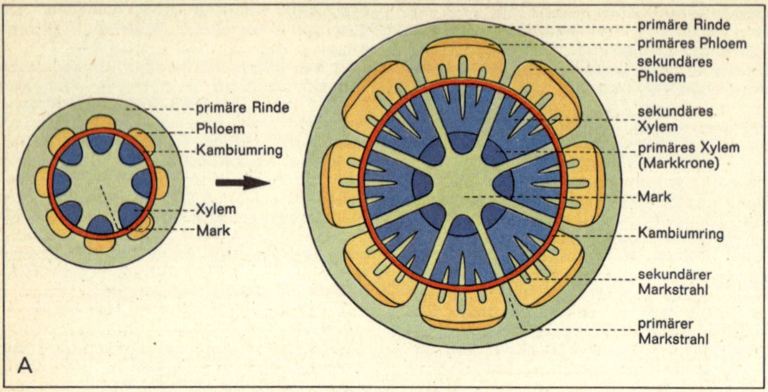

Sekundäres Dickenwachstum eines Dikotylensprosses

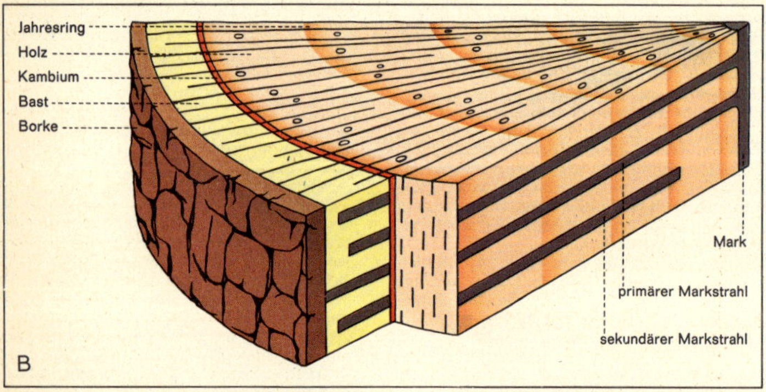

Ausschnitt aus einem fünfjährigen Kiefernstamm

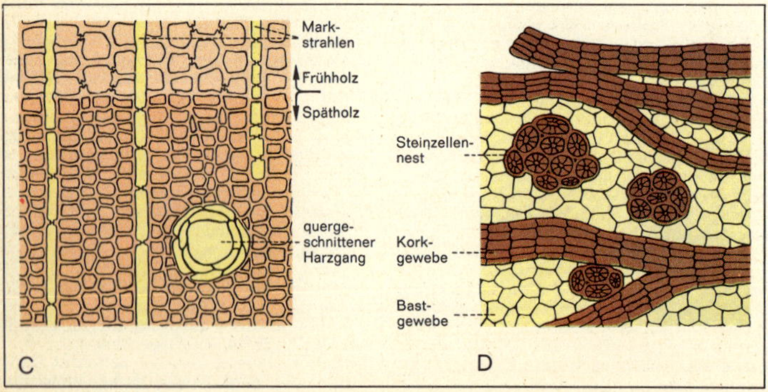

Jahresringgrenze der Kiefer (C) und Eichenborke (D) im Querschnitt

Die nachträgliche Verdickung der Sproßachse (**sekundäres Dickenwachstum**) führt zu charakterist. Veränderungen. Typisch ist sie bei den *Zweikeimblättrigen Pflanzen (Dikotylen)* und den *Nadelhölzern (Coniferen)*, sehr deutlich bei Holzgewächsen, aber schwächer auch bei vielen Kräutern.

Die Tätigkeit des Kambiums

Das sekundäre Dickenwachstum beginnt damit, daß das Kambium der offenen kollateralen Leitbündel (I, S. 77) wieder aktiv wird. Zunächst wird das zw. je 2 Fascicularkambien liegende Dauergewebe der Markstrahlen meristematisch (**Interfascicularkambium**), so daß ein geschlossener Kambium-Hohlzylinder entsteht (A). Das Kambium erzeugt durch perikline Zellteilung nach innen und außen neues Gewebe (dipleurisches Kambium), und zwar im Bündelbereich sekundäres Xylem und Phloem, im Markstrahlbereich aber nach beiden Seiten Parenchym, so daß diese primären Markstrahlen weiterhin vom Mark zur Rinde durchgreifen.

Durch das Dickenwachstum nimmt der Umfang des Kambiumringes stark zu (A), er weitet sich durch Antiklinalteilungen der Kambiumzellen (**Dilatation**). Die Markstrahlen bleiben schmal, das Leitgewebe nimmt immer größeren Raum ein. In regelmäßigen Abständen entstehen durch Umstellung der Kambiumproduktion auf Parenchymgewebe sek. Markstrahlen, die anders als die prim. blind im Leitgewebe enden (A, B). Aus ihrer Länge ist der Zeitpunkt ihrer Anlage abzulesen.

Das Holz

Da das Kambium stärker nach innen produziert, entstehen große, geschlossene Komplexe sekundären Xylems, nur von schmalen Markstrahlen durchzogen. Dieser sekundäre Zuwachs innerhalb des Kambiums einschließlich der Markstrahlen ist das **Holz**. Dagegen treten die primären Xylemstränge, die sternförmig gegen das Mark vorspringen, stark zurück (**Markkrone**).

Die Bauelemente des Holzes sind die des Bündelxylems (I, S. 77): tote, verholzte Tracheen und Tracheiden zur Wasserleitung und Festigung; als spez. Festigungselemente die ebenfalls toten, verholzten Holzfasern. Diesen abgestorbenen Zellen steht das Holzparenchym gegenüber, das als lebendes Gewebe organ. Nährstoffe (Kohlenhydrate, Fette, Eiweiße) speichert. Das Parenchym der Markstrahlen besorgt den radialen Stofftransport, die Gefäße den longitudinalen.

In gemäßigten Breiten unterliegt, im Gegensatz zu den Tropen, die Kambiumtätigkeit einer jahreszeitlichen Schwankung, die sich in der Struktur des Holzes als ein System konzentrischer Ringe zeigt. Diese **Jahresringe** (B) entstehen dadurch, daß das Kambium im Frühjahr in Anpassung an den erhöhten Wasserbedarf der Pflanze vorwiegend weite Gefäße bildet (Früh- oder Weitholz; C), im Sommer dagegen enge Gefäße und Festigungsgewebe (Spät- oder Engholz). Der Übergang vom Früh- zum Spätholz ist im allg. fließend, die Jahresringgrenze scharf ausgeprägt.

Für die Eignung einer Holzart als Werkstoff sind wichtig:

- Verteilung der Gefäße (ringporige Hölzer: *Esche*, *Ulme*, *Eiche*, *Nadelhölzer*; zerstreutporige Hölzer: *Ahorn*, *Birke*, *Buche*, *Pappel*, *Platane*, *Weide*),
- Spez. Gew. (und die damit zusammenhängende Härte). Dieses liegt bei einheim. Hölzern zw. 0,3 und 0,95, bei trop. Hölzern sogar zw. 0,2 (Korkhölzer) und 1,39 (Eisenhölzer).

Viele Holzarten verkernen, wobei der Holzkörper in eine innere dunkle (**Kernholz**) und eine äußere helle Zone (**Splint**) gegliedert wird. Im Kernholz sind fäulnishemmende Gerbstoffe (**Phlobaphene**) eingelagert von meist brauner Farbe (andere Farben bei trop. Farbhölzern, z. B. *Ebenholz*). Bäume mit nicht verkerntem Holz (z. B. *Weide*, *Linde*) werden leicht kernfaul und hohl. Die nur im Splint, oft nur im jüngsten Jahresring erfolgende Wasserleitung wird davon nicht betroffen. Im älteren Holz sind die Gefäße verstopft (Thyllenbildung).

Der Bast (sekundäre Rinde)

Er ist der außerhalb des Kambiumringes gelegene sek. Zuwachs. Die Bauelemente sind hier, neben Streifen von Markstrahlparenchym, wie im prim. Phloem Siebröhren mit Geleitzellen und Bastparenchym, dazu als Festigungsgewebe noch Bastfasern (in der Form den Holzfasern gleich, aber unverholzt). Leit- und Speichergewebe des Bastes, zusammen als **Weichbast** bezeichnet, wechseln mit dem **Hartbast** (Bastfasern) schichtweise ab, wobei aber in einer Vegetationsperiode mehrere Schichten gebildet werden. Die Struktur entspricht also nicht den Jahresringen im Holz.

Während der Holzkörper unverändert bleibt, geraten prim. und sek. Rinde durch das Dickenwachstum zunehmend unter Zug- und Druckspannungen. Durch Antiklinalteilungen kann sich die prim. Rinde zunächst anpassen (Dilatationswachstum), später werden die Gewebe aber zerrissen und zerquetscht, so daß primäre Rinde und äußere Bastschichten absterben und sich ablösen. Nur die jeweils inneren Bastschichten sind intakt.

Der hierdurch notwendige Ersatz des primären Abschlußgewebes wurde schon erwähnt (I, S. 65). Dabei kann das subepidermal entstehende Korkkambium der Dilatation durch seine Teilungsfähigkeit folgen. Die toten Korkschichten aber werden entweder in dem Maße abgestoßen wie sie gebildet werden (dünne Korkschicht), oder sie werden zu dicken Krusten, die dann Längsrisse aufweisen.

Die Borkenbildung ist durch die Anlage neuer Korkschichten immer tiefer im Bast gekennzeichnet (D). Dadurch sterben die außerhalb liegenden Gewebe ab, der lebende Bast bleibt auf eine innere Schicht von wenigen mm Dicke beschränkt.

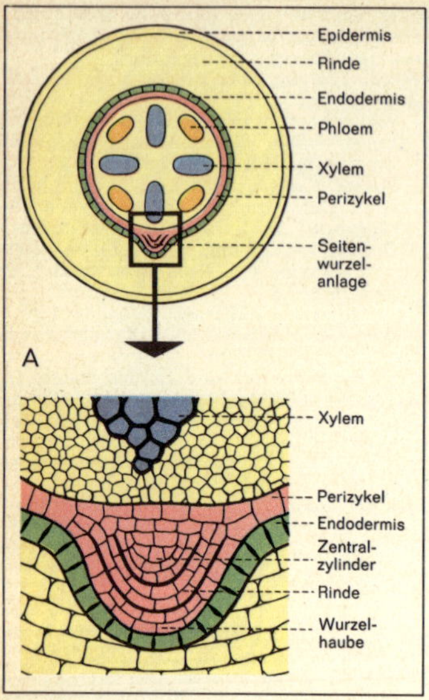

Wurzel der Feldbohne mit tetrarchem Leitbündel und Nebenwurzelanlage

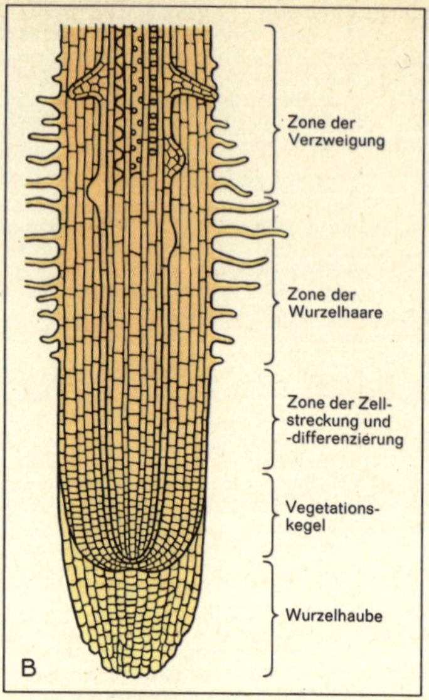

Wurzel der Gerste im Längsschnitt

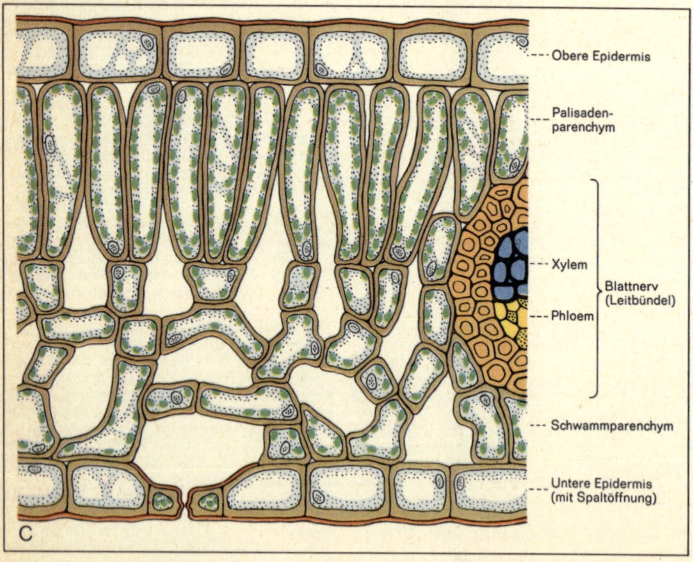

Innerer Bau des Buchenblattes

Die Wurzel

Sie ist wie der Sproß radiär symm. (A). Grundsätzlich anders aber ist die Zusammenfassung der Leitgewebe in einem zentralen Strang, wodurch die Wurzel in Zentralzylinder und Wurzelrinde gegliedert wird.

Wurzelrinde: Primäres Abschlußgewebe ist eine Epidermis (ohne Spaltöffnungen), die die **Wurzelhaare** erzeugt, zusammen mit diesen aber bald abstirbt (B). Sie wird durch eine **Exodermis** ersetzt, die durch Verkorkung einer oder mehrerer subepidermaler Zellschichten entsteht. Sie enthält kleinere unverkorkte Durchlaßzellen zur Wasseraufnahme. Das darunterliegende Rindengewebe ist parenchymat. und farblos (nur bei Luftwurzeln mit Chlorophyll); besonders bei Speicherwurzeln (I, S. 97) ist es stark entwickelt (Speicherparenchym). – Die innerste Rindenschicht **(Endodermis)** aus kleineren Zellen bildet eine scharfe Grenze gegen den Zentralzylinder. Sie kann verkorkt oder verholzt sein und hat dann ebenfalls Durchlaßzellen. Sie kann sogar nach Absterben der übrigen Rinde die Funktion eines Abschlußgewebes übernehmen (manche *Monokotylen*).

Zentralzylinder: Seine äußerste, meist einschichtige Parenchymzone heißt **Pericykel** (Perikambium; A). Sie kann bei der Bildung von Korkgewebe, von Seitenwurzeln oder -sprossen als sekundäres Meristem aktiv werden.

Die Leitgewebe sind keine Leitbündel, sondern selbständige Stränge, wobei Xylem- und Phloemstränge regelmäßig abwechseln (A). Sie werden als ein Leitbündel aufgefaßt, dessen Stränge im Querschnitt strahlig angeordnet sind (radiales Leitbündel; I, S. 77). Nach der Zahl der Xylemzüge heißt ein solches Leitbündel zwei-, drei-, vier- bis vielstrahlig (di-, tri-, tetrarch bis polyarch).

Die Gefäßstränge können um einen zentralen Parenchymkomplex (Mark) angeordnet sein, die Xylemzüge können aber auch in der Mitte verschmelzen. Da sie außer der Leit- auch Stützfunktion haben und außerdem das Festigungsgewebe im Zentralzylinder konzentriert ist, spricht man von einer **Kabelstruktur** der Wurzel, die der Beanspruchung auf Zugfestigkeit angepaßt ist.

Zonen der Wurzel: Wurzeln haben Spitzenwachstum durch Gruppen von Initialen oder durch Scheitelzellen (I, S. 63). Ihr Vegetationskegel hat beim Durchdringen des Bodens als Schutz eine **Wurzelhaube (Kalyptra)**, die sich von innen her erneuert, während die älteren (= äußeren) Zellen sich unter Verschleimen ihrer Membranen aus dem Verband lösen (B).

Hinter dem Vegetationskegel folgt die Zone der Zellstreckung und -diff., in der das Längenwachstum der Wurzel hauptsächlich erfolgt. Es folgen die Wurzelhaar- und die Verzweigungszone. Alle diese Zonen wandern entsprechend dem Wurzelwachstum.

Sekundärer Bau der Wurzel: Die Verhältnisse sind grundsätzlich die gleichen wie beim Sproß. Zw. Phloem- und Xylemsträngen bildet sich ein sekundäres Meristem (Kambium) aus, das – zunächst im Querschnitt sternförmig – bald Kreisform erhält, da es in den Buchten stärker produziert.

Das Blatt

Blätter sind Seitenorgane der Sproßachse (nie an Wurzeln!). Sie entstehen aus am Vegetationskegel angelegten, zunächst ungegliederten Blattanlagen (I, S. 62 A), die sich im typ. Fall so gliedern:

1. Der Blattgrund, der Sproßachse aufsitzend, kann unscheinbar sein und allmählich in den Blattstiel übergehen. Oft trägt er auch Nebenblätter (Stipeln) oder ist als stengelumfassende Blattscheide ausgebildet.

2. Der Blattstiel trägt

3. die Blattspreite. Sie ist ungeteilt oder geteilt (gefiedert, gefingert; I, S. 101). Das Blatt durchziehen Leitbündel, die in der Spreite als Nerven verschiedener Anordnung erscheinen (netz- oder fiedernervige Blätter der *Dikotylen*, parallel- oder streifennervige Blätter der *Monokotylen*).

Die Blattspreite zeigt einen typ., der Blattfunktion angepaßten Bau (C). Die obere Epidermis überzieht das Blatt lückenlos, während die untere Epidermis die Spaltöffnungen enthält. Das dazwischen liegende Gewebe **(Mesophyll)** gliedert sich in zwei Schichten:

Das Palisadenparenchym, der Blattoberseite zugewandt, besteht aus einer oder mehreren Schichten gestreckter zylindrischer Zellen, zw. denen ein feinverzweigtes Interzellularensystem liegt. Die Palisadenzellen enthalten viele Chloroplasten (bis zu 80% des gesamten Blattgrüngehalts), das Gewebe ist also ein ausgeprägtes Assimilationsparenchym.

Das Schwammparenchym an der Blattunterseite besteht dagegen aus unregelmäßig geformten Zellen mit großen Interzellularen. Dies und der geringe Chlorophyllgehalt weisen das Gewebe als typ. Aërenchym aus, dessen Interzellularen über die Spaltöffnungen mit der Außenluft in Verbindung stehen.

Dieser Grundbauplan der Blattspreite kann viele Wandlungen erfahren. So ist bei Wasserpflanzen und Schattenblättern (z. B. der *Buche*) das Mesophyll oft stark reduziert. Bei Trockenpflanzen kommen wasserspeichernde Gewebe vor (I, S. 101), außerdem sind oft die Spaltöffnungen durch Einrollen der Spreite zur Transpirationsverminderung in windstille Räume verlegt (z. B. *Krähenbeere*, *Alpenheide*; vgl. I, S. 202 D). Bei manchen Blättern ist Palisadenparenchym an Ober- und Unterseite ausgebildet, so daß das Schwammparenchym dazwischen liegt (äquifaciale Blätter).

(Umbildungen der Blätter zu **Fortpflanzungsorganen** siehe I, S. 103.)

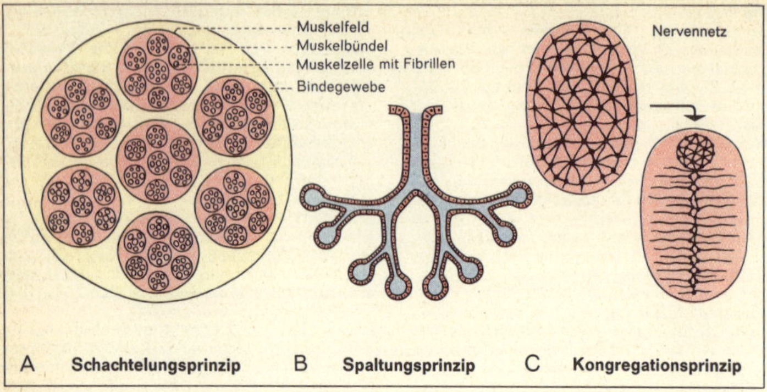

Prinzipien der Organbildung

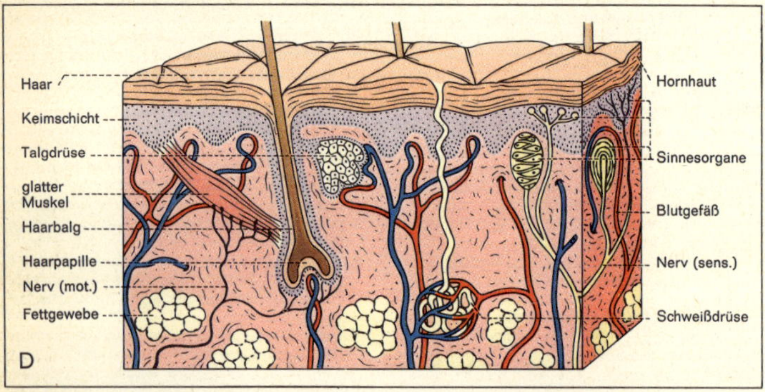

Bau der menschlichen Haut

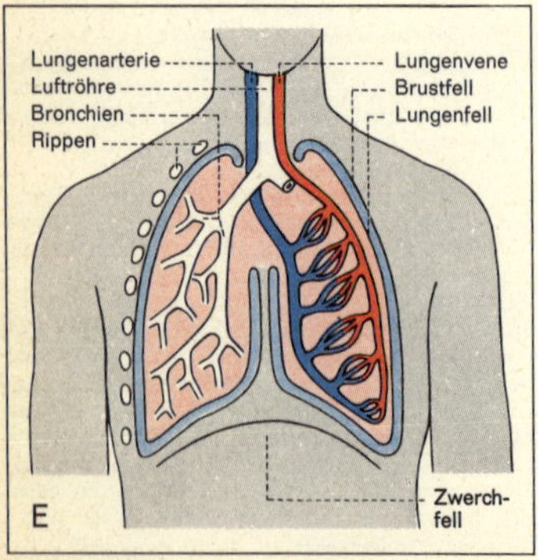

Lunge: Bronchienverzweigung und Gefäßversorgung

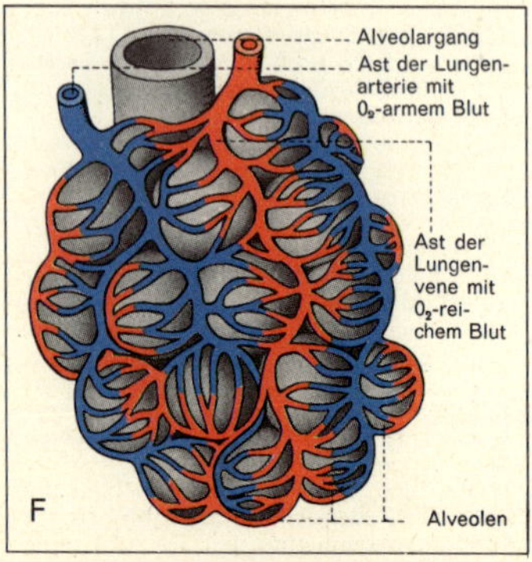

Alveolensäckchen mit Gefäßversorgung

Tier. **Organe** bestehen aus mehreren Gewebearten, von denen gewöhnlich eine kennzeichnende die Aufgabe des Organs erfüllt. Anders als bei *Pflanzen* heißt dieses spezialisierte Gewebe Parenchym (z. B. Leber-, Milzparenchym). Innere Gliederung und äußere Abgrenzung der Organe übernimmt im allg. das Bindegewebe. Ein Organ ist somit eine gegen andere Teile des Organismus abgegrenzte morpholog.-funkt. Einheit. Daneben können auch funkt. Systeme in anderen Organen liegen ohne morpholog. Einheiten darzustellen (Fasersystem, Zwischen- und Inselzellen).

Prinzipien des Organaufbaus

Das Schachtelungsprinzip (Enkapsis). Als Beispiel diene der Muskel (A). Er besteht aus einzelnen Muskelfeldern, die sich wieder aus Muskelbündeln zusammensetzen. Diese bauen sich aus Muskelzellen auf, die als kontraktile Elemente Muskelfibrillen enthalten. Das die Einzelteile verknüpfende Bindegewebe enthält außerdem Blutgefäße und Nerven. Ein weiteres Beispiel für die Schachtelung ist der Nerv, der sich von Neurofibrillen über Neuriten und Nervenfasern (I, S. 75) zu Faserbündeln aufbaut, die ebenfalls bindegewebig zu einer Einheit verknüpft sind (Kabelstruktur).

Das Spaltungsprinzip. Beispiel: Drüsengewebe. Durch Einwucherung von Epithelzellen in das darunterliegende Bindegewebe entsteht eine Drüsenknospe (Adenomere), die sich im einfachsten Fall fortlaufend dichotom teilt und schließl. Drüsengänge und Endkammern bildet (B). Bei Rückbildung des Ausführungsgangs entsteht eine innersekretorische Drüse.

Das Spaltungsprinzip gilt auch für die Bildung von Wirbeltiergliedmaßen, Lungen, Geschmacksknospen, Nierenkanälchen und des plazentalen Zottensystems.

Das Kongregationsprinzip. Nach ihm werden im Körper verstreut liegende Zellen zu Komplexen geordnet. Es läßt sich an der stammesgeschichtl. Entw. des Nervensystems vom Nervennetz (I, S. 105) zum ZNS (I, S. 91) verfolgen (C).

In komplizierten Organismen sind Organe oft zu Organsystemen zusammengeschlossen, die auch funkt. Einheiten bilden. Die folgenden Beispiele aus dem Bereich der *Wirbeltiere* (I, S. 119, 121) berücksichtigen bes. die Verhältnisse beim *Menschen.*

Die Haut (Integument)

Die mehrschichtige **Oberhaut (Epidermis)** ist ektodermaler Herkunft (durchschnittl. Dicke 0,1 mm). Ihre unterste Schicht teilungsfähiger Zellen (Keimschicht, Stratum germinativum) ergänzt die flachen, verhornten, abschilfernden oberen Zellen ständig; sie ist in belichtungsabhängigem Ausmaß pigmentiert. Ihr fehlen Blutgefäße, sie wird durch Lymphe mit Nährstoffen versorgt (D).

Die Unter- oder Lederhaut (Cutis) ist mesodermalen Ursprungs. Sie ist gegen die Oberhaut scharf abgesetzt und durch Papillen mit ihr verzahnt. Ein Geflecht fibrillären Bindegewebes verleiht bes. ihren äußeren Teilen Elastizität und Reißfestigkeit; in den tieferen Bereichen ist Fettgewebe eingelagert (druckelastisches Polster, auf dem die oberen Hautschichten verschiebbar sind). Epidermale, aber in die Cutis versenkte Gebilde sind die **Drüsen**: Schweiß- (lange, geknäuelte Schläuche), Talg- (verzweigt, in den Haarbalg mündend), Schleim- (bei *Amphibien*, auch bei *Säugern* in der Umgebung der Nasenlöcher), Milchdrüsen (nur bei *Säugern*). Zahlreiche Hautsinnesorgane liegen vorwiegend in der Cutis (Tastsinnesorgane, Wärme-, Kälte- und Schmerz»punkte«). Viele Muskeln dienen versch. Aufgaben (z. B. Verengen der Drüsenausfuhrgänge, Aufrichten der Haare).

Sonderbildungen der Epidermis: Haare (D), Federn, die Hornschuppen der *Reptilien* (homologe Organe); Fingernägel, Krallen, Hufe.

Alle Hautorgane sind reich mit Blutgefäßen und Nerven versorgt (Länge 1 m bzw. 4 m je cm^2 Haut).

Das Atmungssystem

Von den drei Typen der Atmungsorgane werden hier nur die **Lungen**, paarige Ausstülpungen des Vorderdarms, behandelt (Tracheen, I, S. 113; Kiemen, I, S. 119). Die 2 kegelförmigen Lungenflügel (E) sind in beim Atmen gegeneinander verschiebbare Lappen (rechts 3, links 2) unterteilt. Das Lungenfell überzieht die Lungenoberfläche. Zw. ihm und dem Brustfell, das den Brustraum auskleidet, liegt ein undehnbarer Flüssigkeitsfilm, der zwar Gleitbewegungen beim Atmen erlaubt, aber die elastischen Lungen zwingt, den Atembewegungen des Brustkorbs passiv zu folgen (Fehlen quergestreifter Muskeln).

Die Luft wird durch Mund, Nase, Rachenhöhle und Luftröhre zugeführt. Diese ist durch den an ihrem Beginn liegenden Kehlkopf (Larynx) verschließbar und dehnbar versteift. Sie gabelt sich in 2 Hauptbronchien und weiter beim Eintritt in die Lungenflügel zu den Lappenbronchien. Die Wände der sich weiter verzweigenden **Bronchien** enthalten neben unregelmäßigen Knorpelstükken elast. Fasern und glatte Muskulatur (I, S. 73). Sie sind wie die Luftröhre von einer mit Flimmerhaaren besetzten Schleimhaut ausgekleidet.

In den feinsten Verzweigungen **(Bronchioli)** ist dieses Epithel einschichtig und ohne Drüsen und Flimmerbesatz. Von den Endabschnitten der nochmals verzweigten Bronchioli (Alveolargänge; F) gehen zahlr. dünnwandige **Lungenbläschen (Alveolen;** Wanddicke 0,001 mm, ∅ 0,25 mm; Gesamtoberfläche 100–250 m^2) ab.

Der Gasaustausch (Bd. II) erfolgt durch die Alveolenwand, der ein dichtes Kapillarnetz aufliegt (I, S. 89).

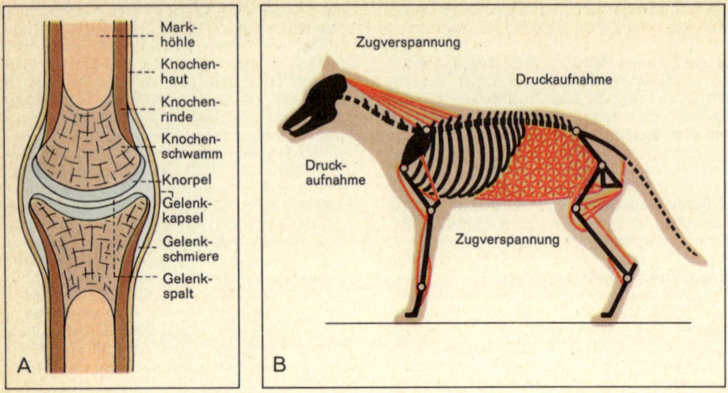

Röhrenknochen und Gelenk im Längsschnitt (A). Zusammenwirken von Skelett und Muskulatur beim Säuger (B)

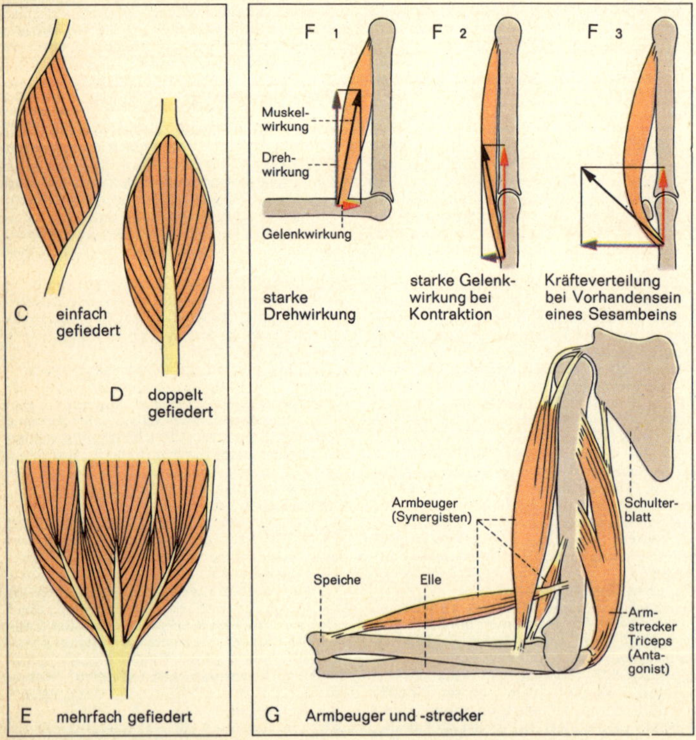

Verlauf von Muskelfasern und Sehnen (C–E). Muskel und Gelenk (F, G)

Bau des Knochens

Knochenrinde (Compacta) besteht aus Spezial-, Schalt- und Generallamellen (I, S. 71). Sie ist im Schaft bes. ausgeprägt und wird gegen die Gelenkenden (Epiphysen) dünner. Den Innenraum nimmt ein Netzwerk von Knochenbälkchen (**Knochenschwammwerk, Spongiosa**) ein, dessen Zwischenräume das Knochenmark ausfüllt (A). Bei Röhrenknochen bleibt die Spongiosa nur in der Umgebung der Gelenkenden erhalten, im Schaft entwickelt sich die Markhöhle. Das Knochenmark bildet zunächst neben Knochensubst. noch Blutzellen (rote Färbung). Diese Aufgabe behält es in kurzen, flachen Knochen (z. B. Rippen) dauernd bei; in den langen Röhrenknochen verfettet es (gelbl. Färbung).

Knochenhaut (Periost) überzieht den Knochen außer den von hyalinem Knorpel (I, S. 71) bedeckten Gelenkenden. Sie ist durch sog. Sharpeysche Fasern am Knochen verankert und für die Bildung der Knochenrinde und die Gefäßversorgung wichtig.

Knochenverbindungen und Gelenke

Feste oder kaum bewegl. Knochenverbindungen unterscheidet man nach der Art des verbindenden Materials:

1. **Knorpelhafte** (Verbindung durch Knorpel) sind die Symphyse zw. den Beckenknochen und die Verbindung zw. Rippen und Brustbein.
2. **Bandhafte** aus kollagenen Fasern finden sich in den Wachstumsnähten der Schädelkapsel und als Zwischenwirbelscheiben; diese vermitteln schon zu den Gelenken.
3. **Knochenhafte** entstehen durch nachträgl. Verknöcherung (z. B. Nähte der Schädelkapsel) und bilden dann sehr feste Verbindungen.

Bei den **echten Gelenken** liegt zw. zwei knorpelüberzogenen Knochenenden ein Gelenkspalt. Die Knorpelflächen sind nur durch einen Flüssigkeitsfilm getrennt (Gelenkschmiere), der Gleitfähigkeit gewährleistet. In einem Gelenk sind auch zwei Gelenkspalte möglich: zw. den Knorpelflächen liegt eine vollständige (**Diskus**, z. B. Kiefergelenk) oder unvollständige (**Meniskus**, z. B. Kniegelenk) bindegewebige Scheibe.

Die **Gelenkkapsel**, eine Fortsetzung der Knochenhaut, umhüllt das Gelenk. Ihre Außenschicht aus kollagenen Fasern, verstärkt durch Bänder, dient dem Abschluß des Gelenkspalts und der Führung bei Bewegungen. Ihre lockere Innenschicht führt Nerven, Blut- und Lymphgefäße; sie bildet Gelenkschmiere, auf deren Menge und Zusammensetzung sie durch Resorption regulierend einwirkt. Den Zusammenhalt der Gelenke bewirkt neben Kapselbändern und über das Gelenk hinwegziehenden Muskeln vor allem der äußere Luftdruck, da in den Gelenkspalt keine Luft dringt.

Nach der Form der Gelenkflächen und der dadurch gegebenen Beweglichkeit unterscheidet man versch. Gelenkarten:

1. **Scharniergelenk** (Rinne mit passender Walze). Es erlaubt nur Bewegungen um eine Achse (Scharnierachse). Führungsleisten, -rinnen und Seitenbänder verhindern seitl. Verschiebung (z. B. Fingermittel- und -endgelenke, Ellbogengelenk). Diese Möglichkeit besteht beim
2. **Walzengelenk** (z. B. Ring-Stellknorpelgelenk des Kehlkopfes). – Das
3. **Sattelgelenk** ist zweiachsig (z. B. Halswirbel der Vögel), ebenso das
4. **Eigelenk** mit eiförm. Gelenkkörper in entspr. Mulde, das sich in zwei Richtungen beugen, nicht aber drehen läßt (z. B. Atlas-Hinterhauptsgelenk, Handwurzelgelenk). – Das
5. **Kugelgelenk** mit kugeligem Gelenkkopf in entspr. Pfanne erlaubt allseitige Beweglichkeit (z. B. Schulter- und Hüftgelenk, Fingergrundgelenk).

Muskulatur

Die Skeletteile sind mit Bändern und Muskeln kombiniert zu einem nach statischen Gesetzen geordneten System (B). Während die Gelenke passive Beweglichkeit erlauben, bewirken die **quergestreiften Skelettmuskeln** (zus. 639; Rumpfmuskeln im allg. flächenhaft, Gliedmaßenmuskeln strangförm.) die aktiven Bewegungen. Wegen dieses Zusammenwirkens nennt man die zwei Organsysteme Bewegungsapparat, zu dessen Funktionieren aber noch das NS (I, S. 91) notwendig ist.

Knochen und Muskeln sind über die **Sehnen** (Stränge parallelfaserigen, undehnbaren Bindegewebes) verbunden. An bes. Ansatzstellen sind diese mit der Knochensubst. fest verwachsen. In den Muskel hinein setzen sie sich fort in Gestalt der Bindegewebshüllen der einzelnen Faserbündel. Die einzelne Muskelfaser ist über die Gitterfasern (Retikulumfasern; I, S. 73) mit dem Bindegewebe verbunden oder geht direkt in eine Sehnenfaser über.

Die Muskelfasern sind in einem best. Winkel (Fiederungsw.) an die Sehne geheftet. Es gibt einfach, doppelt und mehrfach gefiederte Muskeln (C, D, E). Die Verdickung der Faser bei Kontraktion vergrößert den Fiederungswinkel und dadurch die Hubhöhe und verhindert einen starken Druckanstieg im Muskel, der für Nerven und Gefäße nachteilig wäre.

Die **Kraftleistung der Muskeln** ist hoch (8 bis 10 kg/cm²; Bizeps des Oberarms 45–120 kg), da sie oft gelenknah am Hebelarm sitzen (G). Bei Muskeltätigkeit sind Gelenk- (Druck oder Zug im Gelenk) und Drehwirkung (Bewegung des Knochens) zu unterscheiden (F). Diese ist groß, wenn zu bewegender Knochen und Muskel senkrecht zueinander stehen, gering, wenn die Knochen einen gestreckten Winkel bilden und der Muskel dicht anliegt. Sie wird aber verstärkt durch ein der Sehne eingelagertes **Sesambein** (z.B. Kniescheibe). Da Muskeln nur durch Kontraktion, nicht durch aktive Verlängerung wirken, sind für Bewegung und Gegenbewegung zwei Muskeln nötig (**Antagonisten**; G). Gleichsinnig wirkende Muskeln heißen **Synergisten.**

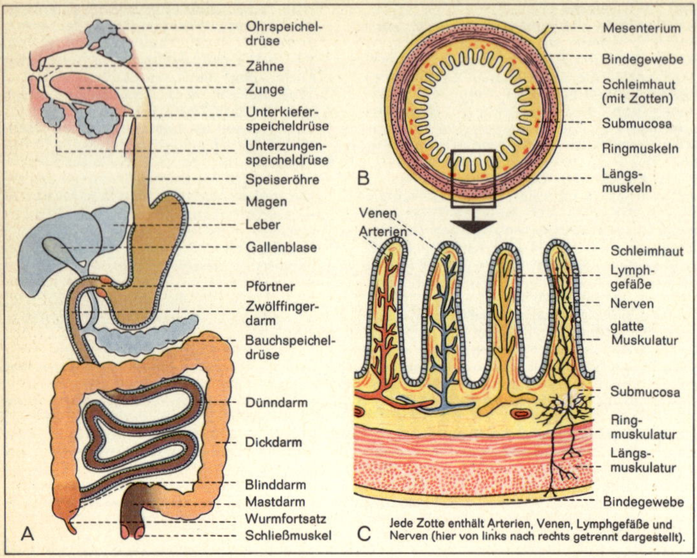

Verdauungsorgane des Menschen (A); Aufbau der Darmwand (B); Dünndarmwand (C, Querschnitt)

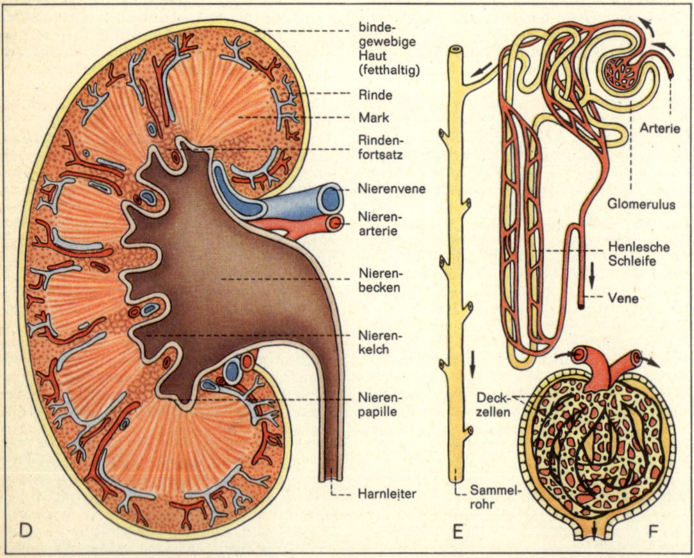

Rechte menschl. Niere (D, Längsschnitt); Nephron (Nierenkörperchen und -kanälchen) und Sammelrohr (E); Glomerulus und Bowmansche Kapsel (F)

Das Verdauungssystem

Es zerlegt die artfremden Nährstoffe in einfachste Bausteine, die in flüssiger Form in den Körper aufgenommen und dort zur Energiegewinnung oder zum Aufbau arteigener Subst. verwendet werden.

Es besteht aus dem gewundenen **Darmrohr** (A). Je nach Fleisch- oder Pflanzennahrung ist es versch. lang (bei der *Katze* 5, beim *Schaf* 25 Körperlängen) und gliedert sich in folgende Abschnitte:

Die Mundhöhle wird bei *Säugern* durch Bildung fleischiger Seitenwände (Wangen) zum Verdauungsraum. Der Kauapparat dient durch Nahrungszerkleinerung der mechan. Verdauung. Die Zunge wirkt dabei knetend und mischend mit. Drei große paarige Speicheldrüsen (Ohr-, Unterkiefer- und Unterzungenspeicheldrüse) und zahlr. kleinere sondern zweierlei Speichel ab: schleimhaltigen (mukösen) Gleit- und enzymhaltigen (serösen) Verdauungsspeichel (Beginn der chem. Verdauung).

Die Speiseröhre ist ein senkrecht verlaufendes Gleitrohr, in dem die Speisen durch Kontraktionswellen vorangetrieben werden (Peristaltik). Ihre Wand ist wie die aller folgenden Abschnitte des Verdauungskanals gebaut (B, C):

1. Dreischichtige Schleimhaut (Mucosa; aus Epithelschicht, Schleimhautbindegewebe, glatter Muskulatur), kann unterschiedl. gestaltet sein (glatte Oberfläche, Falten oder Zotten).
2. Bindegewebsschicht (Submucosa), führt Gefäße und Nervennetze.
3. Glatte Muskulatur, innen ringförm., außen in Längsrichtung.
4. Bindegewebige Hülle als äußerer Abschluß.

Der Magen ist eine sackartige, ein- *(Mensch)* oder mehrkammerige *(Wiederkäuer)* Erweiterung des Darmrohrs. Er faßt beim Menschen etwa 1,5 l, seine rd. 4 Mill. Drüsen bilden tägl. 2 l Magensaft. Peristalt. Bewegungen schieben die wandnahen Schichten des Speisebreis zum Magenausgang, wo ein Ringmuskel (Pförtner, Pylorus) sie in Schüben durchläßt.

Der Dünndarm (rd. 1,5 m lang, 2–3 cm ∅) liegt in vielen Schlingen im Bauchraum und ist durch ein Band (Mesenterium) an der hinteren Bauchwand befestigt. In seinen ersten Abschnitt, den Zwölffingerdarm (Duodenum), münden:

1. die Leber (größte Drüse des Körpers, beim *Menschen* 1500 g schwer); ihr Sekret, die Galle (0,5 l tägl.), kann in der Gallenblase gespeichert werden;
2. die Bauchspeicheldrüse, die 0,7–0,8 l Bauchspeichel tägl. produziert.

Die Dünndarmschleimhaut bildet hohe ringförm. Falten und ist dicht besetzt mit kurzen Zotten (4 Mill.). Sie enthält zahlreiche seröse Drüsen mit einer tägl. Produktion von 3 l Darmsaft. Die starke Oberflächenvergrößerung dient der hier beginnenden Resorption der Nährstoffe (Bd. II). Resorptionsangepaßt sind auch die Epithelzellen der Mucosa mit kutikulären, von Poren durchsetzten Säumen (Stäbchensäume; I, S. 69).

Der Dickdarm (1 m lang, 5–8 cm ∅) besteht aus einem aufsteigenden, querliegenden und absteigenden Teil, dem der Mastdarm mit dem durch einen Schließmuskel (Sphincter) verschließbaren After folgt. Blinddarm und Wurmfortsatz haben kaum Verdauungsfunktion, sie dienen der Abwehr von Erkrankungen (»Dickdarmmandel«). Die faltige, zottenlose Schleimhaut ist drüsenarm, aber sehr resorptionsfähig (5–6 l Wasser tägl.).

Das Exkretionssystem

Die Nieren liegen, von einer Bauchfellfalte überzogen, an der Rückwand der Bauchhöhle neben der Wirbelsäule; sie scheiden die meisten Stoffwechselendprodukte aus. Die kappenförm. Nebennieren dienen dagegen nur der Hormonproduktion (Bd. II). Die Niere besteht aus körniger Rinden- und radial gestreifter Markschicht (D). Diese wird durch Rindenfortsätze in 10 bis 20 Nierenpyramiden gegliedert, deren innere Enden (Nierenpapillen) auf kelchförm. Gänge (Nierenkelche) stoßen, die vom Nierenbecken ausgehen. Diesem entspringt der Harnleiter an der sog. Pforte, wo auch Nierenvene und -arterie münden, die für rege Durchblutung der Nieren (1500 l tägl.) sorgen.

In der Rinde jeder Niere liegen rd. 1 Mill. Nierenkörperchen (E, F), bestehend aus einem kapillaren Gefäßknäuel (Glomerulus) und einer umgebenden epithelialen doppelwandigen Kapsel (Bowmansche K.), deren Innenwand aber zu einem die Kapillaren umspinnenden Netzwerk (Deckzellen) aufgelöst ist.

Durch die Kapillarmembranen tritt der Primärharn in die Bowmansche Kapsel (insges. 170 l tägl.) und fließt durch das Nierenkanälchen ab. Dessen Anfangs- und Endabschnitt liegt dem Glomerulus an, der Mittelteil bildet eine haarnadelförm. ins Mark reichende Schleife (Henlesche Schleife). Das das Nierenkanälchen umspinnende Kapillarnetz ermöglicht eine starke Resorption (vorwiegend Wasser; Tagesharnmenge daher nur 1–2 l). Die Kanälchen münden in Sammelrohre, die, im Mark parallel laufend, sich vereinigen, bis auf jeder Papille etwa 20 Gänge austreten.

Die Harnleiter, knapp bleistiftdick, führen an der Rückseite des Bauchraumes abwärts. Ihre muskulöse Wand fördert den Harn durch peristalt. Wellen. Sie münden von hinten unten in die Harnblase, und zwar schräg durch die Blasenwand, wodurch bei starker Füllung die Öffnung zugedrückt wird (Ventilwirkung).

Die Harnblase liegt der vorderen Bauchwand an. Sie ist durch ein Übergangsepithel (I, S. 69) mit einer Schutzschicht (Crusta) gegen Schädigung durch den Harn geschützt. Gegen die Harnröhre ist sie durch einen doppelten Schließmuskel aus glatter und quergestreifter Muskulatur verschließbar.

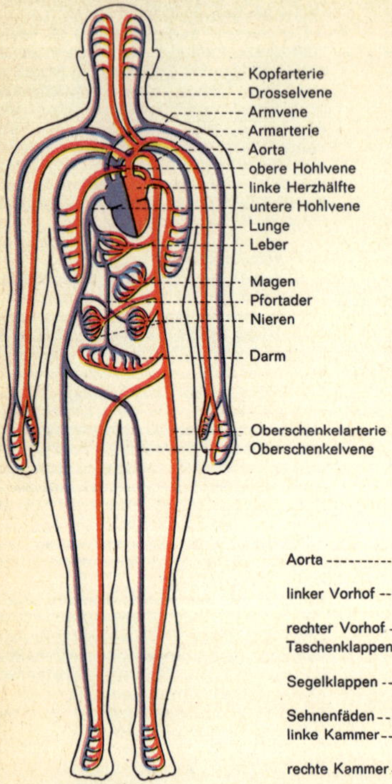

A **Blutkreislauf**
O_2-reiches Blut rot,
O_2-armes Blut blau

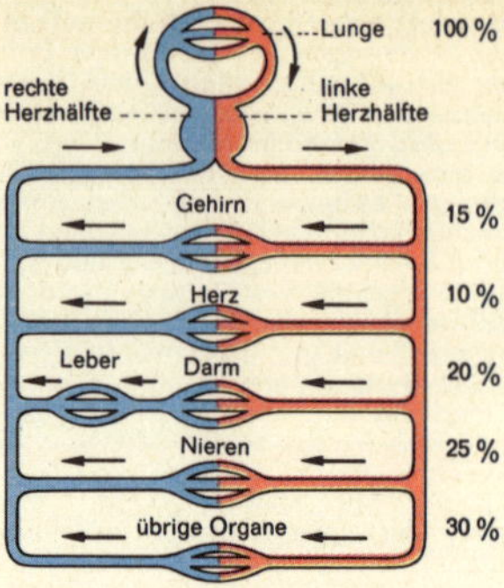

B **Parallelkreisläufe**
(ihr Anteil an der vom Herzen geförderten Blutmenge in %)

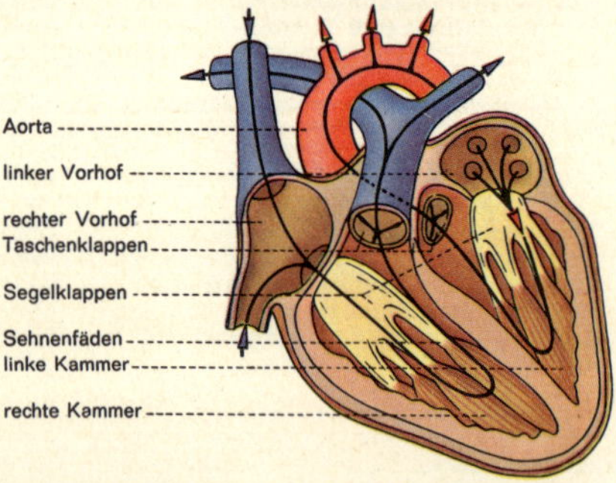

C **Herz** (Längsschn.)

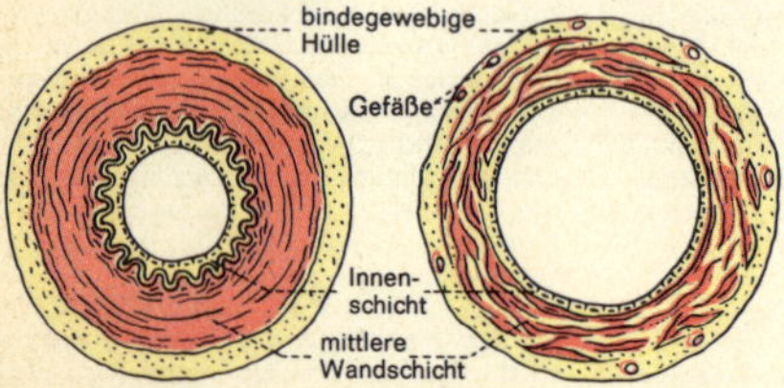

D **Arterie** (Querschn.)

E **Vene** (Querschn.)

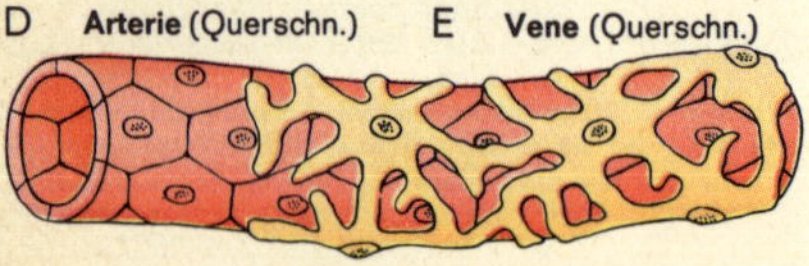

F Stück einer **Kapillare,** rechts mit Pericyten

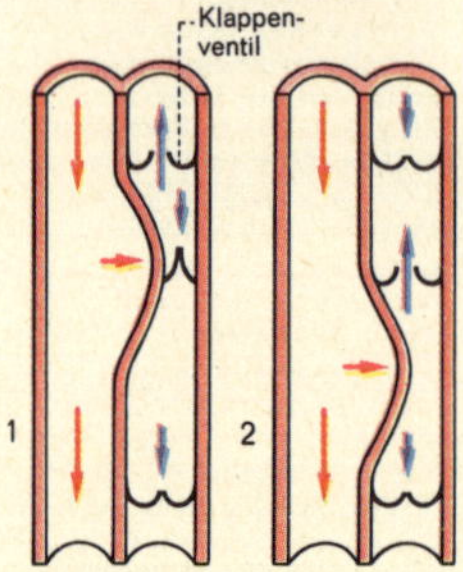

G Aufwärts gerichtete **Blutförderung in einer Vene** (blaue Pfeile) durch abwärts laufende Pulsation einer anliegenden Arterie.

Das Kreislaufsystem tritt in seiner **Transportfunktion** (Bd. II) mit allen Organen des Körpers in Beziehung. Das Transportmittel (Blut; I, S. 61) fließt in einem vollständig geschlossenen Blutgefäßsyst. (im Gegensatz zum offenen z. B. der *Insekten*; I, S. 113). Bei den landlebenden *Wirbeltieren* tritt im Zusammenhang mit der Lungenatmung eine Sonderung in **Körperkreislauf** (großer K.) und **Lungenkreislauf** (kleiner K.) ein (A). Jeder dieser Kreisläufe wird durch eine Herzhälfte angetrieben, eine vollst. Trennung beider Herzhälften ist jedoch nur bei *Vögeln* und *Säugern* erreicht (C; I, S. 121).
Die vom Herzen wegführenden, zuerst weiten Schlagadern (Arterien) verzweigen sich zunehmend (Arteriolen), bis sie in ihren Versorgungsgebieten ausgedehnte Kapillarsyst. bilden (Gesamtlänge in der menschl. Muskulatur rd. 100000 km). Diese vereinigen sich wieder zu immer größeren, zum Herzen führenden Gefäßen (Blutadern, Venen).
Die Arteriolen beeinflussen durch Kontraktion den Blutdruck; die Kapillaren können durch regulierbare arterio-venöse Verbindungen (Anastomosen) umgangen werden. Die einzelnen Verzweigungsgebiete zw. Arterien und Venen sind Parallelkreisläufe (B), die nur von einem Teil der Blutmenge passiert werden. Nur der zw. beiden Herzhälften eingeschaltete Lungenkreislauf wird stets von der Gesamtmenge durchströmt.

Das Herz

Der faustgroße, durch eine Längswand in 2 Hälften geteilte Hohlmuskel treibt mit rhythm. Kontraktionen das Blut durch die Gefäße (C). Das Herz entspricht zwei nebeneinanderliegenden Druck-Saug-Pumpen. Die rechte Hälfte drückt das vom Körper kommende Blut in den Lungenkreislauf, die linke Hälfte das von den Lungen kommende in den Körperkreislauf. Die Fließrichtung ist durch zwei Ventilapparate bestimmt. In jeder Herzhälfte liegt eine **Segelklappe** (rechts drei-, links zweizipflig), die Vorhof (Atrium) und Kammer (Ventrikel) trennt. Sie hängt, vom bindegewebigen Herzskelett ausgehend, als unten offener Bindegewebsschlauch in die Kammer, die unteren Ränder sind mit Sehnenfäden an die Kammerwand geheftet. Zwei weitere Ventile **(Taschenklappen)** liegen in den aus den Kammern entspringenden Arterien (rechts Lungenarterie, links Aorta). Bei Kontraktion der Kammern (Systole) werden die Segelklappen geschlossen, die Taschenklappen geöffnet, das Blut wird in die Arterien gedrückt. Bei Kammererschlaffung (Diastole) geschieht der umgekehrte Vorgang: das Blut wird aus Vorhöfen und Venen angesaugt. Die Vorhöfe fördern dies durch komplizierte Eigenbewegungen.
Die **Muskelschicht (Myocard)** aus spezif. Herzmuskulatur (I, S. 73) ist an den Vorhöfen dünn, erreicht aber an der linken Kammer 1 cm Dicke. Die Fasern ziehen in den äußeren Wandschichten spiralig zur Herzspitze, verlaufen in der Wandmitte ringförm. und ziehen innen spiralig wieder nach oben. Sie beginnen und enden am Herzskelett und bilden ein geschlossenes Syst., das sich als Ganzes kontrahiert.
Das die Kontraktion bewirkende herzeigene **Erregungsleitungssyst.** besteht aus plasmareichen, fibrillenarmen Muskelfasern. Von zwei Knoten (Sinusk. an der oberen Hohlvenenwand, Vorhofsk. am Boden des rechten Vorhofs) ziehen Leitungsbahnen zu den einzelnen Herzteilen. An den oberen Gefäßen des Herzens bilden Sympathicus und Parasympathicus (I, S. 91) ein Nervengeflecht, das den Sinusknoten erregt (»Schrittmacher des Herzens«). Trotz Dauerwirkung der Nerven kommt es zu rhythm. Bewegungen, da nach jeder Kontraktion die Muskulatur für kurze Zeit unempfindlich wird.
Ein eigener Kreislauf, den 10% der Blutmenge passieren, versorgt das Herz mit O_2 und Nährstoffen.

Die Arterien

Ihr Wandbau (D) kann den Druckwellen des aus dem Herzen kommenden Blutes standhalten **(Puls)**. Auf die der Innenschicht des Herzens (Endocard) entspr. bindegewebige, glatte Intima folgt eine starke mittl. Schicht (Tunica media), bestehend aus zahlr. elast. Membranen und zwischengelagerten glatten Muskelfasern. Außen liegt wieder eine Bindegewebshülle (Externa). Mit zunehmender Entfernung vom Herzen verarmt die Media an elast. Subst. und besteht fast nur noch aus Muskulatur.
Die Arterien enthalten O_2-reiches Blut (einzige Ausnahme: Lungenarterie; A).

Die Kapillaren

Ihr Durchmesser ist weniger als 10^{-2} mm; ihre Wand besteht nur aus einer dünnen Endothelschicht, zw. deren Zellen wohl Spaltlücken auftreten (Stoffaustausch). Um die Kapillaren liegen verzweigte Bindegewebszellen (**Pericyten**; F), die vielleicht der Kontraktion der Kapillaren dienen. Aus den Kapillaren tritt ständig Flüssigkeit in die umgebenden Gewebe über (Gewebsflüssigkeit). Sie wird im **Lymphgefäßsystem** gesammelt und als Lymphe dem Blutkreislauf wieder zugeführt. Kapillaren liegen nicht nur zw. Arterien und Venen, auch im arteriellen und venösen Bereich kommt es zu kapillarer Aufspaltung (**arterielles Wundernetz**, z. B. in der Niere; **venöses Wundernetz**, z. B. zw. Pfortader und Lebervene in der Leber; A).

Die Venen

Sie sind viel dünnwandiger als die Arterien, ihre Media ist mit viel Bindegewebe durchsetzt (E); ihre Externa hat eine bes. Gefäßversorgung. Die Druckwellen vom Herzen erschöpfen sich durch die Reibung in den Kapillaren, daher wird als Transportkraft die Einwirkung von Arterien oder Skelettmuskeln (den Venen benachbart; G) wirksam, wobei in kurzen Abständen eingebaute **Klappenventile** (zweiklappig) einen Rückfluß des Blutes verhindern. Im Brustraum wirken Unterdruck und die Saugpumpenarbeit des Herzens zusätzlich als Sog.

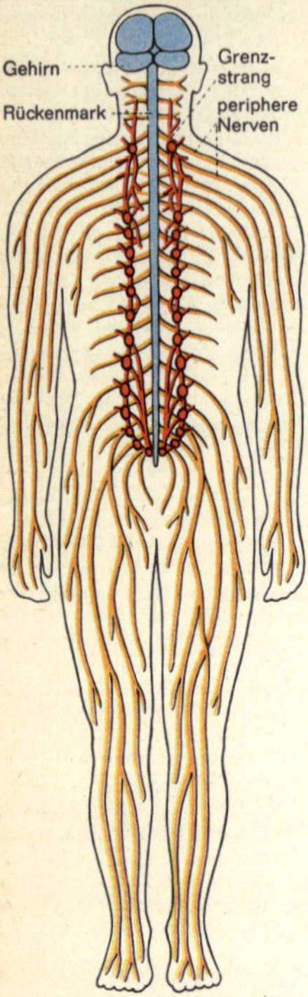

A **Nervensystem**
(ohne intramurales System)

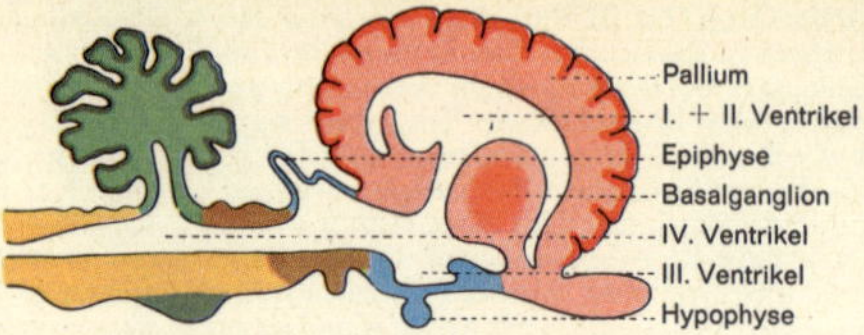

B **Säugerhirn** (Längsschn.), Vorderhirn rot, Zwischenh. blau, Mittelh. braun, Kleinh. grün, Nachh. gelb

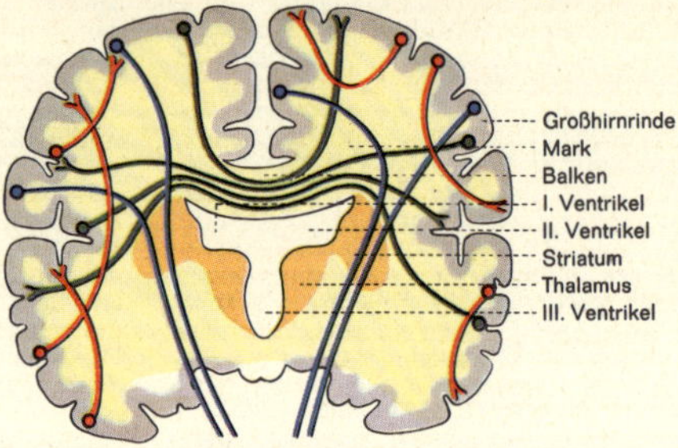

C **Menschl. Hirn** (Frontalschn.) Assoziationsbahnen rot, Kommissurbahnen grün, Projektionsbahnen blau

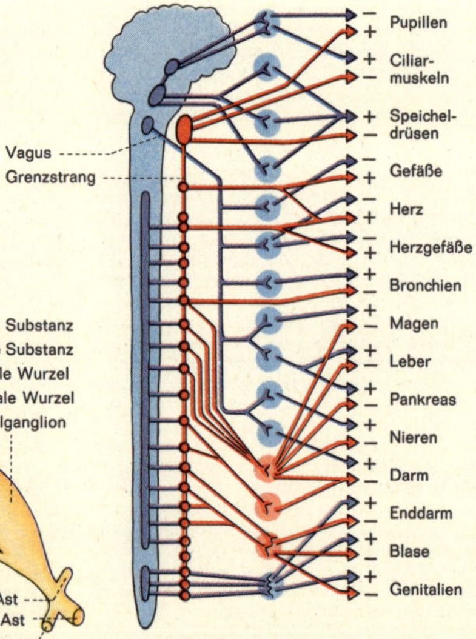

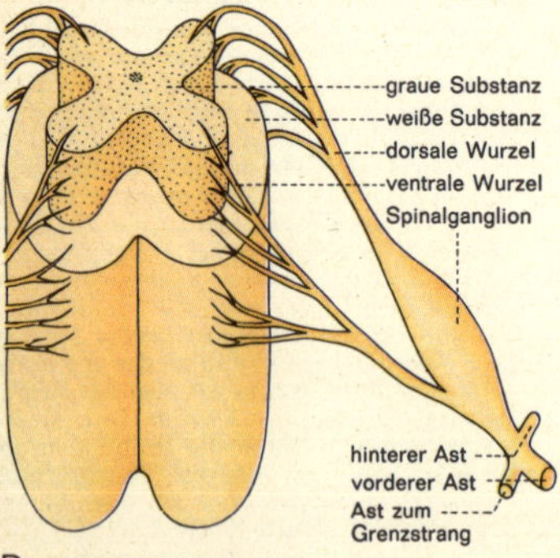

E **Doppelte Innervierung** von Organen durch sympathisches (rot) u. parasympathisches System (blau).

D **Menschl. Rückenmark** mit Rückenmarksnerven

Das Nervensyst. besteht aus reich durchblutetem und in Bindegewebe eingebettetem Nervengewebe (I, S. 75). Bes. Gehirn und Rückenmark (RM) sind gegen Druck durch die **Hirnhäute** geschützt:

1. Innere, gefäßführende Bindegewebsschicht (Pia mater);
2. mit ihr durch spinnwebartige Fasern verbundene Spinnwebshaut (Arachnoidea). Der mm-weite Raum zw. diesen sog. weichen Hirnhäuten ist mit Hirnrückenmarksflüssigkeit gefüllt, wodurch Hirn und RM schwimmend gehalten werden.
3. Harte Hirnhaut (Dura mater).

Das Nervensyst. (NS) besteht morpholog. aus drei Teilen (A): Zerebrospinales, autonomes und intramurales System. Funkt. unterscheidet man leitende Bahnen und die Erregung verarbeitenden Zentren (im ZNS).

Das zerebrospinale (animale) Nervensystem
Es gliedert sich in ZNS (bestehend aus Gehirn und RM) und periphere Nerven.
Das Gehirn teilt sich in:

1. **Vorder- oder Großhirn (Telencephalon).** Es besteht aus zwei Basalganglien (Corpora striata) und dorsalem Hirnmantel (Pallium; B), von dem ein Teil (Neopallium) sich zu zwei Hemisphären entwickelt (Großhirnrinde der *Säuger*; Oberfläche beim *Menschen* rd. 2200 cm^2). Das den Riechnerv aufnehmende Archipallium ist oft reduziert. Vorderhirn und übrige Hirnteile durchzieht ein Kanal, der sich zu Kammern (Ventrikeln) erweitert.
   Die hochkomplizierte Rindenschicht (graue Subst.) besteht aus Nervenzellen (beim *Menschen* rd. 15 Milliarden), die durch Synapsen verknüpft sind. Sie ist funkt. gegliedert in Sinnesfelder (unterteilt in Wahrnehmungs- und Erinnerungsf.) und motor. Felder (Bd. II).
   Das Mark (weiße Subst.) besteht im wesentlichen aus Nervenfasern (Gesamtlänge beim *Menschen* rd. 500000 km). Man unterscheidet drei Hauptgruppen (C):
   – Assoziationsbahnen, die Rindenfelder untereinander verbinden;
   – Kommissurbahnen, Querverbindungen beider Hemisphären (wichtigste: der »Balken«);
   – Projektionsbahnen, Verbindungen mit anderen Hirnteilen und dem RM (sensible und motor. Fasern).
2. **Zwischenhirn (Diencephalon).** Seine wichtigsten Teile sind Thalamus (bei *Säugern* Schaltstelle der sensiblen Bahnen zur Großhirnrinde) und Hypothalamus (Stoffwechsel- und Steuerzentrum für das autonome NS). An der Unterseite des Zwischenhirns liegt der Hirnanhang (**Hypophyse**; Bd. II), an der Oberseite die Zirbeldrüse (**Epiphyse**; oft als reduziertes Scheitelauge erkennbar, z. B. bei *Reptilien*).
3. **Mittelhirn (Mesencephalon).** Es besteht aus Mittelhirndach (Tectum) und ventralem Tegmentum. Es ist mit vielen Hirnteilen durch zahlr. Bahnen verknüpft als Schaltstelle für Verbindungen zw. Sinnesorganen und Muskeln (bei *Säugern* hat diese Funkt. das Zwischenhirn).
4. **Hinter- oder Kleinhirn (Metencephalon).** Es ist Zentrum für Gleichgewichtserhaltung und Bewegungskoordination (daher bei fliegenden, schwimmenden und aufrechten Tieren stark entwickelt). Bei *Säugern* treten seitl. gefaltete Hemisphären auf (Neukleinhirn).
5. **Nachhirn oder verlängertes Mark (Myelencephalon, Medulla oblongata).** Es ist Durchgangs- und Schaltstelle aller zw. Gehirn und RM verlaufenden Bahnen, die sich hier teilweise kreuzen. Es enthält wichtige Reflex- und Automatiezentren (Bd. II).
   Die ursprüngl. Hirnteile (Nach-, Hinter-, Mittel-, Zwischen- und basales Großhirn) heißen Stammhirn. Ihm entspringen 12 Paare von Hirnnerven, die meist Sinnesorgane und Kopfmuskulatur versorgen. Das 10. Paar (Nervus vagus) ist Antagonist des Sympathicus (E).

Das Rückenmark (Medulla spinalis). Im Gegensatz zum Gehirn liegt die im Querschnitt H-förmige graue Subst. innen. Die Zellen ihrer Hinterhörner (Flügelplattengebiet) stehen zu den dorsalen, die ihrer Vorderhörner (Grundplattengebiet) zu den ventralen Wurzeln in Beziehung (D). In der weißen Subst. verlaufen zahlr. auf- (rezeptorische) und absteigende Fasern (effektorische; z. B. Pyramidenbahnen). – Aus dem RM entspringen 31 Paare von Rückenmarksnerven (Spinaln.), jeder mit einer dorsalen (sensiblen) und ventralen (motor.) Wurzel. Beide Wurzeln vereinigen sich zu einem gemischten Nerv, der sich bald wieder teilt (in vorderen und hinteren Ast), unter weiterer Aufspaltung die Versorgungsgebiete erreicht und auch zum autonomen NS in Beziehung tritt. – Die Zellkörper der motor. Fasern liegen in der grauen Subst. des RM, die der sensiblen Fasern im Spinalganglion der dorsalen Wurzel. Zw. beiden bestehen Verbindungen in der grauen Substanz.

Das autonome (vegetative) Nervensystem
Es besteht aus zwei die Organe doppelt innervierenden, im wesentlichen antagonistisch wirkenden Teilsyst. (E):

1. Das **sympathische System** entspringt in der grauen Subst. des RM, von wo Fasern zum Grenzstrang (Kette weizenkorngroßer Ganglien beiderseits der Wirbelsäule) führen. Von hier ziehen die symp. Fasern über untereinander vernetzte Schaltganglien (Sonnengeflecht, Plexus solaris) zu den Versorgungsgebieten.
2. Das **parasympathische System** umfaßt alle dem Sympathicus antagonist. Nerven. Sie entspringen im Mittel-, Nachhirn (bes. der Vagus) und in der Beckenregion des RM (Sakralmark). Auch hier sind Schaltganglien vorhanden (E).

Das intramurale Nervensystem
Es umfaßt vom ZNS unabhängige periphere, vom autonomen NS gesteuerte Nervennetze (z. B. in Darm, Blase und Herz; I, S. 86 C).

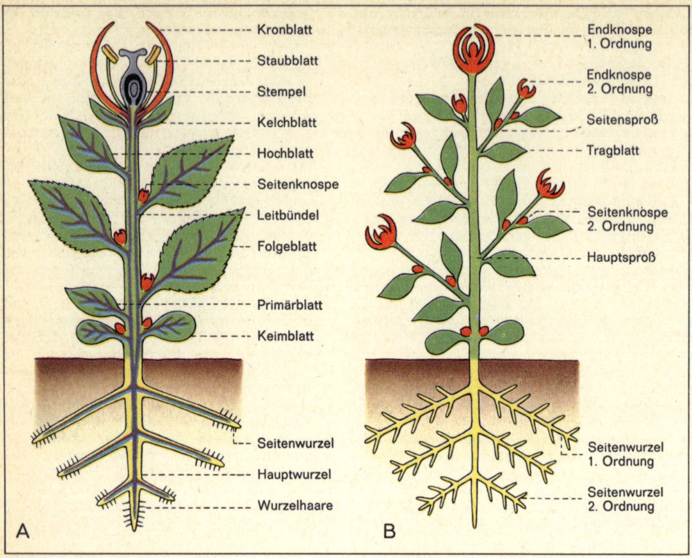

Baupläne von Kormophyten: mit Blüte (A), mit verzweigtem Sproß- und Wurzelsystem (B)

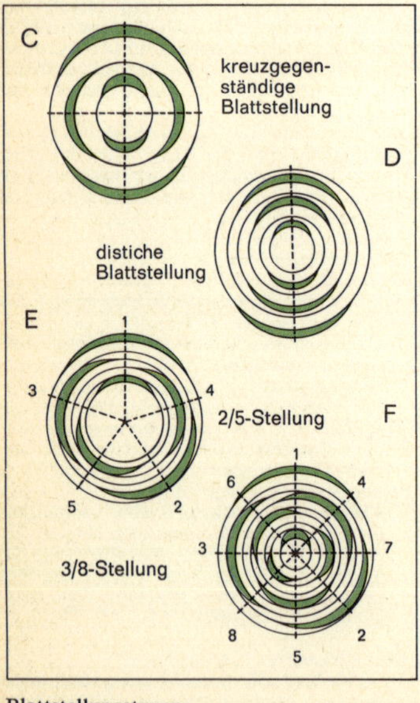

Blattstellungstypen

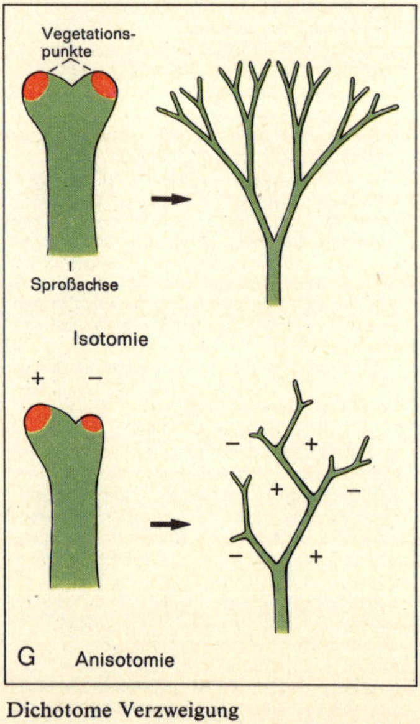

Dichotome Verzweigung

Kormophyten sind im Gegensatz zu *Thallophyten* (I, S. 55) Pflanzen, deren Vegetationskörper (Kormus) in die **drei Grundorgane** Sproßachse, Blätter und Wurzel gegliedert ist. Dabei kann sich der von Blättern umhüllte Hauptvegetationspunkt an der Sproßspitze (Endknospe) in der Bildung einer Blüte erschöpfen (A). Oft wachsen aber Haupt- und Nebenvegetationspunkte (Seitenknospen, Augen) weiter, so daß ein verzweigtes Syst. von Sproßachsen entsteht, das zusammen mit den Blättern als Sproßsystem bezeichnet wird (B). – Entspr. verzweigt sich die Wurzel unter Bildung eines Wurzelsystems, das wie das Sproßsyst. theoretisch unbegrenzt weiterwachsen kann (offene Gestalt).

Obwohl bei allen Kormophyten die gleichen Grundorgane auftreten, gehorcht die Ausgestaltung von Sproß- und Wurzelsyst. einer Reihe von Gesetzmäßigkeiten, durch die bei grundsätzl. gleichem Bauplan sehr versch. Pflanzengestalten entstehen. Bes. bei Holzpflanzen wird deutlich, daß dabei in jeder Vegetationsperiode die gleichen Elemente gebildet werden.

Allgemeines Prinzip bei der Ausgestaltung des Pflanzenkörpers ist die Schaffung großer äußerer Oberflächen (Gegensatz zum Tierkörper; I, S. 104ff.) im Zusammenhang mit der autotrophen Ernährungsweise (Bd. II) der Pflanze.

Blattstellung

Sie hängt mit der Längsgliederung des Sprosses in Nodien und Internodien derart zusammen, daß Blätter nur an den Stengelknoten stehen (Blattanlagen; I, S. 62 A).

1. **Wirtelige Blattstellung** ist dann gegeben, wenn mehr als ein Blatt an einem Knoten steht (C). Dabei ist die Blattzahl der Wirtel bei einer Pflanzenart konstant, der Winkel zw. den einzelnen Wirtelgliedern (Divergenz) gleich (Regel der Äquidistanz).
   Außerdem gilt die Regel der Alternanz, d. h. die Blätter aufeinander folgender Wirtel stehen jeweils auf Lücke. Diese Verhältnisse werden am deutlichsten in einem Diagramm, dessen Kreise je einen Knoten darstellen, wobei die an diesem Knoten stehenden Blätter als vereinfachte Querschnitte auf den entspr. Kreis gezeichnet sind. Im gemeinsamen Mittelpunkt aller Kreise ist die Sproßachse zu denken, die äußeren Kreise entsprechen den am tiefsten stehenden Knoten.
   Am deutlichsten zeigen sich Äquidistanz und Alternanz bei zweizähligen Wirteln (kreuzgegenständige oder dekussierte Blattstellung, z. B. bei der *Taubnessel*). Wirtelige Stellung findet sich häufig bei Blütenorganen, die ja umgewandelte Blätter sind (I, S. 103).
2. **Wechselständige (dispergierte) Blattstellung** liegt vor, wenn an jedem Knoten nur ein Blatt steht (D, E, F). Dabei ist jedes Blatt im Vergleich zum vorhergehenden um einen bestimmten Winkelbetrag verschoben. Die Blätter stehen also auf einer Schraubenlinie um den Sproß (Spiral- oder Schraubenstellung).
   Bei einer Verschiebung um einen halben Kreisumfang (180°) steht Blatt 2 gegenüber von Blatt 1, Blatt 3 über Blatt 1 usw. Die Blätter sind also in 2 Zeilen am Sproß angeordnet (zweizeilige oder distiche Blattstellung, $^1/_2$-Stellung). Eine Verschiebung um $^1/_3$ des Kreisumfanges (120°) ergibt die sog. $^1/_3$-Stellung (dreizeilige oder tristiche Blattstellung).
   Andere häufig vorkommende Fälle sind die $^2/_5$- und $^3/_8$-Stellung. Die Diagramme zeigen, daß hier die Blätter in 5 bzw. 8 Reihen (Orthostichen) am Sproß stehen, wobei im ersten Fall das 6., im zweiten Fall das 9. Blatt über dem 1. steht.
   Der Abschnitt der Blattspirale von einem Blatt bis zum senkrecht darüberstehenden heißt Zyklus. Der Nenner obiger Brüche zeigt die Anzahl der Blätter, die ein Zyklus umfaßt. Der Zähler gibt an, wie oft der Stengel zu umkreisen ist, um den Zyklus einmal zu durchlaufen.

Sproßverzweigung

Wie bei den *Thallophyten* (I, S. 55) gibt es bei den *Kormophyten* zwei Verzweigungsarten:

1. **Dichotome Verzweigung** kommt nur bei den *Bärlappgewächsen* (I, S. 235) und einigen ihrer Verwandtschaftsgruppen vor. Sie vollzieht sich durch Längsteilung des Sproßscheitels und Entstehung zweier Vegetationskegel. Sind diese gleichwertig, so ist die Verzweigung regelmäßig (Isotomie; G); sind sie ungleich, so verstärkt sich der eine Gabelast (Anisotomie), wodurch eine seitl. Verzweigung vorgetäuscht werden kann, wenn die verstärkten Gabeläste annähernd eine Richtung beibehalten.
2. **Seitliche Verzweigung** geht im Gegensatz zur Dichotomie nicht vom Sproßscheitel, sondern von Seitenknospen aus (B). Sie ist abhängig von der Blattstellung, denn die Seitenknospen entstehen aus den oberen Zellschichten (exogen) in den Blattachseln, entweder am Sproß oder auf der Basis der Blattanlage. Man nennt sie daher Achselknospen, die aus ihnen entstehenden Sprosse Achselsprosse. Das dazugehörige Blatt heißt Tragblatt.
   Bei den *Bedecktsamern* trägt fast jedes Blatt eine Seitenknospe, bei den *Nacktsamern* oft nur wenige der nadelförm. Blätter (z. B. *Fichte*, *Eibe*, *Kiefer*). Nur selten treiben alle Seitenknospen aus, die meisten bleiben unentwickelt (sog. schlafende Augen) oder bilden nur unter bes. Bedingungen, etwa bei Verlust des Hauptsprosses, Triebe aus (bei *Eiche* und *Rotbuche* noch nach 100 Jahren). Manchmal werden nach der ersten Knospe in der gleichen Blattachsel weitere, sog. Beiknospen, ausgebildet, die entweder übereinander stehen (seriale Anordnung, z. B. bei der *Brombeere*) oder nebeneinander (kollaterale Anordnung, z. B. bei der Knoblauchzwiebel).

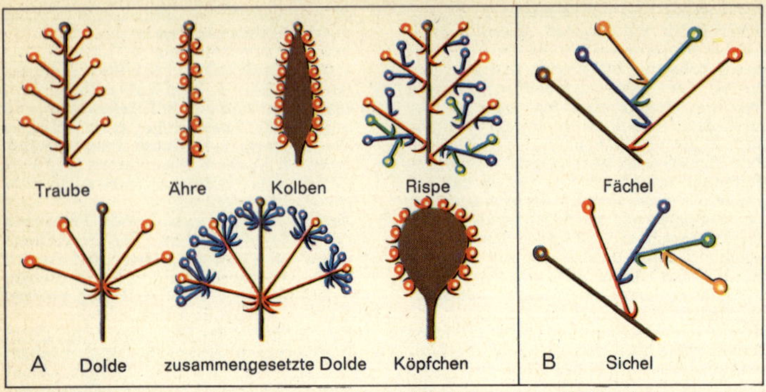

Blütenstände: razemös (A), zymös-monochasial (B); Nebenachsen gleicher Ordnung mit zugehöriger Blüte und Tragblatt jeweils in gleicher Farbe

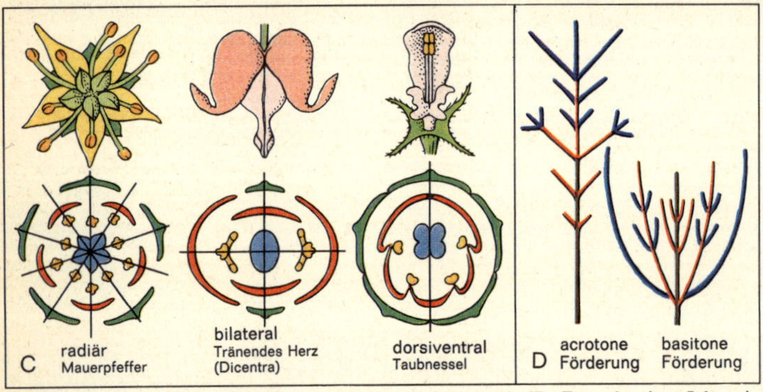

Laterale Symmetrie bei Blüten (C). Longitudinale Symmetrie (D, Zuwachs eines Jahres jeweils in gleicher Farbe)

Zymöse Verzweigung

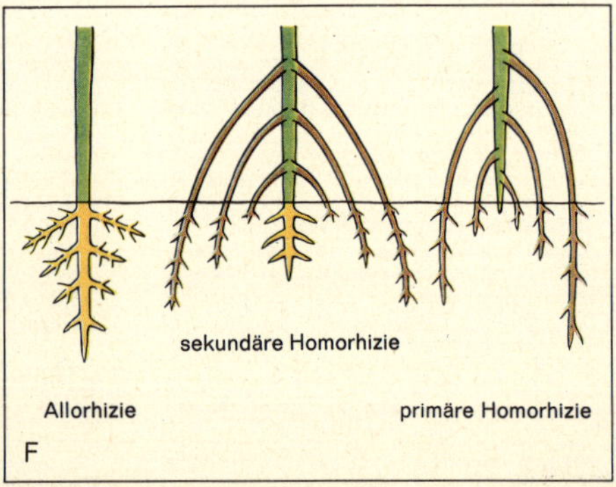

Wurzelsysteme

Sproßverzweigungssysteme

Verzweigungsgrad. Er ist bei krautigen Pflanzen i. allg. gering und erreicht seine stärkste Ausbildung bei Holzgewächsen (Bäume, Sträucher). Man unterscheidet dann Nebenachsen 1., 2. usw. Ordnung, die bestimmte Stellungen zu ihren Mutterachsen haben.

Wuchsrichtung. Wächst die Hauptachse senkrecht (orthotrop), handelt es sich um sog. aufrechte Pflanzen. Die Nebenachsen wachsen dann meist gleichmäßig nach allen Seiten, schräg oder waagerecht (plagiotrop), in Ausnahmefällen ebenfalls orthotrop *(Pyramidenpappel)*.

Ist die Hauptachse plagiotrop, spricht man von kriechenden Pflanzen. Ihre Nebenachsen können sich plagiotrop weiterverzweigen oder orthotrop wachsen. In diesem Fall verhalten sie sich wie aufrechte Pflanzen.

Entwicklungsintensität der Nebenachsen

1. **Razemöse Verzweigung.** Die Nebenachsen entwickeln sich oft schwächer als die Mutterachse, so daß eine einheitl. Hauptachse (Monopodium) das ganze Verzweigungssyst. durchzieht. Dieser Typ ist bes. rein ausgeprägt bei *Nadelhölzern* mit kegelförm. Umriß, an deren Stockwerkbau der Jahreszuwachs der Hauptachse deutlich erkennbar ist *(Tanne, Fichte)*.
   Übersichtl. Beispiele für razemöse Verzweigung stellen manche Blütenstände (Infloreszenzen) dar (A). Der Grundtyp ist die Traube mit der in einer Blüte endenden oder verkümmernden Hauptachse, an der als Nebenachsen gestielte Blüten sitzen. Das gleiche gilt für die Ähre, nur sind die Blüten ungestielt. Bei stark verdickter Hauptachse entsteht ein Kolben. Bei der Rispe sind die Nebenachsen noch weiter verzweigt (zusammengesetzter razemöser Blütenstand). Auch bei gleichstarker Entw. von Haupt- und Nebenachsen gelten Blütenstände noch als razemös, so die Dolde (eine Blüte je Achse) und die zusammengesetzte Dolde (anstelle der Einzelblüten nochmals kleine Dolden). Auch das Köpfchen (zahlr. ungestielte Blüten am Ende der verdickten, oft sogar scheibenförm. Hauptachse) wird hier eingeordnet.
2. **Zymöse Verzweigung** liegt vor, wenn die Hauptachse gegenüber den Nebenachsen zurückbleibt oder ihre Entw. ganz einstellt. Die Fortsetzung der Hauptachse bilden dann eine oder mehrere Nebenachsen. Das so entstehende Verzweigungssyst. heißt Sympodium.
   Setzen mehr als zwei Seitensprosse gleicher Ordnung die Verzweigung fort, entsteht ein Pleiochasium, bei zweien, die sich dann gegenüberstehen, ein Dichasium (E). Ein solches Verzweigungssyst. (z. B. bei *Flieder*, *Mistel*) führt zu einem räuml. Gebilde, da – im Schema nicht erkennbar – jeweils zwei aufeinanderfolgende Verzweigungsebenen senkrecht zueinander stehen.
   Eine Hauptachse kann vorgetäuscht werden, wenn stets nur ein Seitenzweig die Verzweigung fortsetzt und dabei die Richtung der Mutterachse beibehält (Monochasium), während das sich schwach entwickelnde Muttersproßende zur Seite gedrängt wird (E). Diese scheinbaren Seitensprosse sind im Gegensatz zu echten nicht blattachselständig, ihnen gegenüber steht das Tragblatt des geförderten Tochtersprosses.
   Wieder zeigen Blütenstände die Gesetze monochasialer Verzweigung besonders klar (B): Fallen alle Verzweigungen in eine Ebene, entstehen Fächel *(Schwertlilie)* und Sichel (manche *Binsen*); stehen die Verzweigungsebenen senkrecht aufeinander, bilden sich Wickel *(Beinwell)* oder Schraubel *(Taglilie)*.

Symmetrieverhältnisse

1. **Laterale Symmetrie.** Ihre versch. Formen zeigen sich bei Querschnitten durch Pflanzenorgane und bei Blüten (C):
   - Radiäre Symm. Durch runde Sproßachsen lassen sich viele Symmetrieebenen legen. Bei beblätterten Sprossen ist ihre Zahl durch die Anzahl der Orthostichen (I, S. 93) begrenzt, bei Blüten durch die Anordnung der Blütenorgane.
   - Bilaterale Symm. liegt vor bei Flachsprossen (I, S. 99) und bei manchen Blüten (C). Es existieren nur zwei aufeinander senkrecht stehende Symmetrieebenen.
   - Dorsiventrale Symm. zeigt nur eine Symmetrieachse (C), da die Abplattung beider Flachseiten versch. ist. Sie kommt vor bei plagiotrop orientierten Sprossen (Wurzelstöcke I, S. 99; Seitensprosse) und bei Blättern. Diese sind im allg. dorsiventral symm., können aber auch ganz asymm. sein *(Schiefblattgewächse)*.
2. **Longitudinale Symmetrie.** In Richtung der Längsachse herrscht ausgeprägte Asymm., die sich in der Polarität zw. Wurzel- und Sproßpol äußert. Auch bei Wiederholung gleichartiger Elemente (Nodien und Internodien) entlang der Sproßachse (metamerer Bau; vgl. I, S. 109) ist jeder dieser Abschnitte polar. Das zeigt sich z. B. darin, daß sproßbürtige Wurzeln fast stets aus den basalen Teilen von Sproßstücken entspringen. Auf Polarität beruht auch die unterschiedl. Wuchsform der Bäume und Sträucher. Im 1. Fall treiben die spitzenwärts gelegenen Knospen stärker (acrotone Förderung), im 2. Fall die basalen (basitone F.). Der Vorgang wiederholt sich jährlich an den neuen Sproßabschnitten (D).

Wurzelsysteme

Hier herrscht eine ähnl. Formenvielfalt wie bei den Sproßsyst. Ist ein selbständiges Wurzelsyst., ausgehend von einer Hauptwurzel, vorhanden, sprechen wir von Allorhizie (*Dikotylen*; F). Bei den *Farngewächsen* dagegen gibt es nur sproßbürtige Wurzeln (Homorhizie). Zwischen diesen Typen vermittelt die sek. Homorhizie der *Monokotylen*, wo die Funktion des zunächst ausgebildeten allorhizen Wurzelsyst. bald auf homorhize sproßbürtige Wurzeln übergeht.

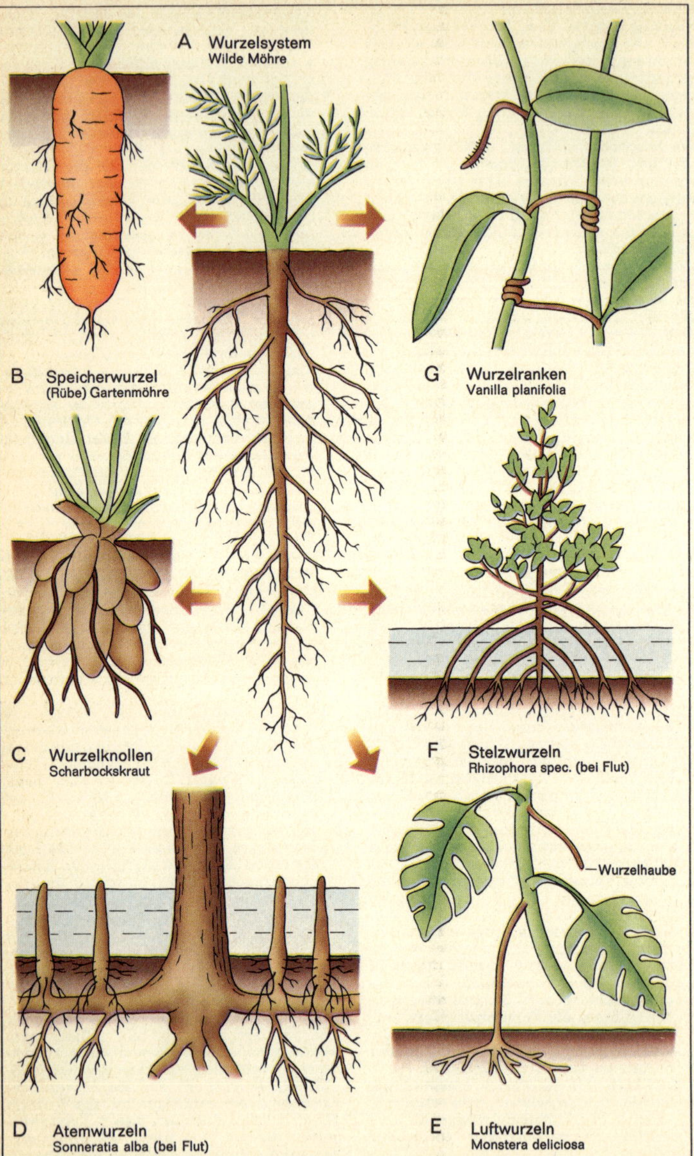

Wurzelmetamorphosen

Der Begriff **Metamorphose** bedeutet in der Zoologie Formwandel eines Organismus im Laufe seiner Individualentw. (I, S. 257 J), in der Botanik dagegen im Laufe der Stammesgeschichte erfolgte Anpassung an best. Aufgaben. Metamorphosen finden sich bei allen drei Grundorganen der *Pflanzen* (Sproßachse, Blatt, Wurzel).
Aus dem gleichen Grundorgan sind sehr unterschiedl. Strukt. entstanden, die als einander **homolog** bezeichnet werden (Sproßknolle, -ranke, -dorn; I, S. 99). Andererseits entstanden aus versch. Grundorganen ähnl. Strukt. mit gleicher Funkt., die einander **analog** sind (Wurzel-, Sproß-, Blattranke). Nachträgl. Umwandlung eines schon ausdiff. Organs ist bei *Pflanzen*, im Gegensatz zu *Tieren*, nicht möglich. Stattdessen können, der offenen Gestalt der Pflanze (I, S. 93) entsprechend, ständig neue Organe gebildet werden, so daß ganze Folgen von Organen in versch. Umwandlungsstufen an einer Pflanze auftreten (I, S. 92 A).

Bei **Wurzeln** ist manchmal schwer zu entscheiden, ob man von einer Metamorphose sprechen soll. Sie können zwar neue Aufgaben übernehmen, behalten daneben aber oft ihre ursprüngl. Funkt. (Verankerung im Boden, Wasser- und Nährstoffaufnahme) bei.

Speicherwurzel: Der Vergleich von *wilder* und *Gartenmöhre* (A, B) zeigt das Anwachsen der Speicherfunkt., die allen Wurzeln zukommt, durch starke Verdikkung, bes. des Rindengewebes (I, S. 80 A). Der Endabschnitt der Wurzel und die Nebenwurzeln zeigen dagegen noch ursprüngl. Form und Funkt. Speicherwurzeln entstehen oft durch Verdickung der Hauptwurzel und werden dann **Rübe** genannt *(Mohr-, Runkel-, Zuckerrübe)*. Außer der Wurzel ist an der Bildung dieser Rüben auch der untere Sproßabschnitt (Hypokotyl) mehr oder weniger stark beteiligt. Oft entstehen Speicherorgane aus sproßbürtigen Wurzeln, die sich unter Verlust ihrer Wurzelgestalt zu **Wurzelknollen** umbilden (C). Entstehen sie aus verzweigten Wurzeln, so sind sie selbst auch verzweigt, z. B. die oft handförmigen Wurzelknollen einheimischer *Orchideen (z.B. Geflecktes Knabenkraut)*. Da diese Organe wegen ihrer Knollenform ihre ursprüngl. Wurzelfunkt. nicht mehr erfüllen können, sind neben ihnen noch andere, normal gebaute und verzweigte Nährwurzeln vorhanden.

Atemwurzeln kommen bei Vertretern der Mangrovevegetation im Gezeitengürtel trop. Küsten vor. In dem vor allem in tieferen Schichten extrem O_2-armen Schlammboden haben diese Bäume ein sehr flaches Wurzelsyst. (D). Von den waagerechten Wurzeln entspringen zahlreiche, bis 1,5 m lange, stark verholzte Seitenwurzeln, die im Gegensatz zu anderen Wurzeln senkrecht nach oben wachsen (negativer Geotropismus; Bd. II) und die Wasseroberfläche erreichen. Auf diese Weise können sie durch Poren O_2 aufnehmen und ihn durch Luftgewebe (Aerenchym; I, S. 63) den unter O_2-Mangel leidenden tiefer liegenden Teilen des Wurzelsyst. zuleiten. Ihre zweite Aufgabe erfüllen die Atemwurzeln dadurch, daß sie die Hauptmasse der feinen Saugwurzeln tragen. Diese breiten sich so unmittelbar unter der Bodenoberfläche aus, während durch die ständige Aufschüttung (Sedimentation) die älteren Teile des Wurzelwerks in größere Tiefe und damit unter ungünstige Lebensbedingungen geraten.

Luftwurzeln treten vorwiegend bei Kletter- und Überpflanzen auf (Epiphyten, wurzelnd auf anderen Pflanzen, manche trop. Arten, z. B. *Tillandsia spec.*, sogar auf Telegrafendrähten). Bei der bekannten Zimmerpflanze *Monstera* (*»Philodendron«*; E) entspringt an jedem Stengelknoten dem Blatt gegenüber eine oder mehrere Luftwurzeln. Die Nicht-Blattachselständigkeit, das Fehlen von Sproßorganen und das Vorhandensein einer Wurzelhaube beweisen den Wurzelcharakter. Diese Wurzeln verzweigen sich in der Luft selten, bilden aber nach Erreichen des Bodens ein ganzes Wurzelsyst. aus. Bei *Ficus bengalensis* (*Banyan*, trop. Feigenart) verdicken sich die Luftwurzeln nach Erreichen des Bodens stammartig, so daß die Äste, aus denen sie entspringen, gestützt werden und ständig weiterwachsen können. Ein altes Exemplar dieses Baumes wirkt wie ein ganzer Wald durch hunderte von stammartigen Luftwurzeln (Kronenumfang in einem Fall 530 m bei nur 26 m Höhe). Bei *Taeniophyllum glandulosum*, einem Epiphyten, sind die frei herabhängenden Luftwurzeln chlorophyllhaltig und bandartig abgeflacht. Sie haben bei der blattlosen Pflanze die Assimilationsfunkt. der Blätter übernommen (analoge Organe).

Stelzwurzeln können auch den Luftwurzeln zugerechnet werden und finden sich vor allem bei Mangrovepflanzen. Besonders baumartige Formen brauchen in dem weichen Schlammboden einen guten Halt, der bei der Gattung *Rhizophora (Myrtengewächse)* dadurch gewährleistet wird, daß von Stamm und Ästen aus die Luftwurzeln bogenförm. zum Boden wachsen und sich dort verzweigen (F).

Wurzelranken entstehen an Sprossen von Kletterpflanzen, sie sind also stets sproßbürtige Wurzeln. Bei *Vanilla planifolia* (trop. *Orchidee*), deren unreife Kapseln die Vanille liefern, entspringen die Ranken meist einzeln den Stengelknoten. Sie reagieren auf Berührungsreize mit Krümmungsbewegungen, umschlingen so irgendwelche Stützen und verschaffen der kletternden Pflanze Halt. Auch der einheim. *Efeu* klettert mit Hilfe sproßbürtiger Wurzeln, die sich mit den Wurzelhaaren an der Unterlage festheften (Haftwurzeln).

Wurzeldornen treten bei einigen *Palmen* und Epiphyten auf. Auch hier handelt es sich immer um sproßbürtige Wurzeln.

Sproßmetamorphosen

Die Metamorphosen des Sprosses erfassen teils nur die Sproßachse, teils Achse und Blätter, also den Gesamtsproß.

Zwiebeln sind unterird. gestauchte und verdickte Sprosse (A). Die Achse bildet so eine Zwiebelscheibe, die fleischige Zwiebelschalen trägt. Man unterscheidet schuppenförm. Niederblätter *(Tulpe, Schachblume, Lilie)* und geschlossene, stengelumfassende Blattscheiden *(Küchenzwiebel)*. Der Zwiebelscheibe sitzt ein Vegetationspunkt auf, der in der Zwiebel den späteren oberird. Trieb vorbildet.
In der Achsel einer Zwiebelschale entsteht eine **Ersatzzwiebel**; sie vergrößert sich in der Vegetationsperiode, während die alte Zwiebel unter Abgabe ihrer Nährstoffe schrumpft. Ebenfalls achselständig können **Brutzwiebeln** entstehen (ungeschlechtl. Fortpflanzung, I, S. 124f.). Geschützt ist die Zwiebel durch mehrere Häute (abgestorbene Schalen).

Wurzelstöcke (Rhizome; B) sind unterirdische, im allg. waagerecht oder schräg wachsende, verdickte Sproßachsen mit kurzen Internodien. Sie sind unverzweigt oder verzweigt, ihr Wachstum ist unbegrenzt. Trotzdem bleibt ihre Länge gleich, da sie in dem Maß absterben, wie am Vegetationspunkt neue Glieder entstehen. Sie tragen bald absterbende, schuppenart. Niederblätter, aus deren Achseln, bes. an der Oberseite, aufrechte Sprosse entspringen; ihre Unterseite trägt sproßbürtige Wurzeln (dorsiventraler Bau).
Die Sprosse erscheinen, entspr. dem jährl. Zuwachs des Rhizoms, jedes Jahr an einer anderen Stelle des Bodens. Außer als Nährstoffspeicher dienen Rhizome oft der vegetativen Vermehrung, da sie nach jeder Verzweigung zwei Pflanzen statt einer bilden können.

Sproßknollen können entstehen durch Verdickung von Teilen der Hauptachse *(Alpenveilchen, Radieschen, Kohlrabi)* oder meist unterirdischer, ausläuferart. Nebenachsen (*Kartoffel*; C). Oft dauern sie nur von einer Vegetationsperiode zur andern und werden dann auf versch. Weise ersetzt. Nach ihrer Wuchsrichtung unterscheidet man orthotrope *(Krokus, Knollenhahnenfuß, Herbstzeitlose)* und plagiotrope Knollen *(Kartoffel, Aronstab)*. Die unterird. Sproßknollen der *Kartoffel* sind im Gegensatz zu oberird., meist Laubblätter tragenden Knollen anderer Pflanzen mit früh absterbenden schuppenförm. Niederblättern besetzt. Ihre Zahl zeigt, daß mehrere Internodien verdickt sind; in ihren Achseln stehen Knospen (Augen), aus denen sich in der folgenden Vegetationsperiode Triebe entw. können. Wie hier dienen allgemein die in Sproßknollen gespeicherten Nährstoffe der Entw. neuer Pflanzen (I, S. 125).

Sukkulente Sprosse (D) treten bes. bei Pflanzen der Trockengebiete auf und haben sich gleichartig (konvergent) in mehreren Verwandtschaftsgruppen entwickelt (*Wolfsmilch-* und *Schwalbenwurzgewächse, Kakteen*; vgl. I, S. 206 D). Der Sproß ist durch Ausbildung von Wassergewebe fleischig verdickt. Der Verzweigungsgrad ist gering, oft sind die Sprosse völlig unverzweigt und fast kugelförm. (manche *Kakteen*). Hierdurch und durch die Reduktion der Blätter wird die relative Oberfläche stark verringert und die Verdunstung herabgesetzt. So hat z. B. ein *Kugelkaktus* nur $^1/_{300}$ der Oberfläche eines *Pfeifenstrauches* (Schlingpflanze) vom gleichen Gewicht; durch den bes. Bau seiner Epidermis ist die Verdunstung sogar nur $^1/_{6000}$. Die in *Kakteen* gespeicherten Wassermengen können erheblich sein. So sind *Kugelkakteen* von über 2 m Höhe und rd. 3 m Umfang bekannt, die bei einem Gewicht von 1000 kg und über 80% Wassergehalt etwa 800 l Wasser enthalten. In Mexiko werden sie in Trockenzeiten als »lebende Zisternen« benutzt.

Ausläufer (Stolonen) haben noch in starkem Maße Sproßcharakter (E), wachsen aber waagerecht, ihre Internodien sind länger und dünner als die des Hauptsprosses. Aus den Seitenknospen entstehen, z. B. bei der *Erdbeere*, aufrechte, sich bewurzelnde Sprosse, die bei späterem Absterben der Ausläufer selbständige Pflanzen bilden (vegetative Vermehrung). Auch unterird. Ausläufer kommen vor (*Kartoffel*; C).

Flachsprosse sind blattartig abgeflachte Sproßachsen (F). Da sie auch im Chlorophyllgehalt an Blätter heranreichen, können sie deren Assimilationsfunkt. übernehmen. Sie sind also Blättern analog (I, S. 81).
Sind diese Flachsprosse normal ausgebildete Triebe (Langtriebe), spricht man von Platycladien; treten sie aber als gestauchte Seitensprosse (Kurztriebe) auf, wodurch ihre Blattähnlichkeit weit größer wird, nennt man sie Phyllocladien. Man erkennt sie als Seitensprosse oft nur noch daran, daß sie in den Achseln stark reduzierter echter Tragblätter stehen. Gelegentl. tragen diese Phyllocladien sogar Blüten.

Sproßranken dienen Kletterpflanzen zur Befestigung an Stützen. Oft ziehen die Ranken durch Spiralisierung die Pflanze an die Stütze heran und befestigen sie elastisch (z. B. *Passionsblume* [*Passiflora*]; G).
Einen anderen Sproßrankentyp finden wir beim *wilden Wein (Parthenocissus)*. Dort sind die verzweigten Ranken am Ende verdickt zu einer Haftscheibe, die ein Verankern an Mauern, Felsen u. ä. erlaubt.

Sproßdornen sind wie beim heimischen *Weißdorn* (H) blattachselständige Kurztriebe, deren Vegetationspunkt sich während des Wachsens erschöpft und gleichlaufend sein Dickenwachstum verringert. Blätter und Seitenknospen des Kurztriebs sind stark reduziert. Sproßdornen kommen häufig bei Pflanzen der Trockengebiete vor (Schutz gegen Tierfraß). Sie sind reich an Festigungsgewebe, oft verholzt, und daher sehr starr.

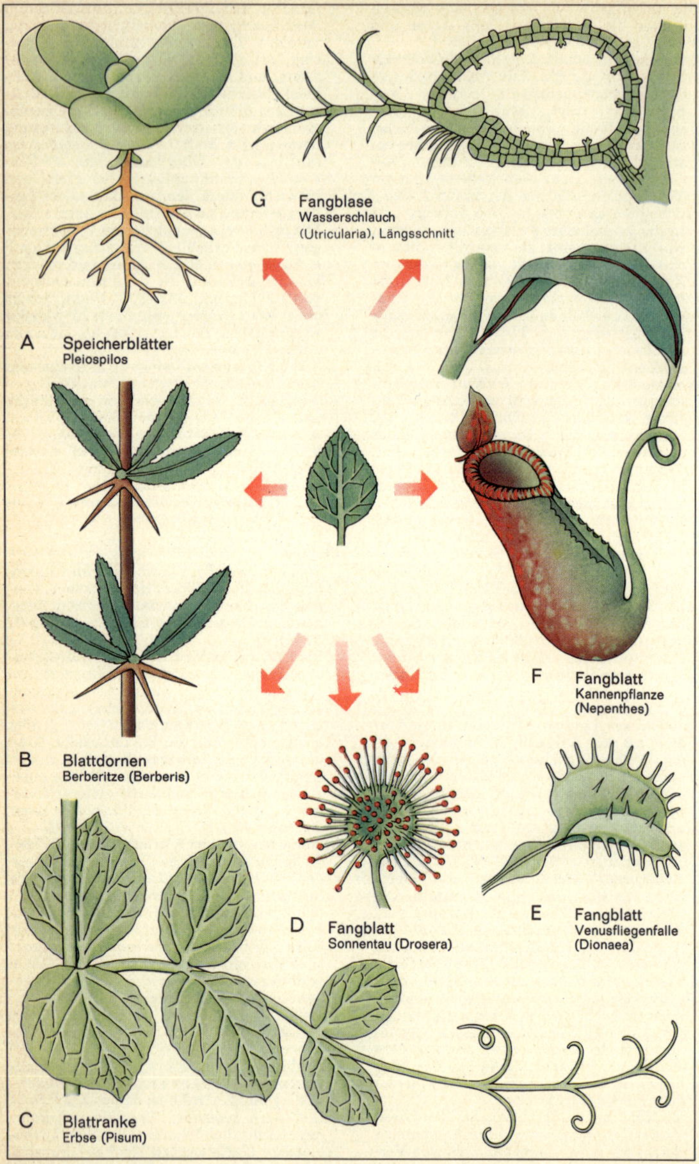

Blattmetamorphosen

Durch Metamorphosen des Blattes wird nicht nur die äußere Form, sondern auch der innere Bau (I, S. 81) versch. Funkt. angepaßt. Bei heranwachsenden *höh. Pflanzen* entstehen in räuml. und zeitl. Folge Blätter versch. Ausprägung (Blattfolge; I, S. 92 A).

Keimblätter sind schon im Samen angelegt und haben oft Speicherfunkt. Ihr Nährstoffgehalt macht sie für die menschl. Ernährung geeignet (Stärke: *Getreide*, *Hülsenfrüchte*; Fett: *Raps*, *Haselnuß*, *Bucheckers*; Eiweiß: *Hülsenfrüchte*). Sie können ergrünen und für die Jungpflanze Assimilationsaufgaben erfüllen, sterben aber früh ab und sind im Vergleich zu später gebildeten Blättern einfach gestaltet.

Niederblätter sind schuppenförmig, mit Hüllfunktion; oft an unterirdischen Sproßteilen (z. B. Wurzelstöcken).

Laubblätter. Typische, assimilierende und ausdauernde Blätter. In den unteren Regionen der Pflanze oft noch einfache Formen (Primärblätter), später dann die typ. geformten Folgeblätter.

Hochblätter. In der Blütenregion, wieder stark vereinfacht (I, S. 103).

Blütenblätter. Versch. Typen (I, S. 103), im Dienst der Fortpflanzung stark umgestaltet. Oft auftretende Vergrünung deutet auf ihre Herkunft von Laubblättern.

Neben diesen regelmäßig auftretenden Blattypen finden sich seltenere Sonderanpassungen, in denen die Grundform des Blattes oft extrem abgeändert ist.

Fleischige (sukkulente) Blätter (A) stehen oft noch der normalen Blattform nahe, haben aber ein stark ausgeprägtes wasserspeicherndes Gewebe aus großen, dünnwandigen Zellen. Daneben assimilieren sie noch (z. B. *Tradescantia*, *Fetthenne*).

Blattdornen (B). Ihre Spreite ist völlig reduziert, das Stützgewebe (Sklerenchym) ist stark ausgeprägt, Verholzung tritt in der Regel ein. Sie haben Schutzfunktion. – Auch die Nebenblätter können zu Dornen umgewandelt sein (z. B. die paarigen Nebenblattdornen der *Robinie*), während die eigentl. Blätter erhalten sind.

Blattranken (C). Die Abb. zeigt ein z. T. umgewandeltes Fiederblatt, bei dem die Assimilationsfunkt. hauptsächl. von den großen Nebenblättern erfüllt wird. Entspr. Metamorphosen gibt es aber auch bei ungefiederten Blättern *(Kürbis)*. Als Vorstufen sind die Blätter der *Kapuzinerkresse* zu werten, bei denen die Spreite voll ausgebildet ist, der Blattstiel aber rankt.

Blätter im Dienst der Wasserversorgung finden sich bes. bei Pflanzen, deren Wurzeln ohne Bodenkontakt sind (Epiphyten). Bei *Dischidia rafflesiana* fangen einzelne kannenförm. Blätter Regenwasser auf. Dieses wird von sproßbürt. Wurzeln aufgenommen, die in die Kanne wachsen. Auch die aus mehreren Blättern gebildeten Zisternen mancher *Ananasgewächse* mit ihren Saugschuppen (I, S. 203) sind hier zu erwähnen.

Fangblätter zeigen die kompliziertesten Metamorphosen und lassen bes. deutl. Anpassungen an best. Aufgaben erkennen:

1. **Sonnentau** (Klebfallenprinzip; D). Die Blattfläche ist besetzt mit Drüsenhaaren. Diese sondern klebrigen Schleim ab, der *Insekten* anlockt und sie festhält. Durch Krümmungsbewegungen (Tropismen; Bd. II) von Blattfläche und Haaren wird die Beute umschlossen.
2. **Venusfliegenfalle** (Klappfallenprinzip; E). Die Blattfläche ist am Rande gezähnt, die Blatthälften sind durch ein in der Mittelachse liegendes Gelenk verbunden, das durch Zelldruck(Turgor-)schwankungen wirkt. Bei Berührung einer der 6 Borsten auf der Blattspreite klappen die Hälften schnell zusammen. Wird keine Beute eingeschlossen, öffnet sich das Blatt langsam wieder. Die Bewegungen können sich mehrfach wiederholen.
3. **Kannenpflanze** (Gleitfallenprinzip; F). Der Blattgrund ist spreitenartig verbreitert und hat die ursprüngl. Blattfunkt. (Assimilation) übernommen. Die Blattfläche selbst ist umgestaltet zu einer von einem schrägstehenden Deckel überdachten Kanne, die zur Hälfte mit einer Verdauungsflüssigkeit gefüllt ist. Auffällige Farben von Deckel und Kannenrand lokken *Insekten* an, eine Zone von bes. Glätte läßt sie in die Kanne abgleiten.
4. **Wasserschlauch** (G). Einzelne Zipfel der zerschlitzten Blätter sind zu Fangblasen umgestaltet, die durch einen bewegl. Dekkel verschlossen sind. Kleine Tiere, die an best. Borsten in der Nähe der Blasenöffnung stoßen, lassen den Deckel nach innen klappen. Die unter Spannung stehende Blasenwand wölbt sich nach außen, und mit dem einströmenden Wasser wird die Beute in die Fangblase gesogen.

Der **Verdauungsvorgang** verläuft bei allen Fangblättern im wesentlichen gleich. Drüsenzellen der Blattfläche scheiden eiweißabbauende Wirkstoffe (Enzyme) ab, die die verdaulichen Teile der Beute auflösen. Die gelösten Nährstoffe werden von der Blattfläche aufgenommen (»Fleischfressende Pflanzen«). – Versuche haben gezeigt, daß die Fangvorrichtungen nicht nur auf lebende Beute, sondern auf Eiweißstoffe überhaupt (z. B. Fleisch- oder Käsestückchen) in der beschriebenen Weise reagieren.

»Fleischfressende Pflanzen« wachsen oft an nährstoffarmen Standorten. Viele sind z.B. Hochmoorpflanzen und als solche auf die Versorgung mit Niederschlagswasser angewiesen. Sie leiden daher unter starkem Stickstoffmangel, haben sich aber durch ihre im Pflanzenreich einzigartige Ernährungsweise im tier. Eiweiß eine zusätzl. Stickstoffquelle erschlossen. Parallel läuft aber in allen diesen Fällen die für grüne Pflanzen typ. autotrophe Ernährung.

Das Hochblatt des Aronstabs dient nicht der Ernährung. Sein unterer Teil umhüllt den Blütenstand; die vorübergehend hier gefangenen *Insekten* bestäuben später andere Blütenstände des *Aronstabs* (Fremdbestäubung).

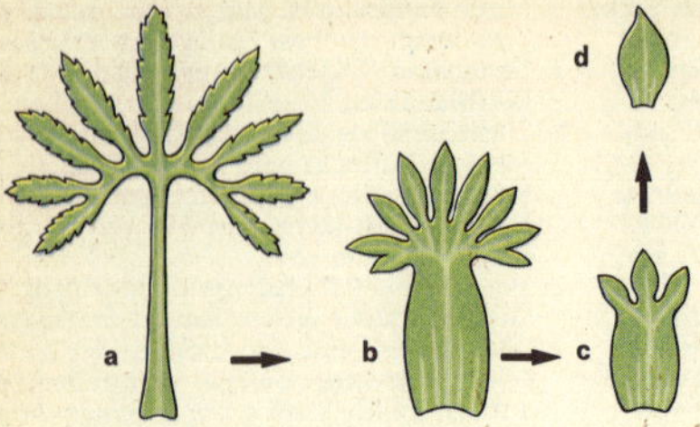

A **Übergangsformen** (b, c) **von Laubblatt** (a) **zu Hochblatt** (d) Nieswurz

B **Hochblatt und Blütenstand** Anthurium

C **Blüten mit Saftmalen** Vergißmeinnicht

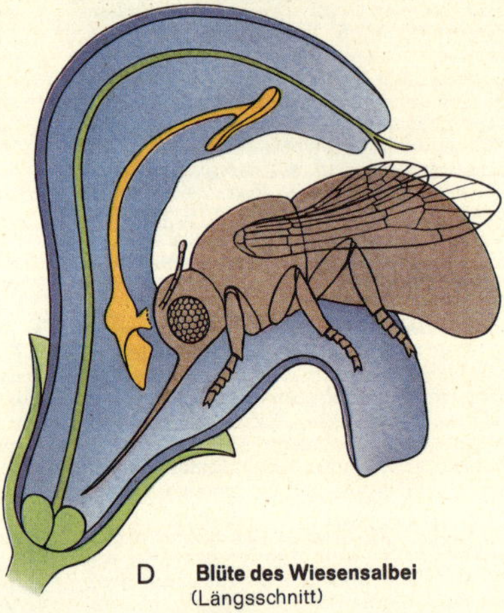

D **Blüte des Wiesensalbei** (Längsschnitt)

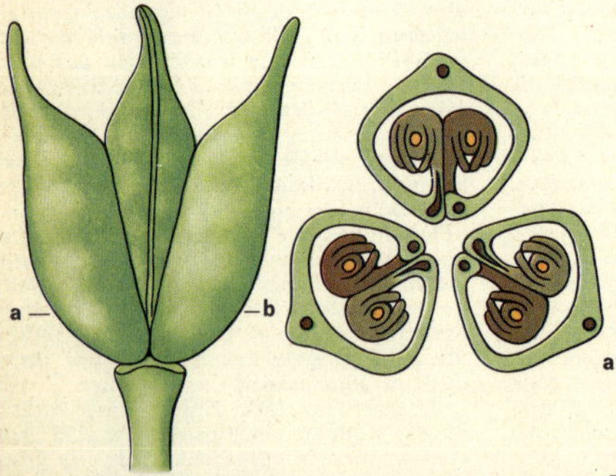

E **Reifende Fruchtblätter** des Rittersporns daneben Querschnitt a—b

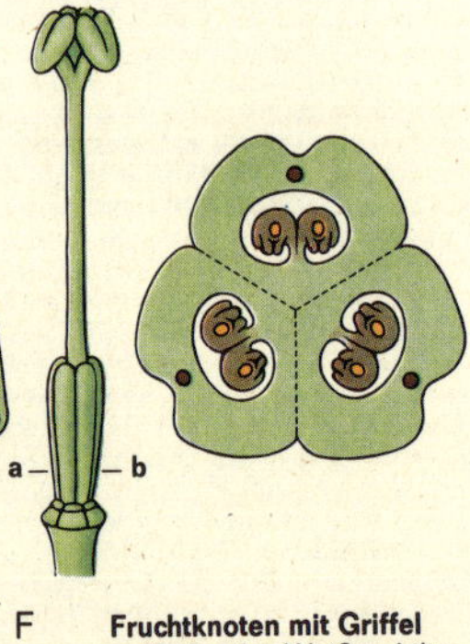

F **Fruchtknoten mit Griffel u. Narbe** der Weißen Lilie daneben Querschnitt a—b

Blattmetamorphosen im Blütenbereich

Bes. häufig sind Blattmetamorphosen, die Anpassungen an die Aufgaben der Fortpflanzung darstellen. Sind diese Blattorgane an Sprossen begrenzten Wachstums mit stark gestauchten Internodien angeordnet, heißen sie Blüten (I, S. 92 A). – In einfacher Form kommen solche Blüten schon bei den *Farnpflanzen (Bärlapp-* und *Schachtelhalmgewächse)* vor. Sie bestehen beim *Schachtelhalm* (I, S. 234 G) aus vielen Blattorganen (Sporophyllen), schirmartig geformt und auf ihrer Unterseite mehrere Sporensäcke (Sporangien) tragend. – Unter den *Samenpflanzen* haben die *Nacktsamer* (I, S. 237) ebenfalls einfache, unscheinbare Blüten mit schuppenförm. Blattorganen. Vielfältig sind die Metamorphosen bei den oft auffälligen Blüten der *Bedecktsamer* (I, S. 237ff.).

Die einzelnen Blütenteile sind meist wirtelig angeordnet, bei ursprüngl. Formen auch spiralig (I, S. 236 J). Zw. den Blattorganen der Blüte und den eigentl. Laubblättern vermitteln die

Hochblätter. Sie sind nach Größe und Form als reduzierte Laubblätter aufzufassen. Manchmal läßt sich der Reduktionsprozeß an Blattfolgen einer einzigen Pflanze verfolgen (A). Hochblätter können, soweit sie grün sind, assimilieren. Die ursprüngl. Blattfunkt. tritt aber zurück gegenüber der oft im Vordergrund stehenden Hüllfunktion. Solche Hochblätter umschließen zunächst die Blütenknospe, können aber trotzdem von der entfalteten Blüte nach Streckung des obersten Stengelabschnitts entfernt stehen.

Manchmal dienen Hochblätter auch der Anlockung von *Insekten*, eine Aufgabe, die meist von Kelch- und Kronblättern erfüllt wird. Dann sind die Hochblätter chlorophyllarm oder chlorophyllfrei (Verlust der Assimilationsfunkt.), weiß oder lebhaft gefärbt und oft stark vergrößert, wie z. B. bei der bekannten Zimmerpflanze *Anthurium* mit ihrem kolbenförmigen Blütenstand und dem meist leuchtend roten Hochblatt (B). Kelch- und Kronblätter sind hier oft völlig reduziert. Sind Hochblätter direkt in die Blüte einbezogen und zu einer einheitl. Hülle zusammengefaßt, nennt man sie

Kelchblätter. Diese sind meist unscheinbar und haben Hüllfunkt. Sie bilden zus. mit den Kronblättern eine doppelte (heterochlamydeische) Blütenhülle (Perianth). Entfällt die Zweiteilung in Kelch- und Kronblätter, liegt eine einfache (homöochlamydeische) Blütenhülle vor (Perigon, z. B. bei der *Tulpe*). Verwachsungen der Kelchblätter untereinander zur Röhrenform sind häufig.

Kronblätter sind die auffälligsten Blütenorgane der insektenblütigen Pflanzen; die der windblütigen sind oft stark reduziert. Durch Größe und intensive Färbung lokken sie *Insekten* auf große Entfernungen an. Bes. bei zweiseitig symm. Blüten wird den anfliegenden *Insekten* durch die Form der Kronblätter oft ein bes. Landeplatz angewiesen, der für die Bestäubung günstig ist (D). Die Feinorientierung wird neben Duftmerkmalen oft durch Farbflecke (Saftmale; C) erleichtert, die den *Insekten* den Zugang zum Nektar zeigen.

Verwachsungen der Kronblätter untereinander, die der Blüte eine spezif. Gestalt geben, sind häufig. Oft können diese Blüten nur von einer best. Tierart bestäubt werden, so daß man von Fliegen-, Bienen-, Hummel-, Tagfalter- oder Schwärmerblumen spricht. Neben *Insekten* bestäuben – bes. in trop. und subtrop. Gebieten – *Vögel*, *Fledermäuse* und sogar kleine kletternde *Beuteltiere* solche Blüten. Bei einigen *Orchideen* werden zur besseren Anlockung die bestäubenden Tierarten bis in Einzelheiten der Färbung durch die Kronblätter nachgebildet (z. B. *Hummelorchis*, *Bienenorchis*).

Staubblätter weichen stark von der Blattform ab (I, S. 92 A); Übergangsformen bei manchen Blüten zeigen aber, daß auch sie Blättern homolog sind (z. B. *Seerose*, *Rosen*, gefüllte Blüten). Auch sie sind in ihrem Bau oft spez. auf die bestäubenden *Insekten* abgestimmt. Bei den 2 Staubblättern des *Wiesensalbei* (D) sind nur je 2 Staubbeutel an einem langen Faden ausgebildet. Statt der beiden anderen Beutel jedes Staubblattes findet sich eine durch Verwachsung gebildete gemeinsame Platte, die den Weg zum Nektar am Grund der Kronblattröhre sperrt. Dieser Apparat ist gelenkig mit den 2 kurzen Staubgefäßstielen verbunden. Drückt eine *Hummel* mit dem Kopf gegen die Platte, so werden durch die Hebelwirkung die Staubbeutel an den Rücken des Insekts gedrückt. Diese Stelle wird beim Besuch älterer Blüten von der weiter herabgebogenen Narbe berührt (Fremdbestäubung).

Fruchtblätter (Carpelle) tragen bei den *Nacktsamern* die Samenanlagen frei auf ihrer Oberfläche (I, S. 236 F). Auch bei den *Bedecktsamern* zeigt sich ihr Blattcharakter an der flächigen Form und am Chlorophyllgehalt, sie sind aber zu einem die Samenanlagen bergenden Gehäuse (Fruchtknoten) umgeformt. – Bei der *Bohne* ist nur 1 Fruchtblatt vorhanden, dessen verwachsene Ränder der Mittelrippe gegenüber liegen und die Samenanlagen tragen. Beim *Rittersporn* treten 3 solcher Fruchtblätter auf (E). Verwachsen die Carpelle, entsteht ein zusammengesetzter Fruchtknoten (F). – Die oberen Abschnitte der Fruchtblätter bilden oft einen langen Griffel, der an seinem Ende die meist klebrige Narbe trägt (zur Aufnahme des Blütenstaubs). – Weitere Umbildungen zeigen die Fruchtblätter bei der Fruchtreife, im allg. in Anpassung an die Samenverbreitung. Durch Nährstoffeinlagerung fleischig gewordene Blätter *(Tomate)* locken Tiere an; mit Widerhaken und Stachel versehene Blätter *(Klette)* werden von Tieren transportiert; spez. Mechanismen dienen zum Fortschleudern der Samen *(Springkraut)*.

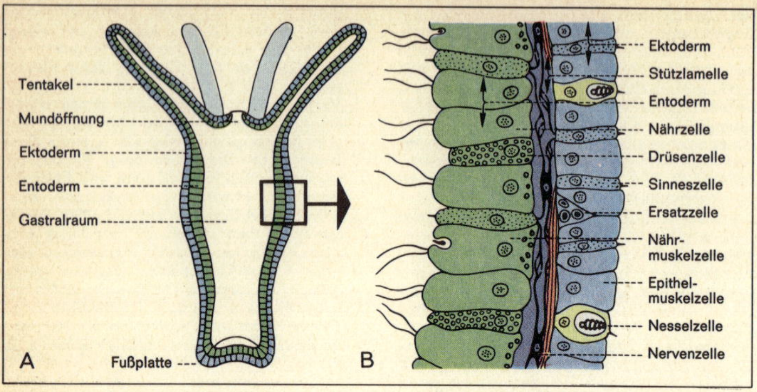

Süßwasserpolyp Hydra: Längsschnitt (A), Längsschnitt durch die Körperwand (B)

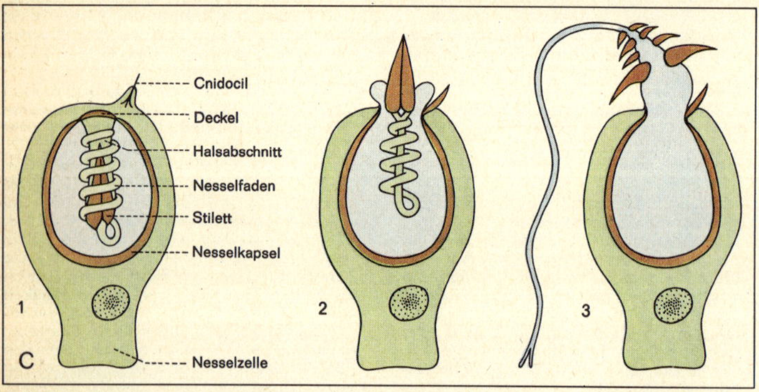

Entladung einer Nesselkapsel: Ruhezustand (1), Halsabschnitt und Stilette vorgestülpt (2), Faden ausgestülpt (3)

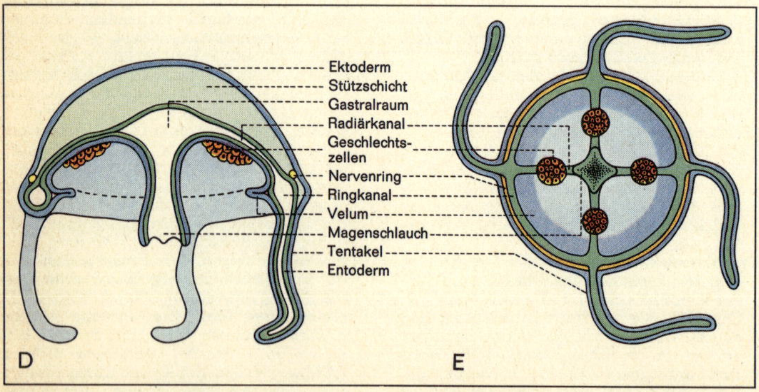

Qualle: Längsschnitt (D, rechts: radial, links: interradial) und Ansicht von unten (E)

Die Baupläne der *Pflanzen* (I, S. 92–103) zeigen bei aller Vielfalt der äußeren Form häufige Wiederkehr gleicher Bauelemente und -prinzipien. Der offenen Gestalt der *Pflanze* (I, S. 93) entspricht es, daß diese Bauelemente in sehr großer Zahl zusammengesetzt sein können. – Bei der geschlossenen Gestalt der *Tiere* entspricht der äußeren Diff. die innere in viel stärkerem Maße. Dadurch gewinnen die einzelnen Baupläne eine größere Geschlossenheit, es lassen sich mehr Typen gegeneinander abgrenzen.
Die Behandlung der *Einzeller* und Zellkolonien (I, S. 40–53) zeigt, daß auch bei ihnen bestimmte Organisationspläne vorkommen. Noch deutlicher wird das bei den *Schwämmen* (I, S. 55). Wie viele festsitzende Tiere sind sie radiär symm., eine Eigenschaft, die auch die *Hohltiere* kennzeichnet.

Bauplan der Hohltiere (Coelenterata)
Der morpholog. Typ des Polypen (A) zeigt die übersichtlichsten Verhältnisse. Der schlauchartige Körper sitzt mit einer Fußplatte der Unterlage auf. Der Gastralraum hat oben eine Mundöffnung, die neben der Nahrungsaufnahme auch der Ausscheidung unverdaulicher Reste dient. Ein Kranz von Fangarmen (Tentakeln) umgibt sie, in die der Gastralraum hineinreicht oder die von einem Gewebestrang ausgefüllt sind. Die Körperwand ist zweischichtig, Ekto- und Entoderm bilden einen festen, epithelartigen Gewebeverband. Sie liegen einer elast. Stützlamelle auf.
Die Differenzierung der Zellen ist gegenüber den *Schwämmen* weit fortgeschritten (B).
Das **Ektoderm** enthält neben unspezialisierten Epithelzellen andere, an Sonderfunkt. angepaßte Zelltypen: Sinneszellen, Epithelmuskelzellen (ihre oberen Teile gleichen gewöhnl. Epithelzellen, ihre stark verbreiterte Basis enthält kontraktile Muskelfasern) und Nervenzellen (durch ihre Fortsätze miteinander und mit anderen Zellen verbunden).
Die Nesselzellen kommen nur bei *Hohltieren* vor und gehören zu den höchstspezialisierten Zellen überhaupt.
Die Nesselzelle (C) enthält eine chitinige Kapsel, in die vom oberen Pol ein Schlauch handschuhfingerartig eingestülpt ist. Dieser trägt an der Innenseite des erweiterten Halsabschnitts Borsten und Stacheln, die im Ruhezustand stilettartig zusammengelegt sind **(Stilettkapseln).** Die Kapsel ist mit Kapselsekret, der Schlauch mit Schlauchsekret gefüllt. Beide Flüssigkeiten stehen durch die elast. Kapselwand unter Druck.
Die Nesselzelle trägt am Oberende einen Fortsatz (Cnidocil), dessen Berührung den Kapselmechanismus auslöst. Der Kapseldeckel springt auf, durch den Innendruck wird zunächst der Halsabschnitt des Fadens explosionsartig ausgestülpt, wobei die Stilette die Körperoberfläche des Beutetieres durchschlagen, sich spreizen und die Beute harpunenartig festhalten. In die Wunde wird dann der Schlauch mit großer Kraft hineingestülpt, wobei durch Poren in seiner Wand Kapselsekret austritt. Dieses ist giftig und kann den Chitinpanzer kleinerer Beutetiere schnell auflösen. Bei manchen *Coelenteraten* ist die Giftwirkung dieser Nesselkapseln selbst für den *Menschen* spürbar *(Nesselquallen)*. Bei anderen Kapseln haben die Fäden nur Klebewirkung **(Klebekapseln)** oder sie winden sich eng um Beine oder Borsten kleiner Beutetiere **(Wickelkapseln).**
Neue Nesselzellen bilden sich aus Ersatzzellen, die irgendwo am Körper entstehen, unter dem Epithel zu den Verbrauchsorten auf den Tentakeln wandern und sich dort differenzieren.
Das Entoderm enthält ebenfalls solche Ersatzzellen, die verbrauchte Zellen ersetzen, außerdem begeißelte, phagocytierende Nährzellen, die teilweise in ihrer verbreiterten Basis Muskelfasern haben (Nährmuskelzellen) und dann den ektodermalen Epithelmuskelzellen vergleichbar sind. Daneben finden sich Drüsenzellen, die Verdauungssekrete in den Gastralraum abscheiden.
In Ekto- und Entoderm sind also Zellen versch. Funkt. zu einem Gewebe vereinigt. Eine Verteilung der Aufgaben auf versch. Gewebe findet sich erst bei anderen Tierstämmen. Gleichartige Zellen sind aber schon zu Organsyst. zusammengeschlossen: die Nervenzellen bilden ein **Nervennetz** (I, S. 82 C); die Muskelfasern verlaufen im Ektoderm senkrecht **(Längsmuskeln)** und im Entoderm waagerecht **(Ringmuskeln),** so daß ein Zusammenwirken beider Schichten koordinierte Bewegungen ermöglicht.
Die Geschlechtszellen bilden sich verstreut in Ekto- oder Entoderm, Geschlechtsorgane fehlen. Daneben kommt ungeschlechtliche Fortpflanzung vor (I, S. 127). Die Knospen lösen sich ab oder bilden unter Verbleiben am Mutterpolypen Stöcke, die oft durch Arbeitsteilung zw. den Einzelpolypen gekennzeichnet sind (Polymorphismus; I, S. 219).
Der Bauplan der Quallen (Medusen) entspricht dem eines mit der Mundöffnung nach unten gekehrten Polypen, ist aber stärker diff. (D, E). Der Körper gleicht einer Glocke und erhält seine Form durch eine Stützgallerte mit Mesenchymzellen. Im Innern der Glocke hängt ein Magenschlauch. Der Glockenrand trägt Tentakel, Licht- und/oder Schweresinnesorgane und nach innen das Segel (Velum).
Der Gastralraum ist erweitert zu einem von Entoderm ausgekleidetem Gastrovaskularsyst. (Radiärkanäle, Ringkanal, dazwischen eine Entodermlamelle). Ektodermale Epithelmuskelzellen sind an Velum, Glockenunterseite und Magenschlauch konzentriert (Ringmuskeln zum Rückstoßschwimmen), ebenso die Nervenzellen (zu einem Nervenring im Glockenrand). Die Geschlechtszellen entstehen nicht verstreut, sondern an bestimmten Stellen (Ektoderm des Magenschlauches oder der Glockenunterseite oder Entoderm des Gastralraumes).

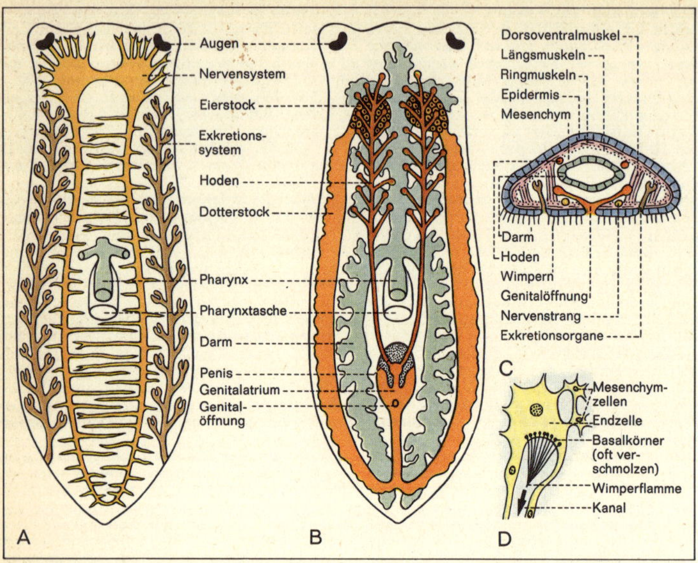

Strudelwurm: Bauplan (A, B); Querschnitt (C); Endabschnitt eines Protonephridiums (D)

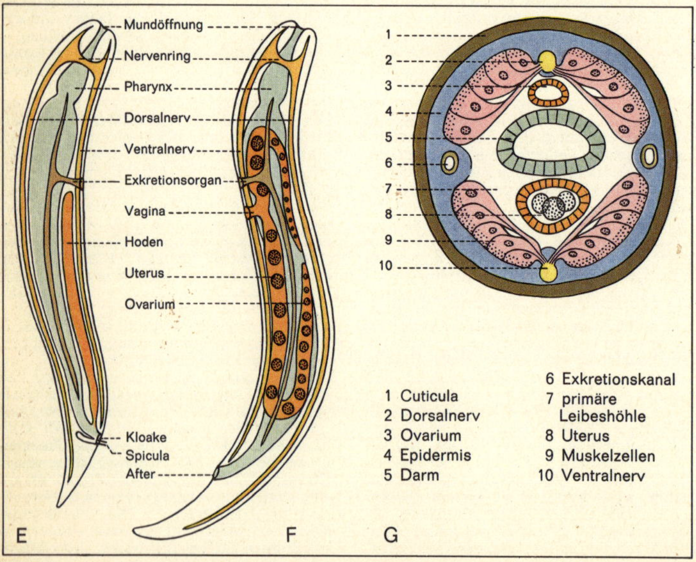

Spulwurm: Bauplan ♂ (E), Bauplan ♀ (F); Querschnitt ♀ (G)

Im Gegensatz zur radiären Symm. der bisher behandelten *Vielzeller* steht die **zweiseitige (bilaterale) Symmetrie** der folgenden Formen (I, S. 106–121). Durch sie ist die Ausprägung eines Vorderendes (Bewegungspol) gegeben, an dem Sinnesorgane konzentriert sind (Sinnespol) und sich im allg. auch die Mundöffnung befindet (Freßpol). Es bildet sich so eine Kopfregion – ein Bauprinzip, das sich auch auf innere Organe auswirkt. Gemeinsam ist den folgenden Formen die Bildung eines 3. Keimblattes (**Mesoderm**; I, S. 167), das an der Entstehung der inneren Organe maßgeblich beteiligt ist.

Plattwürmer (Plathelminthes)
Die Gruppe wurde früher mit anderen (z.B. *Nemathelminthes*) zu den »nied. Würmern« zusammengefaßt. Diese syst. Einheit mußte aber wegen der Bauplanunterschiede aufgegeben werden.
Beispiel: *Strudelwürmer (Turbellarien)*.
Sie zeigen recht ursprüngl. Verhältnisse. Ihr abgeflachter Körper ist an der Unterseite bewimpert. Zw. Ekto- und Entoderm liegt ein aus dem 3. Keimblatt entstehendes **Mesenchym**, in dem die inneren Organe liegen. Seine äußeren Schichten sind Muskeln (Ring-, Längs- und Diagonalmuskeln; außerdem Dorsoventralmuskeln), innen ist es ein dicht vernetztes zelliges Bindegewebe mit Stütz- und Speicherfunkt. (Glykogen, Fette). Die Mesenchymlücken füllt eine Flüssigkeit, die wohl ähnl. Funkt. wie Blut und Lymphe bei *Wirbeltieren* hat. Ein Blutgefäßsystem fehlt.
Das Nervensystem besteht aus einem subepidermalen Nervennetz und einem im Mesenchym liegenden ZNS, einer Zusammenballung von Ganglienzellen in paarigen Marksträngen, die durch ringförm. Kommissuren verbunden sind. Gehirnartige paarige Ganglienmassen am Vorderende kommen vor. Neben prim. Sinneszellen (Bd. II) als Tastorganen gibt es Hautfelder mit chemischem Sinn, dem Gehirn aufgelagerte bläschenförm. Gleichgewichtsorgane (Statocysten) und Augen (Pigmentbecheraugen; bis zu 1000 Stück).
Der stets blind endende **Darm** (vgl. Gastralraum der *Hohltiere*; I, S. 105) schließt an einen oft rüsselförm. vorstreckbaren Schlundkopf (Pharynx) an; die Mundöffnung ist meist bauchständig. Der Darm gabelt sich oft in 3 *(Tricladen)* oder viele Äste *(Polycladen)*, durchzieht den ganzen Körper und gewährleistet so eine direkte Nährstoffverteilung (Gastrovascularsyst.), die durch das Fehlen des Blutgefäßsyst. nötig wird. Bei Parasiten ist der Darm oft völlig rückgebildet, die Nahrungsaufnahme erfolgt osmot. durch die Haut.
Die Exkretionsorgane (Protonephridien) bestehen aus 2 einzeln oder gemeinsam ausmündenden Längskanälen. Ihre zahlr. Seitenkanäle sind durch je eine Endzelle (D) abgeschlossen, die den Mesenchymlücken überschüssige Flüssigkeit entzieht und durch Bewegungen einer Wimperflamme ins Kanalsyst. treibt (Osmoregulation; Exkretionsfunkt. ist noch nicht nachgewiesen).
Die Geschlechtsorgane sind zwittrig, der in Abb. B dargestellte Typ kann stark variieren. Die Hoden können unpaar, paarig oder als zahlr. verteilte Bläschen auftreten. Ähnlich vielgestaltig sind Form der weibl. Geschlechtsorgane und Lage der Ausführgänge. Die Eierstöcke (Ovarien) können in Keim- und Dotterstöcke unterteilt sein; letztere erzeugen nur Nährzellen, die mit einer Eizelle in eine gemeinsame Hülle eingeschlossen werden (ektolecithale Eier).

Schlauchwürmer (Nemathelminthes; Beispiel: *Spulwurm* [*Ascaris*]).
Der drehrund-fadenförm. Körper ist bedeckt von einer durch die Epidermis ausgeschiedenen Cuticula. Die nichtzellige Epidermis (Syncytium, I, S. 53) besteht oft nur aus 8 Längsreihen von Energiden.
Die Hautmuskulatur ist nur eine Längsmuskelschicht. Die Muskelzellen haben außer einer der Epidermis zugewandten Fibrillenzone Plasmafortsätze (bis 10 mm lang), die direkt zu den Längsnerven ziehen.
Das Nervensystem ist sehr einfach, besonders die Zahl der peripheren Fasern ist wegen der direkten Verbindung von Muskeln und Nerven gering. Mehrere Ganglien, durch Kommissuren verbunden, bilden einen Schlundring, von dem dorsal und ventral je ein Längsstamm nach hinten zieht, der in einer Epidermisleiste liegt. Daneben kommen noch mehrere Paare von Längsnerven vor, untereinander durch halbkreisförm., unsymm. liegende Kommissuren verbunden.
Den Exkretionsorganen fehlen die Wimperapparate der *Plathelminthen*. Es finden sich nur zwei seitl. liegende, auch in Epidermisleisten verlaufende Längskanäle, die aus nur einer sehr großen H-förm. Zelle mit intrazellulärem röhrenförm. Hohlraum bestehen. Vom verbindenden Schenkel, in dem auch der Zellkern liegt, zieht ein Ausführgang ventral zum Vorderkörper.
Die Geschlechtsorgane sind schlauchförmig und liegen frei in der flüssigkeitserfüllten prim. Leibeshöhle (I, S. 109), die direkt an den Darm grenzt; die Tiere sind getrenntgeschlechtlich. Der meist unpaare Hoden mündet zusammen mit dem Darm in eine Kloake; diese enthält in einer Tasche ein Paar vorstreckbare cuticulare Stifte (Spicula), die bei der Begattung (Kopula) eine Rolle spielen. – Die paarigen Ovarien liegen als gewundene Schläuche in der Körperachse hintereinander und münden gemeinsam etwa in der Körpermitte.
Der Darm durchzieht als gerades Rohr den Körper und hat, anders als bei den *Plathelminthes*, einen Ausgang. Sein Vorderabschnitt ist ein drüsen- und muskelreicher Pharynx. Oft dient ein bes. muskulöser, gegen den Mitteldarm durch einen dreiteiligen Klappenapparat verschließbarer Pharynxabschnitt als Saugorgan (Bulbus).
Die Zahl der Körperzellen bei den *Nemathelminthes* ist oft bei allen Individuen einer Art gleich (Zellkonstanz).

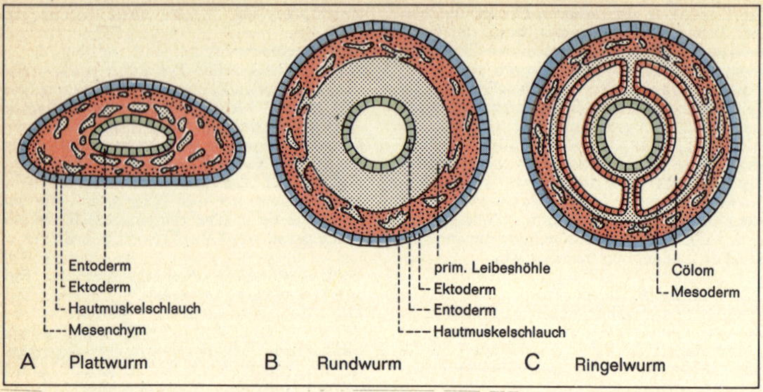

Primäre und sekundäre Leibeshöhle bei Würmern (Querschnitte)

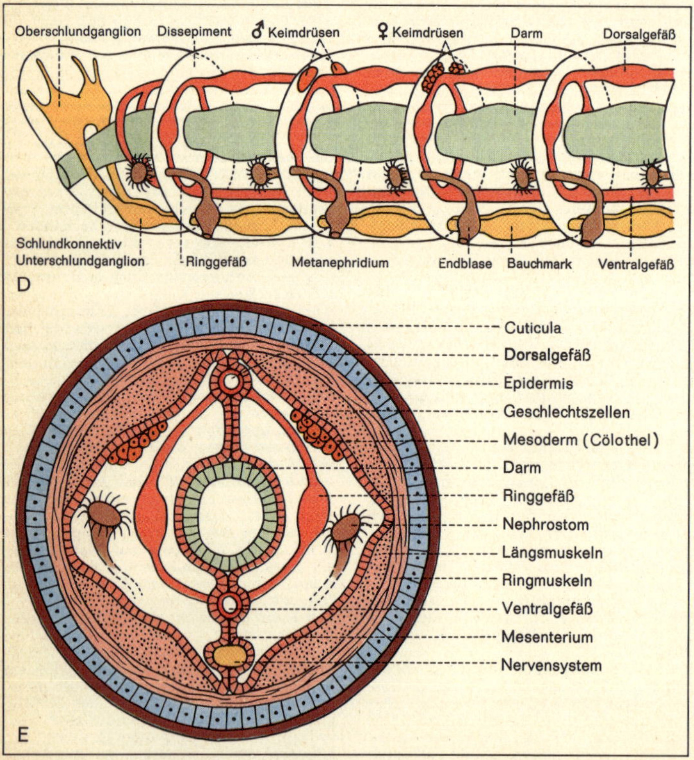

Ringelwurm: Bauplan, ohne Hautmuskelschlauch (D); Querschnitt (E)

Eine im Bauplan sehr geschlossene Gruppe bilden die **Ringelwürmer** (**Annelida**; Beispiel: *Regenwurm* [*Lumbricus*]).
Der drehrunde, langgestreckte Körper ist geringelt. Dieser äußeren Gliederung entspricht eine innere: nur der Kopfabschnitt unterscheidet sich von den übrigen Körperabschnitten (Segmenten, Metameren), die einander in den Grundzügen gleichen (homonome Segmentierung). Diese **Metamerie** bedingt eine regelmäßige Wiederholung zahlr. äußerer und innerer Organe (D). Die an Schleimdrüsen reiche Epidermis ist, ähnl. wie bei den *Rundwürmern*, mit einer Cuticula aus Proteinen und Polysacchariden bedeckt.
In der Regel sind Chitinborsten in Borstentaschen aus eingesenktem Ektoderm vorhanden. Sie dienen, oft in Verbindung mit seitl. Körperanhängen (Parapodien, bes. bei *Polychäten*; I, S. 110 C) zur Fortbewegung. – Zusammen mit der Epidermis bilden ungegliederte (nicht segmentale) Schichten von glatter Ring-, Längs- und Diagonalmuskulatur einen **Hautmuskelschlauch.** Er dient ebenfalls zur Fortbewegung und garantiert zusammen mit der Körperflüssigkeit, auf die er ständig Druck ausübt, die Stabilität des Körpers (hydrostatisches Skelett).
Der Darm läuft meist als gerades Rohr durch den Körper. Die Mundöffnung liegt ventral am Kopfabschnitt, der After am hinteren Körperende.
Den Raum zw. Hautmuskelschlauch und Darm nimmt eine **sek. Leibeshöhle (Cölom;** C) ein. Sie ist, im Gegensatz zur prim. Leibeshöhle der *Rundwürmer* (B), die durch Verschmelzung der Mesenchymlücken der *Plattwürmer* (A) entsteht, von einer eigenen Wandschicht (mittl. Keimblatt, Mesoderm; I, S. 169) begrenzt. Jedes Segment enthält einen paarigen Abschnitt der sek. Leibeshöhle (zwei Cölomsäckchen; D, E). Ihre aneinanderliegenden Vorder- und Hinterwände bilden muskulöse Scheidewände (Dissepimente), die die einzelnen Segmente trennen. Auch ihre medianen Längswände vereinigen sich über und unter dem Darm zu zweischichtigen Mesenterien, an denen der Darm hängt. Die Cölomwand (Cölothel) überzieht außerdem alle die Leibeshöhle querenden Organe. Die dem Hautmuskelschlauch anliegende Cölomwand (parietales oder somat. Blatt) bildet die Muskeln des Hautmuskelschlauchs, die dem Darm anliegende (viscerales oder splanchnisches Blatt, Peritoneum) bildet die Darmmuskulatur.
Ein **Blutgefäßsystem** tritt hier zum erstenmal auf. Es ist völlig geschlossen und besteht aus folgenden Teilen:
- Ein dorsales und ein ventrales Blutgefäß werden gebildet durch ausgesparte Hohlräume in den Mesenterien.
- Diese sind verbunden durch ringförm. verlaufende Gefäße, die als Hohlräume in den Dissepimenten der Segmente entstehen. Die Wand aller dieser großen Gefäße besteht aus dem Cölothel, das sich zu Muskelfasern umwandeln kann, einer dicken, nichtzelligen, innen angrenzenden Membran und dem zuinnerst liegenden zelligen Endothel, dessen Herkunft noch unklar ist. Teile des Rückengefäßes und der ringförm. Adern sind kontraktil und haben Herzfunkt. Sie treiben das Blut im Rückengefäß zum Kopf hin.
- Lücken zw. visceralem Blatt des Cöloms und Darmwand bilden den sog. Blutsinus des Mitteldarms.

Neben diesen zentralen Abschnitten des Blutgefäßsyst. kann es zu kapillarer Verzweigung überall da kommen, wo Cölothelien aneinander oder an anderen Organen (z. B. Muskeln) liegen, indem Lücken entsprechender Größe ausgespart bleiben.
Alle Blutgefäße sind Reste der prim. Leibeshöhle; sie haben keine Verbindung zum Cölom. Dementsprechend ist auch das Blut Teil der Gewebsflüssigkeit der prim. Leibeshöhle. Es enthält im Serum oder in Blutzellen respiratorische Stoffe (Chlorokruorin oder Hämoglobin; I, S. 61).
Die Exkretionsorgane (Metanephridien) liegen zu je einem Paar in jedem Segment. Die zw. den zwei Zellschichten der Dissepimente entstehenden Organe öffnen sich mit einem Flimmertrichter (Nephrostom) ins Cölom des vorhergehenden Segments und münden nach gewundenem Verlauf im folgenden seitl. nach außen. Durch Flimmertrichter und Wand des Exkretionskanals werden Exkrete ins Kanallumen aufgenommen; der Transport erfolgt z. T. durch Wanderzellen (Chloragogenzellen). Der gewundene, von Kapillaren umsponnene Kanalabschnitt resorbiert brauchbare Stoffe (vgl. Niere; I, S. 87). Der Harn wird vor Entleerung in einer Endblase gesammelt.
Das Nervensystem ist ebenfalls segmental gegliedert. Es beginnt mit einem über dem Vorderdarm liegenden Oberschlundganglion (Cerebralganglion, Gehirn), von dem beiderseits des Darms zwei Schlundkonnektive zum Unterschlundganglion führen, dem ersten Paar einer ventralen Ganglienkette, deren segmental angeordnete Ganglienpaare durch Querkommissuren und Längskonnektive verbunden sind (Strickleiternervensyst., Bauchmark).
Die Nervenzellen liegen nicht diffus verteilt wie in den Marksträngen der *Plattwürmer* (I, S. 107), sie sind in den Ganglien konzentriert, während die Kommissuren und Konnektive die Fasern enthalten. Jedes Ganglienpaar innerviert die Organe seines Segments; dadurch ist eine große Selbständigkeit gegeben.
Die Keimdrüsen (Gonaden) liegen nur in wenigen Segmenten (männl. und weibl. beim gleichen Tier: Zwitter). Bei diesen Organen ist also die Segmentierung heteronom, nicht homonom. – Die an der Rückseite von Dissepimenten aus Cölothelwucherungen entstehenden Geschlechtszellen fallen frei ins Cölom und werden von den Flimmertrichtern nach außen befördert **(Urogenitalsyst.).** Doch kommen auch eigene Ausführgänge (Gonodukte) vor, oft sek. mit dem Metanephridium verschmolzen.

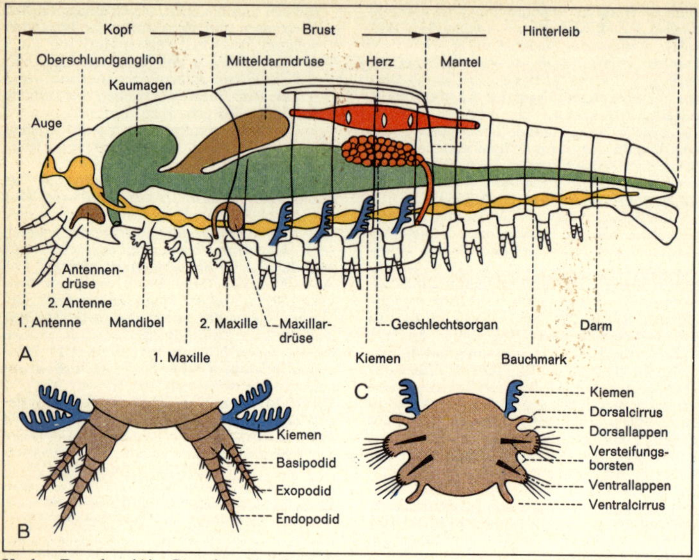

Krebs: Bauplan (A); Grundtyp des Spaltfußes (B); Parapodien eines vielborstigen Ringelwurms (C)

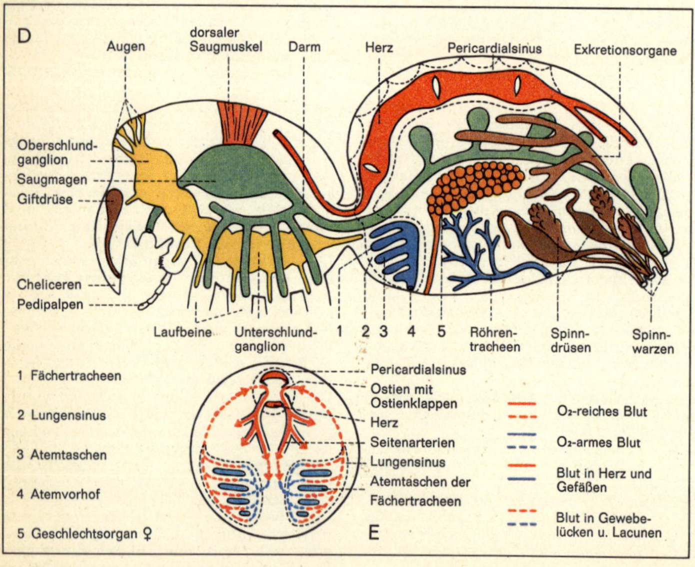

Spinne: Bauplan (D); Blutkreislaufschema (E)

Die Baupläne der *Krebse*, *Spinnentiere* und *Insekten* (I, S. 113) sind einander sehr ähnlich und haben enge Beziehungen zum Bauplan der *Ringelwürmer* (I, S. 109). Das drückt sich auch in der systemat. Stellung dieser Tiergruppen aus (I, S. 252–259).

Krebse (Crustacea; Beispiel *Flußkrebs* [*Astacus*])
Der Körper ist segmentiert, die Segmente sind aber ungleich **(heteronome Metamerie).** Er gliedert sich in die drei Abschnitte: Kopf, Brust (Thorax) und Hinterleib (Abdomen). Der unsegmentierte Kopf und der Brustabschnitt sind oft zu einem ungegliederten Kopfbruststück (Cephalothorax) verschmolzen. Eine dem Cephalothorax entspringende paarige Falte (Schale oder Mantel) kann den ganzen Körper einhüllen.
Jedes Segment trägt ursprünglich ein Paar gegliederter **Gliedmaßen (Extremitäten)**; ihr Auftreten am Kopfbruststück läßt schließen, daß auch dies ursprünglich segmentiert war. Der den Parapodien der *Ringelwürmer* ähnl. Grundtyp der Gliedmaßen (B, C) ist der zweiästige Spaltfuß, gegliedert in den ventral am Körper sitzenden Stamm (Basipodit), den Innen- (Endopodit) und Außenast (Exopodit). Der Stamm trägt oft einen Kiemenanhang (Epipodit), reich durchblutet und mit großer Oberfläche.
Der Grundtyp ist in den versch. Körperregionen stark abgewandelt. Im Kopfbereich gibt es neben 2 Paar Antennen (Tastorgane) Mundgliedmaßen (1 Paar Mandibeln, 2 Paar Maxillen), deren Stamm innen gezähnte Platten (Kauladen) trägt. Im Brustabschnitt wird der Innenast zum Schreit- oder Schwimmbein, der Exopodit wird reduziert. An den frei bewegl. Hinterleibssegmenten sind die Gliedmaßen reduziert oder fehlen. Die des vorletzten Segments bilden mit dem letzten Segment (Aftersegment) zusammen den Schwanzfächer.
Die Körperbedeckung ist eine dicke Chitincuticula, die durch Einlagerung von Proteinen und Kalksalzen zusätzlich versteift ist (Cuticularskelett). Die innere Segmentierung ist stark verwischt und kommt nur noch bei einigen Organen zum Ausdruck. Eine einheitl. Leibeshöhle (prim. und sek. Leibeshöhle vereinigt, sog. Mixocöl) durchzieht den ganzen Körper.
Der Darm gliedert sich in ektodermalen Vorderdarm (oft als Kaumagen mit Chitinleisten und -zähnen ausgebildet), entodermalen Mitteldarm (mit paarigen, verzweigten Anhängen: Mitteldarmdrüse oder Leber) und sehr langen, ektodermalen chitinigen Enddarm.
Die Exkretionsorgane sind paarige Drüsen (gewundener Kanal, in einem Bläschen blind endend; vermutl. umgewandelte Nephridien). Sie münden am Grund der 2. Antenne oder der 2. Maxille (Antennen- bzw. Maxillendrüsen).
Die Geschlechtsorgane sind im einfachsten Fall paarige Schläuche oder Säcke (getrenntgeschlechtlich), die im hinteren Thorax oder vorderen Abdomen ventral münden.

Das Herz, eine dorsal liegende Röhre, läßt noch segmentale Gliederung erkennen. Es nimmt durch seitl. Öffnungen (Ostien) das Blut aus einem Pericardialsinus (D) auf und pumpt es durch Kontraktionen nach vorn, wobei Ostienklappen den Rückfluß verhindern. Das Blut tritt dann direkt oder nach Durchfließen kurzer Gefäße frei in die Leibeshöhle (offener Blutkreislauf), strömt in Gewebespalten (Lacunen) um die Organe und durch die Kiemen, um dann wieder in den Pericardialsinus einzutreten.
Das Strickleiternervensystem ist segmental gegliedert und ähnelt dem der *Ringelwürmer*. Differenzierter ist das Gehirn, das sich aus Protocerebrum (mit den Augen in Verbindung stehend), Deuto- und Tritocerebrum (2 ursprünglich den Gliedmaßen zugeordnete, sek. vor den Mund verlagerte Ganglienpaare) zusammensetzt.

Spinnentiere (Arachnida; Beispiel: *Kreuzspinne* [*Aranea*])
Körpergliederung: Die Verwischung der Segmentierung ist hier noch stärker als bei den *Krebsen:* Kopf und Brust sind stets zum Cephalothorax verwachsen, der Hinterleib wird oft zum ungegliederten Sack.
Körperbedeckung: chitiniges Cuticularskelett, aber ohne Kalkeinlagerung.
Gliedmaßen: Der Hinterleib ist stets extremitätenfrei. Der Cephalothorax trägt immer 6 Paare, die ursprünglich in Scheren oder Klauen enden. Die Cheliceren (1. Paar) der *Spinnen* haben Giftklauen, die Pedipalpen (2. Paar) sind zu Tastern umgebildet. Die restlichen 4 Paare sind Laufbeine.
Nervensystem: Der Typ des Strickleiternervensyst. ist stark abgewandelt. Im Extremfall sind außer dem Oberschlundganglion alle Ganglien zu einem großen sternförm. Unterschlundganglion zusammengefaßt.
Exkretionsorgane: Schlauchförm. Coxaldrüsen (an der Basis von Gliedmaßen mündend, lassen sie ihre metamere Zuordnung wie bei den *Krebsen* noch erkennen) oder in den Endabschnitt des Mitteldarms mündende Malpighische Gefäße.
Atemorgane: Zwei Typen, kommen nebeneinander vor:
1. Fächertracheen (-lungen) sind der ursprüngl. Typ (bestehend aus Atemöffnung [Stigma], –vorhof und –taschen). Diese, mit einem dünnen Chitinhäutchen (Intima) überzogen, ragen in einen Sinus, der das O_2-reiche Blut zum Herzen führt.
2. Röhrentracheen, unverzweigt oder verzweigt, von Stigmen im Hinterleib im Körper weit nach vorn ziehend (vgl. auch *Insekten*, I, S. 112 C).

Leibeshöhle, Darm, Kreislauf und **Geschlechtsorgane**: Die Verhältnisse entsprechen weitgehend denen der *Krebse*. Da die enge Mundöffnung aber nur flüssige Nährstoffe durchläßt, ist der Vorderdarm als Saugpumpe gebaut.
Sonderbildungen sind die Giftdrüsen und die sehr umfangreichen Spinndrüsen der *Webespinnen*.

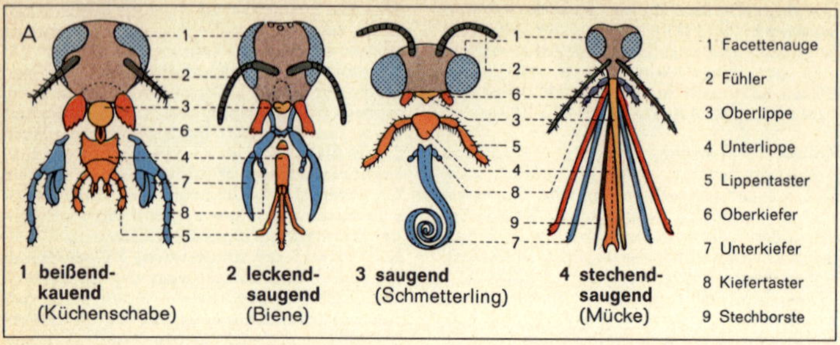

Typen von Mundgliedmaßen bei Insekten

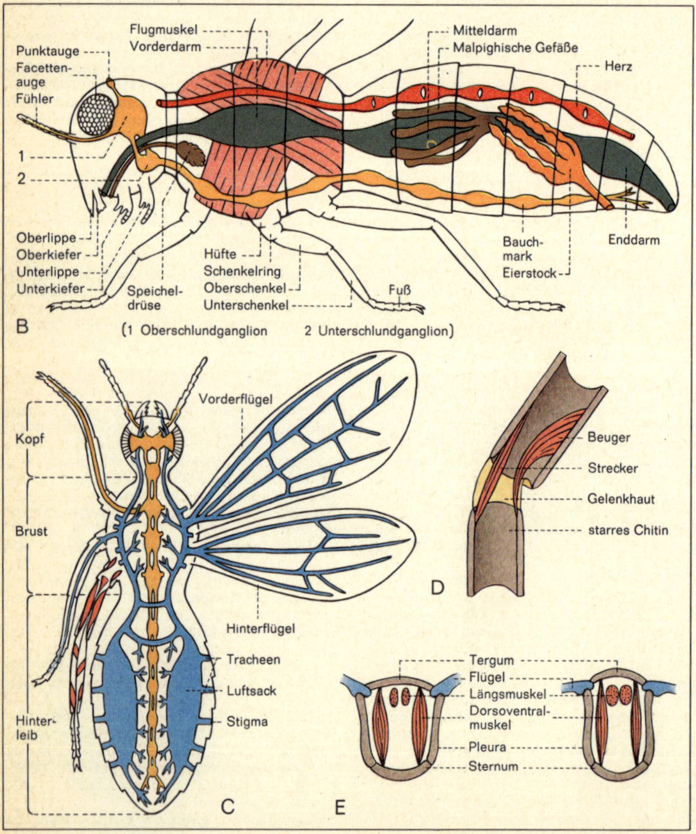

Insekt: Bauplan (B, C); Beingelenk (D, Längsschnitt); Indirekte Flügelbewegung (E)

Bei den **Insekten (Hexapoda)** ist der Körper wie bei *Krebsen* und *Spinnentieren* heteronom segmentiert und dreigeteilt (B):
1. Kopf: Sein Chitinskelett bildet eine einheitl. Kopfkapsel; ihre ursprüngliche Segmentierung ist nur noch am Auftreten von Extremitäten zu erkennen. Deren 1. Paar, die **Fühler** (Antennen), entspricht den 1. Antennen der *Krebse*. Es folgen 3 Paar **Mundgliedmaßen,** überdacht von einer unpaaren Falte der Kopfkapsel (Oberlippe), die aber keinem Segment entspricht (A 1).
Die Mandibeln (Oberkiefer) sind eingliedrige kräftige Kauladen mit gezähntem Rand, die zangenartig gegeneinander bewegl. sind. Die 2 Maxillenpaare bestehen aus 2 Grundgliedern und 3 Ästen, von denen der äußere ein mehrgliedriger Taster ist und die 2 inneren als Laden bezeichnet werden. Diese sind bei den 1. Maxillen (Unterkiefer) Kau- und Sinneslade, bei den 2. Maxillen, deren Grundglieder zur sog. Unterlippe verwachsen sind, Zunge (Glossa) und Nebenzunge (Paraglossa).
Dieser Grundtyp der Mundwerkzeuge (beißend-kauend) ist vielfach abgewandelt, wobei aber der Grundbauplan beibehalten wird (A). Dabei sind Teile der Mundwerkzeuge umgeformt oder bis zu völligem Fehlen reduziert.
2. Brust (Thorax): Sie besteht aus 3 Segmenten (Pro-, Meso- und Metathorax), meist unbewegl. miteinander verbunden. Jeder Brustring hat 4 ebenfalls fest verbundene Teile: ein dorsales Tergum, ein ventrales Sternum und zwei seitl. Pleurae.
Jedes Brustsegment trägt ein Beinpaar; die **Beine** bestehen aus folgenden Teilen: Hüfte (Coxa), Schenkelring (Trochanter), Oberschenkel (Femur), Unterschenkel (Tibia) und Fuß (Tarsus). Dieser ist ein- bis fünfgliedrig, sein letzter Abschnitt (Krallensegment, Prätarsus) trägt 2 Krallen und oft noch Hafteinrichtungen. Das 2. und 3. Brustsegment trägt je 1 Flügelpaar (außer bei den flügellosen *Urinsekten*); sek. Flügellosigkeit kommt vor (*Läuse*, *Flöhe* u. a. Parasiten).
Die **Flügel** sind blattartige Hautausstülpungen und den Gliedmaßen nicht homolog (wie z. B. Vogelflügel; Bd. II). Sie sind zw. Tergum und Pleurae eingelenkt (E) und bestehen aus 2 Chitinlamellen. Der ursprüngl. Zwischenraum ist bis auf Kanäle (Flügeladern) verschwunden, in denen Blutlakunen, Tracheen und Nerven verlaufen.
3. Hinterleib (Abdomen): Er hat höchstens 11 Segmente, deren jedes nur aus Tergum und Sternum besteht. Da diese und die Segmente untereinander durch weiche Häute verbunden sind, ist der Hinterleib recht beweglich. Hinterleibsgliedmaßen fehlen, doch werden die oft vorkommenden paarigen Schwanzborsten als Extremitätenreste aufgefaßt.
Das Chitinskelett (stets ohne Kalkeinlagerung) aus harten Platten (bei den Extremitäten Röhren) und weichen Gelenkhäuten dient außer der mechan. Festigung auch dem Ansatz der Muskeln (D). Ähnlich wie bei den *Wirbeltieren* (I, S. 84 G) wirken auch hier antagonistische Muskeln bei der Bewegung jedes einzelnen Gelenks.
Die Flugmuskulatur, die fast den ganzen Brustabschnitt füllt, nimmt eine Sonderstellung ein. Sie setzt nicht an den Flügeln, sondern an Rücken- und Bauchschildern an (E). Durch wechselnde Kontraktionen von dorsoventraler und Längsmuskulatur und hierdurch bewirkte Verformung der Chitinplatten werden die Flügel mitbewegt (indirekte Flügelbewegung).
Die innere Segmentierung ist wie bei *Krebsen* und *Spinnentieren* stark verwischt.
Das Nervensystem ist zwar strickleiterartig, doch kommt es zu starken Ganglienverschmelzungen. Das Oberschlundganglion ist aus 3 Ganglienpaaren entstanden und hat einen hochkomplizierten Feinbau. Das Unterschlundganglion besteht auch aus 3, ursprüngl. den Mundgliedmaßen zugeordneten Ganglien. Auch die weiter hinten liegenden Ganglien sind oft stark verschmolzen.
Die Sinnesorgane entsprechen in ihrer Vielfalt der hohen Leistungsfähigkeit des NS (Facetten- und Punktaugen, Tast-, Geruchs-, Geschmacks- und Gehörorgane).
Der Darmkanal ist bes. bei pflanzenfressenden Arten lang und liegt dann in Windungen im Abdomen. In die Mundhöhle münden 1 oder 2 Paar Speicheldrüsen, der ektodermale Vorderdarm kann zahlr. Sonderbildungen zeigen (Kropf, Reuse, Kaumagen). Der kurze Mitteldarm ist oft sackartig erweitert (Magen) und kann Blindschläuche besitzen. Stets fehlt die Mitteldarmdrüse. Am Anfang des ektodermalen Enddarms münden die Exkretionsorgane (Malpighische Gefäße) in Form zahlr. feiner Schläuche.
Das Atmungssystem (Tracheensyst.) ist segmental angelegt. Seine mit dünner Chitinkutikula ausgekleideten, spiralig versteiften Röhren (Ektodermeinstülpungen) beginnen, sich stark verzweigend, an Atemöffnungen (Stigmen), von denen ursprünglich jedem Segment 1 Paar zukommt. Die Tracheenbüschel vereinigen sich zu Längsstämmen, wodurch eine Reduktion der Stigmenzahl möglich ist. Die Luftsäcke (Tracheenblasen) gut fliegender Arten dienen wohl während des Fluges als Luftspeicher. Die Tracheen treten mit ihren feinsten, unchitinisierten Verzweigungen (Diffusionstracheen) an alle Organe heran und versorgen sie so mit Sauerstoff.
Das Blutgefäßsystem ist stark reduziert (das entspricht nach einer schon bei den *Spinnentieren* beobachteten Regel dem weitverzweigten Atmungssyst.). Außer dem röhrenförm. dorsalen Herzen hat es nur noch eine kopfwärts führende Aorta; Seitenarterien fehlen.
Die Geschlechtsorgane (getrenntgeschlechtlich) bestehen aus paarigen Hoden oder Ovarien, paarigen Ausführgängen und einem unpaaren Endkanal. Drüsige Anhangsorgane und beim Weibchen oft eine Samentasche (Receptaculum seminis) treten auf.

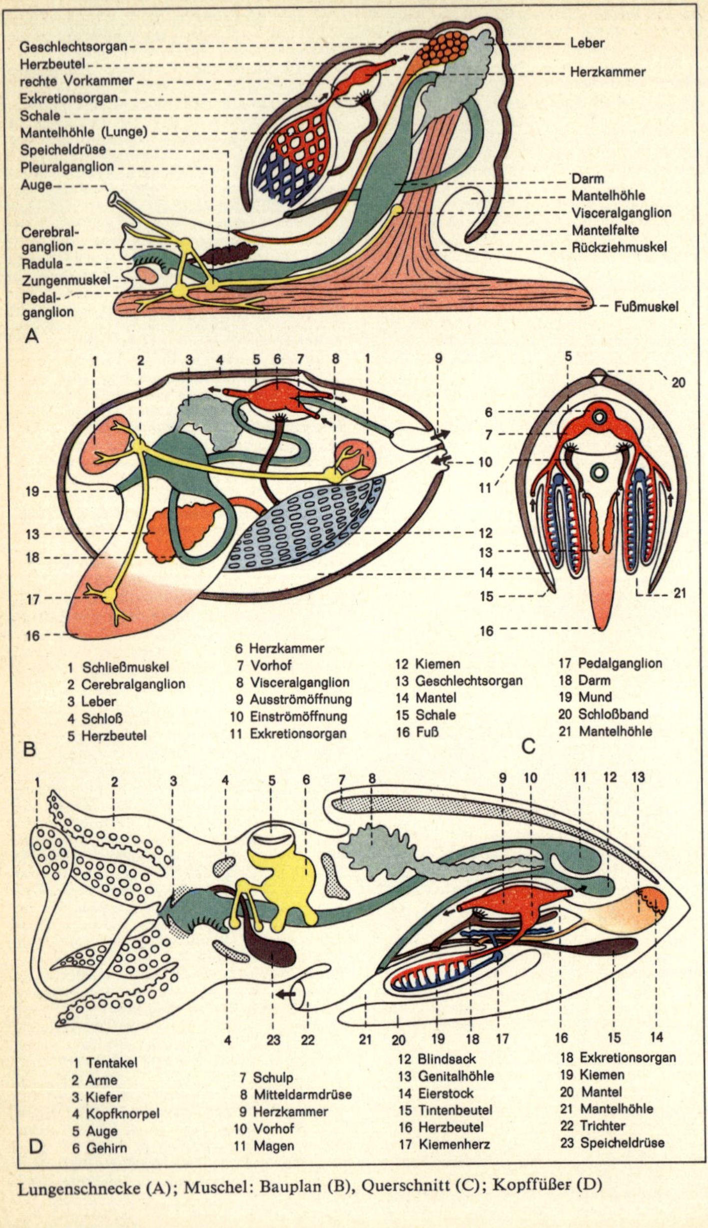

Lungenschnecke (A); Muschel: Bauplan (B), Querschnitt (C); Kopffüßer (D)

Die Weichtiere (Mollusca) treten in drei charakterist. Bautypen auf: *Schnecken (Gastropoda)*, *Muscheln (Bivalvia, Lamellibranchiata)* und *Kopffüßer (Cephalopoda)*. Ihr Körper ist, im Gegensatz zu den gegliederten *Ringelwürmern*, *Krebsen*, *Spinnentieren* und *Insekten*, unsegmentiert und massig; Extremitäten fehlen stets. Die Haut ist weich und drüsenreich. Im typ. Falle ist der Körper in vier Abschnitte gegliedert (A, B, C, D):

1. **Kopf**: Träger der wichtigsten Sinnesorgane und der Mundöffnung. Bei den *Muscheln* ist er, wohl im Zusammenhang mit der sitzenden (sessilen) Lebensweise, völlig reduziert.
2. **Fuß**: ein muskulöses, unpaariges Fortbewegungsorgan (Kriechen, Schwimmen, Graben) von sehr unterschiedl. Gestalt. Bei den *Kopffüßern* bildet es zusammen mit Teilen des Kopfes (Name!) die mit Saugnäpfen versehenen Fangarme. Sein hinterer Teil bildet 2 Lappen, die röhrenförm. zusammengelegt werden oder verwachsen (Trichter). Dieser ist in alle Richtungen drehbar und dient dem Rückstoßschwimmen.
3. **Eingeweidesack**: dünnwandiger bruchsackartig vorgewölbter Dorsalteil des Rumpfes, der die Eingeweide enthält. Er ist oft spiralig gewunden *(Schnecken)*, so daß die ursprüngliche Bilateralsymm. sek. aufgehoben ist.
4. **Mantelfalte**: wölbt sich an der Grenze zw. Fuß und Eingeweidesack so vor, daß sie die Mantelhöhle bildet, in deren tiefsten Teil (prim. hinten liegend, sek. aber oft nach vorn gedreht, z. B. *Schnecken*) Darm, Nieren und Geschlechtsorgane münden.

Die Schale wird an der Oberfläche des Eingeweidesacks und des Mantels gebildet, ihr Zuwachs erfolgt jahresringartig am Mantelrand (I, S. 250 A). Im allg. hat die Schale zwei Kalkschichten: äußere Prismenschicht und innere, aus dünnen, sich dachziegelartig überdeckenden Blättchen bestehende Perlmutterschicht. Vom Mantelrand aus ist sie von einer dünnen organ. Membran (Periostracum) überzogen. Bei den *Muscheln* ist die Schale zweiklappig; ein elast. Schloßband (C) zieht die Hälften auseinander, Schließmuskeln halten sie geschlossen. – Die Schale der *Kopffüßer* liegt zurückgebildet unter der Haut (Schulp) oder fehlt ganz (wie auch bei *Nacktschnecken*).

Auch eine innere Segmentierung ist nicht erkennbar. Die durchgehende **Leibeshöhle** ist nicht mit Mesoderm ausgekleidet (prim. Leibeshöhle); das Cölom (sek. Leibeshöhle) ist auf den Herzbeutel (Pericard, ein das Herz einschließendes Mesodermsäckchen) beschränkt.

Die Exkretionsorgane entspringen diesem Cölom mit Flimmertrichtern. Sie sind paarig und werden Nieren genannt, entsprechen aber ganz den Metanephridien der *Ringelwürmer* (I, S. 109).

Die Geschlechtsorgane (oft zwittrig) liegen bei den *Cephalopoden* in der Wand einer unpaaren Cölomhöhle, die mit dem Herzbeutel verbunden ist. Bei sehr urtümlichen *Weichtieren* gelangen die Geschlechtszellen in den Herzbeutel und dann durch die Flimmertrichter nach außen (vgl. *Ringelwürmer*; I, S. 109). Meist (auch bei den *Kopffüßern*) sind aber spezielle paarige Ausführgänge vorhanden, von denen einer reduziert sein kann. Auch die Verbindung zw. Herzbeutel und Genitalhöhle geht oft verloren.

Das Herz ist kurz und quert, dorsal liegend, den Herzbeutel. Es hat in der Regel 2 Vorhöfe, die das von den Kiemen kommende Blut aufnehmen. Dieses wird in Arterien gepumpt, aus denen es in Lakunen durch die Leibeshöhle fließt **(offener Kreislauf)**. Nur bei den *Kopffüßern* sind weite Teile des Kreislaufs geschlossen. Respiratorischer Blutfarbstoff ist das farblose, in oxydiertem Zustand blaue Hämocyanin.

Die Atmungsorgane sind Kiemen, in die Mantelhöhle hineinhängende, reich durchblutete Hautfalten. Bei den *Muscheln* sind sie sehr groß, netzartig durchbrochen und von Flimmerepithel bedeckt. Dies erzeugt einen von vorn nach hinten durch den Mantelraum gerichteten Wasserstrom, der der O_2-Versorgung und der Ernährung dient: ausgefilterte Planktonlebewesen werden in einer Flimmerfurche am Kiemenschaft zum Mund befördert. – Bei luftatmenden Formen (*Lungenschnecken*; A) wird bei Reduktion der Kiemen die von Kapillaren durchzogene Innenwand der Mantelhöhle zum Atmungsorgan.

Das Nervensystem besteht aus einem paarigen Oberschlundganglion (Cerebralganglion), von dem 4 Nervenstränge ausgehen (nur selten Markstränge, Zellen meist zu Ganglien konzentriert). Die mittleren Pedalstränge bilden dann das paarige, den Fuß innervierende Pedalganglion, die seitl. Pleuralstränge die den Mantelrand versorgenden Pleuralganglien und oft noch Parietal- und Visceralganglien (für Körperwände bzw. Eingeweide).

Eine Sonderstellung hat das NS der *Cephalopoden* durch eine starke Zentralisierung, wie sie ähnlich nur noch bei den *Wirbeltieren* vorkommt. Cerebral-, Pedal-, Pleural- und Visceralganglien verschmelzen zu einer großen, den Schlund umgebenden und von einer knorpligen Schädelkapsel geschützten Gehirnmasse. Dazu kommen noch die Buccalganglien auf dem Pharynx, Stellarganglien für die Mantelmuskeln und die Markstränge bildenden Armnerven.

Die Sinnesorgane werden bes. vom Cerebralganglion innerviert. Ihre höchste Organisationsstufe erreichen sie in den Cephalopodenaugen (bis 40 cm ∅), die in Bau und Leistung Wirbeltieraugen gleichen, sich aber anders entwickeln (Analogie).

Der Darmkanal quert bei den *Muscheln* die Herzkammer (!). Der Vorderdarm enthält oft eine mit einer chitinigen Reibplatte (Radula) besetzte Zunge, manchmal dazu noch Chitinkiefer (D). Der Mitteldarm besitzt eine große Mitteldarmdrüse (Leber). – Eine Sonderbildung ist der **Tintenbeutel** der *Cephalopoden*.

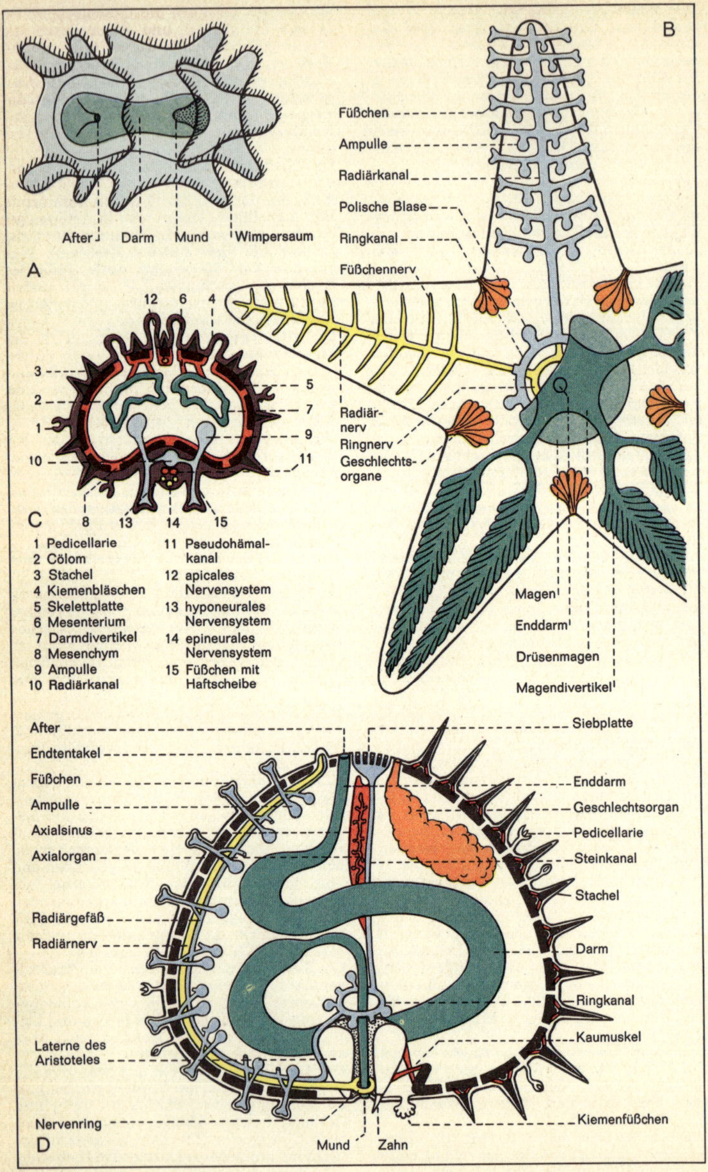

Seestern: Larve (A); Bauplan (B, Organe teilweise entfernt); Arm (C, Querschnitt); Seeigel: Längsschnitt (D)

Die Stachelhäuter (Echinodermata) treten in mehreren Organisationstypen auf, die sich aber dem gleichen Grundplan zuordnen lassen. Es herrscht die radiäre, meist **fünfstrahlige Symmetrie** (B). Man unterscheidet am Körper eine meist dem Boden zugekehrte Mundseite (Oralseite) und eine Apikalseite. Durch ihre Mittelpunkte geht die Körperhauptachse, von der die fünf Symm.-Achsen abzweigen. Durch diese ist die Lage der Organe bestimmt (radiale oder interradiale Lage).

Die bilaterale Symm. der Echinodermenlarve (A) beweist, daß die Radiärsymm. sek. ist im Gegensatz zur prim. der *Hohltiere* (I, S. 105). Die Bilateralität der zunächst kugelrunden Larve (I, S. 171) beginnt mit der Anhäufung der Mesenchymzellen und der Anlage des Larvenskeletts zu beiden Seiten des Urdarmes; sie wird auch nach außen sichtbar, indem dort, wo diese Skelettnadeln die Haut berühren, Fortsätze der Larvenwand ausgestülpt werden. Die Neigung des Darmes zu der späteren Mundregion hin unterstreicht diesen Symm.-Wechsel ebenso wie die paarige Abschnürung der Cölomsäckchen.

Bei manchen Arten sind beim erwachsenen *Seeigel* Mund und After aus der Körperhauptachse herausgerückt *(irreguläre Seeigel)*, so daß es sek. wieder zur Bilateralsymm. kommt. Das ist auch bei den *Seewalzen* der Fall, die, in Richtung der Hauptachse wurmartig gestreckt, mit einer Körperseite dem Boden aufliegen (I, S. 260 D).

Ein mesenchymales **Kalkskelett**, subektodermal im Bindegewebe liegend, gibt dem Körper der *Echinodermen* Festigkeit. Es kann völlig starr sein (z. B. beim *Seeigel*; D), bestehend aus 10 Doppelreihen von fest verbundenen Platten: 5 Ambulacren (mit Löchern zum Durchtritt der Füßchen) und 5 Interambulacren. Die Platten tragen oft bewegl. oder starre Kalkstacheln (Name!). Manche Stacheln sind zu kleinen Zangen (Pedicellarien) umgeformt, vielfältig gestaltet und versch. Aufgaben dienend (Verteidigung, Säuberung).

Das Skelett kann teilweise reduziert sein (bei *Seesternen* an der Oberseite) oder völlig fehlen wie bei *Seewalzen*, wo ein Hautmuskelschlauch auftritt, in dem nur kleine Kalkkörner liegen.

Das Wassergefäßsystem, aus einem Cölomabschnitt entstehend, ist im Tierreich einmalig. Es steht durch den Steinkanal, der in einer porösen Siebplatte (Madreporenplatte) nach außen mündet, mit dem Meerwasser in Verbindung. Dieser liegt mit dem Axialorgan (als Wanderzellen bildende Lymphdrüse gedeutet) zus. im Axialsinus (Ausstülpung der Leibeshöhle). Der Steinkanal führt zum Ringkanal, der den Vorderdarm umgibt. Von diesem zweigen radial die 5 Radiärkanäle, interradial die Polischen Blasen (Ausgleichsgefäße) ab. Die Radiärkanäle ziehen bei *Seesternen* bis in die Armspitzen, bei *Seeigeln* bis in die Nähe des Afters (B, D). Sie enden in sog. Endtentakeln (chem. Sinnesorgane?). Von den Radiärkanälen gehen paarweise seitlich Äste ab (C), die zu den Füßchen und ihren in die Leibeshöhle ragenden Ausgleichsbläschen (Ampullen) führen. Die Füßchen können mit Hilfe ihrer Wandmuskeln und der Ambulakralflüssigkeit verlängert und verkürzt werden. Sie dienen zur Fortbewegung und vermutl. auch dem Tastsinn. Die Ambulakralflüssigkeit ist etwa wie Meerwasser zusammengesetzt, enthält aber auch Eiweißstoffe und Wanderzellen (Amöbocyten).

Das Nervensystem, in dem ausgeprägte Zentren fehlen, ist ebenfalls streng radiärsymm. gebaut. Es besteht hauptsächlich aus einem den Mund umgebenden Nervenring und 5 davon ausgehenden Radiärnerven, die an der Oralseite die Radiärkanäle begleiten (orales, epineurales NS). Etwas tiefer im Gewebe liegt das hyponeurale, an der Apikalseite das apikale NS (C).

Die Geschlechtsorgane, meist getrenntgeschlechtlich, sind unterschiedl. geformt und liegen interradial. Sie leiten sich vom Cölom ab und können, z. B. bei *Seeigeln*, an Mesenterien aufgehängt sein.

Die Verdauungsorgane der *Seesterne* sind ebenfalls radiärsymm. Vom Mund geht ein kurzer Ösophagus zum sackförm. Magen (vorstülpbar: Außenverdauung). Der obere Teil, durch eine Einschnürung abgeteilt, heißt Drüsenmagen. Von ihm zieht in jeden Arm ein sich gabelnder Blindsack (Divertikel, früher Leber genannt; seine Aufgabe: Produktion von Verdauungssekreten und Resorption der Nährstoffe). Auch der kurze Enddarm hat Blindsäcke (Rektaldivertikel). Bei den *Seeigeln* verläuft der röhrenförm. Darm meist in einer Doppelspirale. Die Mundöffnung umgeben 5 Zähne, die von einem hochkomplizierten Kauapparat aus Kalkspangen und Muskeln (»Laterne des Aristoteles«) bewegt werden. Der After kann völlig reduziert sein *(Schlangensterne)*.

Ein **Kreislaufsystem** fehlt. Es finden sich aber, vor allem andere Organe begleitend, Ausstülpungen der Leibeshöhle (Axialsinus, D; Pseudohämalkanal, C); daneben ist überall im Bindegewebe ein Lakunensyst. (Schizocölräume) entwickelt. Die sie erfüllende Flüssigkeit, ähnl. zusammengesetzt wie Ambulakral- und Cölomflüssigkeit (eiweißhaltig, mit Amöbocyten), hat wohl Blutfunktion.

Als **Atmungsorgane** müssen alle weichhäutigen Körperanhänge gelten (Ambulakralfüßchen, Kiemenbläschen, C; Kiemenfüßchen, D). Die Atmungsorgane der *Seewalzen* sind paarige, baumartig verzweigte Ausstülpungen des Enddarms (Kiemenbäume, Wasserlungen), die rhythm. Wasser einsaugen und ausstoßen.

Die Sinnesorgane sind auch nicht hoch entwickelt. Neben den Füßchen (Tastsinn) und den Endtentakeln (chem. Sinn) finden sich bei *Seesternen* an den Armspitzen lichtempfindl. rote Flecke (Ocellen). *Seewalzen* haben mundständige, sinneszellenreiche Fühltentakel und oft auch Gleichgewichtsorgane (Statocysten).

Exkretionsorgane sind nicht nachgewiesen.

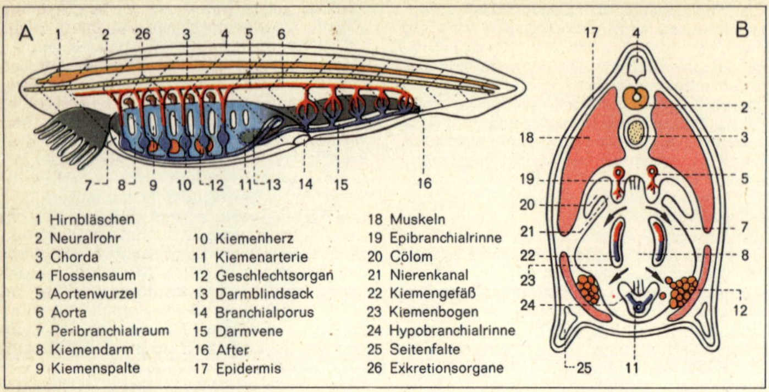

Lanzettfischchen: Bauplan (A); Querschnitt (B)

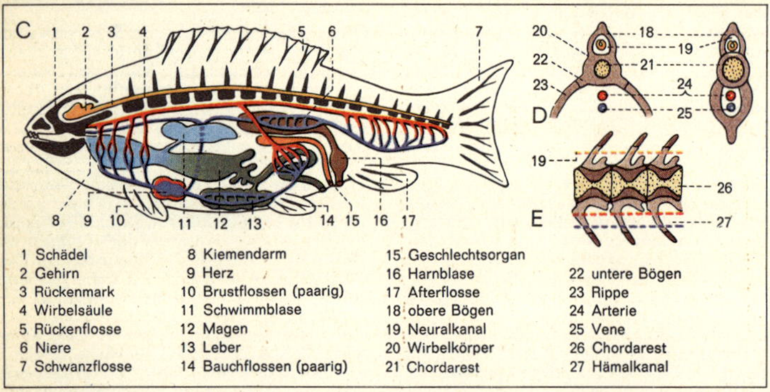

Fisch: Bauplan (C); Rumpf- und Schwanzwirbel von vorn (D); Schwanzwirbel im Längsscnnitt (E)

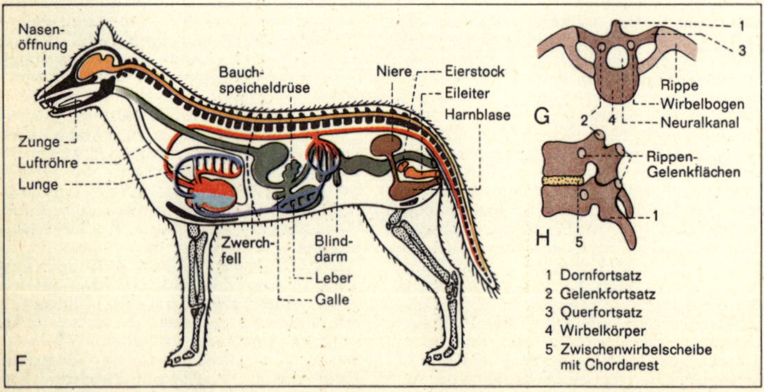

Säuger: Bauplan (F); Brustwirbel des Menschen von oben (G), von der Seite (H)

Da einzelne Organsyst. der **Wirbeltiere** schon behandelt wurden (I, S. 82–91), soll hier bes. die Entw. dieses Organisationstyps innerhalb der **Chordatiere** und seine Abwandlung gezeigt werden.

Das Lanzettfischchen (Branchiostoma)
verkörpert den Grundtyp des Chordatenbauplans wohl am reinsten (A, B). Der von einer einschichtigen Epidermis bedeckte, einen Flossensaum tragende, lanzettförm. Körper ist segmentiert (u. a. die somat. Muskulatur, gegliedert in rd. 60 Segmente oder Myomere). Nicht metamer ist die **Rückensaite (Chorda dorsalis)**, ein hier erstmals auftretendes elast. Stützorgan, stabförm. den Körper durchziehend und von einer bindegewebigen nichtzelligen Faserscheide umgeben (Achsenskelett).

Das ZNS (Neuralrohr) liegt über der Chorda und wird von einem Zentralkanal durchzogen. Ein Gehirn fehlt, obwohl eine vorn liegende ventrikelartige Erweiterung des Zentralkanals als Hirnbläschen bezeichnet wird. Je Segment zweigen je 1 Paar dorsale (überwiegend sensible) und ventrale (überwiegend motorische) Nerven ab, die sich nicht zu Spinalnerven vereinigen (vgl. I, S. 91).

Der Darmkanal beginnt mit einer weiten, von Lippententakeln (Cirren) umgebenen Mundöffnung, an die sich der als Kiemenkorb ausgebildete Vorderdarm (Pharynx) anschließt, der auf jeder Seite bis zu 180 alternierend angeordnete Kiemenspalten aufweist.

Er dient zur **Atmung** und als Filterapparat bei der Ernährung. Je eine dorsale und ventrale drüsige Flimmerrinne (Epi- und Hypobranchialrinne) befördern die durch Schleim zusammengeballten, aus dem Atemwasser stammenden Nahrungsteilchen nach hinten zum Mitteldarm (vgl. *Muscheln*; I, S. 115). Die Kiemenspalten führen zunächst in einen Peribranchialraum (Ektodermeinstülpung), der sich im Branchialporus nach außen öffnet. – Der verdauende Darmteil, ein gerades Rohr, bildet keinen Magen, wohl aber einen nach vorn gerichteten Blindsack, Leber genannt.

Im geschlossenen **Blutgefäßsystem** wird das Blut, dem Blutzellen (I, S. 61) fehlen, durch kontraktile Gefäßabschnitte bewegt; ein zentrales Herz fehlt. Die ventral liegende Kiemenarterie führt das Blut nach vorn. Von ihr abzweigende, paarige Kiemengefäße, beginnend mit kontraktilen Anschwellungen (Kiemenherzen, Bulbilli), bringen es durch die Kiemenbögen, wo es sich mit O_2 anreichert. Es gelangt dann in die dorsal liegenden Aortenwurzeln, die sich zur Aorta vereinigen. Die von dieser abgehenden Gefäße versorgen die Organe und sammeln sich in der ventralen Darmvene, die das Blut nach vorn transportiert. Nach Durchlaufen eines die »Leber« umspinnenden Kapillarnetzes sammelt es sich in der Lebervene, die nach starker Erweiterung (Sinus venosus) in die Kiemenarterie übergeht. An dieser Stelle entwickelt sich bei den *Fischen* **das Herz (I, S. 120 C 1).**

Die Leibeshöhle ist ein von Mesoderm ausgekleidetes Cölom, im Bereich des Kiemendarms durch die Bildung des Peribranchialraums allerdings stark zurückgedrängt.

Die Exkretionsorgane sind etwa 90 metamere Nierenkanälchen, als Ausstülpungen des Cöloms entstanden, die sich aber später von ihm abschnüren und zum Peribranchialraum durchbrechen. Sie werden mit den Metanephridien der *Anneliden* (I, S. 109) verglichen.

Die Geschlechtsorgane (getrenntgeschlechtlich) sind metamere Cölomsäckchen in der Wand des Peribranchialraums. Durch Platzen der Cölomwand werden die Geschlechtszellen in diesen entleert; sie gelangen durch den Branchialporus nach außen.

Die Wirbeltiere (Vertebrata)
Sie zeigen neben allg. Chordatenmerkmalen (Achsenskelett, Neuralrohr, Kiemenspalten der Wasserformen, geschlossener Blutkreislauf, innere Metamerie, Cölom) Sonderbildungen (C–E; I, S. 121), die hier nur z. T. erwähnt werden können.

Das Achsenskelett ist im Gegensatz zur Chorda gegliedert (Wirbelsäule). Es besteht aus knöchernen Wirbeln, die, entstehend aus dem die Chorda umgebenden Mesenchym, diese ringförm. umschließen und sie mehr oder minder verdrängen (E, H). Sie liegen zw. den Muskelsegmenten (intersegmental). Von diesen Wirbelkörpern (D, G) gehen dorsale Bögen (Neuralbögen) aus, in ihrer Gesamtheit den Neuralkanal bildend, der das Neuralrohr schützt. Die ventralen Bögen (Hämalbögen) formen in der Schwanzregion ebenfalls einen Kanal (Hämalkanal), der die großen Blutgefäße umschließt; in der Rumpfregion sind sie offen und bilden oft die Träger der Rippen.

Der Schädel, auch zum Achsenskelett gehörig, tritt bei den *Wirbeltieren* als Neubildung auf. Sein Grundtyp ist der Knorpelschädel (Primordialcranium) der *Haie*, deren übriges Skelett ebenfalls knorpelig ist. Er gliedert sich morphol. und funkt. in zwei Abschnitte (I, S. 120 A).:

1. **Neurocranium**: eine Gehirn und Sinnesorgane bergende Kapsel, die über die Hinterhauptsregion (Occipitalregion) mit der Wirbelsäule verbunden ist;
2. **Visceralcranium**: der Nahrungsaufnahme und der ursprüngl. Atmung zugeordnet, bestehend aus paarigen Skelettbögen, die den Vorderdarm umspannen und den Mundrand wie die zw. den Kiemenspalten liegenden Wandstücke des Kopfdarms stützen.

Bei den *höh. Wirbeltieren* ist der Schädel verknöchert, teils durch Umbildung des Primordialcraniums (Ersatz- oder Knorpelknochen), teils durch Neubildung von Knochen in der bindegewebigen Unterhaut, die sich dem inneren Skelett auflagern (Deck- oder Hautknochen).

Allg. gehen Neuro- und Visceralcranium eine immer engere Verbindung ein; im übrigen sind die Wandlungen des Kopfskeletts sehr vielfältig (I, S. 121).

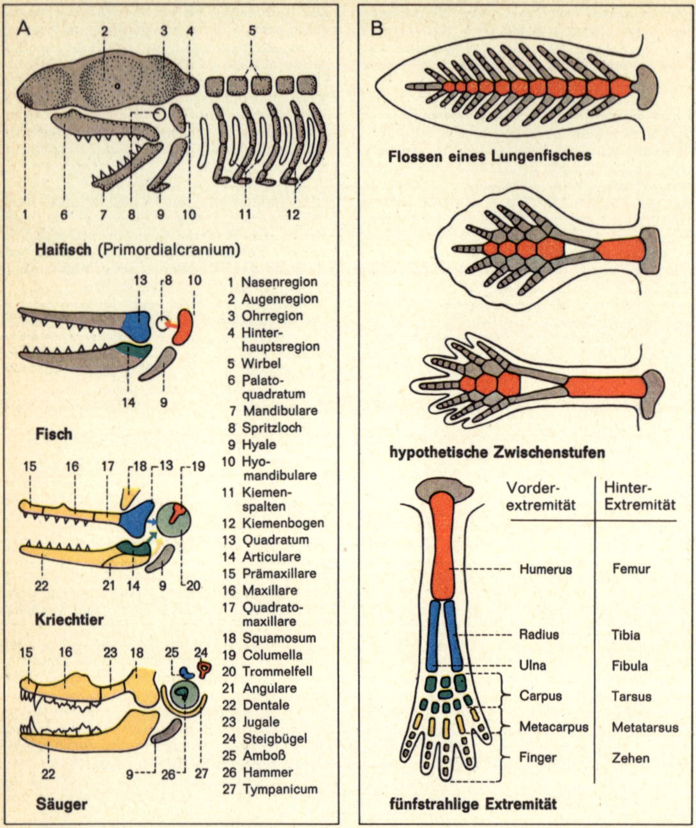

Stammesgeschichtliche Entwicklung der Gehörknöchelchen (A) und des Extremitätenskeletts (B)

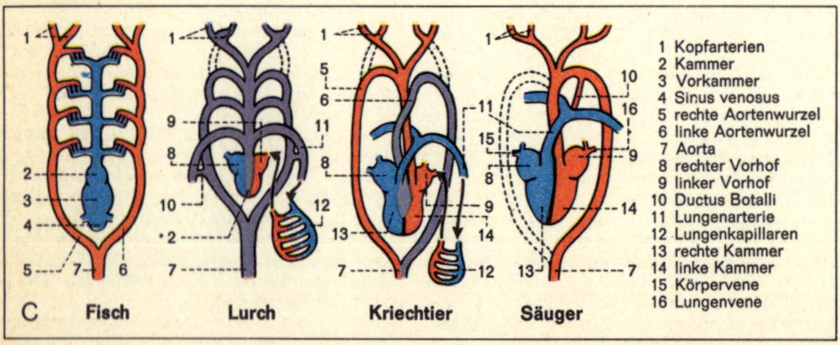

Herz und Arterienbögen bei Wirbeltieren

Kiefergelenk und Gehörknöchelchen

Ein Beispiel der komplizierten Veränderungen am Schädelskelett der Wirbeltiere ist die Umgestaltung des Kiefergelenks (A).

Das prim. Kiefergelenk liegt beim Primordialcranium der *Haie* zw. prim. Ober- (Palatoquadratum) und prim. Unterkiefer (Mandibulare, Meckelscher Knorpel). Bei Verknöcherung werden die hinteren Teile dieser Knorpel in Ersatzknochen umgewandelt (Quadratum oben, Articulare unten), die nun das prim. Kiefergelenk bilden *(Fische, Amphibien, Reptilien, Vögel)*. Bei diesen Gruppen beteiligen sich mit steigender Organisationshöhe Hautknochen am Kieferaufbau: beim Oberkiefer Prämaxillare und Maxillare, beim Unterkiefer das Dentale (alle zahntragend).

Das sek. Kiefergelenk der *Säuger*: Die das prim. Gelenk bildenden Ersatzknochen sind ausgeschaltet; Gelenkbildner sind jetzt Deckknochen (Oberkiefer: das über das Jugale mit Maxillare und Prämaxillare verbundene Squamosum; Unterkiefer: das hier allein verbliebene Dentale).

Im Zusammenhang mit dieser Gelenkumbildung steht die scheinbare Neubildung der Gehörknöchelchen, die aber tatsächlich umgewandelte Ersatzknochen des Visceralskeletts sind. Aus dem oberen Teil des Zungenbeinbogens (Hyomandibulare) wird schon bei den *Amphibien* ein dem Mittelohr zugeordneter Knochen (Columella), der dann bei den *Säugern* als Steigbügel (Stapes) auftritt. Auch die zwei bei den Säugern nicht mehr am Kiefergelenk beteiligten Ersatzknochen werden ins Mittelohr eingegliedert: das Quadratum als Amboß (Incus), das Articulare als Hammer (Malleus). Das Mittelohr entsteht als dorsale Ausbuchtung aus dem Spritzloch der *Haie*. Seine äußere Öffnung schließt sich (dort entsteht das Trommelfell), die innere Verbindung zur Mundhöhle bleibt als Ohrtrompete (Tuba pharyngo-tympanica, Eustachische Röhre) erhalten.

Das Extremitätenskelett

Die paarigen Extremitäten der *höh. Wirbeltiere (Tetrapoden)* lassen sich auf die paarigen Flossen der *Fische* zurückführen (I, S. 118 C), die man sich wiederum aus den Seitenfalten (Metapleuralfalten; I, S. 118 B) des *Lanzettfischchens* so entstanden denken kann, daß in bestimmten Abschnitten Stützelemente gebildet wurden (Seitenfaltentheorie). Entsprechend entwickelten sich die unpaaren Flossen aus dem Flossensaum.

Auch der für Vorder- und Hinterextremität gleiche Skelettbau läßt sich, allerdings über hypothet. Zwischenstufen, aus dem Bau von Fischflossen herleiten. Eine mögl. Entw.-Reihe geht vom Flossentyp des *austral. Lungenfisches (Neoceratodus)* aus, der allerdings vom Bau der gewöhnl. Fischflosse erheblich abweicht (B).

Das Ergebnis der Entw. ist eine an die Fortbewegung auf dem Lande angepaßte 5strahlige (pentadactyle) Extremität. Die aus meist 9 Knochen bestehende Hand-(Fuß-)wurzel kann als Beweis für einen ursprünglich komplizierteren Bau gedeutet werden. In Anpassung an Sonderaufgaben kann dieser Bauplan stark abgeändert sein (z. B. Reduktion der Fingerzahl beim Vogelflügel). – Durch die stärkere Beanspruchung der Extremitäten bei Landtieren wird eine Verbindung zum Achsenskelett notwendig.

Der Schultergürtel der *Fische* ist eine mit dem Schädel verbundene Skelettspange aus Ersatzknochen, durch Deckknochen ergänzt. Durch die Reduktion des Kiemenapparats geht die Verbindung zum Schädel verloren. Bei den *Tetrapoden* bilden 3 Knochenpaare den Schultergürtel: Thoracale (bei den *Säugern* als Schlüsselbein oder Clavicula bezeichnet), Schulterblatt (Scapula) und Coracoid (bei *Säugern* nur als Fortsatz des Schulterblattes erhalten).

Der Beckengürtel, nur aus Ersatzknochen gebildet, ist bei den *Fischen* eine einfache Spange ohne Beziehung zur Wirbelsäule. Bei *höh. Wirbeltieren*, deren Becken stets aus 3 paarigen Elementen besteht (Schambein oder Pubis, Sitzbein oder Ischium, Darmbein oder Ilium), sind die Darmbeine fest mit der Wirbelsäule verbunden, deren Wirbel in diesem Abschnitt (Sacralregion) zum Kreuzbein verwachsen sind (5 beim *Menschen*, bis zu 23 bei *Vögeln*).

Der Blutkreislauf

zeigt die Entw. und Abwandlung eines Grundtyps bes. deutlich (C).

Bei den *Fischen* treibt das Herz das Blut durch den ventralen Arterienstamm, dann durch 4 od. 5 Paar die Kiemenbögen durchlaufende Kiemenarterien. Sie setzen sich in den Kiemenvenen fort, von deren 1. Paar die Kopfarterien oder Carotiden abzweigen. Die Kiemenvenen münden in die dorsalen Aortenwurzeln, die sich zur Aorta descendens vereinigen. Diese führt den Organen das Blut zu, von denen es dann wieder zum Herzen strömt.

Bei der kiemenatmenden *Amphibienlarve* behalten die 3 ersten Kiemenbögen ihre Funktion, der 4. wird zur Lungenarterie (noch als Kiemenbogen erkennbar, da durch den Ductus Botalli mit der Aortenwurzel verbunden). Bei Umstellung auf Lungenatmung werden die Kiemen durch Anastomosen (I, S. 89) umgangen, die Aortenwurzeln werden so unterbrochen, daß der 1. Bogen (Carotidenbogen) nur den Kopf versorgt, der 2. und 3. die Aortenbögen bilden.

Die *Reptilien* haben noch 2 getrennte Aortenwurzeln (dem 2. Kiemenbogen entsprechend), während bei *Vögeln* nur die rechte, bei *Säugern* nur die linke erhalten bleibt.

Das Herz verändert sich ebenfalls im Zusammenhang mit diesen Umwandlungen. Das Fischherz (1 Vorhof, 1 Kammer) führt nur venöses Blut; auch im Amphibienherzen (2 Vorhöfe, 1 Kammer) wird trotz Lungen- und Körperkreislauf das Blut erheblich durchmischt. Das ist schwächer auch bei den *Reptilien* der Fall, deren 2 Herzkammern nicht ganz getrennt sind. Erst bei *Säugern* und *Vögeln* sind die Kammern und damit Lungen- und Körperkreislauf völlig getrennt.

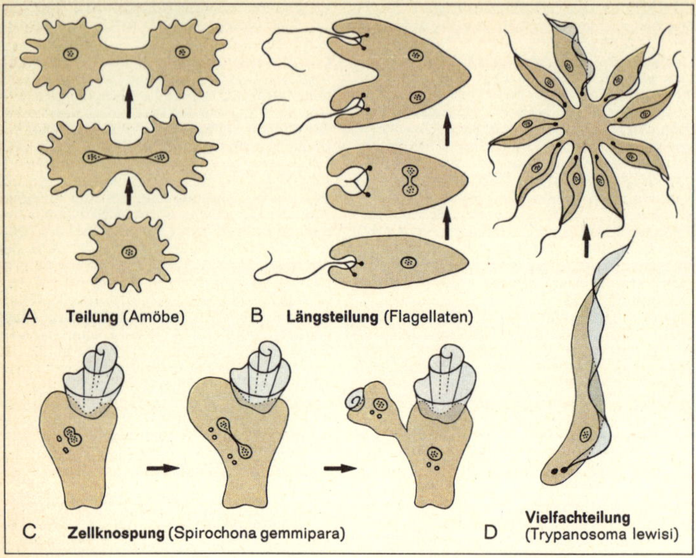

Monocytogene ungeschlechtliche Fortpflanzung bei Einzellern

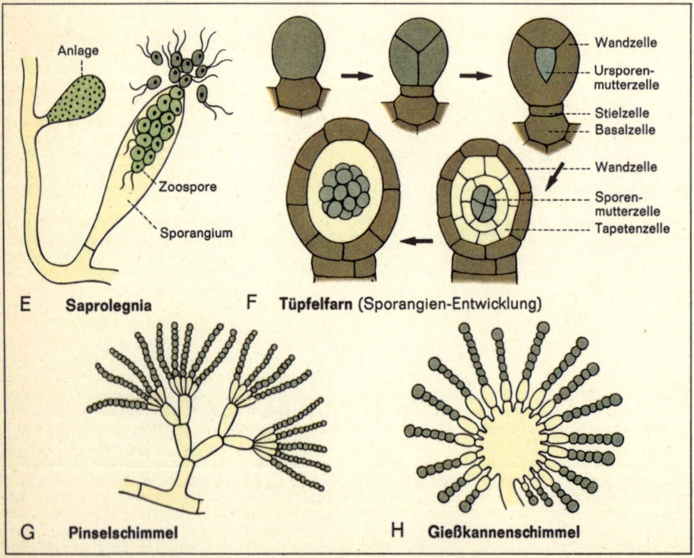

Monocytogene ungeschlechtliche Fortpflanzung bei Pflanzen

Zwei Grundvorgänge sichern den Fortbestand der Lebewesen im Wechsel der Generationen:
- Die **Teilung der Zellen** mit dem Ergebnis ihrer zahlenmäßigen Vermehrung.
- Die **Vereinigung der Zellen** infolge oder als Ausdruck der Sexualität.

Beides wird allg. im Zusammenhang mit der **Fortpflanzung** gesehen, also jenem Prozeß, bei dem »neue Individuen aus den vorhandenen entstehen« (HÄMMERLING). Die Zuordnung ist jedoch in der Natur vielfältiger:

1. Fortpflanzung und Vermehrung. Die Artindividuenzahl wird durch Fortpflanzung in versch. Weise beeinflußt:

a) **Vermehrung** ermöglichen sowohl die für *Protisten* typ. Zweiteilungen als auch die bei Vielzellern der Fortpflanzung als notwendige Vorbereitung vorausgehende Vermehrung der Keimzellen (I, S. 131).

b) **Verminderung** erfolgt bei sexueller Fortpflanzung von Einzellern, wenn ganze Elterntiere miteinander verschmelzen (Hologamie bei *Amoeba diploidea*).

c) **Zahlenkonstanz** stellt sich z. B. bei einigen *Kieselalgen* ein, wo zwei diploide unbeschalte Auxosporen (I, S. 47) verschmelzen und schließlich nach Teilung wieder zwei neue Individuen heranwachsen.

2. Fortpflanzung und Sexualität sind zwei grundsätzl. voneinander unabhängige Erscheinungen. Unter Sexualität versteht man eine **physiolog.-chem. Polarität,** die eine Umordnung genet. Information, normalerweise zw. zwei Individuen der gleichen Art, bewirkt oder sperrt. Sie tritt bei allen Organismenarten auf (Bd. II) und äußert sich, in der relativen Stärke unter dem Einfluß genet. oder äußerer Faktoren variierend, als gegensätzl. Tendenz (+ oder —) derselben Erscheinung, eben der Geschlechtlichkeit, ohne immer von der Ausprägung eines »Geschlechts« begleitet zu sein. HARTMANN erfaßt sie in den **Sexualitätsgesetzen** als
- eine Eigenschaft *aller* Lebewesen,
- die *Potenz* jedes Individuums, alternativ beide Geschlechter einzunehmen,
- die Fähigkeit, eine *relative* Stärke innerhalb der sexuellen Norm zu besitzen.

Obgleich die Beziehungen zw. Sexualität und Fortpflanzung erst vage bestimmt sind, heben sich doch zwei Haupttypen heraus:
- Fortpflanzung mit Sexualität, d. h. sexuelle, **geschlechtl. Fortpflanzung:** Das Lebewesen entwickelt sich aus einer weibl. Keimzelle (I, 131 f.); bei Befruchtung entsteht meist eine neue Gen-Kombination.
- Fortpflanzung ohne Sexualität, d. h. asexuelle, **ungeschlechtl. Fortpflanzung:** Das neue Lebewesen entsteht aus einem Teilstück des alten Organismus mit totipotentem somat. Material (I, S. 61). Nimmt die Entwicklung ihren Ausgang von nur einer Körperzelle, nennt man sie **monocytogen,** sonst **polycytogen** (I, S. 125).

Monocytogene ungeschlechtl. Fortpflanzung

1. Zweiteilung bei Einzellern: Der Organismus wird selbst als Ganzes zur ungeschlechtl. Keimzelle. Im Verlauf der Kernteilung beginnt die Zelle, sich in der Mitte einzuschnüren. Die Plasmabrücke wird immer dünner und reißt schließlich ab. Durch diese Zweiteilung wird also ein Eltern-Individuum in zwei Tochterzellen zerlegt, was als immaterieller Tod oder als potentielle Unsterblichkeit des Einzellers aufgefaßt werden kann. Bei den anscheinend unpolar organisierten *Amöben* verläuft die Teilung richtungslos (A), bei den *Flagellaten* und schiffchenförmigen *Kieselalgen* als Längsteilung (B), bei den polaren *Bakterien* (I, S. 40 B), *Blaualgen* (I, S. 42 A) und *Wimpertierchen* (I, S. 50 B) als Querteilung.

Dieses Grundschema einer unmittelbar auf die Kernteilung folgenden Plasmateilung wird von einigen *Protisten* abgewandelt. Bei der **Zellknospung** (C) einiger parasit. *Ciliaten* und *Suktorien* schnürt die Mutterzelle einen oder mehrere Sprößlinge ab, die erst nach einem kurzen Entwicklungsgang deren Größe und Aussehen erreichen. Bei manchen *Flagellaten*, *Wurzelfüßlern* und *Sporentierchen* wiederholt sich Kern- und seltener Organellenteilung mehrmals, bevor in einer **Vielfachteilung** (D) der Zellkörper gleichzeitig in zahlr. Sprößlinge zerfällt (bei der sog. Schizogonie des Malariaerregers *Plasmodium* bis zu 10000). Dabei stirbt ein Restkörper des elterl. Plasmas im Partialtod ab.

2. Bildung spezifischer Keimzellen: In vielzelligen Organismen dienen die meisten Zellen und ihre Teilungen dem Aufbau und der Erhaltung des Individuums. Neben diesen Körperzellen treten gelegentlich bei *Pflanzen* auch Einzelzellen zur ungeschlechtl. Fortpflanzung (**Agameten, Sporen**) auf, die die Totipotenz noch nicht eingebüßt haben.

Erste Ansätze zur Diff. solcher spez. Keimzellen zeigen die koloniebildenden *Phytoflagellaten*, wo bei *Eudorina elegans* noch alle Zellen der ungeschlechtl. Fortpflanzung dienen, bei *Pleodorina* und *Volvox* aber nur noch die der hinteren, generativen Zellkugelhälfte (I, S. 53). Obgleich die Agameten hier in einem bestimmten Teil des Mutterkörpers entstehen, fehlen noch bes. Organe der Sporenbildung. Solche Organe, die Sporen erzeugen, werden allg. Sporangien oder Agametangien genannt, tragen aber in spez. Fällen häufig bes. Namen. Sie sind bei den *nied. Thallophyten* Einzelzellen, die sich nur in der Form von den Körperzellen unterscheiden (E), dagegen bei den *Moosen* (I, S. 141), *Farnen* (I, S. 141) und *Blütenpflanzen* (I, S. 143) verwickelt gebaute, vielzellige Gewebekörper, in denen äußere sterile Zellschichten das sporenbildende (sporogone) Gewebe umschließen (F). – Bei vielen *Pilzen* entstehen die Sporen nicht innerhalb eines Sporangiums als **Endosporen,** sondern sie werden durch Sprossung gebildet und als **Exosporen** (Konidien) vom Körper abgelöst (G, H). – Sporen der *Algen* und *Pilze* sind häufig an die Verbreitung im Wasser angepaßt; sie sind durch Geißeln beweglich (Zoosporen). Die anderen *Thallophyten*, *Moose* und *Farne* besitzen unbewegliche, der Luftverbreitung angepaßte, meist derbwandige Aplanosporen.

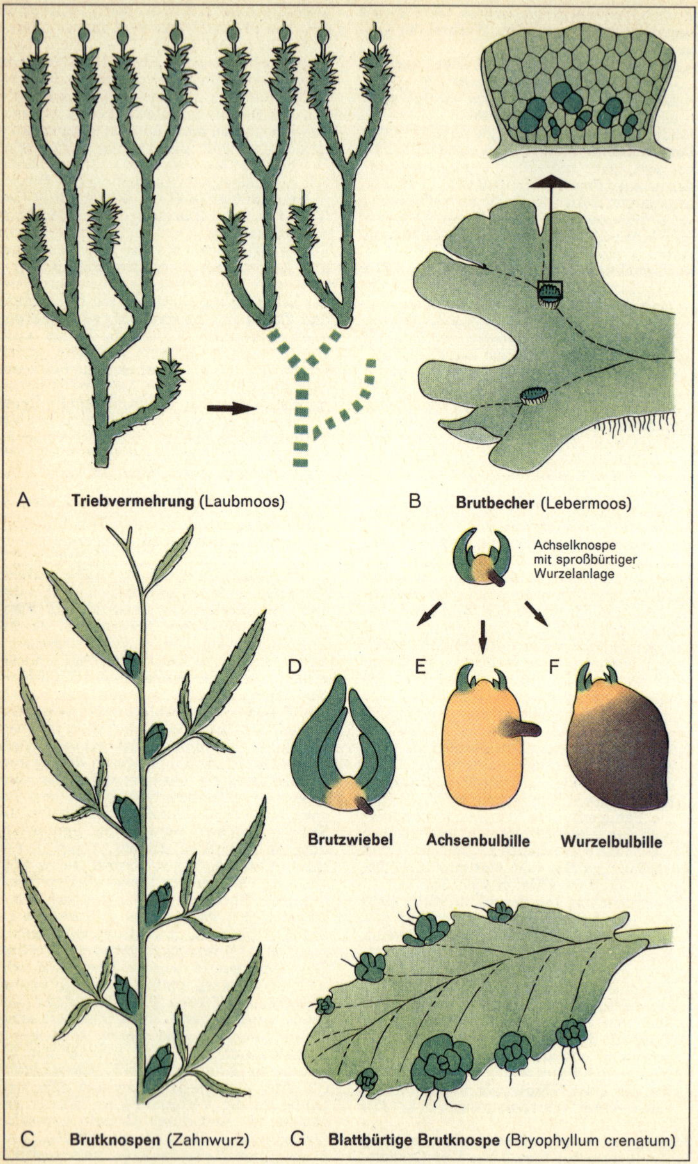

Polycytogene ungeschlechtliche Fortpflanzung bei Pflanzen

Während bei der Protistenzweiteilung und der Agametenbildung Einzelzellen isoliert werden, trennen sich bei der **polycytogenen Fortpflanzung** ganze Zellkomplexe mit embryonalen oder entdiff. Körperzellen ab, bei den *Pflanzen* also Teile des Vegetationskörpers mit prim. oder sek. Meristem (I, S. 63). Ein weiterer Unterschied zur monocytogenen Fortpflanzung beruht darauf, daß die polycytogene in den versch. Gruppen jeweils stammesgeschichtlich neu entstanden ist und ihr Auftreten nicht Ausdruck innerer Beziehungen zw. den betr. Organismen ist:

1. Fehlen besonderer Fortpflanzungsorgane: Weit verbreitet ist unter *Pflanzen* eine Vermehrung der Individualzahl ohne Ausbildung spez. Fortpflanzungskörper, indem sich Organe »spontan« oder als Folge mechan., oft gewaltsamer Eingriffe von außen ablösen und zu neuen Organismen heranwachsen. Eine solche Auflösung der Individualität eines sprossenden Vegetationskörpers zugunsten der wachsenden Zahl seiner »Ableger« wird durch die offene Gestalt der *Pflanze* ermöglicht und ist so typisch, daß man pflanzliche Organismen als »Dividuum« (A. BRAUN) bezeichnet hat.

Die Zellreihen mancher fadenförmiger *Blaualgen* zerfallen in wenigzellige Abschnitte, die fortkriechen und eine neue Zellkolonie bilden. Die Trennung vollzieht sich an den absterbenden Grenzzellen (Heterocysten, I, S. 43). – Auch die Faden- und Gewebethalli der *Algen* und *Pilze*, sogar hochorganisierte Formen wie die *Schlauchalge Caulerpa* vermehren sich durch Thalluszerfall.– Ähnl. können sich bei *Laubmoosen* (A), aber auch bei krautigen *Samenpflanzen* aus einem Trieb durch Verzweigung und anschließendes Absterben der älteren Teile mehrere Triebenden verselbständigen; z. B. hat sich die im vergangenen Jh. aus Amerika nach Europa eingeschleppte *Wasserpest* hier ausschließlich vegetativ vermehrt. In der gleichen Weise lassen sich, wie der gärtnerische Gebrauch der Stecklinge oder das Bewurzeln bodennaher Äste (Senker der *Brombeere*) bei Bodenkontakt zeigen, auch Holzgewächse vervielfachen: als Organreserve ruhen unter der Rinde Wurzelanlagen, die unter bestimmten Bedingungen auswachsen (sproßbürtige Wurzel, I, S. 95).

2. Besitz von Fortpflanzungsorganen: Viele *Pflanzen* bilden und nutzen spez. Organe aus, die ihnen eine »spontane«, von äußeren Zufällen unabhängige ungeschlechtl. polycytogene Fortpflanzung erlauben.

Unter den *Thallophyten* stellt das *Brunnenlebermoos (Marchantia polymorpha)* ein bekanntes Beispiel (B): Auf der Mittelrippe der Thallus-Oberseite bilden sich in zierlichen becherförmigen Auswüchsen, den **Brutbechern,** mikroskop. kleine, aber vielzellige, sich von den Stielzellen leicht ablösende Brutkörper. Sie bestehen aus mehreren Zellschichten, zwei seitl. Vegetationspunkten und einer Anzahl farbloser Zellen, den Anlagen späterer Rhizoiden.

Bei den *Kormophyten* können alle drei Grundorgane mit Hilfe meristemat. Gewebes in den Dienst der vegetativen Vermehrung treten.

a) **Die Wurzel** ist allerdings nur dann Träger der Ausbreitung, wenn sie über **Wurzelknospen** verfügt, die bei den *Samenpflanzen* ähnl. den Seitenwurzeln dem Perizykel (I, S. 81) entstammen, das äußere Dauergewebe durchbrechen und zu einem oberird. Trieb auswachsen. Infolge der zahlreich angelegten Wurzelsprosse treten z. B. manche *Sauerampfer*-Arten und die *Zypressenwolfsmilch* truppweise in dichten Beständen auf. Speichern die Wurzeln zudem Nährstoffe, so können sogar vom Wurzelsystem abgelöste Stücke zum Ursprung neuer *Pflanzen* werden *(Kratzdistel, Ackerwinde)*.

b) **Die Sproßachse** trägt sehr häufig mit ihren Seitensprossen zur vegetativen Vermehrung bei, die dann oft entweder internodial zu Ausläufern gestreckt oder knospenähnlich gestaucht sind. Während die *Erdbeere* und *Ajuga repens* oberird. **Ausläufer** entwickeln, geschieht das bei dem *Schilf Phragmites communis* und der *Sandsegge (Carex arenaria)* unterirdisch; bei allen entstehen aus regelmäßig angelegten Knospen neue, sproßbürtig bewurzelte *Pflanzen*. In manchen Fällen, z. B. bei der *Kartoffel*, bilden Ausläufer auch Sproßknollen aus, die als Speicher- und Überwinterungsorgan zugleich der Individualvermehrung dienen.

Als **gestauchte Sprosse** mit der Funkt. vegetativer Vermehrung sind die blattachselständigen, sich später ablösenden Brutknospen (Bulbillen) anzusprechen. Sie können Wurzeln bilden und ernähren sich, ähnl. dem Embryo bei der Samenkeimung, heterotroph. Stoffspeicherung bedingt eine Verdickung der Knospe; nach dem Ort der Speicherung unterscheidet man: **Brutzwiebeln** (D; bei *Küchenzwiebel*, *Schneeglöckchen* zw. den Zwiebelschalen, bei der *Zahnwurz* [*Cardamine bulbifera*] in den Achseln des gestreckten Sprosses [C]); **Achsenbulbillen** (E) und **Wurzelbulbillen** (F), wenn die Speicherfunkt. der Sproßachse *(Knöllchenknöterich)* oder der ersten Wurzel übertragen ist *(Scharbockskraut)*.

c) **Das Blatt** enthält bei versch. *Farnen* (z.B. *Asplenium bulbifera*) und *Dickblattgewächsen* in den Kerben der Fiederblätter prim. Meristemzellen, die **blattbürtige Brutknospen** bilden und entweder schon auf dem der *Pflanze* ansitzenden Blatt (G, *Brutblatt Bryophyllum crenatum*) oder nach dessen Abfall *(Br. calycinum)* zu kleinen Pflänzchen auswachsen. Das gleiche erreicht die *Fetthenne (Sedum Stahlii)* nach spontanem, *Sedum Weinbergii* nach mechan. verursachtem Blattabfall durch **indirekte Regeneration,** d.h. durch eine auf Wundgewebe zurückgehende Neuanlage von Sproßknospen und Wurzeln (Blattstecklinge). Bei zahlr. *Gräsern* (z.B. *Poa bulbosa var. vivipara*) wandelt sich unter extremen Bedingungen der Blütenstand in viele Sprößchen um **(unechte Viviparie).**

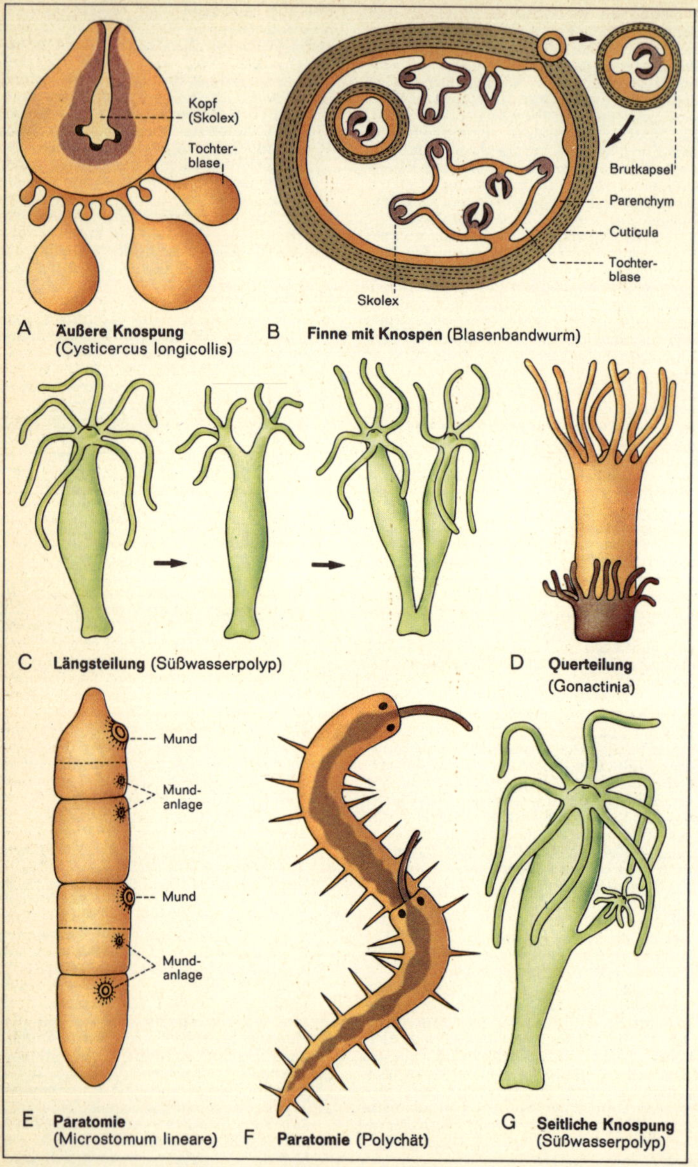

Polycytogene ungeschlechtliche Fortpflanzung bei Tieren

1. Teilung von Embryonen: Die ungeschlechtl. Fortpflanzung auf der Stufe der Frühentwicklung, die **Polyembryonie,** ist in manchen Fällen monocytogen, nämlich dann, wenn sich bereits die Eizelle bei der ersten Furchung ganz durchschnürt, wie dies unter künstl. Bedingungen im Schnürungsversuch (I, S. 177) erreicht wird. Natürlicherweise, aber als Ausnahmefall, werden so bei vielen Tierarten und auch beim *Menschen* **eineiige Zwillinge** gebildet.

Regelmäßige Zwillingsbildung wird bei dem *Regenwurm Lumbricus trapezoides* beobachtet, während bei den südamerikan. *Gürteltieren* durch Zerfall eines mehrzelligen Keimes normal eineiige Vier- und Achtlinge entstehen. Bei dem zu den parasitischen *Hautflüglern* gehörenden *Encyrtus tuscicollis* teilen sich die vier Kerne der Eizelle weiter, bilden Zellgruppen und liefern schließlich bis zu hundert Individuen.

2. Teilung und Knospung von Jugendformen: Während eine »Teilung« dann vorliegt, wenn ein Individuum in zwei oder mehr annähernd gleichgroße Teile zerfällt, bleibt bei der »Knospung« das Muttertier erhalten, und der Sprößling entsteht aus einem begrenzten Bezirk, der Knospungszone. Die Unterscheidung ist manchmal schwierig.

Viele *Hohltiere*, z. B. *Craspedacusta*, vermögen sich bereits als Planula-Larve zu teilen. Auch Larvenformen von *Bandwürmern* können sich ungeschlechtlich vermehren: Neben Querteilungen, z. B. bei *Taenia crassiceps*, und äußerer Knospung an der Finne von *Cysticercus longicollis* (A) verdienen vor allem die Tochterblasen der Finne des *Blasenwurms (Echinococcus granulosus)* Erwähnung. Die Larven dieses im Dünndarm von *Hunden* und *Katzen* lebenden *Bandwurms* dringen in den Zwischenwirt *(Rind, Mensch)* ein und erzeugen in der Leber, aber auch im Gehirn eine große Echinococcusblase. Hier entstehen in der unter einer geschichteten Cuticula liegenden Parenchymschicht schließlich Knospen, die meist nicht zu einem Kopf (Skolex), sondern zu einer Brutkapsel werden, die mehrere Köpfe erzeugt. Ferner werden nach außen und als »Echinococcengrieß« nach innen Tochterblasen abgeschnürt, die in 1 cm^3 bis 400000 Köpfe enthalten. Auf diese Weise vermehrt sich eine einzige Finne millionenfach (B).

Die zu den *Chordaten* zählenden *Seescheiden* treiben ihre Knospen mit außerordentlicher zeitl. und örtl. Mannigfaltigkeit; bei *Diplosoma* beginnt bereits die ausschlüpfende Larve damit, so daß ein Doppeltier mit gemeinsamem Schwanz entsteht.

3. Teilung und Knospung bei ausgewachsenen Organismen: Bereitstellung wenig diff. Materials oder ausreichende Regenerationsfähigkeit als Voraussetzung asexueller Fortpflanzung wird bes. bei *Hohltieren* und *Würmern,* aber auch bei einfachen *Chordaten* erfüllt. **Längs-** und **Querteilungen** können als einfache Durchschnürung des Körpers ohne merkbare Vorbereitung stattfinden (Architomie), oder sie erfolgen nach der Neuanlage von Organen (Paratomie).

Bei dem *Süßwasserpolypen Hydra* kann man in der Mitte des walzenförmigen Körpers eine Ringfurchung sehen, welche immer tiefer einschneidet und den Organismus in eine vordere und hintere Hälfte zerlegt. Erstere, in Besitz von Mundöffnung und Tentakelkranz, bildet die Fußscheibe, letztere hingegen Mundfeld und Tentakeln neu. Andererseits kann die *Hydra* auch vom Mundpol her zur Fußscheibe hin fortschreitend durchtrennt werden (C). Auch hier vollzieht sich die Teilung mit nachfolgender Regeneration, also als Architomie. Ähnliche Beispiele liefern unter den *Würmern* einige *Plathelminthen*, sogar *Polychäten* (z. B. *Ctenodrilus monostylos*).

Die *Seerose Gonactinia prolifera* (D), viele *Plathelminthen* und *Polychäten* (E, F) regenerieren bereits vor der Trennung, zeigen also Paratomie. Bei manchen Formen bildet sich nicht nur eine einzige Zone, in der sich indifferentes Gewebe zu neuen Organanlagen umformt, sondern mehrere; bei gewissen *Plathelminthen* (z. B. *Microstomum*) reihen sich sogar bis 30 versch. weit entwickelte, in einer Kette zusammenhängende Tiere aneinander.

Ähnlichkeit damit zeigt die endständige **Knospung** der *Scyphozoen* bei der es zu einer ringförmigen Abschnürung des tentakeltragenden Teils des Polypen, zur **Strobilation** kommt.

Häufig ist auch eine seitl. Knospung, die bei *Schwämmen*, *Hohltieren* (G), *Bryozoen* und *Tunikaten* vorkommt und die im Falle der dauernden Verbindung zw. Muttertier und Sprößlingen zur Bildung eines Tierstocks führt. Die Zahl der im Stock vereinigten Tiere, die Art ihrer Verbindung und Diff. ist sehr mannigfaltig und oftmals, z. B. bei den *Staatsquallen*, typisch. Der Knospungsvorgang höh. Tierformen *(Bryozoen, Tunikaten)* ist ungleich komplizierter, weil die verwickelten Organisationsverhältnisse ihn stark beeinflussen. – Neue *Polypen*, *Bryozoen* oder *Tunikaten* können auch aus wurzelähnl. Ausläufern (Stolonen) im Prozeß der **Stolonisation** entknospen.

4. Bildung vielzelliger Dauerformen: In einer Art innerer Knospung werden von versch. Tiergruppen Keimkörper ausgebildet, die ungünstige Umweltbedingungen mit Hilfe fester Hüllen überdauern.

Die Gemmulae (I, S. 55) finden sich vor allem bei den *Süßwasserschwämmen*. Innerhalb der Schutzhülle entsteht im Frühjahr aus dem mit Reservematerial versehenen Zellhaufen von Archaeocyten ein Schwämmchen.

Bei manchen *Moostierchen (Bryozoen)* des Süßwassers entstehen an den Stolonen knospenartige Anschwellungen, die mit einer chitinartigen, kalkhaltigen Hülle umgeben sind und als **Hibernakulae** den Winter überdauern. Gleiche Aufgaben erfüllen bei gemmulaähnlichen Bauverhältnissen die **Statoblasten** der *Moostierchen*, die ekto- und mesodermale Zellen enthalten und durch einen Schwimmring die Ausbreitung auf dem Wasser begünstigen.

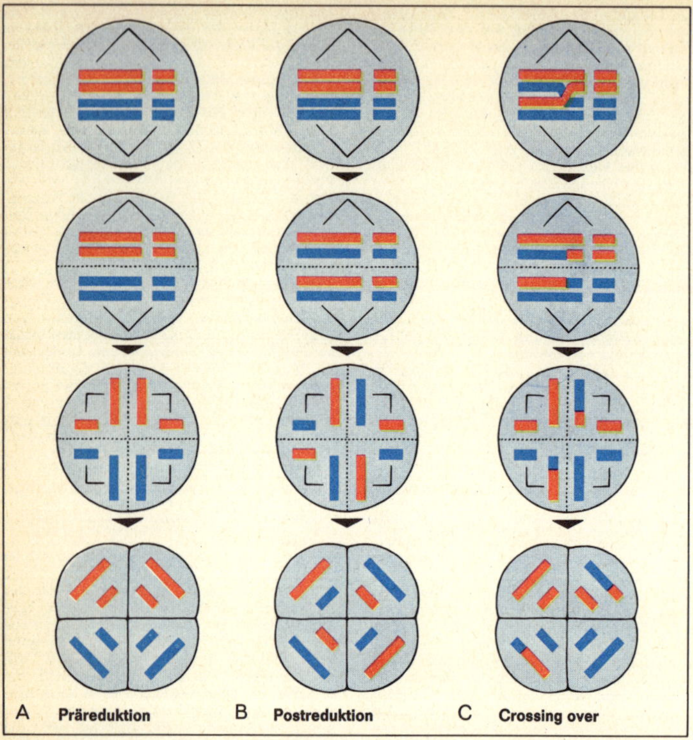

Chromosomen-Verteilung bei der Meiose

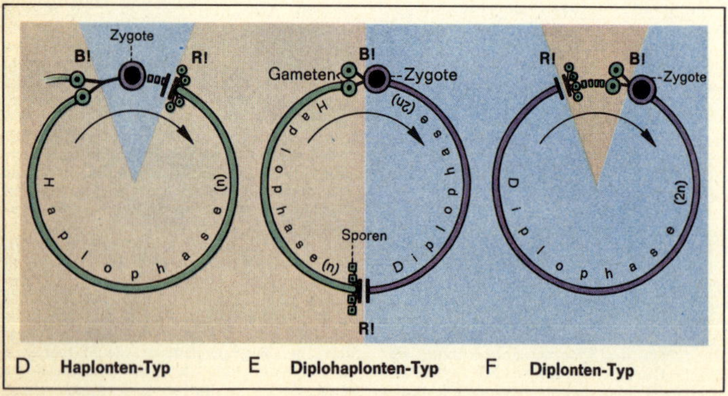

Kernphasenwechsel

Die Bedeutung der sex. Fortpflanzung erschöpft sich nicht in der Vermehrung der Individuenzahl, sie beruht vielmehr auf der ständigen Neukombination des elterl. Erbgutes in den Nachkommen, wodurch die genet. Variabilität einer Population gesichert ist. Sie ist damit eine wichtige Grundlage der Evolution (Bd. II). Die sex. Fortpflanzung umfaßt allg. die Bereitstellung totipotenter Geschlechtszellen (Gameten) mit einem nur einfachen (haploiden) Chromosomensatz (n) und die bei der Befruchtung stattfindende Verschmelzung von zwei geschlechtl. diff. Gameten zu einer Zygotenzelle mit doppeltem (diploidem) Chromosomensatz (2n).

Die Funktion der Meiose (Reifungsteilungen)
Die Zygotenbildung würde bei jeder Generation zu einer Verdoppelung der Chromosomenanzahl führen, wenn nicht vorher, spätestens aber bei der Gametenbildung, eine **Reduktion** (Rückführung) auf den haploiden Satz in der eine 1. und 2. Reifungsteilung umfassenden Meiose erreicht würde. Dabei werden die Chromosomen der beiden Partner gründlich durchmischt und nach Zufallsgesetzen so getrennt, daß eine **Neukombination** wahrscheinlich ist.
Durch eine Chromosomenpaarung mit Crossing over können homologe Chromosomen sogar untereinander Gene austauschen. Dieser **Umbau der Chromosomen** erfolgt ebenfalls in der Prophase der ersten Reifungsteilung, die deshalb bes. Beachtung verdient.

Der Verlauf der Meiose (A, B)
Schon vor dem Einsetzen des Teilungsvorgangs zeichnen sich die Zellkerne durch ungewöhnl. Größe und bes. lockere Verteilung des Chromatins aus.

Die Prophase der 1. Reifungsteilung, in der die Paarung der homologen Chromosomen erfolgt, kann sich im Gegensatz zu der mitot. Prophase über Wochen, sogar Monate erstrecken. Im **Leptotän** liegen Knäuel einzelner feiner, verschlungener Fäden vor, die sich im **Zygotän** unter schraubigem Aufrollen verkürzen. Im **Pachytän** haben sich alle homologen Chromosomen derart parallel gepaart, daß die einander entspr. Abschnitte auf ihnen genau nebeneinander liegen. Da jedes Chromosom zu diesem Zeitpunkt schon längsgeteilt ist, bilden die vier Chromatiden der Chromosomenpaare eine Tetrade, bestehend aus je zwei Chromatiden mit väterl. bzw. mütterl. Erbgut. Die Gesamtzahl der Tetraden entspricht der haploiden Chromosomenzahl. Im **Diplotän** wird die Paarung wieder gelöst, doch wird dieser Vorgang an Stellen bes. inniger Chromatiden-Haftung oder Überkreuzung (Crossing over, C) verzögert. Hier können die Chromatiden zerbrechen, über Kreuz verheilen und damit zu einem Gen-Austausch zw. väterl. und mütterl. homologen Chromosomen führen (Bd. II, Koppelungsbruch). Im letzten Stadium der Prophase, der **Diakinese,** kontrahieren sich die Chromatiden sehr stark auf etwa $^1/_{10}$ der mitot. Prophaseform und verteilen sich regelmäßig an der Kernmembran.

Meta- und Anaphase der 1. Reifungsteilung sind der mitotischen ähnlich: in der Metaphase bildet sich eine Äquatorialplatte der Tetraden. Kernwand und Nukleolen verschwinden, die Kernspindel wird sichtbar. In der Anaphase trennen sich je zwei Chromatiden – also ganze Chromosomen – jeder Tetrade voneinander, wie es im Diplotän vorbereitet ist, und wandern zu den entgegengesetzten Spindelpolen.

Telophase, Interkinese und 2. Reifungsteilung schließen sich bald an. Da die Chromosomen bereits längsgeteilt an die Zellpole verlagert wurden, bilden sie keinen telophasischen Ruhekern, sondern leiten nach einer kurzen Interkinese aus ihrem prophasischen Zustand gleich die 2. Reifungsteilung ein, die nunmehr wie in einer normalen Mitose die bereits weitgehend voneinander gelösten Chromatiden trennt und damit aus den vier Tetraden-Chromatiden des Pachytäns die vier Meio-Gameten entstehen läßt.

Präreduktion und Postreduktion (A, B)
Bei der Trennung der pachytän. Tetrade in zwei Chromatidenpaare ist es z. T. dem Zufall überlassen, ob die Chromatiden der entstehenden Paare ursprünglich dem gleichen homologen Chromosom angehört haben, also durch bloße Teilung auseinander hervorgegangen sind, oder ob die Paare aus je einem Chromatid der beiden homologen Chromosomen bestehen. Ersteres, die **Präreduktion**, reduziert in der 1. Reifungsteilung, die zuletzt beschriebene **Postreduktion** in der 2. Reine Postreduktion sämtl. Chromosomen scheint selten zu sein, sie erfaßt aber häufig einzelne Chromosomenabschnitte (gemischte Reduktion).

Zeitpunkt und Ort der Meiose
Der Kernphasenwechsel (KW), d. h. die Veränderung der Chromosomenzahl, besteht darin, daß haploide Zellen durch Kopulation aus der Haplophase in einen diploiden Zustand, die Diplophase, gelangen und durch meiotische Reduktion wieder auf einen einfachen Chromosomensatz zurückgeführt werden. Der Zeitpunkt des Überganges von Diplo- zu Haplophase kann wechseln:

1. **Zygotischer KW (Haplonten-Typ,** D) ist am einfachsten und kommt bei vielen *Protisten* und einfachen *Algen* vor. Die Meiose findet bei der ersten Teilung der Zygote statt. Außer der Zygote sind alle Stadien haploid (reine Haplonten).
2. **Gametischer KW (Diplonten-Typ,** F) liegt vor, wenn die Meiose bis zur Bildung der Gameten hinausgeschoben wird; außer diesen sind alle Zellen diploid (reine Diplonten), z. B. *Kieselalgen*, *Metazoen*.
3. **Intermediärer KW (Diplohaplonten-Typ,** E) bei *höh. Algen*, *Pilzen*, *Moosen*, *Farnen* und *Samenpflanzen* läßt erst eine diploide Pflanze, den Sporophyten, entstehen, der aus zahlr. Sporenmutterzellen viele Gonen bildet, die zum Gametophyten auswachsen.

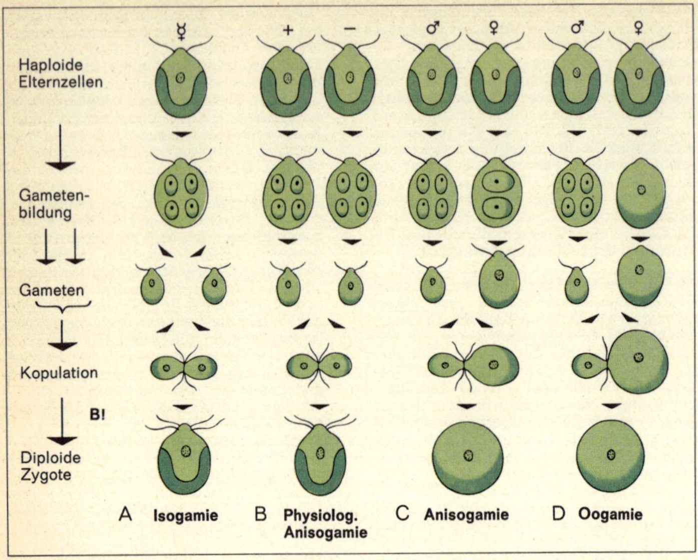

Verschiedene Arten von Gameten und geschlechtlicher Fortpflanzung (Chlamydomonas)

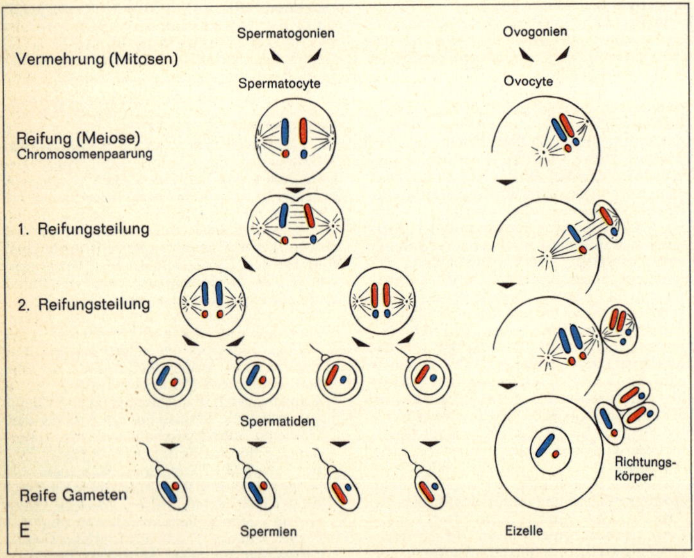

Spermien- und Eibildung bei Metazoen

Der Vergleich der Gameten und Agameten
Die Diff. einzelner Zellen zu Geschlechtszellen läßt in einer Entw.-Reihe von den ursprünglichen zu den höh. Organismen den Unterschied zw. Agameten und Gameten immer stärker hervortreten.
In den Gruppen, in denen beide monocytogene Fortpflanzungsarten auftreten, offenbart sich eine auffällige Ähnlichkeit ihrer Bildung und morpholog. Struktur: Im einfachsten Falle unterscheiden sie sich gar nicht. Lichtstärke, Nährsalz- oder Säurekonzentration bestimmen bei den *Phytoflagellaten Chlamydomonas eugametos* oder *Polytoma uvella*, ob die morpholog. gleichen Keimzellen miteinander verschmelzen oder sich ungeschlechtl. weiterentwickeln (**fakultative Funktionsbestimmung**). Geringe Größenunterschiede zw. Agameten und den kleineren Gameten des *Flagellaten Chlorogonium* rühren daher, daß erstere zu 8, letztere zu 16 in einer Zelle entstehen. Bei der *Grünalge Cladophora* ist nur noch die Entstehungsweise in einer morpholog. gleichartigen (homologen) Zelle, nicht aber die Gestalt der Keimzellen gleich.
Selbst bei höh. Organismen ist noch ein Vergleich der sex. und asex. Keimzellen möglich: von den *nied. Flagellaten* wie *Chlorogonium oogamum* bis zu den hochentw. *Blütenpflanzen* sind die Eizelle als große, reservestoffreiche, unbewegl. Aplanospore, das Spermium als begeißelte, bewegl., plasmaarme Zoospore zu homologisieren. Ob aus derselben Urkeimzelle Agamet, Ei oder Spermium entsteht, hängt nur von physiolog. Bedingungen ab.
Bei den vielzelligen *Tieren* kommen beide Arten der monocytogenen Fortpflanzung nur bei den *Mesozoen* vor. Hier ist ein Homologisieren noch möglich, während es bei den *Eumetazoen* nur die Geschlechtszellenbildung an sich, nicht aber die bes. Erscheinungen der Organe und ihrer Hilfsapparate erfassen kann.

Die zweigeschlechtl. Diff. der Gameten
läßt ebenfalls eine aufsteigende Entwicklung der Sexualität erkennen.
1. **Isogamie**: Äußerl. gleichgestaltete Gameten können im primitiven Falle (z. B. *Polytoma uvella*) wahllos miteinander kopulieren (A), oder die Gameten zeigen eine »physiolog. Anisogamie« (B), d. h. sie lassen sich nicht als männlich oder weiblich, sondern nur nach ihrem Paarungsverhalten als + oder — unterscheiden (z. B. *Chlamydomonas steini*). Bei dem *Sonnentierchen Actinophrys* sehen die Gameten ebenfalls gleich aus, aber während der eine (»weibliche«) Gamet stets passiv bleibt, streckt der andere (»männliche«) Pseudopodien aus und leitet die Verschmelzung ein (I, S. 134 A).
2. **Anisogamie**: Kleinere »männliche« Mikrogameten kopulieren mit reservestoffreichen, größeren »weiblichen« Makrogameten. Bei *Chlamydomonas braunii* verfügen beide über eine tätige Geißel (C), beim Makrogameten von *Chlamydomonas suboogamum* ist die Geißel funkt.-unfähig.
3. **Oogamie**: Bleibt der Makrogamet unbeweglich, so sucht aufgrund chem. Anlokkung das mobile Spermium die Eizelle auf. Diese Verhältnisse, die für alle *Metazoen* und die *höh. Pflanzen* typisch sind, finden sich schon bei *Chlamydomonas oogamum* (D).
Bei den *Metazoen* enthält die Eizelle viel Cytoplasma und Nahrungsstoffe (Dotter), während das Spermium eine hochdiff. Bewegungszelle ist und aus zellkernhaltigem Kopf, Schwanz und Zwischenstück mit Mitochondrien und Centriolen besteht.

Die Bildung der Geschlechtszellen
erfolgt bei den vielzelligen *Pflanzen* meist in 2 versch. Geschlechtsorganen (Gametangien). Die männl. **Antheridien** sind bei den *Thalluspflanzen* Einzelzellen oder hüllenlose Zellverbände, bei den *Moos-* und *Farnpflanzen* dagegen kleine Gewebekörper mit sterilen Wandungen und spermatogenem Gewebe. In den weibl. **Oogonien** *nied. Pflanzen* entstehen die Eizellen in Ein- oder Mehrzahl, in den kompliziert gebauten flaschenförmigen **Archegonien** der *Moose* und *Farne* hingegen nur in Einzahl. Während das Ei bei den primitiven Formen aus dem Gametangium ausgestoßen wird, verbleibt es bei *höh. Pflanzen* (z. B. *Samenpflanzen*, I, S. 143) im Gametangium.
Unter den vielzelligen *Tieren* werden zwei versch. Typen der Geschlechtsorgane (**Keimdrüsen, Gonaden**) mit jeweils männl. oder weibl. Ausprägung gebildet: die **Hoden** (Testes) und die **Eierstöcke** (Ovarien). Bei den *Schwämmen* und *Hohltieren* liegen die Keimzellen noch verstreut im Gewebe wie bei den pflanzl. *Volvox*-Organismen; bei der Mehrzahl der *höh. Tiere* treten streng lokalisierte, meist in Zweizahl bilateral angeordnete Gonaden auf, wobei die reifen Keimzellen primitiverer Formen (einige *Ringelwürmer*) in die Leibeshöhle fallen, bei den höh. Organismen dagegen von bes. Ausführgängen aufgenommen werden.
Werden von ein und demselben Individuum sowohl männl. wie weibl. Geschlechtsorgane ausgebildet, nennt man es gemischtgeschlechtlich (synözisch), bei Verteilung auf versch. Individuen getrenntgeschlechtlich (heterözisch).

Die Gametenbildung der Metazoen (E)
nimmt ihren Ursprung von diploiden, sich mitot. vermehrenden Spermatogonien bzw. Ovogonien, die sich unter Wachstum in Spermatocyten oder Ovocyten umbilden. Aus ersteren geht durch die Meiose eine Tetrade von vier gleich großen Spermatiden hervor, die sich alle zu den bewegl. Spermien differenzieren; aus letzteren dagegen nur jeweils eine Eizelle und die Richtungskörper: Bei der ersten Teilung der Ovocyte wandert nämlich ein Kern in eine sich abschnürende Knospe. In der zweiten Teilung verdoppelt sich dieser Richtungskörper, und die nun haploide Eizelle stößt einen weiteren Richtungskörper ab.

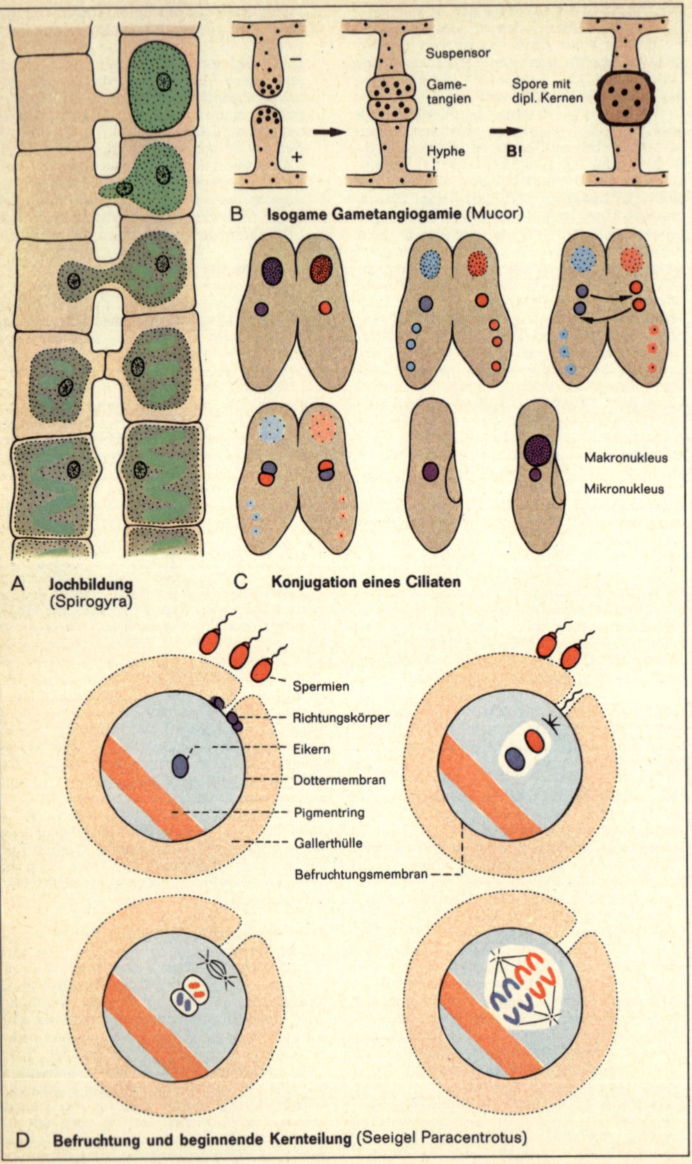

Typen und Phasen der Befruchtung

Bei der Befruchtung wird aus dem haploiden Zustand der Zelle der diploide hergestellt. Häufig wird dabei auch ein Anstoß zur Embryonalentwicklung gegeben.

Befruchtung bei Protisten und Pflanzen

1. Die Gametogamie, charakterisiert durch die Zell- und Kernverschmelzung zweier einkerniger Gameten, ist unter nied. Formen, ausschließl. aber bei *höh. Pflanzen* vertreten.

a) **Hologamie:** Hier verschmelzen zwei Gameten, die sich von gewöhnl. einzelligen Individuen nicht unterscheiden. Bei *Chlamydomonas* legen sich die beiden Gameten (I, S. 130 A–D) zusammen und bilden eine zunächst noch bewegliche viergeißelige Planozygote, die aber sofort in die Haplophase übergeht. Ähnlich verhält sich die *Schraubenalge Spirogyra* (A): Zwei geschlechtsverschiedene, aber morpholog. gleichgestaltete Fäden verkleben parallel miteinander, verschmelzen an den Berührungsstellen unter Bildung leitersprossenartiger Kopulationskanäle (Joch), durch die die männl. Protoplasten als Ganze zu den weibl. hinüberschlüpfen.

b) **Merogamie:** Hier kopulieren nicht ganze Zellindividuen, sondern die von ihnen, meist in Gametangien, erzeugten zahlreichen kleineren Gameten. Die Gameten bildenden Elternzellen nennt man Gamonten. Merogam sind unter den *Protisten* z. B. *Sporentierchen* (I, S. 49) und der *Phytoflagellat Chlorogonium*; außerdem mit Ausnahme einiger *Pilze* die meisten vielzelligen *Pflanzen*, die bei den *Algen* (I, S. 138), *Moosen* und *Farnen* (I, S. 140), vor allem aber bei den *Samenpflanzen* (I, S. 142) komplizierte Formen entwickelt haben.

2. Die Gametangiogamie ist ein Sonderfall der geschlechtl. Fortpflanzung, bei der keine Gameten mehr ausgebildet werden, sondern gleich vielkernige Gametangien miteinander verschmelzen. Diese Vielbefruchtung kann eine isogame Gametangiogamie gleichgestalteter Organe sein (z. B. *Mucor*, B); bei *Ascomyzeten* liegt anisogame Gametangiogamie vor (I, S. 139).

3. Die Somatogamie, die für die *Basidiomyzeten* charakteristisch ist, stellt die extremste Form dar (I, S. 139), denn hier werden nicht einmal Gametangien gebildet, sondern es verschmelzen normale Körperzellen miteinander (Plasmogamie). Da die Kernverschmelzung (Karyogamie) erst später, unmittelbar vor der Meiose, eintritt, schiebt sich ein Paarkernstadium (Dikaryophase) zw. Plasmo- und Karyogamie.

4. Die Konjugation der Ciliaten (C) ist ein von den übrigen Befruchtungsarten abzutrennender, rückgebildeter Vorgang. Die Partner verwachsen meist in der Mundgegend miteinander und trennen sich nach erfolgtem Kernaustausch wieder. Die dazwischen liegenden inneren Vorgänge sind dadurch gekennzeichnet, daß die Makronuklei zerfallen und resorbiert werden, während die Mikronuklei durch Meiose je 4 haploide Kerne entstehen lassen, von denen je 3 zugrunde gehen. Nur derjenige Kern eines jeden Partners, der der Konjugationsbrücke am nächsten ist, bleibt erhalten und teilt sich noch einmal in einen männl. **Wanderkern** und einen weibl. **stationären Kern.** Aus jedem Tier wandert der männl. Kern durch die Plasmabrücke in das andere und verschmilzt dort mit dem weiblichen. Der neue diploide Kern teilt sich mitot. und bildet Makro- und Mikronuklei.

Befruchtung bei Metazoen (D)

Der Vielfalt der Befruchtungsprozesse bei *Protisten* und *Pflanzen* steht die geradezu schemat. Gleichheit dieses Vorganges bei den vielzelligen *Tieren* gegenüber. Er ist immer eine merogame Gametogamie in der hochentwickelten Form der Oogamie und läßt sich willkürlich in drei Abschnitte einteilen:

1. Das Eindringen des Spermiums, die Besamung der Eizelle, ist im allg. das Ergebnis eines zufälligen Zusammentreffens. Äußere Einflüsse lösen die von geringen Stoffmengen gespeiste Spermienbewegung aus, die von Hemmstoffen (Androgamon I) vor vorzeitigem Energieverbrauch bewahrt wird. Gleichzeitig gibt das Ei ein die Spermien anlockendes und aktivierendes Gynogamon I ab. Bei der Berührung wird das Spermium durch das agglutinierende Gynogamon II fest an die Oberfläche des Eies gebunden, während das Spermium ein Androgamon II absondert, das die Eimembran enzymatisch auflöst und gleichzeitig die eigene Verklebung aufhebt. Bereits in dieser Phase wird eine Fremdbesamung dadurch verhindert, daß nur arteigene Spermien fest genug kleben.

2. Die Aktivierung des Eies nach der Besamung betrifft versch. Vorgänge. Bei den Eiern *höh. Tiere* wird in der Regel die zweite Reifungsteilung der Meiose erst nach der Besamung und durch diese aktiviert ausgelöst. – Bei einigen Eiern stülpt sich ein kegelförmiger Empfängnishügel als Ausbuchtung der Eimembran aus der gallertigen Oberfläche vor, die Rinde wird gelatinös fest (Befruchtungsmembran), das innere Plasma zeigt eine Verfestigung des Kolloidgerüstes. Eine mehrfache Besamung (Polyspermie) wird so verhindert. Allerdings kommt es bei dotterreichen Eiern *(Selachier, Vögel, Insekten)* natürlicherweise zum Eindringen zahlr. Spermien, die aber an der Embryonalentw. nicht beteiligt werden.

3. Die Verschmelzung der Kerne wird durch eine lebhafte Cytoplasmaströmung bewirkt. Der Spermienkopf quillt auf und wird zum männl. Vorkern. Ei- und Samenkern wandern aufeinander zu und verschmelzen. Das Mittelstück des Spermiums liefert die Centriolen der ersten Teilungsspindel, in der sich die nun sichtbaren Chromosomen beiderlei Herkunft zu einer Äquatorialplatte ordnen und damit den diploiden Chromosomensatz wieder herstellen. Die Chromosomen verdoppeln sich und die Zygote tritt in die erste Furchungsteilung der damit beginnenden Embryonalentw. ein (I, S. 167).

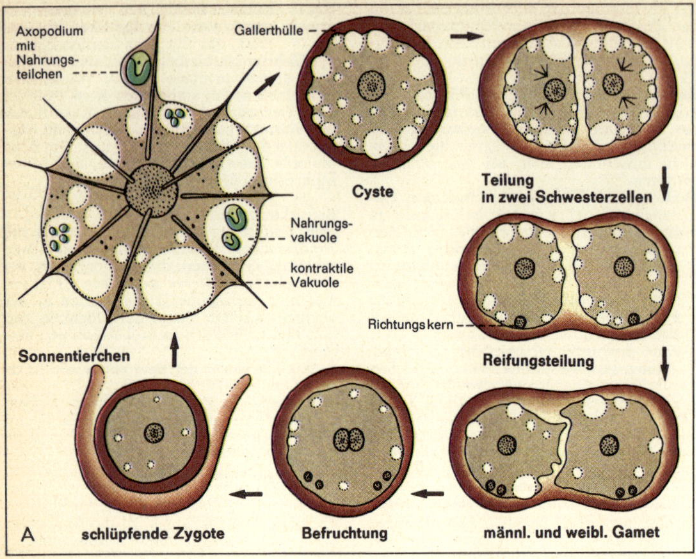

Pädogamie bei Sonnentierchen

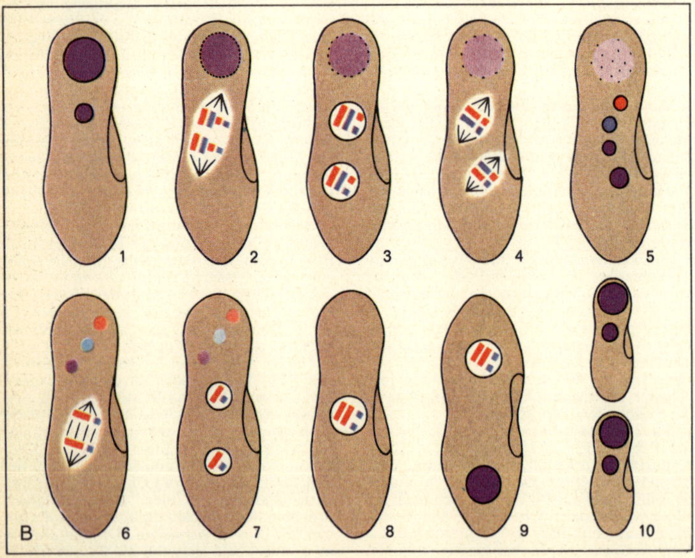

Autogamie bei Pantoffeltierchen

Die biol. Aufgabe der Sexualität liegt in der Erzeugung einer Vielfalt versch. Genotypen. Wesentlich ist also für sie die Fremdbefruchtung, bei der sich das Erbgut zweier versch. Eltern in der Zygote neu kombiniert. Dem stehen jene abgeleiteten oder ursprüngl. Vorgänge gegenüber, bei denen die Befruchtung zwangsläufig zw. verwandten Kopulanten oder überhaupt nicht erfolgt:

1. Obligator. Befruchtung zw. Geschwistern führt zu strenger Inzucht, bei der alle Vorteile der sex. Fortpflanzung preisgegeben zu sein scheinen. Sie ist bekannt von parasit. *Milben* (z. B. *Pediculopsis*) und *Hautflüglern* (z. B. *Telenomus fariai*); bei dem *Saugwurm Wedlia biparta* entstehen in einer Cyste zwei zwittrige, eineiige Zwillinge, von denen der kleinere die Hoden, der größere die Eierstöcke funktionsfähig ausbildet.

2. Pädogamie, d. h. die Kopulation von Gameten ein- und desselben Individuums, weist versch. Verwandtschaftsgrade auf – je nachdem, ob die kopulierenden Geschlechtszellen das Ergebnis einer einzigen Zellteilung sind oder ob zahlr. Mitosen dazwischen geschaltet sind. – Ersteres ist bei dem *Sonnentierchen Actinophrys* (A) verwirklicht, wo sich der Protist zu Beginn der Sexualphase zu einer Cyste einkapselt und mitot. zu zwei diploiden Schwesterzellen teilt. Beide verwandeln sich in einer der Eireifung höh. Organismen auffällig gleichenden Art in je einen Gameten und verschmelzen anschließend hologam. – Häufig ist auch der zweite Fall, wo von dem gleichen Individuum männl. und weibl. Geschlechtsorgane gebildet werden, deren Gameten dann verschmelzen. Solche Selbstbefruchtung bei Zwittern ist außer bei vielen *Pflanzen* von *Strudel-*, *Saug-*, *Bandwürmern*, *Schnecken* und *Fischen* bekannt und steigert vor allem die Vermehrung bei den durch Seßhaftigkeit oder Parasitismus isolierten Arten, bei denen eine Paarung erschwert ist. – Allerdings erfolgt eine Selbstbefruchtung bei Zwittern nur selten obligatorisch wie z. B. bei manchen *Veilchen*-Arten, die ganz auf Selbstbestäubung angewiesen sind, weil sich die Blüten gar nicht öffnen (Kleistogamie). Vielmehr sind versch. Mechanismen bei *Tieren* und *Pflanzen* entwickelt, die eine Eigenbefruchtung der Zwitter vollständig oder weitgehend verhindern:

- versch. Zeitpunkt der Funktionstüchtigkeit, d. h. vorausgehende Reife der männl. oder weibl. Gameten (Protandrie bzw. Protogynie),
- getrennte räuml. Anordnung der Geschlechtsorgane, z. B. von Staubbeuteln und Narben (Herkogamie),
- Selbststerilität bei Zusammentreffen genet. gleicher Gameten, z. B. durch Hemmen des Pollenschlauchwachstums.

3. Autogamie ist die Verschmelzung zweier Kerne innerhalb einer einzigen, ungeteilt bleibenden Zelle. Bei einem ungepaart bleibenden *Pantoffeltierchen* z. B. laufen alle Kernveränderungen wie bei der Konjugation ab (I, S. 133), doch verschmelzen Wander- und Stationärkern eines einzigen Individuums zu dem Zygotenkern (B).

4. Parthenogenese ist definitionsgemäß die Entw. einer unbefruchteten Eizelle. Allg. wird aber ein umfassenderer Sachverhalt damit benannt. Die ursprünglich als parthenogenet. bezeichnete Vermehrung isoliert gehaltener Weibchen von z. B. dem *Krebs Triops cancriformis* oder dem *Guppy (Lebistes reticulatus)* erwies sich als Selbstbefruchtung zwittriger Individuen mit weibl. Erscheinungsbild.

a) **Zygophasische Parthenogenese** liegt vor, wenn das sich entwickelnde, von keinem männl. Gameten befruchtete Ei einen zygot., also meist diploiden Chromosomensatz aufweist. – Die **zyklische Parthenogenese** nutzt die Vorteile der sex. und asex. Fortpflanzung aus, indem z. B. bei *Wasserflöhen* oder *Blattläusen* ein Wechsel zw. parthenogenet. und befruchtungsbedürftigen Generationen besteht (Heterogonie, I, S. 145). – Die **obligator. Parthenogenese** stellt dagegen ein in sich geschlossenes genet. System dar. In ihrer **ameiot. Form** ist die Meiose völlig unterdrückt, jede Gen-Neukombination unterbleibt, und alle Individuen einer solchen Organismengruppe bilden einen Klon, einen Stamm mit ident. Erbgut. Eine solche mitot. Entstehung von nicht reduzierten Eiern ist von der *Assel Trichoniscus elizabethae var. coelebs* bekannt. In der **meiot. Form** wird die Reduktion des Chromosomensatzes anschließend wieder rückgängig gemacht, indem z. B. beim *Salinenkrebs (Artemia salina)* der reduzierte Eikern wieder mit dem Richtungskörper verschmilzt oder wie bei der *Motte Solenobia triquetella* die ersten vier Furchungskerne paarweise zu zwei Zygotenkernen kopulieren. In diesen Verschmelzungsvorgängen von Schwesterkernen kann man auch den Extremfall einer Pädogamie, eine **Parthenogamie,** erblicken. Sie lassen noch eine beschränkte Variation des Erbgutes und damit eine evolutionäre Veränderung zu, sofern die Anlagen nicht reinerbig vorliegen.

b) **Gamophasische Parthenogenese** ist sowohl eine Form der Fortpflanzung als auch eine Art der Geschlechtsbestimmung (Bd. II): Befruchtete Eier entwickeln sich zu diploiden Weibchen, unbefruchtete parthenogenet. zu haploiden Männchen. Während die Eier normale Reifungsteilungen durchlaufen, fallen die Reduktionsteilungen bei der Spermabildung aus, es entstehen also aus einer Spermatocyte nur zwei Spermien. Unter den *Tieren* ist diese haploide Parthenogenese sechs- oder siebenmal unabhängig voneinander entstanden: *Rädertierchen*, *Milben*, *Gleichflügler (Homopteren)*, *Käfer*, *Blasenfüßler (Thysanopteren)* und alle *Hautflügler (Wespen, Ameisen, Bienen)*. Die Bienenkönigin wird nur einmal, beim Hochzeitsflug, besamt. Die Eier, die in eine Königin- oder Arbeiterwabe abgelegt werden, werden aus dem Spermavorrat befruchtet, die Eier in Drohnenwaben nie.

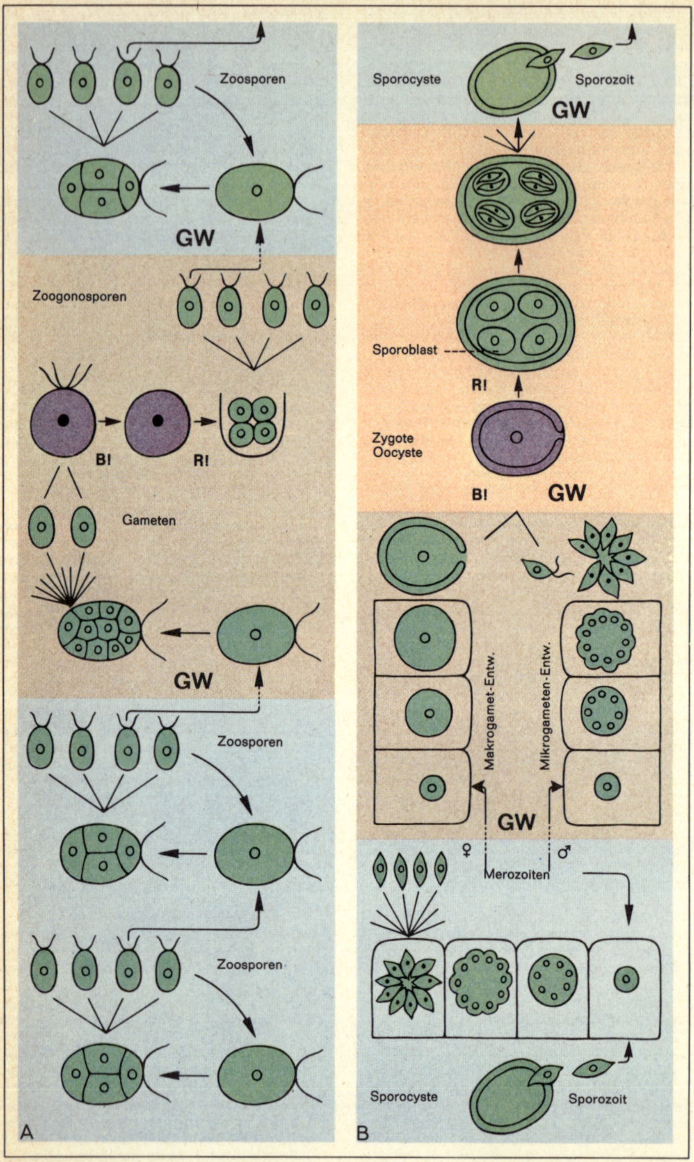

Fakultativer Generationswechsel (Chlamydomonas, A). – Obligater Generationswechsel (Eimera, B)

Kernphasen- und Generationswechsel

Der Kernphasenwechsel (KW) ist eine zwangsläufige Folge der sex. Fortpflanzung. Er erfolgt innerhalb des Entwicklungskreises der Organismen zwar zu versch. Zeitpunkten (I, S. 129), aber immer gesetzmäßig. Die Befruchtung tritt als Übergang von der Haplophase zur Diplophase, die Reifeteilungen als Reduktion der Diplophase zur Haplophase auf. – Beim zygot. und gamet. KW erstreckt sich die eine Kernphase nur über einen sehr kurzen Abschnitt des Generationszyklus, findet sich also nicht in einem selbständig über einen längeren Zeitraum hin bestehenden fortpflanzungsfähigen Organismus verwirklicht. Der Zyklus umfaßt also nur eine Generation.

Ein Generationswechsel (GW) ist ganz allg. jeder unregelmäßige oder periodische Wechsel zw. zwei oder mehreren Generationen, die sich versch. fortpflanzen und von denen eine immer nach einer, wenn auch unbedeutenden, Eigenentwicklung im Verlauf der sex. Fortpflanzung der Befruchtung bedarf. Bei dem **primären GW** folgt auf eine Generation, die befruchtungsbedürftige Gameten erzeugt, eine solche, die sich durch Agameten (I, S. 123) fortpflanzt, beim **sekundären GW** (I, S. 145) dagegen eine Generation mit sek., abgeleiteter Fortpflanzung wie Parthenogenese (I, S. 135) oder polycytogene Vermehrung (I, S. 127).

Generationswechsel und Gestaltwechsel sind nicht notwendigerweise miteinander verbunden. Manchmal sind beide Generationen gleich gestaltet (isomorpher GW, z. B. bei *Cladophora*), häufiger verschieden (heteromorpher GW), gelegentlich sogar derart, daß die beiden Generationen früher manchmal fälschl. für Angehörige versch. Arten gehalten wurden.

Verknüpfung von KW und GW ist bes. häufig zu beobachten: Bei diesem **heterophasischen GW** (I, S. 138–143) entwickelt sich aus der Zygote der Diplont, der unter Meiose Agameten bildet, aus denen Gameten erzeugende Haplonten entstehen. Daß KW und GW jedoch zwei voneinander grundsätzlich unabhängige Vorgänge sind, zeigt sich in den Fällen des **homophasischen GW**, bei dem alle Generationen in bezug auf die Kernwertverhältnisse gleich sind.

Primärer homophasischer Generationswechsel

Bei fast allen *Protisten* und *Thallophyten*, die über eine sex. Fortpflanzung verfügen, tritt ein prim. GW auf, da in all diesen Fällen außerdem noch asex. Fortpflanzung vorkommt. Vollzieht sich dabei der Wechsel zw. den Generationen in derselben Kernphase, folgt also der Generationszyklus entweder dem Haplonten- oder dem Diplonten-Typ, so liegt ein homophasischer GW vor. Voraussetzung dafür ist selbstverständlich, daß wirklich zwei versch. Generationen bestehen, also sex. und asex. Fortpflanzung nicht von ein und demselben Individuum ausgehen.

a) **Fakultativer Generationswechsel:** Bei vielen *Protisten* und *Thallophyten* folgen auf mehrere oder viele Generationen mit ungeschlechtl. Fortpflanzung Individuen, die Gameten ausbilden. Ein solcher Wechsel der Fortpflanzungsart nach unregelmäßiger Wiederholung meistens der agamen Vermehrung, also ein fakultativer GW, ist bei vielen einfachen Organismen verwirklicht, sowohl bei reinen Haplonten wie z. B. *Chlamydomonas-Flagellaten* (A), als auch bei reinen Diplonten, z. B. dem *Sonnentierchen Actinophrys sol.* – Während man früher annahm, daß wenigstens die regelmäßig ablaufenden GW allein aus inneren Entw.-Prozessen heraus eingeleitet würden, erkennt man jetzt jedem Organismus der in Betracht kommenden Arten die Fähigkeit zu, alle für die Spezies charakterist. Fortpflanzungsarten zu verwirklichen. Die Entscheidung, welche der Potenzen genutzt wird, treffen äußere Bedingungen. Allg. vermehren sich gut genährte Organismen ungeschlechtlich, während bei Nährstoffmangel mit Regelmäßigkeit die geschlechtl. Fortpflanzung einsetzt, z. B. *Volvox-Flagellaten, Algen (Vaucheria), Pilze* (*Saprolegnia*, I, S. 159), *Protozoen (Actinophrys, Didinium, Paramaecium)*. Aus Experimenten dieser Art muß man schließen, daß auch die in der freien Natur beobachteten GW vieler *Protisten* und *Thallophyten* fakultativ sind und ihre Regelmäßigkeit Ausdruck period. Schwankungen der Umwelt ist.

b) **Obligater Generationswechsel:** Für *Sporozoen* scheint der GW im wesentlichen festgelegt zu sein. Deshalb bezeichnet man ihren prim. homophasischen GW als obligat. Er verläuft in der haploiden Phase, die Generationen sind heteromorph.

Ähnlich dem Entwicklungskreis des Malariaerregers *Plasmodium* (I, S. 49), der aber wegen der relativen Selbständigkeit des diploidzygot. »Würmchens« einem heterophasischen GW nahekommt, verläuft der als homophasisch aufgefaßte Zeugungskreis der *Coccidien*. – Als Beispiel möge der Erreger der Kaninchen-Coccidiose *Eimeria stiedae* dienen (B): Infektionskeime (Sporozoiten) gelangen, in Kapseln eingeschlossen (Sporocysten), mit dem Futter in den Wirtsorganismus, dringen in Epithelzellen des Dünndarms und der Lebergänge ein und bilden durch Vielfachteilung (Schizogonie) ungeschlechtlich die Merozoiten, die erneut Epithelzellen befallen. Nach mehrfacher Schizogonie entsteht die Geschlechtsgeneration, die sex. diff. ist: die Mikrogametocyte bildet merogam viele bewegl. Mikrogameten, die Makrogametocyte hologam einen Makrogameten. Nach der Befruchtung beginnt in der Zygote mit den beiden Reifungsteilungen die zweite ungeschlechtl. Vermehrungsphase, die Sporogonie. Die vier reduzierten Sporoblasten einer jeden Zygote teilen sich zu je zwei Sporozoiten, die eine Neuinfektion einleiten können.

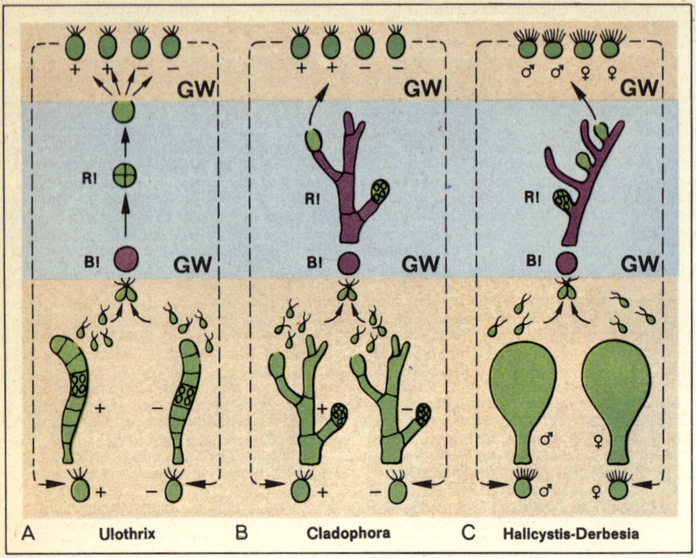

Generationswechsel bei Algen

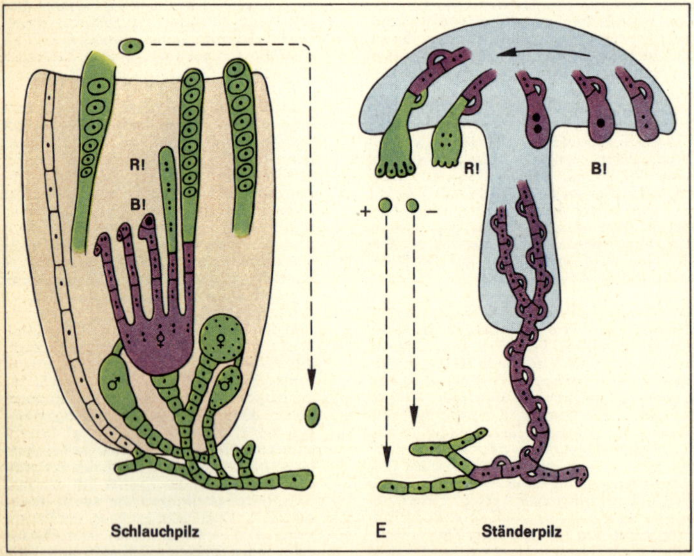

Generationswechsel bei Pilzen

Heterophasischer Generationswechsel ist dadurch gekennzeichnet, daß die Reduktion mit einer ungeschlechtl. Fortpflanzung durch Sporen (genauer: Gonosporen) verbunden ist und demnach eine diploide »ungeschlechtliche« Generation, der **Sporophyt,** mit einer haploiden Geschlechtsgeneration, dem **Gametophyten,** abwechselt. – Beide können sich unter Umständen noch außerhalb eines obligaten GW zusätzlich ungeschlechtlich durch Gonidien vermehren, sporenähnl. Einzelzellen mit gleicher Kernphase wie die Ursprungspflanze.

KW und GW bei Grünalgen

Vom Normalverlauf des GW weichen viele *Grünalgen* durch Spielarten ab, die sich hier wie bei den *Braunalgen* entspr. der Sporophytenausbildung zu drei Haupttypen des GW und KW zusammenfassen lassen:

1. Der Ulothrix-Typ (A) ist der primitivste, denn die Entw. verläuft im haploiden Zustand. Diploid ist nur die Zygote. Ein GW fehlt also.

Die im Süßwasser häufige *Ulothrix zonata* (I, S. 24 A) bildet als der Gametophyt in beliebigen Fadenzellen (Gametangien) zahlreiche zweigeißelige Isogameten. Die Gameten zweier verschiedengeschlechtiger (+/—) Fäden verschmelzen paarweise. Die viergeißelige diploide Zygote schwimmt zunächst umher, geht nach Abwurf der Geißeln in einen Ruhezustand über und keimt unter Meiose zu 4 haploiden Gonosporen aus, von denen je 2 eine plus- bzw. minusgeschlechtige Potenz haben. Sie schlüpfen aus der Zygotenhülle, setzen sich fest und wachsen wieder zu fädigen Gametophyten aus.

Ein ausgeprägter GW ist bei der dem Ulothrix-Typ folgenden *Grünalge Stigeoclonium subspinosum* zu beobachten, bei der sich die Bildung eines Sporophyten anbahnt: der Zygote entwächst gelegentlich ein wenigzelliger Faden, dessen Zellen meiot. Sporen bilden.

2. Der Cladophora-Typ (B) umfaßt einen GW, bei dem beide Generationen gleichmäßig berücksichtigt und gleichgestaltet sind (isomorpher GW).

Die äußerlich gleichen, aber + und — diff. Gametophyten lassen in unmodifizierten Zellen Gameten entstehen, die nach dem Ausschwärmen kopulieren. Aus der Zygote entwächst ein diploider Sporophyt, der sich äußerlich nicht von den Gametophyten unterscheidet. An Stelle der Gametangien bildet er Sporangien, in denen durch Meiose haploide Gonosporen entstehen.

3. Der Halicystis-Derbesia-Typ (C) ist ein heteromorpher GW, bei dem der Sporophyt reicher organisiert ist.

Die etwa 1,5 cm große blasenartige *Schlauchalge Halicystis ovalis* bildet getrenntgeschlechtige Gametophyten, die Anisogameten entlassen. Als Sporophyt ist ihr die *Derbesia marina* zugeordnet. Deren eiförmige, durch eine Trennwand als kurze Seitenzweige abgegliederte Sporangien entlassen die mit einem Kranz zahlreicher Geißeln ausgestatteten Gonosporen.

KW und GW bei Pilzen

Während unter den primitiveren *Algenpilzen* z. B. *Blastocladiella* durch den regelmäßigen isomorphen GW an die Verhältnisse bei *Algen* erinnert, sind bei den *höh. Pilzen (Eumyzeten)* beide Generationen versch. ausgeprägt. Auch tritt an die Stelle einer Merogamie hier Gametangiogamie oder Somatogamie, bei denen Zell- und Kernverschmelzung durch Einschalten der Paarkernphase zeitl. und räuml. auseinanderrücken.

1. Schlauchpilze (Ascomyzeten, D): Im Falle eingeschlechtiger *Schlauchpilze* bildet das gametophyt. Myzel an einigen Hyphenenden des Fruchtkörpers ein vielkerniges Gametangium: Das rundl. weibl. **Ascogon** legt sich mit dem auf seinem Scheitel entspringenden Fortsatz, der Trichogyne, an das keulenförmige männl. **Antheridium.** Trichogyne und Ascogon verschmelzen (Plasmogamie), die männl. Kerne wandern in das Ascogon, wo sie sich mit dessen Kernen paaren, ohne zu verschmelzen. Das Ascogon treibt darauf mehrere Schläuche aus, die **ascogenen Hyphen,** in die die Kernpaare einwandern und sich gleichzeitig (konjugiert) teilen. So entsteht ein paarkerniger Sporophyt. Das Flechtgewebe des Fruchtkörpers besteht demnach aus dem haploiden Gametophytenmyzel, das von dem paarkernigen Sporophyten in Form der ascogenen Hyphen durchzogen ist.

Aus den Endzellen der Sporophyten bilden sich schließlich die **Hakenzellen,** in denen sich die beiden Kerne noch einmal teilen. Von den jeweils 4 Kernen bleiben 2 geschlechtsverschieden in der Spitze der Hakenzelle und verschmelzen nach Abgrenzung durch eine Querwand zum diploiden Zygotenkern (Karyogamie). Die Spitze der Hakenzelle wird zum Sporangium, dem **Ascon,** in dem mit 3 Teilungen 8 haploide Gonosporen, die Ascosporen, entstehen.

2. Ständerpilze (Basidionyzeten, E): Aus + und — diff. Basidiosporen entstehen verschiedengeschlechtige einkernige Myzelien unbegrenzten Wachstums. Treffen deren Fäden aufeinander, so verschmelzen ihre Zellen (Plasmogamie) zum paarkernigen Sporophyten, ohne daß Gametangien ausgebildet werden (Somatogamie). In einem der Hakenbildung der *Schlauchpilze* homologen Vorgang entstehen **Schnallen.**

Das so gebildete Schnallenmyzel wächst durch Hyphenverflechtung schließlich zum Fruchtkörper heran, an dem sich, meist auf der Schirmunterseite, ein palisadenartiges **Hymenium** aus basidienbildenden Hyphen entwickelt. Die Endzellen dieser Hyphen schwellen zu keulenförmigen **Basidien** an, in denen die Kerne verschmelzen (Karyogamie) und anschließend in 2 Reifungsteilungen zu 4 haploiden Kernen reduziert werden. Die Spitze einer Basidie stülpt kleine Auswüchse, die **Sterigmen,** aus, in deren anschwellendes Ende je ein Kern einwandert und mit ihm als Gonospore **(Basidiospore)** abgeschnürt wird. Von den 4 Sporen gehören je 2 dem gleichen Geschlecht an.

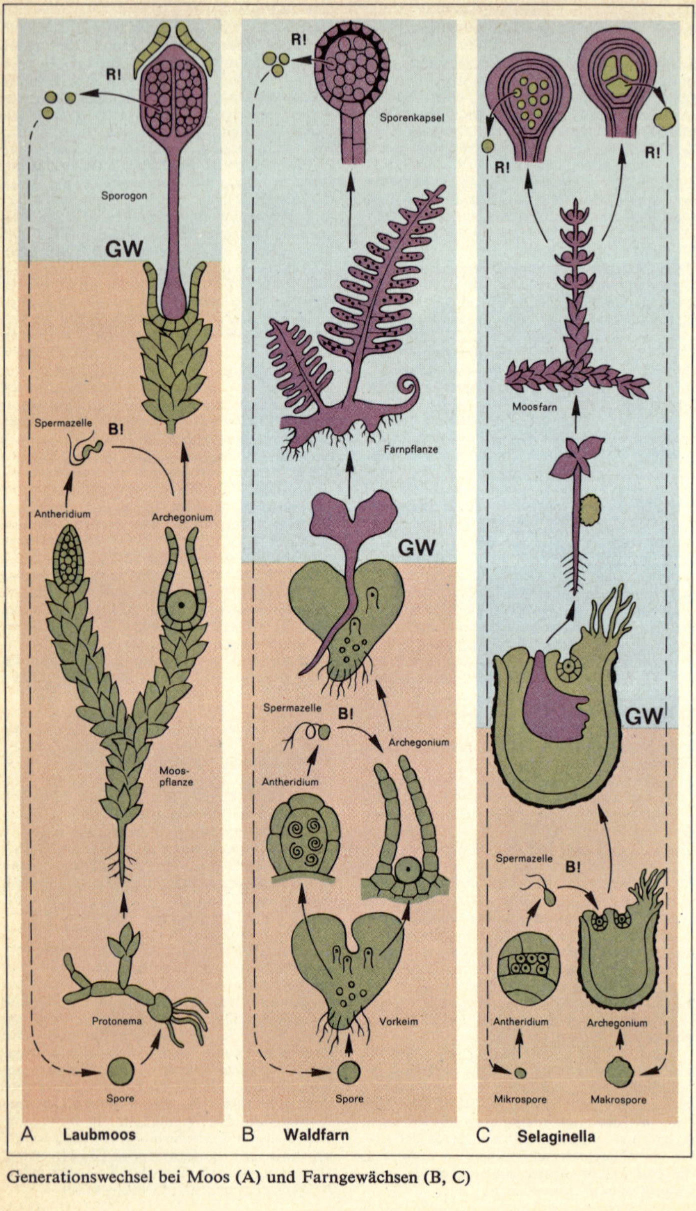

Generationswechsel bei Moos (A) und Farngewächsen (B, C)

Der **Generationswechsel der Archegoniaten,** also der wegen ihrer gleichartigen weibl. Gametangien unter diesem Begriff zusammengefaßten *Moose* und *Farngewächse*, zeigt eine Entw.-Linie von den *Moosen* über isospore zu heterosporen *Farngewächsen*, die sich in der zunehmenden Reduktion des Gametophyten zugunsten des Sporophyten ausdrückt.

1. GW der Moose (A): Aus der kleinen einzelligen, haploiden Gonospore eines *Mooses* keimt ein fädiger, sich verzweigender, vielzelliger Vorkeim (Protonema). An ihm entsteht aus seitl. Knospen die grüne Moospflanze (Gestaltwechsel des haploiden Gametophyten) mit den syn- oder heterözisch verteilten, endständigen Gametangien:
Das weibl. **Archegonium** ist ein flaschenförmiges Organ, dessen Bauch- und Halsteil aus einer Schicht steriler Zellen aufgebaut ist und außer Kanalzellen nur eine Eizelle enthält.
Das keulenförmige männl. **Antheridium** (Mikrogametangium) umschließt das spermatogene Gewebe, aus dem korkenzieherartige zweigeißelige Spermien hervorgehen.
Zur Befruchtung, die nur in Gegenwart von Wasser (Regen, Tau) erfolgen kann, öffnet sich das Archegonium an der Spitze, die Kanalzellen verschleimen und entlassen einen best. Stoff (*Lebermoose*: Proteine; *Laubmoose*: Rohrzucker), der die Spermien chemotakt. anlockt. Die Eizelle wird im Archegonium befruchtet und keimt dort sofort zum diploiden Sporophyten, dem **Sporogon,** aus, das mit seinem Fuße in der Moospflanze verankert und damit unselbständig bleibt.
Im gestielten, ovalen Sporenbehälter (Sporenkapsel) läßt das Archespor durch Meiose Gonosporen entstehen (I, S. 122 H), die nach Abwerfen des Deckels ausgestreut werden.
2. GW isosporer Farngewächse (B): Bei den meisten *Farngewächsen (Pteridophyten)* sind alle Sporen untereinander gleich (Isosporie); damit verbunden ist bei diesen Formen die haploide Geschlechtsgeneration meist zwittrig.
Bei unseren *Waldfarnen (Polypodiaceen)*, z. B. dem *Wurmfarn (Dryopteris filix-mas)*, keimt die Spore zu einem wenige mm großen, herzförmigen grünen, dem Boden anliegenden Gametophyten aus, dem **Prothallium.** Dieses hinfällige, an ein einfaches thallöses *Lebermoos* erinnernde Pflänzchen ernährt sich autotroph und legt an der lichtabgewandten Seite zunächst Antheridien, später auch Archegonien an. Nach Befruchtung der Eizelle eines Archegoniums durch ein vielgeißeliges Spermium, zu der eine Wasserbenetzung des Prothalliums nötig ist, entwickelt sich aus der Zygote der zunächst noch vom Gametophyten ernährte Embryo des diploiden Sporophyten. Während das Prothallium abstirbt, wird der Keimling zur kormophyt., mehrjährigen Farnpflanze mit Wurzeln, Stamm und Blättern. Ihre zugleich auch assimilierenden Wedel besitzen auf der Unterseite **Sori,** Häufchen kleiner Sporenkapseln (Sporangien), die von einem Hüllorgan, dem **Indusium,** überschirmt werden. Jedes der ~ 100 Sporangien eines Sorus bildet gewöhnlich 48 **Gonosporen** von Bohnenform, die durch einen bes. Öffnungsmechanismus in der Sporangienwand ausgestreut und durch den Wind verbreitet werden.
Bei den ebenfalls isosporen **Schachtelhalmen** ist der grüne Gametophyt autotroph, beim **Bärlapp** farblos saprophytisch, aber jeweils im gleichen Maße reduziert wie bei den *Farnen.*
3. GW heterosporer Farngewächse (C): Bei den *Farngewächsen* tritt Getrenntgeschlechtigkeit der Gametophyten und Ausbildung versch. großer Sporen häufig zusammen auf. Die kleineren **Mikrosporen** des zu den *Bärlappgewächsen* zählenden *Moosfarns (Selaginella)* wachsen nur zu männl. Prothallien aus, die größeren, nährstoffreicheren **Makrosporen** dagegen zu dem weibl. Prothallium. Beide Gametophyten haben den sterilen Teil des Vegetationskörpers hochgradig rückgebildet und sind auf heterotrophe Ernährung durch Reservestoffe angewiesen:
Das männl. **Mikroprothallium,** das die Spore überhaupt nicht verläßt, besteht nur aus einer einzigen vegetativen Zelle und dem Antheridium. Das weniger reduzierte weibl. **Makroprothallium** tritt etwas aus der Sporenwand heraus, nimmt mit einigen Rhizoiden Wasser auf und legt drei Archegonien an. Die Befruchtung erfolgt nach starker Regenbenetzung auf dem Boden. Bei manchen Arten verbleibt jedoch die Makrospore auf dem Sporophyten und wird dort befruchtet. Der niederliegende, sich gabelig verzweigende Sporophyt mit schuppenartigen Blättern richtet sich in den endständigen Sporophyllständen **(Blüten)** auf. Jedes Sporenblatt (Sporophyll) der Ähre trägt nur ein einziges, der Blattachsel entspringendes Sporangium: die **Makrosporophylle** die Makrosporangien, die **Mikrosporophylle** die Mikrosporangien. Bei ersteren gehen alle Sporenmutterzellen bis auf eine zugrunde, welche die 4 haploiden Makrosporen eines Sporangiums liefert, während in den Mikrosporangien zahlr. kleine Sporen entstehen.
Bei anderen *Farngewächsen* kann die Tendenz zu hochentwickelten Merkmalen noch stärker ausgeprägt sein: Bei den *Wasserfarnen (Hydropteriden)* entstehen in den Makrosporangien fertile Makrosporen nur noch in Einzahl; die Entw. der Prothallien vollzieht sich innerhalb der Sporangien, die zudem von einem geschlossenen Indusium eingehüllt *(Schwimmfarn Salvinia natans)* oder von einem Blatteil bedeckt sind *(Kleefarn Marsilea quadrifolia)*, wodurch Sporenfrüchte (Sporokarpien) entstehen.
Bei dem fossilen **Samenbärlapp** *(Lepidokarpon)* kann man sogar Samenbildung beobachten: Das Makrosporophyll legt sich als Hülle (Integument) um das Sporangium, in dessen Innerem die befruchtete Eizelle des Prothalliums den neuen Sporophytenembryo entwickelt, während das ganze Organ noch auf dem Muttersporophyten sitzt.

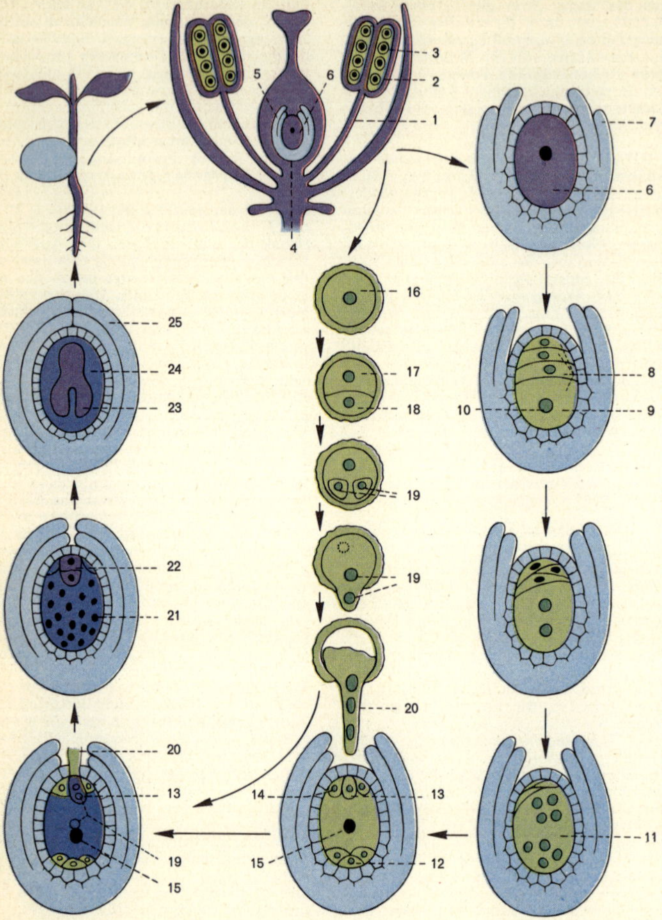

1 Staubblatt
2 Pollensack
3 Pollen
4 Fruchtblätter
5 Samenanlage
6 Embryosackmutterzelle
7 Integument
8 Makrosporen
9 Embryosackzelle
10 prim. Embryosackkern
11 Embryosack
12 Antipoden
13 Eizelle
14 Synergiden
15 sek. Embryosackkern
16 Pollenkorn
17 vegetative Zelle
18 generative Zelle
19 Spermakerne
20 Pollenschlauch
21 Endospermkern
22 Proembryo
23 Keimling
24 Nährgewebe
25 Samenschale

Generationswechsel bei Bedecktsamern

Die **Höherentwicklung im Bereich des GW** von den *Farnen* bis zu den *Samenpflanzen* ist allg. gekennzeichnet durch

- Vergrößerung des Sporophyten,
- Reduktion des Gametophyten,
- Heterosporie (versch. große Sporen),
- Verringerung der Makrosporenzahl,
- Zusammentreten bes. Sporenblätter (Sporophylle) zu Blüten (Sporophyllstände begrenzten Wachstums),
- Verbleib der Makrospore im Sporangium und Befruchtung daselbst,
- Unselbständigkeit des weibl. Gametophyten, der organisch und physiologisch mit dem Sporophyten verbunden bleibt,
- Samenbildung,
- Verzicht auf Wasser als Übertragungsmittel für Mikrogameten,
- Reduktion der Mikrogameten.

Die letzten Merkmale sind bes. typisch für die am höchsten entwickelten *Samenpflanzen*, die so den anfälligeren haploiden Gametophyten vor äußeren Unbilden schützen. Allein der Sporophyt tritt als selbständige und auffällige Generation auf, der GW vollzieht sich verborgen. Die Gleichwertigkeit der entspr. (homologen) Erscheinungen bei *Farngewächsen* und *Samenpflanzen* wurde erstmalig 1851 von HOFMEISTER erkannt; seitdem bestehen zwei Begriffssysteme nebeneinander.

1. GW der Bedecktsamer (Angiospermen): Der Sporophyt der *Angiospermen*, sei es ein Baum, Strauch oder Kraut, trägt Blüten. Die einzelnen männl. **Staubblätter** (Mikrosporophylle) besitzen in dem gestielten Staubgefäß 4 Pollensäcke (Mikrosporangien). In ihnen entstehen durch Meiose aus den diploiden Pollenmutterzellen (Mikrosporenmutterzellen) je 4 haploide Pollenkörner (Mikrosporen). Der Kern eines Pollenkorns teilt sich zu Beginn der Mikroprothallien-Entw. in einen vegetativen oder Pollenschlauchkern und einen generativen oder antheridialen Kern, die alleinigen Überreste des Mikroprothalliums und Antheridiums. Der generative Kern schließlich geht in den 2 **Spermakernen** (Mikrogameten) auf.

Die Samenanlagen (Makrosporangien) der weibl. Blüten stehen auf **Fruchtblättern** (Makrosporophylle). Im Gegensatz zu den *Nacktsamern* sind die Samenanlagen von häufig 2 Integumenten bedeckt und liegen nicht mehr frei, sondern im Inneren eines Fruchtknotens, der aus einem oder mehreren Fruchtblättern gebildet wird. Im Nucellus, dem eigentl. Makrosporangium, gliedert sich eine größere Zelle aus, die Embryosackmutterzelle (Makrosporenmutterzelle), von deren 4 meiot. entstandenen, haploiden Makrosporen nur eine bestehen bleibt, die **Embryosackzelle.** Diese entwickelt sich zum wenigzelligen weibl. Makroprothallium, dem **Embryosack,** das kein Archegonium mehr ausbildet: der **prim. Embryosackkern** teilt sich innerhalb der stark wachsenden Embryosackzelle in 8 Kerne, von denen je 3 zu den Polen des Embryosackes wandern und sich mit eigenem Plasma und einer Membran umgeben. Die basisnahen **Antipoden** haben ernährungsphysiolog. Aufgaben, die oberen drei Zellen bilden den aus einer **Eizelle** und zwei **Gehilfinnen** (Synergiden) bestehenden Eiapparat. Die restl. beiden Kerne verschmelzen im Zentrum des Embryosacks zum diploiden **sek. Embryosackkern,** der meist zellwandlos bleibt.

Bei der Bestäubung fällt das Pollenkorn auf die Narbe, der Pollenschlauch wächst durch den Griffel bis zum Eiapparat, wo er sich durch enzymat. Wirkung der Synergiden öffnet (Pollenschlauchbefruchtung). Der vegetative Kern geht zugrunde, die beiden vermutlich amöboid bewegl. Spermakerne vollziehen eine **Doppelbefruchtung:** Der eine verschmilzt mit dem Eikern zu einer Zygote (generative Befruchtung), der andere kopuliert mit dem diploiden sek. Embryosackkern und bildet den triploiden Endospermkern (vegetative Befruchtung). Die Zygote wächst zunächst zu einer Zellreihe, dem Proembryo, heran, aus dessen vorderen Zellen der Keimling (Embryo) entsteht, während vom Endospermkern die Anlage des Nährgewebes (Endosperm) ausgeht. Gleichzeitig wandeln sich die Integumente zur Samenschale um. Drei Teile bilden also den **Samen,** von dem die Entw. eines selbständigen, jungen Sporophyten wieder ihren Anfang nimmt: Keimling, Nährgewebe und die beides umhüllende Samenschale.

2. GW der Nacktsamer (Gymnospermen): Die im Vergleich zu den *Bedecktsamern* primitiveren und stammesgeschichtl. älteren *Nacktsamer* weisen in ihrem GW Verhältnisse auf, die denen der heterosporen *Farngewächse* noch näher stehen.

Die einfachsten Vertreter, die **Cycadeen,** zeigen noch sehr deutl. Anklänge an den Entwicklungsgang der entspr. *Farngewächse*: Die Blütenstände ähneln denen der *Schachtelhalme*; die Staubblätter tragen wie bei *Farnen* zahlreiche, z. T. sorusähnlich zusammenstehende Pollensäcke; die Fruchtblätter lassen alle Übergänge von laubblattähnl. bis zu schuppenförm. Sporophyllen erkennen. Wie bei den *Bedecktsamern* wird ein Pollenschlauch gebildet; er dient aber nur zur Verankerung, denn die Befruchtung wird von reichbegeißelten Spermien vollzogen, die in die Archegonien eindringen. Das Gewebe des Makroprothalliums ernährt den Embryo.

Die **Nadelhölzer** *(Coniferen)* haben einfache Zapfenblüten ohne Perianth. Die männl. Blüten tragen an den Staubblättern zwei Pollensäcke, die weiblichen an den Fruchtblättern zwei Samenanlagen, die wie bei allen *Nacktsamern* nur ein Integument besitzen, durch eine Mikropyle frei zugängl. sind und jeweils nur einen Embryosack bilden. Dieser enthält mehrere Archegonien mit Hals- und Bauchkanalzelle samt einer Eizelle. Das Mikroprothallium besteht aus je einer Prothallium-, vegetat. und generat. Zelle; letztere erzeugt die Stielzelle, den Rest des Antheridiums und die spermatogene Zelle, die schließlich 2 Spermazellen bildet.

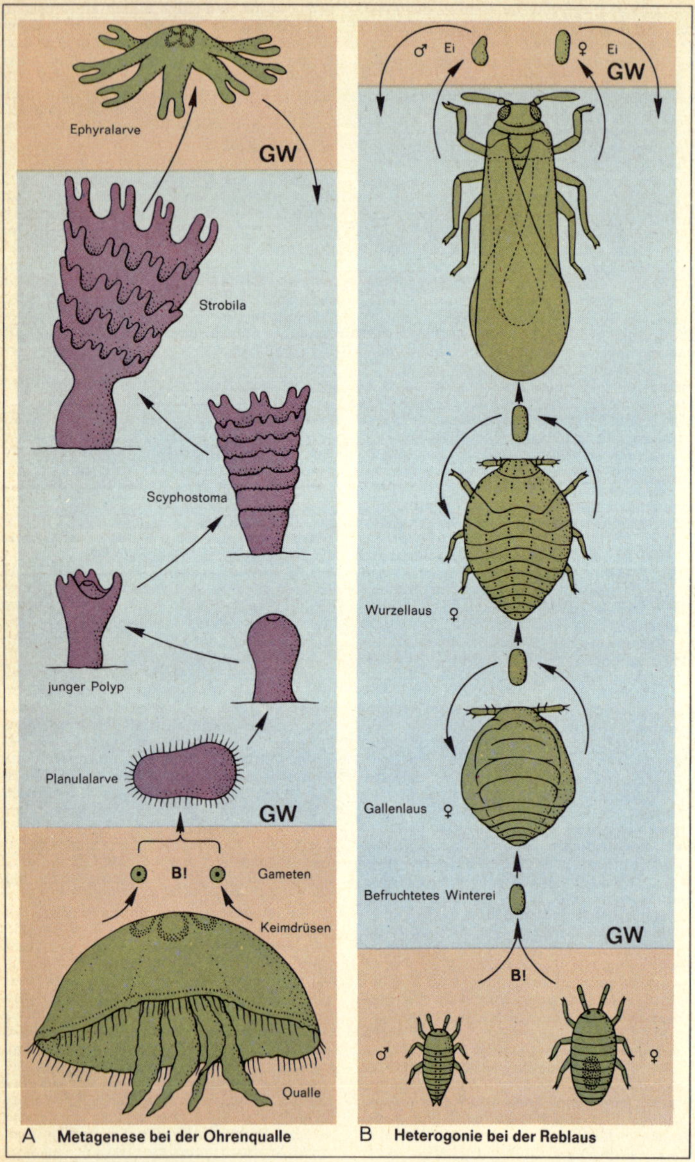

Sekundärer Generationswechsel

Wie bei *Protisten* und *Pflanzen* können auch bei vielzelligen *Tieren (Metazoen)* versch. Formen der Fortpflanzung bei einem Individuum oder innerhalb der Art auftreten.

Während ungeschlechtl. polycytogene und geschlechtl. Fortpflanzung bei manchen Tierarten gleichzeitig (z. B. *Hydropolyp*) oder nacheinander (z. B. manche *Ringelwürmer*) bei ein und demselben Organismus beobachtet werden können, verteilen sich diese Vermehrungsformen häufig auf versch. Individuen und Generationen, wodurch ein GW zustande kommt.

Einen Fortpflanzungskreis, in dem sich geschlechtl. befruchtungsbedürftige Generationen mit solchen abwechseln, die sich ungeschlechtl. polycytogen vermehren, nennt man **Metagenese.** – In gleicher Weise kann auch der Wechsel zw. einer befruchtungsbedürftigen geschlechtl. Fortpflanzung und ihrer Rückbildungsform, meistens Parthenogenese, einen GW begründen, nämlich die **Heterogonie.**

Beide Typen werden **sekundäre Generationswechsel** genannt, weil die eine Generation abgeleitete, sekundäre und nicht wie bei der monocytogenen Agametenbildung primäre, d. h. ursprüngl. Fortpflanzungsarten aufweist. Eine innere Beziehung zum prim. GW besteht nicht. Ein KW spielt natürlich keine Rolle, der Gestaltwechsel ist unterschiedl. ausgeprägt.

1. Metagenese: Die Möglichkeit einer Metagenese ist überall dort gegeben, wo bei vielzelligen Organismen eine ungeschlechtl. polycytogene Fortpflanzung durch Teilung oder Knospung vorkommt (I, S. 127), vor allem also bei *Manteltieren*, *Moostierchen*, *Würmern* und *Hohltieren*. Bes. auffällig ist der GW bei den *Hohltieren*, wenn die beiden Generationen sich gestaltlich als *Polyp* (= festsitzend) und *Qualle* (*Meduse* = frei beweglich) unterscheiden:

Die geschlechtl. Generation der **Schirmquallen** *(Scyphomedusen)*, z. B. einer *Ohrenqualle* (*Aurelia aurita*, A), erzeugt Eier und Spermien, nach deren Kopulation zunächst die winzige, frei umherschwimmende **Planula-Larve** entsteht. Diese setzt sich fest, wächst zu der ungeschlechtl. Generation des hydraartigen **Becherpolypen** heran und beginnt im Prozeß der Strobilation (I, S. 127) die Mundscheibe abzuschnüren. Der ersten Ringfurche folgen eine ganze Reihe, wodurch die Strobila entsteht. Nach der Umbildung der Scheiben lösen sich diese als frei schwimmende junge *Quallen* ab (Ephyren), wachsen stark und werden geschlechtsreif.

Unter den **Hydrozoen** wird allerdings die geschlechtl. Generation der *Quallen* oft rückgebildet. Sie zeigt – fernab von einem KW – in Analogie zu den Verhältnissen bei *höh. Pflanzen* von den völlig selbständigen *Quallen* (z. B. *Obelia*) über die zwar freien, aber zur Nahrungsaufnahme unfähigen Formen (z. B. *Plumularia*), bes. bei den sich nicht mehr ablösenden Gonophoren, alle nur denkbaren Stufen der Rückbildung bis hin zu einem Schlauch, der zw. Ekto- und Entoderm Geschlechtszellen trägt.

Bei den zu den **Manteltieren** *(Tunikaten)* zählenden *Salpen*, an denen die Erscheinung des GW überhaupt durch A. von Chamisso entdeckt wurde, pflanzt sich die in Einzelindividuen (»Ammen«) lebende ungeschlechtl. Generation nur so fort, daß am Hinterende durch einen Knospungsvorgang in Ketten lebende Tiere entstehen, die sich ihrerseits nur geschlechtl. vermehren und dadurch Ammen erzeugen. Beide Generationen, die obligat aufeinander folgen, unterscheiden sich auch in Gestalt, Größe und innerer Diff.

2. Heterogonie: Abgesehen von den Fällen, wo eine getrenntgeschlechtige mit einer zwittrigen Generation abwechselt (wie z. B. bei dem *Fadenwurm Rhabdias bufonis*, wo die erstere in der Erde, die letztere parasit. in der Lunge von *Fröschen* lebt), folgen bei der Heterogonie parthenogenet. und befruchtungsbedürftige Generationen aufeinander. Diese »zyklische Parthenogenese« verbindet also die Entwicklungsgeschwindigkeit und Fruchtbarkeit der parthenogenet. Generation mit den Vorteilen genet. Neukombination bei geschlechtl. Fortpflanzung.

Bei der *Reblaus* (*Dactylosphaera vitifolii*, B) entschlüpfen den befruchteten Wintereiern im Frühjahr lauter flügellose Weibchen, die *Gallenläuse* (Fundatrix). Diese stechen Rebenblätter an, erzeugen dadurch Gallen, in die jedes Tier bis zu 500 Eier legt. Daraus entstehen parthenogenet. teils wieder *Gallenläuse*, teils *Wurzelläuse*, welche an den Wurzeln des Weinstocks saugen. Auch sie lassen mehrere Generationen gleichartiger *Wurzelläuse* entstehen, bis sie im Herbst eine dritte parthenogenet. Generation erzeugen, die geflügelten Weibchen (Sexupara), die neue Rebstöcke befallen und an der Blattunterseite größere und kleinere Eier ablegen. Aus ersteren schlüpfen die Weibchen, aus letzteren die Männchen der zweigeschlechtigen Generation, die flügellos, sehr klein, ohne Stechrüssel ist und sich alsbald begattet. Das Weibchen legt schließlich ein einziges Winterei ab, womit der Entwicklungskreis geschlossen ist.

Jahreszeitl. regelmäßige Heterogonie-Zyklen sind entgegen früherer Annahme vielfach nicht durch einen inneren, erbl. Rhythmus bestimmt. Bei *Wasserflöhen (Kladozeren)* z. B. bilden sich bei best. gleichmäßigen und günstigen Bedingungen nur parthenogenet. Weibchen, während durch extreme Temperatur, Hunger und Vergiftung des Wassers mit Ausscheidungsstoffen der Tiere jederzeit die geschlechtl. Generation erzeugt werden kann. Bei *Wasserflöhen*, *Rädertierchen*, *Blattläusen* entstehen also unter den günstigen Sommerbedingungen parthenogenet. vermehrte Generationen, unter den verschlechterten Verhältnissen des Herbstes beiderlei Geschlechtstiere. Dadurch werden im Winter neue, als Folge der Befruchtung entstandene Gen-Kombinationen der natürl. Auslese ausgesetzt (Bd. II).

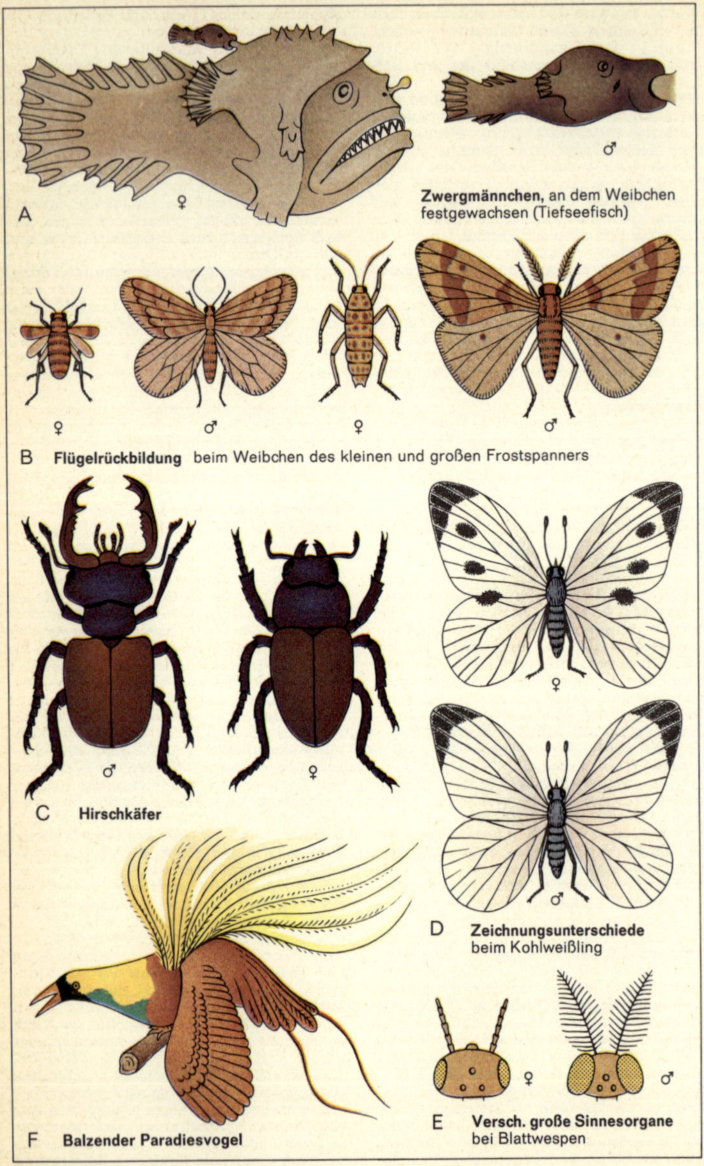

Körperliche Unterschiede der Geschlechter

Im Gegensatz zu den im ganzen Pflanzen- und Tierreich einheitl. Prinzipien der Sexualität (I, S. 123), Reifungsteilungen (I, S. 129), Befruchtung (I, S. 133) und Geschlechtsbestimmung (Bd. II) sind die spez. fortpflanzungsbiol. Erscheinungen in den versch. Organismengruppen sehr mannigfaltig. Da sich die Evolution der Arten ungerichtet vollzogen hat, konnte eine Fülle z. B. der Blütentypen (I, S. 103), der GW (I, S. 136ff.) oder der Sexualunterschiede im Körperbau und Verhalten der *Tiere* entstehen, wenn damit nur der Bestand der Art gesichert war. Beispiele aus dem Tierreich (I, S. 146–157) belegen dies in den Bereichen der geschlechtl. Zweigestaltigkeit (Sexualdimorphismus), Werbe- und Kampfverhaltensweisen, Besamung, Brutfürsorge und Brutpflege.

Geschlechtsdimorphismus bei Tieren

Getrenntgeschlechtige *Tiere* zeigen stets einen **prim. Sexualdimorphismus,** d.h. unterschiedl. Größe und Beweglichkeit der Keimzellen und versch. Ausprägung der Keimdrüsen, ihrer Ausführgänge und der Begattungsorgane (prim. Geschlechtsmerkmale); er dient immer unmittelbar der Befruchtung und läßt sich als Erscheinung aus dem Prinzip der Arbeitsteilung ableiten.

Daneben ist ein **sek. Sexualdimorphismus** vor allem bei *höh. Tieren* ausgeprägt. Er umfaßt Organe, die mit dem Geschlechtsapparat anatomisch nicht zusammenhängen (sek. Geschlechtsmerkmale), und erstreckt sich in den versch. Arten auf alle mögl. Teile des Körpers, ja sogar die gesamte Gestalt.

1. Die Körpergröße der Weibchen überwiegt im allg. bei *Weichtieren*, *Spinnentieren*, *Insekten*, *Fischen* und *Lurchen*, unter den *Reptilien* bei *Schildkröten* und *Schlangen*, den *Vögeln* vor allem bei *Raubvögeln (Sperber, Wanderfalke)*. Andererseits sind die Männchen bei den südeurop. *Eidechsen*, *Agamen*, *Leguanen* und bes. bei *Hühnervögeln* und *Straußen* größer. Auch die *Säuger*, spez. die *Raubtiere*, *Huftiere* und *Affen*, zeichnen sich durch kräftigere Männchen aus.

Einen Extremfall stellen die **Zwergmännchen** dar: Bei dem *Sternwurm (Bonellia viridis)* leben mehrere, nur 1–2 mm lange Männchen mit mund- und afterlosem Darm an den mehrere cm großen, sackförmigen und langgerüsselten Weibchen. Aus den geschlechtlich noch indifferenten Larven der *Epicariden*, die als *Meeresasseln* in *höh. Krebsen* parasitieren, entstehen kleine asselähnl. Männchen und große, unter Verlust fast aller Beine völlig zu einem Eiersack umgeformte Weibchen. Bei *Anglerfischen* der Tiefsee (A), z. B. *Edriolychnus*, wächst das Zwergmännchen früh am Weibchen fest, verkümmert bis auf die Hoden in den meisten Organen und wird in das Blutsystem des Weibchens eingeschaltet.

2. Die Beweglichkeit ist bei Weibchen, außer durch das Gewicht der Eier, wie z. B. bei manchen *Spannern* und *Spinnern*, manchmal durch versch. weit zurückgebildete Flügel beeinträchtigt (*Frostspanner*, B); auch die Weibchen der *Leuchtkäfer (Lampyris)* und der *Bienenameisen (Mutilla)* sind im Gegensatz zu ihren Männchen flügellos. Umgekehrte Verhältnisse herrschen z. B. bei der *Feigengallwespe (Blastophaga grossorum)* und dem *Getreideblasenfuß (Trips cerealium)*.

3. Hilfsorgane der Begattung ermöglichen dem Männchen das Festhalten des Weibchens und sind nur bei *nied. Tieren*, hier allerdings weit verbreitet: Viele *Ruderfüßler (Copepoden)* benutzen beide großen Ruderantennen als Greiforgane (z. B. *Cyclops*), manche dagegen nur die rechte, dazu das 5. Beinpaar *(Diaptomus)*, während bei den Männchen der *Flohkrebse (Amphipoden)* der 2. Kiemenfuß das Weibchen festhält – ein Vorgang, der mehrere Tage dauern kann, weil erst nach der Parturialhäutung des Weibchens eine Befruchtung möglich ist. Viele *Schwimmkäfer* besitzen an den Vorderbeinen Saugnäpfe; oft sind Hinterleibsanhänge, die Raife (Cerci), bei *Libellen*, *Zweiflüglern* (z. B. *Mücke*) und der *Skorpionsfliege (Panorpa)* zu Greifzangen entwickelt. Haftorgane sind auch die mächtig ausgebildeten Daumenschwielen der männl. *Frösche* und *Kröten*.

4. Sinnesorgane sind bei Männchen als den geschlechtlich aktiv suchenden bes. leistungsfähig. Verlängerung der Fühler oder dichterer Besatz mit Sinneszellen findet sich bei *Ringelwürmern* (z. B. *Autolytus*), zahlr. *Krebsen*, vielen *Insekten*. Ein Maikäferfühler z. B. enthält beim Männchen 50000, beim Weibchen dagegen nur 8000 Einzelsinnesorgane.

Ähnliche Leistungssteigerung zeigen die Komplexaugen vieler männl. Insekten, die z. B. bei *Leuchtkäfern* 2500 Einzelglieder gegenüber 300 bei Weibchen aufweisen. Häufig stoßen die großen Komplexaugen der Männchen auf dem Scheitel zusammen, während bei den Weibchen ein breiter Zwischenraum bleibt (E). Ein augenfälliges Beispiel eines komplexen Dimorphismus bietet der *Borstenwurm Nereis*, dessen Männchen mit Eintritt in die Fortpflanzungszeit neben der Schwimmfähigkeit die Sinnesorgane des Kopfes (Augen, Antennen, Cirren) vergrößert.

5. Rivalenkampf und Imponierorgane (C, F) treten vor allem bei *Insekten* und *Wirbeltieren* in außerordentl. Vielfalt auf, manchmal nur während der Brunftzeit. Während im primitiven Falle noch spez. Organe des Rivalenkampfes (Geweihe und Hörner der *Wiederkäuer*) eingesetzt werden, genügen häufig schon demonstrierte, instinktiv wirksame Signalreize (Schlüsselreiz, Auslöser, Bd. II) wie z. B. Entblößen der Eckzähne (»Zähnefletschen«). Das Hochzeitskleid vieler Fische kann zugleich im Rivalenkampf wie in der Balz eine imponierende Rolle übernehmen, und die Männchen der *Paradiesvögel*, *Kampfläufer*, *Argusfasane* und *Mandarinenten* werden in der Gattenwahl ihrer Weibchen um so eher berücksichtigt, je prächtiger ihr ohnehin buntes und bizarres Gefieder ist (DARWIN: Theorie der geschlechtl. Zuchtwahl).

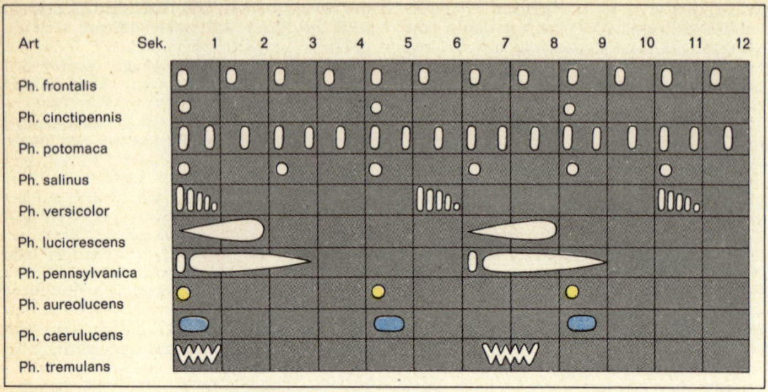

Leuchtsignale nordamerikanischer Leuchtkäfer (Photuris)

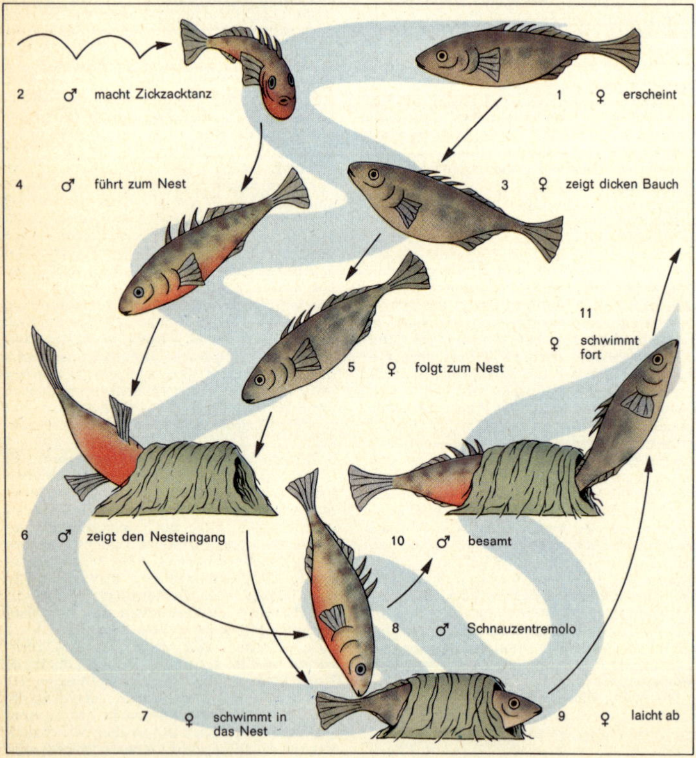

Paarungsverhalten des Stichlings

1. Aufgaben des Paarungsverhaltens: Bei vielen *Metazoen*, bes. bei *Glieder-* und *Wirbeltieren*, ist der Begattung oder Besamung ein charakterist. Paarungsverhalten vorgeschaltet, das versch. notwendige Bedingungen erfüllen muß, damit die Fortpflanzung gesichert ist:

- **Orientierung der Partner** zueinander durch Signalreize mit Fernwirkung, so daß ein räuml. Beieinander erreicht wird.
- **Synchronisation** der sex. Aktivität der Partner durch Stimmungsübertragung infolge hartnäckigen Balzens, meistens des Männchens; zeitl. Feinabstimmung durch Instinktketten *(Stichling)*.
- **Beschwichtigung** des aggressiven oder fluchtbereiten Partners und **Verdrängung** des Rivalen durch Demut-, Werbe- bzw. Kampfverhalten, bes. bei Fehlen eines auffälligen Geschlechtskleides.
- **Artisolierung**, denn die Verpaarung von Artgleichen bietet den genet. Vorteil, daß das ausbalancierte Erbgut durch Kreuzung nicht gestört wird.

2. Auslöser des Paarungsverhaltens: Gerade der artisolierende Effekt führte zur stammesgeschichtl. Entw. artspez. Balzweisen, an denen jeder seine Artgenossen leicht »erkennt«. Solche Auslöser (Bd. II) haben Symbolcharakter, sie sind einfach, auffällig, eindeutig informativ und entstammen versch. Reizmodalitäten:

- **Lautzeichen** locken das Vogelweibchen in das Revier des Männchens; *Laubheuschrecken* finden und erkennen sich am Wechselgesang, der nach Rhythmus und Tonhöhe artspez. ist.
- **Duftsignale** geleiten den Rüden zur läufigen Hündin; die Männchen der *Sackträger-Schmetterlinge (Psychiden)* zu den flugunfähigen jungfräul. Weibchen.
- **Erschütterungen** z.B. benutzt das *Spinnen-*Männchen von *Zygiella x-notata* zur »Legitimation«, wenn es durch Trommeln auf dem Werbefaden Schwingungen von 10–14 Hz (Beute über 100 Hz) erzeugt.
- **Optische Strukturen** spielen eine große Rolle, z. B. der rote Bauch des *Stichling*männchens, die Farbmuster der *Maulbrüter* oder die artspez. **Lichtsignale** versch. Farbe, Dauer und Rhythmik, die den Arten des nordamerikanischen *Leuchtkäfers Photuris* zur Verständigung dienen (A).
- **Bewegungen** wirken auch allein *(Lerchen, Pieper)*, dienen aber häufig zur Unterstützung opt. Strukturen (Radschlagen des *Pfaus*). Nach LORENZ zeigen vergleichende Untersuchungen, daß viel häufiger stammesgeschichtl. ältere Auslösebewegungen durch dazukommende Strukturen verstärkt werden, als umgekehrt Auslösestrukturen durch »Demonstrationsbewegungen«.

Bei sehr vielen Arten entscheidet nicht eine einzige Auslösesituation über die Verpaarung, sondern eine Serie von Aktions-Reaktions-Systemen in einer best. Reihenfolge, in deren Ablauf eine Instinkt-Handlung die andere auslöst.

3. Die Instinktkette der Stichlingsbalz (B): Eine solche Instinktkette, bei der die Reaktion des einen Tieres auf eine bes. Schlüsselreizkombination (Bd. II) als Auslöser für die Reaktion des anderen dient, die wiederum die Voraussetzung für die folgende Verhaltensweise des ersten Tieres ist, wurde am *Dreistachligen Stichling* beobachtet und läßt den hohen Wert als genet. Isolationsmechanismus und Feinsynchronisation erkennen: Nach Besetzung des Reviers und Vollendung des Nestbaus reagiert das auffällig gefärbte Männchen (heller Rücken, dunkelroter Bauch, leuchtend blaue Augen) auf einen anschwimmenden Artgenossen mit dem Zick-Zack-Tanz, wenn der Partner die Merkmale eines laichreifen Weibchens trägt (geschwollener Bauch, angehobenes Kopfende, silberglänzende Unterseite). Handelt es sich bei dem Eindringling um ein laichwilliges Weibchen, so flieht es nicht, sondern kehrt schräg aufwärts gerichtet den dicken Bauch zu. Er kehrt darauf sofort um und schwimmt schnell zum Nest, sie folgt ihm nach. Am Nest angekommen, steckt er die Schnauze in den Eingang und dreht sich um die Längsachse, so daß er ihr den Rücken zukehrt. Das Weibchen versucht nun, sich in das Nest zu zwängen, was ihr mit einem kräftigen Schwanzschlag gelingt: vorn schaut der Kopf, hinten der Schwanz heraus. Wenn das Männchen einige Zeit ihr Hinterende mit schnellen Schnauzenstößen betrillert hat, laicht das Weibchen in das Nest ab. Danach verläßt sie es ruhig, während das Männchen hindurchschwimmt, die Eier besamt, das Weibchen verjagt, das Nest ausbessert und die Eier ordnet.

4. Typen des Paarungsverhaltens: Bei *Stichlingen* wird die »richtige«, d.h. gesunde und vollreife Partnerin erst im Laufe der Instinktkette »erkannt«, denn kranke und noch nicht ausgereifte Weibchen können nur die ersten Instinkthandlungen beantworten. Sie versagen im weiteren Verlauf der Kette. *Maulbrüter (Hemichromis, Cichlasoma)* und *Reiher* können diese Entscheidung dagegen schon zu Beginn der Balz fällen. – In wenigen Fällen haben die Geschlechter ihre Rolle vertauscht: Bei den *Kampfwachteln (Turniciden)* balzen nur die Weibchen, während die Männchen das Brüten und Betreuen der Jungen allein übernehmen. Ähnlich ist es beim *Schmalschnäbligen Wassertreter*, wo nur das Weibchen ein prächtiges Kleid trägt, das Revier verteidigt und einen Partner lockt.

Innerhalb der Mannigfaltigkeit der **Paarbildung** unterscheidet LORENZ drei Typen:

a) **Eidechsen-Typ:** Das Männchen imponiert und zeigt sein Prachtkleid vor jedem Artgenossen; Weibchen fliehen daraufhin und werden vergewaltigt.

b) **Labyrinthfisch-Typ:** Beide können imponieren (Rangordnung), aber Weibchen unterlassen es und zeigen Paarungsbereitschaft vor dominanten Männchen.

c) **Chromiden-Typ:** Beide Partner imponieren einander ständig an, bilden aber keine Rangordnung, sondern spez. Paarungsauslöser.

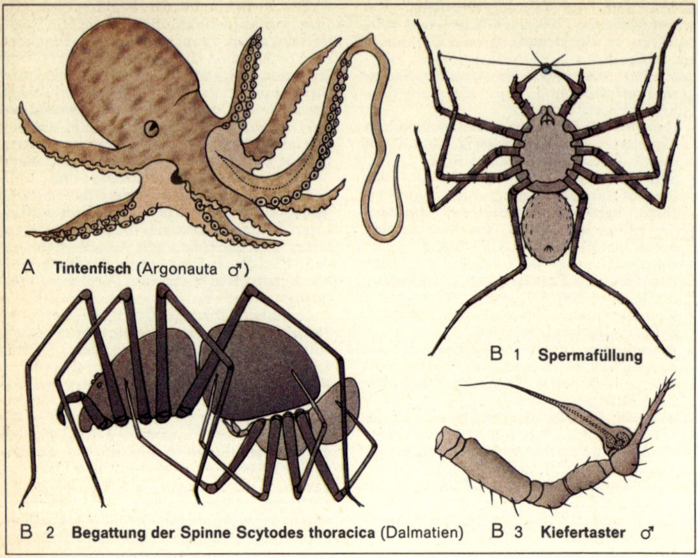

Sekundäre Begattungsorgane

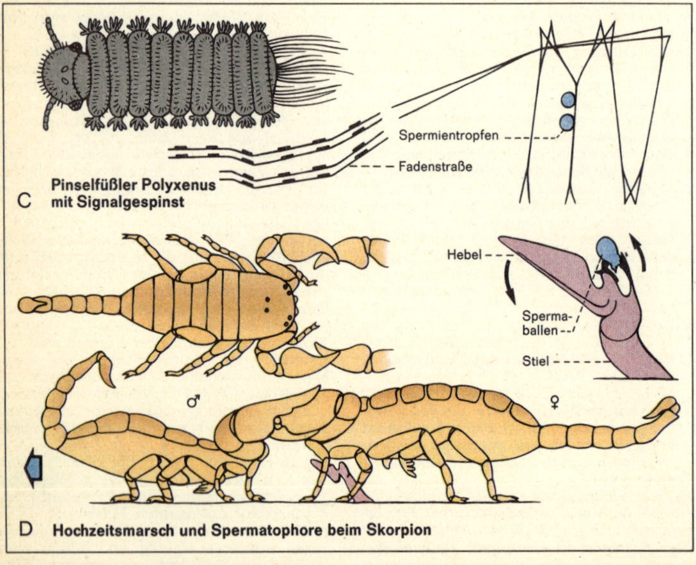

Indirekte Spermatophoren-Übertragung

Die meisten *Metazoen* erhöhen die Wahrscheinlichkeit des Zusammentreffens versch. Gameten zur Befruchtung durch solche Verhaltensweisen, welche die Gameten bereits passiv einander genähert haben, sich also leichter finden und den Unbilden der Umwelt möglichst wenig ausgesetzt werden. Treffen sich bei der **äußeren Besamung**, die nur im Wasser möglich ist, die Geschlechtszellen noch außerhalb der Elterntiere, so erfolgt dies bei der **inneren Besamung** im Körper des Weibchens, wobei die vom Männchen als Spermienflüssigkeit oder als Spermapaket (Spermatophore) ausgestoßenen Spermien versch. stark der Umwelt preisgegeben werden. Beide Besamungstypen können mit einer Begattung (Kopula), dem körperl. Kontakt zw. den Partnern verbunden sein.

1. Freie äußere Besamung herrscht bei *Hohltieren, Stachelhäutern, Muscheln, Meeresringelwürmern* und *Fischen* vor. Sperma und Eier werden ins Wasser entleert, aber best. instinktive Mechanismen geben den Tieren Signale, die die Gegenwart des anderen Geschlechts anzeigen, Angriffs- und Fluchttendenzen unterdrücken und die Sexualbereitschaft synchronisieren: Massenversammlungen von *Fröschen* zur Laichzeit im Tümpel, der *Mücken* an Bäumen.

2. Äußere Besamung mit Begattung ist bes. von *Fröschen (Anuren)* bekannt, bei denen das Männchen das Weibchen oft tagelang umklammert und im Wasser über die ausgestoßenen Eier das Sperma ergießt. Das *Erdkröten*-Männchen *(Bufo bufo)* bildet dabei mit den Hinterbeinen einen Korb, in dem die Besamung erfolgt, während das auf dem Lande kopulierende Pärchen des südamerikan. *Laubfrosches Phyllomedusa hypochondrialis* mit den Hinterbeinen ein Blatt zu einer Tüte zusammenlegt, in die es Eier und Spermien entleert.

3. Direkte innere Besamung, bei der die Spermien von der männl. Geschlechtsöffnung unmittelbar in die weibliche übergeleitet werden, ist am häufigsten. Entweder werden die beiden Öffnungen nur aufeinander gepreßt *(Vögel)*, oder aber der Samenleiter mündet in einem Begattungsorgan (Penis), das in die weibl. Geschlechtsöffnung eingeführt wird *(Plattwürmer, Egel, Schnecken, Insekten, Selachier, Säuger)*.

4. Indirekte innere Besamung, in deren Verlauf die Eier zwar im Inneren des Weibchens besamt werden, die Spermien aber für eine Zeit außerhalb der schützenden Genitalorgane bleiben, ist im allg. nur in feuchter Umwelt möglich.

Hierher mag man auch das Verhalten einiger *Wirbelloser* stellen, bei denen dem Partner der Penis (z. B. *Strudelwurm Thysanozoon*) oder eine Spermatophore an beliebiger Stelle in den Leib gebohrt wird (z. B. *Strudelwurm Cryptocelis alba*).

Einzigartig ist wohl der Fall des *Polychäten Megalops*, dessen Weibchen die spermahaltigen hinteren Glieder der sie umschwimmenden Männchen abbeißen und verschlingen, worauf die Spermatozoen in das Cölom eindringen und die Eier befruchten.

a) **Sekundäre Begattungsorgane** stehen zu der Mündung des Samenleiters in keiner örtl. Beziehung, dienen aber der Spermienübertragung:

Manche **Tintenfische** *(Octopus, Eledone)* besitzen einen Begattungsarm (»Hectocotylus«), den das Männchen in die Mantelhöhle des Weibchens einführt und in dessen Längsrinne eine Spermatophore durch Kontraktionswellen bis zur weibl. Geschlechtsöffnung transportiert wird. – Bei einem anderen *Tintenfisch*-Männchen *(Argonauta)* löst sich der Begattungsarm vor oder bei der Kopula ab (A).

Die **Spinnen**-Männchen bilden bei Geschlechtsreife das Endglied der Kiefertaster (Pedipalpen) zu einem Begattungsorgan um, das vor der Kopula durch Eintauchen in einen Spermatropfen gefüllt wird und im Laufe der Balz in die weibl. Geschlechtsöffnung oder Samentaschen geführt wird (B).

b) **Indirekte Spermatophorenübertragung** ist bes. von den einheim. *Molchen* bekannt: Das Männchen veranlaßt durch Gesichts-, Berührungs- und Geruchsreize das Weibchen, ihm zu folgen, und setzt eine becherförm. Spermatophore ab, die vom Weibchen aktiv mit der Kloake aufgenommen wird.

Hierzu analoge Verhaltensweisen sind kürzlich auch bei den ursprünglichen, stammesgeschichtl. alten Gruppen der *Spinnentiere (Skorpione)*, *Tausendfüßler (Chilopoden, Pinselfüßer)* und *Urinsekten (Spring-, Doppel-, Borstenschwänze)* entdeckt worden. Der Grad der Kontaktnahme zw. den Partnern ist verschieden:

– Nur die kleinen euedaphischen (»echten«) Bodentiere können sich getrenntes Handeln und nackte Spermatophoren leisten.

– Größere, die Bodenoberfläche bewohnende *Tiere* verständigen sich durch Signale über Ort und Zeit der Spermatophorenübergabe oder zeigen enge Paarbildung. Die Spermatophoren sind gegen Austrocknen geschützt.

– Die in großer Wohndichte lebenden, vorwiegend vegetar. Arten setzen die meisten und einfachsten Spermatophoren ab und weisen den geringsten sex. Kontakt auf.

So legen viele *Springschwanz-* und *Moosmilben*-Männchen im Boden Wälder aus einfachsten, gestielten Samentropfen an, die von den Weibchen mit der Geschlechtsöffnung abgestreift werden, während der *Kugelspringer Dicyrtomina minuta* das aktiv gesuchte und gefundene Weibchen mit einem Palisadenzaun aus Spermatophoren umgibt. Der *Pinselfüßer Polyxenus lagurus* (C) zieht signalwirksame Fadenstraßen, an deren Ende das Weibchen auf die Samentropfen stößt. Die *Skorpione* (D) schließlich packen sich an den Scheren; im Laufe eines langwierigen Hochzeitsmarsches wird das Weibchen über die frisch abgesetzte kompliziert gebaute Spermatophore gezogen.

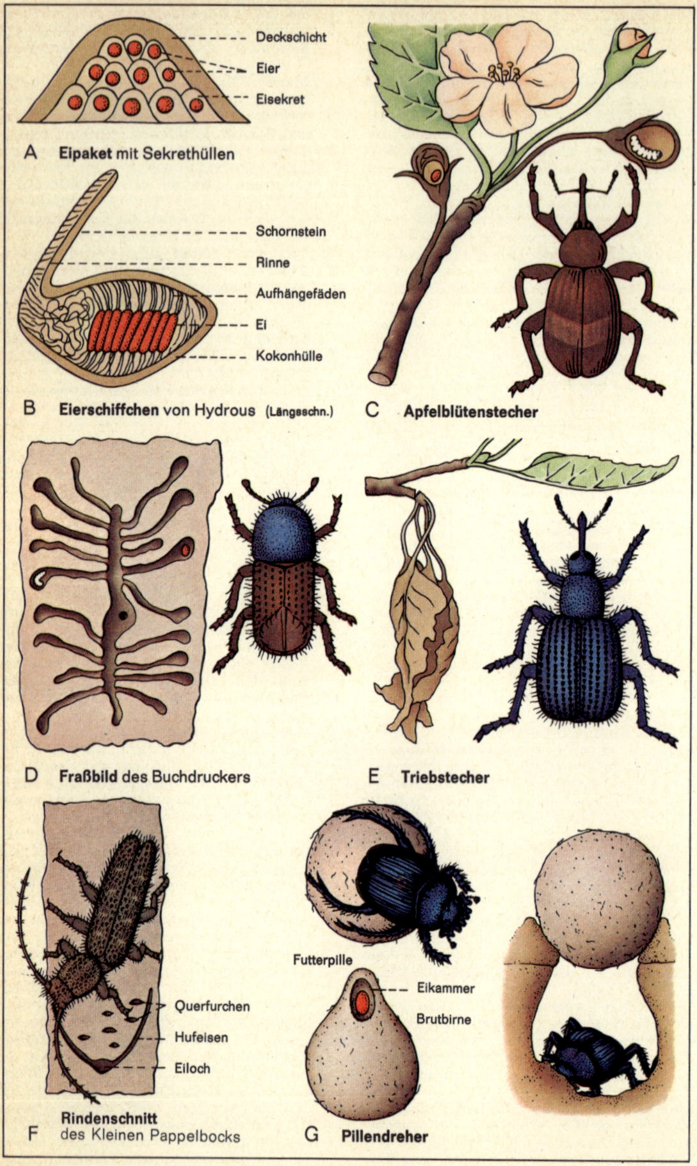

Brutfürsorge bei Käfern

Verhaltensweisen von *Tieren* gegenüber ihren Nachkommen erwecken häufig den Eindruck, als ob die Elterntiere das Schicksal ihrer Kinder vorausschauend gestalten wollten. Abgesehen davon, daß viele *Wirbellose* kürzere oder längere Zeit nach der Eiablage sterben und zu ihren Nachkommen daher keine Beziehungen aufnehmen können, handelt es sich hier im allg. nicht um Lern- oder Einsichtverhalten, sondern um Instinkthandlungen mit der für sie charakterist. »Zweckmäßigkeit ohne Kenntnis des Zwekkes«, die sich – schließt man eine finale Erklärung aus – unter dem Selektionsdruck stammesgeschichtlich erhalten und ausgebreitet haben.

Wenn sich die Tätigkeit eines oder beider Elterntiere oder anderer Artangehörigen auf »vorausschauende« Maßnahmen nur bis zum Zeitpunkt der vollzogenen Unterbringung der Eier erstreckt, spricht man nach von Lengerken von **Brutfürsorge**; gehen sie durch direkte Pflege der Eier oder Jugendformen weiter, von **Brutpflege** (I, S. 155 f.).

Die **Brutfürsorge** beschränkt sich meist auf

- Verwenden, Schaffen oder Erhalten schutzbietender Örtlichkeiten,
- Unterbringung der Eier in der Nähe geeigneter Nahrung für die Jungtiere,

während die **Brutpflege** sich darüber hinaus erstrecken kann auf

- einmalige oder laufende Nahrungszufuhr,
- Körperpflege,
- Verteidigung der Brut oder Ablenken des Feindes (»Verleiten«),
- Führung der Jungtiere.

Brutfürsorge

Einfache Formen der Brutfürsorge sind sehr weit verbreitet; sie treten als solche deutlicher hervor, wenn sich Lebensräume und -ansprüche der Erwachsenen und Jugendformen voneinander unterscheiden: die landbewohnenden *Frösche* laichen in Gewässern ab und sorgen so für die Larven, die auf den Aufenthalt im Wasser angewiesen sind. – Aus der großen Fülle der Beispiele werden im folgenden nur die *Käfer* berücksichtigt.

1. Schutz der Eier vor unerwünschten Umwelteinflüssen erreichen Käferweibchen durch Unterbringung der Eier in Rindenritzen (viele *Bockkäfer*) oder unter Steinen (einige *Blattkäfer*), während sich *Laufkäfer* zur Eiablage selbst eingraben oder von der Oberfläche her einen Eistollen anlegen. Letzterer wird bei einigen *Sandlaufkäfern* wieder sorgfältig verschlossen. Bes. Schutzhüllen aus Sekreten oder Kot, die bei trop. *Käfern* kunstvolle Gebilde darstellen können, regeln vorzüglich die Feuchtigkeitsverhältnisse im Inneren der Eihüllen (A). Die Weibchen des *Kolbenwasserkäfers (Hydrous spec.)* stellen aus Gespinst das **Eierschiffchen** her (B), einen Kokon mit etwa 50 Eiern und einem aufrecht stehenden, porösen Schornstein, der der Gas- und Feuchtigkeitsregulation dienen soll. Der *Kleine Kolbenwasserkäfer (Hydrophilus caraboides)* baut das Eierschiffchen innerhalb eines tütenartig zusammengerollten, treibenden Blattes.

2. Berücksichtigung der Nahrung findet sich bei den zahlr. Arten (z. B. *Kartoffelkäfer*), die die Eier an der Futterpflanze der zukünftigen Larven ablegen. Der *Erlenblattkäfer (Melosoma aenea)* belegt dabei möglichst unbefressene Blätter und genügt so bes. dem Nahrungsbedarf der Larven. *Hylecoetus*-Weibchen beschmieren die Eier mit Pilzsporen, die später von den Junglarven aufgenommen, in den Holzgängen »ausgesät« und nach Ausbildung eines dichten Pilzrasens abgeweidet werden.

3. Schutz und unvorbereitete Nahrung bieten bes. diejenigen Käferweibchen ihren Larven, die ihre Eier in selbstgefertigte Höhlungen im Gewebe der Futterpflanze einschieben. *Apfelblütenstecher* (*Anthonomus pomorum*, C) fertigen mit dem Rüssel einfache Gänge in den Blütenknospen des Apfelbaumes, *Apfelfruchtstecher (Rhynchites bacchus)* in den noch grünen Früchten. Die rindenbrütenden *Borkenkäfer* treiben bes. Brutfürsorge: Das Männchen des *Fichtenborkenkäfers* (*»Buchdrucker«*, *Ips typographus)* frißt ein Einbohrloch in die Rinde, erweitert den Bohrgang zu einer Rammelkammer und begattet hier einige ihm zugeflogene Weibchen. Diese nagen im Bast der Kiefer senkr. Muttergänge mit seitl. Nischen, die mit je einem Ei belegt werden, während das Männchen das anfallende Bohrmehl entfernt. Die Larven fressen sich waagr. Larvengänge, die wie Zeilen eines Buches nebeneinander herlaufen und blind in der Puppenwiege enden (D).

4. Schutz und vorbereitete Nahrung für Larven kennzeichnen den höchstentwickelten Typ der Brutfürsorge unter *Käfern*. Die Weibchen der **Stecher** (z. B. *Rhynchites*, E) und **Blattroller** (z. B. *Birkenblattroller*) unterbrechen in z. T. komplizierten Instinkthandlungen die Saftzufuhr zu denjenigen Knospen, Trieben, Früchten oder Blättern, in die sie Eier gelegt haben. Durch **Ringeln** erreicht der *Haselbock (Obera linearis)* das Absterben der Triebe oberhalb der Eiablegestelle. Der *Kleine Pappelbock* (*Saperda populnea*, F) nagt in die Rinde eines Espenzweiges zunächst ein Eigrübchen, dann den hufeisenförmigen **Rindenschnitt** und einige oberflächl. Querfurchen und schiebt das Ei unter die Rindenhalbinsel. Ein Eisekret läßt das innere Rindengewebe absterben. Der sich bildende Wundkallus bietet der Larve Nahrung und durch Abheben der Rinde einen geschützten Brutraum. – Unter den kotfressenden *Blatthornkäfern* legen Pärchen des *Großen Roßkäfers (Mistkäfer, Geotrupes stercorarius)* unter Pferdedung senkr. Haupt- und seitl. Nebenstollen an, füllen letztere mit Mist und legen am Ende in der Brutkammer ein Ei ab. Die Larven entwickeln sich in diesen Brutbauten völlig geschützt und nähren sich von dem Dung. Die Weibchen der bes. im Mittelmeergebiet beheimateten *Pillendreher* (*Scarabaeus*, G) kneten oberird. eine Dungkugel, graben sie durch Unterwühlen ein und bilden unterird. die mit je einem Ei beschickte **Brutbirne.** Ein Mitwirken der Männchen scheint zu fehlen.

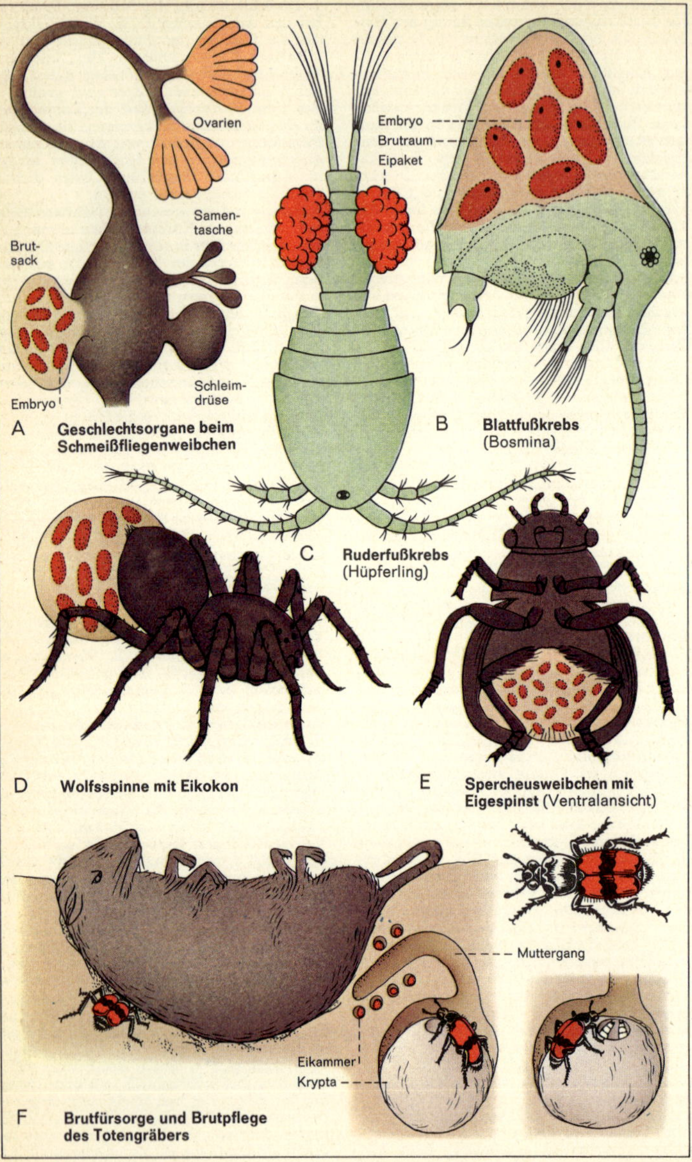

Brutpflege bei wirbellosen Tieren

1. Brutpflege im Körper der Mutter durch Viviparie oder ähnl. Erscheinungen ist auch unter *Wirbellosen* nicht selten. Manche *Seerosen* polarer Gewässer durchlaufen ihre postembryonale Entw. in tiefen Taschen oder im Gastralraum der Muttertiere. Bei vielen *Würmern*, einigen *Schlangensternen* und *Seewalzen* bietet der verlängerte Aufenthalt in den weibl. Geschlechtsorganen den Nachkommen Schutz. Gleiches beobachtet man z.B. bei der *Schmeißfliege* (*Sarcophaga carnaria*, A): An die spindelförmig erweiterte Scheide mit 3 Samentaschen und 2 Schleimdrüsen schließt ein geräumiger Brutsack an, in dem die in der Scheide befruchteten Eier ihre ganze Entw. vollziehen, so daß ausgeschlüpfte Larven an das Aas abgesetzt werden. Unter den sämtlich lebendgebärenden (viviparen) *Pupiparen* vermag die *Schaflausfliege* ihre Larven im vorderen Teil der Scheide mit den Sekreten umfangreicher Anhangsdrüsen zu ernähren.
Während der bei allen *Blattfußkrebsen* (B) unter dem Schalenrücken der Weibchen angelegte Brutraum nur dem Schutz der Eier und Embryonen dient und z. T. offen ist, besitzen die *Raubkrebse* geschlossene Bruträume mit nährstoffreicher Flüssigkeit, sorgen also für Schutz und Nahrung.

2. Brutpflege am Körper der Elterntiere treiben manche Formen dadurch, daß sie Eipakete (*Hüpferling*, C), Eikokons (*Wolfsspinne*, D) oder Larven *(Skorpione)* mit sich herumtragen. Während sich Weibchen des *Wasserkäfers Spercheus emarginatus* (E) erst ein Brutkörbchen zw. Hinterleib und Oberschenkel des hinteren Beinpaares spinnen müssen, besitzen die bei uns durch die *Kellerassel* vertretenen *Landasseln* ein aus den verbreiterten, nach innen gerichteten Anhängen (Oostegiten) der basalen Laufbeinglieder (Protopoditen) umschlossenes »Brutaquarium«, in dem sie unabhängig von Gewässern ihre Jungen aufziehen.

3. Schutz und Versorgen der Jungtiere ist von einigen solitär lebenden *Gliederfüßern* bekannt, bei denen Mutterfamilien gebildet werden:
Die Jungen der *Skorpione* leben zunächst auf dem Rücken der Mutter und nehmen, nach Beobachtungen an *Heterometrus*, in den ersten Wochen auch an ihren Mahlzeiten teil. – Die Weibchen der *Erdwanze Brachypelta aterrima* verteidigen ihre Larven, die ihrerseits hartnäckig auf der Mutter einen Platz zu finden suchen, um sich direkt am After mit den lebensnotwendigen bakteriellen Symbionten zu infizieren. Da die *Bakterien* keine widerstandsfähigen Übertragungsformen ausbilden, ist eine direkte und schnelle Infektion wichtig.
Eine dauernde, direkte mütterl. Pflege der Eier und Larven zeigen holzbrütende *Borkenkäfer:* Das Weibchen nagt das ganze Brutsystem, legt darin Pilzkulturen an, die einzige Nahrung der Larven (»Ambrosia«), jätet unerwünschte Pilze und regelt die Feuchtigkeit.

4. Direktes Füttern der Larven als höchsten Grad der Brutpflege findet man beim *Totengräber* (*Necrophorus*, F). Ein Paar nimmt den Kadaver eines kleinen *Wirbeltiers* in Besitz, unterwühlt ihn und drückt ihn in der unterird. Krypta zur Kugel. Das Weibchen vertreibt das Männchen, gräbt den Muttergang und besetzt dessen Wände mit Eiern. Anschließend bereitet es auf der Aaskugel einen Krater; der Inhalt wird durch Magensaft vorverdaut. Die ausgeschlüpften Larven wandern zur Krypta, betteln durch Aufrichten des Vorderkörpers und werden aus der Mundöffnung der Mutter mit einer Flüssigkeit gefüttert. Später gehen sie selbst zum Aasfressen über, kehren aber nach der Häutung wieder zur Fütterung zurück. Bei *Necrophorus vespilloides* und *Necrophorus germanicus* beteiligen sich auch die Männchen am Füttern (Elternfamilie).

5. Soziale Brutpflege in den Sommerstaaten der *Wespen*, *Hummeln* und den Dauerstaaten der *Termiten*, *Ameisen* und *Honigbienen* ist mit Arbeitsteilung und der Bildung von Kasten verbunden, die durch bes. Ernährung zustande kommen und keine Sexualfunktion mehr haben (bei *Bienen* z. B. Arbeiterinnen, bei *Termiten* Arbeiter und Soldaten). Hochkomplizierte Instinktketten leisten Erstaunliches in Bautätigkeit, Orientierung, Information (»Bienensprache«), Regulation von Temperatur und Feuchtigkeit, Nahrungsversorgung (»Honigtöpfe« der *Wüstenameise [Myrmecocystus]*, Pilzgärten der *Blattschneiderameise [Atta]*) und stehen mindestens mittelbar im Dienst der sehr intensiven Brutpflege.
Während man bei den *Termiten* und *Ameisen* keine Zwischenstufen von solitären zu sozialen Formen kennt, zeigen die *Apiden (Bienen, Hummeln)* versch. hoch entwickelte Ansätze zur sozialen Brutpflege:
Halictus quadricinctus pflegt und füttert die heranwachsenden Larven in den zierl. Lehmwaben im Erdboden noch solitär. – Bei **Halictus malachurus** führt nachbarl. Arbeit zu Ansätzen sozialer Brutpflege. Die Frühjahrsgeneration legt solitär ein Nest an, die beiden folgenden Töchtergenerationen bauen daran weiter, verproviantieren (Fürsorge) die nichtgedeckelten Zellen, die vorwiegend von der Gründerbiene mit Eiern belegt werden. Die Brutpflege scheint auf das Reinigen beschränkt zu sein. – Die südafrikan. **Allodape**-Arten erweitern die Brutpflege auf ein gemeinsames Füttern der Larven im Gemeinschaftsnest. – Bei **Halictus marginatus** wird die Gründerbiene wie bei der *Honigbiene* 4–5 Jahre alt, ihre sterilen Töchter verbleiben im Stock und treiben soziale Brutpflege. – Der Staat der **Honigbiene** besteht aus der Königin als dem einzigen fruchtbaren Weibchen und 30–70000 unfruchtbaren Arbeiterinnen; dazu kommen im Frühjahr noch einige Hundert männl. Drohnen. Junge Arbeiterinnen säubern die Waben, füttern ältere Maden mit Honig und Pollen und später junge mit Sekret. Es folgen Bautätigkeit, Futterabnahme, Wachdienst und schließlich Sammeln der Tracht. Die alte, befruchtete Königin verläßt mit einem Teil des Volkes den Stock (Schwarm).

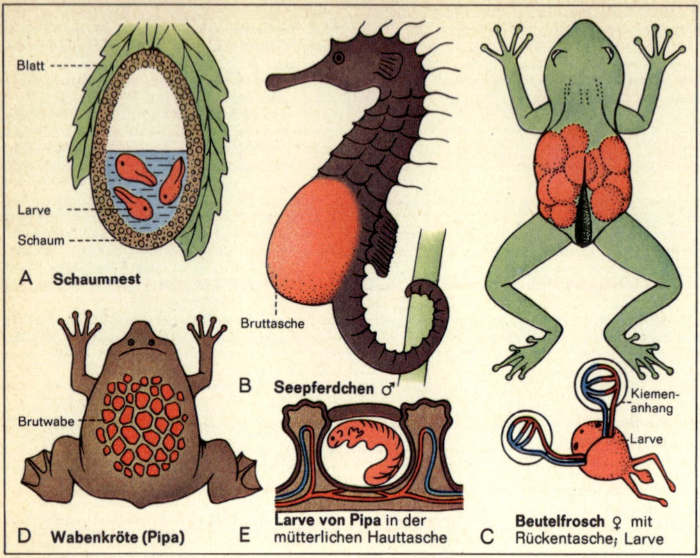

Brutpflege bei Wirbeltieren

Nestflüchter und Nesthocker unter höheren Wirbeltieren

1. Primär wasserbewohnende Wirbeltiere: Da das Wasser als die ursprüngl. Umwelt der Wirbeltier-Entw. Eier und Embryonen der *Fische* und *Lurche* vor großen Temperaturschwankungen und dem Austrocknen bewahrt, können diese Formen sowohl auf bes. embryonale Hilfsorgane (*Anamnier*, I, S. 185) als auch meistens auf intensive Pflege verzichten. Oft beschränkt sich die Abhängigkeit auf die Beigabe von Dottersubstanz als Nahrung (**passive Brutpflege**). Aber besonders *Selachier*, *Knochenfische* und *Frösche* zeigen **aktive Brutpflege** (Nestbau; Einbeziehung des Elternkörpers in die Pflege):

Manche *Haie*, *Zahnkärpflinge*, *Feuersalamander* halten die Eier im Eileiter zurück, der damit zum Uterus wird und H_2O und O_2 liefert, beim *Glatthai (Mustelus laevis)* sogar unter Bildung einer Placenta Nährstoffe. Beim *Heringshai* und *Alpensalamander* ernährt sich der erstbefruchtete Keim von den übrigen Eiern (Adelphophagie).

Während manche *Fische* (z. B. *Stichling*, *Kampffisch*) und trop. *Frösche* komplizierte Nester bauen (A), tragen andere ihre Brut mit sich herum: Die *Maulbrüter (Cichliden)* im Mund, die Männchen des *Darwinfrosches (Rhinoderma)* im Kehlsack, die des *Seepferdchens* (B) in einer Bruttasche aus Falten der Bauchhaut.

Die Kaulquappen des *Rückenbeutlers* (*Nototrema*, C) schmiegen sich mit lappigen Kiemenanhängen an gefäßreiche Falten der mütterl. Brutraumwand. Die Larven der amerikan. *Wabenkröte* (*Pipa*, D, E) besetzen einzeln die Brutwaben der mütterl. Rückenhaut und bilden den als Bewegungsorgan überflüssigen Ruderschwanz zu einem dem Stoffaustausch zw. Weibchen und Larve dienenden Anhang um.

2. Primär landbewohnende Wirbeltiere: Da *Sauropsiden (Reptilien, Vögel)* und *Säuger* ihre Eier nie im Wasser ablegen, ist eine kompliziertere Keimesentwicklung (*Amnioten*, I, S. 184f.) und Brutpflege notwendig. Dabei werden versch. Wege beschritten:

a) **Die Sauropsiden** legen terrestrische Eier: den sehr dotterreichen Eiern wird im Eileiter eine geringere *(Eidechsen, Schlangen)* oder sehr große Menge Eiweiß beigefügt *(Schildkröten, Krokodile, Vögel)*. Dicke weiche oder harte Schalen bieten Schutz. Den *Vogel*-Eiern ist der gesamte Wasserbedarf mitgegeben, während bei *Reptilien* immer Wasserbedürfnis besteht. Manche *Schildkröten* und *Krokodile* bewässern daher die Eier aus der Harnblase oder Kloake, einige *Reptilien* sind lebendgebärend (Polar-, Gebirgs- und Wüstentypen), wenige bilden eine echte Placenta *(Seps, Egernia, Tiliqua)*.
Das **Brüten** ist unter *Reptilien* bei der *Pythonschlange* beobachtet, fehlt dagegen unter *Vögeln* den austral. *Großfußhühnern*, die ihre Eier in warmen Sand oder Humus legen. Die Brutflecken, bes. gefäßreiche Hautstellen an der Bauchseite, vervollkommnen die Bruttechnik der *Vögel*. Während die antarkt. *Königs-* und *Kaiserpinguine* ihr einziges Ei und später das Küken in einer Falte der Bauchhaut herumtragen und wärmen, bauen die meisten *Vögel* ein Nest aus versch. Material, die *Salanganen (Callocalia)* ausschließlich aus Sekret. Die hochentwickelten *Vögel* (Gehirn!) haben häufig völlig hilflose Junge, »Nesthocker«, die durch ein kompliziertes Instinktgefüge mit ihren Eltern verbunden sind. Aber auch junge »Nestflüchter« werden meist von erwachsenen Tieren gepflegt.

b) **Die Säuger** zeigen als gemeinsames Merkmal der Brutpflege das Säugen der Jungen mit Milchdrüsensekret und eine innige Verbindung zw. Keimblasenwand und Uterus, die Placenta (I, S. 189), die nur den *primitiven Säugern (Kloakentiere)* fehlt. Die Jungen der hochentwickelten *Säuger* sind (nach PORTMANN) sek. Nestflüchter, während *Insektenfresser* und viele *Nager* Nesthocker sind.

Soziale Brutpflege bei Wirbeltieren

Die Aufzucht der Jungen hat bei vielen *Wirbeltieren* zur Bildung von Tierfamilien geführt, kurzlebigen, exklusiven kleinen Gemeinschaften mit oft eigenem Revier, bei *Vögeln* und *Säugern* mit persönl. Bindung. Nach PETERS gibt es versch. Typen:

a) **Die Elternfamilie** umfaßt beide Eltern mit den Jungen; Männchen und Weibchen beteiligen sich in gleicher Weise an der aktiven Brutpflege. Daneben können persönl. Bindungen zw. den beiden Erwachsenen bestehen, bei *Graugänsen*, *Schwänen* für die Dauer ihres Lebens (Tierehen).

b) **Die Vater-Mutter-Familie** leitet sich durch Arbeitsteilung zw. Vater und Mutter von der Elternfamilie ab: Beim *Adler*, *Bussard* und bes. *Sperber* bewacht das Männchen den Nestbezirk und sorgt für die Nahrung, das Weibchen pflegt die Jungen. Beim *Nashornvogel* wird das Weibchen sogar in dem Baumhöhlennest eingemauert und erhält durch ein schmales Loch vom Männchen für sich und die Brut Futter.

c) **Die Mann-Mutter-Familie** überläßt die gesamte Brutpflege dem Weibchen. Das Männchen bleibt aber im Revier, in dem auch der Brutbereich der Mutter liegt, so daß indirekt über die Revierverteidigung auch eine Schutzfunkt. des Männchens besteht. Oft wird das Männchen vom Weibchen vertrieben *(Nager, Raubtiere)*.

d) **Die Mutter-Familie,** die z. B. bei *Kampfläufern* und *Kolibris* auftritt, schaltet das Männchen ganz aus. Meist besteht ein starker Sexualdimorphismus, häufig auch Polygamie oder Ehelosigkeit.

e) **In der Vater-Familie** übernimmt der Vater die Brutpflege. Die Weibchen besuchen versch. Männchen, bleiben aber ohne Sozialkontakt zu den Jungen *(Großfußhühner, Emu, Stichling)*.

Sippenbildung (Eltern und geschlechtsreife Nachkommen bleiben in einer Groß- oder Dauerfamilie zusammen) ist bei *Wirbeltieren* selten, aber vielleicht bei *Nagern (Wanderratten!)* verwirklicht.

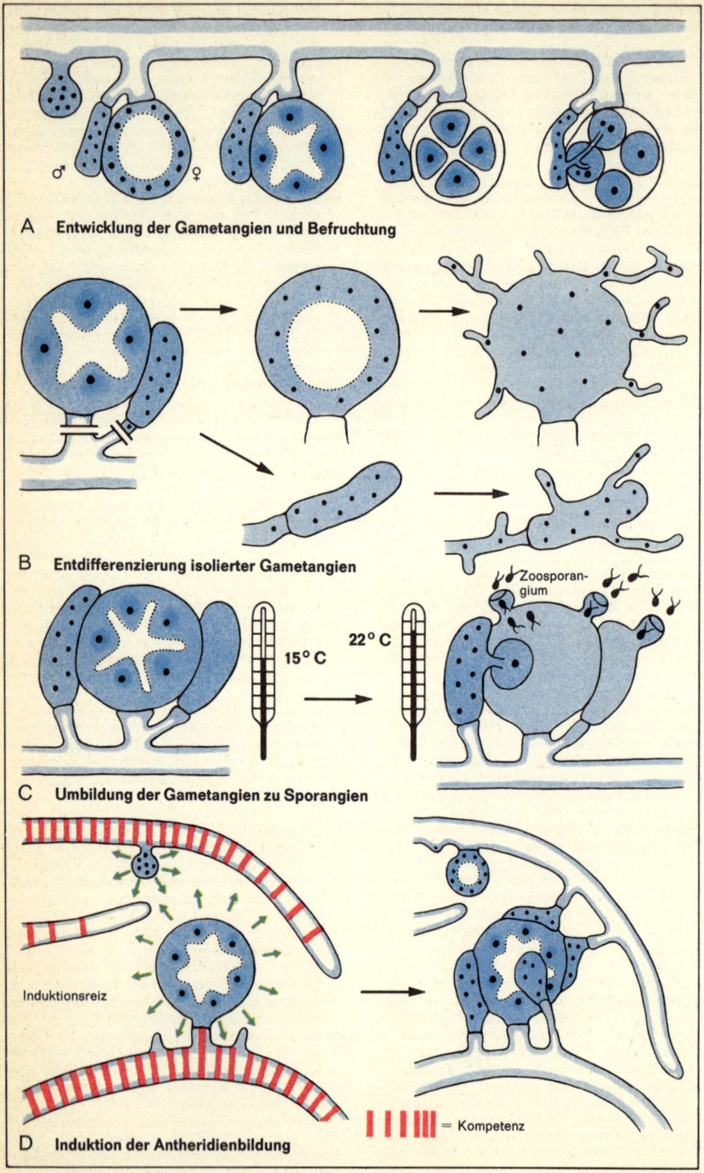

Beeinflussung der Entwicklung des Pilzes Saprolegnia

Entwicklung, »das Entstehen von wahrnehmbarer Mannigfaltigkeit« (ROUX), vollzieht sich als Formwechsel im einsinnigen Lebensablauf eines jeden Organismus.
Bei den **Einzellern** wird alle Formmannigfaltigkeit innerhalb einer einzigen Zelle ausgebildet, bei den Vielzellern führt sie durch Zellvermehrung (Mitose I, S. 31) und Zelldiff. von der relativ einfachen Keimzelle zum komplizierten Zellgefüge.
Für **Metazoen** mit ihrer »geschlossenen Gestalt« ist dabei typisch, daß das befruchtete Ei eine artspez., streng gesetzmäßige Folge von Prozessen durchläuft, bis es erst zum Embryo, dann zum Jungtier, schließlich zum erwachsenen Wesen heranreift und auf jedem Stadium eine charakterist. Organisation aufweist. Bereits auf der Embryonalstufe ist die Organanlegung abgeschlossen; die Gestaltung ist stark von inneren Faktoren bestimmt und durch äußere Bedingungen nur wenig modifizierbar (I, S. 197).
Im Gegensatz dazu steht die Entw. der **Kormophyten,** bei denen der erwachsene Organismus im Vergleich zum Keimling nicht nur zahlenmäßig mehr Sprosse, Blätter und Wurzeln besitzt, sondern in den Blüten sogar ganz neue Organe. Die Organanlegung ist also nicht schon auf dem Embryonalstadium abgeschlossen, sie dauert lange darüber hinaus an und hört eigentlich nie auf. Die Umwelt vermag stark zu modifizieren (I, S. 192 f.). Wegen dieser großen Plastizität im Entwicklungsprozeß eignen sich *Pflanzen* für viele Fragestellungen und Experimente der Entwicklungsbiologie weniger als *Metazoen.* Die Probleme sind aber im Prinzip universell die gleichen.

Grundprobleme und Grundbegriffe
Während die **Embryologie** die Frühentwicklung der Organismen beschreibend aufklärt, forscht die **Entwicklungsphysiologie** nach den Ursachen, wie die kontinuierlichen spezif. Strukturen einer jeden Artzelle, das Erbgut, in jedem Individualleben eine neue spezif. Mannigfaltigkeit bewirkt.
Das Erbgut bestimmt jedoch nicht automatisch den Entw.-Ablauf, sondern die Entw.-Möglichkeiten, die **Reaktionsnorm.** Der Eintritt best. Entw.-Prozesse ist demnach die Reaktion auf best. Entw.-Bedingungen, wodurch innerhalb der Zelle durch gebildete Stoffe oder Strukturen eine mehr oder weniger dauerhafte Ordnung **innerer Bedingungen** geschaffen wird. Die Herstellung eines solchen Funktionszustandes, der auf einen bestimmten Entw.-Vorgang hinzielt, heißt **Determination.** Die räuml. und zeitl. Verteilung determinierter Teile eines sich entwickelnden Organismus, ihre jeweilige Reaktionsfähigkeit **(Potenz)** auf versch. Entw.-Reize, ist recht unterschiedlich, ebenso die Stärke der Determination: Anschließende Beispiele aus dem Bereich der *Pilze* zeigen, daß die Determination labil oder stabil sein kann, also mehrere Reaktionsmöglichkeiten offenläßt, oder schon den automatenhaften Ablauf der Diff. vorschreibt.

Der *Algenpilz Saprolegnia,* ein monözischer Haplont mit vielkernigem, querwandlosem Mycel, durchwuchert mit seinen Pilzfäden die Körper toter *Insekten,* die auf das Wasser gefallen sind, und bildet dann allseits im Wasser ausstrahlende Hyphen, deren Enden sich zum Sporangium mit vielen Zoosporen abgliedern (I, S. 122 G). Später treten Oogonien mit Eiern und daneben Antheridien auf (A).
Isoliert man einzelne Gametangien von den Hyphen, so setzt eine Entdiff. ein: Die Gametenanlagen werden eingeschmolzen, die Kerne vermehren sich, und es sprossen vegetative Hyphen aus. Sowohl die aus Oogonien wie die aus Antheridien gewonnenen Mycelien entwickeln beiderlei Gametangien. Die Geschlechtsdiff. war also nur vorübergehend, die Determination der entspr. Organbildung äußerst labil (B).
Die Abhängigkeit des Wachstums, der Sporangien- und Gametangienbildung von äußeren Bedingungen ist groß:
- Auf Nähragar wächst der *Pilz* ausschließlich vegetativ ohne Bildung von Keimzellen.
- Bringt man solche Hyphen in reines Wasser von 15° C, so entstehen sofort Sporangien.
- Kultiviert man sie jedoch in Wasser von 3° C, so wird die Sporangienbildung übergangen, es sprossen gleich Gametangien.
- Wird in einem normalen Entwicklungsgang bei Ausbildung der Gametangien die Temperatur von 15° auf 22° erhöht, so wird die Weiterdiff. der Geschlechtsorgane abgebrochen und an ihnen werden Sporangienschläuche ausgestülpt, selbst wenn schon Eianlagen da waren. Nur Eier, die schon mit Antheridien verbunden waren, bleiben determiniert (C).

Antheridien treten an einem Mycel nur dann auf, wenn Oogonien eines bestimmten Alterszustandes zugegen sind: Nähert man ein Oogon einer noch sterilen Hyphe, so wird durch chem. Reize dort ein Antheridium erzeugt. Bildungsort und Entwicklungsverlauf der Antheridien ist durch das Oogon bestimmt. Eine solche Auslösung eines Entwicklungsvorganges an einem Teil des Organismus durch einen anderen Teil bezeichnet man als **Induktion.** Ihr Ergebnis ist immer eine innerhalb der Reaktionsnorm liegende Modifikation.
Notwendige innere Bedingungen dafür, daß eine Hyphe auf den Induktionsreiz antwortet, ist ein bestimmter physiolog. Zustand: Junge Mycelien, die selbst gerade mit der Anlage von Oogonien beginnen, können durch Annäherung fremder Oogonien an die Hyphenenden nicht angeregt werden, Archegonien zu erzeugen (D). Der Zustand, in dem eine bestimmte Entw.-Reaktion induziert werden kann, wird **Kompetenz** genannt.
In dem plastischen System *Saprolegnia* breitet sich also zunächst eine Kompetenz (Induzierbarkeit von Antheridien) aus, dann ein Zustand zur Ausbildung von Oogonien. Diese schließl. induzieren die Antheridien.

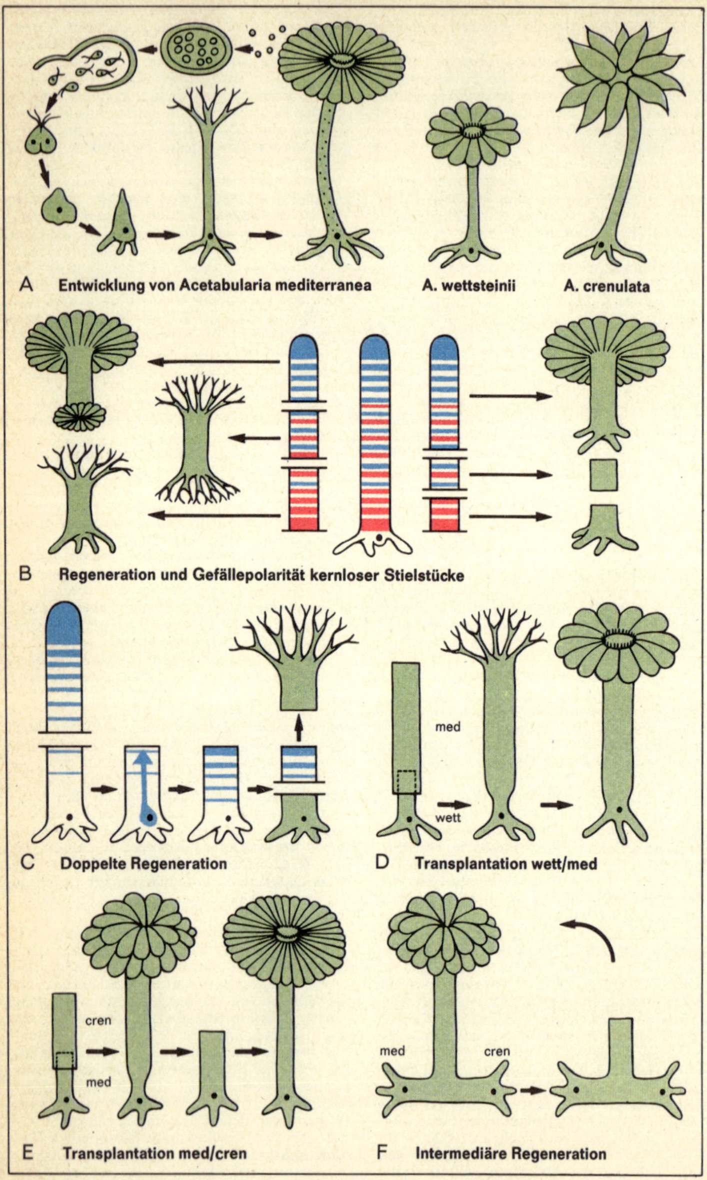

Normale und regenerative Entwicklung der Schlauchalge Acetabularia

1. Die Normalentwicklung (A) der grünen, 5 cm großen *Schlauchalge Acetabularia* beginnt mit der Diff. eines basalen **Rhizoids** und eines aufsteigenden **Stiels.** Diese **Polarität,** d. h. die Bildung versch. Strukturen an entgegengesetzten Enden einer Achse, wird spitzenwärts (apikal) weitergeführt, indem zunächst hinfällige sterile Wirtel **(Haarwirtel),** später ein fertiler Wirtel aus Gametangien **(Hut)** differenziert werden. Erst wenn der Hut seine volle Größe von 1 cm erreicht hat, zerfällt der diploide Primärkern, der einzige Kern der ganzen Pflanze, im Rhizoid zu vielen haploiden Sekundärkernen, die in den Hut einwandern und dort mit Cytoplasma in den **Cysten** aufgehen, die dann Gameten erzeugen. Nach einer Befruchtung wächst aus der Zygote innerhalb von drei Jahren in der angegebenen regelmäßigen Reihenfolge der morpholog. Diff. die neue *Pflanze* heran.

2. Die Regeneration kernhaltiger Stücke nach Abschneiden der apikalen Diff. verläuft vom Basalstück aus vollständig und immer in der normalen Reihenfolge.

3. Die Regeneration kernloser Stielstücke ist erstaunlich, ebenso das Vermögen, auch ohne Kern noch 3–7 Monate weiterzuleben, Eiweiß und Zellulose zu synthetisieren und Formbildungen zu vollziehen.

Die Fähigkeit der Formbildung ist von der Region des Stiels und seiner Länge abhängig (B): Je größer die Stücke sind, desto besser regenerieren sie die fehlenden Teile; apikale Stielabschnitte von 1,5 cm Länge bilden stets erst Haarwirtel, dann einen Hut. Wirtel entstehen häufiger und vollständiger, wenn der regenerierende Abschnitt der Spitzenregion entstammt; die Rhizoidbildung wiederum ist um so besser, je mehr das Stielstück basaler Herkunft ist.

Die polare Formbildung der *Acetabularia* beruht nicht auf einer Richtungspolarität, die die ganze Zelle durchzieht: Apikale Stielabschnitte von 1,5 cm Länge zeigen nämlich auch an der basalen Schnittfläche Wirtelbildung oder »Kümmerhüte« statt der Rhizoide. Demnach herrscht eine **Gefällepolarität:** Die inneren Bedingungen für die Apikal-Diff. nehmen von der Spitze des Stiels nach seiner Basis hin ab, solche für Rhizoid-Diff. in umgekehrter Richtung. Die Bedeutung der Stiellänge zeigt darüber hinaus die Abhängigkeit der Formbildung von der **Menge der formenden Faktoren,** die nur transportable Stoffe sein können, da sie zur Schnittstelle hinwandern.

Aus diesen Versuchen geht hervor, daß mindestens zwei Sorten morphogenet. Stoffe – solche für Apikal- und solche für Basalbildungen – vorhanden und im gegenläufigen Konzentrationsgefälle verteilt sind. Eine große Stoffmenge ergibt gute, eine kleine schlechte Regenerate. In Mischungsregionen entstehen die Diff. nur alternativ entsprechend dem überwiegenden Stoff. Eine Synthese der Stoffe erfolgt in kernlosen Abschnitten nicht.

4. Die Kernabhängigkeit formender Stoffe geht schon aus den bisher geschilderten Versuchen hervor. Daß die **Entstehung** der morphogenet. Stoffe vom Kern abhängt, wird mit **doppelten Regenerationsversuchen** (C) bewiesen: Der unterste Stielabschnitt kann bei völliger Isolation niemals ein Apikalende diff., da ihm bei Trennung vom oberen weder dessen gespeicherter Apikalbildungsstoff noch nach Amputation des Rhizoids vom wahrscheinl. Steuerzentrum des Kerns neuer Wirkstoff zufließt. Führt man aber die Abtrennung vom Rhizoid erst einige Zeit nach der Spitzenamputation durch, so kann dieses Basalstück apikal diff., weil inzwischen entspr. Stoffe bis zur oberen Schnittfläche gewandert sind.

Die Artspezifität der vom Kern gelieferten Stoffe erweisen **Transplantationen,** bei denen Pflanzenteile versch. Arten zusammengepfropft werden:

- Ein kernhaltiges Rhizoid von *Acetabularia wettsteinii* verwächst mit einem Stielstück von *A. mediterranea* und erzeugt zunächst *med.*-Wirtel, später einen *wett.*-Hut (D).
- Ein kernhaltiges Rhizoid von *A. mediterranea* bildet mit einem kernlosen Stiel von *A. crenulata* einen Hut, der in seinem Aussehen zw. den beiden Formen steht (intermediär). Wird dieses Regenerat entfernt, werden nur noch *med.*-Hüte diff. (E). Eine Umkehrung der Pfropfverhältnisse ergibt ein entspr. Ergebnis.
- Zwei kernhaltige Rhizoide versch. Arten verwachsen an den Schnittstellen und erzeugen hier einen intermediären Hut. Sooft man diesen Hut entfernt, bleiben die Regenerate intermediär (F).
- Zwei kernhaltige Rhizoide von *A. crenulata* und eines von *A. mediterranea* bilden an der Verwachsungsstelle einen Hut, der zwar intermediär, aber mehr *A. crenulata* ähnl. ist.

Die artspezif. Stoffe breiten sich also von den Kernen auch durch artfremdes Cytoplasma aus; die Formausprägung wird durch das Mischungsverhältnis der versch. Apikalbildungsstoffe bestimmt.

5. Cytoplasmat. Wirkung auf den Kern kann man beobachten, wenn der fertig ausgebildete Hut gerade im Augenblick der beginnenden Teilung des Primärkerns amputiert wird. Der Kernteilungsprozeß wird nämlich so lange hinausgeschoben, bis der Hut regeneriert ist.

Auch in Transplantationsversuchen zw. zwei versch. alten Pflanzen verzögert sich die Primärkernteilung, wenn ein altes Rhizoid mit einem jungen Stiel verbunden wird. Umgekehrt verfrühen alte Transplantate auf jungen Rhizoiden den Teilungsprozeß. Nach Eintritt der Kernteilung und Plasmaströmung werden diese Vorgänge durch die Entfernung des Hutes unterbrochen. Eine Regeneration ist aber nicht mehr möglich, da die Apikalbildungsstoffe fehlen und ihre Synthese von den Sekundärkernen nicht mehr geleistet werden kann. Ein aufgepfropfter junger Hut löst die Cystenbildung jedoch wieder aus, wenn er alt genug geworden ist.

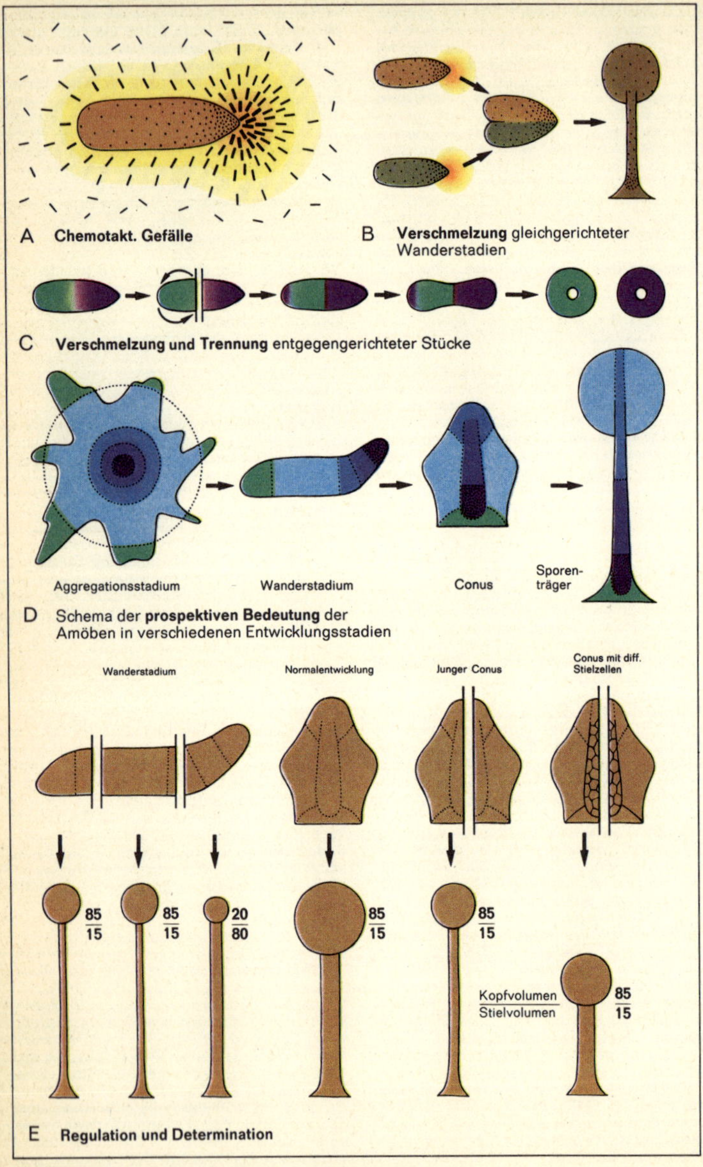

Entwicklungsexperimente an der Amöbe Dictyostelium

Im Entwicklungsgang der kollektiven *Amöbe Dictyostelium* (I, S. 53) treten die gleichen Prinzipien auf wie in dem komplizierten Entwicklungssystem eines Embryos, nur sind sie beim Mikroorganismus leichter durchschaubar und experimentell eher zu bestimmen:

- Aufbau eines artspezif. Zellverbandes durch Kontaktvermögen der Einzelzellen,
- Aufbau einer harmonischen Gestalt durch Gestaltungsbewegungen und Zelldiff.,
- prospektive Bedeutung einzelner Zellen bei unterschiedl. Determinationsgrad,
- Wechselwirkung zw. den Zellen und entwicklungsphysiolog. Regulation,
- Entstehung eines Determinationsmusters im Selbstgliederungsfeld.

1. Zellkontaktbildung bei Aggregation: Aus noch unbekannten Ursachen tritt in einer *Myxamöben*-Population am Ende der Vermehrungsphase eine erste Diff. ein, und zwar in wenige endgültige Initiatorzellen und viele solche Zellen, die sich wiederum um die Initiatorzellen scharen und ein Zentrum bilden. Ihm strömen infolge **chemotakt. Anlockung** durch Acresin weitere *Amöben* zu (Aggregation).

Da sich in Mischkulturen von *Dictyostelium discoideum* und *Polyspondyleum violaceum* die beiden Arten trennen und ihre Amöbenzüge sogar übereinander weg verlaufen, muß hier ein **artspezif. Wirkstoff** vorliegen. Die Fähigkeit zur Bildung von **Zellkontakt** beim Übergang von der Vermehrungsphase zur Aggregationsreife ist auf eine molekulare Veränderung der Zelloberfläche zurückzuführen und ist nicht an energielieferndes ATP gebunden.

2. Gestaltungsbewegung und Differenzierung: Während der Wanderphase weist die Amöbenmasse eine deutl. Bewegungspolarität auf:

- Von den Zellen der Wanderfront gehen die stärksten anlockenden Wirkungen aus (A).
- Zwei in gleiche Richtung wandernde Pseudoplasmodien vereinigen sich leicht zu einem einheitl. System (B).
- Halbiert man einen wandernden Amöbenhaufen, dreht das Hinterstück um 180° und setzt es wieder an, so wandern die beiden Teile in entgegengesetzte Richtung (C).

In der Achse des Amöbenhügels diff. sich *Amöben* zu Stielzellen: sie vakuolisieren, platten sich polyedrisch aneinander ab und begrenzen sich durch eine Wand als Säule gegen die übrige Zellmasse. Die Stielzellensäule wächst nach oben, indem weitere Zellen außen an ihr hochgleiten, sich an der Spitze anfügen und umwandeln. An der Basis befestigen einige abgeplattete *Amöben* als Basalplatte den Stiel an der Unterlage. Die restl. Zellen runden sich zu Sporen ab und umhüllen als Köpfchen die Stielspitze. Je nach der Gesamtzahl der *Amöben* bilden sich versch. große Fruchtkörper, wobei immer Stiel- und Köpfchenvolumen in einem bestimmten Verhältnis stehen (z. B. bei 17° C im Dunkeln aufgewachsen = ca. 15:85). Äußere Bedingungen modifizieren diese Proportion; Belichtung erhöht, Erwärmung erniedrigt den Anteil der Stielzellen.

3. Prospektive Bedeutung: Färbungsversuche haben ergeben, daß jede Zelle in der Amöbenmasse ihren Platz behält, obwohl alle Zellen in einem wandernden Amöbenhaufen in ständiger Bewegung sind. Außerdem ließ sich mit diesem Verfahren feststellen, wohin die früher oder später angesammelten *Amöben* im Fruchtkörper strömen. Vom Beginn der Zentrenbildung an läßt sich die prospektive Bedeutung, d. h. die künftige Verwendung der einzelnen Zonen der Zellmasse, bestimmen (D): In konzentrischen Ringen folgen von innen nach außen die voraussichtlichen (präsumtiven) Stielzellen, Sporen und Basalplattenzellen.

Diesem regionalen Anlageplan entspricht jedoch, wie Isolierungsversuche zeigen, keine Determination: Zellhaufen aus jedem Bezirk entwickeln normal proportionierte, jedoch kleinere Fruchtkörper mit allen Zelltypen. Nur die Zellen, die ursprünglich das Zentrum aufgebaut haben, zeigen eine Tendenz zur Entw. im Sinne ihrer prospektiven Bedeutung, denn sie erzeugen einen Fruchtkörper, an dem die Stielzellen statt 15% einen Anteil von über 80% aufweisen.

4. Regulation: Da in diesem Regulationsversuch die Zentrenzellen entgegen ihrer prospekt. Bedeutung auch Sporen und Basalplattenzellen liefern, offenbart sich hier ein Regulationsvermögen, d. h. ein Abweichen von der prospekt. Bedeutung des Einzelnen in Richtung auf Normalausbildung des Ganzen.

Dies wird bes. deutlich, wenn ein Teil des Aggregationsfeldes fehlt (E): Wird ein Amöbenhaufen vor Beginn der Diff. von Stielzellen verkleinert, so bildet sich ein Stiel von geringerer Größe als es der Proportion der ursprüngl. Ansammlung entspricht. Hat die Stielzellen-Diff. dagegen schon begonnen, so entspricht der Stielquerschnitt dem ursprüngl. Anlageplan; nur die Höhe bleibt geringer, wodurch das Volumenverhältnis von Stiel und Sporenköpfchen gewahrt bleibt.

Im Aggregationsstadium ist also das Zentrum mit dem ganzen Einzugsfeld ein einheitl. entw.-physiolog. System, in dem nicht nur steuernde Einflüsse vom Zentrum, sondern auch Rückwirkungen von der verfügbaren Amöbenmasse auf die einsetzende Strukturierung des Zentrums ausgehen.

5. Selbstgliederungsfeld: Die Amöbenmasse von *Dictyostelium* weist einen immer wiederkehrenden biol. Ordnungsvorgang auf. Sie ist ein bes. einfaches »morphogenetisches Feld«. Da in ihm die noch undiff., aber determinierten Zellen des Zentrums das benachbarte, noch nicht determinierte Material in ein konzentr. Polaritätsgefälle einbeziehen und schrittweise determinieren, sich das Feld also selbst in typ. Weise zu gliedern vermag, nennt man es Selbstgliederungsfeld.

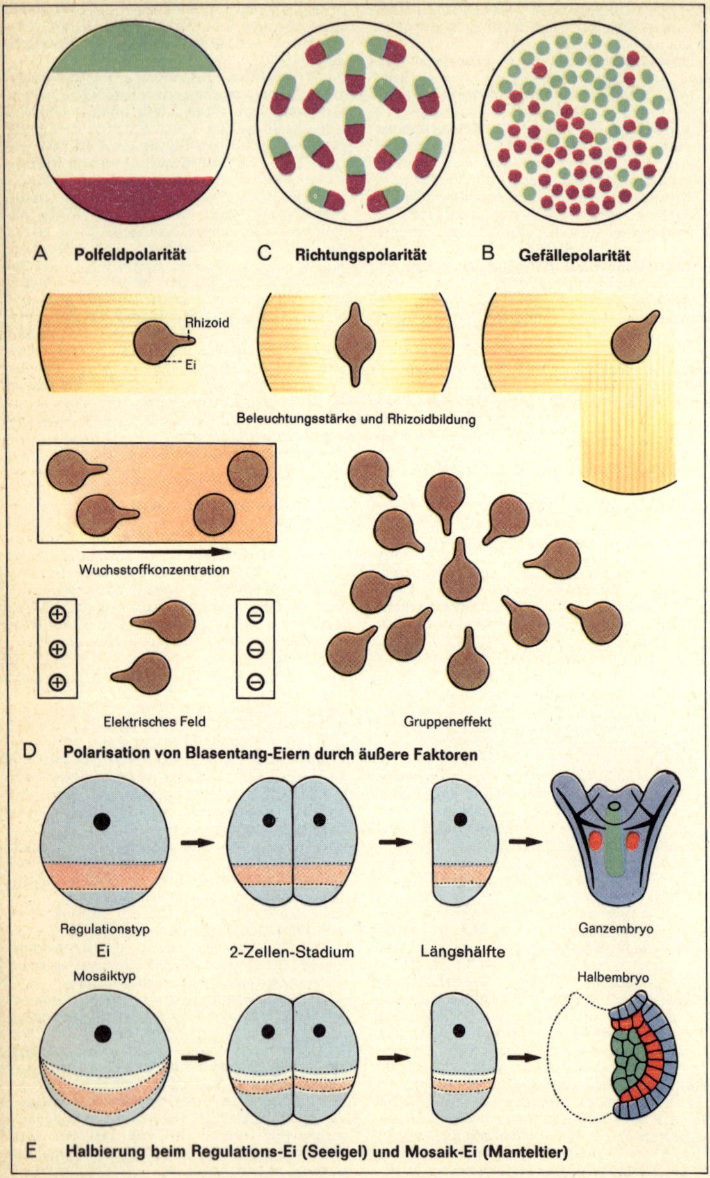

Polarisation und Determination bei Keimzellen

1. Polarität und Körperachsen: Die erste Entw.-Bestimmung an den Keimzellen vielzelliger *Pflanzen* und *Tiere* ist im allg. die **Polarität**, die physiolog. Ungleichheit einander entgegengesetzter Bereiche, die häufig in strukt. Verschiedenartigkeit der beiden Pole sichtbar wird. Für die Erklärung dieser zweifellos biochemisch verursachten Asymmetrie der Sporen oder Eier sind mehrere Modelle denkbar:

- **Polfeldpolarität,** bei der sich der eine oder beide Pole am Ende einer Achse, aber nur begrenzt durch bestimmte Zustände, auszeichnen (A),
- **Strukturpolarität,** die auf durchgehend gerichtete molekulare Strukt. in der Eirinde oder im Inneren zurückgeht (B),
- **Gefällepolarität,** bei der sich ein Gefälle z. B. in der Stoffkonzentration in der einen Achsenrichtung der Keimzelle beobachten läßt oder bei der sich zwei gegenläufige Gefälle durchdringen (C).

Diese Polarität der Keimzelle prägt bei den Vielzellern auch das best. Verhalten der Folgezellen und legt die Hauptachsen der Organisationstypen fest: Apikal- und Basal-, Thallus- und Rhizoid-, Sproß- und Wurzelpol, animaler und vegetativer, vorderer und hinterer Körperpol.

2. Polarisation durch äußere Faktoren: Bes. bei den sich außerhalb der Organismen entwickelnden Sporen von *Moosen* und *Farnen* und den Eiern von *Algen* wird die Induktion der Polarität durch Umweltfaktoren deutlich. Dies zeigen Versuche an *Blasentang*-Eiern, wo sich die Polaritätsrichtung noch vor der ersten Kernteilung durch einen Rhizoidfortsatz zu erkennen gibt (D):

Der Rhizoid wächst auf der dem **Licht** abgewandten Seite aus, wenn die Eizelle in der **sensiblen Phase,** hier in der 10. bis 15. Stunde nach der Befruchtung, mindestens zwei Stunden lang belichtet wird. Bei zwei Lichtquellen liegt die Polaritätsachse in der Resultanten der Lichtintensitätsvektoren. Stehen die Einfallsrichtungen des Lichtes einander entgegen, so werden manchmal zwei Rhizoide senkrecht zur Strahlung gebildet. Vermutlich beruht die Wirkung auf einer Inaktivierung von Wuchsstoffen (Auxin, Bd. II) durch bes. kurzwelliges Licht.

Die Bedeutung der **Stoffverteilung**, spez. des Auxins, beweist das Ausbleiben der Keimung von Sporen in allseitig hoher Konzentration und die Anregung dazu bei einseitig zugeführter niedriger Konzentration von Wuchsstoff. Auch die Rhizoidanlage im elektr. Feld auf der Anodenseite beruht wohl auf einer kataphoret. Stoffumlagerung. Polarisierend wirken weiterhin Schwerkraft, Temperaturgefälle, verschiedene Säurestärken (pH-Differenzen) und elektr. Potentiale, die vermutlich eine gleiche Primärwirkung auf das Auxin ausüben wie Lichtreize. Darüber hinaus können auch das eingedrungene Spermium und benachbarte Eizellen bei *Algen*-Eiern polarisierend wirken.

3. Polarisation durch innere Faktoren: Da auch bei sorgfältiger Ausschaltung aller induzierender Außenfaktoren schließlich eine Polarisierung auftritt, ist diese Determination auch von zellulären Einflüssen her bestimmt.

Bereits polarisiertes Gewebe in der Nachbarschaft der eingeschlossenen Keimzelle spielt bei den höh. Gewebeorganismen eine große Rolle. Bei *Samenpflanzen* ist die im Embryosack (I, S. 143) liegende Eizelle offenbar schon vor der Befruchtung durch ihre Lage zwangsläufig polarisiert, ja sogar in der Reifeteilung der Embryosackmutterzelle zeigen sich bei manchen Arten Richtungsabhängigkeiten der Chromosomenfiguren in bezug auf die Mikropyle. – Für *Metazoen*-Eier gilt ähnliches, bedingt durch die Lage der Eier im Eierstock und die einseitige Stoffwechselbeziehung der heranwachsenden Eizelle mit ihrer Umgebung (O_2-, Nahrungs- und Wirkstoffgefälle). – Aber auch in der Einzelzelle selbst besteht eine polare Plasmastruktur. In vielen Fällen, z. B. bei *Fisch*- und *Amphibien*-Eiern, wird der durch Kern und Zentralkörperchen (I, S. 23) bestimmte Durchmesser zur Hauptachse des Eies: Um das Zentralkörperchen versammeln sich Mitochondrien, bilden einen »Dotterkern« und damit den vegetativen Pol. Daneben besteht eine noch wenig bekannte submikroskop. **Cytoplasma-Architektur,** die eine stabile Polarität verursacht, deren Ausmaß in den Eizellen versch. groß, aber für die einzelnen Organismengruppen typisch ist:

Das Mosaik-Ei der *Borstenwürmer*, *Insekten*, *Weichtiere* sowie der *Manteltiere* zeigt eine weitgehende Vorentwicklung durch starke Diff. versch. Eirinden- und Plasmabezirke, wodurch neben einer hochdiff. Cytoplasma-Architektur auch eine Kräfteanordnung besteht, die schrittweise Plasmabewegungen einleiten und während der Furchung den Tochterzellen ein bestimmtes Material zuführen. Dies gewährleistet eine möglichst schnelle Sonderung der funktionell versch. beanspruchten Eibezirke unter weitgehender Materialersparnis, ruft andererseits aber einen verhältnismäßig starren Entw.-Verlauf hervor: Die Potenzbeschränkung der späteren Embryonalzellen ist bis in die Eizelle vorverlegt.

Das Regulations-Ei weist eine wenig diff. Cytoplasma-Architektur auf, doch sind auch hier entlang einer animal-vegetativen Hauptachse versch. »plasmatische Faktorenbereiche«, wenigstens entwicklungsphysiologisch und seltener auch morphologisch, abzugrenzen.

Im Gegensatz zu den stammesgeschichtl. älteren Mosaik-Eiern wird bei den Regulations-Eiern die Determination erst nach einigen Furchungen schrittweise vollzogen, wie Isolierungsversuche an *Seeigel*-Keimen gezeigt haben. Einzelne abgetrennte Zellen der frühesten Embryonalstadien können sich unter Beibehaltung der Polarität wie Stücke des Wanderplasmodiums von *Dictyostelium* (I, S. 163) zum einheitl. Ganzen entwickeln (E).

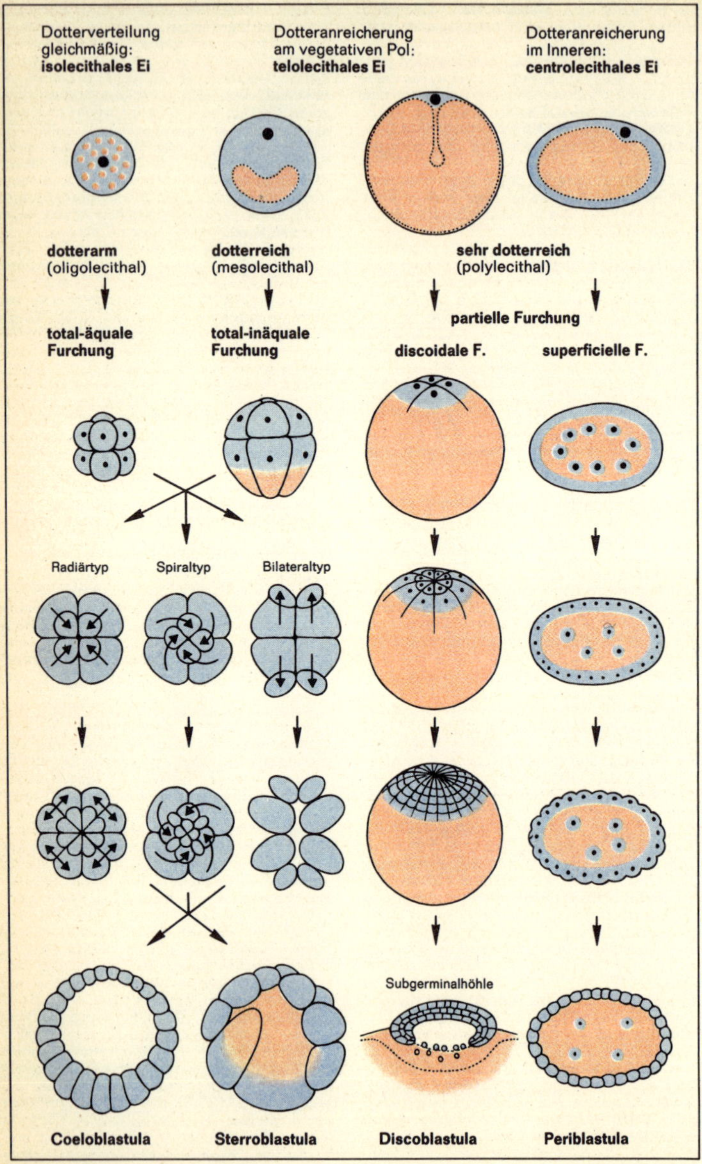

Eitypen und ihre Frühentwicklung

Die Entwicklung des Einzelwesens (Ontogenese) läßt bei den vielzelligen *Tieren* mehrere Phasen erkennen:
- **Die Embryonalentwicklung** reicht von der Eibefruchtung bis zum Beginn des selbständigen Lebens bei der Geburt oder dem Ausschlüpfen aus der Eihülle.
- **Die Jugendentwicklung** von der Geburt bis zum fertigen Zustand kann als direkte Entw. durchlaufen werden, bei der die Jugendformen den Erwachsenen ziemlich ähnlich sind und sie durch allmähliche Wachstumsveränderungen erreichen, oder sie ist eine indirekte Entw., bei der die Jugendformen, die Larven, durch tiefgreifende Umwandlungen, Neu- und Rückbildungen von Organen eine Gestaltsänderung (Metamorphose) durchmachen.
- **Die Erwachsenenphase** wird durch die Geschlechtsreife gekennzeichnet.
- In der **Altersphase** werden viele Funkt. vermindert und manche Strukt. abgebaut, was schließlich zu dem physiologisch bedingten Alterstod führt.

Alle *Metazoen* zeigen also einen **Individualzyklus.** In ihm kann in den postembryonalen Entw.-Phasen entweder die Larvenzeit (z. B. *Eintagsfliegen*, *Zikaden*) oder die Reifephase *(Vögel, Säuger)* die längste sein. Bei *Tieren* ist die degenerative Altersphase im Gegensatz zu der des *Menschen* relativ kurz.

Im folgenden wird nur die Embryonalentw. berücksichtigt. Sie läßt sich in 4 Abschnitte zerlegen: Furchung (s. u.), Gastrulation, Mesoderm- und Organbildung (I, S. 169).

1. Beginn der Keimesentwicklung: Furchung. Das befruchtete Ei wird durch eine Folge von mitot. Zellteilungen in **Blastomeren** zerlegt, deren Abgrenzungen gegeneinander oft den Eindruck von Furchen in der Oberfläche des Keimes machen. Danach bezeichnet man den ganzen frühen Entwicklungsprozeß als **Furchung**, die dabei entstehenden Blastomeren als Furchungszellen. – Der Furchungsprozeß wird durch die Cytoplasma-Architektur, welche die Spindelstellung der Mitosen bestimmt, sowie durch den Gehalt des Eies an Dottersubstanz entscheidend beeinflußt. Ist der Dotter in nicht sehr großer Menge vorhanden, so wird der ganze Zellkörper in Blastomeren zerlegt **(totale Furchung)**, andernfalls wird die Dottermasse nicht mit in den Teilungsvorgang einbezogen, er bleibt **partiell.**

a) **Totale Furchung** findet man bei den dotterarmen (oligolecithalen) Eiern: Die beiden ersten Furchungsebenen verlaufen meridional vom animalen zum vegetativen Pol, die dritte senkrecht dazu, und zwar bei völlig oligolecithalen Eiern durch den Äquator (**äquale** Furchung), bei Eiern mit einer in der vegetativen Hälfte angereicherten Dottermasse (telolecithale Eier) dem animalen Pol näher (**inäquale** Furchung), so daß vier animale Mikromeren und vier vegetat. Makromeren entstehen.

Die Blastomeren können folgende Symmetrieverhältnisse zeigen:
- **Radiärtyp:** Die Blastomeren liegen radiär um die Achse (*Schwämme*, *Hohltiere*, *Stachelhäuter*, I, S. 171),
- **Spiraltyp:** Die Blastomerenvierlinge sind um 45° gegeneinander, und zwar abwechselnd nach links und rechts, verdreht *(Strudel-, Schnur-, Borstenwürmer, Weichtiere)*,
- **Bilateraltyp:** Die Blastomeren liegen symm. zur Medianebene des Keimes (*Fadenwürmer*, *Mantel-* und *Wirbeltiere*, I, S. 174 ff.).

b) **Partielle Furchung:** Bei sehr dotterreichen Eiern vermag das Eiplasma die Dottersubstanz nicht in den Furchungsprozeß einzubeziehen. Es schwimmt zunächst als Keimscheibe am animalen Pol auf dem Dotter (viele *Fische*, alle *Sauropsiden*) und bildet hier durch die scheibenförmig begrenzte **discoidale Furchung** eine Blastodermkappe (I, S. 184 f.) oder es umgibt im centrolecithalen Ei der *Insekten* die große Dottermasse des Eiinneren als dünner Plasmabelag (Keimhautblastem) und unterliegt einer **superfiziellen Furchung**: Im Dotterinneren teilt sich der Kern wiederholt. Jeder Kern umgibt sich mit Plasma, wandert zur Oberfläche und tritt in den Plasmabelag ein. Durch Abgrenzung der Plasmabezirke entsteht ein einschichtiges Blastoderm.

Bildung der Blastula: Am Ende der Furchung entsteht im typ. Fall eine Hohlkugel, die **Blastula**, deren Wand aus der einfachen Blastomerenschicht besteht (Blastoderm) und deren Inneres von der Furchungshöhle (prim. Leibeshöhle, **Blastocoel**) gebildet wird.

Die Gestalt der Blastula wird stark durch den Dottergehalt der Eizelle geprägt:

Die Coeloblastula aus den dotterarmen Eiern der *Schwämme*, *Hohltiere*, *Stachelhäuter* (I, S. 171) und des *Lanzettfischchens* (I, S. 175) besitzt eine versch. große Höhle.

Die Sterroblastula wird bei dotterreichen Eiern beobachtet. Ihr fehlt die Höhlung.

Die Discoblastula entsteht bei discoidaler Furchung dadurch, daß sich die Blastodermkappe von der Dotteroberfläche abhebt; die dadurch klaffende Spalthöhle, die Subgerminalhöhle, ist jedoch einem Blastocoel nicht gleichzusetzen, denn sie entsteht zu Beginn der Bebrütung durch Verflüssigung des Dotters unter der Keimscheibe.

Die Periblastula als Folge einer superfiziellen Furchung läßt regelmäßig eine Furchungshöhle vermissen.

Der Abschluß des Furchungsprozesses tritt nicht dann ein, wenn eine bestimmte Zellenzahl erreicht ist, sondern wenn das Kern-Plasma-Verhältnis einen bestimmten Wert erlangt hat, der sich mit zunehmender Teilung zugunsten der DNA einstellt. Demzufolge teilen sich bei künstl. Parthenogenese des *Seeigel*-Eies haploide Keime einmal mehr als normale diploide, tetraploide dagegen einmal weniger bis zum Ende der Furchung.

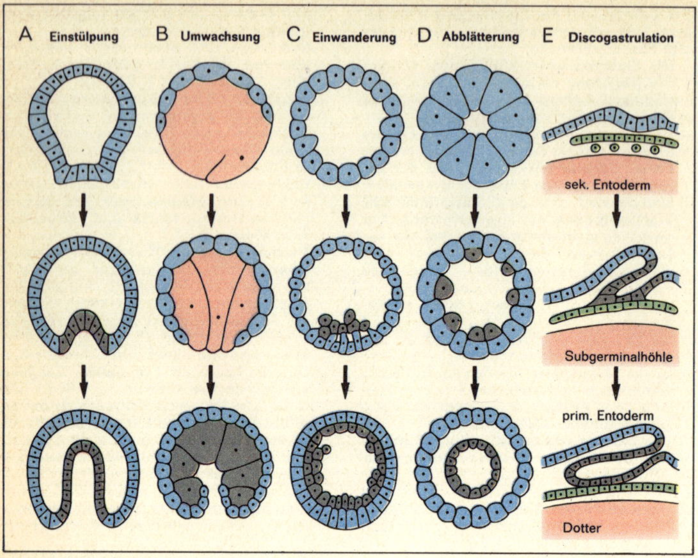

Bildung zweier Keimblätter (Gastrulation)

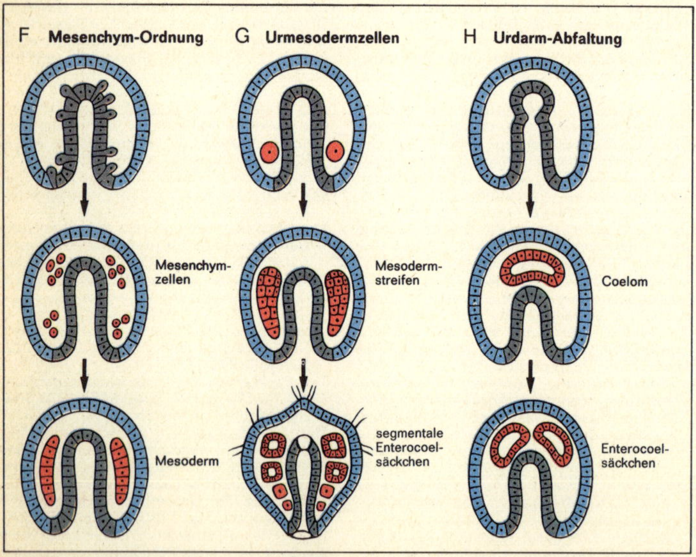

Bildung des dritten Keimblattes (Mesoderm)

Die Entw. des Einzelwesens (Fortsetzung)

2. Bildung des Becherkeims: Gastrulation. Aus der Blastula geht bei allen *Metazoen* durch den Prozeß der Gastrulation ein aus zwei Schichten oder Keimblättern bestehender Becherkeim (Gastrula) hervor. Das äußere Ektoderm bildet die prim. Körperbedeckung, das innen liegende Entoderm die Darmanlage, den Urdarm.

Je nach Tierart, Dottergehalt und Blastulatyp kann die Gastrulation versch. verlaufen:

Einstülpung (Invagination, A) des vegetativen Pols der Coeloblastula ist der einfachste, weit verbreitete und typ. Fall: Der eingestülpte Teil des Blastoderms wird zum Entoderm, die Einstülpungsöffnung zum **Urmund.**

Einkrümmung der vegetativen Zellschicht wird durch lebhafte Teilungen der animalen Zellen erzwungen. Der zunächst sehr weite Urmund zieht sich zusammen *(Regenwurm, Ascidien)*.

Umwachsung (Epibolie, B) der Makromeren bei großem Dottergehalt und fehlendem Blastocoel. Der Umwachsungsrand entspricht dem Urmund. Der Urdarm ist zunächst massiv *(Meeresringelwurm Bonellia*; in Kombination mit Einstülpung bei *Amphibien)*.

Einwanderung (C) einzelner vegetativer Blastomeren in die schließlich unregelmäßig ausgefüllte prim. Leibeshöhle. Erst später ordnet sich das Entoderm, und ein Urmund bricht durch (manche *Hohltiere*).

Abblätterung (Delamination, D) einer inneren Schicht von der äußeren erfolgt, wenn im Blastoderm die Teilungsspindeln senkrecht zur Oberfläche stehen. Dieser Typ begegnet vor allem, wenn eine Keimscheibe statt einer Blastula auftritt (E; Discogastrula der *Vögel*, *Reptilien*, I, S. 185). Bei den *höh. Säugern* sondert sich die Blastula in einen inneren **Embryonalknoten** (Embryoblast), aus dem dann der Embryo entsteht, und eine äußere, der Ernährung dienende Hülle **(Trophoblast).** Auch hier trennen sich Ekto- und Entoderm durch Delamination (I, S. 187). Bei den *Wirbeltieren* mit discoidaler Furchung stammt allerdings nur ein geringer Teil des Urdarmes aus Gastrulationsvorgängen **(prim. Entoderm)**. In der Hauptsache ist das **sek. Entoderm** aus den am Boden der Subgerminalhöhle liegenden Dotterzellen beteiligt.

Die Lage des Urmundes zeigt unter den *Metazoen* im Vergleich zu der späteren Körperorganisation eine auffällige Verschiedenheit, die zu zwei großen Stammgruppen der Systematik führt:

Protostomia behalten den Urmund als künftigen Darmeingang (z. B. *Ringelwürmer*);

Deuterostomia dagegen bilden den Mund neu, denn der Urmund liegt in ihrer hinteren Körperregion und wird zum After *(Stachelhäuter, Chordaten)*.

3. Bildung von Mesenchym und Mesoderm (F, G): Nur die *nied. Hohltiere* bleiben auf der Stufe des Ektoderm-Entoderm-Stadiums stehen. Bei allen übrigen *Metazoen* tritt zw. den beiden prim. Keimblättern eine zellige Mittelschicht auf.

Während sich das **Mesenchym** aus Zellen ableitet, die aus dem Blastoderm oder einem der Keimblätter ausgewandert sind, wird das **Mesoderm** auf versch. Weise epithelial angelegt:

Mesenchymale Zellen ordnen sich zu einem Epithel (z. B. *Phoronis*).

Zwei Urmesodermzellen, die sich früh am hinteren Rand des Urmundes aus dem Blastodermverband in das Blastocoel gesenkt haben, lassen durch ständige Teilung bei *Ringelwürmern* und *Weichtieren* zwei anfangs solide Mesodermstreifen entstehen, in denen später die Coelomhöhlungen auftreten.

Mesodermstreifen gliedern sich bei den *Gliederfüßern* von einer ventralen rinnenförmigen Einsenkung direkt ab, gehen also nicht auf nur zwei Zellen zurück.

Paarige Faltungen in der Urdarmwand stülpen sich zu Mesodermsäckchen vor und werden dann abgetrennt (*Stachelhäuter*, I, S. 171; *Lanzettfischchen*, I, S. 175), oder solide Mesodermleisten werden später ausgehöhlt (*Wirbeltiere*, I, S. 176 ff.). – Bei den *Chordaten* segmentiert sich das dorsale Mesoderm in paarige, hintereinander liegende Säckchen, die **Ursegmente** (Myotome, Somite), während die ventralen Teile ungegliederte **Seitenplatten** liefern.

4. Organbildung aus den Keimblättern: Die drei Keimblätter stellen das Ausgangsmaterial für die Organbildung und zeigen dabei im allg. spezif. Leistungen.

Differenzierung des Ektoderms:
- Oberhaut (Epidermis) mit Drüsen und Anhängen (Cuticula, Chitin, Schalen);
- Anfang und Ende des Darmkanals und deren Drüsen, Zahnschmelz;
- Sinneszellen, Augenlinse, Irismuskulatur, Nervengewebe, Nebennierenmark.

Differenzierung des Mesoderms:
- Skelett-, Darm-, Herzmuskulatur;
- Binde- und Stützgewebe, Dentin;
- Coelomwand, Brust-, Bauchfellepithel;
- Blutgefäße, Blut- und Lymphzellen;
- Nephridien, Nieren, Samen- und Eileiter.

Differenzierung des Entoderms:
- Epithel und Drüsen des Mitteldarms, Leber, Pankreas, Harnblasenepithel;
- Chorda dorsalis;
- Schwimmblase, Lunge, Kiemen;
- Schilddrüse, Epithelkörperchen, Thymus.

5. Embryonalorgane und Embryonalhüllen: Bei *Tieren* aus versch. Stämmen werden in der Embryonalentwicklung Strukturen angelegt, die der Ernährung oder dem Schutze des Keimes dienen und in der postembryonalen Zeit verschwinden. – Embryonalhüllen sind bei *Insekten* weit verbreitet, bes. aber bei den *höh. Wirbeltieren (Amnioten)*, wo Amnion und Serosa (I, S. 184 ff.) umfangreiche extraembryonale Gebilde darstellen und den Keim sehr gut schützen. Als Embryonalorgan fungiert die ursprüngl. Harnblase, die Allantois, die bei *Vögeln* ein wichtiges Atmungsorgan wird, bei *Säugern* dem Stoffaustausch dient.

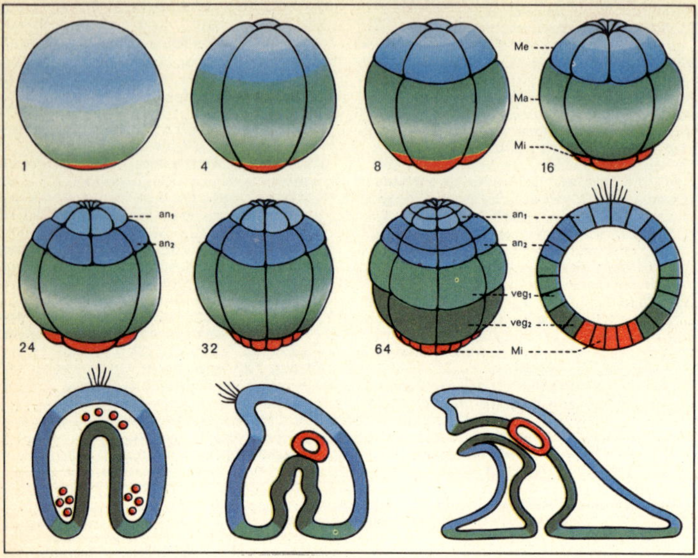

Furchung und Mesodermanlage beim Seeigel-Keim

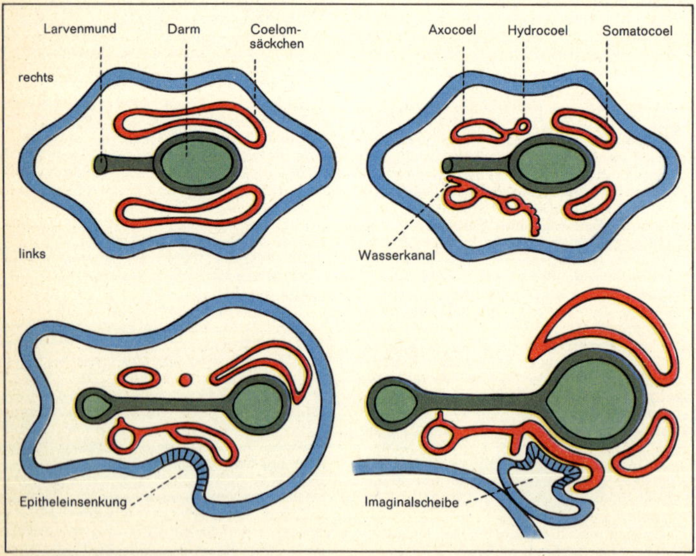

Coelomentwicklung bei der Seeigel-Larve

Die normale Entwicklung (Normogenese) der *Stachelhäuter*, unter denen bes. die *Seeigel* Gegenstand experiment. Entwicklungsforschung sind, verläuft indirekt (A): Aus dem Ei entsteht zunächst die Pluteuslarve, aus der sich in komplizierter Metamorphose die endgültige Körperform herausschält (B).

Das **dotterarme Ei** des *Seeigels Paracentrotus* gibt seine polare Orientierung durch den vor der Befruchtung sichtbaren Farbring (I, S. 132 D) und einen Kanal zu erkennen, der die Eihüllengallerte am animalen Pol durchzieht und die Richtungskörper enthält. Pigmentring und zusätzliche Färbung lassen den Anteil best. Schichten der Furchungsstadien am Aufbau der Pluteuslarve deutlich werden.

Die beiden ersten **Furchungen** schneiden meridional ein, die dritte, äquatoriale bildet je 4 animale und vegetative Blastomeren. Erstere werden durch Meridionalfurchen in einen Kranz von 8 gleichgroßen Mesomeren (Me), letztere durch eine inäquale Querteilung in 4 große, äquatorwärts liegende Makromeren (Ma) und 4 kleine Mikromeren (Mi) am vegetativen Pol zerlegt. Im Übergang von diesem 16-Zellen-Stadium zum 32-Zellen-Stadium bilden die Mesomeren durch Querfurchung zwei animale Kränze, an_1 und an_2, während die Makromeren durch meridional einschneidende Furchen in einen Ring von 8 gleichgroßen Zellen zerlegt werden und die 4 Mikromeren zum vegetativen Pol hin 4 kleinste Mikromeren abschnüren.

Wenn man die zeitliche Verzögerung der Mikromerenteilung infolge deren großer Kern-Plasma-Verhältnisse vernachlässigt (I, S. 167), besteht das 64-Zellen-Stadium aus zwei animalen Kränzen mit je 16 an_1 und an_2, zwei vegetativen Kränzen von je 8 veg_1 und veg_2 und den 16 Mikromeren.

Die Beobachtung der weiteren Entw. zeigt, daß hier folgendes Muster präsumtiver Anlagen bereits vorliegt:

an_1 = Oralfortsätze, Mundöffnung;
an_2 = Ektoderm der mittl. Körperregion;
veg_1 = Ektoderm der Analseite;
veg_2 = Entoderm, Mesoderm, sek. Mesenchym;
Mi = prim. Mesenchym.

Bei dem folgenden **Blastulastadium** verquillt die Blastocoelgallerte, die schon in den Spalträumen zw. den ersten Blastomeren auftritt und diese anscheinend auch an den Berührungsflächen zusammenhält. Noch vor dem Ausschlüpfen aus der Eihülle trägt der Keim Cilien, am animalen Pol wachsen starre Wimpern aus. Nach Abplatten des vegetativen Pols wandern Abkömmlinge der Mikromeren in die Furchungshöhle, wo sie sich als prim. Mesenchym später zu Skelettbildnern, Bindegewebs- und Wanderzellen differenzieren.

Durch **Invagination** stülpt sich vom vegetativen Pol aus der Urdarm ein, während die Blastocoelgallerte durch Enzyme der Entodermzellen teilweise aufgelöst wird. – Der Urdarm gliedert an seinem Gipfel die sek. Mesenchymzellen ab und neigt sich, da die künftige Rückenseite des Ektoderms stärker wächst als die Bauchseite, letzterer zu. Während nun das blinde Ende des Urdarms mit einer ektodermalen Eindellung (Mundbucht) verschmilzt und damit der Larvenmund durchbricht, wird der Urmund zum After der Larve (Deuterostomie, I, S. 169).

Bei der anschließenden Umbildung der Gastrula zur **Pluteuslarve** verlängert sich die Dorsalwand weiter und wird tütenartig nach hinten unter Abplattung des Epithels ausgezogen. Trapezförmig um das Mundfeld entsteht eine Wimperschnur, in deren Ecken sich zunächst vier Arme anlegen: Mit dem Wachsen der Skelettnadeln werden im Gebiet von an_1 die beiden Oralfortsätze, auf der Grenze von an_2 und veg_1 die beiden Analarme ausgestülpt. Damit ist die tetraedrische Form mit ihrer Bilateralsymm. (I, S. 117) auch äußerlich hergestellt. – Im Larveninneren hat sich der Darmkanal durch Einschnürungen in Oesophagus, Magen und Enddarm gegliedert.

Schon während der Gastrulation beginnt die **Mesoderm-Bildung**, indem der Urdarm sich zu einem Vasoperitoneal-Bläschen erweitert, das sich nach seiner Ablösung in zwei rechts und links vom Urdarm gelegene Coelomsäckchen teilt. Beide strecken sich längs und zergliedern sich in je drei Teile (Trimetamerie), die aber auf der linken Seite auffällig stärker diff. sind: Das vordere linke **Axocoel** schickt eine schlauchartige Aussackung (Wasserkanal) zur Rückenfläche, wo der Hydroporus eine Verbindung zur Außenwelt schafft, und steht durch den Steinkanal mit dem mittleren **Hydrocoel** in Verbindung. Das hintere, rechte Bläschen aber liefert das **Somatocoel**, die eigentliche Leibeshöhle.

Die Metamorphose

Im Verlauf dieses komplizierten Vorgangs wandelt sich die bilaterale Pluteuslarve in einen erwachsenen *Stachelhäuter* von sek. erworbener Radiärsymmetrie um.

Am Grunde des linken Rückenarmes der Larve induziert das Hydrocoel, die Anlage des Ambulakralgefäßsyst. (I, S. 117), eine grubenförmige Einsenkung des Epithels, die sich später zum Bläschen schließt. Das eingesenkte Epithel bildet zusammen mit dem Hydrocoel die **Imaginalscheibe**, an der die Primärtentakeln, Stacheln, Ambulakralfüßchen, Zahnanlagen und das NS entstehen.

Der Gestaltwandel beginnt mit einer Umstülpung der Imaginalscheibe. Coelom und Darm werden dabei z. T. umhüllt, doch werden für deren vollständige Umwachsung auch Seiten- und Rückenepithel der Larve mitbenutzt. Das Hydrocoel wird von einem neuen Oesophagus durchbrochen und so zu einem Ring umgewandelt, an dem die Anlagen der Radiärkanäle erscheinen. Der so gebildete junge *Seeigel* stellt zunächst also nur ein, immerhin umfangreiches, Anhängsel des Pluteus dar.

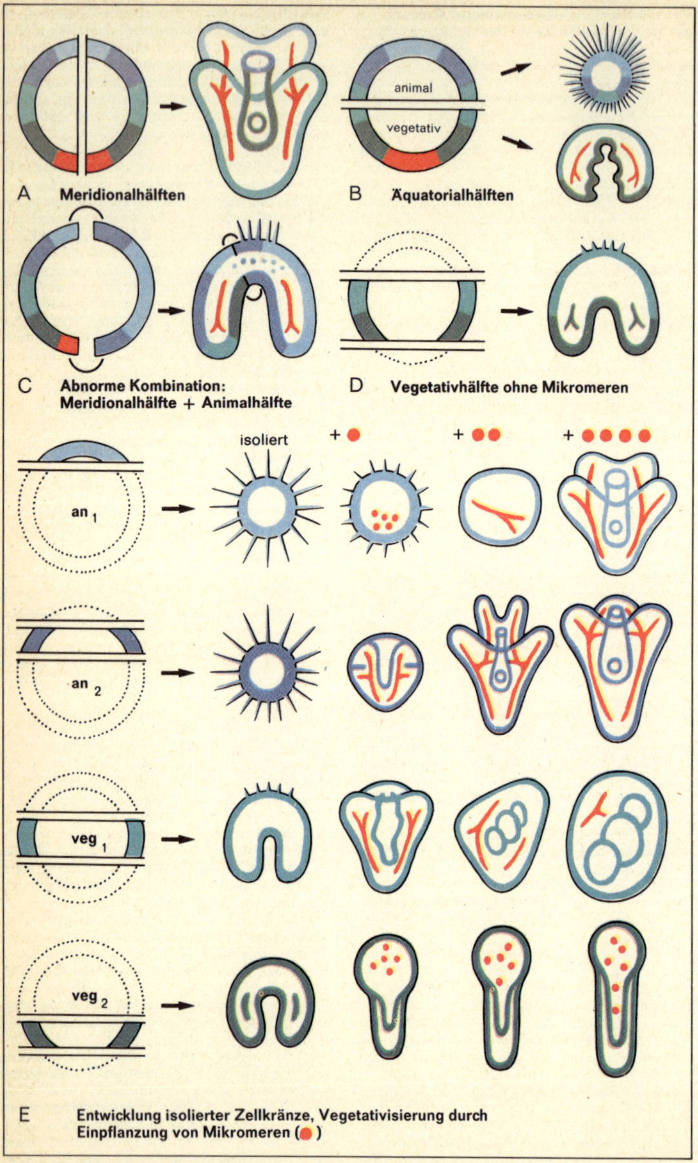

Regulationsversuche am Seeigel-Keim (32-Zellen-Stadium)

Die prospektive Bedeutung einzelner Eiplasmabezirke in der Normogenese des *Seeigels* konnte durch Vitalfärbungen bestimmt werden (I, S. 170 A). Aussagen zur Regenerationsfähigkeit, zur **prospektiven Potenz**, sind nur durch Isolationsversuche einzelner Teile von Furchungsstadien zu gewinnen.
Halbiert man einen *Seeigel*-Keim des 32-Zellen-Stadiums längs eines Meridians (A), so bilden sich aus beiden **Keimhälften** normale, kleine Ganzlarven. Die Entw. zeigt also alle Kennzeichen der Regulation (I, S. 165). – Zerlegt man jedoch einen entspr. Keim in seine animale und vegetative Hälfte (B), so kann erstere wie bei einer Mosaik-Entw. nur gemäß ihrer prospektiven Bedeutung animale Organe bilden (z. B. Mundfeld, Wimperschopf), während die vegetat. Zellgruppe Skelett- und Darmteil sowie etwas umhüllendes Ektoderm ergibt. Beide Teile zeigen dabei eine über die Norm hinausgehende Tendenz in der Ausdiff. ihrer Organe. Offenbar liegt hier ein polarer Gegensatz in den animalen und vegetat. Hälften vor, der jeder eine bestimmte, der anderen entgegenwirkende Funkt. zuweist, ohne daß ein festgelegtes Anlagemuster bestünde.
Daß einzelne Zellkränze oder -gruppen keineswegs entsprechend ihrer prospektiven Bedeutung zu einer Diff. ohne Rücksicht auf das Ganze determiniert sind (Selbstdiff.), zeigen auch **abnorme Kombinationen von Keimteilen** (C):
Ersetzt man die verlorene Seite eines Halbseitenkeimes (aus 32-Zellen-Stadium gewonnen) ausschließlich durch animale Zellen, so beteiligen sich diese am Aufbau vegetativer Organe, und es entsteht ein normaler Keim. Animale Zellen können also bei Gegenwart vegetativer Zellen zu vegetativen Leistungen aktiviert werden (Induktion). – Ebenso bringen vegetative Zellen animale Organe hervor, wenn sie nicht unter dem Einfluß der Mikromeren stehen (D). Die Makromeren enthalten also ebenfalls alle Potenzen, die zur Bildung des Ganzen nötig sind. – Kombinationen animaler Keimeshälften mit Mikromeren schließlich führen zu fast normal gestalteten Larven.
Diese Experimente und Isolierungsversuche einzelner Zellkränze legen eine **graduelle Abstufung der vegetativen und animalen Tendenz** längs der Polachse nahe. Die Wirkung der Mikromeren z. B. im Sinne einer **Vegetativisierung** beleuchten folgende Versuche, in denen zu einzelnen Zellkränzen des 32-Zellen-Stadiums verschieden viele Mikromeren hinzugefügt wurden (E):

an_1 drängt mit einer Mikromere den Wimperschopf zurück, gastruliert aber nie. 4 Mikromeren verhelfen zur normalen Larve.

an_2 braucht dafür nur 2 Mikromeren, bei 4 ist zu stark vegetativisiert, und das Mundfeld wird bereits unterdrückt.

veg_1 kann ohne Mikromeren eine kleine Larve mit Mundfeld und kleiner Urdarmeinstülpung bilden. 1 Mikromere verbessert etwas, mehrere verschlechtern wieder.

veg_2 wird durch Mikromeren zu stark vegetativ bestimmt: Ein zu großer Teil der Blastula diff. sich zu Entoderm, der Urdarm tritt nach außen (Exogastrula).

Die normale Entw. einer *Seeigel*-Larve wird also nur durch ein bestimmtes Verhältnis von animalem und vegetativem Keimmaterial gewährleistet. Die **Gefälle-Hypothese** von RUNSTRÖM erklärt dies durch die Annahme einer gegensinnigen Gefällepolarität, die vom animalen und vom vegetat. Pol des Eies ausgeht. Nur ein Konzentrations-Gg animalisierender und vegetativisierender Stoffe, das dem im ganzen Ei hinreichend entspricht, ermöglicht auch den Keimesteilen eine typ. Entwicklung.
Das Zusammenwirken der beiden Gefälle im **zeitlichen Verlauf**, währenddessen die Keimbezirke determiniert werden, läßt sich ebenfalls in der Reaktion animaler Hälften auf eingepflanzte Mikromeren erkennen:
Auf die Implantation von vier beliebig alten Mikromeren reagieren 4 Std. alte animale Hälften mit der Ausbildung typ. Larven, 8 Std. alte mit Skelettanlage, aber Fehlen eines Urdarmes; in 14 Std. alten Keimhälften blieben die Mikromeren ohne Wirkung auf das bereits determinierte Ektoderm und wurden selber an der Skelettbildung gehindert. In einem Alter, in dem im Ganzkeim die Mikromeren einwandern, ist die Reaktionsfähigkeit des animalen Blastoderms auf Mikromeren erloschen.
Chem. Außeneinwirkungen können die animal-vegetative Polarität quantitativ beeinflussen. Innerhalb der sensiblen Periode, also bis 12–16 Std. nach der Befruchtung, wirkt Li^+ auf Ganz- oder Teilkeime vegetativisierend, so daß sich im Extremfall Exogastrula oder mehrere Urdarmeinstülpungen zeigen. – Dagegen äußert sich die Einwirkung von Rhodanid-Ionen (SCN^-), schwächer von Jodid-Ionen, auf das unbefruchtete *Seeigel*-Ei animalisierend, indem im geringsten Fall der Wimperschopf vergrößert, im weitergehenden jegliche vegetative Diff. unterdrückt wird.
Die morphogenet. Prozesse und Wirkungen der animalen und vegetativen Gefälle sind, wie Untersuchungen mit reduzierbaren Farbstoffen ergaben, von unterschiedl. **Stoffwechsel** begleitet. Möglicherweise beruht auch die Wirkung von Li^+ z. T. in einer Hemmung der Oxydation bes. von Kohlenhydraten, während für animalisierende Stoffe eine Einwirkung auf die Eiweißsynthese durch Änderungen in der Konfiguration von Proteinen vermutet wird.
Neben der animal-vegetativen Polarität treten in der *Seeigel*-Entw. die **Bilateralität** und **Dorsoventralität** auf. Die Determination dieser Achsen erweisen isolierte Meridionalhälften: Links-Rechts-Halbierung innerhalb von 10–12 Std. nach der Befruchtung liefert Ganzlarven, danach nur Halblarven. Die Dorsal-Ventralachse ist schon im unbefruchteten Ei angelegt, aber noch umstellbar. Die ventrale Tendenz breitet sich von einem Rindenbezirk aus, braucht aber zu ihrer Realisierung spez. Cytoplasma.

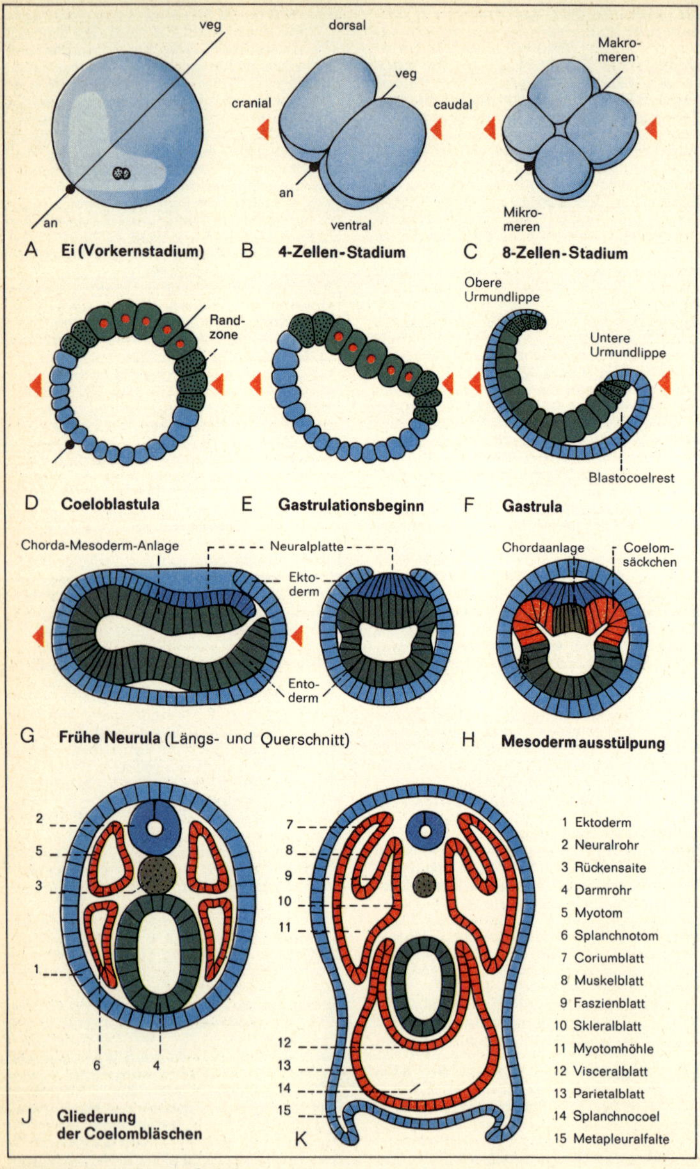

Entwicklung des Lanzettfischchens

Das Ei des Lanzettfischchens
Das dotterarme Ei zeigt eine ausgeprägte polare Diff.: Der animale Pol ist durch das schon im Eierstock abgeschnürte Richtungskörperchen bestimmt. Die Besamung erfolgt in der Nähe des vegetativen Pols. Bereits auf dem Vorkernstadium (A) ist das Ei bilateralsymmetrisch diff., denn neben dem dotterhaltigen Plasma des vegetativen Pols und der zentralen kernhaltigen Plasmakappe tritt eine besondere, asymm. liegende Randzone (Marginalzone) des Plasmas auf.

Die Furchung
Entsprechend dem Eibau erfolgt die Furchung ebenfalls bilateralsymm.: Die erste Furche schneidet vom animalen zum vegetativen Pol ein und trennt in der späteren Symmetrieebene der Larve zwei gleichgroße Blastomeren. Die zweite Furche führt bereits zu 2 kleineren craniodorsalen (Kopf- und Rückenteil liefernden) und 2 größeren caudoventralen (Schwanz- und Bauchteil liefernden) Zellen (B). Die dritte Furchung führt als animalwärts verschobene Äquatorialteilung zu 4 animalen Mikromeren und 4 vegetativen Makromeren von unter sich versch. Größe (C). – Später verläuft die Blastogenese zeitlich und räumlich unregelmäßig. Die **Coeloblastula** (D) mit umfangreichem Blastocoel weist am animalen Pol ein dünnes, am vegetativen Pol ein dickeres Blastoderm auf. Letzteres ist von einer **Randzone** umgeben, welche in der Kopf-Rückenlinie am breitesten, in der Bauch-Schwanzlinie am schmalsten ist und die Chorda-Mesoderm-Anlage darstellt.

Die Gastrulation
Sie beginnt dorsal in der Randzone als Invagination. Dabei buchtet sich die dorsale Urmundlippe stärker ein (E). Entoderm und Chorda-Mesoderm-Anlage gelangen dadurch nach innen und lagern sich dort dem Ektoderm dicht an (F). Während sich die Urmundränder annähern und sich die Gastrula längsstreckt, wird der Urmund mehr nach hinten und oben verlagert: Die Längsachse des Keimes und späteren Tieres bildet mit der animal-vegetativen Hauptachse einen Winkel von 30°.

Die Neurulation
Ausgelöst durch den Kontakt mit der unterlagerten Chorda-Mesoderm-Anlage beginnt das dorsale Ektoderm höher zu wachsen. Die dadurch entstehende **Neuralplatte** senkt sich in der Medianen (Körpermittellinie) zur **Neuralrinne** ein und schließt sich zum **Neuralrohr,** während Ektoderm der Rückenseiten diese Anlage des NS überwächst (G, H). – Vorn bleibt das Neuralrohr noch lange durch den Neuroporus mit der Außenwelt verbunden. Da das Ektoderm auch den Urmund von der Bauchseite überwächst, entsteht der »canalis neurentericus« als röhrenförm. Verbindung zwischen Darmkanal und Neuralrohr. Der After bricht später sekundär durch den Verschluß.

Die Bildung der Chorda
nimmt ihren Ursprung von dem mittleren Teil des Urdarmdaches: Das Entoderm schnürt nach oben einen soliden, aber biegsamen Strang ab, der als Rückensaite oder Chorda dorsalis beim *Lanzettfischchen* das einzige axiale Stützorgan darstellt. Sie durchzieht den Embryonalkörper vom Kopf- bis zum Schwanzende und ist völlig unsegmentiert, im Gegensatz zur Organisation anderer Organe (I, S. 119).

Anlage und Differenzierung des Mesoderms
Sie werden zuerst in den links und rechts von der Chorda-Anlage sich dorsal ausstülpenden beiden **Mesodermfalten** (Urdarmdivertikel) sichtbar. Diese gliedern sich durch segmentale Quereinschnürungen zunächst zu den **Coelomsäckchen** und lösen sich als 8- bis 9-paarige Coelombläschen ab (axiales Mesoderm), die durch weitere, infolge Wucherung von Zellmaterial rund um den Urmund entstandene ergänzt werden (peristomales Mesoderm). – Jedes dieser **Ursegmente** teilt sich später in einen dorsalen Abschnitt – Myotom – und einen ventralen Teil – Splanchnotom – (J). Das Myotom als Teil des Coeloms umschließt die Myotomhöhle und liefert durch eine ventrale, sich innen dorsal aufbiegende Falte vier Blätter (K): Lederhaut(Corium-)-, Muskel-, Faszien- und Skleralblatt. Das **Splanchnotom** umschließt mit dem äußeren parietalen Blatt (Somatopleura) und einem dem Darm anliegenden visceralen Blatt (Splanchnopleura) die durch Verschmelzung der Splanchnotomsäckchen entstandene einheitl. Leibeshöhle, das Splanchnocoel. Im Gegensatz zu der auch noch im fertigen Tier anzutreffenden Segmentierung der Muskulatur geht hier also die ursprüngl. Gliederung verloren. Die dorsalen Teile der visceralen Blätter hängen als Mesenterium den Darm an den ventralen Chordateilen auf.

Larvenentwicklung und Metamorphose
Bereits 15–18 Std. nach der Befruchtung (bei 18° C) schlüpft die Neurula aus und schwimmt durch Cilienschlag.
Der **Mund** legt sich als Ektodermverdickung auf der linken Seite des ersten Segmentes an. In dieser Scheibe bildet sich ein Spalt, an dem Ektoderm und das Entoderm des Vorderdarmes verwachsen. Nach der Verlagerung des Mundes nach vorn zur Bauchseite senkt sich später der Bezirk zur Mundbucht ein. Ähnlich bilden sich, zunächst auch auf der linken Seite, vom zweiten Segment ab insgesamt **14 prim. Kiemenspalten,** die sich wiederholt verlagern und auf der rechten Seite über sich eine Reihe **sek. Kiemenspalten** durchbrechen lassen. Während in der vorderen Region einige Kiemenspalten wieder verschlossen werden, werden die übrigen durch »Zungenbalken« zweigeteilt. Nach der Ausbildung der Metapleuralfalten und des Peribranchialraumes (I, S. 119) nimmt die Larve immer mehr die Gestalt des fertigen Tieres an und ernährt sich in Bodennähe durch Strudeln und Filtration.

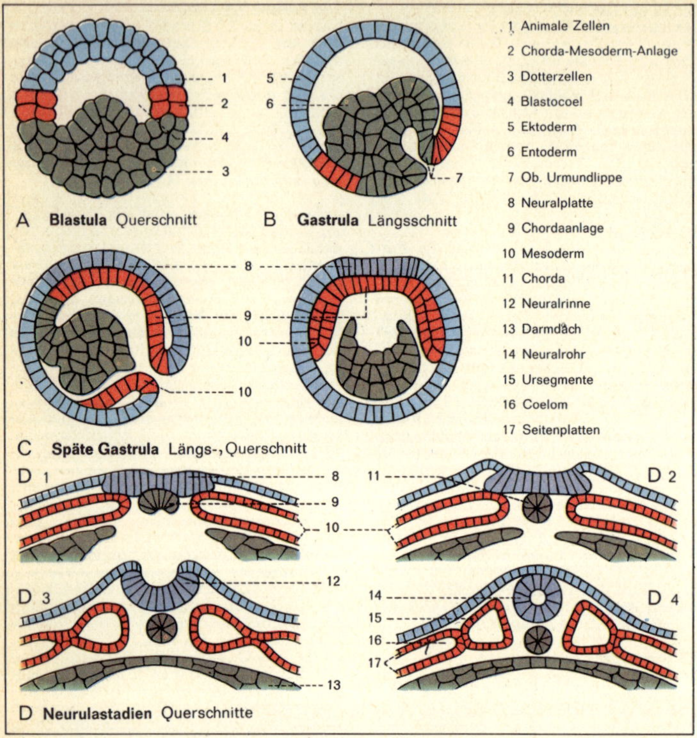

Normale Embryonalentwicklung bei Amphibien

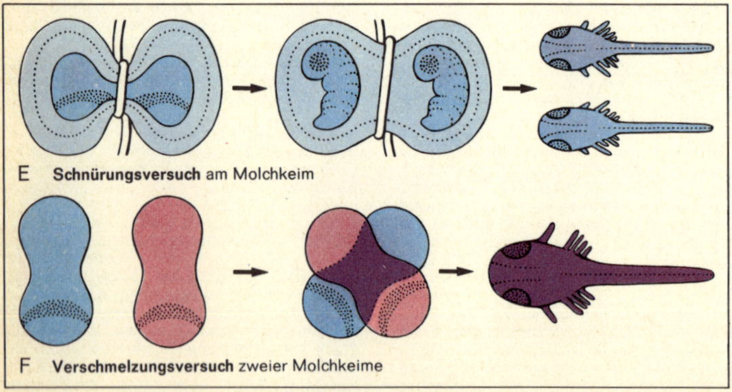

Entwicklungsphysiologische Versuche an Furchungszellen

Frühentwicklung der Amphibien

Die **Eier** der *Lurche* sind dotterreich. Das Dottergefälle in der animal-vegetativen Eiachse weicht noch in der Oocyte einer bilateralsymm. Verteilung, die sich nach der Befruchtung manchmal *(Frosch)* auch äußerlich als »grauer Halbmond« zu erkennen gibt und in ihrer Richtung durch Schwerkraft und Spermieneintritt beeinflußt wird.

Die ersten beiden, meridionalen **Furchungen** berücksichtigen diese Bilateralität nicht. Die dritte, äquatoriale Furchung verläuft inäqual. Infolge des Energie- und damit Materialverbrauches entsteht schon in der jungen **Blastula** (A) ein Blastocoel, das von dem mehrschichtigen Blastoderm kleiner animaler Zellen und großer Dotterzellen umgeben ist.

Die **Gastrulation** ist wegen des Dotterreichtums verwickelter als bei *Seeigel* oder *Lanzettfischchen*. Sie beginnt als Epibolie (B), indem sich die kleinen Zellen des animalen Teils ringförmig über die Dotterzellen hinwegschieben und die gesamte Dottermasse als einen Pfropf ins Innere der Furchungshöhle einsinken lassen. Dorsal entsteht dabei als Ringfurche die obere Urmundlippe, die sich durch Invagination einrollt und das Material des grauen Halbmondes (Chorda-Mesoderm-Anlage) nach innen zieht. Während der weiteren Gastrulation (C) trennt sich im Keiminneren das Material der oberen und seitl. Urmundlippe als Urdarmdach von dem sich über die untere Urmundlippe einschiebenden Dotter ab. Das Urdarmdach legt sich innen unmittelbar dem dorsalen Ektoderm an, drängt sich durch seitl. Verbreitern zw. Ektoderm und Entoderm und umschließt zuletzt mit seinen Flanken den Urdarmboden. Dieser, d. h. die träge Dottermasse der unteren Urmundlippe, schiebt sich schließlich ganz ins Keiminnere und rollt sich ebenfalls mit den freien Seiten des Entoderms nach oben zum geschlossenen Darmrohr auf.

In der **Neurulation** (D) treten äußerlich zu beiden Seiten der Medianen die Neuralwülste auf, die sich zur Neuralrinne nähern und später, während das Ektoderm sich darüberschiebt, zum Neuralrohr verwachsen. Gleichzeitig mit diesem Prozeß gliedert sich die einfache Zellschicht des Urdarmdaches in einen mittleren medianen Strang für chordale Bildungen sowie rechts und links davon in je eine Reihe Myotome und Seitenplatten (Splanchnotome). Letztere liefern die paarigen Anlagen der sek. Leibeshöhle (Coelom).

Damit ist die typ. **Körpergrundgestalt** eines *Wirbeltier*-Keimes, wie sie auch das *Lanzettfischchen* repräsentiert (I, S. 174f.), nahezu ausdifferenziert:

Dorsal vom Darm erstrecken sich ebenfalls in Vorn-hinten-Richtung Chorda und Neuralrohr, seitlich davon liegen die Ursegmente und die Seitenplatten. Wo letztere ventral zusammenstoßen, entsteht das Herz. Am Kopf diff. sich Gehirn und Sinnesorgane, vom Darm aus Kiemen und Mund.

Entwicklungsphysiologie des Amphibienkeimes

Embryologische und entwicklungsphysiolog. Untersuchungen an *Amphibien* wurden nicht deswegen so bes. umfangreich durchgeführt, weil dieser Tierform als solcher hervorragende Bedeutung zukäme, sondern weil hier Grundgesetze der Entw. in bes. klarer Weise und unverfälscht durch sek. Anpassungen erkennbar sind. Ihre Bildungsprinzipien können als Musterbeispiel der *Wirbeltier*-Entw. überhaupt dienen, wenngleich die Ontogenese eines *Lurches* in keinem Fall mit der eines anderen *Wirbeltieres* direkt vergleichbar ist. Untersuchungen an *Fisch-*, *Reptil-*, *Vogel-* und *Säuger*-Keimen, die erheblich größere techn. Schwierigkeiten bereiten, zeigen jedoch, daß die Grundgesetze tier. Entw. gleichartig sind und daher das günstigste Objekt, der *Amphibien*-Keim, zu Recht als Ausgangsmodell verwendet wird.

I. Die Potenz der Furchungszellen

Die entwicklungsphysiolog. Leistungen der ersten Furchungszellen wurden Ende des 19. Jh. im Zusammenhang mit zwei Hypothesen der Ontogenese gesehen: Ist die Entw. ein Sichtbarwerden, Entfalten im Ei vorgebildeter Teile **(Präformation)**, oder ist die Zygote undiff. und das Schicksal einzelner Keimbezirke vom weiteren Geschehen abhängig **(Epigenese)**? (Das Verhalten junger Blastomeren versch. Tiergruppen unterscheidet sich: Mosaik- und Regulations-Keime, I, S. 165).

1. Schnürversuche (SPEMANN, 1901/03; E), in denen *Molch*-Keime des 2-Zellen-Stadiums entlang der Furche mittels eines Kinderhaares durchgeschnürt wurden, lieferten entweder (wenn die Schnürung etwa median verlief und die präsumtive obere Urmundlippe halbierte) zwei ganze Embryonen halber Größe (eineiige Zwillinge), oder es entstand neben einem normalen Embryo halber Größe ein birnförmiges Bauchstück, das nur eine Hautblase mit lockeren Blut- und Entodermzellen darstellte. In diesem Falle lag die Schnürungsebene frontal, sie trennte Bauch- und Rückenseite des bilateralsymmetrisch diff. Keimes. Lateral- und Dorsalhälften des *Amphibien*-Keimes weisen also Regulationsvermögen auf.

2. Anstichversuche (ROUX, 1888), bei denen die eine Blastomere durch eine Glühnadel zerstört wurde, lieferten andererseits in jedem Fall nur Halbembryonen. ROUX deutete dieses erste embryolog. Experiment im Sinne der Präformation. Der scheinbare Widerspruch zu den Schnürversuchen klärte sich: Halbembryonen entstehen bei *Amphibien* nur, wenn durch Reste der zerstörten Blastomere die Umordnung der inneren Struktur in der unverletzten Zelle behindert wird.

3. Verschmelzungsversuche (MANGOLD, 1920; F), in denen zwei hüllenlose und daher hantelförmige 2-Zellen-Stadien kreuzweise übereinandergelegt werden und einheitlich verschmelzen, beweisen durch die Bildung doppelt großer Embryonen ebenfalls die weitgehende Regulationsfähigkeit.

frühe Gastrula mittlere Gastrula Neurula (quer)

A Farbmarkierung zur Verfolgung der Gestaltungsbewegungen

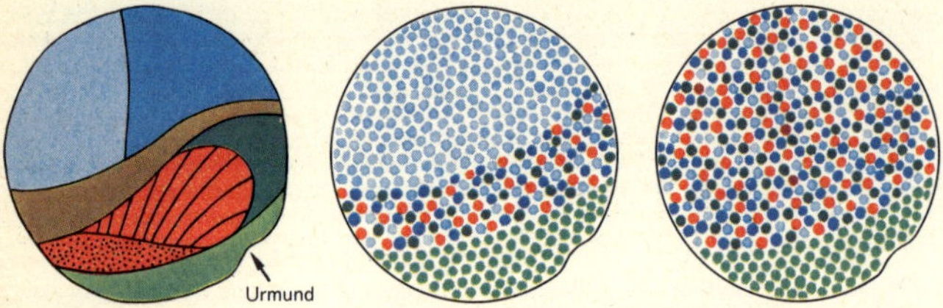

B **Prospektive Bedeutung**

C **Selbstdifferenzierungsleistung**

D **Prospektive Potenz**

Epidermis

Neuralplatte

Chorda

Entoderm

Ursegmente, Seitenplatten

Schwanz

E 1 E 2 E 3 E 4

E **Verschmelzungstendenz behäuteter und unbehäuteter Zellgruppen**

Entwicklungsphysiologische Versuche zur Gastrulation

II. Analyse der Gastrulation

Örtliche **Lebendfärbungen** kleiner Keimbezirke erlauben es, das weitere Schicksal der markierten Blastulabereiche zu verfolgen (A): Farbmarken auf dem Blastula-Äquator z. B. wandern zum Urmund, am schnellsten auf der dorsalen Medianen, wo sie über die obere Urmundlippe ins Keimesinnere gelangen und sich im Urdarmdach einfinden. – Viele ähnl. Versuche beweisen, daß nicht Wachstumsvorgänge, sondern reine **Gestaltungsbewegungen** den Gastrulationsprozeß charakterisieren. Indem diese raumzeitl. geordnete Materialverschiebung rückwirkend von den Organen auf den wenig diff. Keim bezogen wird, ergibt sich eine **Anlagekarte** (B) als Plan der prospekt. Bedeutung bestimmter Keimteile.

1. Die Fähigkeit zu Gestaltungsbewegungen in den versch. Keimbezirken wird durch **Blastomerentrennung** erforscht: Alle Isolate können die Gastrulation wenigstens einleiten; in ventralen und animalen Fragmenten ist sie beschränkt, im Bereich der oberen Urmundlippe am besten ausgebildet. Demnach ist die Potenz der Blastomeren zur Bildung eines vollständigen Embryos (I, S. 177) abhängig von der Fähigkeit zur Gastrulation, d. h. zu umfassenden Gestaltungsbewegungen. Diese sind bes. durch die starke Bewegungstendenz des Materials der präsumtiven Urmundlippe garantiert.

2. Die Mechanik der Gastrulation konnte durch die Methode, Keimteile steril in einer Kulturlösung zu züchten (HOLTFRETER), bis auf physikal.-chem. Grundlagen zurückgeführt werden.

Zw. isolierten Zellen bestehen wechselseitige zellspezif. Reizwirkungen **(Affinitäten)**, die sich in Abstoßung und Anziehung, in Selbstisolierung und Verschmelzung und dadurch verursachte Bewegungen von Zellen in Kontaktlage äußern:

- Isolierte Entodermzellen aus dem frühen Gastrulastadium verschmelzen zu einer geschlossenen Kugel, um zu der Zeit, in der sie in der vollständigen Neurula das flächenhafte Darmdach formen würden, in eine epitheliale Platte überzugehen, die sich nach 20 Tagen zu einem sezernierenden Darmepithel diff. hat.
- Früh miteinander explantierte Ektoderm- und Entodermzellen schließen sich zunächst ebenfalls zusammen, wandeln aber später entsprechend der Abstoßungstendenz beider Keimblätter während und nach der Invagination ihre positive Affinität in eine negative um.
- Zw. Ektoderm- und Mesoderm-Isolaten wandelt sich die negative Affinität zu der Zeit in eine sehr stark positive um, zu der im Ganzkeim das Ektoderm mit dem unterlagerten mesodermalen Urdarmdach verklebt.

Solche Explantationsversuche zeigen, daß den Zellen der Blastula die Potenz zu Kontakten und Gestaltungsbewegungen als Folgen von Zellzuständen und deren Wandel von vornherein innewohnt und sich selbstdifferenzierend äußert.

3. Die Analyse der Zellzustände erweist die außerordentl. Bedeutung einer bei *Amphibien* pigmentierten, feinen gelartigen Oberflächenschicht, die – im Eileiter als äußerste Eirindenschicht gebildet – die Eioberfläche zunächst gleichmäßig bedeckt und später als elast., gespannte überzellige Membran die Blastulazellen überzieht. – Diese Oberflächenschicht reguliert nicht nur die Osmose der Zellen und ermöglicht dadurch den *Amphibien*-Keimen das Überleben im Wasser, sondern verleiht den Zellen, solange sie ihnen angeheftet ist, eine Innen-außen-Polarität und die Koordination der Massenbewegung in der Frühentw. – Im Laufe der Frühentw. ist die Verteilung des Materials, das die Oberflächenschicht bildet, nicht gleichmäßig. Anhäufung erfolgt bes. im Gebiet der späteren dorsalen Urmundlippe, die dadurch auch in physikal.-chem. Hinsicht ausgezeichnet ist: Hier können die Zellbewegungen zu geordneten Kollektivbewegungen zusammengefaßt und auf größere Flächen dank der elast. Oberflächenverbindung übertragen werden. Außerdem verhindert die Oberflächenschicht ein Verkleben der Nachbarzellen, die an den basalen, nackten Zellteilen sofort aneinanderhaften. Sie spielt daher auch eine wesentl. Rolle in der Ausbildung embryonaler Hohlorgane (Urdarm, Neuralrohr, Blastocoel).

Die Rückführung der Gastrulation auf Oberflächeneigenschaften der Zellen wird durch Experimente belegt (E 1–E 4):

- Entfernt man bei einer späten Gastrula das dorsale Urdarmdach samt Ektoderm und ventral das Entoderm der Bauchepidermis, so daß außen nur ein äquatorialer Ring behäuteten Ektoderms stehen bleibt, dann breiten sich die behäuteten Zellen über die unbehäuteten aus, bis die behäuteten Zellbezirke zusammenstoßen.
- Legt man auf entodermales Gewebe ein Häufchen ebenfalls unbehäuteter Entodermzellen, so wird es in die Unterlage eingezogen (E 1). Dieser Vorgang erinnert an das Verhalten von *Dictyostelium* (I, S. 163).
- Behäutete Epidermis verhindert die Einverleibung (E 2); ist die Oberflächenschicht aber durch ein Loch unterbrochen, so schlüpfen die Zellen hinein (E 3).
- Wenn das Zellhäufchen z. T. behäutet ist und der Urmundgegend entstammt, wird es von der unbehäuteten Epidermis auch eingezogen, aber die Oberflächenschicht veranlaßt eine Eindellung, der sich die Nachbarzellen anschließen (E 4).

4. Die Oberflächenschicht besteht aus gerichteten Kettenmolekülen von Mucopolysaccharid-Protein-Komplexen, die senkrecht und tangential zur Oberfläche ausgerichtet sind. Alle Bedingungen, die den Zusammenhalt der Schicht beeinträchtigen (alkal. Milieu, O_2-Mangel, Ca^{++}-Mangel, Li^{+}-Ionen), verhindern zugleich die Zellverschiebungen bei der Gastrulation und Neurulation.

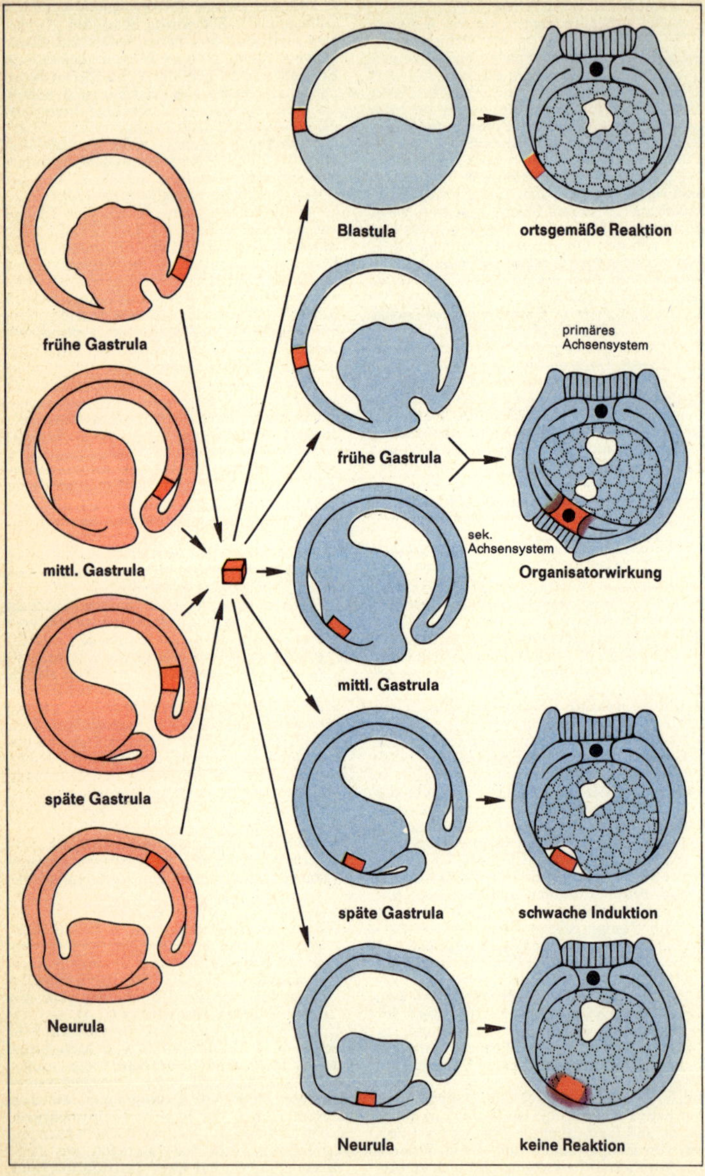

Induktion und Kompetenz

III. Analyse der ersten Differenzierungstendenzen

Die Regionen des *Lurch*-Keimes sind nicht nur mit bestimmten Bewegungsfähigkeiten, sondern z. T. auch mit bestimmten **Differenzierungstendenzen** oder sogar festen Determinationen ausgerüstet, von denen Transplantations- und Isolierungsversuche Aufschlüsse geben.

1. Transplantationsversuche (s. Abb.), bei denen z. B. ein Stück präsumtiver Epidermis gegen ein gleich großes Stück präsumtiven Nervengewebes ausgetauscht wird, zeigen nach der Einheilung der Transplantate:

- Austausch auf dem **frühen Gastrulastadium** führt zu **ortsgemäßer** Diff.: Präsumtive Epidermis wird in der neuen Umgebung zu einem Teil des NS, präsumtives Nervengewebe aber innerhalb der Epidermis zu Epidermis. Die Entw. ist also von den Einflüssen der Umgebung abhängig.
- Austausch auf dem **späten Gastrulastadium** führt dagegen zu einer **herkunftsgemäßen** Entw. wie bei einem Mosaik-Keim, da das Material spezif. determiniert ist.

Für die frühe Gastrula ist also die prospektive Potenz größer als die prospektive Bedeutung der Keimbezirke. Die vollständige Überprüfung führt, schemat. zusammengesetzt, schließlich zu einer **Karte der prospektiven Potenz** (I, S. 178 D).

2. Isolierungsversuche, in denen sich Keimteile in Kulturlösung ohne Beeinflussung durch die Zellnachbarn entwickeln, geben Auskunft über die **Selbstdifferenzierungsleistung** der Keimbezirke (I, S. 178 C). Während Isolate des präsumtiven Entoderms sich entodermal diff., kann präsumtives Mesoderm nahezu alle Organe und Gewebe des ausgebildeten Organismus entwickeln. Explantate der präsumtiven Epidermis und auch der präsumtiven Neuralplatte diff. sich nur zu atypischer Epidermis, die nicht länger lebensfähig ist. Bes. Einflüsse müssen demnach diesen Bereich in der Normalentw. in die Lage versetzen, die ihnen nach der prospektiven Bedeutung zugehörigen Organe hervorzubringen.

3. Probleme der Induktion stellten sich SPEMANN 1918 auch bei Transplantationsversuchen: Wird auf dem frühen Gastrulastadium das Transplantat direkt über der oberen Urmundlippe entnommen und der präsumtiven Bauchseite eines gleichalten Keimes eingesetzt, so fügt es sich nicht in seine neue Umgebung ein, hält vielmehr an seiner herkunftsgemäßen Entw. fest und zwingt die anstoßenden Teile des Wirtskeimes, ihm zu folgen: Es bildet sich in dem über dem Transplantat liegenden Bauchektoderm eine sek. Neuralplatte. SPEMANN nannte ein solches Transplantat **Organisator**, den Bezirk, dem es entnommen wurde, **Organisationszentrum**, die Veranlassung **Induktion.** – Das sek. Achsensystem wirkt auch induzierend auf das benachbarte Wirtsentoderm, so daß auch ein sek. Darmlumen entsteht. Eine solche Beeinflussung, bei der formbildende Fähigkeiten an ein fremdes Gebilde weitergegeben werden, ohne daß der Induktor mit Bildungsmaterial am Aufbau der induzierten Form teilnimmt, heißt **konstituierende Induktion.** – Nach dem Einpflanzen halbseitiger oberer Urmundlippen entsteht zunächst durch eine **assimilierende Induktion** (d. h. Induktion im Sinne einer Angleichung noch nicht determinierten Wirtsmaterials im bestimmten Umkreis an den Diff.-Zustand des Induktors) regulatorisch ein symm. Gebilde, das den Organkomplex vervollständigt, indem es im Wirtsmaterial ergänzende Bildungen durch eine **komplementäre Induktion** auslöst.

4. Die chem. Analyse der Induktionsfaktoren ergab die Aktivität sehr zahlr. Stoffe. Leber, Muskulatur, Herz, Gehirn versch. *Tiere* in frischem oder abgetötetem Zustand, viele Fettsäuren, Nukleinsäuren, Kohlenwasserstoffe, Kieselgur wirken induzierend. So brachten diese Untersuchungen vorwiegend negative Aussagen: Induktionsmittel sind

- nicht an Lebensvorgänge gebunden,
- nicht art- oder organspezifisch,
- nicht auf ein bestimmtes Entw.-Stadium beschränkt.

Ein Teil der unspezif. Wirkung beruht wahrscheinlich auf dem Verhalten der Oberflächenschicht der Zellen (I, S. 179) gegenüber den Induktoren. HOLTFRETER vermutet, daß alle Eingriffe, die eine reversible Schädigung der Zellen im Sinne einer Cytolyse verursachen, neurale Induktion veranlassen und daß Epidermis entsteht, wenn cytolysehemmende Stoffe einwirken.

In jüngster Zeit gelang es, zwei natürliche induzierende Proteine zu isolieren, durch deren Zusammenwirken erst die Bildung vollständiger Keime erreicht wird:

- der **neurale Faktor** veranlaßt die präsumtive Rumpfepidermis der frühen Gastrula zur Bildung des ZNS;
- der **mesodermale Faktor** löst die Bildung von Muskelgewebe, Chorda und Nierensystem aus und wird vom neuralen Faktor gehemmt.

Die Einsicht in die wirkenden Enzymketten und die geregelte Aktivierung und Blockierung der Gene scheint für die Biochemie nicht mehr ausgeschlossen zu sein.

5. Das Induktionssystem: Bei der Neuralplatteninduktion ist nicht nur das Urdarmdach als **Aktionssystem,** sondern auch die auf dessen Reize ansprechenden animalen Bezirke der Gastrula, das **Reaktionssystem,** von Bedeutung. Beide zusammen nennt man das Induktionssystem. – Diese Reaktionsfähigkeit (**Kompetenz**, I, S. 159) eines Keimbezirkes wird bestimmt durch

- die **erlebten Determinationsschritte**;
- sein **Alter**: Isoliert weitergezüchtete präsumtive Neuralplatte bildet rückimplantiert im Keim unter Organisatoreinfluß keine Neuralplatte;
- seine **genet. Ausrüstung**: Das Transplantat kann nur die Differenzierungen auf artfremde Induktion hin entwickeln, die es als arteigen auch in der Normalentwicklung ausgebildet.

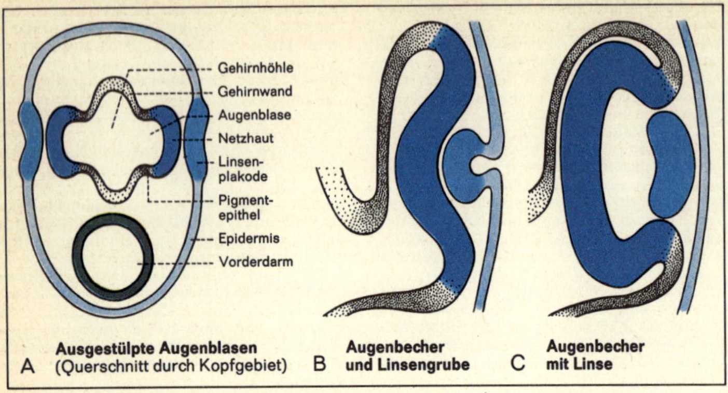

Normale Entwicklung des Amphibienauges

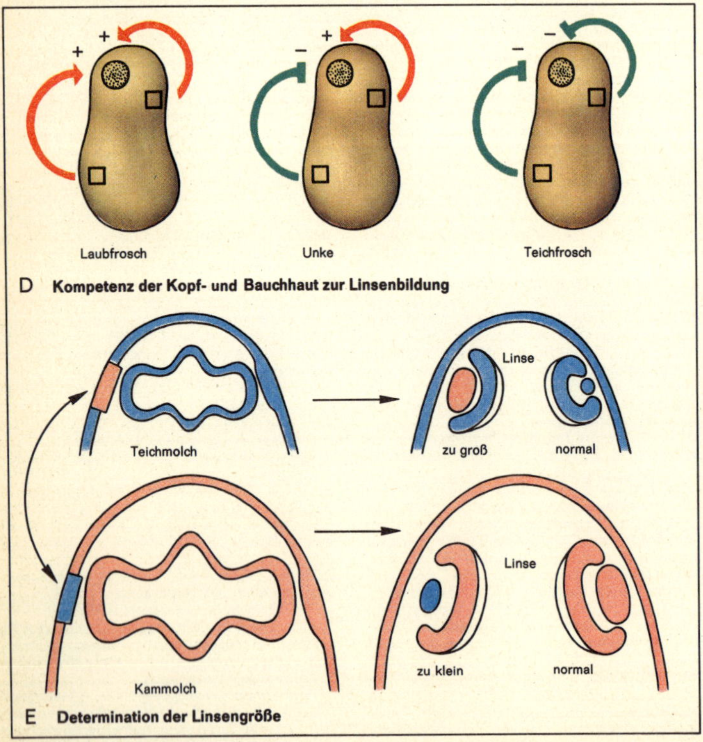

Transplantation von Linsenepidermis

IV. Entwicklung des Auges

Infolge der leichten Zugänglichkeit ist das *Amphibien*-Auge ein beliebtes Objekt entwicklungsphysiol. Untersuchungen der embryonalen Organbildung. Zudem zeigt die Entw. des Auges bes. überzeugend, wie Feldgliederung, Determination örtl. Tendenzen, Induktion und Kompetenz (I, S. 159) bei der Gestaltung eines Organs zusammenwirken und wie aus einem Teil des bereits gegliederten Organs wieder ein selbstgliederungsfähiges Feld (I, S. 163) entstehen kann.

1. Die normale Organogenese des Auges beginnt auf dem frühen Neurulastadium sichtbar zu werden: Am vorderen queren Neuralwulst liegen zwei kleine, stark pigmentierte Augenplatten, die sich zu den prim. Augenblasen umformen (A) und sich von außen her zu dem zunächst löffelförm. Augenbecher eindellen (B). Sein Außenblatt wird zum einschicht. Pigmentepithel, sein Innenblatt vielschichtig (Netzhaut, vorn Regenbogenhaut, Ciliarkörper). – Wo die Augenblase die Epidermis der seitl. Kopfwand berührt, beginnt diese in ihrer tiefen Schicht unter Pigmentabbau die Linse zu bilden und abzuschnüren, die dann in den Augenbecher hineinrückt (C). – Dem ektodermalen Augenbecher legt sich die mesodermale Aderhaut (Chorioidea) mit ihren zahlr. Haargefäßen und als dicke bindegewebige Hülle schließlich die Lederhaut (Sclera) mit dem Fenster der Hornhaut (Cornea) an.

2. Die Augenanlage als morphogenet. Feld und nicht als Mosaik anzusehen, legen Transplantationsversuche nahe, die für das frühe Neurulastadium eine labile Determination der Hauptteile des Auges, trotz gewisser Diff.-Tendenzen, belegen:

- Wird im offenen Neurulastadium hinter die erste Augenanlage eine zweite eingesetzt, so verschmelzen beide vollkommen zu einer einzigen.
- Mit prim. Augenblasen gelingt dieser Versuch noch, wenn die Orientierung beider gleich ist (Ähnlichkeit mit *Dictyostelium*, I, S. 163).

3. Die Determinierbarkeit durch die Umgebung ist – trotz der Selbstdiff.-Potenz, die die Augenblase im Transplantat und Isolat beweist – noch lange (bis zum Schwanzknospenstadium) durch ortsgemäße Reaktion zu erkennen:

Dreht man die Augenblase so herum, daß die präsumtive Netzhaut nach innen, das präsumtive Pigmentepithel nach außen schaut, so diff. sich die beiden Augenblätter entgegen ihrer prospektiven Bedeutung der neuen Lage gemäß.

4. Die Induktion der Linse geht in den meisten Fällen *(Molch, Kröte)* vom Augenbecher aus. Aber bei einigen Arten, z. B. beim *Sumpffrosch*, bilden sich auch ohne Augenbecher am Linsenorte Ektodermverdickungen, beim *Teichfrosch* sogar vollständige Linsen. Ob hier eine Selbstdiff.-Leistung im Epidermisbereich der präsumtiven Linsenbildung oder eine Induktion anderer Kopforgane vorliegt, ist unentschieden. Induzierende Fähigkeit weist jedenfalls auch der Augenbecher des *Teichfrosches* auf:

Setzt man nämlich hier nach der Entfernung des Linsenektoderms ein Stück Rumpfhaut eines induktionsbedürftigen *Lurches (Molch, Kröte)* über die prim. Augenblase ein, so wird jetzt heteroinduktiv die Linse gebildet.

5. Die Kompetenz zur Linsenbildung (D) ist bei einigen Arten *(Laubfrosch, Erdkröte)* über die ganze Epidermis ausgedehnt, bei bestimmten *Unken* ist sie auf präsumtive Kopfepidermis oder sogar auf den präsumtiven Ort der Linsenanlage beschränkt. Aber auch im ersten Fall engt sich die Bereitschaft im Laufe der Entw. bis auf die Region präsumtiver Linsenepidermis ein. Dieser Kompetenzverlust ist ein zeitlich determinierter Vorgang im Ektoderm, der autonom verläuft. Dies lassen Transplantationsversuche mit zuvor isoliert gezüchteten Ektodermstückchen erkennen.

6. Die Größe der Linse wird im Sinne einer Regulation vom Augenbecher beeinflußt, kann aber bei Störung nicht vollständig ausgeglichen werden:

- Bei Vergrößerung des Augenbechers durch Verschmelzung mit einer zweiten Augenanlage wächst auch die Linse.
- Bei Verkleinerung des Augenbechers durch Wegnahme eines Stückes der Augenanlage bleibt die Linse zurück, doch ist die Korrektur jeweils zu gering. Das Reaktionssystem weist also eine bestimmte Selbständigkeit auf.

7. Das Verhältnis zw. Aktion und Reaktion im Induktionssystem zeigt sich auch, wenn Transplantationen zw. unterschiedlich großen Arten möglich sind (E):

- Unter dem Einfluß des Augenbechers des kleinen *Teichmolches* formt die Epidermis des großen *Kammolches* eine Linse, die von Anfang an größer ist als die des Wirtsauges. Im weiteren Wachstum wird sie aber meist gehemmt und bleibt hinter der herkunftsgemäßen Größe zurück.
- Andererseits bildet ein *Teichmolch*-Implantat trotz Induktion durch den großen *Kammolch*-Augenbecher eine für den Wirtsorganismus zu kleine Linse.

Das Reaktionssystem antwortet also auf den Reiz des Aktionssystems mit dem arteigentümlichen Vermögen.

Diese heteroplastischen, d. h. zw. versch. Arten oder Gattungen durchgeführten Transplantationen zeigen aber auch einen Rückkoppelungsmechanismus: Eine zu große Linse regt den Augenbecher zu stärkerem, eine zu kleine Linse zu schwächerem Wachstum an. Das induzierte System wirkt auf das induzierende zurück.

Im normalen wie experiment. Geschehen sind die Wirkungen des Induktionssystems aufeinander abgestimmt; die sich ergänzende Einheitsleistung ist jedoch keine Mosaikarbeit starrer Einzelelemente, sondern in der Verhaltensweise der zum System zusammentretenden Teile liegt noch ein mehr oder weniger begrenzter Spielraum für eine wechselseitige Anpassung.

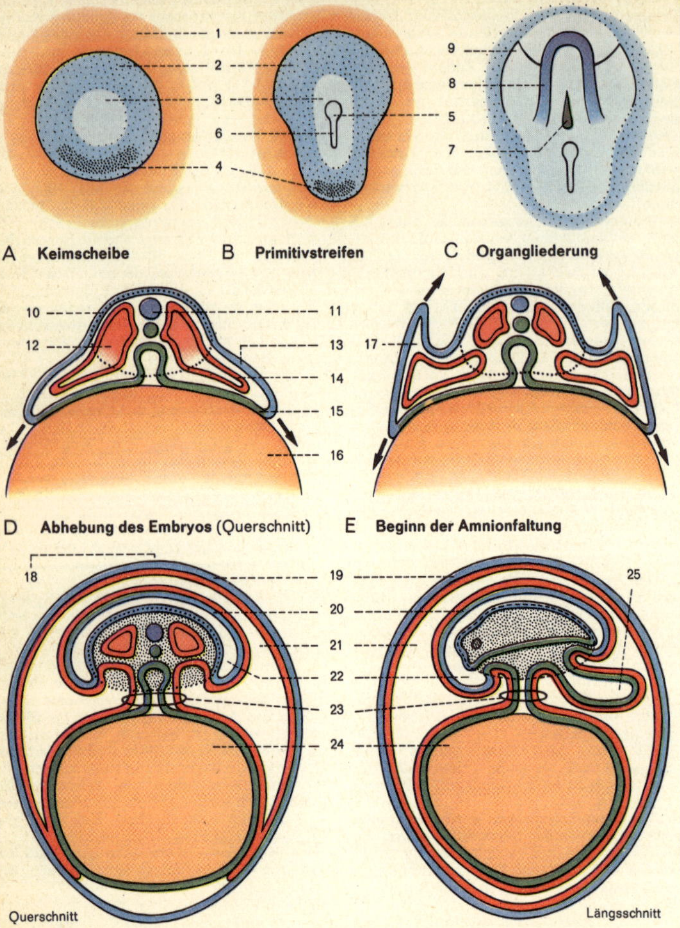

A **Keimscheibe**

B **Primitivstreifen**

C **Organgliederung**

D **Abhebung des Embryos** (Querschnitt)

E **Beginn der Amnionfaltung**

F **Umhüllter Embryo**

1 Dotterfeld
2 Area opaca
3 Area pellucida
4 Randwulst
5 Primitivknoten
6 Primitivrinne
7 Chordafortsatz
8 Neuralwulst
9 Mesodermflügel
10 Ektoderm
11 Neuralrohr
12 Ursegmente
13 extraembryonal. Ektoderm
14 extraembryonal. Mesoderm
15 extraembryonal. Entoderm
16 Dotter
17 Amnionfalte
18 Dorsalnaht
19 Serosa
20 Amnion
21 Exocoel
22 Amnionhöhle
23 Nabelstrang
24 Dottersack
25 Allantois

Entwicklung der Vögel

Am Beispiel der *Vögel* sei hier die Entw. der *Sauropsiden* dargestellt. Auf Abweichungen bei *Reptilien* wird verwiesen.

Die discoidale Furchung
der sehr dotterreichen Eier (I, S. 165) beginnt bald nach der Lösung vom Eierstock und führt zu einer mehrschichtigen Keimscheibe aus versch. großen Blastomeren, die als runde weiße Scheibe von 4 mm ∅ (*Hühnchen*, »Hahnentritt«) auf der gelben Dotterkugel schwimmt (A). Unter dem durchscheinenden zentralen Keimscheibenbezirk (Area pellucida) hat sich durch Dotterverflüssigung der flache Hohlraum der Subgerminalhöhle gebildet (I, S. 167), die Randzone der Keimscheibe (Area opaca) liegt dem Dotter stets eng an. Außen schließt sich das unbedeckte Dotterfeld (Area vitellina) an, über das sich die Keimscheibe allmählich ausbreitet.

Die Bildung des sekundären Entoderms
setzt nach kurzer Entw.-Pause mit dem Beginn der Bebrütung ein: Im Bereich der Area pellucida und möglicherweise auch vom verdickten Hinterrand der Keimscheibe spalten sich Zellen ab und formieren unter dem Ektoderm ein zweites Keimblatt, das im Gegensatz zu den *Reptilien* durch Delamination und nicht durch Invagination entsteht und daher sek. Entoderm (= Deuterentoderm) statt primäres (Protentoderm) genannt wird. Diese Art der Entodermbildung wird als sek. Neubildung aufgefaßt, die eine frühzeitige Verarbeitung der Dottermassen erlaubt. Ob daneben bei *Vögeln* noch ein der Gastrulation vergleichbarer Prozeß abläuft, ist zweifelhaft.

Der Primitivstreifen
ist nach 8 Brutstunden als medianer Zapfen aus verdicktem Ektoderm vom Randwulst, wo er Berührung mit dem Entoderm hat, bis zur Mitte der Keimscheibe gewachsen. An seiner Dorsalseite beginnt sich eine median verlaufende **Primitivrinne** einzusenken, an deren Vorderende sich als eine Verdickung der **Primitivknoten** bildet (B). Von hier schiebt sich unter dem Ektoderm der »Chordafortsatz« als erste Anlage der Chorda nach vorn. Über ihr verdickt sich das Ektoderm zur Neuralplatte, die nach vorn stark wächst und sich zur Neuralrinne aufbiegt (C). Der **Primitivstreifen** wird als eine Entsprechung zum Urmundgebiet der gastrulierenden *Amphibien* und bei *Vögeln* z. T. als dessen stammesgeschichtl. Überrest gedeutet: Der Primitivknoten ist die obere Urmundlippe, die Primitivrinne ein enorm langgestreckter Urmund, der Primitivstreifen selbst ist den seitl. Urmundlippen vergleichbar.

Die Bildung des Mesoderms
ist noch umstritten, da das dynamische Geschehen wegen der großen techn. Schwierigkeiten schwer zu erfassen und zu deuten ist. Im Bereich des Primitivstreifens legt sich zw. Ekto- und Entoderm das Mesoderm an und wächst seit- und schwanzwärts, später mit zwei flügelartigen Zipfeln auch zum Kopf hin aus. Im Seitenplattenbereich des intra- und extraembryonalen Mesoderms werden durch einen sich zum Coelom erweiternden Spalt Somatopleura und Splanchnopleura getrennt. Dagegen wird der dem Primitivknoten vorgelagerte, den Achsenorganen median benachbarte massive Myotombereich segmental in Ursegmente (Somiten) zerlegt (s. *Lanzettfischchen*, I, S. 175). Der »Ursegmentstiel« (Nephrotom) zw. Coelomwand und Somiten hat Beziehung zu der Anlage der Harnorgane. Fast gleichzeitig mit der Segmentierung wächst zu beiden Seiten der hinteren Gehirnanlage die Herzanlage heran.

Die Abfaltung des Embryos (D)
beginnt sichtbar zu werden, wenn sich das Gebiet der Embryonalanlage durch die Grenzrinne scharf vom extraembryonalen Bezirk trennt. Seitlich neben dem Embryo, vor dem Kopf und hinter dem Schwanzgebiet, werfen sich **Amnionfalten** auf, die schließlich zur Bedeckung des Embryos durch Embryonalhüllen führen, wodurch sich *Sauropsiden* und *Säuger* als *Amnioten* vor den hüllenlosen *Anamniern (Fische* und *Amphibien)* auszeichnen. – Die ektodermal beginnende Faltung des Proamnions erfaßt auch das extraembryonale Mesoderm (E), so daß nach dem Verwachsen in der Dorsalnaht zwei aus Ektoderm und Somatopleura bestehende Hüllen auftreten (F): Die äußere **Serosa** und das innere **Amnion.** Beide sind durch extraembryonales Coelom, das **Exocoel,** getrennt. Einwärts vom Amnion liegt die **Amnionhöhle,** in der die Amnionflüssigkeit durch ein rhythmisch arbeitendes Muskelnetz des Amnions ständig durchmischt wird. Dieses Amnionschaukeln begünstigt den Stoffwechsel. – Insgesamt wird durch die Hüllen der zarte Embryo völlig von der Umwelt abgeschlossen und in ein Wasserkissen eingebettet, was den *Sauropsiden* das Landleben erlaubt.

Der Dottersack,
durch Wachstum der Keimanlage um den Dotter herum entstanden, besteht in der Wandung aus Entoderm und Splanchnopleura. Das früh ausgebildete Gefäßnetz steht mit dem des Embryos in Verbindung und erlaubt die Ausnutzung des Nahrungsdotters. Die Dottersack-Darm-Verbindung (Dottergang) im Nabelstrang ist niemals passierbar. Beim Schlüpfen ist der Dottersack bereits stark geschrumpft.

Die Allantois
entsteht als Enddarm-Ausstülpung in das Exocoel. Die dem Entoderm anliegende Splanchnopleura-Schicht entwickelt ein mächtiges Gefäßnetz.

Ursprünglich als embryonaler Harnsack dienend, wird die Allantois zum wichtigen Resorptions- und Atmungsorgan. Sie füllt bald das Exocoel aus, kommt in unmittelbare Nachbarschaft zur Luftkammer und Eischale und wird damit Atmungsorgan; andererseits erhält sie Verbindung zur Serosa, führt ihr Blutgefäße zu und bildet so das Allanto-Chorion. Dieses verflüssigt das Eiweiß und leitet es durch den Allantoisstiel im Nabelstrang zu dem heranwachsenden Embryo.

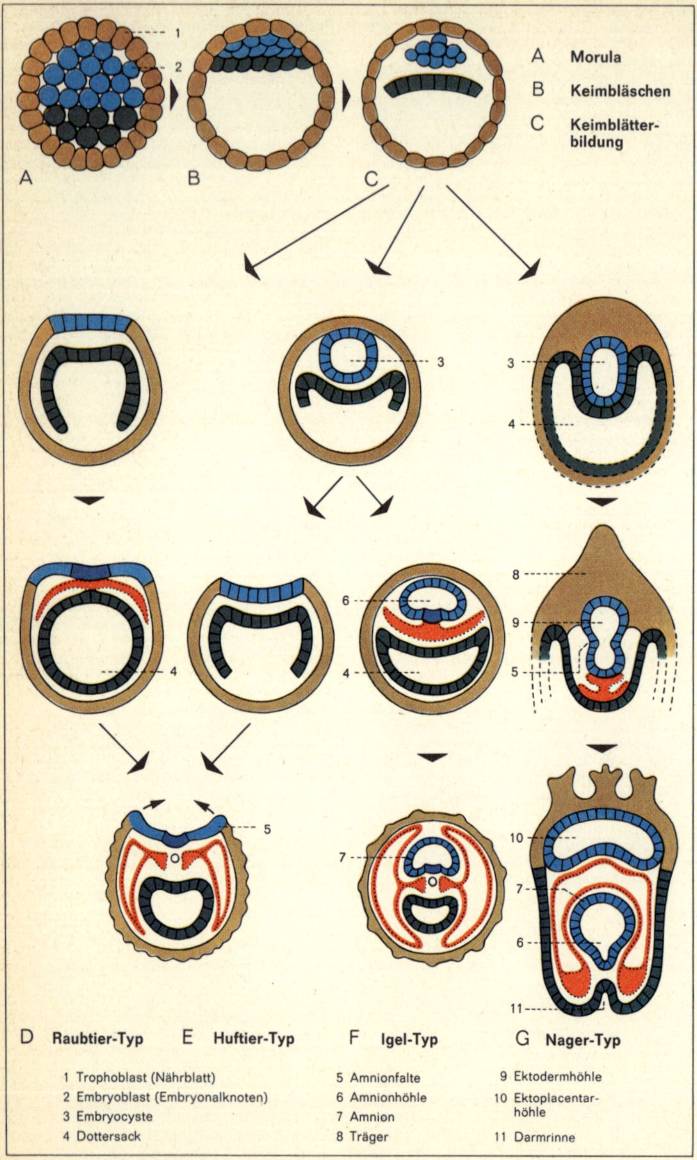

Frühentwicklung von Säugetier-Typen

Die Keimesentwicklung der *Säuger* ist dadurch gekennzeichnet, daß

- einerseits trotz dotterarmer Eier wie bei dotterreichen Formen sauropsidenartige Diff. (Dottersack, flächenhafte Keimscheibe) als stammesgeschichtl. Überreste auftreten,
- andererseits wegen dieser sek. Dotterarmut Neuheiten im Zusammenhang mit der frühen Ernährung durch die Wand der Gebärmutter zu beobachten sind (Placentation, I, S. 189).

Blastogenese und Keimblätterbildung

Das befruchtete, nahezu dotterlose und daher kleine Ei (0,07–0,2 mm ∅) gelangt durch Kontraktion des Eileiters in die Gebärmutterhöhle und heftet sich hier an. – Während der Wanderung schon setzen die totaläqualen, aber nicht synchronen Furchungen ein, die bald zur Bildung eines massiven Zellhaufens, der Morula (Maulbeerstadium, A), führen: Ein äußeres, extraembryonales Epithel, das der Ernährung dienende Nährblatt (Trophoblast), umgibt eine zentrale Zellgruppe, den Embryonalknoten (Embryoblast), aus dem der gesamte Embryonalkörper und häufig auch ein Dottersack hervorgehen. Somit entspricht materialmäßig der Embryoblast der Keimscheibe, der Trophoblast dem extraembryonalen Bezirk bei den *Sauropsiden*. – Ein Spalt trennt bis auf eine kleine Kontaktstelle den Embryonalknoten vom Trophoblasten, wodurch ein Keimbläschen (Blastocyste) mit einem Hohlraum entsteht, der, da außerhalb der Embryonalanlage gelegen, nicht einem Blastocoel entspricht (B). Die relativ große Blastocystenwand (Trophoblast) erleichtert die Aufnahme nährender Uterussekrete. – Vom Embryonalknoten diff. sich dann durch Delamination basale Zellen zu Entoderm ab und verteilen sich auf der Innenseite des Trophoblasten (C).

Die folgenden Entw.-Vorgänge laufen in den versch. Gruppen der placentalen *Säuger* recht unterschiedlich ab; das gilt auch für die Amnionbildung, die teils durch Faltung wie bei den *Sauropsiden* (Faltamnion), teils durch Hohlraumbildungen im Embryonalteil des Keimes entsteht (Spaltamnion):

1. **Raubtiere** (D): Der Embryoblast flacht sich zu einer Keimscheibe ab, die als solide Zellmasse in den Trophoblasten eingebaut wird. Faltamnion wie bei *Sauropsiden*. Das Mesoderm wächst extraembryonal bis zum Gegenpol, trennt also den Dottersack überall vom Chorionektoderm.
2. **Huftiere, Halbaffen** (E): Im Embryoblasten entsteht eine Höhle (Embryocyste), die zur Oberfläche durchbricht, worauf sich der basale Teil des Embryoblasten als Keimscheibe in den Trophoblasten einfügt. Weiterentw. wie 1.
3. **Igel, Affen, Mensch** (F): Die Embryocyste bleibt erhalten, ihre Höhlung erweitert sich zur Amnionhöhle (Spaltamnion), ihr basaler Teil wird zur Keimscheibe, während der obere Abschnitt zusammen mit dem Mesoderm das Amnion bildet. Beim *Igel* scheint auch der Dottersack durch Spaltbildung und nicht durch Umwachsen zu entstehen. Bei diesen Formen verdickt sich der Trophoblast ringsum, vor allem aber am embryonalen Pol zu einer mächtigen Schicht.
4. **Nagetiere** (G): Auch hier bricht die Embryocyste nicht durch, sondern wird direkt in die Amnionhöhle übernommen. Der Teil des Trophoblasten, der sich zur Placenta entwickelt, wächst zum umfangreichen **Träger** heran und wölbt sich unter Aushöhlung (Ektodermhöhle) tief in den Dottersack vor. Da er sich dabei mit dem Entoderm überzieht und inzwischen die übrige Blastocystenwand aufgelöst ist, entsteht ein gestreckter Keim, der außen mit Entoderm bedeckt ist **(Keimblattumkehr)**. Die Ektodermhöhle wird durch Amnionfalten in die trägernahe Ektoplacentarhöhle und die Amnionhöhle zerlegt. An der Grenze zw. Amnionboden und Entoderm bildet sich der Embryo.

Differenzierung im Bereich der Keimscheibe

Die Bildung des Embryonalkörpers erfolgt ähnlich wie bei den *Vögeln*. Dem Stadium des Embryoblasten folgt die Anlage des Embryonalschildes an der Stelle, wo das Dach des Dottersackes und der Boden der Amnionhöhle sich nähern. Auch hier entstehen Primitivstreifen, Primitivknoten, Chorda und Neuralplatte. – Das Mesoderm wächst ganz entsprechend wie bei den *Vögeln* vom Primitivstreifen seitlich und nach hinten zw. Ekto- und Entoderm aus. Der Coelomspalt kann bereits sehr früh erscheinen. Ein Teil des Enddarms stülpt sich unter Bildung einer Allantois aus und findet bei der Placentabildung Verwendung.

Abfaltung der Embryonalanlage vom Dottersack

Bei der Abschnürung der Embryonalanlage vom Dottersack wird ähnlich wie beim *Vogel*-Embryo die flächenhafte Form des Körpers in eine zylinderförmige umgewandelt. Dabei werden die unter den Achsenorganen des Keimlings liegenden Entodermteile rinnenförmig, später röhrenförmig zum Darm geschlossen, an dem der Dottersack zuletzt nur noch als Anhang erscheint.

Das inzwischen um den Embryo herumgewachsene Amnion zwängt die Verbindung zw. Darm und Dottersack (Dottergang) ein und umschließt auch den Allantoisstiel. Beide sind zusammen mit zwei Nabelstrangarterien und einer Vene in gallertiges Bindegewebe (I, S. 71) eingebettet und von der Amnionscheibe umhüllt (Nabelstrang).

	Trächtigkeitsdauer (in Tagen)	Jungenzahl pro Wurf
Goldhamster	16	1–12
Hund	59–65	1–6
Katze	63	4
Schimpanse	253	1
Mensch	274	1
Orang	275	1
Rind	280	1
Pferd	330	1
Elefant	623	1

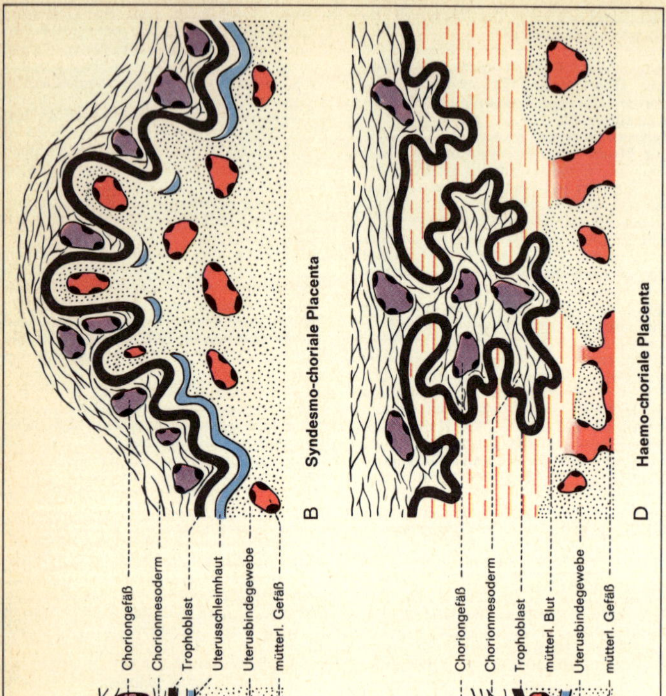

Placenta-Typen

Wenn der Keim in die Gebärmutter (Uterus) gelangt, beginnt der Aufbau enger Gewebebeziehungen zw. Embryo und mütterl. Organismus, der versch. Stadien durchläuft, dabei große artliche Unterschiede aufweist, aber immer mit der Einpflanzung des Keimes im Uterus (Implantation) anfängt und mit der Bildung einer Placenta endet (Placentation).

Die Einpflanzung

kann auf versch. Art erfolgen. Im einfachsten Falle, der **zentralen Implantation** z. B. des *Kaninchens*, ruht der Keim mitten in der Uterushöhle und ist nur locker mit dem Uterusepithel verbunden. In der weniger primitiven **exzentrischen Implantation** zahlr. kleiner *Säuger (Maus, Ratte)* nischt sich der Keim in einer uterinen Seitentasche ein; in der **intradecidualen Implantation** *(Igel, Menschenaffen, Mensch)* dagegen dringt er in die Uterusschleimhaut (Decidua) ein: Der Keim findet eine durch hormonale Einwirkung (Bd. II) implantationsbereite Uterusschleimhaut vor (Schwellung durch Hochwachsen, Auflockerung des Bindegewebes, pralle Kapillarfüllung, Glykogenspeicherung), in der sich als Reaktion auf die Anwesenheit des freien Keimes Epitheltaschen bilden. Die Blastocyste löst im allg. unter uterinem Einfluß die Eihaut (Zona pellucida) auf und ist somit zur Anheftung und Nahrungsaufnahme fähig.

Die Placenta

entsteht dadurch, daß sich das von der Allantois mit Gefäßen versorgte Chorion der Uteruswand mehr oder weniger eng anlegt oder mit ihr verwächst. Ohne daß je die Blutkreisläufe der beiden Individuen direkt miteinander verbunden sind, findet an den Kontaktstellen die Aufnahme der Nährstoffe, die Ausscheidung der embryonalen Stoffwechselschlacken und der Gasaustausch statt. Vom mütterlichen zum embryonalen Blut müssen daher folgende Schichten überwunden werden:

- mütterl. Gefäßwand,
- mütterl. Bindegewebe,
- mütterl. Uterusepithel,
- Chorionepithel,
- Chorionbindegewebe,
- embryonale Gefäßwand.

Diese Grenzschichten werden nun im Bereich des mütterl. Gewebes zeitlich nacheinander, aber bei versch. *Säuger*-Familien unterschiedlich weit abgebaut. Nach GROSSER ergeben sich die **Placenta-Typen**:

- Die **epithelio-choriale Placenta** (A) entsteht in dem Augenblick, wo sich der Keim mit seinem Chorion auf dem Epithel des Uterus anheftet. Die Blastocyste breitet sich auf der Schleimhautoberfläche aus, und ihr Trophoblast verdickt sich an der Berührungsstelle (Anreiz durch mütterl. Gelbkörperhormon, Bd. II). Diesen prim. Zustand behalten viele *Huftiere*, *Wale* und *Halbaffen* bei. Die Geburt verläuft einfach.
- Bei den anderen Placenta-Typen diff. sich der Trophoblast nach der Anheftung in zwei Strukturen: Zum mütterl. Gewebe hin bildet sich ein amöboides Syncytium (vielkernig ohne Zellgrenzen, vergleichbar dem Plasmodium, I, S. 53), nach innen der wachstumsfähige, Syncytium nachbildende und Enzyme liefernde Cytotrophoblast. Indem letzterer mütterl. Gewebe anverdaut, phagocytiert das Syncytium die Gewebetrümmer und schiebt sich in den Uterus vor. Das uterine Schleimhautepithel wird resorbiert. In dieser bei *Wiederkäuern* endgültigen **syndesmo-chorialen Placenta** (B) ruht das Chorion im mütterl. Bindegewebe.
- Erreicht der Trophoblast beim weiteren Vordringen die mütterl. Gefäße und umhüllt diese, so sind in dieser **endothelio-chorialen Placenta** (C) bereits zwei der ursprüngl. Trennschichten abgetragen. Auf dieser Entw.-Stufe bleiben *Raubtiere*, *Spitzmaus* und *Tupaia* stehen.
- In der **haemo-chorialen Placenta** (D) schließlich ist die mütterl. Gefäßwand selbst aufgelöst: Bei vielen *Insektenfressern*, den *Menschenaffen* und beim *Menschen* taucht der Trophoblast unmittelbar in das mütterl. Blut ein. Während der Geburt werden also bei dieser »Vollplacenta« mütterl. Bluträume geöffnet.

Diese ontogenet. Typenfolge entspricht sicher auch einer stammesgeschichtlichen. Man darf daraus aber nicht folgern, die lebenden *Säuger*-Familien mit einer epitheliochorialen Placenta seien primitiv; gerade diese erweist sich als leistungsfähig und physiolog. hochspezialisiert. Z. B. weisen große *Huftiere* mit diesem Placenta-Typ etwa die gleiche Schwangerschaftsdauer auf wie der *Mensch* und werfen ein weitentw. Junges.

Die Erstreckung der Placenta über die Chorionoberfläche geht versch. weit: Die **massige Placenta,** meist endothelio- und haemo-chorial, ist auf einen engen, oft scheibenförmigen Bezirk der gesamten Blastocyste beschränkt. Ernährung und Halterung ist durch die innige Durchdringung gesichert. Die Allantois kann fehlen. Sie ist funkt. belanglos, da die embryonale Ausscheidung über die Placenta erfolgt *(Insektenfresser, Nagetiere, Primaten)*. – Bei der **gedehnten Placenta** ist die ganze Chorionfläche aktiv. Sie wird von der Allantoisblase gegen das Uterinmilch sezernierende Epithel- oder Bindegewebe des Uterus gepreßt. Hier erfolgt auch die eigentl. Ausscheidung, denn der Harngehalt der Allantoisflüssigkeit ist gering *(Wale, Halbaffen,* viele *Huftiere)*.

Die Funktion der Placenta ist sehr mannigfach. Der **Gasaustausch** vollzieht sich auf Grund eines Druckgefälles als O_2-Aufnahme und CO_2-Abgabe des Embryos. Während **Kohlenhydrate** ungehindert übergehen, besteht für **Eiweiße** eine Auswahl: Aminosäuren passieren die Placentaschranke, hochmolekulare Eiweiße mit Ausnahme einiger Antikörper und *Viren* nicht. **Fette** werden zuvor zerlegt. Vom Embryo und der Placenta werden die **Stoffwechselschlakken** abtransportiert. Daneben bildet sich in der Placenta eine Reihe versch. **Hormone.**

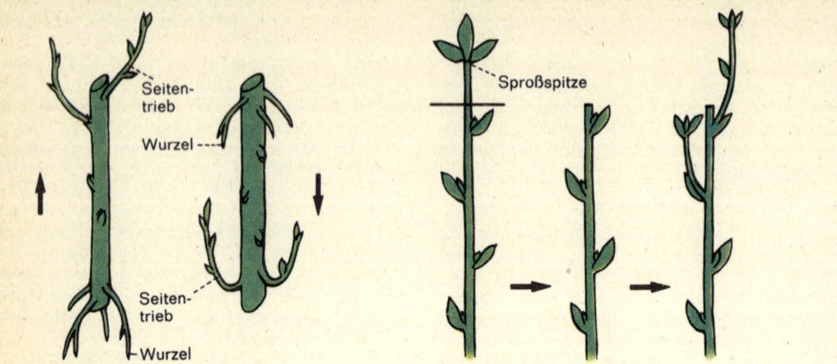

A **Polarität austreibender Weidenzweige**

B **Aufhebung der korrelativen Hemmung (Apikaldominanz)**

Polarität und Korrelation

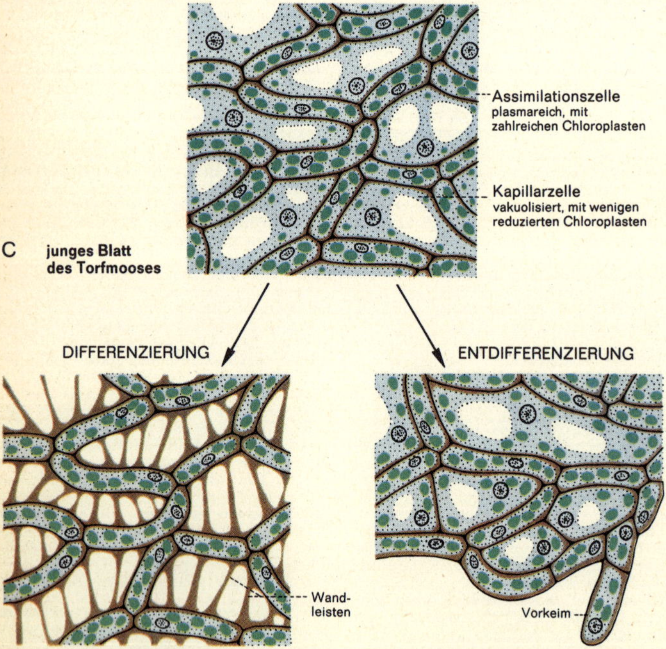

C **junges Blatt des Torfmooses**

D **ausdifferenzierter Blattausschnitt** (abgestorbene Kapillarzellen mit Wandleisten)

E **auskeimender Blattabschnitt** (wieder teilungsfähige Kapillarzelle bildet Vorkeim)

Entdifferenzierung pflanzlicher Dauerzellen

Bei den *Pflanzen* treten einige gestaltformende Prinzipien auf, die auf dem Besitz von Zellulosewänden und dem dadurch bedingten Verlust von Gestaltungsbewegungen beruhen. Die Musterbildung vollzieht sich hier durch geordnetes Zellwachstum, Zellteilungen und -diff. in zusammenhängenden Zellverbänden. *Pflanzen* wachsen langdauernd, aber lokalisiert, unter fortschreitender äußerl. Gliederung bis zu einem bestimmten Entw.-Abschluß (»offene Gestalt«, I, S. 93). Grunderscheinungen bei der Steuerung pflanzl. Organ-Entw. sind u. a. auch hier Polarität, Determination und Korrelation.

Die Polarität

nied. Pflanzen (*Acetabularia*, I, S. 161; *Saprolegnia*, I, S. 159) und der Keimzellen (I, S. 163) wird sowohl durch innere wie äußere Faktoren verursacht. Ist sie einmal bestimmt, wird sie meist sowohl in den Zellen als auch in den ganzen Organen beibehalten:

Teilstücke eines Weidenzweiges bewurzeln sich in einem feuchten Raume unabhängig von ihrer augenblicklichen Lage stets am ursprüngl. basalen Ende (A). Auch Pfropfungen bei Holzgewächsen sind im allg. nur möglich, wenn der basale Pol des Pfropfreises mit dem Spitzenpol der Unterlage verbunden wird. Dies Verhalten wird mit dem einseitig basalwärts möglichen Transport von Phytohormonen erklärt, der in jeder Zelle von molekularen Strukturen des peripheren Protoplasten bedingt zu sein scheint.

Determination und Differenzierung,

die neben einer Polarisierung auftreten, zeigen das **Spaltöffnungsmuster** auf den Blättern der *Samenpflanzen:*

Die bei der Diff. der Epidermis angelegten Schließzellenmutterzellen bilden in ihrer näheren Umgebung ein **Hemmungsfeld,** wodurch benachbarte Bildungszellen entdiff. und zu Epidermiszellen determiniert werden. Dieser **Sperreffekt,** d. h. die (durch gleichartig bereits diff. Zellen) Unterdrükkung von Diff.-Vorgängen, dauert so lange, bis die Spaltöffnungsapparate durch das Flächenwachstum des Blattes weit auseinandergerückt sind. In den Lücken zw. den Hemmungszonen werden nun neue Anlagen ausdifferenziert.

Solch eine **labile Determination** mit **Entdifferenzierungsmöglichkeit** zeigen selbst hochgradig diff. Pflanzenzellen:

Die Blätter des *Torfmooses (Sphagnum)* bestehen aus einem einschichtigen Netz langgestreckter, chloroplastenreicher Assimilationszellen, in dessen Maschen größere, später absterbende Kapillarzellen mit eigentüml. Wandleisten und sehr kleinen Chloroplasten liegen (D). Trennt man ausdiff. Blätter ab (C) und bringt sie in geeignete Nährlösung, so entdiff. sich beide Dauerzellarten, treten in Teilung ein und bilden einen Vorkeim (E).

Korrelationen (Wechselbeziehungen)

zw. benachbarten oder voneinander entfernten Zellen oder Organen sorgen dafür, daß von den zahlr. Potenzen eines Pflanzenteils nur die im Bauplan vorgesehenen entfaltet werden. Wird diese **korrelative Hemmung** durch Entfernen der sie bedingenden Teile beseitigt, gewinnen die bis dahin unterdrückten Anlagen z. T. die Totipotenz des embryonalen Zustandes zurück:

Die Unterdrückung der Seitenknospen einer Sproßachse durch den Spitzenvegetationspunkt, die **Apikaldominanz** (B), geht verloren und die nächst nied. Achsenknospe treibt aus, wenn die Sproßspitze entfernt wird. Ähnliches wird bei der **Regeneration** mit Hilfe des Wundkallus (I, S. 125) oder durch bloße Entfaltungsvorgänge beobachtet (Stecklinge). Allerdings ist die Fähigkeit zur Regeneration oft beschränkt.

Die stoffl. Grundlagen der Korrelation

sind in den Ernährungsverhältnissen der betr. Zellbezirke, also ihrer Versorgung mit Wasser, Salzen und Assimilaten, zu suchen **(Ernährungskorrelation),** bes. aber mit best. Wirkstoffen **(Hormonale Korrelation):**

1. Phytohormone (Bd. II) üben einen korrelierenden Einfluß dadurch aus, daß sie die Ausprägung genet. vorgesehener Entw.-Vorgänge hemmen oder fördern:

- Das **Auxin,** in der Spitze der *Pflanze* gebildet, bewirkt Streckung basalwärts gelegener Zellen, Bewurzelung und Apikaldominanz. (Bedeutung bei Tropismen, Bd. II.)
- Die **Gibberelline** beeinflussen Zellstrekkung, Zellteilung und Blütenbildung.
- Die **Kinine** steuern Zellteilung und Aktivität von Samen und Knospen. (Einzelheiten s. auch Bd. II.)

2. Organ- und formbildende Substanzen werden solche Stoffe genannt, die, anders als Phytohormone, einen spezif. und organbildenden Einfluß ausüben. Zwar sind entspr. Verbindungen nicht isoliert worden, doch gilt ihre Existenz auf Grund einiger Beobachtungen als wahrscheinlich:

- Die Pfropfungsversuche mit *Acetabularia* (I, S. 161) weisen auf die Wirkung eines »hutbildenden« Stoffes hin, dessen spez., arttyp. Wirkung gen-abhängig ist.
- Auch die Gallbildung unter dem Einfluß parasitärer *Pilze*, z. B. *Rostpilze (Hexenbesen* der *Edeltannen)*, oder durch Einstich, Fraß und Eiablage von *Insekten* und *Milben* wird morphogenet. Substanzen zugeschrieben, zumal versch. Tierarten auf der gleichen *Pflanze* unterschiedlich gestaltete Gallen erzeugen, also keine unspez. Reizwirkung vorliegen kann.

Die Frage der Auslösung von Pflanzengallen ist nicht nur im Zusammenhang mit Korrelationen zu sehen. Sie ist zugleich auch ein Beispiel für die Einwirkung äußerer Faktoren auf die Pflanzengestalt (Pflanzen- und Tiermorphosen, »Morphose« s. I, S. 193). Parallelen könnten auch zum Pflanzenkrebs bestehen, bei dem im Fall der Wurzelhalsgallen nach Verletzung und Infektion durch das *Bakterium Agrobacterium tumefaciens* (DNA-Übertragung?) unbegrenzt wachsendes, entdiff., entpolarisiertes Gewebe entsteht.

A **Komplexe Morphose:** Ausläufer und Knollen der Kartoffel

B **Hygromorphose:** Luft- und Wasserblätter beim Wasserhahnenfuß

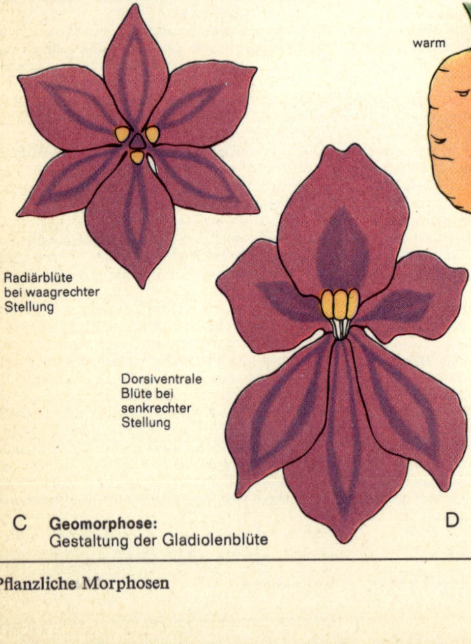

C **Geomorphose:** Gestaltung der Gladiolenblüte

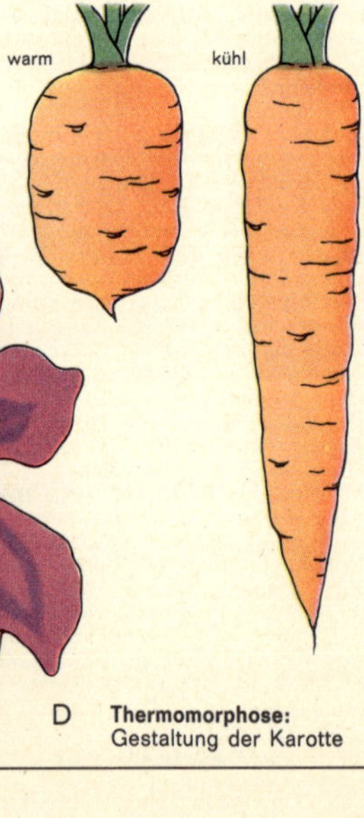

D **Thermomorphose:** Gestaltung der Karotte

Pflanzliche Morphosen

Es ist ein charakterist. Kennzeichen für die *Pflanze* als offene Gestalt, daß sie stark von Umweltfaktoren abhängt. Neben die **unspezifischen Einflüsse** (I, S. 199ff.), die aus dem Bedarf der *Pflanze* an Wasser, Nährsalzen, CO_2, O_2, Licht und Wärme verständlich werden, treten noch gestaltprägende, **formative Reize**, die die Entw. in so spezif. Weise steuern, daß *Pflanzen* mit gleichem Erbgut unter versch. Umweltbedingungen trotz Einhaltung des Grundbauplanes sehr unterschiedl. äußere Erscheinungsbilder (Phänotypus, Bd. II) zeigen können. Solche nicht erbl. umweltbedingte Spielarten heißen **Modifikationen**, die durch äußere Einflüsse bedingten Gestaltungsvorgänge **Morphosen**.

1. Komplexe Morphosen (A): Meist sind bei Gestaltungsprozessen mehrere Außenfaktoren in gleicher Weise beteiligt:

- Die Entw. von **Ausläufern mit Knollen** (I, S. 98 C, S. 123) ist bei der *Kartoffelpflanze* an erhöhte Feuchtigkeit und Lichtentzug gebunden. Erzeugt man diese Bodenbedingungen auch oberirdisch, so bilden die Achsenknospen auch hier Ausläufer und Knollen.
- Die **Haftwurzeln** des *Efeus* (I, S. 97) werden durch geringe Lichtintensität und hohe Feuchtigkeit ausgelöst. In völliger Dunkelheit wird die Hemmung der Verzweigung und des Längen- und Dickenwachstums beseitigt, und es entstehen normale Erdwurzeln.

2. Hygromorphosen (B): Schwierige Wasserversorgung in Trockengebieten prägt die Pflanzengestalt bes. stark (Xerophyten), da verringerte Turgeszenz das Streckungswachstum hindern muß (I, S. 57). Auf trokkenen Böden tritt daher typ. **Kümmerwuchs** auf, während bei hoher Luftfeuchtigkeit die Internodien und Blattstiele verlängert sind. Gelegentl. ist auch die Organform geändert:

- Die unter der Wasseroberfläche liegenden **Blattspreiten** des *Wasserhahnenfußes* sind fadenartig zerschlitzt, während die darüber liegenden flächig entwickelt sind.

3. Chemomorphosen: Chem. Faktoren können über ihre Bedeutung für die Ernährung der *Pflanze* hinaus auch entw.-physiolog. Wirkung zeigen:

- Der *Pilz Saprolegnia* stellt nach Nährstoffentzug das vegetative Wachstum ein und bildet Sporangien aus. Bei Ernährung mit bestimmten Aminosäuren (z. B. Leucin) werden dagegen Geschlechtsorgane angelegt (I, S. 159).
- Für die Keimung der Pollenkörner von *Seerosengewächsen* ist Borsäure nötig.

4. Geomorphosen (C): Die Einflüsse der Schwerkraft erkennt man erst, wenn man den Organismus ihrer einseitigen Wirkung durch Drehung um eine waagerechte Achse entzieht. Oft muß auch der richtende Lichteinfluß beseitigt sein, um die formativen Reize der Schwerkraft aufdecken zu können, die sich bes. in der Induktion der Dorsiventralität ausdrücken.

- Befruchtete *Blasentang*-Eier legen bei Ausschaltung anderer polarisierender Faktoren (I, S. 165) die erste Teilungsebene senkrecht zur Schwerkraft an, so daß die Rhizoidzelle normalerweise unten, die Thalluszelle oben liegt.
- Eine gleiche Dorsiventralität ist den **Brutkörpern** des *Brunnenlebermooses* (I, S. 125) eigen.
- Bei der *Schwertlilie* äußert sich die Schwerkraft außer in der abgeflachten Querschnittsform des **Wurzelstocks** auch in dessen **Bewurzelung** an der jeweiligen Unterseite. Senkrechte Rhizome bewurzeln sich allseits.
- Während die waagerechte Wuchs- und Verzweigungsrichtung bei den Seitensprossen der *Tanne* korrelativen Einflüssen der Hauptknospe unterliegt, ist die **zeilenförmige Benadelung** von der Schwerkraft abhängig.
- Gleiches gilt auch für die Dorsiventralität mancher **Blüten.** Wird die einseitige Schwerewirkung ausgeschaltet, bilden *Gladiolen* und *Weidenröschen* radiärsymm. Blüten.

Die **primäre Wirkung** der Schwerkraft beruht in diesen Fällen vermutlich auf einer sich im Schwerefeld ausbildenden ungleichmäßigen Stoffverteilung innerhalb der Zellen.

5. Thermomorphosen (D): Auch die Temperatur übt neben den mehr unspezif. Einflüssen formative Reize aus:

- Niedrige Temperaturen hemmen das Streckungswachstum der Internodien.
- *Kartoffelpflanzen* bilden bei erhöhten Nachttemperaturen keine Knollen aus.
- *Karotten* werden bei höh. Temperaturen kurz-gedrungen, bei niedrigen länglich.
- Die Blütenfarbe der *chines. Primel* ist bei Aufzucht der Pflanze unter 30° C rot, bei höh. Temperaturen dagegen weiß (»Umschlagende Modifikation«).

Merkwürdig ist das **Nachwirken kurzfristiger extremer Temperatureinflüsse** auf die spätere Entw. mancher *Pflanzen*:

- Kurzzeitige **Wärmebehandlung des Samens** beschleunigt bei *Baumwolle*, *Hirse* und *Soja* den Blüh- und Fruchttermin.
- Viele zweijährige *Pflanzen* (z. B. *Rüben*, *Kohl*, *Doldengewächse*) blühen nur nach einem **Kälteschock** ihres Vegetationspunktes. Sie wachsen daher in den Tropen rein vegetativ.
- Ähnlich reagieren trop. *Orchideen* mit massenhaftem Blühen nach der **Abkühlung durch starke Gewitterregen.**
- Das einheimische Wintergetreide erfährt durch **Kältereize zu Beginn der Entwicklung** eine Entw.-Beschleunigung von 2–3 Wochen. Diese **Keimstimmung** (Vernalisation, Jarowisation) wird auch künstlich nutzbar gemacht, indem halbgequollene Samen bei guter Sauerstoffversorgung etwa 10 Tage lang bei +2° C gehalten werden, so daß sie auch bei Frühjahrsaussaat genauso rasch reifen wie die Sommergetreide.

Bei manchen *Pflanzen* besteht ein Zusammenhang mit der Photoperiodizität (I, S. 199), und gelegentlich kann die Kältewirkung durch Gibberelline ersetzt werden.

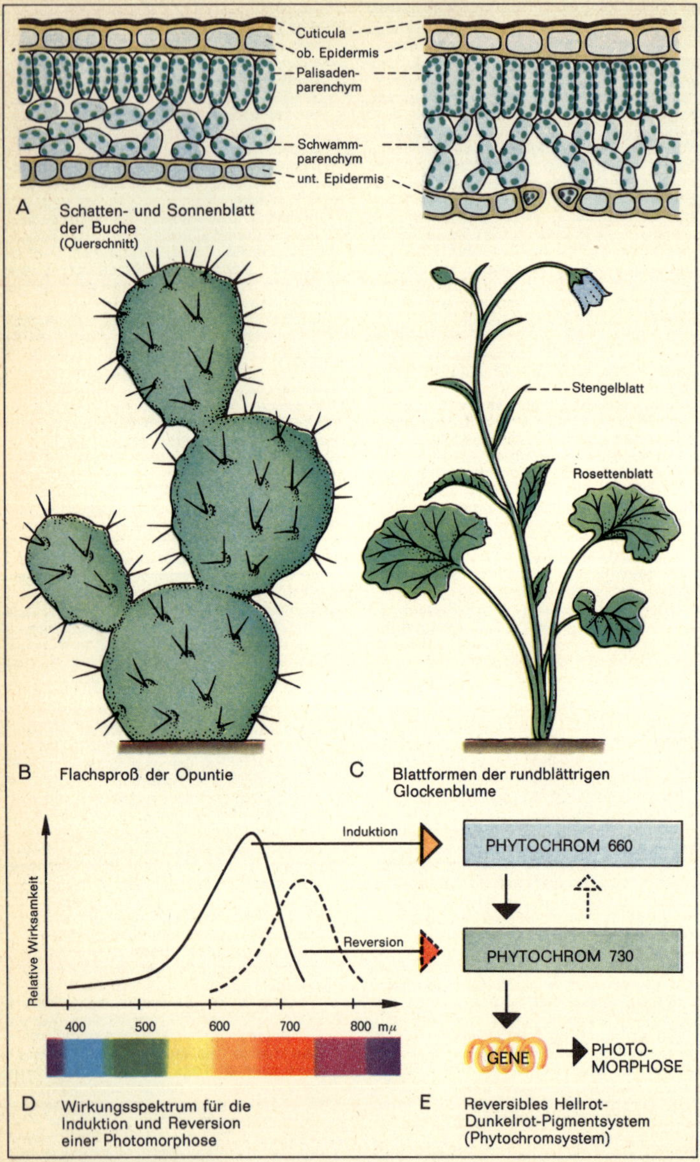

Photomorphosen bei Pflanzen

Von allen Außenfaktoren, die mittelbar oder unmittelbar Wachstum, Entwicklung und Gestalt der *Pflanzen* beeinflussen können, spielt das **Licht** die bedeutendste Rolle. Das Geschehen läßt sich ohne Zwang drei Gebieten zuordnen:

- Die Umwandlung der Lichtenergie in chem. Energie bei der **Photosynthese** autotropher Organismen (I, S. 35, Bd. II). Die Gestalt wird dadurch nur indirekt bestimmt.
- **Reizreaktionen** (Tropismen, Nastien, Bd. II) modifizieren direkt den pflanzl. Phänotyp durch Bewegung einzelner Teile, oft im Dienste der Ernährung und Fortpflanzung.
- Die Steuerung der pflanzl. Entw. und Diff. durch Licht, die **Photomorphogenese,** die im folgenden allein dargestellt wird.

Photomorphosen

Die durch Lichtstrahlung hervorgerufenen Effekte treten in mannigfaltiger Art auf:

Die Polarität und Dorsiventralität von *Pflanzen* und Pflanzenteilen wird häufig bes. durch kurzwelliges Licht bestimmt:

- *Blasentang*-Eier bilden die Rhizoidzelle auf der Schattenseite (I, S. 165).
- *Lebermoose* legen auf der lichtzugewandten Seite Brutbecher, Farnprothallien, auf der abgewandten Seite die Geschlechtsorgane und Rhizoiden an.
- Die Dorsiventralität der Seitenäste mancher Nadelbäume, z. B. des *Lebensbaumes (Thuja)*, wird durch einseitigen Lichteinfall ausgelöst.

Die Ausgestaltung oberird. Organe läßt, auch in der Gewebediff., die Abhängigkeit vom Lichtgenuß erkennen:

- Die »Sonnenblätter« der Laubbäume zeigen höheres, manchmal sogar in mehrere Schichten unterteiltes Palisadengewebe als die »Schattenblätter« (A).
- Die blattähnl. Flachsprosse des *Feigenkaktus (Opuntie)* sind die Folge starker Beleuchtung (B).
- Die rundl. Blätter der *Glockenblume Campanula rotundifolia*, die normalerweise auf die Blattrosette der Jugendform beschränkt sind, treten bei schwacher Beleuchtung auch an die Stelle der kurzstieligen schmalen Stengelblätter (C).

Die Keimfähigkeit von Samen wird vom Licht unterschiedlich und oft in Abhängigkeit von der Wellenlänge beeinflußt:

- Samen der **Lichtkeimer,** z. B. *Tabak-* und *Salatpflanzen*, keimen nur, wenn sie im gequollenen Zustand eine gewisse Zeit dem Licht ausgesetzt waren.
- Die **Dunkelkeimer** (z. B. *Amarant*, *Kürbis*) werden durch weißes Licht in ihrer Keimmöglichkeit gehemmt.

Die Vergeilung (Etiolement), d. h. die Abweichungen eines Dunkelkeimlings von der Gestalt eines »normalen« Lichtkeimlings, ist als komplexe Erscheinung z. B. von der *Kartoffel*-Knolle bekannt: Langgestreckte Internodien, schuppenförmige Blätter ohne Chlorophyll. Licht fördert also hier die Blattspreiten-, Plastiden- und Chlorophyllentw. und hemmt das Längenwachstum.

Strahlungsabsorption: Eine die genet. Möglichkeiten realisierende Wirkung des Lichtes setzt voraus, daß die Strahlung in der Zelle absorbiert wird. Es wurden mehrere, an versch. Photomorphogenesen beteiligte Pigmentsysteme ermittelt; welches von ihnen in den Vordergrund tritt, hängt vom physiolog. Zustand der *Pflanze* und von Zeitpunkt, Dauer und Intensität der Belichtung ab.

Das Phytochromsystem (D, E), auch »reversibles Hellrot-Dunkelrot-System« genannt, gilt als z. Z. bestuntersuchter Reaktionsmechanismus und vermittelt bei vielen photomorphogenet. Vorgängen die Absorption der wirksamen Strahlung.

Eine kurzzeitige Belichtung **(Niederenergiereaktion)** mit hellrotem Licht (max. 660 nm) löst beim *Weißen Senf (Sinapis alba)* folgende Photomorphosen aus (nach MOHR):

- Hemmung des Hypokotylwachstums,
- Flächenwachstum der Keimblätter,
- Anlage der Folgeblatt-Primordien,
- Diff. von Spaltöffnungen und Xylem,
- Steigerung der Zellatmung, der Eiweiß- und RNA-Synthese.

Die anschließende, ebenfalls kurze Einwirkung von dunkelrotem Licht (max. 730 nm) löscht die Hellrot-Einflüsse wieder aus. Der Vorgang und das zugrunde liegende Wirkungssystem sind also reversibel.

Diese bei potentiell grünen *Pflanzen* praktisch universell verbreitete Hellrot-Dunkelrot-Reaktion findet ihre Erklärung durch die folgende

Theorie der Phytochrom-Wirkung: Das System besteht aus zwei ineinander überführbaren Chromoproteiden: Das Phytochrom 660 mit seinem Absorptionsmaximum im hellroten Spektralbereich wird durch Bestrahlung mit Hellrot in das Phytochrom 730 verwandelt, das seinen Absorptionsgipfel im Dunkelrot hat. Andererseits wird P 730 durch dunkelrotes Licht in P 660 übergeführt.

Phytochrom 730 ist die physiolog. aktive Form. Es beseitigt offensichtlich einen physiol. Block, der einen bestimmten Entw.-Vorgang sperrt, d. h. es arbeitet wahrscheinlich nur als Auslöser, während die Spezifität der Photomorphosen durch das vorgegebene Diff.-Muster des Keimlings bestimmt ist; z. B. reagieren die Epidermiszellen der Keimblätter mit verstärktem, die des Hypokotyls mit verringertem Wachstum.

Daß unter natürl. Strahlungsbedingungen das weiße Licht die Bildung des aktiven P 730 stärker fördert, obwohl weißes Licht etwa gleiche Mengen an Hellrot und Dunkelrot enthält, ist auf die größere Lichtquantenausbeute der P 730 bildenden Reaktion zurückzuführen.

Neben der Photoreaktion spielt, bes. wohl bei der langfristigen Bestrahlung **(Hochenergiereaktion),** die Neubildung von P 660 und der Abbau von aktivem P 730 entweder zu P 660 in Hellkeimlingen oder unter Totalverlust im Dunkelkeimling eine Rolle.

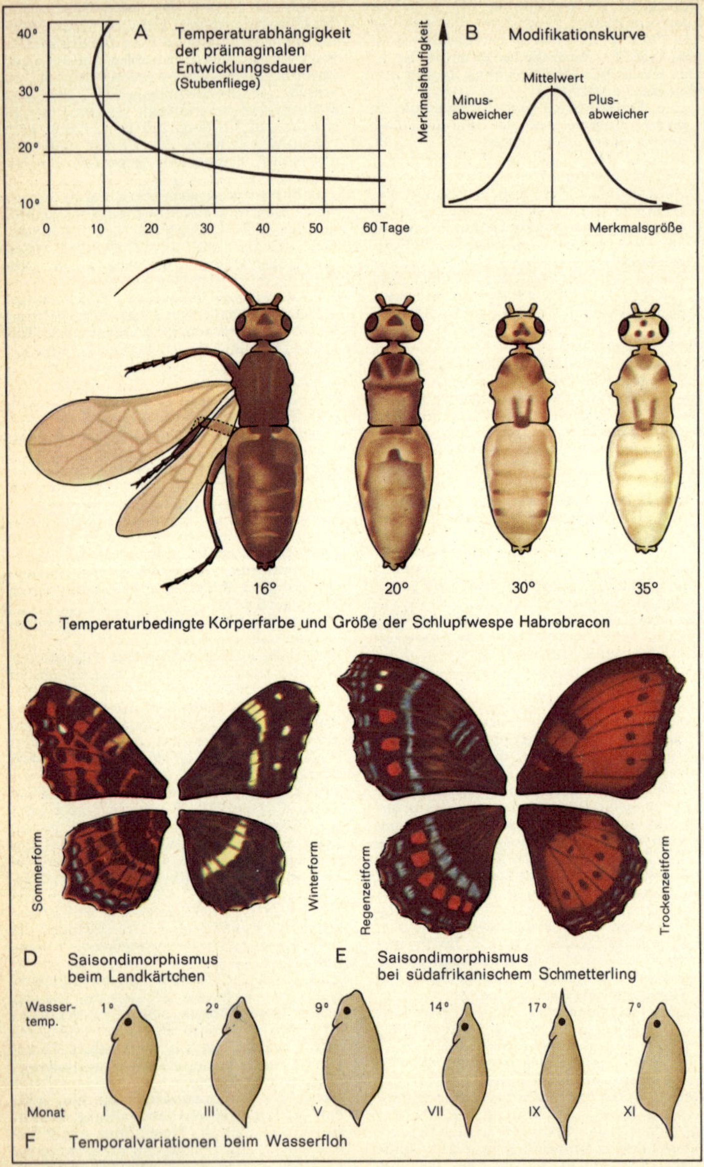

A Temperaturabhängigkeit der präimaginalen Entwicklungsdauer (Stubenfliege)

B Modifikationskurve

C Temperaturbedingte Körperfarbe und Größe der Schlupfwespe Habrobracon

D Saisondimorphismus beim Landkärtchen

E Saisondimorphismus bei südafrikanischem Schmetterling

F Temporalvariationen beim Wasserfloh

Modifikationen bei Tieren

Bei *Tieren* werden Entwicklung und Gestaltung weniger stark durch äußere Bedingungen beeinflußt als bei *Pflanzen*. Aber auch hier sind in gewissen Grenzen, nämlich innerhalb der genet. festgelegten Reaktionsnorm, alle Bau- und Leistungseigenschaften modifizierbar. Prägende Faktoren können dabei Ernährung, Temperatur, Feuchtigkeit, Licht und funkt. Beanspruchung sein. Bleibt die Umweltveränderung im Rahmen der natürl. Verhältnisse, so sind die auftretenden Modifikationen mehr quantitativer Art. Meist treten dabei entsprechend der kontinuierl. Veränderung der variierenden Außenfaktoren auch gleitende Übergänge zw. den Merkmalen auf:

Fließende Modifikationen:

- Die Dauer der präimaginalen Entw., d. h. der Zeitraum von der Eiablage bis zum Schlüpfen des fertigen *Insekts*, ist bei der *Stubenfliege*, wie bei anderen wechselwarmen *Tieren*, von der Temperatur abhängig (A).
- Die Körpergröße ausgewachsener *Insekten* hängt von dem Nahrungsangebot für die Larven ab. Dadurch wird auch die Struktur zusammengesetzter Organe verändert: Kleine *Stubenfliegen* enthalten in ihren Komplexaugen weniger, aber relativ größere Facetten als große Tiere.
- Die Pigmentierung der *Schlupfwespe Habrobracon juglandis* und vieler anderer *Insekten* ändert sich stetig mit der Zuchttemperatur. Bei niedrigen Temperaturen werden die Tiere fast schwarz (B).
- Durch Gebrauch und Nichtgebrauch von Organen wird deren Ausbildung individuell und zeitl. beschränkt beeinflußt (Muskulatur, Hornhaut).

Diese relative Stabilität gegen nicht zu große Umweltänderungen ist in der Regulationsfähigkeit des tier. Organismus begründet, der Außenschwankungen ausgleicht und das »innere Milieu« ziemlich konstant erhält.

Wenn eine Anzahl erbgleicher Individuen in demselben Lebensraum lebt (z. B. durch Teilung aus einem einzigen Tier hervorgegangene *Pantoffeltierchen* in einer Kultur), so schwanken bestimmte Merkmale (z. B. Körperlänge) der Einzeltiere dennoch um einen Mittelwert. Die Häufigkeit der einzelnen Maßklassen unter den Plus- und Minusabweichern wird dabei um so kleiner, je weiter der Wert vom Mittelwert entfernt ist. Der typ., regelmäßige Verlauf der **Modifikationskurve** (Binominalkurve; C) ergibt sich aus der Addition sehr zahlr. Außenbedingungen, die, teils fördernd, teils hemmend, sich immer unabhängig voneinander und rein zufällig kombinierend, auf die Einzelorganismen einwirken. Bei den extremen Minusabweichern überwog der Einfluß hemmender Faktoren, bei den extremen Plusabweichern der Einfluß der fördernden, und bei der häufigsten Durchschnittsklasse hielten sich fördernde und hemmende Faktoren quantitativ die Waage.

Unnatürl. Umweltbedingungen, Mangelformen (Defektmutanten, Bd. II) mit einer Störung im normalen Funktionsablauf oder *Tiere* mit genet. festgelegter alternativer Reaktionsmöglichkeit zeitigen auch auffällige qualitative Modifikationen. Im letzten Fall treten im allg. selbst bei kontinuierlicher Veränderung der modifizierenden Faktoren Merkmalssprünge auf:

Umschlagende Modifikationen:

- Der mexikan. *Axolotl* wird gewöhnlich als kiementragende Larve geschlechtsreif. Zwingt man diesen *Molch*, als Larve an Land zu gehen, so kann man ihn zur Metamorphose unter Rückbildung der Kiemen bringen.
- »*Russenkaninchen*« (Mutation c^n) haben bei sonst weißem Fell schwarze Körperspitzen (Ohren, Nase, Pfoten, Schwanz), in denen die Körpertemperatur naturgemäß niedriger liegt: Die Pigmentbildung, die an ein wärmeempfindliches Enzymeiweiß gebunden ist, findet nur unter 34°C statt. Schneidet man irgendwo Haare ab, so wachsen dort, sofern man kühlt, schwarze Haare nach, sonst weiße.
- Die Kastenbildung der sozialen *Hautflügler* (I, S. 155) geht auf quantitativ unterschiedl. Fütterung zurück (Anteil von Pantothensäure und Biopterin).

Überschaut man die versch. Modifikationserscheinungen, so fallen neben phänotyp. Veränderungen durch

- **Verletzungen** (z. B. Parasitismus),
- **ökolog. Faktoren** (z. B. unterschiedl. Lebensraum, Wirtsabhängigkeit),
- **Artgenossenkontakt** (z. B. solitäre und soziale Formen bei *Wanderheuschrecken*)

bes. die zeitl. individuellen Variationen (**Temporalvariationen**) auf:

Jahreszeitlicher Gestaltwandel

Beim *Wiesel*, *Polarfuchs* und *Wisent* z. B. tritt ein Wechsel zw. Sommer- und Winterfell bei jedem einzelnen Individuum auf. Der Gestaltwandel kann sich aber auch über zwei oder mehrere Generationen erstrekken:

- Das *Landkärtchen (Arachnia levana)* tritt in der Frühjahrsgeneration, deren Puppen überwintert haben, gelbrot gefärbt auf, während die Nachkommen, die Sommergeneration, dunkler sind (D). Erstere entsteht bei Aufzucht der Raupen im Kurztag, letztere im Langtag, wobei das Licht direkt, nicht etwa über die Futterpflanze wirkt. Einen ähnlichen **Saisondimorphismus**, der im Experiment unter versch. Temperatur und Belichtung auch Übergangsformen liefert, die in der Natur unbekannt sind, zeigen zahlreiche einheim. *Tagfalter (Distelfalter, Fuchs, Admiral)*.
- Unter den trop. *Schmetterlingen* unterscheiden sich die Trocken- und Regenzeitformen sehr deutlich (E).
- Bei *Wasserflöhen* tritt zu der ebenfalls durch Außenfaktoren verursachten Heterogonie (I, S. 145) noch eine auffallende Veränderung (Körperlänge, Helmhöhe, Schwanzstachel) der aufeinanderfolgenden parthenogenet. Generationen. Diese **Zyklomorphose** (F), die hauptsächlich auf Zellenvergrößerung beruht, folgt dem Temperaturgang des Wassers.

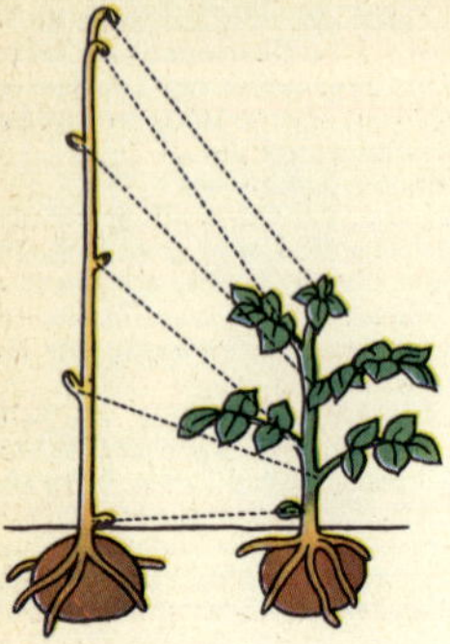

A **Etiolement** bei der Kartoffel

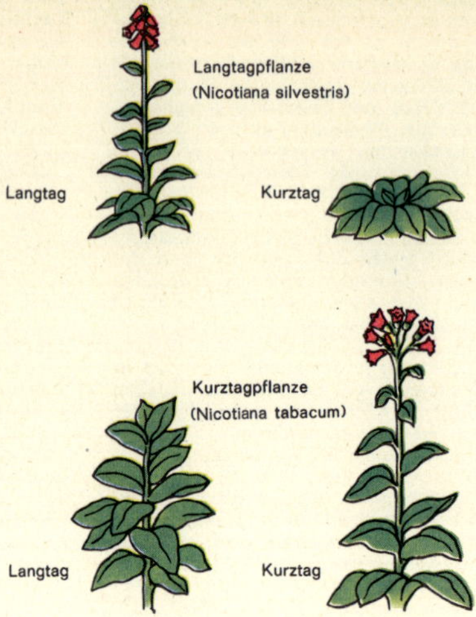

B **Blütenbildung** bei zwei Tabakarten in Abhängigkeit von der Tageslänge

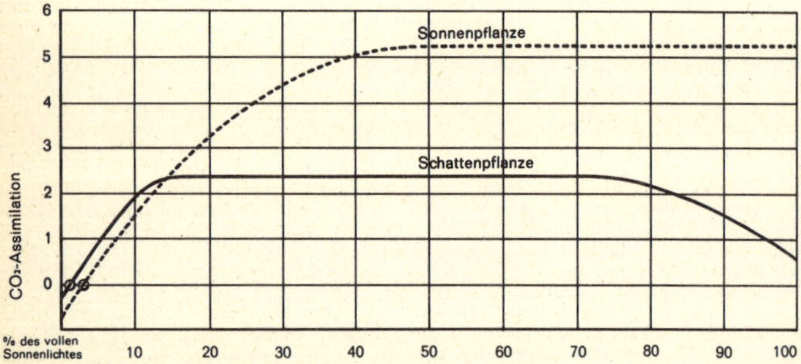

C **Assimilationsintensität** in Abhängigkeit von der Lichtintensität

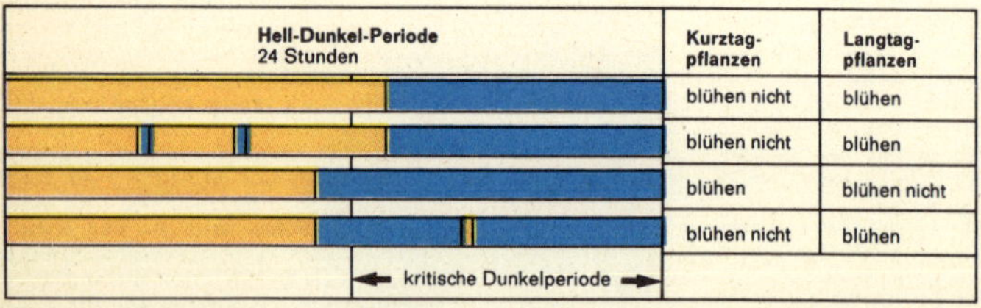

D **Unterbrechung der Hell- und Dunkelperiode** und ihre Wirkung auf Kurz- und Langtagpflanzen

Das Licht als ökologischer Faktor

Die **Ökologie** (HAECKEL, 1870) ist die Lehre vom Haushalt der Natur oder von den Wechselwirkungen zw. Organismen und Umwelt, wobei Umwelt als Gesamtheit aller anorgan. und organ. Lebensbedingungen verstanden wird. Diese Wechselwirkungen können gering sein (Dauerstadien: Samen, Sporen), hören aber nie ganz auf.

Die Beziehungen sind zu gliedern in solche zu anorganischen (abiotischen) Faktoren **(Autökologie)** und organischen (biotischen), von anderen Organismen ausgehenden Faktoren **(Synökologie)**. THIENEMANN bezeichnet etwas abweichend als

- Autökologie die Summe der ökol. Beziehungen des Einzelorganismus (auch die zu organ. Faktoren), als
- Synökologie (Biozönotik) die Ökologie der Organismengesellschaft (Biozönose; I, S. 221).

Die Beziehungen manifestieren sich in Anpassungen der Individuen (modifikatorisch) oder Arten (genotypisch). Die Untersuchung der hierbei im Organismus ablaufenden physiolog. Vorgänge wird in der Ökologie immer wichtiger.

Grundlegend ist die Ökologie für das Verständnis der Verbreitung der Lebewesen (Pflanzen- und Tiergeographie; I, S. 203) und der Art ihrer Vergesellschaftung (Pflanzen- und Tiersoziologie; I, S. 205 ff., 215 bis 221).

Der Einfluß abiot. Faktoren (Licht, Temperatur, Wasser, Boden) wird zweckmäßig an *Pflanzen* erläutert, da sie durch autotrophe Ernährung auf anorgan. Stoffe angewiesen und daher bes. von Boden und Klima abhängig sind. – Anpassung an die Standort-Gegebenheiten ist bei *Pflanzen* auch deshalb bes. deutlich, da sie sich Umweltänderungen nicht wie *Tiere* durch Ortswechsel entziehen können (vgl. I, S. 211).

Licht und Photosynthese

Für alle autotrophen *Pflanzen* ist Licht lebensnotwendig. Bei sonst optimalen Bedingungen (CO_2-Versorgung, Wasserversorgung, Temperatur, Öffnung der Stomata) hängt die Photosynthese-Intensität von der **Lichtstärke** ab (C). Zunahme der Lichtstärke um einen best. Betrag steigert die Photosynthese um so stärker, je näher das Licht dem Minimum ist (Relativitätsgesetz der CO_2-Assimilation). Bei höh. Werten wird ein Optimum erreicht, auf dem die Kurve bleibt oder wieder absinkt (wohl wegen hemmender Wirkung anderer Faktoren). – Der Vergleich einzelner Arten zeigt deutlich Standort-Anpassung. Schattenpflanzen aus der Krautschicht des Waldes erreichen ihr absolut zwar niedriges Optimum schon bei geringer Lichtstärke. Den Kompensationspunkt, an dem sich CO_2-Aufnahme (Photosynthese) und -abgabe (Atmung) die Waage halten, erreichen sie eher als Sonnenpflanzen (Schnittpunkte der Kurven mit der horizontalen Nullinie). So brauchen *Kiefer*, *Birke* und *Lärche* zu dauerndem Gedeihen $^1/_9$ des vollen Tageslichts, *Laubmoose* nur $^1/_{2000}$. – Neben der Intensität ist auch die **Lichtqualität** (Spektralbereich) ökol. wichtig, z. B. für Wasserpflanzen. – Die Farbstoffe der *Grünalgen* (obere Wasserschichten) absorbieren wie die der Landpflanzen einfallendes Licht hauptsächlich im roten Spektralbereich (660–680 nm). Die in tieferen Wasserschichten wachsenden *Rotalgen* (I, S. 233) bekommen wegen der Absorption durch das Wasser vorwiegend kurzwelliges grünes und blaues Licht. Es wird von dem das Chlorophyll überdeckenden roten Farbstoff Phykoerythrin bevorzugt absorbiert. Die *Braunalgen* (I, S. 233; Farbstoff: Fucoxanthin) stehen in dieser Hinsicht zw. *Rot-* und *Grünalgen* und finden sich entspr. in mittleren Wassertiefen.

Licht und Wachstum

Außer auf dem Umweg über die Photosynthese (Bereitstellung der Baustoffe) wirkt das Licht direkt auf Wachstum und Organbildung ein (A; vgl. auch I, S. 195).

Gebirgspflanzen bekommen viel Licht, dessen hoher Ultraviolettanteil den zum Streckungswachstum nötigen Wuchsstoff (Bd. II) zerstört. Sie sind daher niedrig und oft polsterbildend. Nach Verpflanzen in die Ebene werden sie hochwüchsig. – Auch *Bakterien* werden durch ultraviolettes Licht im Wachstum gehemmt oder abgetötet (Lungenheilstätten in Gebirgsgegenden).

(**Licht und Keimung** s. I, S. 195; **Licht und Bewegung** s. Bd. II und I, S. 65 [Photoreaktion der Stomata]).

Photoperiodizität

Auch die tagesperiod. Verteilung des Lichtes kann ökol. wichtig sein, ohne daß die absolute Lichtmenge entscheidend ist. – In bezug auf die Blütenbildung lassen sich folgende Gruppen unterscheiden:

- **Langtagpflanzen,** blühen nur bei mehr als 12 Std. Tagesdauer (*Getreide*, *Zuckerrübe*, *Spinat*, *Salat*, *Erbse*, viele einheim. Wildpflanzen);
- **Kurztagpflanzen,** blühen nur bei weniger als 12 Stunden Tageslänge (*Mais*, *Hirse*, *Baumwolle*, *Hanf*, manche *Kartoffel-* und *Tabak*-Sorten, *Chrysantheme*, *Dahlie*; B);
- **Tagneutrale,** ohne Einfluß der Tagesperiode auf die Blütenbildung (*Sonnenblume*, *Hirtentäschel*, *Vogelmiere* und andere weltweit verbreitete Unkräuter).

Pfropft man eine im Kurztag gehaltene und daher blühwillige Kurztagpflanze auf ein im Langtag gehaltenes Exemplar derselben Art, bildet auch dieses Blüten aus. Das deutet auf einen in seiner Struktur noch unbekannten Wirkstoff hin **(Blühhormon)**. Photoperiodisch entscheidend ist nicht die Tageslänge, die ohne Wirkung durch kurze Dunkelperioden unterbrochen werden kann (D), sondern die Länge ununterbrochener Dunkelheit. Hier genügen schon extrem kurze Belichtungen ($<$ 1 sec) zur Änderung des Blühverhaltens. – Versuche mit monochromat. Licht (hellrot von 660 nm und dunkelrot von 730 nm) deuten auf die Steuerung photoperiod. Vorgänge durch das **Phytochromsystem** (I, S. 195; »innere Uhr«).

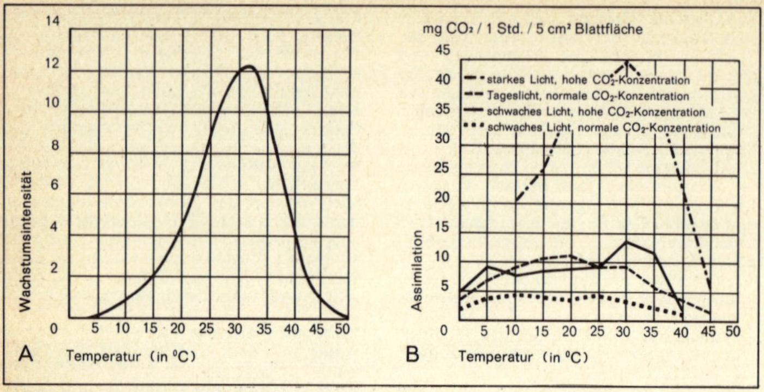

Wachstum von Maiskeimlingen (A) und Assimilation von Zuckerrübenblättern (B) in Abhängigkeit von der Temperatur

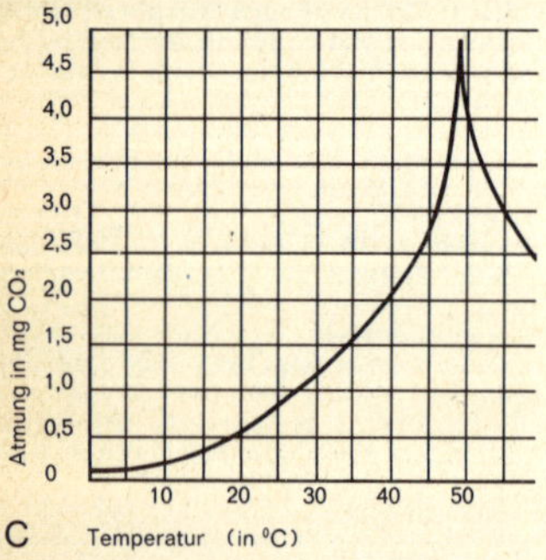

D

	Minimum	Optimum	Maximum
Hanf	1	35	45
Roggen	1—2	25	30
Weizen	4	25	30
Mais	8	34	44
Bohne	8	34	44
Kürbis	12	34	44
Tabak	13	28	35
Tuberkelbazillus	30	37	—
Heubazillus	—	—	120
Blaualgen heißer Quellen	—	—	80
Bakteriensporen	-200	—	—

Atmung von Kartoffelblättern in Abhängigkeit von der Temperatur (C); Kardinalpunkte der Temperatur in °C (D)

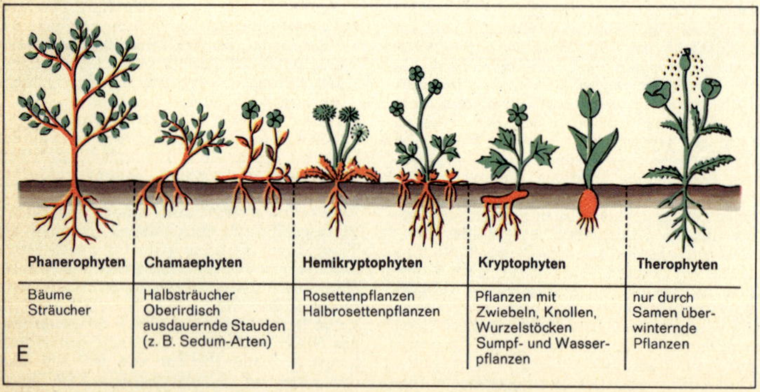

Überwinterung durch Latenzorgane (überwinternde Teile rot)

Der Temperaturfaktor

Unter natürl. Bedingungen wirkt er eng mit dem Licht- und Wasserfaktor zusammen. Werden im Versuch die übrigen Faktoren konstant gehalten, zeigt sich eine klare Temperaturabhängigkeit der Lebenserscheinungen wie **Wachstum** (A), **Photosynthese** (B) und **Atmung** (C). – Diese Abhängigkeit läßt sich durch Optimumkurven darstellen, deren Verlauf durch die Kardinalpunkte der Temperatur bestimmt wird:

- **Minimum**: die zum Wachstum der Pflanze unbedingt erforderliche Temperatur;
- **Optimum**: Temperatur, bei der das beste Wachstum erzielt wird;
- **Maximum**: Temperatur, bei der das Wachstum erlischt.

Ihre Lage ist artspezifisch (D) und bedingt wesentlich die Pflanzenverteilung in den Klimazonen. Die niedrigsten Optima der Assimilation liegen bei 0^0 *(Alge Delesseria)*, die höchsten bei $40–45^0$ (austral. Wüstenpflanze *Atriplex vesicarium*). Kompliziert wird das Problem, dessen Kenntnis für die angewandte Ökologie (Haltung von Nutzpflanzen) von großer Bedeutung ist, dadurch, daß die Lage des Optimums durch Wirkung anderer ökol. Faktoren beeinflußt wird, z. B. durch Lichtstärke und CO_2-Konzentration, wobei das Optimum um rd. 20^0 schwanken kann (B). – Dadurch ist das jeweilige Optimum auf die tatsächl. Freilandbedingungen abgestimmt:

- Schwachlicht-Optimum bei 10^0,
- Vollicht-Optimum bei $15–20^0$.
- Die bei 30^0 liegenden Optima treten im Freiland wohl nicht auf, da die dazu nötige CO_2-Konzentration nicht erreicht wird. Bei geeigneten Kultivierungsmethoden kann dieses sehr hohe Optimum aber erreicht werden.

Die Atmungskurve (C) zeigt, daß die Veratmung der bei Tage gebundenen Assimilate bei niedriger Nachttemperatur geringer ist. Bei *Hafer* z. B. sind die Substanzverluste durch Atmung bei 10^0 Nachttemperatur bis zu 25% geringer als bei 20^0.

Auch während der Entw. einer Pflanze verschiebt sich das Optimum stark. Außerdem können Boden- und Lufttemperatur unterschiedlich wirken; so wird bei der *Kartoffel* die Entw. der Knollen durch die Bodentemperatur bestimmt (Optimum $13–26^0$), die Ausbildung der oberird. Teile dagegen durch die Lufttemperatur.

Jenseits der Höchst- und Mindesttemperaturen des Wachstums liegen Temperaturen, die Pflanzen zwar ertragen, bei denen sie jedoch nicht wachsen. Es muß dann stets eine **Vegetationsperiode** mit ausreichenden Wachstumsbedingungen gegeben sein (Jahres- oder Tagesperiodizität der Temperatur). Erst an den Nullgrenzen der Temperatur tritt Kälte- oder Hitzetod ein.

Die Widerstandsfähigkeit gegen tiefe Temperaturen **(Kälteresistenz)** ist am größten bei trockenen Samen (bis -258^0). Arkt. *Pflanzen* ertragen bis zu -60^0, auch mehrfaches Gefrieren und Auftauen. Andererseits werden trop. *Pflanzen* schon durch Temperaturen über dem Nullpunkt (1,4 bis $3{,}7^0$) abgetötet.

Auch die **Hitzeresistenz** ist bei Dauerstadien am größten (über 80^0, Bodentemperatur trop. Wüsten), doch werden auch für aktive Stadien 80^0 als Höchstgrenze angegeben (*Blaualgen* heißer Quellen). Selbst in Mitteleuropa (Elbsandsteingebirge) hat man Bodentemperaturen bis 75^0 und Pflanzentemperaturen von 60^0 gemessen, die ohne Schaden vertragen wurden.

Anpassungen an extreme Temperaturen werden auf zwei Arten erzielt:

1. Die Entw. ist dem Temperaturgang synchronisiert, so daß Zeiten extremer Hitze und Kälte durch latente Entw.-Stadien überdauert werden, die durch Lage (im Boden oder unter Schnee; E) und Gestalt (relativ kleine Oberfläche) oder durch chem.-physikal. Schutzeinrichtungen hohe Temperaturresistenz erreichen.
2. Es sind direkte morpholog. oder physiolog. Schutzeinrichtungen vorhanden. Zu ersteren gehören als Hitzeanpassungen Transpirationsförderung (I, S. 64 H), Schrägstellung der Blätter, reflektierendes Haarkleid, helle Farbe (weniger Chlorophyll, Parallelstellung der Chloroplasten). Zu letzteren zählen als Kälteanpassungen einige intrazelluläre Veränderungen (Wasserentzug aus dem Cytoplasma, Vermehrung der gelösten Stoffe und dadurch Herabsetzung des Gefrierpunkts), deren ökol. Wirksamkeit aber noch nicht hinreichend untersucht ist.

Auch auf die Entw. von Pflanzen (I, S. 193) und viele andere Prozesse (**Stoffaufnahme, Stofftransport, Transpiration**, Bd. II) kann die Temperatur Einfluß haben. Über die hierbei beteiligten physiolog. Vorgänge besteht oft noch keine hinreichende Klarheit.

Der CO_2-Faktor

Er beeinflußt vor allem die Assimilationsintensität (B).

Die Landpflanzen sind dabei im wesentlichen auf das CO_2 der Atmosphäre angewiesen, dessen Konzentration in bodennahen Schichten im Mittel bei 0,03 Vol.% liegt (der Wert kann aber erheblich schwanken). Die Angaben über den Anteil der Bodenkohlensäure an der Assimilation der Landpflanzen sind sehr ungenau (5– angebl. 50% der Gesamtassimilation).

Wasserpflanzen nützen in der Regel nur das physikal. gelöste CO_2 des Wassers aus, kaum das als Bikarbonat oder Karbonat gebundene. Trotzdem ist der Gehalt an wirksamem CO_2 höher als in der Luft (bei Süßwasserseen etwa 40% höher).

Der normale CO_2-Gehalt der Luft liegt immer weit unter dem Optimum; durch Konzentrationssteigerung ist daher auch Ertragssteigerung zu erreichen. Das ist im Freiland möglich durch Intensivierung der Bodenatmung (kombinierte Düngung mit Kunst- und Stalldünger), in Gewächshäusern durch direkte Begasung mit CO_2. Bei Konzentrationen von über 1% treten aber an den *Pflanzen* Vergiftungserscheinungen auf.

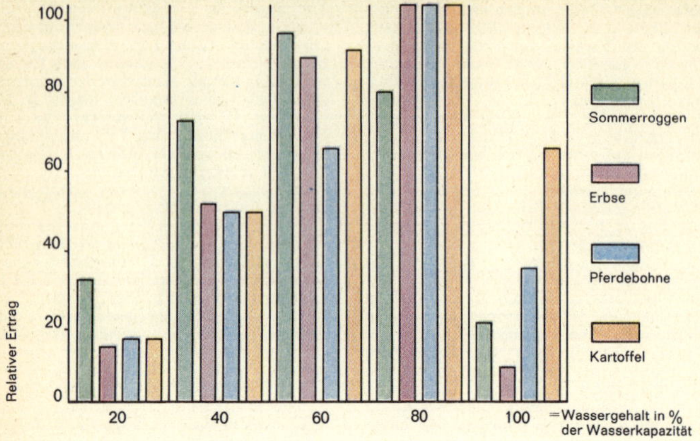

A **Wassergehalt des Bodens** als Wachstumsfaktor

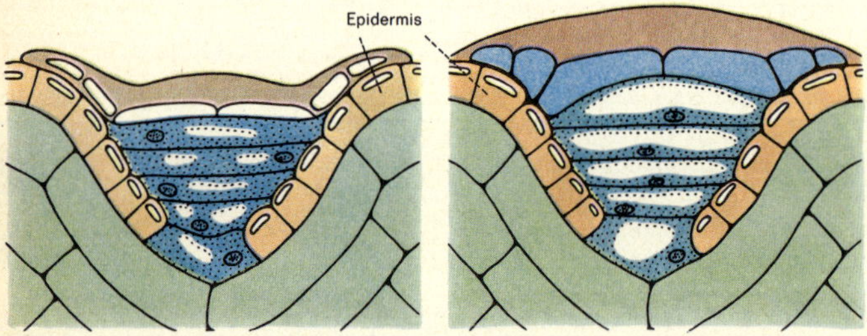

B **Saugschuppe einer Bromeliacee** vor und nach Wasseraufnahme (Längsschnitt)

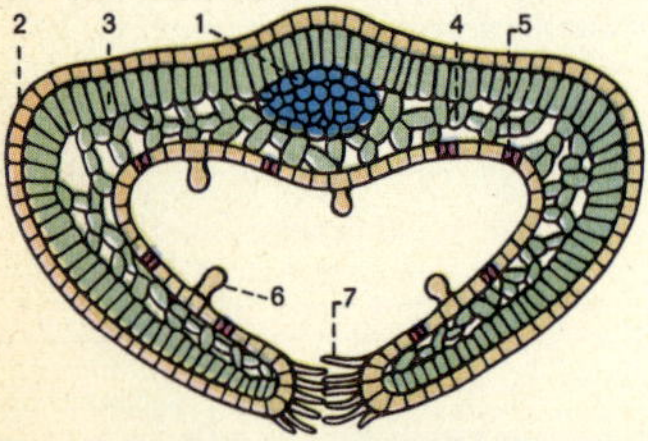

1 Leitbündel
2 Epidermis
3 Palisaden-parenchym
4 Schwammparenchym
5 Spaltöffnung
6 Drüsenhaar
7 Haarverschluß

C **Rollblatt der Krähenbeere** (Empetrum nigrum); Querschnitt

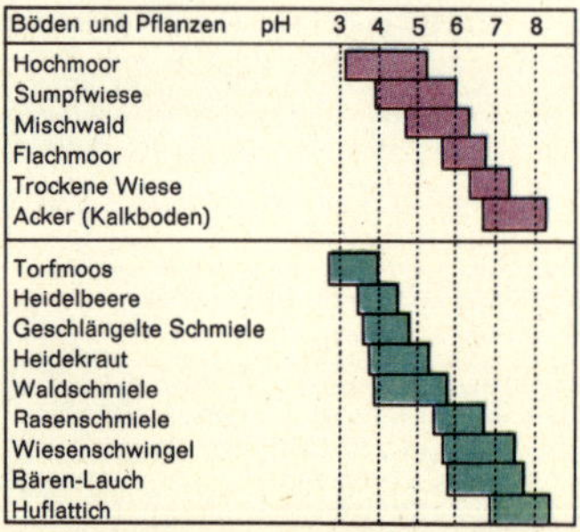

D **pH-Bereiche** verschiedener Böden und **Anzeigerpflanzen**

Wasser und Boden als ökologische Faktoren

Der Wasserfaktor

Da er bes. oft im Minimumbereich liegt, gilt er als der ökol. wirksamste. Er bestimmt am stärksten die geogr. Verbreitung der *Pflanzen* und bewirkt die meisten pflanzl. Umweltanpassungen. – Setzt man ihn allein in Bezug zum Wachstum, erhält man eine ständig steigende Kurve. Da sich aber bei hohem Wassergehalt des Bodens dessen Durchlüftung vermindert, haben die tatsächlichen Ertragskurven ein deutliches Optimum (A).

Die Pflanze nimmt Wasser auf aus
- Niederschlägen,
- Bodenfeuchtigkeit,
- Luftfeuchtigkeit.

Ausschlaggebend für die Pflanze ist die **Wasserbilanz** (Verhältnis des aufgenommenen Wassers zu dem durch Transpiration abgegebenen). Sie muß über längere Zeiträume ausgeglichen sein, wenn sie auch vorübergehend negativ sein kann (Welken der Pflanze). Sie ist durch Regulation der Wasseraufnahme und -abgabe steuerbar. Aufnahmeorgan ist meist das Wurzelsystem, dessen resorbierende Oberfläche sehr groß ist (Wurzel-Gesamtlänge bei *Getreide* bis zu 100 km). Neben der artspezif., standortgemäßen Anordnung der Wurzeln treten modifikator. Anpassungen an örtl. Besonderheiten auf, z. B. stärkere Verzweigung in wasserführenden Bodenschichten.

Die Wasseraufnahme erfolgt durch osmot. Vorgänge, wobei der Sog der Wurzelzellen größer sein muß als die osmot. und kapillaren Kräfte, die das Wasser im Boden festhalten (bei Wüstenpflanzen über 100 Atm.). Doch transportieren Wurzeln auch aktiv Wasser entgegen dem osmot. Gefälle. Dies äußert sich als **Wurzeldruck** (Blutungsdruck; bei *Birken* 2,5 Atm., bei *Tomaten* über 6 Atm.). Oberird. Pflanzenteile können Tau oder Regenwasser aufnehmen; bes. die nicht in der Erde wurzelnden, oft wurzellosen Epiphyten sind auf diese Art der Wasserversorgung angewiesen. Epiphytische *Ananasgewächse (Bromeliaceen)* tragen auf den Blättern viele eingesenkte, durch tote Schildzellen bedeckte Schuppenhaare (Absorptionshaare), die wegen der fehlenden Cuticula und der dicken, quellbaren Pektinmembranen sehr saugfähig sind (B). Bei vielen *Bromeliaceen* bilden die Blattrosetten Zisternen, in denen sich Regenwasser sammelt, das dann durch zahlr. Absorptionshaare aufgenommen wird.

Selbst Wasserdampf wird aus der Luft aufgenommen *(Moose)*. Manchen nied. Pflanzen genügt diese Wasserversorgung; so teilt sich die *Alge Pleurococcus vulgaris* noch bei 62% relativer Luftfeuchtigkeit.

Zur Transpirationshemmung gibt es viele Anpassungen: lederartige Epidermis, Haarkleid, Wachsüberzüge (I, S. 64 F), eingesenkte Spaltöffnungen (I, S. 64 G), Rollblätter mit innen liegenden Spaltöffnungen (C), relative Verkleinerung der Oberfläche (bei Sukkulenten bis zur völligen Reduktion der Blätter; I, S. 99).

An die Stelle der passiven Transpiration kann, bes. bei Feucht- und Wasserpflanzen, aktive Wasserabscheidung **(Guttation)** aus oft am Blattrand liegenden Wasserspalten (Hydatoden) treten. Das ist wichtig, da auch bei wasserdampfgesättigter Außenluft der Stofftransport in der Pflanze nicht zum Erliegen kommen darf (mineralische Ernährung; Bd. II). – Bei period. schwankendem Wasserangebot haben die Sukkulenten in ihren Wassergeweben einen Speicher, den sie bei eingeschränkter Transpiration voll nutzen können, da sie auch starkes Welken überstehen.

Der Boden

Im ökol. Sinne ist Boden der pflanzentragende Teil der Erdrinde, also auch unverwitterter Fels, der von *Flechten* bewachsen ist. Anders als die bisher behandelten gut abgrenzbaren ökol. Größen ist der Boden ein sehr komplexes Gefüge.

Für die Pflanze ist er vor allem wichtig als Lieferant von **Wasser** und **Nährsalzen.** Umgekehrt wirkt die Pflanze auf den Boden durch Aufschließen von Nährstoffen (Säureabscheidung der Wurzeln) und Bildung von Humussäuren. Je nach dem Ausgangsmaterial entstehen so versch. durch Übergänge verbundene Bodentypen (Bd. II).

Für die physikal. Bedingungen im Boden ist das Verhältnis von Kalk und Humussäuren wichtig, da sich beide zu Salzen, vor allem Ca-Humaten, umsetzen (milder oder neutraler Humus im Gegensatz zu saurem Humus bei Kalkmangel). Die kolloidal gelösten Humate binden durch Oberflächenhaftung (Adsorption) Nährstoffe und Wasser. Zusammen mit ebenfalls kolloidalen Tonpartikeln bilden sie Ton-Humus-Komplexe, die dem Boden die für die Durchlüftung wichtige **Krümelstruktur** (Korngröße 2 bis 4 mm) verleihen (Bodengare).

Ein solcher Boden enthält rd. 50% Substanz und 50% Zwischenräume, die zu $^1/_3$ lufthaltig, zu $^2/_3$ kapillar und wasserführend sind. Bei starker Durchfeuchtung zerfallen die Krümel, der Boden wird dicht (Einzelkornstruktur) und muß durch Bearbeitung wieder gelockert werden. Diese physikal. Verhältnisse wirken direkt auf die O_2- und CO_2-Konzentration im Boden ein. In schlecht durchlüfteten Böden kann O_2-Mangel auftreten (*Sonneratia*, I, S. 96 D), und die CO_2-Konzentration über längere Zeit (oft durch starke Düngung) schädl. Werte erreichen.

Von den vielfältigen chem. Bedingungen sei nur die H-Ionenkonzentration bzw. der pH-Wert erwähnt. Er schwankt in Böden etwa zw. 3,0 und 8,4; für viele *Pflanzen* sind pH-Optima festzustellen, so daß man sie bestimmten Bodentypen zuordnen kann (Anzeigerpflanzen; D). Neue Untersuchungen zeigen aber, daß der pH-Wert nicht immer bestimmender Faktor ist, sondern oft nur Symptom für gewisse, der Pflanze wichtige Bodeneigenschaften.

Bedeutung der **Nährsalze** s. Bd. II.

Die Behandlung der **Mikroorganismen** des Bodens führt schon zur Synökologie hin.

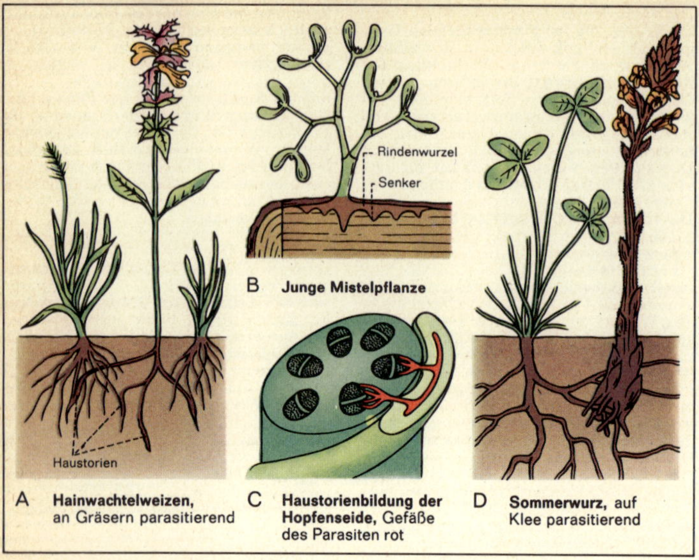

B **Junge Mistelpflanze**

A **Hainwachtelweizen,** an Gräsern parasitierend

C **Haustorienbildung der Hopfenseide,** Gefäße des Parasiten rot

D **Sommerwurz,** auf Klee parasitierend

Parasitismus bei Pflanzen

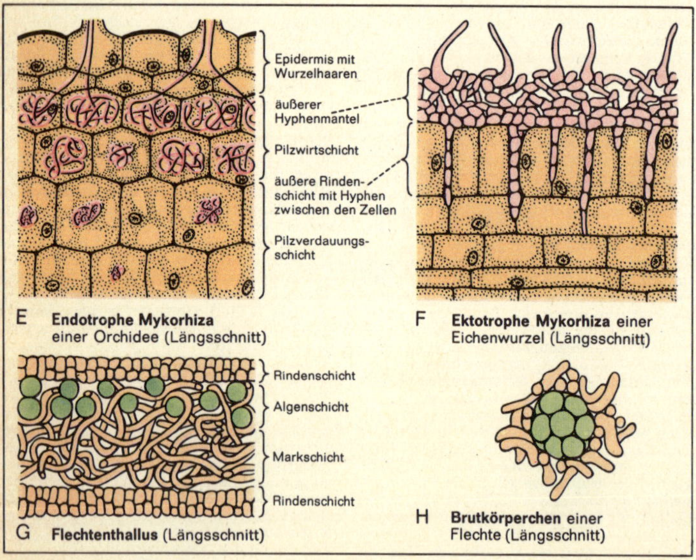

E **Endotrophe Mykorhiza** einer Orchidee (Längsschnitt)

F **Ektotrophe Mykorhiza** einer Eichenwurzel (Längsschnitt)

G **Flechtenthallus** (Längsschnitt)

H **Brutkörperchen** einer Flechte (Längsschnitt)

Symbiose zwischen Pflanzen

Zur **Synökologie** zählt die in der Natur häufig zu beobachtende gegenseitige Beeinflussung vergesellschaftet wachsender *Pflanzen*. In dichten Beständen (z. B. Wäldern) herrscht intensiver Wettstreit (Konkurrenz), bes. um das Licht (in Buchenwäldern Lichtstärke am Boden weniger als $^1/_{10}$ der Werte unter freiem Himmel). Das führt z. B. bei Bäumen zu schnellem Wachstum, schlanker Wuchsform (die oft bei Einzelbäumen nicht gegeben ist, z. B. *Eiche*) und Ausbreiten der Krone in großer Höhe (Riesenbäume der trop. Regenwälder von 60–80 m Höhe). – Schling- und Kletterpflanzen benutzen Bäume und bringen ohne großen Materialaufwand ihr Blattwerk ans Licht (*Efeu, Hopfen, Waldrebe* u. a.). Die Epiphyten haben den Boden ganz verlassen und vermeiden so die lichtärmsten Bereiche.
Auch in der mineralischen Ernährung gibt es gegenseitige Beeinflussung durch konkurrierende Wurzelsysteme (z. B. hat das Unkraut *Ackersenf* rd. die doppelte Gesamtwurzellänge wie *Weizen*).
Außer der Raumkonkurrenz gibt es auch direkte Beeinflussung (**Antibiose**) durch hemmende oder tötende Stoffe (Antibiotica). So wirkt z. B. *Wermut* im Freiland hemmend auf andere Gewürze *(Fenchel, Liebstöckel)*. Im Versuch hemmen *Rettich*, Citrusfrüchte und Apfelschalen die Keimung von Kressesamen. Von den über 100 bekannten Antibiotica sind bes. diejenigen wichtig, die das Wachstum krankheitserregender *Bakterien* hemmen (z. B. das vom *Schimmelpilz Penicillium notatum* erzeugte Penicillin).

Parasitismus (Schmarotzertum)
Diese Lebensweise liegt vor, wenn von zwei Organismen einer den anderen in direktem Kontakt ausnützt. Das ist häufig bei *Bakterien* (I, S. 43) und *Pilzen* (I, S. 55) der Fall, seltener bei *Samenpflanzen*.
Halbparasiten nennt man grüne *Pflanzen*, die Wasser und Nährsalze, aber nur wenig organ. Stoffe von ihren Wirtspflanzen bekommen. Ihnen gehören als Wurzelparasiten *Augentrost (Euphrasia)* und *Wachtelweizen* (*Melampyrum*; A) an, deren schwach entwickelte Wurzeln andere Pflanzenwurzeln durch Senker (Haustorien) anzapfen und sich aus deren Leitungsbahnen versorgen. Das Wurzelsyst. der *Mistel*, eines Sproß-Halbparasiten (B), ist noch stärker umgeformt. Von der Stammbasis entspringen wurzelähnl. Rindensaugstränge, die zapfenartige Senker ins Holz von Baumästen treiben. – Den Sprossen dieser Pflanze ist der Parasitencharakter nicht anzusehen.
Bei **Vollparasiten** ist das der Fall, deren Blätter reduziert sind oder fehlen, die ohne Chlorophyll und daher unfähig zur Photosynthese sind. Sie entziehen ihren Wirtspflanzen außer Wasser und Nährsalzen die zu ihrem Aufbau nötigen organ. Stoffe. – Ein Sproß-Vollparasit ist die *Hopfenseide* (*Cuscuta*; C), deren fadenartige Stengel die Wirte *(Hanf, Hopfen)* umschlingen und deren Haustorien sich bes. den Siebröhren (I, S. 77) anlegen. Ein Wurzel-Vollparasit ist die *Sommerwurz* (*Orobanche*; D).
(Vgl. hierzu **fleischfressende Pflanzen**, I, S. 101.)

Symbiose
Man nennt so das Zusammenleben artverschiedener Organismen zu gegenseitigem Vorteil. Oft ist erkennbar, daß sich diese Gemeinschaft aus wechselseitigem Parasitismus entw. hat. Die Erscheinung der **Pilzwurzel (Mykorhiza)** zeigt dies deutlich. Bei Orchideenwurzeln dringen die Pilzfäden (Hyphen) in die Wurzelzellen ein (**endotrophe** Mykorhiza; E). In den äußeren Zellschichten schmarotzt der *Pilz* offenbar unter Ausnutzung der Nährstoffe seiner Wirtspflanze; innen werden die Pilzfäden verdaut und ihre Subst. resorbiert. Bei der einheim. *Orchidee Neottia (Nestwurz)*, die fast chlorophyllos ist, müssen alle organ. Stoffe vom *Pilz* stammen; da unsicher ist, ob diesem die Gemeinschaft überhaupt nützt, liegt hier wohl Parasitismus vor.
Bei den Mykorhizen unserer Waldbäume wachsen die Pilzfäden zw. den Zellen (**ektotrophe** Mykorhiza; F), nur einzelne Hyphen dringen in Zellen ein und werden resorbiert. Das Mycel (Pilzgeflecht) überzieht die kurzen Saugwurzeln in dicker Schicht und ersetzt die fehlenden Wurzelhaare; es sichert die mineralische Ernährung der Bäume (bes. Stickstoffverbindungen) und wird von diesen mit Assimilaten versorgt.
Symbionten der Waldbäume sind manche bekannte Speisepilze *(Birke – Birkenpilz, Kiefer – Butterpilz)*.
Im Gegensatz zu den bisher behandelten Symbiosen, deren Partner deutlich zu unterscheiden sind, können durch *Algen* und *Pilze* einheitl. Vegetationskörper neuer Prägung, die **Flechten**, entstehen. Erst das Mikroskop zeigt die Partner (meist *Schlauchpilze* und kugelige *Grünalgen*; G) und den typ. Bau des Flechtenthallus: zw. 2 Rindenschichten (stark quellbares Pseudoparenchym) liegt eine lockere Markschicht. In ihr liegen oberseits die *Algen*, an die sich die Pilzhyphen anlegen (Appressorien) oder in sie eindringen (Haustorien).
Der *Pilz* liefert Wasser, Nährsalze und Atmungs-CO_2, die *Algen* bilden organ. Nährstoffe, von denen der *Pilz* lebt. Die gegenseitige Abhängigkeit wird dadurch deutlich, daß die beteiligten Pilzarten in Einzelkultur nicht voll gedeihen. Manche *Flechten* bilden Stoffwechselprodukte (Lackmus und andere Farbstoffe), die weder *Pilz* noch *Alge* allein erzeugen können.
Die Vermehrung erfolgt durch Pilzsporen oder Brutkörperchen (Soredien; H), in denen die Symbiosepartner sofort vereinigt sind. Relative Unabhängigkeit von der Umgebung und hohe Trockenresistenz machen die *Flechten* zu typ. »**Pionierpflanzen**«, die selbst kahle Felsen besiedeln, zu deren Verwitterung und Aufschließung sie durch Säureausscheidung der Pilzfäden beitragen.
(Über die Symbiose zw. *Samenpflanzen* und *Stickstoffbakterien* s. I, S. 43 und Bd. II.)

AC	Einblütiges Perlgras, Melica uniflora	V	1 bis 4
OC	Rotbuche, Fagus silvatica	V	3 bis 5
OC	Waldmeister, Asperula odorata	V	+ bis 4
OC	Goldnessel, Lamium Galeobdolon	V	+ bis 4
OC	Waldveilchen, Viola silvatica	V	+ bis 3
OC	Flattergras, Milium effusum	IV	+ bis 2
OC	Waldsegge, Carex silvatica	IV	+ bis 1
KC	Esche, Fraxinus excelsior	V	+ bis 2
	Moose, insgesamt	IV	+ bis 1

A **Perlgras-Buchenwald (Melico-Fagetum);** auf trockenem Kalk und Kalksandstein mit oberflächlicher Lehmverwitterung und auf Löß; Kräuter und Gräser bilden eine geschlossene Decke

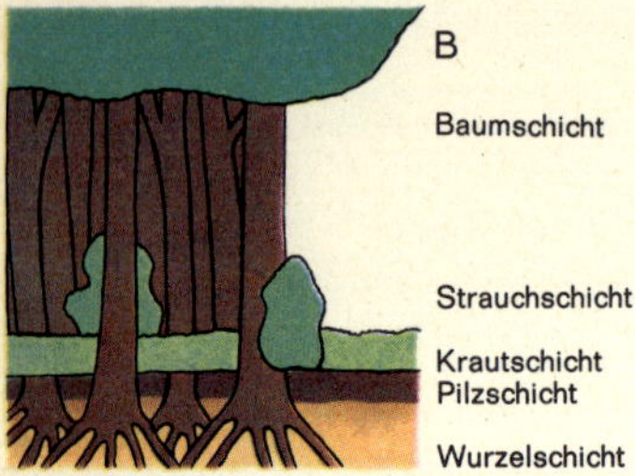

C a Säulenkaktus (Cactaceae)
b Stapelia (Asclepiadaceae)
c Säulenwolfsmilch (Euphorbiaceae)

Artenliste einer Pflanzenassoziation (A); Schichtenbau des Buchenwaldes (B); Sukkulenz in verschiedenen Pflanzenfamilien (C)

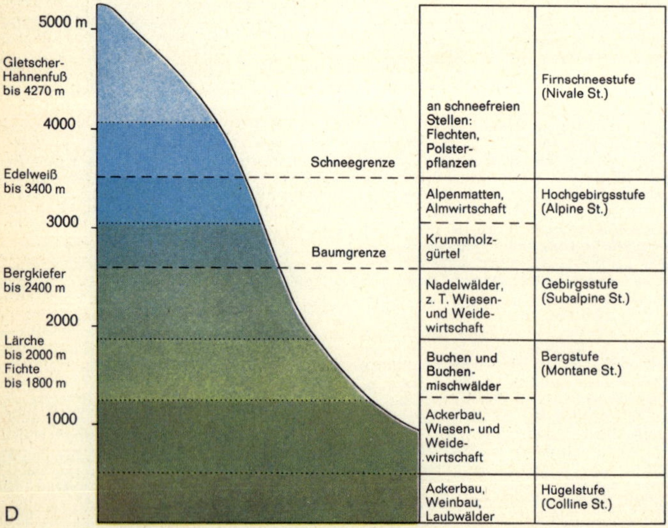

Pflanzengürtel der Alpen

Da *Pflanzen* an einzelne ökol. Faktoren unterschiedl. angepaßt sind, entsteht je nach der wirksamen Faktorenkombination eine best. **Pflanzengesellschaft.** – Nach LUNDEGÅRDH wirken dabei folgende Faktoren:

Standortfaktoren
1. Klimatische Faktoren:
   - Lichtfaktor
   - Temperaturfaktor
2. Boden-(edaphische)Faktoren:
   - physikal. Bodenstruktur, Durchlüftung
   - Nährsalze, Spurenelemente, pH-Wert
   - Mikroorganismenreichtum
3. Klimatisch-edaphische Faktoren:
   - Wasserfaktor
   - CO_2-Faktor

Biotische Faktoren
1. Veränderlichkeit (Plastizität) des Erbguts (Genotypus) der Arten;
2. Plastizität des Erscheinungsbildes (Phänotypus) der Individuen;
3. »Vitalität« (Wachstum, Fortpflanzung, Konkurrenzvermögen) und »Kampftüchtigkeit« (»Bauwert«) der Arten.

Wanderungs-(Migrations-) und Besiedlungsfaktoren
1. Lage des Standorts zu umgebenden Verbreitungszentren und pflanzengeogr. Hindernissen;
2. Art, Zahl und Lebensdauer der am Standort eintreffenden Samen;
3. Besiedlungsvermögen (Ökese).

Klimageschichte (Art und Verlauf der langfristigen Klimaschwankungen).

Dies Faktorengefüge ist so kompliziert, daß nur die Standortfaktoren relativ gründlich untersucht sind (I, S. 198–203), weniger biotische und Wanderungs- und Besiedlungsfaktoren, während die Klimageschichte gar nicht experimentell erfaßbar ist. Die Pflanzensoziologie ist daher heute noch wesentlich deskriptiv.

Die Assoziation ist die Grundeinheit der Pflanzensoziologie, eine Pflanzengesellschaft von bestimmter Artenzusammensetzung, einheitl. Standortbedingungen und Erscheinungsbild (Physiognomie). Die natürl. Assoziationsindividuen weichen stets etwas vom Prototyp ab; Übergänge zu anderen Assoziationen sind meist fließend. – Ähnl. Assoziationen bilden einen **Verband**, Verbände eine **Ordnung**, Ordnungen eine **Klasse**. Die Namen der Assoziationen werden meist gebildet durch Anhängen der Endung -etum an den Namensstamm einer Charakterart (Kennart). Weitere wichtige Eigenschaften der Assoziation werden tabellarisch festgehalten (A). Hierbei bedeuten:
- AC = Assoziationscharakterart
- OC = Ordnungscharakterart
- KC = Klassencharakterart.

Daneben unterscheidet man D = Differentialarten (innerhalb der Assoziation nur in Untereinheiten, aber auch in anderen Assoziationen vorkommend), B = Begleiter (Arten ohne deutl. Assoziationsbindung).
Die Stetigkeit (I–V) gibt an, in wieviel Prozent der untersuchten Assoziationsindividuen die Art vorkommt (I in 1–20%; II in 21–40%; III in 41–60%; IV in 61–80%; V in 81–100%).
Die arab. Ziffern 1–5 und das Zeichen + bezeichnen eine kombinierte Schätzung von Individuenzahl (Abundanz) und Deckungswert: + = spärlich, sehr geringer Deckungswert; 1 = reichlich, aber geringer Deckungswert oder ziemlich spärlich, aber größerer Deckungswert; 2 = sehr zahlreich oder wenigstens $^1/_{20}$ der Fläche deckend; 3 = $^1/_4$ bis $^1/_2$ der Fläche deckend, Individuenzahl beliebig; 4 = $^1/_2$ bis $^3/_4$ der Fläche deckend; 5 = mehr als $^3/_4$ der Fläche deckend. Oft gibt in pflanzensoziolog. Tabellen eine zweite arab. Ziffer die Häufungsweise (Soziabilität) an: 1 = einzeln; 2 = gruppen- oder horstweise; 3 = truppweise, kleine Flecke oder Polster; 4 = kleine Kolonien, größere Flecken oder Teppiche; 5 = große Herden.
Selten stehen in einer Pflanzengesellschaft die Einzelexemplare isoliert (**offene Gemeinschaften**, z. B. *Flechten* auf Felsen, Dünengräser, Halbwüstenvegetation). In **geschlossenen Gesellschaften** konkurrieren sie miteinander; dadurch erfolgt eine vertikale Ausdehnung, da die Fläche begrenzt ist. Oft resultiert ein Schichtbau der ober- und unterird. Teile (B). Tief- und flachwurzelnde Pflanzen harmonieren, ebenso hohe und niedrige bei Anpassung an verschiedene Lichtintensität (I, S. 198 C).
Besser als Einzelarten sind Assoziationen als Anzeiger bestimmter Standortbedingungen geeignet (vgl. I, S. 202 D), da sie allen ökol. Faktoren Rechnung tragen. Hierauf beruht die prakt. Bedeutung der Pflanzensoziologie, deren Erkenntnisse z. B. bei der Anlage von Wiesen, Wäldern und bei Pflanzungen an Autobahnen verwertet werden.

Die Formation liegt der Großgliederung der Vegetation der Erde zugrunde, die Assoziation dagegen der genauen Untersuchung der Pflanzenwelt kleinerer Räume.
Man versteht unter Formation eine Gesellschaft gleicher Wuchsform ohne Rücksicht auf die Artzusammensetzung. Die Laubwälder Eurasiens und Nordamerikas z. B. gehören trotz ihrer unterschiedl. floristischen Zusammensetzung zur Formation der sommergrünen Laubwälder.
Aufbau und Physiognomie der Formationen spiegeln deutl. die Anpassung an bestimmte Klimatypen. Neben der horizontalen Großgliederung der Erdvegetation ist die vertikale Verteilung an Gebirgen sehr klar (D), wo es durch die kontinuierl. Änderung der ökol. Faktoren zu einer deutl. Gürtelung der Formationen kommt, die in den versch. Erdteilen sehr ähnlich ist, wenn auch andere Arten vorkommen.
In der gleichen Formation zeigen also versch. Arten gleiche Anpassungen. Das wird unter extremen Bedingungen bes. deutlich, z. B. in Trockengebieten, wo in versch. Familien Stammsukkulenz zu sehr ähnl. Formen geführt hat (**Konvergenz**; C).

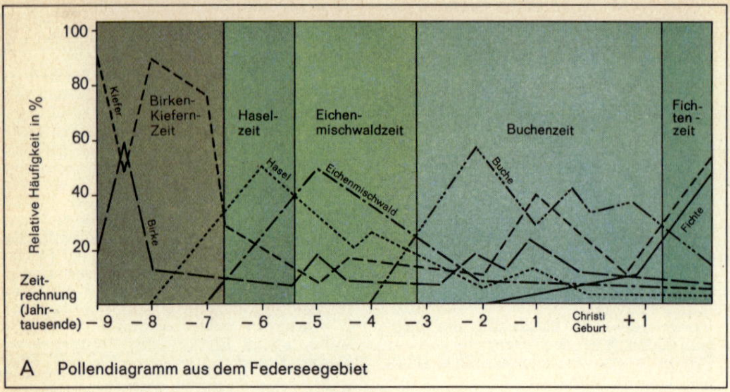

A Pollendiagramm aus dem Federseegebiet

Waldformen in Mitteleuropa seit der letzten Eiszeit

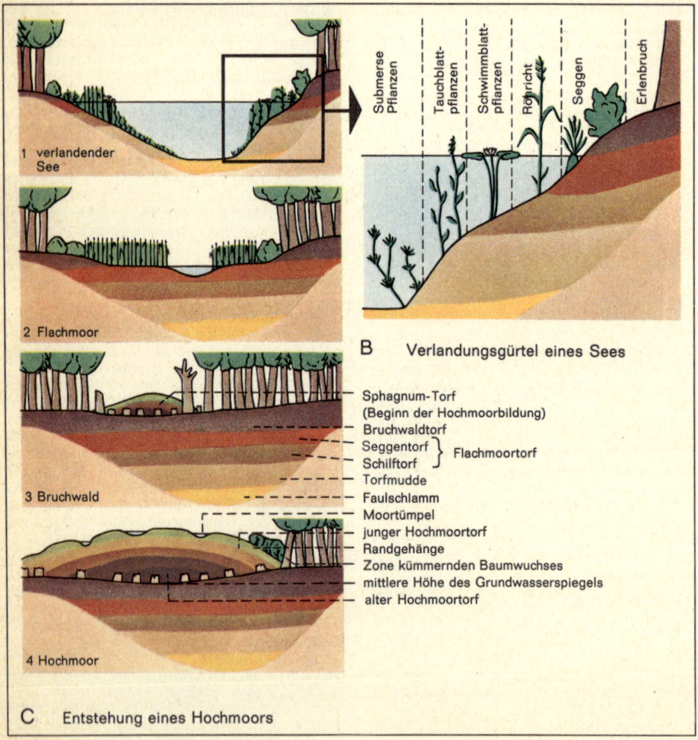

C Entstehung eines Hochmoors

Verlandung und Hochmoorbildung

Pflanzengesellschaften entstanden in langen Zeiträumen durch Auswahl morpholog. und physiolog. den Standortbedingungen angepaßter Formen (Selektion; Bd. II). So stellt sich bei Fehlen einer Zuwanderung aus Nachbargebieten ein Gleichgewicht zw. Vegetation und ökol. Faktoren ein.
Änderung der Bedingungen zieht Anpassungen bei den vorhandenen Arten und Zuwanderung neuer Arten nach sich, bis Vegetation und veränderte ökol. Faktoren wieder im Einklang sind.
So gibt es gesetzmäßige Folgen von Pflanzengesellschaften **(Sukzessionen),** die einen bei Konstanz der Faktoren stabilen Endzustand erreichen (Klimaxgesellschaft).

Veränderung der Faktoren von außen
Die Waldfolge in Mitteleuropa im Zuge der Klimaänderungen seit der letzten Eiszeit ist zu erschließen aus den in die Torfschichten der Moore eingewehten Pollenkörnern. Die Auswertung (Pollenanalyse) ergibt nach Ausschalten der Fehlerquellen (z. B. wechselnde Windrichtung, unterschiedl. Pollenerzeugung einzelner Arten) die relative Häufigkeit der Baumarten zu versch. Zeiten, darstellbar in einem **Pollendiagramm** (A). – Folgende Sukzession ist abzulesen:

1. **Birken-Kiefern-Zeit:** Klima kalt-trocken. *Birken* vorwiegend im Westen, *Kiefern* im Osten. Begleitpflanzen: *Weide*, *Krähenbeere*, *Flechten*. Das Waldbild entsprach dem im heutigen westl. Lappland.
2. **Haselzeit:** Klima warm-trocken. Sie leitet über zur
3. **Eichenmischwaldzeit:** Klima warmfeucht. Artenreiche lichte Wälder aus *Eiche*, *Ulme*, *Linde*, *Ahorn*, *Esche*.
4. **Buchenzeit:** Klima zunehmend kühler und feuchter. Neben *Rotbuche* auch *Hainbuche*, *Tanne* und *Fichte*.
5. **Fichtenzeit:** Klima kühl-feucht. Die *Fichte* (auf Sandboden die *Kiefer*) tritt in den Vordergrund. Diese Entw. wird durch den Einfluß des Menschen verstärkt.

Auch in anderen Fällen können menschl. Eingriffe Sukzessionen hervorrufen, z. B. Kahlschläge in Wäldern und die immer häufiger werdenden Grundwassersenkungen nach Flußregulierungen (vgl. auch I, S. 223).

Veränderung der Faktoren durch die Pflanzengesellschaft
Sie kann auch bei Konstanz der äußeren Bedingungen zu typ. Sukzessionen führen. In nährstoff- und humusreichen **(eutrophen)** stehenden Gewässern gliedert sich die Pflanzenwelt vor allem nach der Wassertiefe. Da diese durch ständige Ablagerung geringer wird, rücken die einzelnen Pflanzengesellschaften gegen das Zentrum des Gewässers vor.
Die für Mitteleuropa typ. Gürtel der Verlandungsvegetation sind (B):

1. Untergetauchte (submerse) Pflanzen, oft *Armleuchteralgen (Charophyceen)*.
2. Tauchblattpflanzen, die höchstens ihre Blüten aus dem Wasser bringen (*Laichkräuter*, *Tausendblatt*, *Wasserpest* u. a.).
3. Schwimmblattpflanzen *(Seerose, Teichrose)*; in ruhigem Wasser auch freischwimmende Arten *(Froschbiß, Krebsschere, Wasserlinse)*.
4. Röhricht (dichte Bestände von *See-Simse*, *Schilf*, *Rohr-* und *Igelkolben*).
5. Seggenbestände (z. B. *Steife Segge* in Einzelhorsten, auf denen sich *Grauweiden-* und *Faulbaumbüsche* ansiedeln).
6. Erlenbruchwald (mit *Seggenarten*, *Brennnesseln*, *Farnen* u. a.). Der mittlere Wasserspiegel liegt zunächst in Höhe der Erdoberfläche; der Boden erhöht sich aber durch Ablagerung von Pflanzenresten und wird oberflächlich immer trockener.

Die Assoziationen 4 und 5 kennzeichnen den Zustand des Flachmoors (C 2), 6 den des folgenden Bruchwaldmoors (C 3).
Im Endstadium der Verlandung, die auch bei nährstoff- und humusarmen **(oligotrophen)** und bei nährstoffarmen, aber humusreichen **(dystrophen)** Gewässern ähnlich abläuft, ist das ehemalige Seebecken mit Ablagerungen vorwiegend pflanzl. Ursprungs gefüllt.
Schon in der untersten Schicht (Faulschlamm, bei Ausfällung von Kalk als »Seekreide« ausgeprägt) ist die bakterielle Zersetzung (Reduzenten; I, S. 221) stark, aber wegen O_2-Mangels nicht vollständig.
Bei stärkerem Anfall von Pflanzenresten setzt Vertorfung (Inkohlung: unvollständige Zersetzung bei starkem O_2-Mangel) ein. Diese liefert braunes bis schwarzes Material, in dem pflanzl. Strukt. noch erhalten sind.
Je nach der erzeugenden Pflanzengesellschaft unterscheidet man Torfmudde (zw. Faulschlamm und Torf), Schilf- und Seggentorf (zus.: Flachmoortorf) und Bruchwaldtorf. – Die bisher gebildeten Torfschichten sind, entspr. der Zusammensetzung des Grundwassers, mehr oder minder nährstoffreich, ihr pH ist neutral oder schwach basisch. Weitere Auflagerung schneidet die oberen Schichten vom Grundwasser ab, sie werden nährstoffarm und versauern. – Die Bruchwaldpflanzen beginnen zu kümmern und *Torfmoose* (*Sphagnum*-Arten) siedeln sich an, bes. in feuchtem Klima. Sie halten durch ihren Bau Wasser wie ein Schwamm fest und geben dem Boden eine stark saure Reaktion (I, S. 202 D); ihre Polster wachsen zu Decken zusammen, die die übrige Vegetation ersticken.
Durch ständiges Weiterwachsen der Moospflanzen bei absterbenden unteren Teilen entstehen meterdicke Schichten von Hochmoortorf (C 4). Da die Wachstumsbedingungen am Rande schlechter sind, nimmt das Hochmoor uhrglasförmige Gestalt an. Sein trockeneres Randgehänge ist oft bewaldet, der umgebende Randsumpf als Flachmoor ausgebildet.
Die sehr artenarme Hochmoorvegetation (*Wollgras*, *Glocken-* und *Besenheide*, *Gagelstrauch*, *Sonnentau* u. a.) zeigt Anpassungen an die ungleichmäßige Wasserversorgung (Speicherfähigkeit; Rollblätter, I, S. 202 C) und schlechte Nährstofflage (Niederschlagswasser und anfliegender Staub; vgl. fleischfressende Pflanzen, I, S. 101).

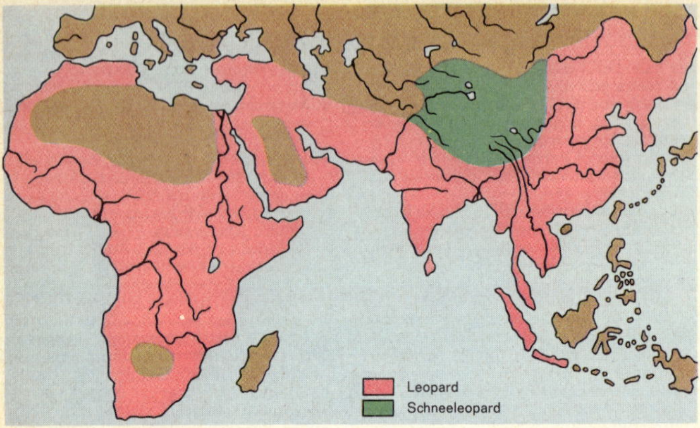

A Verbreitungsgebiete einer euryöken und einer stenöken Art

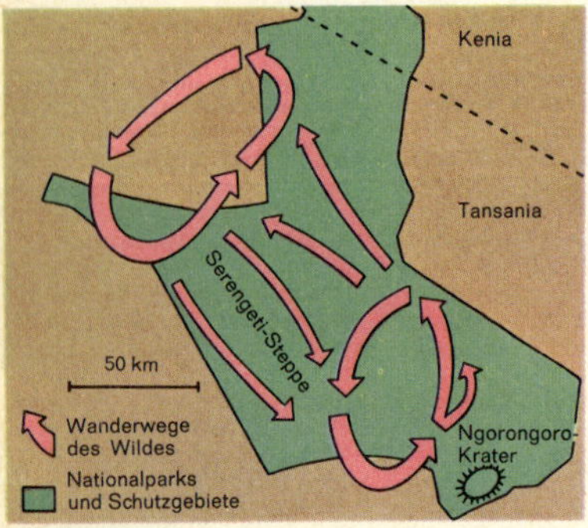

B Wildwanderungen in Ostafrika (vereinfacht)

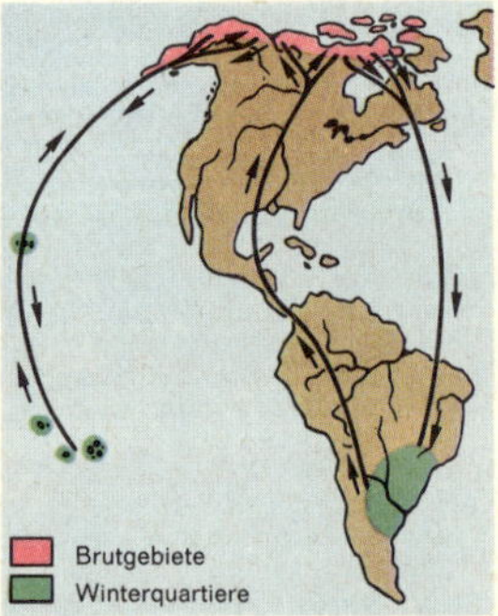

C Zugstraßen der östl. u. westl. Form des Goldregenpfeifers

D Die Allensche Regel bei Antilopen und Füchsen

Wirkung von Klimafaktoren auf Tiere

Die Abhängigkeit von Boden und Klima ist bei *Tieren* geringer als bei *Pflanzen*. Tiere sind meist aktiv beweglich und daher imstande, günstige Lebensbedingungen aufzusuchen. Jeder ökol. Faktor hat auf das Tier daher drei Wirkungen:

Begrenzende (limitierende) Wirkung
Sie wird bes. deutlich an der Wirkung der Temperatur auf wechselwarme **(poikilotherme)** *Tiere*. Ihr Temperaturminimum liegt zw. —1° und —10°, bei tieferen Temperaturen treten im allg. irreversible Schäden auf (Gefrieren der Körpersäfte, Zerstörung der Gewebe). Das längere Zeit ertragbare Maximum liegt meist zw. 40° und 50°, nur in fast wasserfreiem Zustand (Trockenschlaf, Anabiose) können Dauerstadien *(Einzeller, Räder-* und *Bärtierchen)* Temperaturen von —272° und +150° kurzfristig ertragen. Zw. den Extremen liegt der Toleranzbereich, dessen Weite die ökol. Valenz der Art bestimmt. Ist sie allen ökol. Faktoren gegenüber gering, heißt die Art **stenök**, ist sie groß, **euryök**. Die Beziehung zu Einzelfaktoren wird entspr. ausgedrückt (Temperatur: eury-, stenotherm; pH-Wert: eury-, stenion; Salzgehalt: eury-, stenohalin).
Euryöke Arten sind im Gegensatz zu stenöken oft weit verbreitet (Vergleich des *Leoparden* mit dem verwandten *Schneeleoparden*, einem Bewohner zentralasiat. Hochgebirge; A). Extrem euryöke Arten, die fast überall leben, heißen Ubiquisten (z. B. die *Ameise Lasius niger*).
Innerhalb des Toleranzbereichs, in dem die Gesamtentw. des Tieres normal abläuft, liegt ein Optimalbereich, der oft aktiv aufgesucht wird (Präferendum).
Die Vorzugstemperatur kann für versch. Stadien einer Art unterschiedlich sein (*Schneefloh Boreus hiemalis:* erwachsenes Tier 9°, Larve 34°). Auch für versch. Lebensäußerungen können die Optima voneinander abweichen (z. B. Lebensdauer, Nachkommenzahl).
Gleichwarme **(homöotherme)** *Tiere* sind temperaturunabhängiger, da sie auch bei starken Schwankungen die Körpertemperatur konstant halten (*Schneehuhn:* Außentemperatur —37°, Körpertemperatur 43,3°).

Verändernde (modifizierende) Wirkung
Auf ihr beruht die Entstehung der vielfältigen Lebensformen, die sich in Übereinstimmung mit den ökol. Bedingungen des Lebensraumes entw. haben. Diese Anpassungen können Modifikationen sein (I, S. 197) oder erbliche, durch Mutation und Selektion (Bd. II) entstandene Anpassungen. Dabei ist entweder die Toleranz gegenüber Faktoren erhöht **(Adaptation**; z. B. an die Temperatur in Thermalquellen), oder der Organismus verschließt sich der Wirkung des Faktors **(Emanzipation**; z. B. die konstante Körpertemperatur bei *Vögeln* und *Säugern*).
Bei konst. Temperatur ist bei großen Tieren die Wärmeabgabe geringer, da die Körperoberfläche rel. zur Masse kleiner wird, wie das Beispiel von drei Vogelarten zeigt:

	Gew.	Wärmeabgabe je kg
Ringeltaube	390 g	144 cal
Sperbertäubchen	48 g	344 cal
Prachtfink	7,5 g	1020 cal

Hieraus lassen sich Regeln ableiten, die aber viele Ausnahmen haben und teilweise auch für Wechselwarme gelten:

1. **Bergmannsche Regel (Größenregel):** Tiere einer Art (z. B. *Kolkrabe, Hirsch, Wildschwein*) und Arten eines Verwandtschaftskreises *(Pinguine)* sind in kälterem Klima durchschnittlich größer. Bei den *Pinguinen* nimmt die Größe von den antarkt. Arten (*Kaiserpinguin* 120 cm) zu den am Äquator lebenden (*Galapagos-Pinguin* 50 cm) fast kontinuierlich ab.
2. **Allensche Regel (Proportionsregel):** Körperanhänge (Ohren, Extremitäten, Schwanz) sind bei Tieren einer Art oder bei Arten eines Verwandtschaftskreises in kälterem Klima relativ kleiner (D).
3. **Hessesche Regel (Herz-Gewichts-Regel):** Das relative Herzgewicht ist bei Tieren einer Art in kälterem Klima größer (*Haussperling*: Leningrad 15,7‰, Hamburg 14,0‰ Tübingen 13,1‰ des Körpergewichts).
4. **Glogersche Regel (Färbungsregel):** Warmfeuchtes Klima begünstigt braun-schwarze Pigmentierung (Eumelanine), kühl-trokkenes gelb-braune (Phaeomelanine).

Richtende Wirkung (Anlockung, Abweisung)
Auch bei *Pflanzen* und sessilen *Tieren* wirksam (positiver und negativer Tropismus, Bd. II), ist sie bei freibewegl. Organismen bes. wichtig (Aufsuchen günstiger und Vermeiden ungünstiger Bedingungen; positive und negative Taxis, Bd. II).
Diese Bewegungen können kleinräumig sein: *Insekten* des Dünensandes suchen im Boden, der durch die Sonneneinstrahlung ein starkes Temperaturgefälle hat, die ihrem Optimum entspr. Schicht auf. Der zentralasiat. *Schwarzkäfer Sternodes caspius* z. B. (Optimum 31–34°) kommt an die Oberfläche, wenn sie diese Temperatur erreicht, zieht sich aber bei weiterer Erwärmung in ständig tiefere Sandschichten zurück.
Gegen diese auf einfachen Taxien beruhenden Ortsveränderungen sind sog. **Wanderungen**, hochkomplizierte Vorgänge, nicht scharf abgrenzbar. Viele jahreszeitl. Wanderungen sind vorwiegend ein Ausweichen vor ungünstigen Klima- und Nahrungsbedingungen. So z. B. die winterl. Vertikalwanderungen in die tiefer gelegenen Gebirgswälder *(Gemse, Rothirsch,* viele *Vögel)*, die Wanderungen von *Karibu* und *Bison* in Nordamerika, die durch den Wechsel von Regen- und Trockenzeit bedingten Wanderungen afrikan. Großtiere (B).
Auch bei Wanderungen, die hauptsächl. in Beziehung zur Fortpflanzung stehen (*Aale, Lachse*; *Zugvögel*, C) und die meist von Stoffwechselrhythmen gesteuert werden (Hormone, Bd. II), spielen Klima- und Nahrungsbedingungen eine auslösende Rolle.

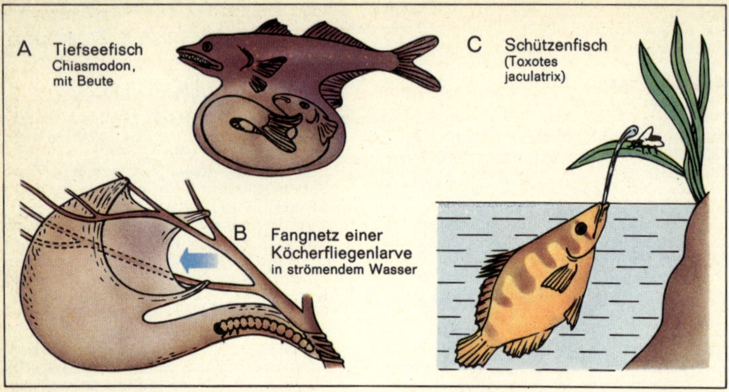

Nahrungsfaktor

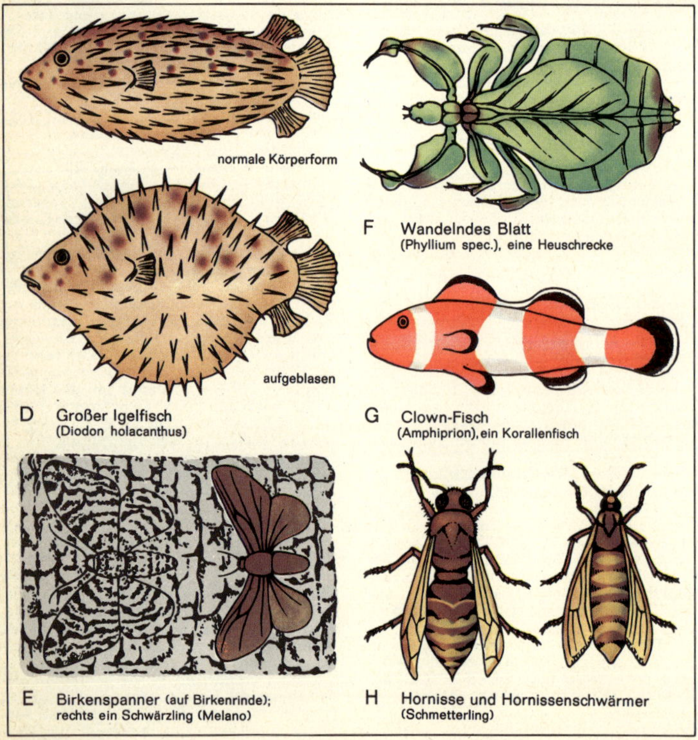

Feindfaktor

Der Nahrungsfaktor

Im Gegensatz zu den meist autotrophen *Pflanzen* sind *Tiere* stets auf organ. Stoffe, also auf andere Lebewesen, angewiesen (heterotrophe Ernährung). Die **Urnahrung** bilden auf dem Land vorwiegend *Gefäßpflanzen* (I, S. 231), im Meer das pflanzl. Plankton (Phytoplankton). Pflanzenfresser (Phytophagen) leben direkt von dieser Urnahrung, indirekt auch Fleischfresser (Zoophagen); Allesfresser (Omnivoren) ernähren sich von *Pflanzen* und *Tieren*. Es gibt auch Tiere, die von toten Pflanzenteilen (Detritus) leben (Detritivoren), von Stoffwechselprodukten anderer *Tiere* (Koprophagen) oder toten *Tieren* (Nekrophagen). Reihen von Organismen sind also durch ihre Nahrungsbeziehungen verknüpft **(Nahrungsketten),** wobei schließlich die von autotrophen *Pflanzen* aufgebauten organ. Stoffe durch *Bakterien* in anorgan. zurückgeführt werden (I, S. 221). – Je nach Nahrungswahl unterscheidet man: sich vielseitig ernährende (euryphage) Arten, die in pantophage (= omnivore: *Schweine*, *Enten*, *Karpfen*) und polyphage *(Paarhufer*, *Raubtiere*, *Insektenfresser)* zerfallen, ferner stenophage (Nahrungsspezialisten), die oligophag (*Koalabär*, manche Raupen) oder monophag (manche Parasiten) sind.

Nach den Anpassungen an Nahrungsgewinnung und -aufnahme, bei versch. Gruppen konvergent entwickelt, lassen sich bestimmte Lebensformen aufstellen:

1. Aufnahme flüssiger Nahrung:
- durch Osmose *(Bandwürmer*, *Kratzer)*;
- durch den Mund (Sauger: *Saugwürmer*, *Egel*, *Wanzen*, *Flöhe*, *Läuse*, *Schmetterlinge*, *Kolibris*).

2. Aufnahme fester Nahrung:

a) Mechanische Gewinnung
- aus der Luft (fliegend: *Mauersegler*; lauernd: *Netzspinnen*);
- aus dem Wasser (schwimmend: *Bartenwale*; schwebend: *Wasserflöhe*; festsitzend: *Schwämme*, *Muscheln*);
- aus festem Substrat (unter Wasser: *Pierwurm*, manche *Krebse*; an Land: *Regenwürmer*, *Termiten*, *Holzinsekten*);
- von der Grenzfläche Luft-Wasser *(Wasserläufer*, manche *Mückenlarven)*;
- von der Grenzfläche Luft-Boden *(Ameisenlöwe*, weidende *Huftiere)*;
- von der Grenzfläche Wasser-Boden *(Meeresringelwürmer*, *Enten)*.

b) Aufsuchen einzelner Nahrungsobjekte
- heil oder grob zerkleinert aufgenommen (relativ große Partikel: *Amöben*, *Seesterne*, *Schlangen*, *Pelikane*; relativ kleine Partikel: *Chamäleon*, *Ameisenbär*);
- feinzerteilt aufgenommen *(Schnecken*, *Krebse*, *Insekten*, *Säuger)*;
- verflüssigt außerhalb des Körpers (Außenverdauer: *Suctorien*, *Kopffüßer*, *Spinnen*, *Skorpione*, *Gelbrandkäferlarve*).

Ähnlich vielfältig sind morpholog. Anpassungen im Dienst der Ernährung (z. B. Gebißtypen der *Wirbeltiere*). Extreme Schlinger können Tiere von mehr als eigener Größe unzerkleinert schlucken (A).

Manchmal sind sogar, korreliert mit komplizierten Verhaltensweisen, mechan. Fangeinrichtungen ausgebildet (Netze der *Spinnen*, Reusen von *Köcherfliegenlarven*; B).

Fernwirkung beim Beutefang wird durch Körperteile (Zunge beim *Chamäleon*) oder mechan. Hilfsmittel (*Ameisenlöwe:* schleudert Sand; *Schützenfisch*; C) erzielt.

Der Feindfaktor

Ähnlich vielfältig sind die Anpassungen, die der Feindvermeidung und dem Schutz gegen Gefressenwerden dienen; sie prägen oft entscheidend den Organismus.

Fluchtverhalten in Verbindung mit entspr. morpholog. Anpassungen (leistungsfähige Sinnes- und Fortbewegungsorgane) ist konvergent bei vielen Gruppen entwickelt (*Huftiere–Känguruhs–Laufvögel–Kriechtiere; Vögel–Tagfalter* – andere *Fluginsekten; Fische – nied. Tiere* des freien Wassers).

Oft wird die Flucht durch bes. Verhaltensweisen noch wirksamer: Hakenschlagen beim *Hasen* und beim *südamerik. Strauß*; aus dem Trichter ausgestoßene Tintenwolken bei *Kopffüßern* (bei der Tiefseeform *Heteroteuthis* eine leuchtende Flüssigkeit).

Mechan. Schutzeinrichtungen sind oft bei unbewegl. oder schlecht bewegl. Tieren vorhanden. Bei *Schwämmen* (I, S. 55) ist der Körper oft durch eingelagerte Skelettnadeln ungenießbar. Stachelkleider gibt es in zahlr. Gruppen, oft zus. mit einem festen Panzer (*Seeigel*, I, S. 117) oder mit Verhaltensweisen, die ihre Wirksamkeit steigern (Einrollen des *Igels*, Aufblähen des *Igelfisches*; D). Feste Panzer, Schalen und Gehäuse sind häufig (manche *Einzeller*, *Muscheln*, *Schnecken*, *Schildkröten*, *Gürteltiere*); sie können sogar aus körperfremden Stoffen aufgebaut sein *(Amöbe Difflugia*, *Köcherfliegenlarven)*. Auch das Aufsuchen und Herstellen von Höhlen ist hier einzuordnen *(Grabwespen*, *Spechte*, manche *Säuger)*.

Bei **chem. Abwehrmitteln** reicht die Skala der Anpassungen von Ungenießbarkeit und Giftigkeit des ganzen Tieres bis zu hochspezialisierten Einrichtungen (Nesselkapseln der *Hohltiere*, I, S. 105; Brennhaare bei Raupen; Ausschleudern einer explodierenden Flüssigkeit beim *Bombardierkäfer; Speischlange; Stinktier*). Oft sind solche Tiere schon durch auffällige Färbung vor Angriffen sicher (**Warntracht**; z. B. *Wespe*, *Hornisse*, *Feuersalamander*).

Die häufige allgem. Farbangleichung (**Tarntracht**; z. B. *Birkenspanner*, E) kann dadurch in der Wirkung gesteigert sein, daß Formähnlichkeit mit einem Gegenstand der Umgebung hinzukommt (**Mimese**; F). Aber auch scheinbar auffällige Zeichnung kann durch Auflösen der Körperumrisse tarnend wirken (**Somatolyse**; G).

Manchmal trägt eine harmlose Art eine ähnl. Warntracht wie eine durch Ungenießbarkeit oder Wehrhaftigkeit geschützte des gleichen Lebensraums **(Mimikry).** Sie profitiert dann von deren Schreckwirkung (versch. trop. *Schmetterlinge*; *Hornisse – Hornissenschwärmer*, H).

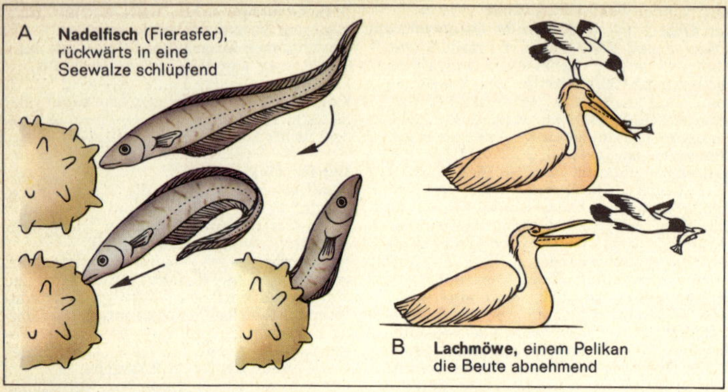

Synökie und Kommensalismus

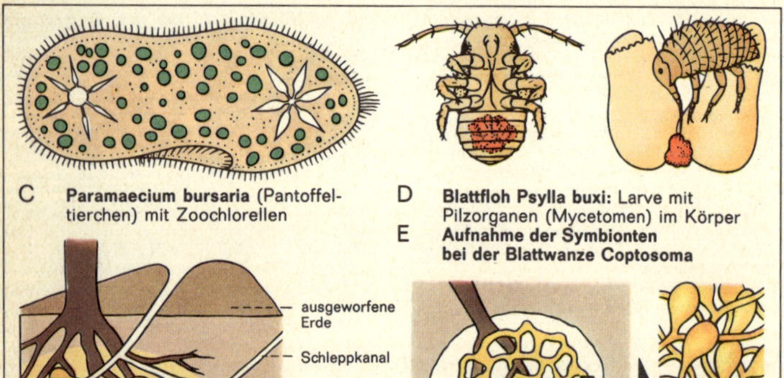

Symbiose

Der Kontakt von *Tieren* versch. Arten kann zu sehr unterschiedl. Beziehungen führen, die in extremer Ausprägung gut klassifizierbar, aber durch fließende Übergänge miteinander verknüpft sind.

Synökie

Beide Partner sind bei völlig neutraler Beziehung ohne gegenseitige Förderung oder Benachteiligung regelmäßig vergesellschaftet. Diese Lebensweise findet sich oft bei *Tieren* und *Pflanzen*, die hartschaligen Organismen aufsitzen *(Hydroidpolypen* und *Bryozoen* auf *Muscheln* und *Schnecken*; *Ciliaten* an Wasserinsekten und sogar an den feuchten Kiemen von *Landasseln)*. Der *Fisch Fierasfer* lebt in den Wasserlungen von *Seewalzen* (I, S. 117), die er nur nachts zur Nahrungssuche verläßt (A). In diesem Fall kommen anscheinend Übergänge zu Parasitismus vor, indem der *Fisch* vom Gewebe der Wasserlungen zehrt.

Die Grenze zw. Synökie und Symbiose ist unscharf. Der *Blasentang* der Nordsee kann auf Sandgrund nur existieren, wenn er sich auf *Miesmuscheln* festheftet. Er verhindert dadurch ein zu tiefes Einsinken der *Muscheln*, da sie infolge ihrer Verbindung mit dem *Tang* bei starkem Wellengang immer wieder ausgespült werden.

Kommensalismus (Tischgenossenschaft)

Kommensalen haben regelmäßig an der Nahrung anderer teil. So beseitigen bei *Großraubtieren (Löwe, Tiger) Hyänen, Schakale, Geier* u.a. die Reste der Beute. – *Falken* wird oft die Beute durch dauernde Belästigung abgejagt (z. B. vom *Milan*), ein Verhalten, das schon zum Parasitismus überleitet (vgl. auch B). – *Haie* und *Rochen* werden ständig von Kommensalen *(Lotsenfische)* begleitet; manche Formen lassen sich sogar von ihren Ernährern transportieren **(Phoresie)**, z. B. der *Schiffshalter (Echeneis)*, der sich mit einer dorsalen Saugplatte anheftet. Manchmal macht der Kommensale erst auf die Nahrungsquelle aufmerksam, so ein afrikan. *Vogel (Honiganzeiger)* den *Honigdachs*, aber auch den *Menschen* (Übergang zu Symbiose).

Symbiose (Mutualismus)

Die Vergesellschaftung mit gegenseitigem Nutzen kann wie zw. *Pflanzen* (I, S. 205) auch zw. *Tieren* und zw. *Pflanze* und *Tier* so eng sein, daß beide Partner als Einheit erscheinen. So ist es bei *Einzellern* (C), *Schwämmen* und *Hohltieren*, in deren Zellen einzellige *Algen (Zoochlorellen, Zooxanthellen)* leben **(intrazelluläre Symbiose)**, die auch außerhalb der Wirte kultivierbar sind. Beim *Polypen Chlorohydra* ist die Verbindung so eng, daß die Symbionten immer auf die Eier übertragen werden.

Die *Algen* nehmen Atmungs-CO_2 und stickstoffhaltige Exkrete der Wirte auf, diese dagegen Photosynthese-O_2 und Assimilate der *Algen*. Die Symbionten sind im allg. resistent gegen die Verdauungsenzyme des Wirts; Überschüsse an *Algen* werden aber resorbiert.

Häufig sind Symbiosen bei *Tieren* mit einseitiger Nahrung:

- zellulosereiche Pflanzennahrung, z. B. Gras, Holz *(Huftiere, Nager, Termiten)*;
- stärkereiche Samen, Mehl, Brot *(Brotkäfer, Mehlkäfer)*;
- Hornsubstanz *(Haar-* und *Federlinge)*;
- eiweißarme Pflanzensäfte *(Wanzen, Blattläuse, Schildläuse)*;
- Blut *(Egel, Zecken, Läuse, Bettwanzen)*.

Hier sind einzellige Symbionten vorhanden *(Bakterien, Hefepilze, Flagellaten)*, entweder im Darm selbst oder in bes. Anhängen (Pansen der *Wiederkäuer*; Blinddärme versch. *Vögel* und *Säuger*; Gärkammern und Malpighische Gefäße bei *Insekten*), aber auch in spezif. Organen (**Mycetome**; D) bei pflanzensaugenden *Insekten*.

Die Symbionten schließen für den Wirt unverdaul. Nahrungsbestandteile auf und sind manchmal Vitaminspender. Da die Symbionten z.T. verdaut werden, muß hier von einer Symbiose zw. Arten, nicht zw. Individuen gesprochen werden.

Bei obligatorischer Symbiose müssen die Symbionten auf die Nachkommen übertragen werden. Beim *Brotkäfer* wird aus paarigen Anhängen des weibl. Genitalapparates die Oberfläche der Eier mit Hefezellen bedeckt; die Larven infizieren sich durch Fressen von Teilen der Eihülle. Die Jungen der *Blattwanze Coptosoma* (E) saugen symbiot. *Bakterien* aus mit den Eiern abgelegten Paketen. *Ameisen*, die mit *Blattläusen* in Symbiose leben und sich von deren zuckerhaltigen Ausscheidungen ernähren, tragen ihre Symbionten auf geeignete Nährpflanzen, verteidigen sie und bringen sie zum Überwintern in ihr Nest.

Noch komplizierter sind die Verhaltensweisen der *Blattschneiderameisen*. Sie tragen Blattstücke ein, die zerkaut als Nährboden für ständig gepflegte Pilzgärten (F, G, H) dienen. Die in der Blattmasse wachsenden Pilzfäden werden an der Oberfläche ständig beschnitten. Es entstehen keine Fruchtkörper, sondern stickstoffhaltige »Kohlrabiköpfchen«, die Hauptnahrung der *Ameisen*. Durch kompliziertes Verhalten der jungen Königin wird die Übertragung des symbiotischen *Pilzes* bei der Neugründung eines Nestes gesichert.

Vielfältig sind die Symbiosen zw. *Einsiedlerkrebsen* und *Seeanemonen* (J). Der *Krebs Pagurus arrosor* nimmt beim Umzug in ein größeres Schneckenhaus seine *Actinie (Sagartia parasitica)* mit, wobei er Ablösen und Wiederanheften durch kompliziertes Verhalten erreicht. Eine andere *Actinie*, *Adamsia palliata*, erspart dem *Krebs* den Umzug, da sie durch Ausscheidungen der Fußplatte das Gehäuse weiterbaut (ähnliches leisten *Schwämme* und *Polypenstöcke*). Hierin und im Schutz durch Nesselkapseln liegt der Nutzen für den *Krebs*, für die *Actinie* in der Frischwasserversorgung und im Erlangen von Nahrungsbrocken.

(Über die Symbiosen zw. *Samenpflanzen* und *Tieren* s. I, S. 103.)

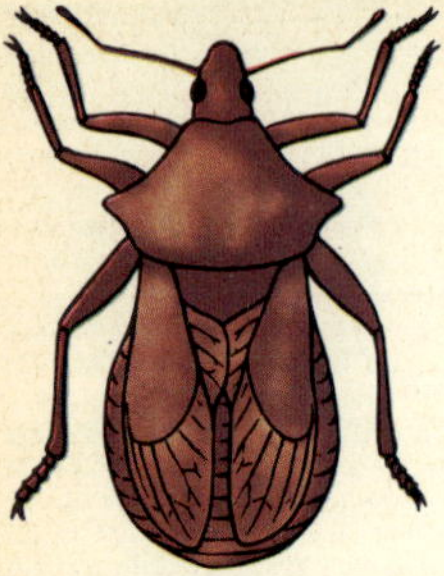

A **Dornwanze,** räuberisch lebende Form

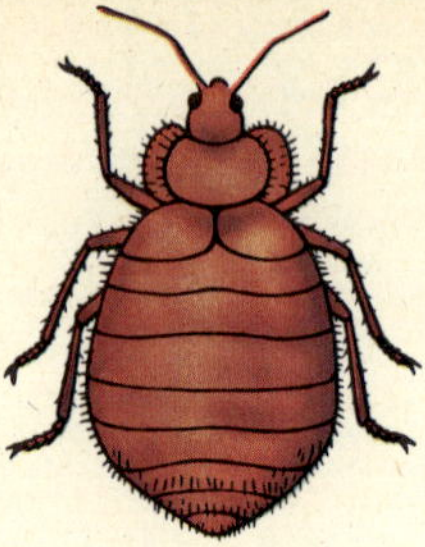

B **Bettwanze,** temporärer Ektoparasit

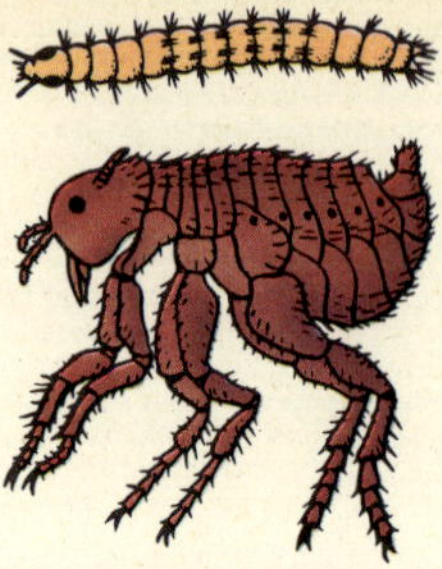

C **Menschenfloh** (Ektoparasit) und seine freilebende Larve

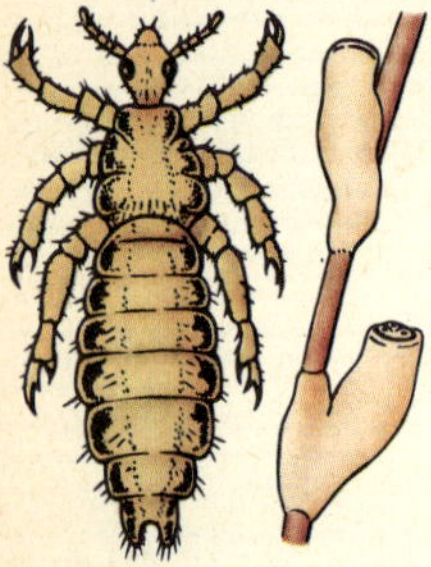

D **Kopflaus** (Dauerparasit); daneben ein Haar mit Eiern

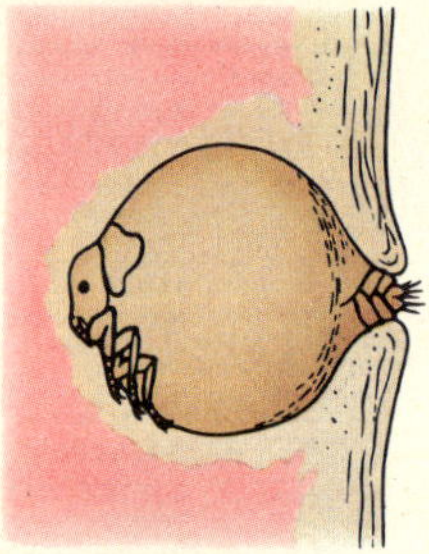

E **Sandfloh (♀),** in die menschliche Haut eingebohrt

F ***Sacculina carcini,*** in Strandkrabbe parasitierend

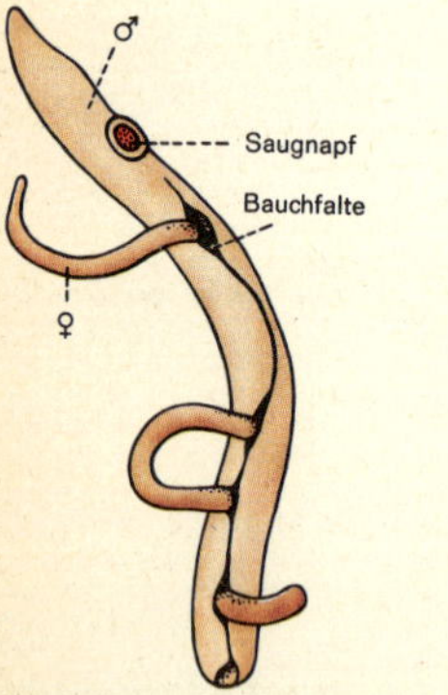

G ***Schistosomum haematobium*** Weibchen in einer Bauchfalte des Männchens liegend

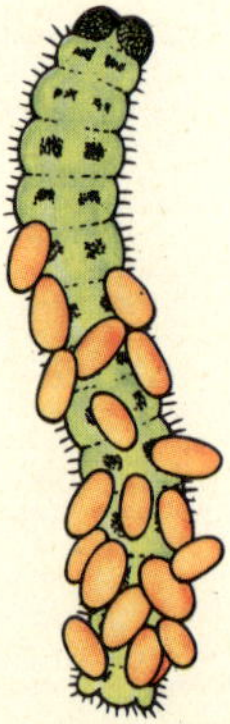

H **Puppen der Kohlraupen-Schlupfwespe** an Kohlweißlingsraupe

J **Galle von *Dryophanta*** (Längsschnitt)

Parasitismus (Schmarotzertum)
Ein Lebewesen zehrt vom anderen, wobei dieses nicht oder erst nach geraumer Zeit getötet wird. Diese Art des Zusammenlebens tritt in vielen Formen auf (vgl. Parasitismus bei *Pflanzen* I, S. 205). An ihren Wirten außen schmarotzende Formen **(Ektoparasiten)** gleichen oft nahe verwandten räuberischen Arten (A, B), bes. wenn sie den Wirt nur zeitweilig, etwa zum Blutsaugen, aufsuchen.
Deutlicher sind die Anpassungen bei *Flöhen* (C). Die Larvenentw. vollzieht sich in staubgefüllten Ritzen; das erwachsene Tier verläßt den Wirt nicht, die Flügel sind rückgebildet, der Körper seitl. zusammengedrückt (Durchdringen des Haarkleides).
Starke Klammerorgane (taschenmesserartig einklappbare Fußklauen; D) haben die *Läuse*, die ihre Eier (Nisse) mit einem Sekret an Haare des Wirts heften und so die ganze Entw. am Wirt durchlaufen (Dauerparasitismus). Ähnl. Klammer- und Haftorgane (Saugnäpfe, z. B. bei *Blutegeln*) sind für Ektoparasiten typisch.
Den Übergang vom Außen-(Ekto-) zum **Innen(Ento-)parasitismus** zeigt der *Sandfloh*. Sein Weibchen bohrt sich in die Haut, erreicht Erbsengröße und hat nur mit dem Hinterleibsende, aus dem die Eier entleert werden, Verbindung nach außen (E).
Extreme Entoparasiten aus versch. Tierstämmen zeigen konvergente Anpassungen und erscheinen einander daher sehr ähnlich:
- Fehlende Pigmentierung (vgl. Höhlentiere).
- Reduktion der Bewegungs- und Fernsinnesorgane (Fehlen des Hautmuskelschlauchs bei *Würmern*; Augenlosigkeit).
- Reduktion der Organe der Nahrungsaufnahme (osmot. Nahrungsaufnahme bei Darmparasiten).
- Verlust der Atmung in O_2-armen Medien (Darminhalt) und Deckung des Energiebedarfs aus dem Abbau wirtseigener Nährstoffe zu teilweise giftigen Substanzen (Valeriansäure beim *Spulwurm*).
- Große Eizahl (*Spulwurm:* 64 Mill.), im Zusammenhang mit den hohen Verlusten, die durch oft sehr komplizierten Entw.-Gang (Wirtswechsel; I, S. 49) und fehlende Brutfürsorge auftreten. – Die Vergrößerung der Ovarien kann dabei so weit gehen, daß der Körper nur wie ein kleines Anhängsel der Sexualorgane aussieht (bei *Hummeln* parasitierender *Nematode Sphaerularia bombi*). Bei *Sacculina*, einem in *Strandkrabben* lebenden *Krebs*, ist der Körper nur noch ein die stark vergrößerten Geschlechtsorgane umschließender Sack, von dem aus wurzelartige Saugfasern den ganzen Wirtskörper durchziehen (F). – Bei getrenntgeschlechtl. Formen resultiert hieraus ein oft extremer Sexualdimorphismus (G).
- Zwittrigkeit mit Selbstbefruchtung (*Bandwürmer*; I, S. 247) oder dauernde Vereinigung beider Geschlechter (*Schistosomum*: Das Weibchen liegt in einer Bauchfalte des Männchens; G).

Sonderformen des Parasitismus:
1. Larvalparasitismus *(Schlupfwespen, Raupenfliegen)*: Während sich die erwachsenen Tiere anderweitig ernähren, leben die Larven in Raupen. Sie bringen den Wirt erst zum Absterben, wenn sie verpuppungsreif sind, da sie zunächst vom Fett der Raupe zehren, ohne sie zu beeinträchtigen. Erst bei größerem Nahrungsbedarf greifen sie lebenswichtige Organe an, zuletzt auch das NS. Sie verpuppen sich in oder an der leergefressenen Hülle des Wirts (H).
2. Brutparasitismus: Es handelt sich um eine Sonderform des temporären Parasitismus. Beim heimischen *Kuckuck*, der in die Nester von 84 anderen Vogelarten legt, sorgen Anpassungen in Eigröße und -farbe, in Bebrütungsdauer und Verhalten des Nestlings für sicheres Aufkommen des Jungvogels; trotzdem auftretende Verluste werden durch hohe Eizahl wettgemacht. Andere Kuckucksarten sind weniger spezialisiert, bei manchen ist Parasitismus fakultativ, d. h. sie brüten auch selbst.
3. Sozialparasitismus: Er tritt bei sozialen *Insekten (Wespen*, vor allem *Ameisen)* auf. Dabei dringen zu selbständiger Koloniegründung unfähige Weibchen in die Nester anderer Arten ein und bringen durch ihren dominierenden Duft deren Arbeiterinnen dazu, ihre eigene Königin zu vernachlässigen oder zu töten, so daß nur noch die Brut des parasit. Weibchens aufgezogen wird *(Gelbe Rasenameise)*. Das Weibchen der *Großen Roten Waldameise* tötet die Königin des Wirtsvolkes selbst.
4. Gallenbildungen: Auch sie können als Formen des Parasitismus gelten, da die Insektenlarve der Pflanze Nährstoffe entzieht, eine Förderung des Wirts aber bisher nicht festgestellt ist. Die Reaktionen der Pflanze sind aber so kompliziert, daß sie nicht nur als Abwehr gegen den Parasiten gedeutet werden können. Das Weibchen der *Eichenblatt-Gallwespe (Dryophanta)* legt das Ei in eine Blattrippe. Zuerst entsteht ein Gallenpolster durch lebhafte Zellteilung, in seiner Mitte durch Gewebeverflüssigung die Larvenkammer. Die wachsende Galle hat 4 Schichten:
- Nährgewebe (von der Larve ständig abgeweidet);
- Leitbündelschicht (Heranführen neuer Nährstoffe);
- Sklerenchymschicht (Festigung);
- Sternparenchym (Farb- und Gerbstoffe).

Gallen sind oft so fest, daß das fertige *Insekt* sie nur durch einen vorgebildeten Deckel verlassen kann. – Diese Strukturen sind z. T. nur als Leistungen der Pflanzen zu erklären, wenn der Parasit sie auch auslöst.

Episitismus (Räuber-Beute-Verhältnis)
Diese Form tritt sehr vielfältig auf (I, S. 213) und ist durch Übergänge mit dem Parasitismus verbunden. Der zu den *Rundmäulern (Cyclostomen)* gehörende *Schleimfisch (Myxine)* überwältigt kleine *Fische* auf einmal, frißt sich aber in größere hinein und lebt dort tagelang parasitisch.

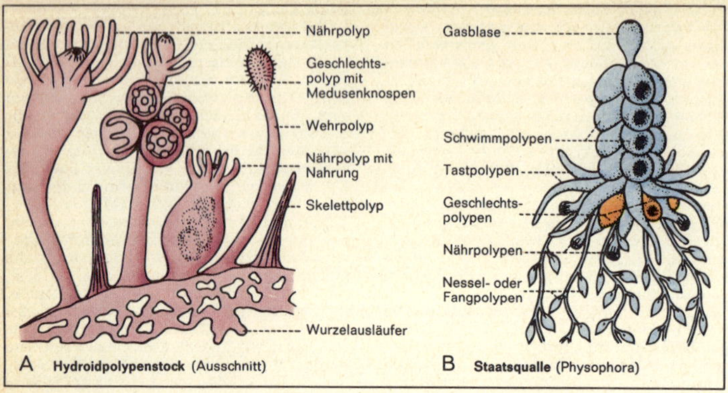

A **Hydroidpolypenstock** (Ausschnitt)

B **Staatsqualle** (Physophora)

Stockbildung

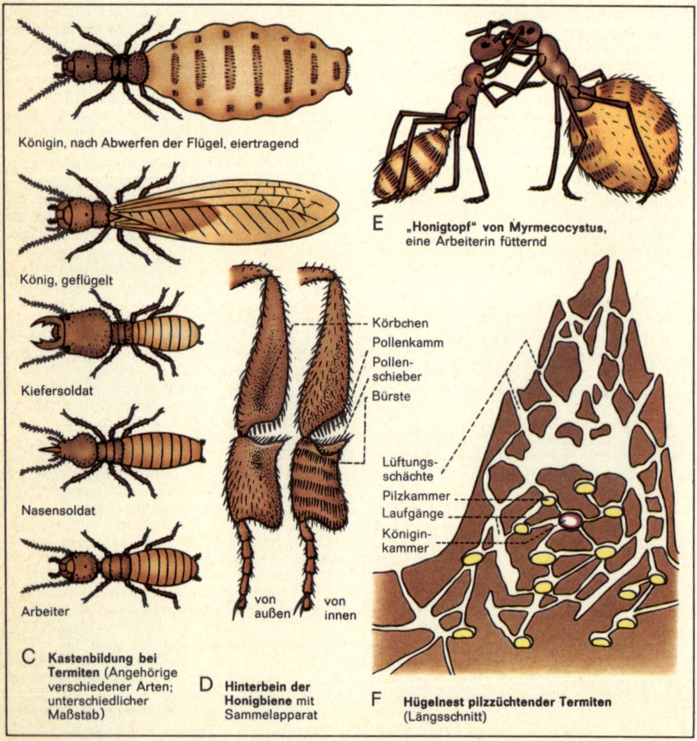

C **Kastenbildung bei Termiten** (Angehörige verschiedener Arten; unterschiedlicher Maßstab)

D **Hinterbein der Honigbiene** mit Sammelapparat

E **„Honigtopf" von Myrmecocystus,** eine Arbeiterin fütternd

F **Hügelnest pilzzüchtender Termiten** (Längsschnitt)

Insektenstaaten

Kontakte zu Artgenossen haben wohl alle Organismen während ihres Lebens; für viele sind sie von großer ökol. Bedeutung.

1. Beziehungen zum Geschlechtspartner: Zwar können diese fehlen (vegetat. Vermehrung; Parthenogenese, I, S. 135) oder nur locker sein (Meerestiere, die Eier und Spermien ins Wasser entleeren; I, S. 151); aber selbst dann ist oft räuml. Nähe der Partner und zeitl. Koordinierung der Entleerung gegeben. – Bei *Tieren* mit direkter Vereinigung (Kopula) hängt der Bestand der Art vom Kontakt der Partner ab; allen Einrichtungen zum Anlocken und Auffinden der Geschlechtspartner und zur Synchronisation der sex. Erregung (I, S. 149) kommt daher große Bedeutung zu.

2. Beziehungen zu den Nachkommen: Dieser Kontakt zeigt die Bedeutung noch stärker (Brutfürsorge und -pflege; I, S. 152–157), da die oft hochkomplizierten Verhaltensweisen und Einrichtungen das Aufkommen der Jungen sichern.

3. Stockbildung: Dieser Sonderfall der Nachkommenbeziehung (Abkömmlinge eines Ausgangsindividuums trennen sich nicht; vgl. auch Einzellerkolonien, I, S. 53) kommt vor bei *Schwämmen*, *Korallen*, *Räder-* und *Moostierchen*, *Tunicaten*; bei den *Hydrozoen* ist die Stockbildung sogar die Regel. Dort entstehen im einfachsten Fall Rasen gleichartiger Polypen. Oft kommt es aber zur Arbeitsteilung (A) und zur Ausbildung einer festen Gestalt (B). Am stärksten diff. sind die *Staatsquallen (Siphonophoren)*; in ihren an gasgefüllten Schwimmpolypen schwebenden Stöcken wirken die hoch spezialisierten Einzelpolypen wie Organe eines einzigen Individuums zusammen.

4. Tierstaaten: Sie treten bei versch. Insektengruppen auf (s. auch I, S. 155) und sind ebenfalls Sonderfälle der Nachkommenbeziehung, da die Staaten aus den Nachkommen eines oder mehrerer Weibchen (einige hundert bei *Ameisen*) bestehen.

Die ökol. Bedeutung der Staatenbildung liegt in der Arbeitsteilung durch **Kastenbildung (Polymorphismus**; bei *Termiten* bis 50 versch. Individualtypen in einem Staat, C), wodurch bei der Größe der Völker (*Honigbiene* bis 50000, *Ameisen* und *Termiten* mehrere Mill.) Höchstleistungen möglich werden.

- **Die Ernährung** ist durch oft kompliziertes Verhalten (vgl. Pilz-Symbiose bei *Atta*, bei der mehrere Kasten koordiniert zusammenarbeiten; I, S. 215) und morpholog. Anpassungen (Sammelapparat der *Honigbiene*; D) gesichert. – Vorratswirtschaft treibt die *Honigbiene* (Wachswaben als Behälter), vor allem aber *Ameisen* heißer, periodisch trockener Gebiete. Bei *Myrmecocystus* werden einige Individuen stark gefüttert, so daß der prallgefüllte Kropf den Hinterleib erbsengroß anschwellen läßt (»Honigtöpfe«; E). Die *Getreideameisen*, z. B. *Messor*, tragen Körner ein und entspelzen und zerkauen sie mit reichlich Speichel zu Ameisenbrot.
- **Der Schutz** der Staaten obliegt bei *Ameisen* und *Termiten* den Kasten großköpfiger Tiere (»Soldaten«). *Termiten* haben neben Kiefersoldaten mit kräftigen Mandibeln sog. Nasensoldaten (Nasuti; C), die aus großen Kopfdrüsen ein Klebesekret ausstoßen können.
- **Bautätigkeit** mit versch. Material (*Bienen:* Wachs; *Wespen:* Papiermasse; *Ameisen:* Pflanzenteile; *Termiten:* Erde) dient neben Brutpflege und Vorratswirtschaft bes. dem Schutz gegen Feinde. Die Großbauten der *Termiten*, bis 12 m hohe Hügel aus mit Speichel verfestigter Erde, sind oft so stabil, daß ihnen nur spezialisierte Feinde *(Ameisenbär, Erdferkel)* beikommen.
- **Die Fortpflanzungstätigkeit** der Weibchen wird durch Arbeitsteilung begünstigt, da Arbeiterinnen alle anderen Aufgaben übernehmen. Der Hinterleib der Königin schwillt durch die vergrößerten Sexualorgane an (bis 10 cm Länge bei *Termiten*). Sie ist dann ganz unbeweglich und kann alle 2 Sek. ein Ei legen (bei 10 Jahren Lebensdauer 100 Mill. Eier).
- **Die Regelung der Lebensbedingungen** macht die Staaten weitgehend unabhängig von der Umwelt. *Termiten* sichern ihre Wasserversorgung durch Hinabsteigen zum Grundwasser. Neben relativ einfachem Verhalten (Regelung von Temperatur und Luftfeuchtigkeit durch teilweises Schließen der Nesteingänge bei *Ameisen*) stehen komplizierte Vorgänge wie die Temperaturregelung im *Bienen*-Stock. – Im Sommer wird eine Temperatur von rd. 35° gehalten (Wassereintragen und Fächeln bei Überhitzung). Den Winter verbringt das Volk in einer Traube; kühlen deren Außenbienen auf unter 10° ab, erzeugen sie durch Flügelschwirren Wärme, die die Stocktemperatur in rd. 1 Std. auf 25° steigen läßt. Dann kommen sie zur Ruhe, die Traube verdichtet sich, bis nach Erreichen der kritischen Temperatur der gleiche Vorgang einsetzt.
- **Die koordinierte Zusammenarbeit** der zahlr. Individuen setzt gegenseitige Information voraus (»Fühlersprache« der *Ameisen*; »*Bienen*-Sprache«, Bd. II).

5. Gruppenbildung: Sie wird oft durch ökol. Faktoren ausgelöst, die die Individuen einer Art gleichsinnig beeinflussen (Überwinterungsgesellschaften von *Feuersalamandern* und *Fledermäusen*; Schlafgesellschaften von *Staren* und *Saatkrähen*; Herdenbildung bei *Springböcken* und *Rentieren*; Schwarmbildung bei Zugvögeln; Brutkoloniebildung bei Seevögeln).

Bei festgefügten Gruppen (Herden, Rudel usw. der *Säuger*) mit diff. Sozialverhalten (Bd. II) wird die Bedeutung des Zusammenschlusses bes. klar:

- gemeinsame Verteidigung (»Igel« der *Moschusochsen*);
- gemeinsame Jagd *(Hyänenhunde, Wölfe, Löwen)*;
- Wachtposten während der Nahrungsaufnahme *(Huftiere)*.

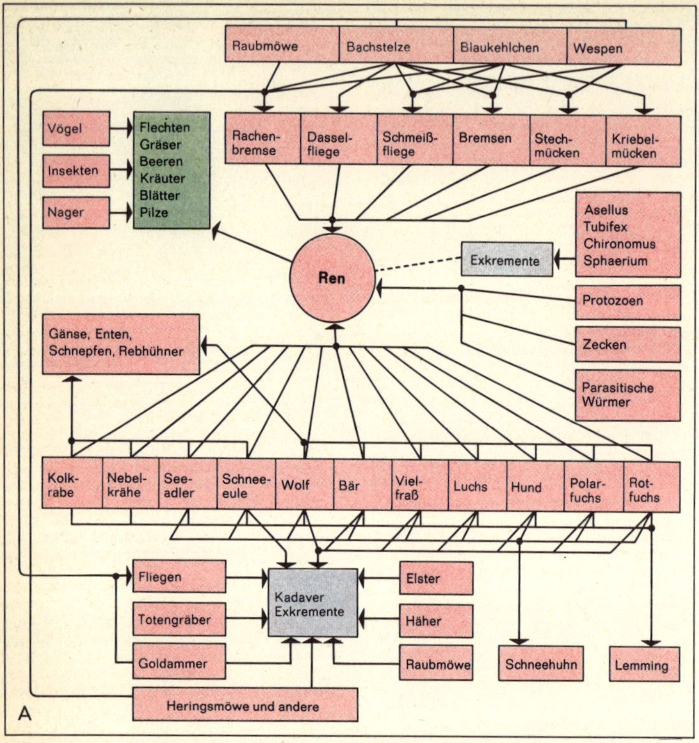

Nahrungssystem der Tundra und Taiga unter besonderer Berücksichtigung des Rens

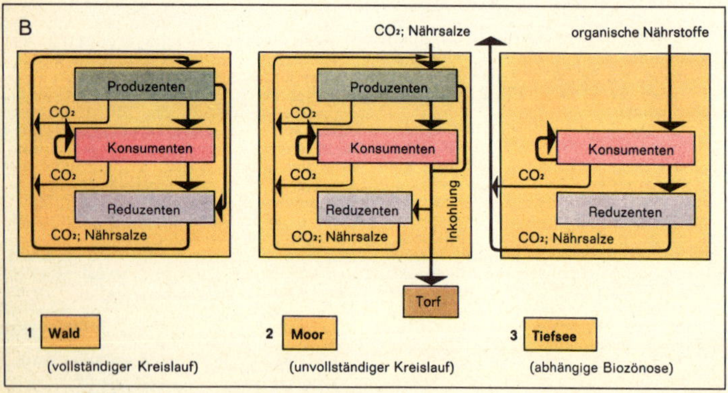

Kreislauf der Stoffe in verschiedenen Biozönosen

Die Lebensgemeinschaft (Biozönose)

Als Grundeinheiten der Pflanzensoziologie wurden Assoziation und Formation genannt (I, S. 207). Berücksichtigt man auch die Tierwelt, ergibt sich ein alle Organismen umfassendes Gefüge ökol. Beziehungen, dessen Grundeinheit die Biozönose ist; der Raum, den sie einnimmt, ist der **Lebensraum (Biotop).** Sie wird nach RESWOY aufgefaßt als »ein sich in einem beweglichen Gleichgewichtszustand erhaltendes Bevölkerungssystem, das sich bei gegebenen (ökologischen) Verhältnissen einstellt«. Zusammen mit den anorgan. Faktoren ihres Biotops bildet die Biozönose ein **Ökosystem.** Innerhalb einer Biozönose (z. B. Austernbank, Buchenwald) gibt es Kleinbiotope, bewohnt von kleinen, oft zeitl. begrenzten Organismengesellschaften (**Synusien**; z. B. die Gesamtheit der eine abgestorbene *Auster* verarbeitenden Organismen; die an Aas oder Exkrementen lebenden Arten). Andererseits bilden räuml. verbundene Biotope mit ihren Biozönosen Ökosysteme höh. Ordnung (z. B. Wald, See, Hochmoor).

Schwierig ist die Zuordnung mancher *Tiere* zu bestimmten Biozönosen, da sie im Laufe ihrer Entw. in versch. Biotopen leben (*Amphibien:* Larven im Wasser; erwachsene Tiere an Land, in der Paarungszeit wieder im Wasser) oder period. Wanderungen ausführen (*Karibu*, Zugvögel). Diese jahres- oder tageszeitl. Schwankungen im Bestand einer Biozönose nennt man Aspekte; sie sind von den Stadien von Sukzessionen (vgl. Pflanzengesellschaften, I, S. 209; auch für Biozönosen gültig) scharf zu trennen.

Beziehungen zwischen den Organismen

1. Das Nahrungssystem: Während der Assoziationsbegriff der Pflanzensoziologie im wesentlichen statistisch ist, untersucht die Biozönotik die Wechselbeziehungen der Organismen. So lassen sich Nahrungsketten erkennen, die ganze Reihen von Arten verknüpfen (z. B. grüne Pflanzen–Pflanzenfresser – Kleinräuber – Großräuber – Nekrophagen). Die Nahrungsketten sind durch unspezialisierte Formen mit vielseitiger Nahrung miteinander verknüpft, die Gesamtheit aller verflochtenen Nahrungsketten bildet das Nahrungssystem (A). Die Verknüpfung beschränkt sich nicht auf die Arten einer Biozönose, sie reicht über sie hinaus (Zugvögel – afrikan. *Insekten*). Quantitative Erfassung von Nahrungssystemen strebt die Produktionsbiologie an.

2. Biozönotisches Gleichgewicht: Nach THIENEMANN ist die Biozönose eine überindividuelle Ganzheit, eine »biologische Organisation« (der Begriff hebt die Analogien, aber auch die Nichtidentität mit einem Organismus hervor). Die in ihr liegende Kraft der Selbstregelung, zunächst nur intuitiv erfaßt, ist nach KÜHNELT aus den Nahrungsbeziehungen erklärbar. – Im Versuch kann man bei isolierten Nahrungsketten durch Änderungen im Nahrungsverhältnis Populationsschwankungen erzeugen, die bei stärkerer Verflechtung des Nahrungssyst. schwächer werden und nur wenig um einen Mittelwert pendeln (biozönot. Gleichgewicht), solange die Bedingungen sich nicht nachhaltig ändern und dann eine Sukzession einleiten.

3. Biozönotische Grundprinzipien (nach THIENEMANN):

- Je variabler die Lebensbedingungen eines Biotops, desto größer ist die Artenzahl seiner Biozönose.
- Wenn sich die Lebensbedingungen eines Biotops vom (für die meisten Organismen) Optimalen entfernen, wird die Biozönose artenärmer, aber charakteristischer; die einzelnen Arten treten in größeren Individuenzahlen auf.

Die Vergleiche Tundra – trop. Regenwald oder arkt. Meer – Korallenriff verdeutlichen diese Beziehungen. Aus dem in Abs. 2 gesagten folgt, daß in artenarmen Biozönosen (wenige Nahrungsketten) starke Populationsschwankungen (**Massenwechsel**) auftreten; artenreiche Biozönosen sind relativ konstant. Dies hat große prakt. Bedeutung für Monokulturen aller Art, die bekanntlich gegen Massenvermehrung von Schädlingen (**Kalamitäten**) sehr anfällig sind (*Borkenkäfer*, *Nonne*, *Baumwollkapselkäfer*).

4. Kreislauf der Stoffe: Die Glieder einer Nahrungskette sind in drei Kategorien zu unterteilen:

- Produzenten, autotrophe *Pflanzen*, anorganische zu organ. Stoffen aufbauend (Urnahrung; I, S. 213);
- Konsumenten, sich direkt oder indirekt vom organ. Material der Produzenten ernährend (*Tiere*, heterotrophe *Pflanzen*);
- Reduzenten (Destruenten), vorwiegend *Bakterien*; Pflanzen-, Tierleichen und Exkrete abbauend zu einfachen anorgan. Stoffen, die dann von den Produzenten wieder aufgenommen werden können.

Ihr Zusammenwirken in einer Biozönose im Gleichgewicht erreicht, daß die Gesamtmenge der ständig umgesetzten Nährstoffe konstant bleibt (Kreislauf der Stoffe; B 1); ein solcher Lebensraum ist in bezug auf seine Nährstoffe unabhängig (autark).

Reichen die Produzenten nicht aus oder fehlen sie ganz (Tiefsee, Höhlen), ist die Biozönose auf Zufuhr organ. Stoffe von außen angewiesen, z. B. die Tiefsee auf absinkende Pflanzen- und Tierreste (B 3).

Mangelt es an Reduzenten, wird die in *Pflanzen* und *Tieren* festgelegte organ. Substanz nicht in den Kreislauf zurückgeführt (B 2; Braun- und Steinkohle; Torfbildung, I, S. 209).

Auch autarke Biozönosen haben Beziehungen zu benachbarten Lebensgemeinschaften (Überschneidung von Nahrungsketten). So zeigen diese Wechselwirkungen letztlich alle Organismen als Gesamtsystem, das mit dem Gesamtlebensraum (Biosphäre) in Wechselwirkung steht. Da das Sonnenlicht von den autotrophen *Pflanzen* als Energiequelle genutzt wird, reichen die Verflechtungen sogar über den irdischen Bereich hinaus (**kosmische Verflechtung** allen Lebens; nach THIENEMANN).

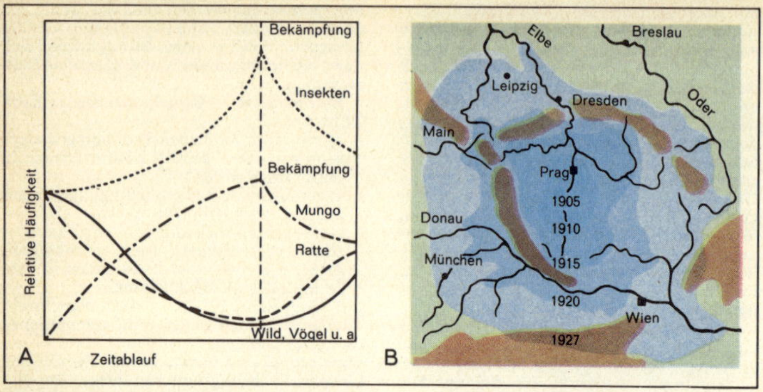

Veränderungen in der Tierwelt Jamaicas nach Einführung des Mungos (A); Ausbreitung der Bisamratte in Europa (B)

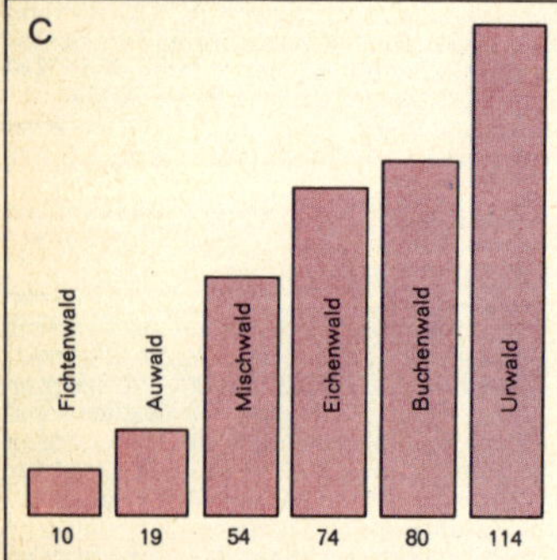

D Folgen der Oberrhein-Regulierung
(1817—1874) in 24 südbadischen Gemeinden

Wirtschaftszweig	Verlust in DM
Landwirtschaft	47 000 000 (von 1936 bis 1951)
Fischerei	15 000 000 (von 1874 bis 1951)
Forstwirtschaft (Holzwertverlust)	40 276 000 (von 1874 bis 1951)
Forstwirtschaft (Bodenwertverlust)	1 674 000

Relative Menge der Bodenorganismen in Waldböden (C); Senkung des Grundwasserspiegels (D)

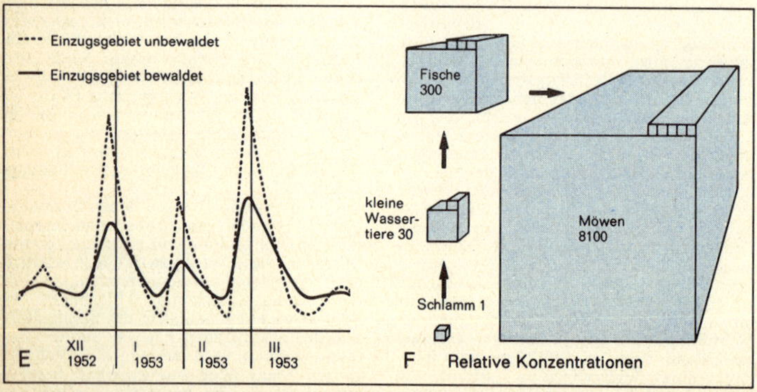

Wasserführung zweier Flüsse mit gleich großem Einzugsgebiet (E); Anhäufung von DDT im Laufe einer Nahrungskette (Michigansee; F)

Der *Mensch*, in seiner ökol. Wirkung zuerst nur einer von vielen biotischen Faktoren, beeinflußte erst in der Jungsteinzeit mit Ackerbau und Viehhaltung merkbar den Haushalt der Natur. – Die Entw. des Weltverkehrs ermöglichte ihm zunehmend das Einführen von *Pflanzen* und *Tieren* in fremde Biozönosen; techn. Fortschritt erlaubt die Umgestaltung ganzer Biotope bis zur Verdrängung der ursprüngl. Biozönosen. Am labilen Gleichgewicht jedes Ökosystems liegt es, daß solche Eingriffe meist zu Schäden führen; die ungemein komplexe Verflechtung läßt diese oft an unvorhergesehener Stelle auftreten.

Einführen fremder Arten in Biozönosen

1872 wurde in Jamaica der *Mungo* (ostind. *Schleichkatze*) eingeführt zur Bekämpfung der eingeschleppten, in den Zuckerrohrfeldern sehr schädl. *Ratten*. Er vermehrte sich stark, wurde nach Rückgang der Rattenplage zum Haustier-Schädling und rottete manche einheim. Tierart fast aus *(Kleinsäuger*, *Kleinvögel*, *Eidechsen*, *Schlangen*, *Amphibien)*. Die so von ihren natürl. Feinden befreiten *Insekten* vermehrten sich massenhaft und wurden zu Plantagen-Schädlingen, so daß der vom *Mungo* angerichtete Schaden seinen Nutzen stark überwog. Erst energisches Eingreifen des Menschen stellte das Gleichgewicht wieder her (A).

In Australien ist wegen des Fehlens natürl. Feinde das Einführen oder -schleppen vieler *Pflanzen* und *Tiere* verhängnisvoll geworden. *Wildkaninchen* vermehrten sich bis auf rd. 5 Mrd., ehe sie durch eine Virusinfektion (Myxomatose) wirksam bekämpft wurden. Ein südamerik. *Zierkaktus* überwucherte in Australien eine Fläche von der Größe der BRD; erst 1935 gelang durch Einführen eines spezif. Parasiten (*Kleinschmetterling* aus Argentinien) die Bekämpfung. – Gezielter Einsatz von Parasiten *(Raupenfliegen*, *Schlupf-* und *Erzwespen)* gegen Schädlinge wird in Forstwirtschaft, Obst-, Acker- und Gartenbau immer wichtiger **(biol. Schädlingsbekämpfung)**.

Auch in Europa wurden in ihrer Heimat relativ harmlose Formen mangels natürl. Feinde zu Schädlingen: *Wasserpest*, *Kartoffelkäfer*, *Bisamratte* (B).

Wald und Wasserhaushalt

Der Wald in Mitteleuropa, ursprüngl. 60 bis 75% der Fläche bedeckend, ist auf weniger als 30% zurückgedrängt; die restl. Waldgebiete wurden nach forstwirtschaftl. Gesichtspunkten von ursprüngl. Mischwäldern mit hohem Laubholzanteil zu Monokulturen unter Bevorzugung der *Fichte* umgewandelt. Neben einer Verarmung der Tierwelt resultierte hieraus eine starke Abnahme der Bodenorganismen (C), die wiederum Verschlechterung der Bodenstruktur, Bildung von saurem Humus (I, S. 203) und Nachlassen der Erträge zur Folge hatte (in einer alten süddeutschen Monokultur sind 70-jähr. *Fichten* nur 5–8 cm stark). – Kahlschläge am Hang führen zudem zur Abschwemmung des Bodens; die dann gezwungenermaßen flachwurzelnden Bestände sind sehr anfällig gegen Windwurf.

Als Folge dieser Entw. läßt wie in den entwaldeten Gebieten auch in den restl. Wäldern die Speicherung von Niederschlagswasser nach. Es gibt daher Überschwemmungen (E), denen man durch Begradigung und Eindeichung der Gewässer (schnellerer Abfluß) zu begegnen sucht. Dadurch sinkt der Grundwasserspiegel in Gewässernähe, wodurch landwirtschaftl. Erträge absinken (D). Am Unterlauf der Flüsse kommt es zu verstärkter Ablagerung (Bildung von gefährl. Dammflüssen, z. B. Po, Hwangho).

Forstwirtschaftliche und wasserbauliche Maßnahmen der letzten Jahrzehnte zielen also auf Beschleunigung des Abflusses und Senkung des Grundwassers. Da Wasser aber nicht nur im Haushalt der Natur, sondern auch als Trink-, Brauch- und Industriewasser wachsende Bedeutung hat, ist erhöhte Speicherfähigkeit anzustreben. Bes. geeignet dazu sind natürliche Wälder mit guter Bodenstruktur, ferner die Vermeidung von Kahlschlägen (fortlaufende Verjüngung, z. B. durch Femel- und Plenterschlag). Wasserbauliche Maßnahmen wirken ergänzend (Talsperren), wobei eine Kette kleiner Staue ökol. günstiger ist als wenige große (»Verbauung« von Gewässern in Nordamerika durch ausgesetzte *Biber*).

Entwaldung zusammen mit Großfarmwirtschaft (USA, Südrußland) führt zu **Bodenerosion** durch Wasser und Wind. Auch hier wurden kostspielige Maßnahmen nötig:

- Pflügen parallel zu den Höhenlinien;
- Anpflanzen von Windschutzstreifen (in Rußland in einem Jahr rd. 120000 km).

Bei Nutzung entwaldeter Gebiete als Weideland tritt das Problem der **Überweidung** auf, was Bodenverdichtung, Rückgang der Futterpflanzen, Zerstörung der geschlossenen Pflanzendecke und ebenfalls Bodenerosion zur Folge hat (afrikan. Savannen).

Chemische Schädlingsbekämpfung

Zu diesen Krisen der vom *Menschen* geformten Biozönosen kommt noch die bes. Schädlingsanfälligkeit der Monokulturen. Verlust der natürl. Selbstregelung machte den Einsatz zunächst erfolgreicher chem. Mittel (Insektizide) nötig. Bald entstehen aber aus resistenten Individuen neue Populationen, die auch gegen das Insektizid resistent sind. Eine weitere Gefahr der chem. Schädlingsbekämpfung liegt darin, daß die Insektizide nicht wie Naturstoffe abgebaut werden (I, S. 221), sondern sich im Laufe von Nahrungsketten bis zu tödl. Konzentrationen anreichern können (F). Das normalerweise an Fett gebundene DDT fand sich in diesem Fall bei kranken und verendeten *Möwen* auch im NS.

Wie stark auch der *Mensch* in die Zusammenhänge einbezogen ist, zeigt eine Untersuchung in New York (nach einem Massenauftreten von Verdauungsstörungen bei Säuglingen): 80% der stillenden Mütter schieden mit der Milch DDT aus.

Bluttiere (Enhaima)				Blutlose (Anhaima)			
lebendgebärende Vierfüßer	Vögel	Eierlegende Vierfüßer und Fußlose	Fische	Weichtiere	Weichschaltiere	Kerbtiere	Schaltiere
Vielspaltfüßige Hauerzähnige Flatterhäutige u.a.		Beschuppte Vierfüßer und Fußlose Schuppenlose Vierfüßer	Spindelförmige Knorpelfische Flache Knorpelfische Grätenfische	Kurzbeinige mit 2 langen Armen Langbeinige	Vielfüßige ohne Scheren Zehnfüßige ohne Scheren Zehnfüßige mit Scheren Kurzschwänzige		Einschalige Zweischalige Schwämme Stachelhäuter
Anmerkungen:		entspricht den Reptilien und Amphibien		entspricht den Kopffüßern mit Dekapoden und Oktopoden	entspricht den Krebsen	entspricht den Insekten, Spinnentieren und Würmern	

System der Tiere nach Aristoteles

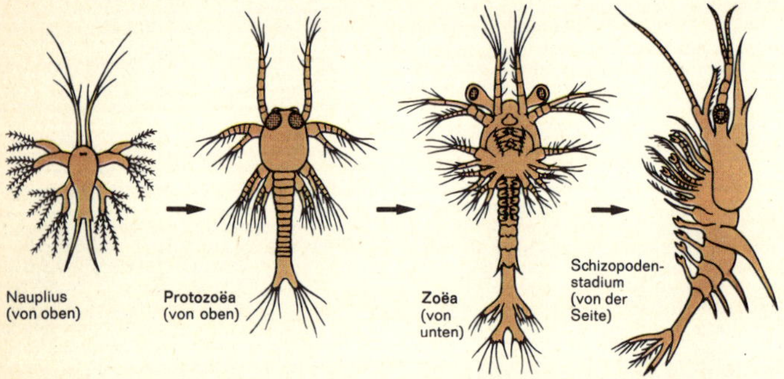

Entwicklungsstadien einer Garnele

Reich (Regnum)	Tiere	Zur genaueren Gliederung einzelner Gruppen können weitere Kategorien eingeschoben werden: Überklasse (Superclassis) Unterklasse (Subclassis) Überordnung (Superordo) Gattungsgruppe (Tribus) Untergattung (Subgenus)
Unterreich (Subregnum)	Vielzeller (Metazoa)	
Abteilung (Divisio)	Gewebetiere (Eumetazoa)	
Unterabteilung (Subdivisio)	Zweiseitig Symmetrische (Bilateria)	
Reihe (Series)	Urmünder (Protostomia)	
Stamm (Phylum)	Gliederfüßler (Arthropoda)	
Unterstamm (Subphylum)	Tracheenatmer (Tracheata)	
Klasse (Classis)	Insekten (Hexapoda)	
Ordnung (Ordo)	Hautflügler (Hymenoptera)	
Unterordnung (Subordo)	Hautflügler mit Giftstachel (Aculeata)	
Überfamilie (Superfamilia)	Bienenartige (Apoidea)	
Familie (Familia)	Bienen (Apidae)	
Unterfamilie (Subfamilia)	Bienen im engeren Sinne (Apinae)	
Gattung (Genus) Art (Species) Unterart (Subspecies)	Honigbiene (Apis mellifica ligustica)	

Die systematischen Kategorien am Beispiel der Honigbiene

Geschichte

Schon ARISTOTELES (384–322 v. Chr.) ordnete die ihm bekannten Tierarten nach vorwiegend äußeren Merkmalen in ein System ein (A), das im wesentlichen bis ins 18. Jh. gültig blieb. Er trennte Bluttiere und Blutlose (etwa entspr. der heutigen Einteilung in *Wirbeltiere* und *Wirbellose*) und gliederte sie in Abteilungen, die nur z. T. heutigen systemat. Kategorien entsprechen.

Das Werk ›Systema naturae‹ von LINNÉ (1707–1778), in dem er die damals bekannten rd. 8500 Pflanzen- und 4200 Tierarten systemat. gliederte, war trotz seiner großen Bedeutung für die Systematik insofern ein Rückschritt gegenüber den aristotelischen Vorstellungen, als es die Überschätzung der relativ großen und ins Auge fallenden *Wirbeltiere* noch weiter trieb und nur sie angemessen unterteilte. LINNÉ unterschied die Klassen:

1. **Mammalia**: rotes, warmes Blut; 2 Herz- und 2 Vorkammern; lebendgebärend.
2. **Aves**: rotes, warmes Blut; 2 Herz- und 2 Vorkammern; eierlegend.
3. **Amphibia**: rotes, kaltes Blut; 1 Herzkammer, 2 Vorkammern; lungenatmend.
4. **Pisces**: rotes, kaltes Blut; 1 Herzkammer, kiemenatmend.
5. **Insecta**: weißes Blut; gegliederte Fühler.
6. **Vermes**: weißes Blut; ungegliederte Fühler.

Hierin weicht bei den *Wirbeltieren* nur die Klasse der *Amphibien* (die auch die *Reptilien* einschließt) grundlegend von der heutigen Systematik ab; in den Klassen der *Insecta* und *Vermes* wird die Fülle der *Wirbellosen*-Typen vereinigt (I, S. 242–261).

Dies änderte LAMARCK (1744–1829) durch Unterteilung der *Wirbellosen* in 10 Klassen. CUVIER (1769–1832) behielt diese Einteilung im wesentlichen bei, ordnete aber nach vergleichend-morpholog. Gesichtspunkten in 4 Kreise **(Vertebrata, Articulata, Mollusca, Radiata)**, von denen die drei ersten bis heute gültig blieben, der letzte noch sehr heterogen war. Durch Arbeiten zahlr. Forscher wurden aus diesen Kreisen weitere Gruppen ausgegliedert und als selbständige Stämme dem Syst. eingereiht. So wurde erst vor relativ kurzer Zeit der Stamm *Vermes (Würmer)* geteilt in *Plathelminthes* (I, S. 247), *Nemathelminthes* (I, S. 249), *Nemertini* (I, S. 249) und *Annelida* (I, S. 253). Der Begriff »Wurm« kennzeichnet also heute nur noch einen bestimmten Habitus, nicht aber eine systemat. Einheit.

Heute umfaßt das Tierreich etwa 28 Stämme; die Angaben wechseln bei einzelnen Autoren.

Ähnlich hat sich auch im Pflanzenreich die Zahl der großen systemat. Einheiten, hier Abteilungen genannt, bis auf 24 erhöht.

Organisation

Die bleibende Leistung LINNÉs ist die Verwendung der **binären Nomenklatur**, nach der jede Art außer dem Artnamen noch einen vorangestellten Gattungsnamen erhält, wodurch ihr Platz im System genau erkennbar wird. – Grundlage dieser Nomenklatur ist die 10. Aufl. von ›Systema naturae‹ (1758). Alle dort beschriebenen Lebewesen tragen noch heute den gleichen Artnamen. Inzwischen sind rd. 300000 Pflanzen- und über 1 Mill. Tierarten neu beschrieben und benannt. Dabei wird zum Gattungs- und Artnamen der Name des Beschreibers (wobei L. für LINNÉ steht), oft auch die Jahreszahl gesetzt:

- *Biber*, *Castor fiber* L. (1758);
- *Weberknecht*, *Nemastoma bidentatum* ROEWER (1914).

Ist eine Art in Untereinheiten aufgeteilt, wird ein dritter Name angefügt:

- *Hühnerhabicht*, *Accipiter gentilis gallinarum* (C. L. BREHM).

Zahlr. Arten, die mehrere Entw.-Stadien (B) oder starken Sexualdimorphismus (I, S. 147) haben oder in einigen Erdteilen vorkommen, wurden von versch. Autoren unter anderen Namen beschrieben. Von den Synonyma gilt stets das älteste **(Prioritätsgesetz)**.

Weitere Schwierigkeiten entstehen dadurch, daß alte Gattungen durch neuentdeckte Arten so anwachsen, daß sie geteilt werden müssen (LINNÉs Gattung *Aranea* [*Spinnen*] mit ursprünglich 39 Arten ist heute eine Ordnung mit etwa 20000 Arten in über 70 Familien). Aus diesen Gründen ist eine einheitl. Nomenklatur im systemat. Schrifttum bis heute nicht erreicht.

Die grundlegende systemat. Kategorie ist die **Art**, recht genau definierbar als

- natürliche, kontinuierliche Fortpflanzungsgemeinschaft (REMANE) oder als
- Gesamtheit der Individuen, die in allen dem Beobachter wesentlich erscheinenden Merkmalen untereinander und mit ihren Nachkommen übereinstimmen (v. WETTSTEIN).

Arten mit gemeinsamen Merkmalen bilden eine Gattung, Gattungen mit gemeinsamen Merkmalen eine Familie, und so entsteht eine Stufenfolge systemat. Kategorien (C). Nach internationalen Nomenklaturregeln werden in der Tier-Systematik die Namen der Familien und Unterfamilien durch Anhängen der Endung *-idae* bzw. *-inae* an die als Typus dienende Gattung gebildet; in der Pflanzen-Systematik enden im allg. die Ordnungen auf *-ales*, die Familien auf *-aceae*. Höhere Kategorien sind an keinen Gattungsnamen mehr gebunden; da sie auch nicht dem Prioritätsgesetz unterliegen, können ihre Bezeichnungen von einzelnen Autoren geändert werden.

Während die Art und ihre Unterkategorien sich gut definieren lassen, sind die höh. Einheiten nur durch ihre Stellung in der Reihe gekennzeichnet (z. B. Ordnung zw. Familie und Klasse), nicht aber durch exakte Definition. Daraus folgt, daß in versch. Stämmen und Abteilungen gleich benannte systemat. Kategorien nicht immer gleichwertig sind. Z. B. stuft man die *Hexapoda* (I, S. 257) genau wie die erdgeschichtl. jüngeren und morpholog. viel einheitlicheren *Vögel* (I, S. 265) als Klasse ein.

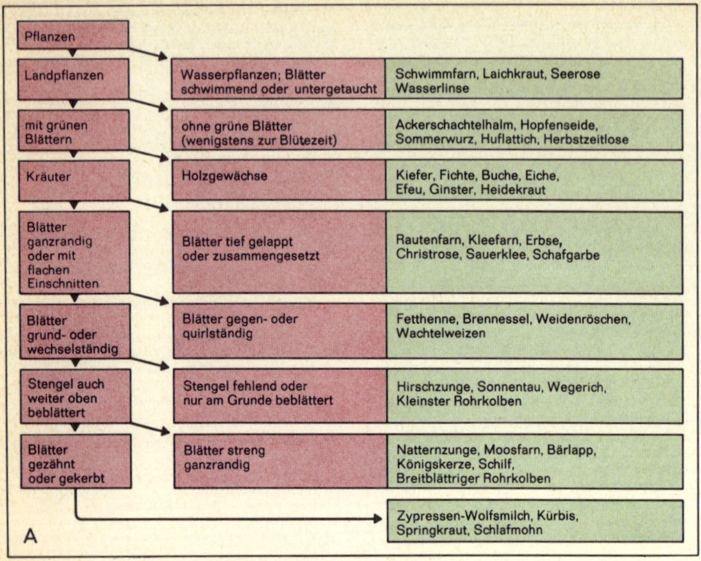

Bestimmungstabelle als Beispiel eines künstlichen Systems

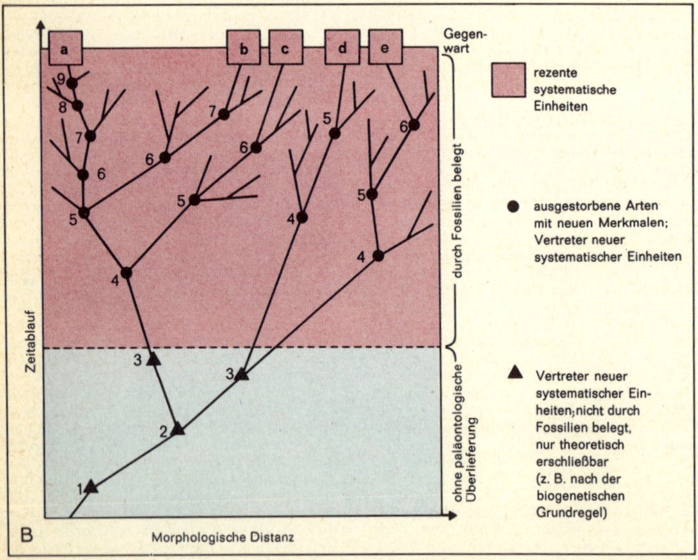

Schematischer Ausschnitt aus einem Stammbaum

Ein System dient zur Zusammenfassung der unübersichtl. Fülle der Organismen zu einer überschaubaren Zahl größerer Einheiten (Klassifizierung).

Künstliches System

Es ordnet die Formen nur nach einzelnen, leicht kenntl. Merkmalen, wie z. B. in Bestimmungstabellen und -büchern üblich (A). Das von LINNÉ 1735 aufgestellte Sexualsystem ist wohl das bekannteste dieser künstl. Systeme. Er teilt darin die *Pflanzen* in

- **Kryptogamen** (*Algen* und *Pilze* [damals noch wenig bekannt], *Moose*, *Farne*) und
- **Phanerogamen** (*blütentragende Pflanzen*). Diese gliedert er vor allem nach der Geschlechterverteilung in den Blüten und nach Zahl, Länge, Stellung und Verwachsung der Staubblätter.

Die Beachtung nur weniger, meist morpholog. Merkmale bei der systemat. Einteilung führte aber innerhalb der aufgestellten Gruppen zu Unstimmigkeiten hinsichtlich anderer Eigenschaften.

Natürliches System

Um die Nachteile des künstl. Systems auszuschalten, bemühte sich schon LINNÉ 1738, ein natürl. System der *Pflanzen* aufzustellen. Diese Bemühungen, in Pflanzen- und Tier-Systematik fortgesetzt, führten dazu, daß die Systematik, die sich zunächst vor allem auf die Morphologie gestützt hatte, zu vielen biol. Disziplinen Kontakt aufnahm (I, S. 13).

Diese Entw. bekam neue Impulse durch DARWINS Werk ›The origin of species by means of natural selection‹ (1859), in dem er die Veränderlichkeit der Arten an reichem Tatsachenmaterial demonstrierte und damit die Auffassung von der Konstanz der Arten, die auch LINNÉ vertrat, widerlegte. DARWIN war der Ansicht, daß die komplizierten Arten im Lauf der Erdgesch. durch erbliche Veränderungen (Genetik, Bd. II) aus einfacheren entstanden seien.

Die hierdurch begründete Abstammungslehre wandte HAECKEL auf das Syst. der *Tiere* an und faßte die systemat. Einheiten als Ergebnisse versch. Entw.-Richtungen, also als Äste eines **Stammbaums** auf. Erst jetzt konnte die Ähnlichkeit von Pflanzen- und Tiergruppen als Ausdruck echter stammesgeschichtl. Verwandtschaft verstanden werden. Das Syst. der heute lebenden (rezenten) Organismen ist demnach geprägt durch die erdgeschichtl. Entw. der Lebewesen (Phylogenie, Bd. II).

Die Aufklärung phylogenet. Zusammenhänge ist schwierig:

- Gemeinsame Ahnenformen zweier rezenter Gruppen finden sich nicht unter den heutigen Organismen; sie sind unter Berücksichtigung zwischenzeitl. Veränderungen zu rekonstruieren, wenn nicht Fossilfunde Anhaltspunkte liefern.
- Als Fossilien sind, abgesehen von der generell geringen Erhaltungswahrscheinlichkeit, von Tieren fast nur skelettbildende Formen erhalten.
- Alle Stämme des Tierreichs sind bei Einsetzen der Fossil-Überlieferung im Kambrium schon nachweisbar. Die ihre Entw. kennzeichnenden Frühformen sind also nicht durch paläontolog. Urkunden belegbar.
- Entwicklungsprozesse verlaufen bei einzelnen Gruppen versch. schnell, so daß man einen durch Fossilien zeitl. festgelegten Entw.-Prozeß nicht auf andere Gruppen übertragen kann. – So gingen von *Archosauriern* der Trias mehrere Entw.-Linien aus; bis zur Kreide wurden die meisten nur zu neuen Ordnungen innerhalb der Unterklasse, eine von ihnen aber zum völlig neuen Typus der *Vögel*.
- Auch die Entw.-Geschwindigkeit versch. Organe einer Art kann sehr unterschiedlich sein. So ist z. B. das Extremitätenskelett des *Menschen* (I, S. 121) primitiv gegenüber dem der *Huftiere*, sein Gehirn dagegen hoch entwickelt.
- Für fehlende stammesgeschichtl. Frühzustände können Embryonalstadien (I, S. 164–189) als Modelle dienen (**biogenetische Grundregel**). Es ist aber zu beachten, daß ein von Eihülle oder Mutterleib umschlossener und mit bes. Ernährungseinrichtungen (z. B. Dottersack, Placenta) versehener Embryo anderen Bedingungen unterliegt als die freilebende Vorfahrenform. Auch hier ist eine sehr sorgfältige Rekonstruktion durchzuführen, wobei wegen der Fülle der zu beachtenden Gesichtspunkte Wertungen unvermeidbar sind. Sie bringen ein subjektives Moment in die Systematik, da sie vom Erfahrungsschatz des einzelnen Forschers abhängen.

Ein schemat. Stammbaum (B) zeigt deutlich die Schwierigkeiten, aus dem morpholog. Vergleich rezenter Organismengruppen auf den Verwandtschaftsgrad zu schließen. Die zu den systemat. Gruppen b, c und d führenden Entw.-Linien laufen von a_5, a_4 und d_3 an so, daß in allen gleiche morpholog. Änderungen eintreten (**Konvergenzen**; z. B. Extremitätenverkürzung, Flügelreduktion). Die Folge ist eine Ähnlichkeit dieser Gruppen, denen sich auch noch Gruppe e nähert (trotz nicht paralleler Entw.). Der morpholog. Vergleich würde

- bei Wertung der Verschiedenheiten b, c, d und e als nah verwandt, a als fernstehend einstufen;
- bei zahlenmäßiger Erfassung der abweichenden Merkmale eine nähere Verwandtschaft zw. b und c konstatieren als zw. a und b, obgleich die Entw.-Linien gerade der beiden letztgenannten Gruppen sich erst spät getrennt haben.

Falls nicht, wie hier angenommen, Fossilfunde die wahren Verwandtschaftsverhältnisse klären, sind dazu eingehende Untersuchungen unter Hinzuziehung anderer biol. Disziplinen notwendig.

Auch die modernen Systeme sind daher nicht völlig geklärt. Sie können zwar in weiten Bereichen als natürl. Systeme gelten, doch sind manche Gruppen nach klassifikatorischen Aspekten eingeordnet und gegliedert.

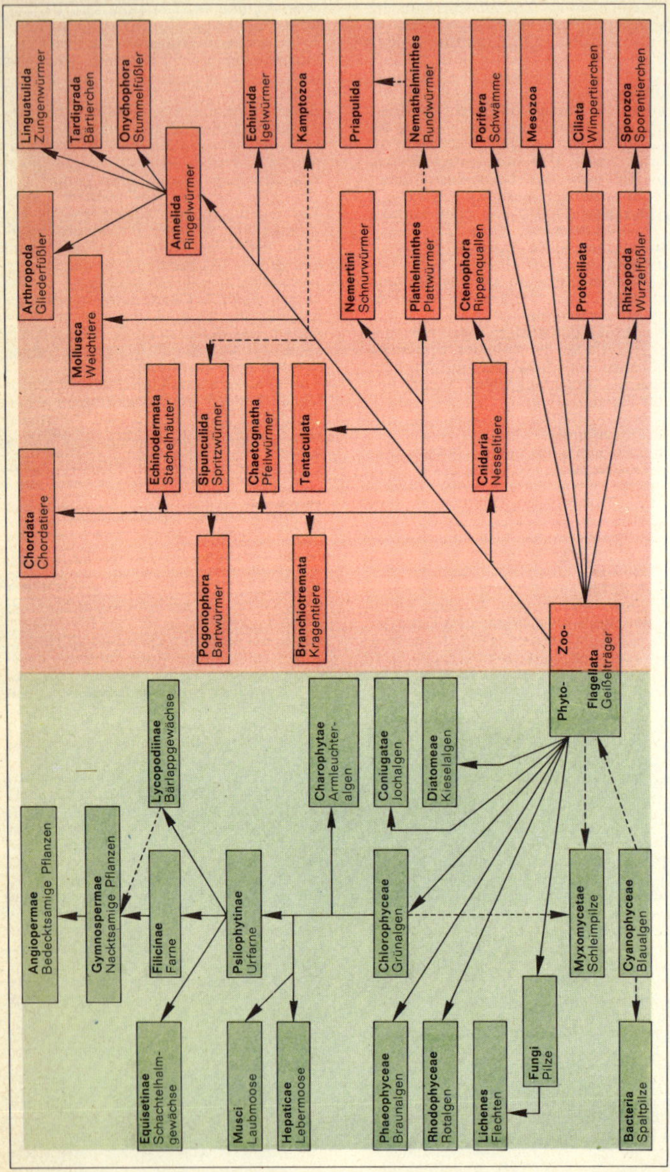

Systematische Großgliederung des Pflanzen- und Tierreiches

Das in der Abb. dargestellte Schema zeigt die Klassen der *Pflanzen* und die Stämme der *Tiere*. Es ist als Klassifikation der rezenten Organismen aufzufassen mit dem Versuch einer stammesgeschichtl. begründeten Großgliederung. Die unterbrochen gezeichneten Verbindungen sind sehr umstritten, die übrigen werden von mehreren Systematikern übereinstimmend vertreten, aber auch oft noch diskutiert. Nicht einbezogen sind fossile Formen, obgleich sie ja (bes. die hypothetisch erschlossenen präkambrischen) für das natürl. System entscheidend wichtig sind (I, S. 227).
Die Probleme einer Großgliederung sind im folgenden nur an der Tier-Systematik behandelt. Sie stellen sich ähnlich bei den *Pflanzen* und kehren bei der Gliederung kleinerer systemat. Einheiten wieder.

Trennung von Pflanzen- und Tierreich
Pflanze und Tier, in den vielzelligen Formen nach morpholog. und ontogenet. Aspekten klar unterschieden, lassen sich im Bereich der *Einzeller* nur auf physiolog. Basis trennen: autotrophe Formen gelten als *Pflanzen*, heterotrophe als *Tiere*.
Diese Grenze ist künstlich; sie läuft durch den Stamm der *Flagellaten* und sogar durch einzelne Gattungen.
Manche Arten lassen sich durch Dunkelzüchtung in einer Nährlösung mit organ. C sogar von autotropher zu heterotropher Ernährung zwingen, da sich ihre Plastiden langsamer teilen als die Zellen und daher manche Individuen nach einigen Generationen plastidenfrei werden. Aus pflanzl. Vorfahren werden dadurch endgültig *Tiere*.

Einzeller und Vielzeller
Die auf HAECKEL zurückgehende Teilung des Tierreichs in *Ein-* und *Vielzeller* hat sich bis heute bewährt, da es im Gegensatz zum Pflanzenreich keine Übergangsformen zw. beiden Zuständen gibt, wenn auch stammesgeschichtl. sicher die *Viel-* aus den *Einzellern* hervorgegangen sind.
I. Die Einzeller (Protozoa)
Sie zeigen auch im Tierreich Ansätze zur Überwindung der Einzelligkeit durch unvollständige Abschnürung von Tochterzellen (vgl. *Volvox*; I, S. 53) und durch cönocytische Organisation (I, S. 53).
- **Die Cytoidea** (Stamm der *Wimpertierchen*) sind auf diesem Wege weit fortgeschritten (I, S. 51); hier sind zwei Hauptfunktionen des Organismus in einer Zelle auf zwei verschiedenwertige Kerne verteilt. Da dieser Weg zu einer diff. Mehrteiligkeit von dem der *Vielzeller* grundsätzlich abweicht, erhalten die *Ciliaten* den Rang einer eigenen Unterabteilung.
- **Die Cytomorpha,** alle übrigen tier. *Einzeller* umfassend, werden ihnen gegenüberstellt.
  Nach ULRICH werden *Cytomorpha* und *Cytoidea* sogar zu Kategorien erhoben, die den *Vielzellern* gleichgestellt sind.

II. Die Vielzeller (Metazoa)
Ihre Gliederung erfolgt nach der Zelldiff.:
- **Die Mesozoa** haben nur 2 Zelltypen: Achsenzellen zur Fortpflanzung, in einem einschichtigen Schlauch liegend, dessen Zellen alle übrigen Funktionen erfüllen (I, S. 244 A).
- **Die Parazoa** haben ebenfalls nur 2 Zelltypen (I, S. 55), deren einer (Amöboidzellen) aber vielfach diff. ist. Der Zellzusammenhang ist locker, echte Gewebe werden nicht gebildet.
- **Die Eumetazoa (Histozoa)** haben echte Gewebe, die viele stark diff. Zellarten mit spezif. Aufgaben besitzen.

Gliederung der Eumetazoa
Ihre Teilung in 2 Gruppen ist allgemein anerkannt:
- **Coelenterata,** radiärsymm., mit zweischichtigem Körper (Ekto- und Entoderm, zu denen noch ein mesenchymales Zwischengewebe treten kann; I, S. 105).
- **Bilateria,** zweiseitig symm., mit zw. Ekto- und Entoderm liegendem 3. (mittl.) Keimblatt (Mesoblast, Mesoderm; I, S. 169).

Die Gliederung der *Bilateria* wird noch diskutiert, die meisten Autoren vertreten eine Zweiteilung:
- **Protostomia:** Urmund (I, S. 167) wird zum definit. Mund, After bricht sek. durch. Ihr NS liegt ventral, sie heißen deshalb auch *Gastroneuralia*.
- **Deuterostomia:** Urmund wird zum After, der Mund entsteht sek. Das NS liegt dorsal *(Notoneuralia)*.

Zu einer 3. Gruppe **(Archicölomata)** vereinigt ULRICH alle Stämme mit dreigliedrigem (trimerem) Körper *(Branchiotremata, Tentaculata, Enteropneusta, Chaetognatha, Echinodermata)*. Da sie teils *Proto-*, teils *Deuterostomier* sind, werden für die Restgruppen die Bezeichnungen *Gastro-* und *Notoneuralia* erforderlich.

Großgliederung des Tierreichs (Bis zu den Stämmen; nach KAESTNER. Die Artenzahlen sind in Klammern gesetzt):
I. Protozoa (20000)
1. Cytomorpha: *Flagellata, Rhizopoda, Sporozoa, Protociliata*
2. Cytoidea: *Ciliata*
II. Metazoa (1049000)
1. Mesozoa: *Mesozoa* (50)
2. Parazoa: *Porifera* (5000)
3. Eumetazoa (1044000)
A. Coelenterata (9000): *Cnidaria* (8900), *Ctenophora* (80)
B. Bilateria (1035000)
a) Protostomia (984000): *Plathelminthes* (12400), *Kamptozoa* (60), *Nemertini* (800), *Nemathelminthes* (12500), *Priapulida* (4), *Mollusca* (128000), *Sipunculida* (250), *Echiurida* (150), *Annelida* (8700), *Onychophora* (70), *Tardigrada* (200), *Linguatulida* (60), *Arthropoda* (816000), *Tentaculata* (5000).
b) Deuterostomia (51000): *Branchiotremata* (80), *Pogonophora* (50), *Echinodermata* (6000), *Chaetognatha* (50), *Chordata* (45000).

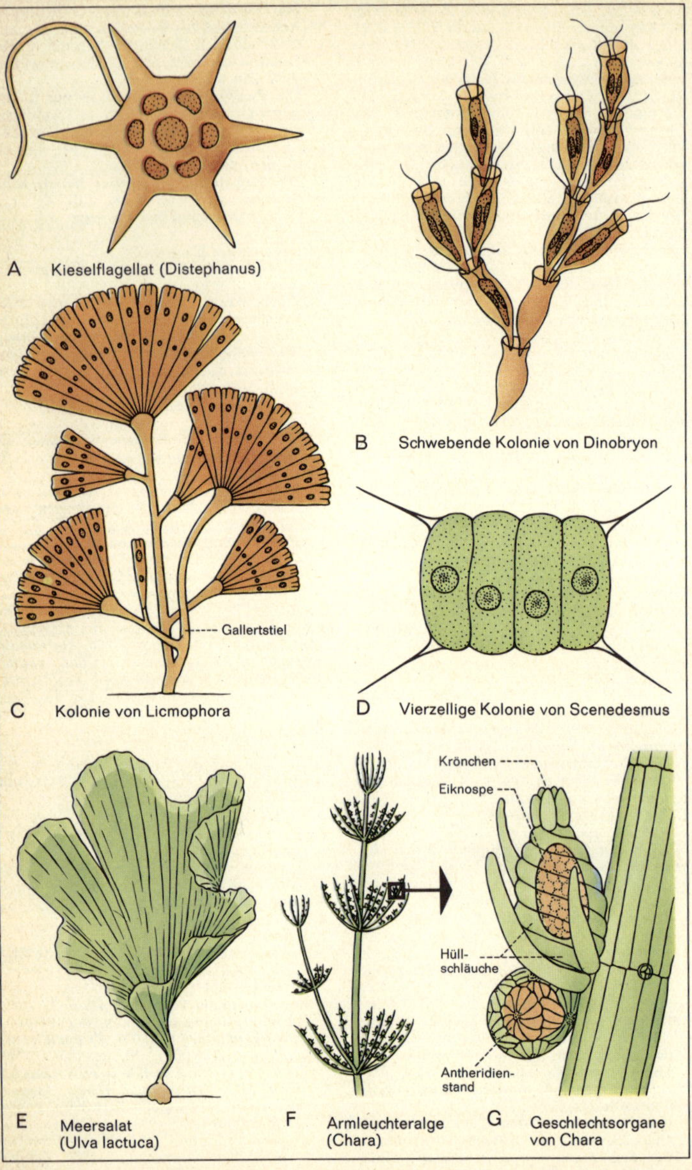

A Kieselflagellat (Distephanus)

B Schwebende Kolonie von Dinobryon

C Kolonie von Licmophora

D Vierzellige Kolonie von Scenedesmus

E Meersalat (Ulva lactuca)

F Armleuchteralge (Chara)

G Geschlechtsorgane von Chara

Algen

Die Klassen des Pflanzenreiches (I, S. 228) werden zu 5 Abteilungen zusammengefaßt:
1. Abteilung: Schizophyta (Spaltpflanzen);
2. Abteilung: Thallophyta (Thalluspflanzen);
3. Abteilung: Bryophyta (Moospflanzen);
4. Abteilung: Pteridophyta (Farnpflanzen);
5. Abteilung: Spermatophyta (Samenpflanzen).

Statt dieser Abteilungen werden auch Großgruppen nach Einzelmerkmalen zusammengefaßt:
- **Kryptogamen** (Abt. 1–4) und **Phanerogamen** (Abt. 5);
- **Kormophyten** (Abt. 3–5, ohne *Hepaticae*);
- **Gefäßpflanzen** (Abt. 3–5, ohne *Hepaticae*).

Im folgenden spiegelt die Reihenfolge der behandelten Gruppen nicht immer stammesgeschichtl. Zusammenhänge wider; die Ordnungen sind nicht immer vollzählig aufgeführt.

1. Abteilung: Schizophyta (Spaltpflanzen; I, S. 40–43)

1. Klasse: Bacteria = Schizomycetes (Spaltpilze)
1. Ordnung: Eubacteriales. Mit den Familien *Coccaceae*, *Bacteriaceae*, *Bacillaceae*, *Spirillaceae*.
2. Ordnung: Trichobacteriales.
3. Ordnung: Mycobacteriales.
4. Ordnung: Spirochaetales.

2. Klasse: Cyanophyceae = Schizophyceae (Blaualgen)
1. Ordnung: Chroococcales.
2. Ordnung: Hormogoniales.

2. Abteilung: Thallophyta (Thalluspflanzen). In dieser vielgestaltigen Gruppe sind *Algen*, *Pilze* und *Flechten* zusammengefaßt. Für die Klassifizierung sind wichtig: morpholog. Merkmale (z. B. Geißeln), Farb-, Reserve- und Zellwandstoffe, Fortpflanzungsverhältnisse.

1. Klasse: Phytoflagellatae (Geißelalgen; I, S. 45)
1. Ordnung: Euglenales. Einzellige Süßwasserformen, teilweise zum Tierreich vermittelnd (I, S. 44 B).
2. Ordnung: Chrysomonadales. Einige Arten mit Kalk- oder Kieselskelett (A), koloniebildende Formen (B).
3. Ordnung: Heterochloridales. Vorwiegend Süßwasserformen, die in den *Heterocontae* den vielzelligen Zustand erreichen und z. T. ans Landleben angepaßt sind.
4. Ordnung: Cryptomonadales. Ähnlich der vorigen Ordnung.
5. Ordnung: Protochloridales. Phylogenetisch wichtig als mögliche Ahnenform einer *Phycomyceten*-Gruppe.
6. Ordnung: Volvocales. Formenreiche Gruppe des Süßwassers (I, S. 44 D). Koloniebildung, die in der Familie *Volvocaceae* zu echter Vielzelligkeit führt (I, S. 52 H). Ausgangsgruppe für die *Chlorophyceae*.
7. Ordnung: Dinoflagellatae. Meist marine Formen, oft mit Zellulosepanzer (I, S. 44 E). In den *Dinophyceae* wird Vielzelligkeit erreicht.

2. Klasse: Diatomeae (Kieselalgen; I, S. 46 D, E). Einzellige, den *Flagellaten* nahestehende Formen in Süß- und Meerwasser und auf feuchten Böden. Kieselsäurepanzer aus zwei schachtelartig ineinander greifenden Schalen. – Vorwiegend in Tertiär und Diluvium abgelagerte Schalen fossiler *Diatomeen* haben techn. Bedeutung (Isoliermaterial, Dynamitherstellung).
1. Ordnung: Centrales. Ursprüngl. Formen; Zellen radiär; unbeweglich; Auxosporenbildung ohne Fremdbefruchtung; Zoosporen.
2. Ordnung: Pennales. Zellen bilateral; Panzer oft mit Längsfurche (Rhaphe), dann auf dem Substrat beweglich durch in der Rhaphe strömendes Plasma. Auxosporenbildung nach Kopulation großer, unbegeißelter Gameten. Gelegentlich koloniebildend (C).

3. Klasse: Coniugatae (Jochalgen). Grüne, einkernige Algen vorwiegend des Süßwassers. Sex. Fortpflanzung durch Konjugation unter Jochbildung (I, S. 132 A).
1. Ordnung: Desmidiales. Einzellige, vielgestaltige Gruppe (I, S. 46 B, C) mit hochkomplizierten Chloroplasten. Teilweise beweglich durch Ausstoßen von Schleimfäden.
2. Ordnung: Zygnemales. Fadenförmig, stets unverzweigt (I, S. 132 A).

4. Klasse: Chlorophyceae (Grünalgen). Sehr formenreiche Gruppe, in Süß- und Meerwasser und auf feuchtem Substrat. Ungeschlechtl. Fortpflanzung durch Schwärmer mit 2 oder 4 Geißeln (Zoosporen). Geschlechtl. Fortpflanzung durch Kopulation von 2 Gameten (Iso-, Aniso- oder Oogamie; I, S. 130). Von einzelligen Formen bis zu kormophytenähnl. Thalli. Ihre Ordnungen bilden ein natürl. System mit der Tendenz zu immer abgeleiteteren Formen.
1. Ordnung: Chlorococcales = Protococcales. Ein- oder vielzellig, aber nicht fädig (D); ähnlich den *Volvocales*, aber in vegetativem Zustand unbeweglich.
2. Ordnung: Ulotrichales. Zellen einkernig; Fäden oder höhere Thalli (E; I, S. 138 A).
3. Ordnung: Siphonocladiales. Zellen vielkernig; Fäden oder höhere Thalli mit oder ohne Querwände (F; I, S. 138 B).
4. Ordnung: Siphonales (Schlauchalgen). Vielkernige, meist komplizierte Thalli ohne Zellstruktur (nur die Sexualorgane werden durch Querwände abgetrennt; I, S. 52 C).

5. Klasse: Charophytae (Armleuchteralgen). Grüne, stets vielzellige Süßwasserformen (I, S. 209). Thalli kormophytenähnl., aus Nodien und Internodien (G). Zellen einkernig, die langen Internodialzellen vielkernig. – Das Fehlen ungeschlechtl. Fortpflanzung und der komplizierte Bau der Sexualorgane (H, weibl.: Oogonien, männl.: Antheridien) deuten auf eine abgeleitete, im System isolierte Gruppe. Sie umfaßt nur die Fam. *Characeae* mit wenigen Arten.

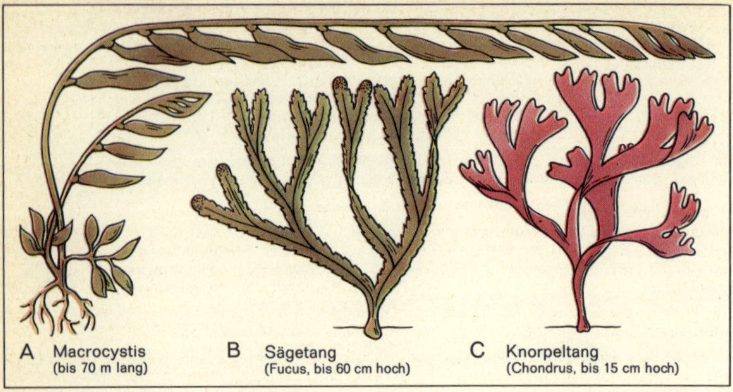

Braun- und Rotalgen

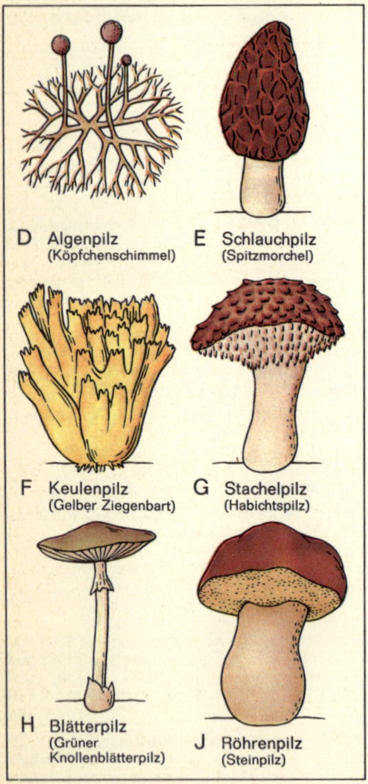

Pilze

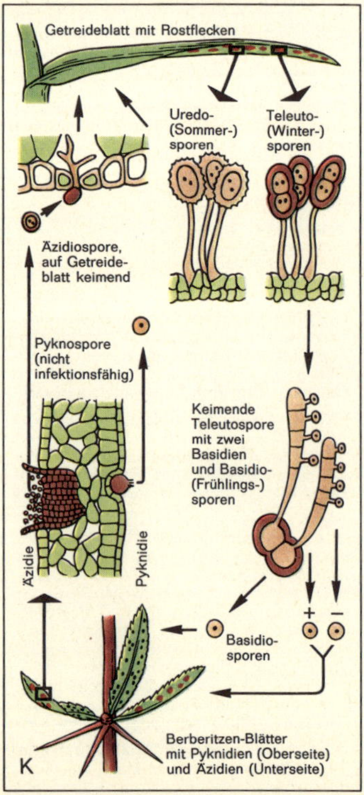

Entwicklungszyklus des Getreiderostes

6. Klasse: Phaeophyceae (Braunalgen). Vielgestaltige marine Algen von kleinen Fäden bis zu kormophytenähnl., 70 m langen Thalli (A). Die derben Formen heißen *Tange*. Charakterist. Farbstoff: braunes Fucoxanthin. GW ähnl. vielfältig wie bei den *Chlorophyceen* (I, S. 138).

1. Ordnung: Phaeosporales. Zoosporen; Iso- und Anisogamie. Sporo- und Gametophyt gleich oder versch. gestaltet. * *Ectocarpus*, im Habitus *Cladophora*-ähnlich.

2. Ordnung: Laminariales. Zoosporen; Oogamie. Gametophyt klein, Sporophyt morphologisch und anatomisch oft hoch diff. * *Laminaria*, *Macrocystis* (A).

3. Ordnung: Dictyotales. Unbewegl. Tetrasporen; Oogamie. Sporo- und Gametophyt gleichgestaltet. * *Dictyota*.

4. Ordnung: Fucales. Nur Oogamie. Fehlen des GW durch extreme Reduktion des Gametophyten vermutlich vorgetäuscht. Thalli hoch diff. * *Fucus*-Arten (B), *Sargassum*-Arten des »Sargasso-Meeres«.

7. Klasse: Rhodophyceae (Rotalgen). Fast nur marin; Thalli oft hoch diff. (C). Charakterist. Farbstoff: rotes Phykoerythrin. Ihr phylogenet. Ursprung ist wie der der *Phaeophyceen* unklar. Der **Ordnung Bangiaceae = Protoflorideae** (isoliert stehende, meist einzellige Formen) stehen mehrere Ordnungen gegenüber (als *Florideen* zusammengefaßt).

8. Klasse: Myxomycetae (Schleimpilze). Die Arten dieser undiff. Gruppe sind nur an den selten entstehenden Fruchtkörpern (I, S. 53) unterscheidbar. Sie werden oft im Tiersyst. geführt, da sie Beziehungen zu *Flagellaten* und *Amöben* zeigen. Im Pflanzensyst. isoliert.

9. Klasse: Fungi (Pilze). Vielgestaltige Gruppe heterotropher (saprophyt. oder parasit.) Formen. Reservestoffe: Glykogen, Fett; Zellwandsubstanz: Chitin (Konvergenzen zu tier. Organismen). (Fortpflanzungsverhältnisse s. I, S. 139.)

1. Unterklasse: Phycomycetes (Algenpilze, Niedere Pilze).

1. Ordnung: Myxochytridiales = Archimycetales. Parasit. Einzeller in höh. Pflanzen (* *Synchytrium*, Erreger des Kartoffelkrebs; * *Plasmodiophora*, Erreger der Kohlhernie).

2.–4. Ordnung: Chytridiales, Blastocladiales, Monoblepharidales. Alle ähnl. der 1. Ordn.

5. Ordnung: Oomycetales. Mit den Fam. *Saprolegniaceae* (meist saprophyt.) und *Peronosporaceae* (Parasiten höh. Pflanzen von wirtschaftl. Bedeutung: Krautfäule der *Kartoffel*, »Falscher Mehltau« der *Weinrebe)*.

6. Ordnung: Zygomycetales. Mit den Fam. *Mucoraceae* (meist saprophyt. Schimmelpilze: * *Köpfchenschimmel* [*Mucor*], D; * *Pilobolus*) und *Entomophthoraceae* (* *Fliegenschimmel* [*Empusa*]).

2. Unterklasse: Ascomycetes (Schlauchpilze; I, S. 139). Sie werden oft mit den *Basidiomycetes* zu den *Eumycetes* vereinigt.

1. Ordnungsgruppe: Protoascomycetes

1. Ordnung: Dipodascales. Die Hyphen bilden ein Mycel.

2. Ordnung: Endomycetales. Mit den Familien *Endomycetaceae* (Mycel zerfällt leicht in Sproßketten) und *Saccharomycetaceae* (*Hefepilze*; einzellige, sich durch Sprossung vermehrende Arten von wirtschaftl. Bedeutung: * *Wein-*, * *Bierhefe*).

2. Ordnungsgruppe: Euascomycetes

1. Ordnung: Plectascales. Mit den Familien *Aspergillaceae* (*Schimmelpilze*; z. B. * *Aspergillus*, * *Penicillium*) und *Erysiphaceae (Mehltaupilze*; Parasiten an zahlr. Nutzpflanzen).

2. Ordnung: Pyrenomycetales (Kernpilze). Mit * *Mutterkorn (Claviceps)*; stark alkaloidhaltig, wird für Medikamente verwandt.

3. Ordnung: Discomycetales (Scheibenpilze). Parasit. (Monilia-Fäule der Obstbäume) und saprophyt. Arten (z. B. der Speisepilz * *Spitzmorchel* [*Morchella*]; E).

4. Ordnung: Tuberales (Trüffelpilze). Saprophyt. Arten mit unterird. Fruchtkörpern. Hochgeschätzte Speisepilze.

5. Ordnung: Exoascales. Parasiten höh. Pflanzen, die z. B. »Hexenbesen« an *Hainbuche* und *Kirschbaum* hervorrufen.

3. Unterklasse: Basidiomycetes (Ständerpilze; I, S. 139).

1. Ordnungsgruppe: Holobasidiomycetes. Die Basidie bleibt bei der Sporenbildung ungeteilt.

1. Ordnung: Hymenomycetales. Zu ihnen zählen viele Speisepilze. Je nach Lage der sporenerzeugenden Schicht (Hymenium) unterscheidet man *Keulen-*, *Stachel-*, *Blätter-* und *Röhrenpilze* (F–J). Ein Holzschädling ist der * *Hausschwamm (Merulius)*.

2. Ordnung: Gastromycetales (Bauchpilze). Mit innen liegendem Hymenium. Dazu die *Boviste* (z. B. * *Riesenbovist*, bis 50 cm ∅).

2. Ordnungsgruppe: Phragmobasidiomycetes. Die Basidie wird vor der Sporenbildung durch Querwände (Septen) unterteilt.

1. Ordnung: Uredinales (Rostpilze). Mehrere tausend Arten. Wirtschaftlich wichtig, da einige Arten an Nutzpflanzen (Getreide) parasitieren. Komplizierter Entw.-Gang (K).

2. Ordnung: Ustilaginales (Brandpilze). Auch hierzu zählen viele Getreideparasiten.

10. Klasse: Lichenes (Flechten). Ihre Aufstellung als systemat. Einheit ist problematisch, da sie Symbiosen zw. *Algen* und *Pilzen* darstellen (I, S. 205). – Man unterscheidet:

1. Ordnung: Ascolichenes: Mit *Ascomyceten*. Stellen die Mehrzahl der Formen. Unterschiedl. Wuchsform *(Krusten-*, *Laub-* und *Strauchflechten)*. Wirtschaftlich wichtig in Tundrengebieten: die auch in Mitteleuropa vorkommende *Rentierflechte*.

2. Ordnung: Basidiolichenes: Mit *Basidiomyceten*. Nur wenige trop. Gattungen.

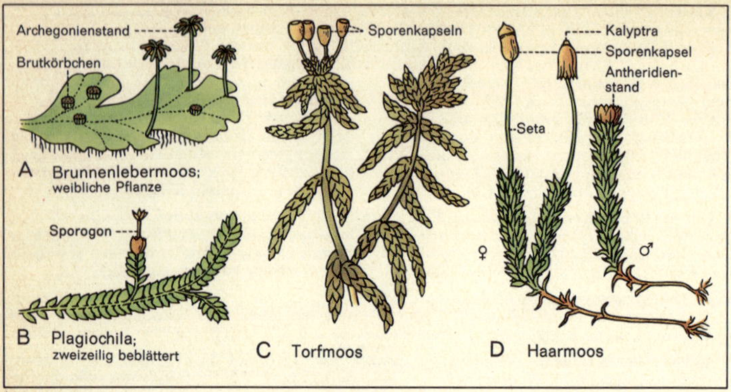

Moospflanzen (Bryophyta)

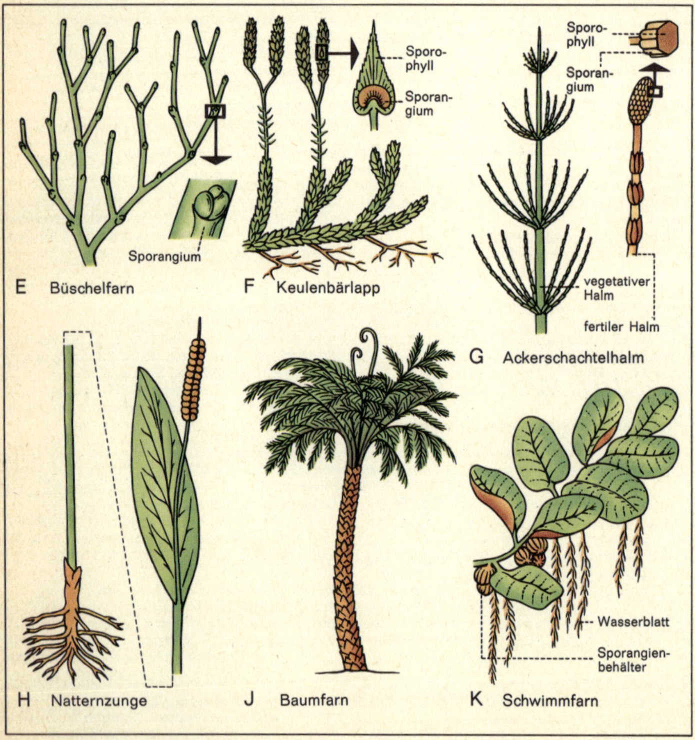

Farnpflanzen (Pteridophyta)

3. Abteilung: Bryophyta (Moospflanzen). Allen Vertretern dieser Gruppe fehlt ein Gefäßsystem (I, S. 77) woraus wohl die im allg. geringe Größe der Moospflanzen resultiert. Die phylogenet. Ableitung von bestimmten Algengruppen ist schwierig; die Ahnenformen standen vermutlich den *Chlorophyceen* nah. Sie stammen wahrscheinlich von *Algen* ab, bei denen die haploide Phase (Gametophyt) im GW bevorzugt war (ähnlich dem *Ulothrix*-Typ; I, S. 139). Vgl. hierzu auch den GW der *Moose* (I, S. 141). Die Entw.-Reihe der *Pteridophyten* und *Spermatophyten* ist dagegen von Algenformen mit Bevorzugung der diploiden Phase (Sporophyt) abzuleiten (*Halicystis*-Typ; I, S. 139).

1. Klasse: Hepaticae (Lebermoose). Fast nur an feuchten Standorten. Der Habitus ist thallophytisch; echte Wurzeln fehlen, die sie vertretenden Rhizoide sind einzellig.

1. Ordnung: Anthocerotales (Hornmoose). Sporenbehälter (Sporogon) langlebig (wohl dem ursprüngl. Zustand entspr.); bei den folgenden Ordnungen reduziert.

2. Ordnung: Marchantiales. Thallus lappig (A) oder in Stengel und Blättchen gegliedert. Neben der geschlechtl. Fortpflanzung durch Antheridien und Archegonien gibt es ungeschlechtl. durch in Brutbechern entstehende Brutkörperchen.

3. Ordnung: Jungermaniales. 9000 Arten, rd. 90% der *Hepaticae*. Der Vegetationskörper der meisten Arten ist in Stämmchen und mittelnervlose Blätter gegliedert (B); er nähert sich damit den Verhältnissen der *Kormophyten*.

2. Klasse: Musci (Laubmoose). Etwa 12000 Arten sehr unterschiedl. Prägung. Meist an feuchten Standorten. Stets in Stengel und Blättchen gegliedert; Rhizoide mehrzellig.

1. Ordnung: Andreaeales. Nur eine artenarme Gattung.

2. Ordnung: Sphagnales (Torfmoose). Ebenfalls nur eine (allerdings sehr artenreiche) Gattung von großer ökol. Bedeutung (Hochmoorbildung; I, S. 209; vgl. auch I, S. 190 C, D).

3. Ordnung: Bryales. Umfassen die Mehrzahl der Familien. Großgliederung entweder nach der Wuchsform:

– *Acrocarpi*, orthotrop wachsend, Sporogone am Ende des Hauptstengels;
– *Pleurocarpi*, plagiotrope Hauptachse, Sporogone an kurzen Seitenzweigen;

oder nach der Art des Mundbesatzes der Sporenkapsel (Peristom):

– *Arthrodontei (Gliederzahnmoose)* und
– *Nematodontei*.

Beide Einteilungen entsprechen vermutlich nicht dem natürl. System der Laubmoose.

4. Abteilung: Pteridophyta (Farnpflanzen). Mit 4 sehr verschiedenartigen Klassen, die wohl Paralleläste der Entw. sind (vgl. I, S. 228). Da sie leistungsfähige Gefäßsysteme besitzen, erreichen sie eine z. T. beachtliche Größe.

1. Klasse: Psilophytinae (Urfarne). Wurzellose, nur mit Rhizoiden (vgl. *Bryophyta*) versehene Formen. Blätter fehlen, die grünen Stengel dienen der Photosynthese.

Die **Ordnung Psilotales** ist die einzige rezente mit nur wenigen Arten. Der *Büschelfarn* (*Psilotum*; E) der Tropen und Subtropen ist eine krautige, dichotom verzweigte, etwa 50 cm hohe Pflanze. Arten der ausgestorbenen Ordnung *Psilophytales* (z. B. *Rhynia*, *Psilophyton*), die durch zahlr. Fossilfunde gut bekannt sind, gelten als die Ur-Landpflanzen; sie waren im Silur und Devon verbreitet.

2. Klasse: Lycopodiinae (Bärlappgewächse). Kleine Pflanzen von moosähnl. Habitus.

1. Ordnung: Lycopodiales. Etwa 400 Arten. Die Sporophylle sind zu Sporophyllständen (Blüten; F) vereinigt. Kriechende, dichotom verzweigte, krautige Gewächse, dicht mit spiralig stehenden Blättchen besetzt; immergrün. Wurzeln ebenfalls dichotom verzweigt.

2. Ordnung: Selaginellales (Moosfarne). Habitus ähnlich dem der *Lycopodiales*, Blattstellung aber meist dekussiert. Charakterist. sind Heterosporie und starke Reduktion der Prothallien (I, S. 141).

3. Ordnung: Isoëtales (Brachsenkräuter). Wasserpflanzen; typ. Reliktformen (zahlreiche ausgestorbene, aber nur noch wenige rezente Arten).

3. Klasse: Equisetinae (Schachtelhalmgewächse). Die einzige rezente **Ordnung** ist nur durch eine **Familie** mit der einzigen Gattung **Equisetum* vertreten, die wiederum nur etwa 25 Arten umfaßt. Zahlreiche ausgestorbene Ordnungen, von denen die *Calamitaceae* des Karbon baumartige Ausmaße erreichten. – Die gegliederten Sprosse sind streng wirtelig aufgebaut; sie assimilieren an Stelle der stark reduz. Blätter. Die Sporophylle sind zu Blüten vereinigt (G).

4. Klasse: Filicinae (Farne). Im Habitus recht verschieden; stets Blätter mit reicher Nervatur.

1. Unterklasse: Eusporangiatae

1. Ordnung: Marattiales. Trop. Baumfarne.

2. Ordnung: Ophioglossales. Nur eine Familie, in Mitteleuropa vertreten durch die **Natternzunge* (*Ophioglossum*; H).

2. Unterklasse: Leptosporangiatae = Filices. Sehr formenreich, mit den Familien **Osmundaceae (Königsfarne)*, *Schizaeaceae*, *Gleicheniaceae*, **Hymenophyllaceae (Hautfarne)*, *Cyatheaceae* (*Baumfarne*; J), **Polypodiaceae* (letztere oft noch in zahlr. Familien gegliedert).

3. Unterklasse: Hydropteridales (Wasserfarne). Heterospor; nur wenige Gattungen. Ursprünglich die Familie *Marsileaceae*, sek. zum Wasserleben übergegangen die Familie *Salviniaceae* (K).

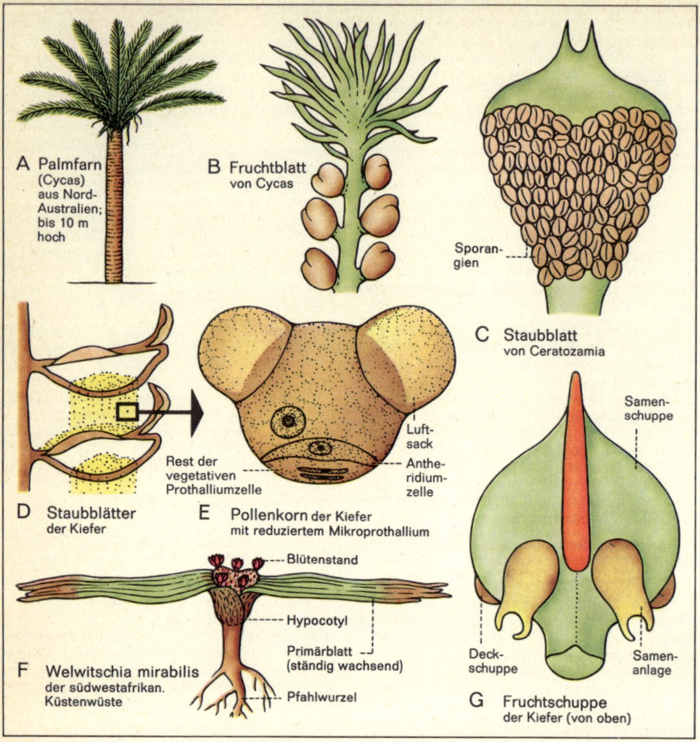

Nacktsamige Pflanzen (Gymnospermae)

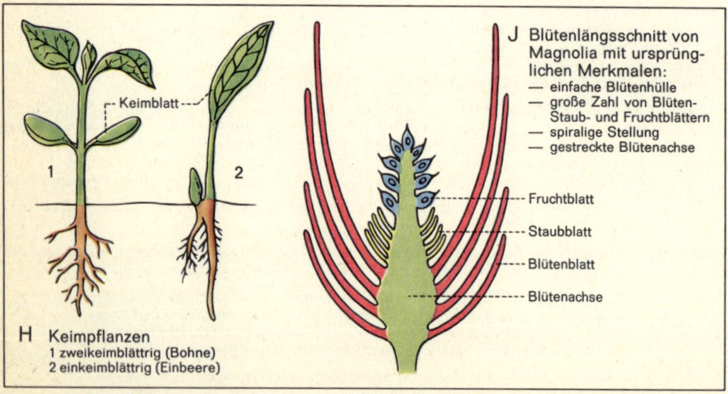

Bedecktsamige Pflanzen (Angiospermae)

5. Abteilung: Spermatophyta (Samenpflanzen). Bei aller Unsicherheit der Verwandtschaftsverhältnisse im Pflanzenreich sind die Systematiker darin einig, daß die *Samenpflanzen* die höchstentwickelte Gruppe sind. – Weniger treffend ist die Bezeichnung *Blütenpflanzen (Anthophyta)*, da Blüten auch bei *Lycopodiinen* und *Equisetinen* vorkommen. – Für ihre phylogenet. Ableitung sind 2 Gruppen wesentlich, ohne daß heute eine Entscheidung für eine von beiden möglich ist:

– *Lepidodendrales:* fossile Ordnung der *Bärlappgewächse* (Devon, Karbon, Perm). Eine ihrer Familien *(Lepidospermae)* bildete Samen ähnl. wie die heutigen *Gymnospermen.*

– *Pteridospermae (Samenfarne):* als fossile Klasse den *Gymnospermen* zugeordnet, aber deutlich zw. ihnen und den *eusporangiaten Farnen* vermittelnd. *Baumfarn*-artige Formen, aber mit sek. Dickenwachstum und typischem Holzkörper, ähnl. wie bei rezenten Holzgewächsen.

Verwandtschaft zu den *Pteridophyta* zeigt sich auch in der Art des GW (I, S. 143) und in der daraus folgenden Homologie der Geschlechtsorgane beider Klassen. – Zwei Entwicklungsreihen der *Samenpflanzen* sind nach der Stellung der Samenanlagen zu unterscheiden:

1. Unterabteilung: Gymnospermae (Nacktsamige Pflanzen). Samenanlagen offen auf den Fruchtblättern (F). Ursprünglichere der beiden Unterabteilungen; nur Holzpflanzen, aber von sehr unterschiedl. Habitus. – Von den fossilen Klassen ist die der *Benettitinae* wichtig. Ihre zwittrigen Blüten mit Blütenhülle rücken sie in die Nähe der *Angiospermen*, doch ist fraglich, ob sie wirklich phylogenet. Zwischenglieder sind.

1. Klasse: Cycadinae (Palmfarne). Rezent nur die Familie *Cycadaceae* mit wenigen trop. und subtrop. Gattungen. Habitus oft palmenähnlich (A), die Wedel erinnern an die mancher *Farne*. Geschlechtsorgane bes. ursprünglich (B, C; s. auch I, S. 143).

2. Klasse: Ginkgoinae. Fossil weit verbreitet; heute nur noch eine Art: der *Ginkgo-Baum* (*Ginkgo biloba*; in China und Japan heimisch, auch bei uns gepflanzt).

3. Klasse: Coniferae (Nadelhölzer). Reich verzweigte Bäume oder Sträucher; Bau oft stockwerkartig. Zahlreiche kleine, fast immer mehrjährige Blätter; Blüten stets eingeschlechtig, ein- oder zweihäusig verteilt.

1. Ordnung: Taxales. Samen oft mit fleischigen Bildungen. – **1. Familie: Cephalotaxaceae.** Mit den *Ginkgoinae* noch eng verwandt. **2. Familie: Taxaceae** mit der **Eibe (Taxus)*. **3. Familie: Podocarpaceae** in trop. und subtrop. Gebirgswäldern.

2. Ordnung: Abietales. Weibl. Blütenstände werden meist zu holzigen Zapfen, selten zu Scheinbeeren *(*Wacholder)*. – **1. Familie: Araucariaceae.** Bekannt durch die *»Zimmertanne« (Araucaria excelsa)*. **2. Familie: Pinaceae.** Mit den wichtigsten Nadelbäumen (Gattungen **Picea* [*Fichte*], **Pinus* [*Kiefer*], **Abies* [*Tanne*], **Larix* [*Lärche*]; ferner *Cedrus* [*Zeder*], *Tsuga* und *Pseudotsuga*). **3. Familie: Taxodiaceae.** Mit *Sumpfzypressen (Taxodium)* und *Mammutbäumen* (*Sequoia*; darunter *Sequoia gigantea*, kann bis 100 m hoch, 8 m dick und über 3000 Jahre alt werden). **4. Familie: Cupressaceae** mit dem **Wacholder (Juniperus)*, den *Lebensbäumen* (Gattung *Thuja*) und den *Zypressen* (Gattung *Cupressus*) der Mittelmeerländer.

4. Klasse: Gnetinae. Stark abgeleitete Formen; nähern sich in manchen Merkmalen den *Angiospermen*, ohne daß echte Verwandtschaft vorliegt.

1. Familie: Welwitschiaceae. Nur vertreten durch eine Art (F). **2. Familie: Ephedraceae.** Sträucher des Mittelmeergebietes und asiat. und amerikan. Trockengebiete. **3. Familie: Gnetaceae.** Lianen und Bäume trop. Regenwälder.

2. Unterabteilung: Angiospermae (Bedecktsamige Pflanzen). Samenanlagen stets in einem geschlossenen Fruchtknoten (I, S. 103). Sie umfassen anders als die *Gymnospermen* neben Holzpflanzen auch viele krautige Gewächse. Mit 170000 Arten in 10000 Gattungen und 300 Familien stellen sie den Hauptteil der Landpflanzen. Ihre Familien sind im folgenden nicht alle berücksichtigt. – Aufgrund der Keimblätterzahl teilt man die *Angiospermen* in 2 Klassen; die weitere Gliederung erfolgt vor allem nach den Blütenorganen.

1. Klasse: Dicotyledonae (Zweikeimblättrige Pflanzen)

1. Unterklasse: Dialypetalae. Blütenhülle meist kräftig gefärbt, in Kelch und stets freiblättrige Krone gegliedert.

1. Ordnung: Polycarpicae = Ranales. Sehr ursprüngl. Merkmale (J). – **1. Familie: Magnoliaceae.** Meist trop. Holzpflanzen, bei uns angepflanzt *Magnolie* und *Tulpenbaum (Liriodendron)*. **2. Familie: Lauraceae** mit *Lorbeer* (*Laurus*; Mittelmeerländer) und *Kampfer-* und *Zimtbaum* (*Cinnamomum*; Südasien). **3. Familie: Myristicaceae** mit der *Muskatnuß* (*Myristica*; Molukken). **4. Familie: Ranunculaceae (Hahnenfußgewächse).** Umfangreichste Familie; meist staudenartige Pflanzen; stellen einen Großteil der Flora Mitteleuropas. **5. Familie: Berberidaceae** mit der **Berberitze (Berberis)*. **6. Familie: Nymphaeaceae.** Verwachsenblättriger (synkarper) Fruchtknoten; Blütenbau wichtig für die Ableitung der *Monocotyledonae*. **Seerose (Nymphaea)*, **Teichrose (Nuphar)*. **7. Familie: Ceratophyllaceae.** Submerse Wasserpflanzen, z.B. **Hornkraut (Ceratophyllum)*. – Weitere Familien teils Parasiten, teils fleischfressend *(Aristolochiaceae; Rafflesiaceae; Nepenthaceae*, I, S. 100 F; *Sarraceniaceae)*.

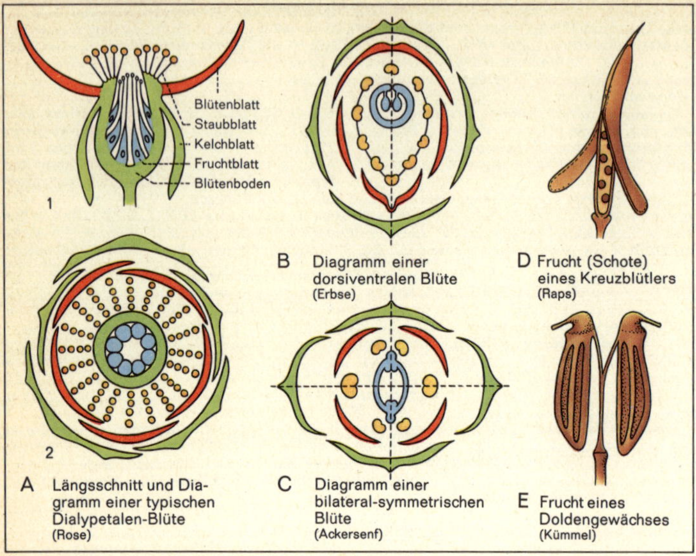

A Längsschnitt und Diagramm einer typischen Dialypetalen-Blüte (Rose)

B Diagramm einer dorsiventralen Blüte (Erbse)

C Diagramm einer bilateral-symmetrischen Blüte (Ackersenf)

D Frucht (Schote) eines Kreuzblütlers (Raps)

E Frucht eines Doldengewächses (Kümmel)

Zweikeimblättrige Pflanzen: Dialypetalae

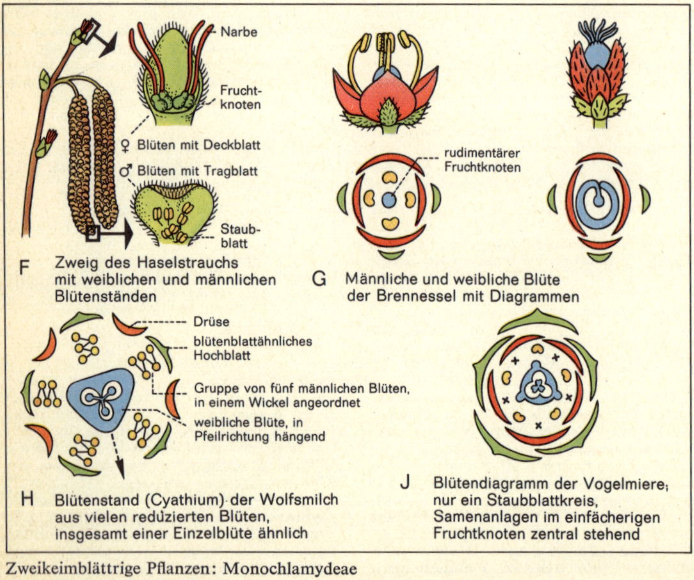

F Zweig des Haselstrauchs mit weiblichen und männlichen Blütenständen

G Männliche und weibliche Blüte der Brennessel mit Diagrammen

H Blütenstand (Cyathium) der Wolfsmilch aus vielen reduzierten Blüten, insgesamt einer Einzelblüte ähnlich

J Blütendiagramm der Vogelmiere; nur ein Staubblattkreis, Samenanlagen im einfächerigen Fruchtknoten zentral stehend

Zweikeimblättrige Pflanzen: Monochlamydeae

2. Ordnung: Rosales. Bilden mit *Leguminosae* und *Myrtales* einen von den *Polycarpicae* ausgehenden Entw.-Zweig. – **1. Familie: Crassulaceae** mit Blattsukkulenz. ∗*Fetthenne (Sedum)*, ∗*Hauswurz (Sempervivum)*. **2. Familie: Saxifragaceae** mit teilw. unterständigen Fruchtknoten. ∗ *Steinbrech (Saxifraga)*, ∗*Stachel-*, ∗*Johannisbeere (Ribes)*. **3. Familie: Rosaceae (Rosengewächse**; A). Artenreiche Gruppe, nach Art der Früchte in die Unterfamilie ∗*Spiraeoideae*, ∗*Rosoideae* und ∗*Pomoideae* gegliedert.

3. Ordnung: Leguminosae (Hülsenfrüchtler). – **1. Familie: Mimosaceae.** Artenreiche Gattung *Acacia* (*Akazien*, trop. Bäume), *Sinnpflanze* (*Mimosa pudica*; Bd. II). **2. Familie: Papilionaceae (Schmetterlingsblütler**; B). Sehr artenreich; zahlr. Nutz- *(∗Erbse*, ∗*Bohne*, *Sojabohne*, *Erdnuß)* und Zierpflanzen *(∗Goldregen*, ∗*Robinie)*.

4. Ordnung: Myrtales. – **1. Familie: Rhizophoraceae** und **2. Familie: Sonneratiaceae.** Die wichtigsten Familien der trop. Mangrove-Vegetation (I, S. 96 D, F). **3. Familie: Myrtaceae.** Sehr artenreich. *Myrte (Myrtus)*, *Gewürznelkenbaum (Jambosa)*.

5. Ordnung: Rhoeadales. Gehen wie *Parietales* und *Guttiferales* wohl direkt auf die *Polycarpicae* zurück. – **1. Familie: Papaveraceae (Mohngewächse).** ∗*Lerchensporn (Corydalis)*, *Schlafmohn* (*Papaver*; wichtig wegen seines Alkaloidgehalts: Opium). **2. Familie: Capparidaceae.** *Kapernstrauch* (*Capparis* [Mittelmeerländer], dessen Blüten knospen die Kapern liefern). **3. Familie: Cruciferae (Kreuzblütler**; C). Zahlreiche mitteleuropäische Arten, darunter viele Nutzpflanzen: ∗*Kohlarten*, ∗*Rübenarten*, ∗*Raps* (alle Gattung *Brassica*), ∗*Senf (Sinapis)*.

6. Ordnung: Parietales. – **1. Familie: Cistaceae.** ∗*Sonnenröschen (Helianthemum)*; viele Arten der mediterranen Macchie. **2. Familie: Tamaricaceae.** *Tamarisken* (*Tamarix*; vor allem in Trockengebieten). **3. Familie: Droseraceae.** Mehrere insektivore Gattungen (∗*Drosera*, *Dionaea*; I, S. 100 D, E). **4. Familie: Violaceae.** ∗*Veilchen*, ∗*Stiefmütterchen* (alle Gattung *Viola*). **5. Familie: Begoniaceae (Schiefblattgewächse).** Zahlreiche Zierpflanzen.

7. Ordnung: Guttiferales. – **1. Familie: Theaceae.** *Teestrauch (Camellia)*. **2. Familie: Guttiferae.** ∗*Hartheu*-Arten *(Hypericum)*.

8. Ordnung: Columniferae. Sie nehmen, wie die nächsten 5 Ordnungen, eine selbständigere Stellung im System ein. – **1. Familie: Malvaceae.** ∗*Malve (Malva)*, ∗*Eibisch* und ∗*Stockrose (Althaea)*; *Baumwollstrauch (Gossypium)*. **2. Familie: Bombacaceae.** *Affenbrotbaum (Adansonia)*. **3. Familie: Tiliaceae (Lindengewächse).** ∗*Winter-* und ∗*Sommerlinde (Tilia)*. **4. Familie: Sterculiaceae:** *Kakaobaum (Theobroma)*.

9. Ordnung: Gruinales. – **1. Familie: Oxalidaceae.** ∗*Sauerklee (Oxalis)*. **2. Familie: Geraniaceae.** ∗*Storch-*, ∗*Reiherschnabel (Geranium)*. **3. Familie: Linaceae (Leingewächse).** ∗*Flachs (Linum)*, zahlr. *Pelargonium*-Arten (Zierpflanzen; ursprünglich Südafrika). **4. Familie: Tropaeolaceae.** ∗*Kapuzinerkresse (Tropaeolum)*. **5. Familie: Balsaminaceae.** ∗*Springkraut (Impatiens)*.

10. Ordnung: Terebinthales. – **1. Familie: Rutaceae.** Zahlr. Arten der Gattung *Citrus* (»Zitrusfrüchte«), ∗*Weinraute (Ruta)*, ∗*Diptam (Dictamnus)*. **2. Familie: Aceraceae (∗Ahorngewächse).** Zahlr. insektenblütige Bäume. **3. Familie: Hippocastanaceae.** ∗*Roßkastanie (Aesculus)*.

11. Ordnung: Celastrales. – **1. Familie: Aquifoliaceae.** ∗*Stechpalme (Ilex)*, *Ilex paraguajensis* (Lieferant des Mate-Tees). **2. Familie: Celastraceae.** ∗*Pfaffenhütchen (Evonymus)*.

12. Ordnung: Rhamnales. – **1. Familie: Rhamnaceae.** ∗*Faulbaum* und ∗*Kreuzdorn* (beide Gattung *Rhamnus*). **2. Familie: Vitaceae.** ∗*Weinrebe (Vitis)*.

13. Ordnung: Umbelliflorae. – **1. Familie: Cornaceae.** ∗*Hartriegel (Cornus)*. **2. Familie: Araliaceae.** ∗*Efeu (Hedera)*. **3. Familie: Umbelliferae (Doldengewächse).** Abgeleitete Blütenmerkmale: Kelch oft reduziert, nur 1 Staubblattkreis, zweiblättriger unterständiger Fruchtknoten. U. a. ∗*Möhre (Daucus)*, ∗*Kümmel* (*Carum*, E), ∗*Dill (Anethum)*.

2. Unterklasse: Monochlamydeae. Blütenhülle nicht in Kelch und Krone gegliedert, meist unscheinbar. Es ist noch ungeklärt, ob ihre typ. Merkmale ursprünglich oder abgeleitet sind. Wahrscheinlich ist eine Herkunft aus mehreren Wurzeln (künstliche systemat. Einheit).

14. Ordnung: Fagales. Mit den nächsten 3 Ordnungen als *Amentiflorae (Kätzchenblütler)* zusammengefaßt (nur Holzpflanzen, eingeschlechtige Blüten). – **1. Familie: Betulaceae.** ∗*Erle (Alnus)*, ∗*Birke (Betula)*, ∗*Hasel (Corylus)*. **2. Familie: Fagaceae.** ∗*Rotbuche (Fagus)*, ∗*Eiche (Quercus)*, ∗*Edelkastanie (Castanea)*.

15. Ordnung: Myricales. ∗*Gagelstrauch (Myrica)*.

16. Ordnung: Juglandales. ∗*Walnußbaum (Juglans)*, *Hickory*-Arten (*Carya*; Nordamerika).

17. Ordnung: Salicales. ∗*Weiden (Salix)* und ∗*Pappeln (Populus)*.

18. Ordnung: Piperales. *Pfeffer (Piper)*.

19. Ordnung: Urticales. – **1. Familie: Ulmaceae.** ∗*Ulme = Rüster (Ulmus)*. **2. Familie: Moraceae.** *Maulbeerbaum (Morus)*, *Feige (Ficus)*. **3. Familie: Cannabinaceae.** ∗*Hopfen (Humulus)*, *Hanf (Cannabis)*. **4. Familie: Urticaceae.** ∗*Brennessel (Urtica)*, *Boehmeria* (asiat. Faserpflanze: Ramie-Faser, Nessel).

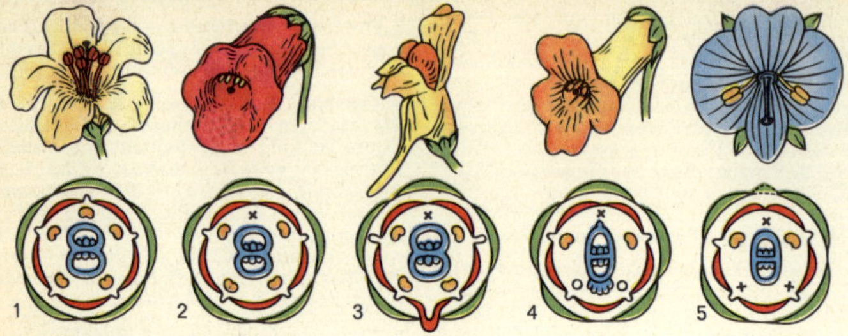

A **Verschiedene Blütenformen von Rachenblütlern als Abwandlungen eines Grundtyps.** Unfruchtbare Staubgefäße sind durch Kreise, völlig reduzierte durch Kreuze dargestellt.

Zweikeimblättrige Pflanzen: Sympetalae

B **Typisches Monocotylen-Diagramm** (Liliengewächs)

C **Drachenbaum** Kanarische Inseln

D **Kokospalme** Konvergente Wuchsform bei Palmfarnen (I, S. 236 A) und Baumfarnen (I, S. 234 J).

E **Schema eines Grasährchens mit 3 Blüten** (Farben wie in den Blütendiagrammen)

F **Orchideenblüte** (Knabenkraut) mit gedrehtem Fruchtknoten

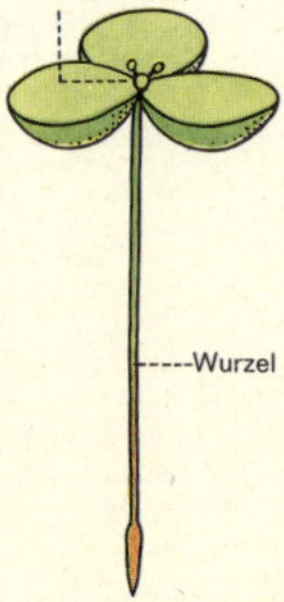

G **Wasserlinse** (Lemna)

Einkeimblättrige Pflanzen

20. Ordnung: Tricoccae. – **1. Familie: Euphorbiaceae** (I, S. 238 H). **∗***Wolfsmilcharten* (*Euphorbia*; auch viele trop. Formen). **2. Familie: Buxaceae.** **∗***Buxbaum* (*Buxus*; ursprünglich mediterran).

21. Ordnung: Santalales. – **1. Familie: Santalaceae.** **∗***Bergflachs (Thesium).* **2. Familie: Loranthaceae.** **∗***Mistel (Viscum).*

22. Ordnung: Polygonales. **∗***Knöterich (Polygonum)*, **∗***Rhabarber (Rheum).*

23. Ordnung: Centrospermae. – **1. Familie: Aizoaceae.** »Lebende Steine« (südafrikan. Blattsukkulente). **2. Familie: Cactaceae (Kakteen).** Zahlr. Gattungen, Stammsukkulenz (I, S. 98 D). **3. Familie: Caryophyllaceae (Nelkengewächse).** Zahlr. Gattungen; weltweit verbreitet. **4. Familie: Chenopodiaceae.** **∗***Queller (Salicornia)*, **∗***Melde (Atriplex)*, **∗***Zucker-*, **∗***Futter-* und **∗***Rote Rübe* (Gattung *Beta*), **∗***Spinat.*

3. Unterklasse: Sympetalae. Kronblätter am Grunde zu einer geschlossenen Röhre verwachsen. Die Ordnungen 24–27 haben 2 Staubblattkreise *(Pentacyclicae)*, die übrigen nur einen *(Tetracyclicae).*

24. Ordnung: Bicornes = Ericales. – **1. Familie: Pirolaceae.** **∗***Wintergrün (Pirola).* **2. Familie: Ericaceae.** **∗***Heidekräuter (Erica, Calluna)*, **∗***Alpenrose (Rhododendron)*, **∗***Heidelbeere (Vaccinium).* **3. Familie: Empetraceae.** **∗***Krähenbeere (Empetrum).*

25. Ordnung: Primulales. Wichtigste Familie: *Primulaceae* mit **∗***Schlüsselblume (Primula)*, **∗***Alpenveilchen (Cyclamen).*

26. Ordnung: Plumbaginales. **∗***Strandnelke (Statice)*, **∗***Grasnelke (Armeria).*

27. Ordnung: Diospyrales. U. a. trop. Nutzpflanzen (Ebenholz, Benzoë-Harze).

28. Ordnung: Contortae. Blütenkrone in gedrehter Knospenlage. Wie die 2 folgenden Ordnungen vielleicht von höh. *Dialypetalen* (z. B. *Columniferae*) abzuleiten. – **1. Familie: Gentianaceae.** **∗***Enzian (Gentiana).* **2. Familie: Asclepiadaceae.** **∗***Schwalbenwurz (Cynancum)*; Sukkulente (I, S. 206 C). **3. Familie: Loganiaceae.** *Strychnos*-Arten (alkaloidhaltig: Strychnin, Curare). **4. Familie: Oleaceae.** *Ölbaum (Olea)*, **∗***Flieder (Syringa)*, **∗***Esche (Fraxinus).*

29. Ordnung: Tubiflorae. – **1. Familie: Convolvulaceae (Windengewächse).** **∗***Winde (Convolvula).* **2. Familie: Boraginaceae (Rauhblattgewächse).** **∗***Lungenkraut (Pulmonaria)*, **∗***Vergißmeinnicht (Myosotis).* **3. Familie: Labiatae (Lippenblütler).** Artenreich; zahlreich auch in Mitteleuropa.

30. Ordnung: Personatae. – **1. Familie: Solanaceae (Nachtschattengewächse).** **∗***Kartoffel*, **∗***Tomate* (beide Gattung *Solanum*), *Tabak (Nicotiana), Paprika (Caspicum).* **2. Familie: Scrophulariaceae (Rachenblütler).** Zahlr. Arten in Mitteleuropa. **3. Familie: Lentibulariaceae.** **∗***Wasserschlauch* (*Utricularia*; I, S. 100 G). **4. Familie: Plantaginaceae.** **∗***Wegerich (Plantago).*

31. Ordnung: Rubiales. Bei dieser und den folgenden Ordnungen ist der Fruchtknoten unterständig. – **1. Familie: Rubiaceae.** **∗***Waldmeister (Asperula), Kaffeestrauch (Coffea).* **2. Familie: Caprifoliaceae (Geißblattgewächse).** **∗***Holunder (Sambucus)*, **∗***Heckenkirsche (Lonicera).* **3. Familie: Valerianaceae.** **∗***Baldrian (Valeriana).*

32. Ordnung: Cucurbitales. **∗***Kürbis (Cucurbita)*, **∗***Gurke, Melone* (Gattung *Cucumis*).

33. Ordnung: Synandrae. Oft mit verwachsenen Staubgefäßen. – **1. Familie: Campanulaceae (Glockenblumengewächse).** Zahlr. Arten in Mitteleuropa. **2. Familie: Compositae (Korbblütler).** Über 14000 Arten.

2. Klasse: Monocotyledonae (Einkeimblättrige Pflanzen).

1. Ordnung: Helobiae: Zahlr. mitteleurop. Wasserpflanzen (Familien *Alismataceae, Potamogetonaceae, Butomaceae, Hydrocharitaceae, Najadaceae*).

2. Ordnung: Liliiflorae. – **1. Familie: Liliaceae (Liliengewächse).** Formenreich, in Mitteleuropa krautig; aber auch Holzpflanzen (*Dracaena*; C). **2. Familie: Amaryllidaceae.** Viele mitteleurop. Zwiebelpflanzen; *Sisalagave (Agave).* **3. Familie: Iridaceae.** **∗***Schwertlilie (Iris)*, **∗***Krokus (Crocus)*, **∗***Gladiole Gladiolus).*

3. Ordnung: Cyperales. – **1. Familie: Juncaceae.** **∗***Binse (Juncus).* **2. Familie: Cyperaceae (Riedgräser).** **∗***Carex, Papyrus.*

4. Ordnung: Farinosae. Wichtigste Familie *Bromeliaceae* (*Ananasgewächse*; I, S. 202 B).

5. Ordnung: Glumiflorae. Einzige Familie *Gramineae* (*Echte Gräser*; E). Artenreich. **∗***Getreidearten, Zuckerrohr, Bambus.*

6. Ordnung: Scitamineae. – **1. Familie: Musaceae.** *Banane (Musa).* **2. Familie: Zingiberaceae.** *Ingwer (Zingiber).*

7. Ordnung: Gynandrae. Einzige Familie *Orchidaceae* (*Orchideen*; F). 20000 meist trop., aber auch viele mitteleurop. Arten. *Vanille* (*Vanillia*; I, S. 96 G).

8. Ordnung: Spadiciflorae. – **1. Familie: Palmae (Palmen).** *Kokos- (Cocos), Öl- (Elaeis), Dattel- (Phoenix)* und *Sagopalme (Metroxylon), Rotang (Calamus).* **2. Familie: Araceae (Aronstabgewächse).** **∗***Aronstab (Arum)*, **∗***Kalmus (Acorus)*, **∗***Drachenwurz (Calla).* **3. Familie: Lemnaceae (Wasserlinsen).** Stark reduzierte Pflanzen. **∗***Lemna, Wolffia* (1,5 mm lang; kleinste Blütenpflanze).

9. Ordnung: Pandanales. – **1. Familie: Pandanaceae (Schraubenpalmen).** **2. Familie: Sparganiaceae (Igelkolben):** **∗***Sparganium.* **3. Familie: Typhaceae (Rohrkolben):** **∗***Typha.* Europäische Sumpfpflanzen.

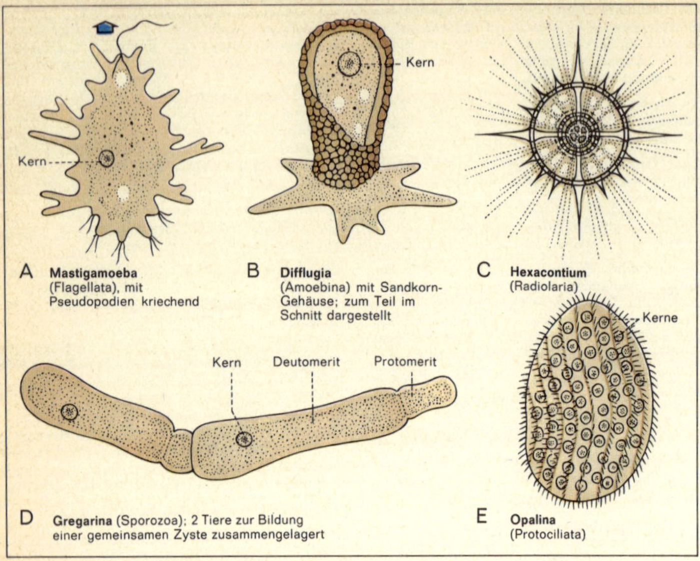

A **Mastigamoeba** (Flagellata), mit Pseudopodien kriechend

B **Difflugia** (Amoebina) mit Sandkorn-Gehäuse; zum Teil im Schnitt dargestellt

C **Hexacontium** (Radiolaria)

D **Gregarina** (Sporozoa); 2 Tiere zur Bildung einer gemeinsamen Zyste zusammengelagert

E **Opalina** (Protociliata)

Tierische Einzeller: Cytomorpha

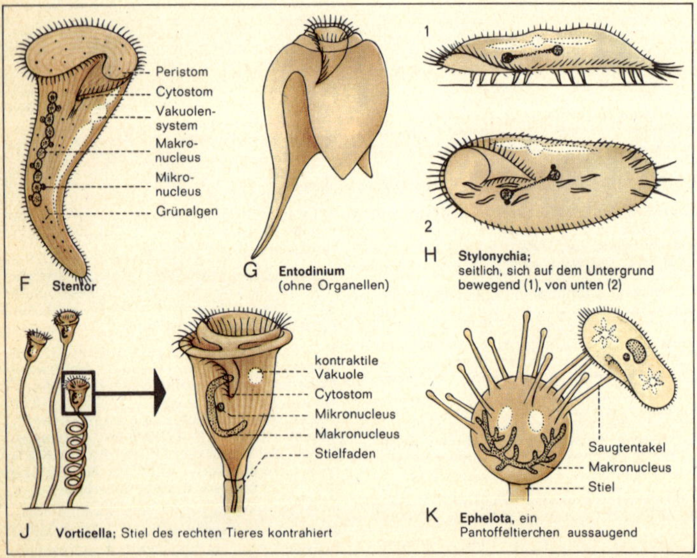

F **Stentor**

G **Entodinium** (ohne Organellen)

H **Stylonychia**; seitlich, sich auf dem Untergrund bewegend (1), von unten (2)

J **Vorticella**; Stiel des rechten Tieres kontrahiert

K **Ephelota**, ein Pantoffeltierchen aussaugend

Tierische Einzeller: Cytoidea

Eine Großgliederung in *Ein-* und *Vielzeller*, die im Pflanzenreich künstlich wäre, da sich dort oft in einer Familie ein- und mehrzellige Formen finden, ist im Tierreich sinnvoll.

1. Unterreich: Protozoa (Tierische Einzeller)

1. Abteilung: Cytomorpha. In einfachen Zellen steuert meist ein Kern alle Prozesse (I, S. 49).

1. Stamm: Zooflagellata (Geißeltierchen). Einige ihrer zahlr. Ordnungen wurden schon in der Pflanzensystematik erwähnt (I, S. 231). Auch diese enthalten aber oft heterotrophe Formen, die also als Tiere gelten.

1. Ordnung: Chrysomonadina (s. *Chrysomonadales*).
2. Ordnung: Heterochlorodina (s. *Heterochloridales*).
3. Ordnung: Cryptomonadina (s. *Cryptomonadales*).
4. Ordnung: Dinoflagellata (I, S. 45).
5. Ordnung: Euglenoidea (s. *Euglenales*).
6. Ordnung: Phytomonadina (s. *Volvocales*).
7. Ordnung: Protomonadina. Stets ohne Chromatophoren; Ernährung durch Osmose oder Phagocytose; Saprozoen (Fäulnisbewohner) oder Parasiten, z. B. *Choanoflagellaten* (Familie *Craspedomonadidae*; I, S. 44 F), die als Übergangsformen zu den *Schwämmen* gelten können, ferner die Familie *Trypanosomidae* (I, S. 44 G).
8. Ordnung: Polymastiginae. Rein tier. Formen in zahlr. Familien mit z. T. sehr komplizierten Fortbewegungsapparaten. Hierher gehören die *Trichomonas*-Arten (I, S. 44 H) und viele in *Termiten* symbiontisch lebende Formen (I, S. 44 J; vgl. auch I, S. 215).
9. Ordnung: Rhizomonadina. Vermitteln zw. *Flagellaten* und *Rhizopoden* (A).

2. Stamm: Rhizopoda (Wurzelfüßler)

1. Klasse: Amoebina (Wechseltierchen)
1. Ordnung: Gymnamoebina (Nacktamöben). Umfaßt die unbeschalten Formen (I, S. 48 A).
2. Ordnung: Testacea (Beschalte Amöben). Einkammriges Gehäuse aus chitinähnl. Grundmasse; oft durch körpereigene (Kieselplättchen) oder -fremde Hartteile (Sandkörnchen; B) verstärkt.
2. Klasse: Foraminifera (Kammerlinge). Fossil und rezent in großer Artenfülle (I, S. 48 B)
3. Klasse: Heliozoa (Sonnentierchen). Im allg. schwebende Formen, meist im Süßwasser; mehrere Ordnungen, unterschieden nach Art ihres Kieselskeletts.
4. Klasse: Radiolaria (Strahlentierchen). Schwebende marine Formen (I, S. 18 C), auch koloniebildend. Mehrere Ordnungen, unterschieden nach dem Bau ihres Skeletts (C).

3. Stamm: Sporozoa (Sporentierchen). Stark abgeleitete Gruppe; Entoparasiten mit meist kompliziertem Entw.-Zyklus (I, S. 49).

1. Klasse: Telosporidia. Einkernig, erst am Ende der vegetativen Periode Sporen bildend.
1. Ordnung: Gregarinida. Parasitisch in *Würmern*, *Krebsen* und *Insekten* (D).
2. Ordnung: Coccidia. Vor allem *Wirbeltier*-Parasiten, z. B. der Erreger der *Kaninchen*-Coccidiose *(Eimeria)*.
3. Ordnung: Haemosporidia. Zahlreiche, meist pathogene Formen, z. B. die *Malariaerreger* (Gattung *Plasmodium*; I, S. 49).
2. Klasse: Cnidosporidia. Erwachsene Stadien vielkernig, Sporen mit Polkapseln zur Verankerung an Wirtszellen. Mit *Telosporidia* wohl nicht verwandt. Erreger von Bienenruhr und Fleckenkrankheit der *Seidenraupe* (beide Ordnung *Microsporidia*, Gattung *Nosema*).
3. Klasse: Haplosporidia. Die Gattung *Rhinosporidium* verursacht Nasenpolypen.
4. Klasse: Sarcosporidia. Systemat. Stellung unsicher. Muskelparasiten, selten pathogen.

4. Stamm: Protociliata. Einzige Familie *Opalinidae*. Äußerlich den *Ciliaten* ähnlich (E), vielkernig, aber ohne Kerndualismus. Darmparasiten oder Synöken in *Amphibien*, *Reptilien* und *Fischen*.

2. Abteilung: Cytoidea. Von den *Cytomorpha* durch Kerndualismus, Konjugation und Cilien als Fortbewegungsorgane unterschieden (I, S. 51).

5. Stamm: Ciliata (Wimpertierchen, Infusorien). Einziger Stamm der *Cytoidea*. Die systemat. Gliederung wird z. Z. stark diskutiert.

1. Klasse: Euciliata (Eigentl. Infusorien). Dauernd mit Cilien versehen.
1. Ordnung: Holotricha. Gleichartige, wenn auch stellenweise längere und in Mundnähe zu undulierenden Membranen verschmolzene Cilien, über die ganze Oberfläche verteilt oder in Zonen angeordnet. Nach der Mundgestaltung und Ernährungsweise unterscheidet man: *Gymnostomata* (Schlinger), *Trichostomata* (Strudler; mit der Gattung *Paramaecium*; I, S. 51), *Hymenostomata* (Strudler) und *Astomata* (Entoparasiten).
2. Ordnung: Spirotricha. Mit zum Mund hin spiralig rechts gewundener Zone quergestellter Membranellen. Mit den Unterordnungen *Heterotricha* (Gattung *Stentor*; F), *Oligotricha*, *Entodiniomorpha* (Symbionten im Pansen der *Wiederkäuer*; G), *Ctenostomata*, *Hypotricha* (H).
3. Ordnung: Peritricha. Mundzone links gewunden. Mit den Unterordnungen *Mobilia* (frei bewegl. Formen) und *Sessilia* (festsitzende Formen; J).
4. Ordnung: Chonotricha. Mit spiraligem, zum Mund führendem Plasmasaum (I, S. 122 C). Stark spezialisierte Formen auf den Kiemen von *Krebsen*.
2. Klasse: Suctoria (Sauginfusorien). In erwachsenem Zustand ohne Cilien. Ohne Zellmund, mit Saugröhren (Tentakeln). Meist sessil auf Wasserpflanzen oder -tieren (K).

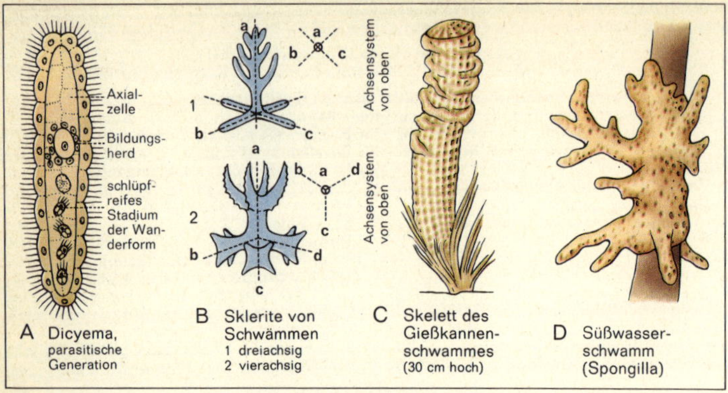

Mitteltierchen (Mesozoa) und Schwämme (Porifera)

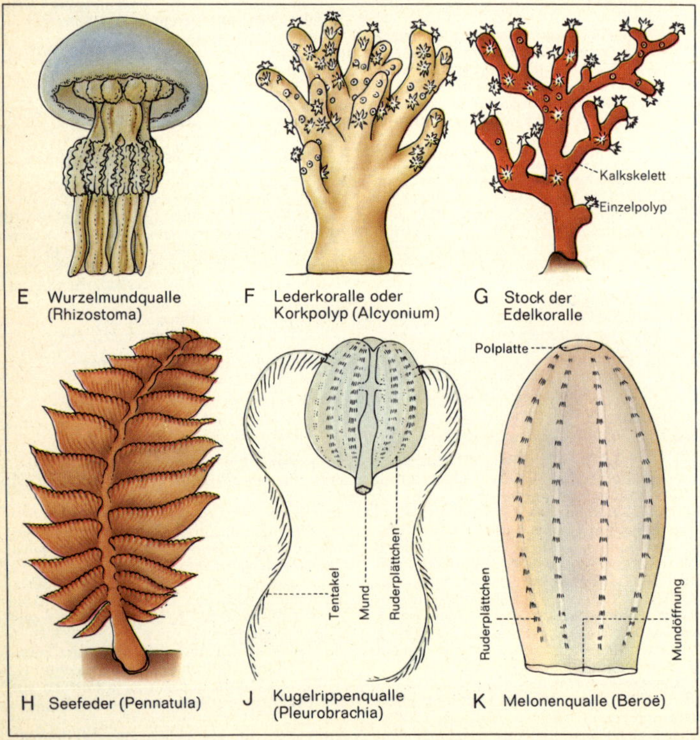

Hohltiere (Coelenterata)

2. Unterreich: Metazoa (Vielzeller)

1. Abteilung: Mesozoa, nur vertreten durch:

6. Stamm: Mesozoa (Mitteltierchen). Bis 7 mm lang. Der Körper ist ein einschichtiger Schlauch aus undiff. Zellen, der Fortpflanzungszellen umschließt. GW. – Diese Organisationsstufe einer Morula (I, S. 167) beweist nicht, daß die *Mesozoa* Ahnenformen der *Eumetazoa* sind. Sie gelten auch als isolierte, auf dem Weg zu echter Vielzelligkeit stehengebliebene Gruppe. Ihre parasit. Natur deutet auf rückgebildete *Eumetazoen.*

1. Ordnung: Orthonectida. Parasit. Generation: vielkerniges Plasmodium; freilebende, wurmförm. Generation bewimpert, geringelt.

2. Ordnung: Dicyemida. Auch im parasit. Zustand bewimpert und zellig organisiert (A; in Nierensäcken von *Cephalopoden*).

2. Abteilung: Parazoa, nur vertreten durch:

7. Stamm: Porifera (Schwämme). Meist marine Arten, bis 2 m ∅.

1. Klasse: Calcarea (Kalkschwämme). Skelett aus meist isolierten Kalknadeln (meist 3-, auch 4- und 1-strahlig; I, S. 54 A). Kleine, ursprüngl. Arten, *Ascon-*, *Sycon-* und *Leucon*-Typ.

2. Klasse: Silicea (Kieselschwämme). Skelettelemente (Sklerite) aus Kieselsäure, oft verbunden mit Sponginfasern, die bei Reduktion der Sklerite allein das Skelett bilden.

1. Unterklasse: Triaxonia (Glasschwämme). Vielgestaltige, stets 3-achsige glasklare Sklerite (B 1). Meist Tiefseeformen (C).

2. Unterklasse: Demospongia. Nur komplizierte Formen, *Leucon*-Typ.

1. Ordnung: Tetraxonida. Sklerite 4-achsig (B 2). Flachwasserformen. ∗*Süßwasserschwamm* (D).

2. Ordnung: Monaxonida. Sklerite einachsig. Formenreich, Meer und Süßwasser.

3. Ordnung: Keratosa. Nur Sponginskelett. U. a. der *Badeschwamm (Spongia).*

3. Abteilung: Eumetazoa. Zellen zu Epithelien, meist auch zu Organen vereinigt. Körper durch Muskeln und Nerven beweglich.

1. Unterabteilung: Coelenterata = Radiata (Hohltiere). Gelten als ursprüngl. *Eumetazoa*, von denen die *Bilateria* abzuleiten sind.

8. Stamm: Cnidaria (Nesseltiere). Mit typ. Wehrorganen (I, S. 104 C).

1. Klasse: Hydrozoa. Als sessile, oft koloniebildende (*Hydropolyp*; I, S. 218 A) und freischwimmende Form *(Hydromeduse)* auftretend. Zw. beiden Formen oft GW.

1. Ordnung: Hydroidea. Meist GW (I, S. 145), doch kann die eine oder andere Generation ganz reduziert sein.

2. Ordnung: Trachylina. Medusen ohne Generationswechsel *(Trachymedusen).*

3. Ordnung: Siphonophora (Staatsquallen). Freischwimmende, polymorphe Polypenstöcke, bis 3 m lang (I, S. 218 B).

2. Klasse: Scyphozoa. Gastralraum des Polypen durch 4 Wände (Septen) unterteilt, Medusen ohne Velum, mit ektodermalen Gonaden. Polypengeneration oft reduziert.

1. Ordnung: Stauromedusae (Stielquallen). Stiel des Polypen bei der Meduse erhalten.

2. Ordnung: Cubomedusae (Würfelquallen). Hoher Schirm. »*Feuerquallen*« trop. Meere.

3. Ordnung: Semaeostomae (Fahnenquallen). Mundrohr in 4 Arme ausgezogen; bis 2 m ∅. ∗*Ohrenqualle (Aurelia).*

4. Ordnung: Rhizostomeae (Wurzelmundquallen). Mundfahnen röhrenförm., mit vielen Poren. ∗*Wurzelmundqualle (Rhizostoma).*

3. Klasse: Anthozoa (Blumenpolypen). Nur Polypengeneration; eingestülptes Schlundrohr und mehr als 4 Septen (= Mesenterien).

1. Unterklasse: Hexacorallia (Sechsstrahlige Korallen).

1. Ordnung: Actiniaria (Seerosen). Fast nur solitär; bis 1,5 m ∅.

2. Ordnung: Madreporaria (Steinkorallen). Von der Fußplatte gebildetes Kalkaußenskelett. Trop. Arten riffbildend.

3. Ordnung: Antipatharia (Dörnchenkorallen). Hornartiges, oft lebhaft gefärbtes Skelett *(»Schmuckkorallen«).*

4. Ordnung: Zoantharia (Krustenanemonen). Oft stockbildend.

2. Unterklasse: Octocorallia (Achtstrahlige Korallen). Mit 8 Septen und 8 gefiederten Tentakeln.

1. Ordnung: Alcyonaria. Skelett aus ektodermalen Kalkskleriten. Oft stockbildend. ∗»*Tote Mannshand*« *(Alcyonium*; F).

2. Ordnung: Gorgonaria. Verzweigte Stöcke, bis 3 m lang. *Venusfächer (Rhipidogorgia)*; *Edelkoralle* (*Corallium*; G).

3. Ordnung: Helioporida (Blaue Korallen). Steinkorallenartiges Skelett. Riffbildend.

4. Ordnung: Pennatularia (Seefedern). Halbsessil, bis 2 m lang. ∗*Pennatula* (H).

9. Stamm: Acnidaria. Ohne Nesselkapseln, mit 8 Reihen von Wimperplättchen. Nur 2 Symmetrieebenen.

1. (einzige) Klasse: Ctenophora (Rippenquallen).

1. Unterklasse: Tentaculifera = Micropharyngea. Mit 1 Tentakelpaar und engem, röhrenförm. Pharynx. Mehrere Ordnungen, darunter – **Cydippea:** kugelige Formen. ∗*Pleurobrachia* (J); – **Lobata:** Körper in der Schlundebene gestreckt; – **Cestidea (Venusgürtel):** Körper noch stärker gestreckt (Linealform).

2. Unterklasse: Atentaculata. Ohne Tentakel, mit breitem Pharynx.

1. (einzige) Ordnung: Beroidea, fressen andere *Rippenquallen.* ∗*Beroë* (K).

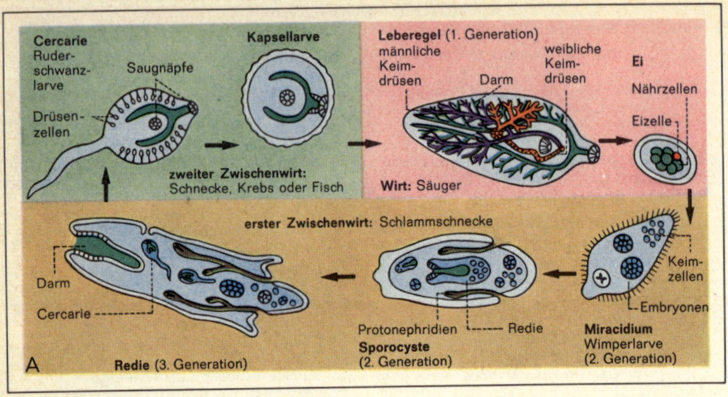

Entwicklungszyklus des Großen Leberegels

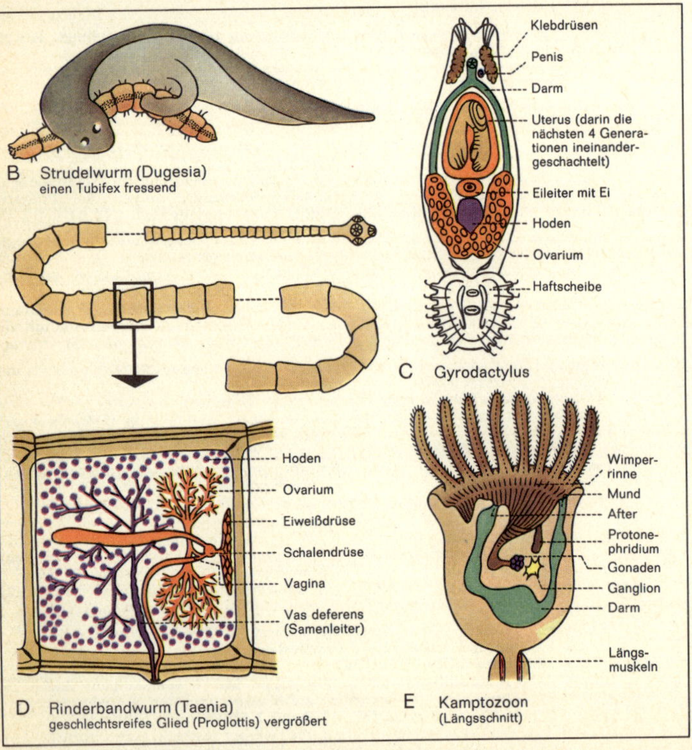

Plattwürmer (Plathelminthes) und Kamptozoa

2. Unterabteilung: Bilateria. Nur 1 Symmetrieebene; dadurch sind gleichzeitig Vorder- und Hinterpol, Bauch- und Rückenseite festgelegt. Der bei der Fortbewegung vorangehende Pol ist zugleich Sinnes- und Freßpol, die zugehörigen Organe (NS, Sinnesorgane, Mundwerkzeuge) sind meist in seiner Nähe konzentriert (Cephalisation). – Zw. äußerem und innerem Keimblatt entsteht auf versch. Weise ein mittl. Keimblatt (Mesoderm, Mesoblast); alle Keimblätter sind stark diff., während sie bei den *Coelenteraten* meist Epithelien bilden.

1. Stammreihe: Protostomia = Gastroneuralia. Ihr Urmund wird zum definitiven Mund, der After bricht sek. durch; ihr ZNS bildet Längsstränge an der Ventralseite. Skelettbildungen gehen meist vom Ektoderm aus (Außenskelett, z. B. der *Insekten*; I, S. 113).

10. Stamm: Plathelminthes (Plattwürmer). Wie bei den *Coelenteraten* fehlt ein After; das berechtigt zus. mit dem einf. Körperbau (I, S. 107) dazu, sie als die ursprünglichsten *Bilaterien* aufzufassen. Die Gruppe dürfte auch im Sinne eines natürl. Systems eine Einheit sein.

1. Klasse: Turbellaria (Strudelwürmer). 4000 Arten, meist marin, zahlreich auch im Süßwasser, nur wenige in feuchten Landbiotopen (trop. Regenwald).

1. Unterklasse: Archoophora. Die Ovarien nicht in Keim- und Dotterstöcke geteilt; entolecithale Eier. Spiralfurchung (I, S. 167).

1. Ordnung: Macrostomida. Vorwiegend ungeschlechtl. Fortpflanzung (I, S. 126 E).

2. Ordnung: Acoela. Ohne Darmlumen.

3. Ordnung: Catenulida (Kettenwürmer). Ungeschlechtl. Fortpflanzung.

4. Ordnung: Polycladida. Stark verästelter Darm. Große Arten (bis 8 cm lang), bes. auf Korallenriffen. Oft Kommensalen, auch Parasiten (z. B. in *Austern*).

2. Unterklasse: Neoophora. Höh. Formen, deren phylogenet. Herleitung aus den *Archoophora* aber noch unsicher ist. Ovarien in Keim- und Dotterstöcke geteilt. Eier ektolecithal (I, S. 107), Spiralfurchung höchstens noch angedeutet. Mehrere Ordnungen, darunter

- **Seriata** mit der Unterordnung *Tricladida* (dreischenkliger Darm). Künstl. Gliederung nach Lebensräumen: a) *Maricola:* in Meeren; b) *Paludicola:* im Süßwasser (mit den Gattungen ∗*Planaria*, ∗*Polycelis*, ∗*Dugesia*; B); c) *Terricola:* landlebend im trop. Regenwald (bis 60 cm lang; einige Arten in Gewächshäusern in Europa).
- **Neorhabdocoela** mit zahlr. Unterordnungen (Darm einfach stab- oder sackförmig).

2. Klasse: Trematoda (Saugwürmer). 5000 Arten. Unbewimperte, farblose Parasiten; meist platt, mit blind endendem Darm.

1. Ordnung: Monogenea. Außenparasiten an wasserlebenden *Wirbeltieren* mit cuticulären Haken und Klebdrüsen zum Festheften. Die oft bewimperten Jungtiere ähneln den erwachsenen und entw. sich direkt. ∗*Gyrodactylus* (C), auf Haut und Kiemen von *Karpfenfischen*, bringt bei starkem Befall Jungfische zum Absterben. Bei ∗*Diplozoon* (Kiemenparasit von Süßwasserfischen) folgt der Begattung der zwittrigen Tiere Verwachsung der beiden Individuen.

2. Ordnung: Digenea. Innenparasiten in Wasser- und Landtieren. Durch Saugnäpfe festgeheftet, deren einer den Mund umgibt, während meist ein zweiter bauchständig ist. Aus einer einfach gebauten Larve ohne Haftorgane entw. sich das erwachsene Tier unter oft mehrfachem GW und Wirtswechsel, z. B. bei *Großem* und *Kleinem Leberegel* (∗*Fasciola*; A, ∗*Dicrocoelium*) und bei *Schistosomum* (Erreger der Bilharziose des *Menschen*; I, S. 216 G).

3. Klasse: Cestodes (Bandwürmer). 3400 Arten. Darmlose, sich durch Osmose ernährende Entoparasiten. Larven mit bewegl. Hakenpaaren.

1. Unterklasse: Cestodaria. Wenige Arten uneinheitlicher Organisation.

2. Unterklasse: Eucestoda. Körper der erwachsenen Tiere, die alle Darmparasiten sind, durch Querfurchen in Abschnitte (Proglottiden) gegliedert, von denen jeder ein zwittriges Genitalsystem trägt (D). Die reifen Proglottiden mit befruchteten Eiern schnüren sich ab. Das Vorderende des Wurms (Scolex) ist abgesetzt und meist mit Haftgruben und Haken bewehrt. Entw. aus der Oncosphaera-Larve über eine Finne mit oft mehrfachem GW und Wirtswechsel. Nach der Bewaffnung des Scolex unterscheidet man mehrere Ordnungen, u. a.

- **Pseudophyllidea** mit dem ∗*Fischbandwurm (Diphyllobothrium)*;
- **Cyclophyllidea** mit den Gattungen *Taenia* (∗*Schweine-*, ∗*Rinderbandwurm)* und *Echinococcus* (∗*Hundebandwurm*; Finne im *Menschen* als Zwischenwirt).

4. Klasse: Gnathostomulidae. Nur 3 Arten; systemat. Stellung unklar.

11. Stamm: Kamptozoa = Entoprocta. Gestielte, meist stockbildende Formen mit Tentakelkranz, der Mund, After, Exkretions- und Geschlechtsöffnung umgibt (E). Spiralfurchung, Entw. mit Larve und Metamorphose. Von der Wurmform weit entfernt, ähneln sie im Habitus den *Bryozoen* (I, S. 259), zu denen sie manchmal gestellt werden. – Die Familien *Loxosomatidae* und *Pedicellinidae* leben marin, die der *Urnatellidae* im Süßwasser (∗*Urnatella* in Gewässern um Berlin).

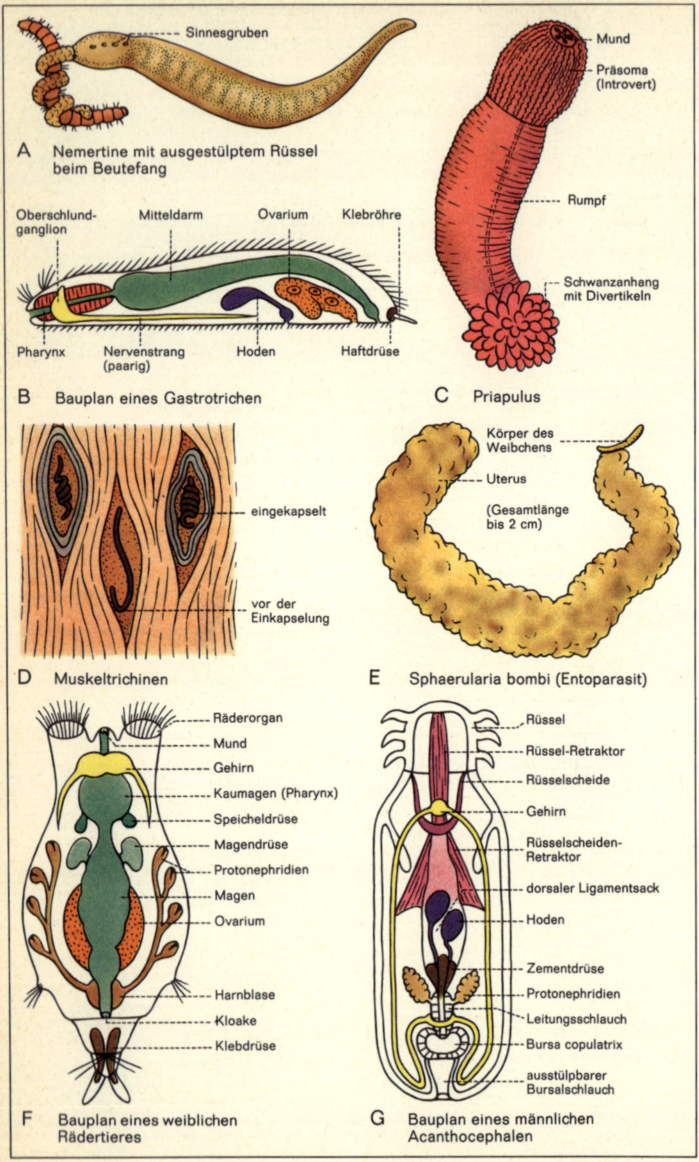

Schnurwürmer (Nemertini), Rundwürmer (Nemathelminthes) und Priapulida

12. Stamm: Nemertini (Schnurwürmer). Bilden nur eine Klasse; fadenförmig, bis zu 30 m lang bei nur 9 mm ∅; mit Hautmuskelschlauch (vgl. I, S. 109), Blutgefäßsystem und langem, einziehbarem Rüssel. Meist marine, räuberische Formen (A). Sie zeigen Anklänge an die *Plathelminthen* (Protonephridien, Mesenchym, bewimperte Epidermis), haben sich aber in der Stammesentw. wohl früh von ihnen getrennt. – Nach der Bewehrung des Rüssels unterscheidet man:

1. Unterklasse: Anopla. Ohne Stachel. 2 Ordnungen: *Palaeonemertini*, *Heteronemertini*.

2. Unterklasse: Enopla. Meist mit Giftstachel. Mit den 2 Ordnungen *Hoplonemertini* und *Bdellomorpha*, letztere mit zahlr. Konvergenzen zu den *Blutegeln* (I, S. 253).

13. Stamm: Nemathelminthes = Aschelminthes (Rund- oder Schlauchwürmer). Innerhalb der Gruppe starke Unterschiede, so daß die natürl. Verwandtschaft ihrer Klassen strittig ist. Auch die Einordnung des ganzen Stammes ins System ist unsicher. Manche Autoren nehmen *Coelenteraten* als Ahnenformen an, andere halten die *Rundwürmer* für sek. vereinfachte echte *Cölomaten*. (Bau und Organisation: I, S. 107.)

1. Klasse: Gastrotricha (Bauchhaarlinge). 150 Arten, bis 1,5 mm lang, wahrscheinlich zahlr. Arten noch unbekannt. Der Bau klingt an den der *Turbellarien* und *Nematoden* an (B). Im Meer und Süßwasser. 2 Ordnungen *(Macrodasyoidea, Chaetonotoidea)*.

2. Klasse: Rotatoria (Rädertierchen). 1500 Arten, bis höchstens 3 mm Länge; meist in stehendem Süßwasser. Typisch sind Wimperkränze am Vorderende (Räderorgan), ein Kaumagen (Pharynx), Protonephridien und Haftorgane am Hinterende (F). Bei allen bisher untersuchten Arten herrscht Zellkonstanz. Nach der Ernährungsweise lassen sich Strudler, Weideschwimmer, Greifer, Sauger und Reusenfänger (sessile Arten) unterscheiden.

1. Unterklasse: Seisonidea. Nur die Familie *Seisonidae*. Männchen und Weibchen gleich groß, Ovarium ohne spez. Nährbezirk. Rein marin.

2. Unterklasse: Eurotatoria. Männchen kleiner als Weibchen, oft zwerghaft, fehlen bei manchen Arten (Parthenogenese; I, S. 135). Ovarien mit spez. Nährbezirk.

1. Ordnung: Bdelloidea. Männchen stets unbekannt. Arten teilweise egelartig kriechend. **Rotaria*, **Philodina*.

2. Ordnung. Monogononta. Männchen vorhanden. **Brachionus*, **Lacinularia* (koloniebildend).

3. Klasse: Nematodes (Fadenwürmer). 10000 Arten bekannt, vermutl. rd. 90000 noch unbekannt. (Bau- und Organisation s. I, S. 107.)

1. Unterklasse: Aphasmida. Ohne Drüsentaschen (Phasmiden) am Hinterende; keine Dauerlarven; selten parasit.; u. a. die Ordnungen

– **Trichuroidea** mit der **Trichine (Trichinella*, einem der gefährlichsten Parasiten des *Menschen*; D),

– **Dioctophymoidea** mit **Dioctophyme* (Parasit des *Hundes*; Entw. mit 2 Zwischenwirten).

2. Unterklasse: Phasmidia. Mit einem Paar Phasmiden. Das 3. Larvenstadium oft als Dauerlarve ausgeprägt. Zahlr. Parasiten, die freilebenden Formen meist Bodentiere (oft Fäulnisbewohner).

1. Ordnung: Rhabditoidea. Mit dem **Essigälchen (Turbatrix)*.

2. Ordnung: Tylenchoidea. Mit wirtschaftlich wichtigen Pfl.-parasiten aus versch. Gattungen *(*Weizen-, *Rüben-, *Kartoffelälchen)*; Insektenparasiten(**Sphaerularia*; E).

3. Ordnung: Rhabdiasoidea.

4. Ordnung: Oxyuroidea. Mit dem **Madenwurm (Oxyuris;* häufiger, meist aber harmloser Parasit des *Menschen)*.

5. Ordnung: Ascaridoidea. Mit dem **Spulwurm* (*Ascaris*; Parasit des *Menschen*, I, S. 107).

6. Ordnung: Strongyloidea. Mit dem **Haken-* oder *Grubenwurm (Strongylus*; in Europa in Bergwerken o. ä., da sich die Eier nur bei hoher Temperatur entw.).

7. Ordnung: Dracunculoidea. Mit dem *Medinawurm (Dracunculus*; geschwürerzeugender Parasit des *Menschen)*.

8. Ordnung: Filarioidea. Mit *Wuchereria* (Erreger der Elephantiasis des *Menschen*).

4. Klasse: Nematomorpha (Saitenwürmer). 230 Arten, bis 1,5 m lang bei 3 mm ∅. Nematodenähnlich mit reduziertem Darm. Larven in *Insekten* und *Krebsen* parasitierend.

1. Ordnung: Gordiodea. Süßwasserarten; mit **Gordionus*.

2. Ordnung: Nectonematoidea. Marine Arten.

5. Klasse: Kinorhyncha (Hakenrüßler). 100 freilebende marine Arten bis höchstens 1 mm Länge. Auch nematodenähnlich, Cuticula gegliedert, mit Borsten und Stacheln.

6. Klasse: Acanthocephala (Kratzer). 500 Arten. Mund- und darmlose Parasiten, bis 47 cm lang (G). Vorderkörper ist ein hakentragender, einstülpbarer Rüssel (Introvert). Im Zwischenwirt *(Krebs, Insektenlarve)* zwei versch. Larvenformen (Acanthor = Hakenlarve und Acanthella). Endwirt ist stets ein *Wirbeltier*. – Ob die 3 Ordnungen *(Eoacanthocephala, Palaeoacanthocephala, Archiacanthocephala)* einem natürl. Syst. entsprechen, ist unsicher.

14. Stamm: Priapulida. Nur 4 freilebende, räuberische Arten im Schlamm kalter Meere; bis 8 cm lang. Introvert mit Haken besetzt; am Hinterende 1 oder 2 Schwanzanhänge unbekannter Funktion (C). Typ. ist ein paariges Urogenitalsystem (Exkretion und Produktion der Keimzellen). Der Stamm steht den *Nemathelminthen* nahe.

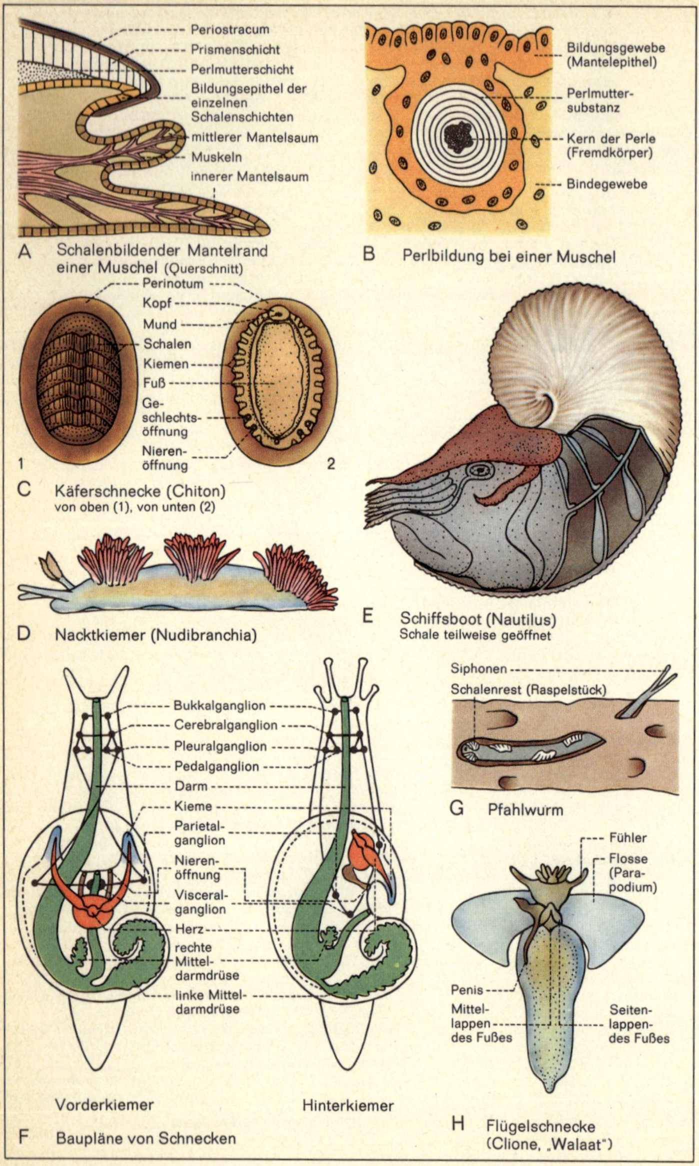

A Schalenbildender Mantelrand einer Muschel (Querschnitt)

B Perlbildung bei einer Muschel

C Käferschnecke (Chiton) von oben (1), von unten (2)

D Nacktkiemer (Nudibranchia)

E Schiffsboot (Nautilus) Schale teilweise geöffnet

F Baupläne von Schnecken

G Pfahlwurm

H Flügelschnecke (Clione, „Walaat")

Weichtiere (Mollusca)

Anders als die bisher erwähnten *Protostomier* haben die folgenden Stämme eine wenigstens embryonal angelegte sek. Leibeshöhle mit eigener Wand (Cölom; I, S. 108 C, E).

15. Stamm: Mollusca (Weichtiere). Besiedeln fast alle Lebensräume; von oft bedeutender Größe und hoher Organisationsstufe. Trochophora-ähnl. Larven und oft auftretende Spiralfurchung deuten auf stammesgeschichtl. Beziehungen zu den *Anneliden*. (Baupläne s. I, S. 114.)

1. Unterstamm: Amphineura. NS hat 2 Paar Längsstränge bis zum Körperende. Bauchseite weichhäutig, Rücken und Seiten mit stachliger Cuticula. Kopf ohne Augen, Fühler und Gg-Organe (Statocysten).

1. Klasse: Polyplacophora = Loricata (Käferschnecken). 1000 Arten. Dorsal in die Cuticula 8 gelenkig verbundene Kalkplatten eingelagert; ventral eine von Kiemen umstellte breite Sohle ausgebildet (C). Fast alle Arten auf Hartböden der Gezeitenzone; durch Anpressen an den Untergrund gegen Brandung, Austrocknung und Feinde geschützt. 3 durch unterschiedl. Schalenbildung kenntl. Ordnungen *(Lepidopleurina, Ischnochitonina, Acanthochitonina)*.

2. Klasse: Solenogastres = Aplacophora (Wurmschnecken). 150 marine Arten. Wurmförmig, ohne Schalenplatten, bis auf eine schmale Bauchfurche von stachliger Cuticula bedeckt. Im Schlick oder Sand, auf Polypenstöcken oder Tangen.

1. Unterklasse: Caudofoveata. Ohne Bauchrinne und Mundvorraum, 2 Paar Kiemen.

2. Unterklasse: Ventroplicida. Mit Bauchrinne und Mundvorraum, ohne Kiemen.

2. Unterstamm: Conchifera. Rücken mit einheitl. oder zweigeteilter Kalkschale (A). NS reduziert. Mit Statocysten.

1. Klasse: Monoplacophora. 2 Arten, erst 1952 in der Tiefsee entdeckt, vorher nur fossil bekannt (Erdaltertum). Im Habitus den *Polyplacophora* ähnlich, aber mit dem typ. inneren Bau der *Conchiferen* (I, S. 114).

2. Klasse: Gastropoda (Schnecken). 105000 Arten.

1. Unterklasse: Prosobranchia = Streptoneura (Vorderkiemer = Gekreuztnervige). Visceralstränge des NS gekreuzt, Kiemen vor dem Herzen (F). Schale meist kräftig, oft mit Deckel. Fast nur marine Arten.

1. Ordnung: Diotocardia = Archaeogastropoda. Mit zahlr. ursprüngl. Merkmalen (2 Herzvorhöfe, 2 Reihen von Kiemenblättchen, Pedalganglien als Markstränge). ∗*Napfschnecke (Patella)*.

2. Ordnung: Monotocardia. 1 Herzvorhof, 1 Kieme mit 1 Blättchenreihe, 1 Niere. Die 2 Unterordnungen (*Taenioglossa* mit breiter, *Stenoglossa* mit schmaler Radula) umfassen sehr unterschiedl. Typen: ∗*Sumpfdeckelschnecke* (Landform), *Pterotrachea* (Schwimmschnecke), ∗*Natica* (Bohrschnecke), ∗*Wellhornschnecke* (Räuber), ∗*Littorina* (Weidegänger).

2. Unterklasse: Euthyneura (Geradnervige). Visceralstränge gerade (F).

1. Überordnung: Opisthobranchia (Hinterkiemer). Die Kieme liegt rechts hinter dem Herzen oder fehlt ganz. Schale dünn, klein, fehlt oft ganz. – Mehrere Ordnungen, darunter – **Bullacea,** schwimmende Hochseeformen, wichtig als Wal-Nahrung (H); – **Nudibranchia,** ohne ursprüngliche, aber mit sek. Kiemen. Marine Nacktschnecken warmer Meere (D).

2. Überordnung: Pulmonata (Lungenschnecken). Keine Kiemen, Wand der Mantelhöhle reich an Gefäßen (›Lunge‹; I, S. 114 A).

1. Ordnung: Basommatophora (Wasserlungenschnecken). Wahrscheinlich sek. zum Wasserleben übergegangen. Augen in der Kopfhaut. ∗*Schlamm-*, ∗*Posthornschnecke*.

2. Ordnung: Stylommatophora (Landlungenschnecken). Augen auf einstülpbaren Fühlern. Beschalte Formen *(∗Weinbergschnecke)* und Nacktschnecken *(∗Wegschnecke)*.

3. Klasse: Scaphopoda = Solenoconcha (Kahnfüßer). 350 bilateralsymm. Arten. Paariger Mantel, hornförm. Schale, stabförm. Fuß. In Sandgrund lebende Kleintierfresser. Kopf mit Fangfäden.

4. Klasse: Bivalvia = Lamellibranchiata (Muscheln). 20000 Arten, bis 1,3 m lang.

1. Ordnung: Taxodonta. Schloßrand mit zahlr. gleichart. Zähnen; 2 Schließmuskeln. Ursprüngl. Formen. ∗*Nußmuschel (Nucula)*.

2. Ordnung: Anisomyaria. Vorderer Schließmuskel reduziert oder fehlend; Schloß meist ungezähnt. Mantel offen, nicht zu Röhre (Sipho) verwachsen. ∗*Miesmuschel*, ∗*Auster*, *Seeperlmuschel* (*Petria*; B).

3. Ordnung: Eulamellibranchiata. Kiemen in Lamellenform. Mantel oft zu Sipho verwachsen. 2 Schließmuskeln. – Nach der Form des Schlosses mehrere Unterordnungen, darunter – **Schizodonta** mit ∗*Flußperlmuschel*, ∗*Teichmuschel*; – **Heterodonta** mit ∗*Herzmuschel* und zahlr. anderen Arten der Nordsee; ∗*Erbsenmuschel*, ∗*Wandermuschel*; – **Adapedonta** mit ∗*Klaffmuschel*, ∗*Bohrmuschel* und ∗*Pfahlwurm* (G).

5. Klasse: Cephalopoda (Kopffüßer). 730 Arten.

1. Unterklasse: Tetrabranchiata. 2 Paar Kiemen, rd. 90 Arme; äußere, gekammerte Schale. Nur 6 Arten (E).

2. Unterklasse: Dibranchiata. 1 Paar Kiemen, Schale stab- oder plattenförmig, vom Mantel überdeckt. Linsenaugen.

1. Ordnung: Decabrachia (Zehnarmige). Außer 8 Armen 2 einrollbare Tentakel, Mantel mit seitl. Flossen. ∗*Tintenfisch (Sepia)*, ∗*Kalmar (Loligo)*; *Architeuthis* (mit Armen 18 m lang).

2. Ordnung: Octobrachia (Achtarmige). Körper sackförm., Schale stark reduziert. ∗*Krake (Octopus)*, ∗*Moschuspolyp (Eledone)*; *Papierboot* (*Argonauta*; Weibchen in vom oberen Armpaar produz. sek. Schale).

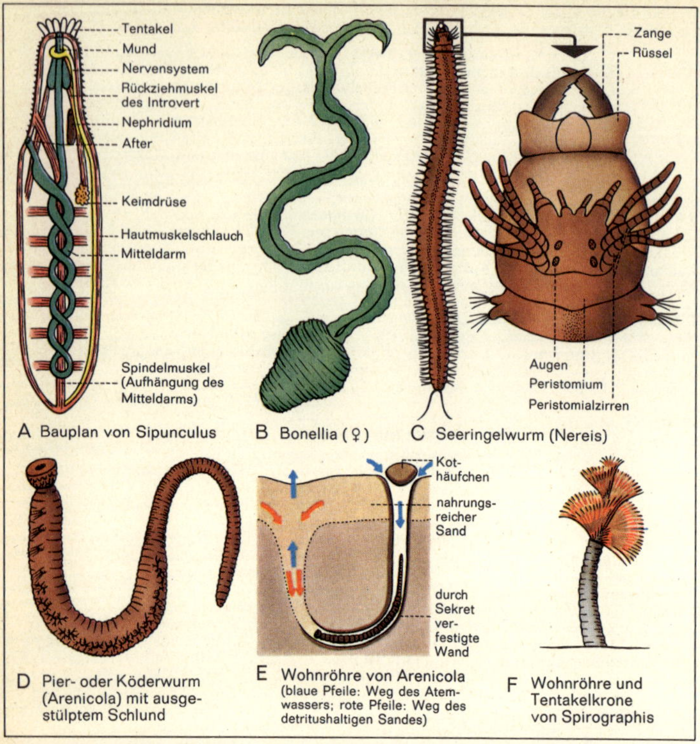

Spritzwürmer (Sipunculida), Sternwürmer (Echiurida), Ringelwürmer (Annelida)

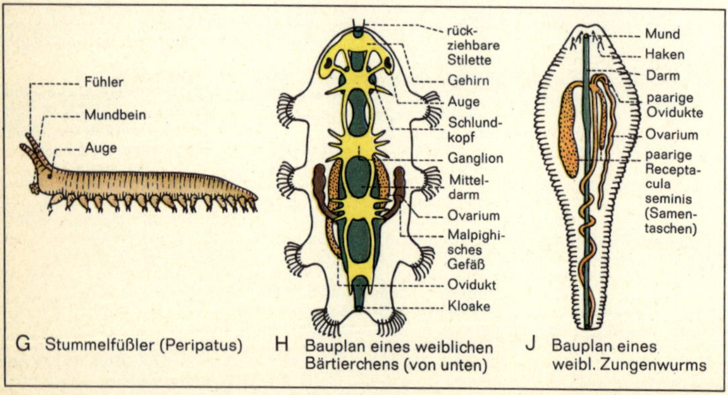

Stummelfüßler (Onychophora), Bärtierchen (Tardigrada), Zungenwürmer (Pentastomida)

16. Stamm: Sipunculida (Spritzwürmer). Meist marine Arten, bis 50 cm lang. Wurmförmig, mit einstülpbarem Introvert (A). Das Cölom umfaßt neben der eigentl. Leibeshöhle ein Syst. von Tentakelkanälen, in Bau und Funkt. ähnl. dem Ambulacralgefäßsyst. der *Echinodermen*. Ein Blutgefäßsyst. fehlt. Anklänge an *Mollusken* und *Anneliden* (Trochophora-Larve, Metanephridien), trotzdem im System isoliert.

17. Stamm: Echiurida (Stern- oder Igelwürmer). Marine Arten (bis 1,8 m), langer Rüssel (Prostomium), halbsessil bis 9000 m Tiefe. Cölomverhältnisse trotz fehlender Metamerie denen der *Anneliden* ähnlich; auch Borsten und Metanephridien, die die Geschlechtszellen leiten, rücken sie im System in die Nähe der *Anneliden*. Geschlossenes Blutgefäßsystem.

1. Ordnung: Echiurinea. Prostomium, Borsten und Analschläuche (zusätzl. Exkretionsorgane), z. B. *Bonellia* (B; I, S. 147).

2. Ordnung: Sactosomatinea: nur eine Art.

Stammgruppe: Articulata (18. bis 22. Stamm).
Über 75% aller Tierarten. Unterschiedliche, stets segmentierte *Protostomier*, deren Segmente je ein Cölomsack- und Ganglienpaar enthalten (wenigstens embryonal).

18. Stamm: Annelida (Ringel- oder Gliederwürmer) (Bauplan s. I, S. 108).

1. Klasse: Polychaeta (Vielborstige). 5300 meist getrenntgeschlechtl. Arten. 1 Paar Parapodien mit Borstenbüscheln je Segment (I, S. 110 C). Kopfabschnitt (Prostomium) oft mit paarigen fühlerartigen Anhängen (G). Die Ordnungen sind vorwiegend ökol. Gruppen.

1. Ordnung: Errantia. Zahlr. Familien mit stets freibewegl. Arten. Meist marin. Alle Segmente gleichförmig, mit Parapodien und Nephridien. Kleintierfresser, Filtrierer (z. T. mit selbstgesponnenen Netzen) und Räuber. ∗*Seemaus (Aphrodite)*, ∗*Nereis*, ∗*Ophryotrocha* (mit modifikator. Geschlechtsumwandlung), *Palolo-Wurm* (Fortpflanzungszyklus synchron mit dem Mondjahr).

2. Ordnung: Sedentaria. Sessile oder halbsessile Arten (E). Körper oft mit mehreren Regionen (D), Kiemen meist nur in einer von ihnen. Nephridien nicht in allen Segmenten. 5 Unterordnungen mit unterschiedl. Typen: ∗*Sandwurm (Arenicola)*, ∗*Lanice*, ∗*Sabellaria* (riffbildend durch die mit Sand verklebten Röhren), *Spirographis* (in freistehender, gummiartiger Röhre, mit zahlr., der Ernährung dienenden Tentakeln; F).

3. Ordnung: Archiannelida. Künstl. systemat. Einheit, umfaßt Formen von larvaler oder sek. vereinfachter Organisation.

2. Klasse: Myzostomida. 130 marine Arten, den *Polychäten* nahestehend, aber alle Parasiten und daher im Bau stark abgewandelt.

3. Klasse: Clitellata (Gürtelwürmer). 3400 Arten. Zwittrig, ohne Antennen und Parapodien. Mit einer zur Begattung wichtigen gürtelart. Anschwellung in der Region der Geschlechtsorgane (Clitellum). Entw. in einem vom Clitellum produz. Kokon (kein freies Larvenstadium).

1. Ordnung: Oligochaeta (Wenigborster). 3 Unterordnungen nach der Form der Keimdrüsen. Bodentiere (∗*Regenwurm* [*Lumbricus*], ∗*Mistwurm* [*Eisenia*]) oder Wassertiere (∗*Tubifex* [in O_2-armen Gewässern]).

2. Ordnung: Hirudinea (Blutegel). Meist ohne Borsten, mit Saugpharynx und Saugnapf am Hinterende. Haut sek. in viele Ringe gegliedert. Darm oft mit Divertikeln zur Speicherung des aufgenommenen Blutes (75% der Arten sind Wirbeltierparasiten, die übrigen Räuber). Meist im Süßwasser *(∗Medizinischer Blutegel*, ∗*Pferdeegel)*; die trop. Familie *Haemadispidae* ist landlebend.

19. Stamm: Onychophora (Stummelfüßler). In ihrem Bau zw. *Anneliden* und *Arthropoden* stehende landbewohnende Formen (G).
Annelidenmerkmale (vgl. I, S. 109): – wurmförm. Körper, homonom segmentiert, ohne abgesetzten Kopfabschnitt; – Hautmuskelschlauch aus glatter Muskulatur; – Nephridien in fast allen Segmenten; – parapodienartige, ungegliederte Laufbeine. **Arthropodenmerkmale** (vgl. I, S. 113): – die als Mixocöl ausgebildete Leibeshöhle; – Krallen an den Extremitäten; – Herz mit Ostien in einem Pericardialsinus; – nicht metamer liegende, büschelförmige Tracheen; – Chitincuticula; – Fortbewegung hauptsächlich durch die Beinmuskulatur. Wegen einiger Sonderbildungen können die *Onychophoren* nicht als echte Ahnenformen der *Arthropoden* gewertet werden. Sie geben aber sicher eine Vorstellung davon, wie diese ausgesehen haben.

20. Stamm: Tardigrada (Bärtierchen). Wasserlebende Arten, bis 1 mm lang. Meist in Spezialbiotopen (Wasser in Moospolstern). 4 Paar stummelförm., bekrallte Laufbeine (H), Mund mit Stiletten zum Anstechen der Nahrung. Innerer Bau durch Reduktion vereinfacht (Atem- und Kreislauforgane fehlen). Z. T. mit Malpighischen Gefäßen (I, S. 113).

21. Stamm: Pentastomida = Linguatulida (Zungenwürmer). Parasiten fleischfressender Landwirbeltiere. Embryonal 4 mit Haken versehene Beinpaare, von denen 2 sich zurückbilden (J). Es ist unklar, ob der Bauplan ursprüngl. ist oder ob die Tiere sek. vereinfachte *Arthropoden* sind. ∗*Nasenwurm* (erwachsenes Tier im Nasenraum des *Hundes*).

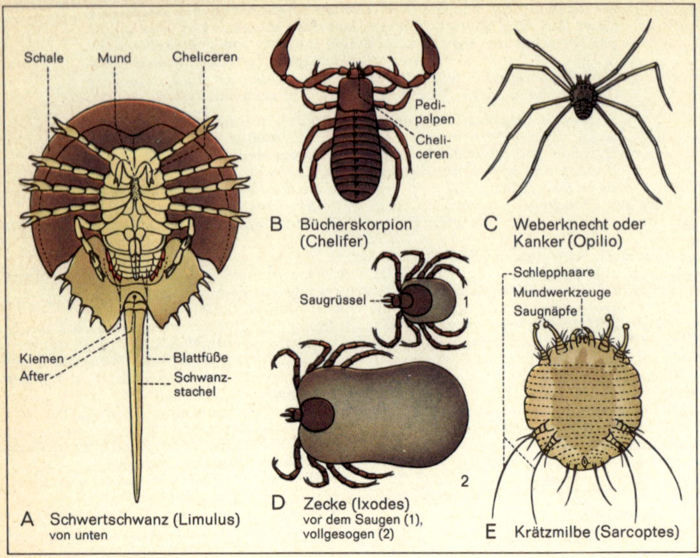

Fühlerlose (Chelicerata)

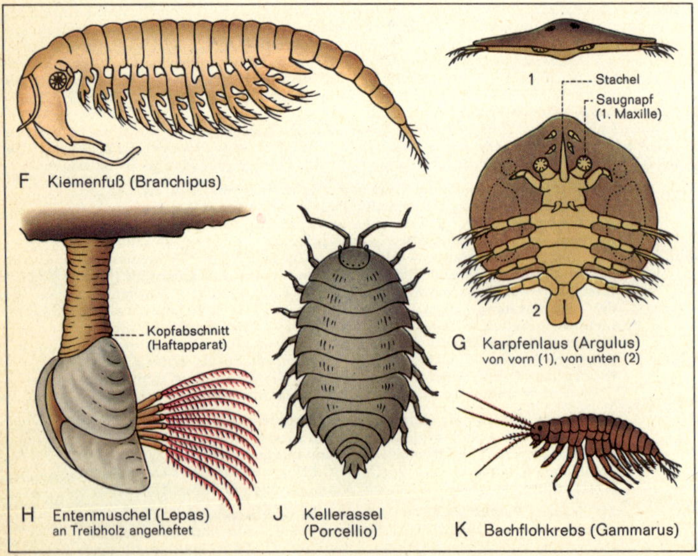

Krebse (Crustacea)

22. Stamm: Arthropoda (Gliederfüßler). Arten- und formenreichste *Articulaten*-Gruppe. (Bauplan s. I, S. 112.) Die folgende Großgliederung beruht auf Unterschieden der Mundwerkzeuge.

1. Reihe: Amandibulata (Kieferlose).

1. Unterstamm: Chelicerata (Fühlerlose). Ohne Antennen und Kiefer. Cheliceren (1. Gliedmaßenpaar) zum Beutefang und Freßakt.

1. Klasse: Merostomata. Nur Ordnung *Xiphosura (Schwertschwänze)*, 5 marine Arten. Grundbewohner mit schildförm. Körper (A) und bewegl. Telson-Anhang (»Schwanzstachel«). 6 Extremitätenpaare an der Unterseite des Vorderkörpers (Prosoma).

2. Klasse: Arachnida (Spinnentiere). 36000 Arten. (Bauplan s. I, S. 110.)

1. Ordnung: Scorpiones (Skorpione). Hinterleib (Opisthosoma) gegliedert in Mesosoma und schwanzartiges Metasoma mit Giftblase und Stachel (I, S. 150 D). Die Cheliceren sind kleine, die Pedipalpen große Scheren; 4 Paar Fächertracheen. In Europa die Gattungen *Buthus* und *Euscorpius*.

2. Ordnung: Pedipalpi. Erstes Laufbeinpaar zu Tastbeinen umgewandelt; scherenförm. Cheliceren. Von den beiden Unterordnungen sind die *Uropygi (Geißelskorpione)* skorpionartig, die *Amblypygi (Geißelspinnen)* spinnenähnlich.

3. Ordnung: Palpigradi. 46 sehr kleine Arten, der vorigen Ordnung ähnl. bis auf ein langes Flagellum als Telson-Anhang.

4. Ordnung: Araneae (Spinnen). Opisthosoma ungegliedert, schmal am Prosoma ansetzend. Cheliceren als Klauen, Pedipalpen als Taster ausgebildet. Hintergliedmaßen zu Spinnwarzen umgewandelt.

1. Unterordnung: Mesothelae. Opisthosoma noch gegliedert (neben weiteren ursprüngl. Merkmalen). In Erdröhren lebend.

2. Unterordnung: Ecribellatae. Mit der Mehrzahl der Familien: z. B. *Vogelspinnen; Speispinnen* (mit **Scytodes*); **Kreuzspinnen; Trichterspinnen* (mit **Hausspinne* [*Tegenaria*]), **Wolfs-*, **Krabben-*, **Springspinnen.*

5. Ordnung: Ricinulei (Kapuzenspinnen). Nur 15 Arten; der vorigen Ordnung ähnlich.

6. Ordnung: Pseudoscorpiones (Afterskorpione). Kleine Arten, von *Skorpionen* durch das Fehlen von Metasoma und Giftblase unterschieden (B). Cheliceren und Pedipalpen mit Scheren. **Bücherskorpion.*

7. Ordnung: Solifugae (Walzenspinnen). Pro- und Opisthosoma gegliedert. Cheliceren scherenförmig, Pedipalpen laufbeinartig. Tracheensystem mit 2 großen Längsstämmen. Im System isoliert stehend.

8. Ordnung: Opiliones (Weberknechte, Kanker). Körper segmentiert; Cheliceren scherenförmig, Pedipalpen als Taster. Versch. Typen; die in Europa lebenden sind meist langbeinig und weichhäutig (C). Abwerfen der Laufbeine als Schutz gegen Feinde (Autotomie; auch bei *Krebsen*).

9. Ordnung: Acari = Acarina (Milben). 10000 Arten in vielen Typen. Bau wegen geringer Größe (meist 0,1–2 mm), oft auch durch Parasitismus, vereinfacht. Zahlr. Unterordnungen; Systematik noch unsicher. **Zecke* (D), **Krätzmilbe* (E).

3. Klasse: Pantopoda (Asselspinnen). 500 marine Arten mit 4–9 Extremitätenpaaren. Opisthosoma reduziert, Blindsäcke der inneren Organe reichen in die Extremitäten.

2. Reihe: Mandibulata. Ein Extremitätenpaar als zangenartige Oberkiefer (Mandibeln). (Übrige Mundwerkzeuge s. I, S. 110 A, 112 A.)

2. Unterstamm: Branchiata = Diantennata. 2 Paar Fühler (Antennen).

1. (einzige) Klasse: Crustacea (Krebse). 20000 Arten, von großem Formenreichtum. Zahlr. Unterklassen, darunter:

- **Cephalocarida:** nur 2 urtüml. Arten mit 19 Rumpfsegmenten.
- **Anostraca (Kiemenfüße):** ohne Carapax, gleichförm. Rumpfgliederung, gleichart. Beine. **Branchipus* (F); *Artemia* (verträgt bis 23% Salzgehalt des Wassers).
- **Phyllopoda (Blattfußkrebse):** Süßwasserformen mit quergestellten Blattbeinen. Wichtigste Vertreter: *Cladocera (Wasserflöhe*; I, S. 154 B; auch **Daphnia)*.
- **Ostracoda (Muschelkrebse):** Carapax zweiklappig, den kurzen Körper mit wenigen Extremitätenpaaren umschließend.
- **Copepoda (Ruderfußkrebse):** Körper zweigeteilt, Gliedmaßen nur am 1. Abschnitt; 1. Antenne verlängert. Weibchen mit Eipaketen. **Cyclops* (I, S. 154 C).
- **Branchiura (Fischläuse):** sehr flacher Carapax, Kopfgliedmaßen mit Haftorganen; Saugrüssel. Temporäre Ektoparasiten, Fischereischädlinge. **Karpfenlaus* (G).
- **Cirripedia (Rankenfüßler):** sessile Formen; Kopfabschnitt zu Haftplatte oder Stiel geworden. Mit Kalkplatten gepanzert. **Entenmuschel* (H), **Seepocke*. **Sacculina* (als Entoparasit so abgewandelt, daß die Arthropodennatur nur noch an den Larven erkennbar ist; I, S. 216 F).
- **Malacostraca (Höhere Krebse).** 14000 Arten; höchstentw. Gruppe. Zahlr. Überordnungen, darunter

a) **Eucarida** mit der wichtigsten
Ordnung Dekapoda (Zehnfüßler).

1. Unterordnung: Natantia. Langschwänzige Arten mit ursprüngl. Merkmalen. **Nordseegarnele (Crangon)*.

2. Unterordnung: Reptantia. Umfaßt langschwänzige *(*Hummer*, **Flußkrebs)* und kurzschwänzige Formen (**Taschenkrebs*, **Wollhandkrabbe*, **Strandkrabbe*; I, S. 216 F), außerdem Arten mit asymm. Hinterleib (**Einsiedlerkrebse*; I, S. 214 J).

b) **Peracarida.** Zu ihnen zählen neben typ. *Krebsen* die oft landbewohnenden *Asseln* (Ordnung **Isopoda**; z. B. **Kellerassel*; J) und die seitl. zusammengedrückten *Flohkrebse* (Ordnung **Amphipoda**; z. B. **Bachflohkrebs*; K).

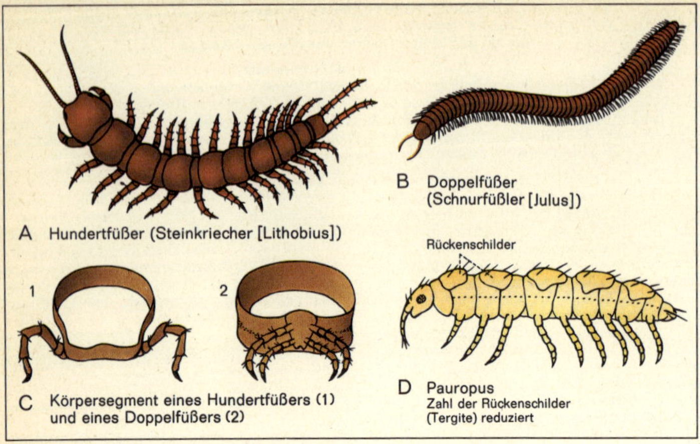

Tausendfüßler (Myriapoda)

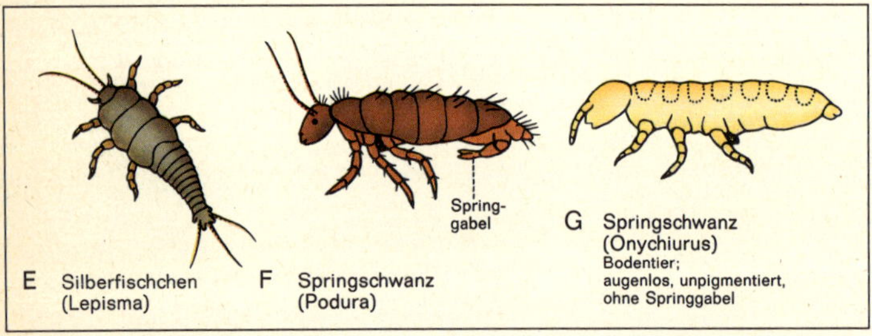

Urinsekten (Apterygota)

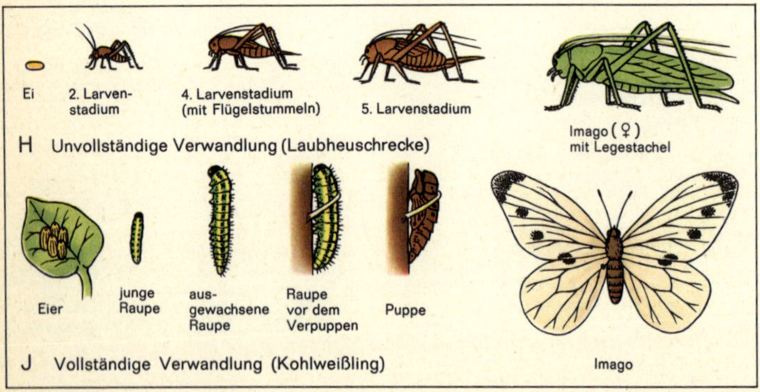

Metamorphose bei Insekten

3. Unterstamm: Tracheata = Antennata. Land- und sek. Wassertiere, durch ektodermale Tracheen atmend. 2. Antenne stets ganz reduziert.

1. Klasse: Myriapoda (Tausendfüßler). 10500 Arten. Mit homonom segmentiertem Rumpf. Bewohner von Land-Biotopen mit hoher Luftfeuchtigkeit (Feuchtluft-Tiere).

1. Unterklasse: Chilopoda (Hundertfüßler). Alle Rumpfsegmente außer den 2 letzten tragen je ein Beinpaar; das 1. Laufbeinpaar ist zu zangenförm. Kieferfüßen mit Giftdrüsen umgewandelt. Wichtige Gruppen: *Erdläufer* (mit ∗*Geophilus)*; *Skolopender* (mit *Scolopendra gigantea* bis 26 cm lang); *Steinkriecher* (mit ∗*Lithobius*; A); *Spinnenläufer* (mit ∗*Scutigera*).

2. Unterklasse: Diplopoda (Doppelfüßler). Körperringe, verschmolzen aus je 2 Segmenten, tragen je 2 Beinpaare (C). Auch mit der folgenden Unterklasse zur Abteilung *Dignatha* vereinigt (2 Paar Mundwerkzeuge).

1. Ordnung: Chilognatha (Schnurfüßler). Mit ∗*Julus* (B).

2. Ordnung: Pselaphognatha (Pinselfüßler). Mit ∗*Polyxenus*.

3. Unterklasse: Pauropoda (Wenigfüßler). Zwergformen, höchstens 2 mm lang; meist mit 9 Laufbeinpaaren (∗*Pauropus*; D).

4. Unterklasse: Symphyla (Zwergfüßler). 3 Paar Mundwerkzeuge; 12 Laufbeinpaare. Kleine Formen, höchstens 8 mm lang. Einige ihrer Merkmale finden sich auch bei ursprüngl. *Insekten*, so daß natürl. Verwandtschaft beider Gruppen wahrscheinlich ist. ∗*Scutigerella* (Schädling durch Pflanzenfraß in Gewächshäusern).

2. Klasse: Hexapoda = Insecta. 750000 Arten; artenreicher als alle anderen Tiergruppen zusammen. Vielfach diff., besiedeln fast alle Biotope. (Bauplan s. I, S. 112.)

1. Unterklasse: Apterygota (Urinsekten). Kleine, primär flügellose Tiere mit direkter Entw. (ohne die für *höhere Insekten* typ. Metamorphose; J). Künstl. Sammelgruppe, deren Ordnungen oft der Rang von eigenen Unterklassen zuerkannt wird.

1. Ordnung: Thysanura (Borstenschwänze). Stehen vermutl. den *Pterygoten* phylogenet. nahe. Genitalanhänge ähnlich denen mancher *Heuschrecken*. ∗*Silberfischchen* (*Lepisma*; E), ∗*Ofenfischchen (Thermobia)*, ∗*Felsenspringer (Machilis)*.

2. Ordnung: Diplura (Doppelschwänze). Kleine Gruppe pigmentloser Bodentiere.

3. Ordnung: Protura (Beintastler). Sehr kleine, pigmentlose Bodentiere, im Zusammenhang mit ihrer Lebensweise stark abgeleitet. ∗*Campodea*.

4. Ordnung: Collembola (Springschwänze). Artenreich, weltweit verbreitet. Hinterleib stark reduziert, mit Springgabel (F). Zahlr. Bodentiere (G).

2. Unterklasse: Pterygota (Fluginsekten). Flügel höchstens sek. fehlend. Die hier folgende systemat. Gliederung, beruhend auf Unterschieden in der Entw. und im Bau der Mundwerkzeuge, ist dadurch vereinfacht, daß die allg. als Überordnungen geltenden Gruppen als Ordnungen aufgeführt sind.

1. Ordnungsgruppe: Hemimetabola. Mit unvollständiger Verwandlung (H); Larven oft wasserlebend.

1. Ordnung: Ephemerida (Eintagsfliegen). 3 Schwanzanhänge. Letztes Larvenstadium schon flugfähig (Subimago). Imago kurzlebig, Mundwerkzeuge oft verkümmert. Massenauftreten. ∗*Eintagsfliege (Ephemera)*.

2. Ordnung: Plecoptera = Perlida (Steinfliegen). Ähnlich wie vorige Ordnung, aber ohne Subimago. Larven sind wichtig als Fischnahrung. ∗*Steinfliege (Perla)*.

3. Ordnung: Odonata (Libellen). An die Flugjagd angepaßte Formen mit riesigen Augen (I, S. 258 E 2) und direkter Flügelmuskulatur (vgl. I, S. 112 E). 2 Unterordnungen *(Anisoptera* [*Großlibellen*], *Zygoptera* [*Kleinlibellen*]). Wasserlebende Larven oft mit Fangmaske. Z. B. ∗*Aeschna*.

4. Ordnung: Orthoptera (Geradflügler). In Einzelmerkmalen hochspezialisiert (Lauterzeugung, Sprungvermögen).

1. Unterordnung: Saltatoria (Heuschrecken [H] **und Grillen). 2. Unterordnung: Phasmida (Gespenstheuschrecken).** *Stabheuschrecke*, *Wandelndes Blatt* (I, S. 212 F). **3. Unterordnung: Dermaptera (∗Ohrwürmer).** Vorderflügel zu kurzen Decken reduziert (Konvergenz zu *Käfern*).

5. Ordnung: Blattoidea (Schabenartige). 1. Unterordnung: Mantodea (Fangheuschrekken). 1. Beinpaar zu Fangbeinen umgewandelt. ∗*Gottesanbeterin (Mantis)*. **2. Unterordnung: Blattaria (Schaben).** Weltweit verbreitet. ∗*Küchenschabe (Blatta)*. **3. Unterordnung: Isoptera (Termiten**; I, S. 218 C).

6. Ordnung: Psocoidea. Mit stechend-saugenden Mundwerkzeugen. **1. Unterordnung: Copeognatha (∗Bücherläuse). 2. Unterordnung: Mallophaga (∗Federlinge). 3. Unterordnung: Anoplura (∗Läuse).** Flügel-, oft augenlose Ektoparasiten an *Säugern* (I, S. 216 D). ∗*Kopflaus* (Gattung *Pediculus*).

7. Ordnung: Thysanoptera (∗Blasenfüße). Asymm., stechend-saugende Mundwerkzeuge. Bei Massenbefall (durch Parthenogenese) Pflanzenschädlinge.

8. Ordnung: Rhynchota = Hemiptera (Schnabelkerfe). Hochspezialisierte, stechend-saugende Mundwerkzeuge. **1. Unterordnung: Heteroptera (Wanzen).** Hinterflügel häutig, Vorderflügel mit verdicktem Basalteil (Hemiëlytren). Die Gruppe enthält räuberische, oft auch im Wasser lebende Arten *(∗Wasserskorpion)*, Pflanzenschädlinge *(∗Stinkwanze)* und Parasiten bei *Warmblütern* (I, S. 216 A, B). **2. Unterordnung: Homoptera (Zikaden).** Beide Flügelpaare häutig. Neben den trop. und subtrop. *Singzikaden* zählen zu ihnen: ∗*Blattflöhe* (Familie *Psyllidae*); – ∗*Schaumzikaden* (Familie *Cercopidae*); – ∗*Buckelzirpen* (Familie *Membracidae*); – ∗*Blattläuse* mit z.T. sehr kompliziertem GW (I, S. 144 B); – ∗*Schildläuse* (Familie *Coccidae*) mit stark umgebildeten Weibchen.

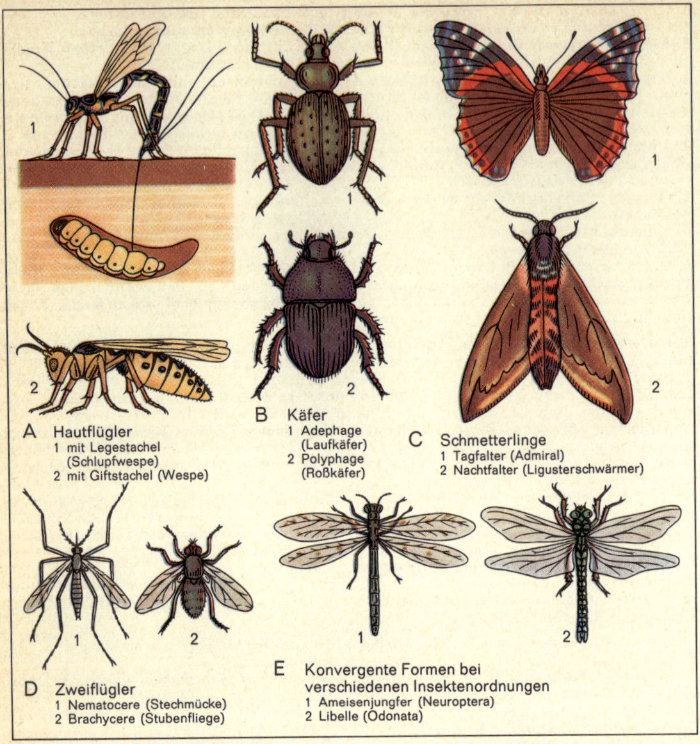

Fluginsekten (Pterygota)

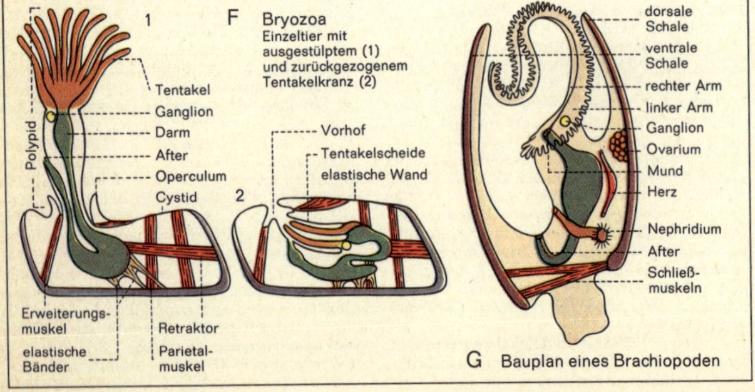

Tentaculata

2. Ordnungsgruppe: Holometabola. Mit vollständ. Verwandlung (I, S. 256 J).

9. Ordnung: Hymenoptera (Hautflügler). Mundwerkzeuge kauend oder leckend-saugend; beide Flügelpaare häutig. **1. Unterordnung: Symphyta.** Ohne Einkerbung zw. Brust und Hinterleib. Ursprüngl. Gruppen mit Pflanzennahrung: *∗Blattwespen (Tenthredinidae)*, *∗Holzwespen (Siricidae)*, *∗Halmwespen (Cephidae)*. Larven oft Schädlinge (Minierer). **2. Unterordnung: Terebrantes.** Mit Legestachel (A 1). Zus. mit der 3. Unterordnung als *Apocrita* den *Symphyta* gegenübergestellt wegen des Einschnitts zw. 1. und 2. Abdominalsegment (Wespentaille). Zu ihnen zählen bes. *∗Schlupfwespen* (*Ichneumonidae*; wichtig als Feinde von Schadinsekten), *∗Hungerwespen (Evaniidae)*, *∗Gallwespen (Cynipidae)*. **3. Unterordnung: Aculeata.** Mit Giftstachel (A 2). Wichtigste Familien: *∗Ameisen (Formicidae)*, *∗Wespen (Vespidae)*, *∗Wegwespen (Psammocharidae)*, *∗Bienen (Apidae)*.

10. Ordnung: Coleoptera (Käfer). 100000 bis 250000 Arten (größte Insektengruppe). Kauende Mundwerkzeuge; Vorderflügel hart (Elytren), Hinterflügel häutig, faltbar. **1. Unterordnung: Adephaga.** Räuberisch. *∗Sandlaufkäfer (Cicindelidae)*, *∗Laufkäfer* (*Carabidae*; B 1), *∗Schwimmkäfer (Dytiscidae)*, *∗Taumelkäfer (Gyrinidae)*. **2. Unterordnung: Polyphaga.** Nur wenige der vielgestaltigen Familien können genannt werden: *∗Aaskäfer (Silphidae*; z. B. *Totengräber)*, *∗Leuchtkäfer (Lampyridae*; z. B. *»Glühwürmchen«)*, *∗Ölkäfer* (*Meloidae*; mit Überverwandlung = Hypermetabolie, Durchlaufen mehrerer Larvenformen), *∗Speckkäfer* (*Dermestidae*; Nahrungsmittelschädlinge), *∗Marienkäfer (Coccinellidae)*, *∗Bockkäfer* (*Cerambycidae*; oft sehr lange Fühler; Holzschädlinge), *∗Blattkäfer (Chrysomelidae*; 25000 Arten; u. a. *Kartoffelkäfer)*, *∗Rüsselkäfer* (*Curculionidae*; 40000 Arten), *∗Borkenkäfer (Ipidae)*; Überfamilie *Blatthornkäfer (Lamellicornia)* mit *Lucanidae* (z. B. *∗Hirschkäfer*) und *Scarabaeidae* (*∗Maikäfer*, *∗Roßkäfer*; B 2).

11. Ordnung: Neuroptera. Deutl. gegliederte Gruppe; Unterordnungen oft zu eigenen Ordnungen erhoben: **1. Unterordnung: Megaloptera (∗Schlammfliegen). 2. Unterordnung: Rhaphidides (∗Kamelhalsfliegen). 3. Unterordnung: Planipennia (Echte Netzflügler).** Mit *∗Ameisenjungfer* (E 1), *∗Florfliege.*

12. Ordnung: Trichoptera (∗Köcherfliegen). Larve s. I, S. 212 B. Flügel der Imago beschuppt, leitet über zur nächsten Ordnung:

13. Ordnung: Lepidoptera (Schmetterlinge). Larven mit ursprüngl. Merkmalen (beißende Mundwerkzeuge), Imagines hochspezialisiert (saugende Mundwerkzeuge). – Die oft übliche Gliederung in *Groß-* und *Kleinschmetterlinge* nach dem Bau der larvalen Afterfüße ist künstlich. **1. Unterordnung: Monotrysia.** Genito-Analöffnung führt zu Begattungstasche und Eileiter. **2. Unterordnung: Ditrysia.** Gesondert zur Begattungstasche führende Genitalöffnung. Unterteilt in 2 Sektionen: a) **Heterocera (Nachtfalter).** Wichtige Familien: *∗Kleidermotten (Tineidae)*, *∗Wickler (Tortricidae)*, *∗Spanner (Geometridae)*, *∗Bären (Arctiidae)*, *∗Eulen (Noctuidae)*, *∗Schwärmer* (*Sphingidae*; C 2). b) **Rhopalocera (Tagfalter).** Wichtige Familien: *∗Ritterfalter (Papilonidae)*, *∗Weißlinge* (*Pieridae*; I, S. 256 J), *∗Fleckfalter* (*Nymphalidae*; C 1), *Morphidae* (trop., größte Arten bis 20 cm Spannweite), schillernd blaugefärbt.

14. Ordnung: Diptera (Zweiflügler). 2. Flügelpaar zu Schwingkölbchen (Halteren) reduziert; Larven fußlos (Maden). Systematik der Larvenformen und Imagines nur schwer in Einklang zu bringen. **1. Unterordnung: Nematocera (Mücken).** Fadenförm. Fühler (D 1). 2 Sektionen: a) **Bibiomorpha.** Wichtige Familien: *∗Haarmücken (Bibionidae)*, *∗Gallmücken (Cecidomycidae)*. b) **Culicomorpha.** Wichtige Familien: *∗Stechmücken (Culicidae)*, *∗Zuckmücken (Chironomidae)*, *∗Schnaken (Tipulidae)*. **2. Unterordnung: Brachycera (Fliegen).** Kurze Fühler (D 2). Gegliedert in 2 Sektionen: a) **Tabanomorpha.** Wichtige Familien: *∗Bremsen (Tabanidae)*, *∗Wollschweber (Bombyliidae)*. b) **Muscomorpha.** Zahlr. Familien, darunter: *∗Schwebfliegen (Syrphidae)*, *∗Vollfliegen (Muscidae*; mit *∗Stubenfliege*, *∗Wadenstecher*, *Tsetse-Fliege)*, *∗Dasselfliegen (Oestridae)*.

15. Ordnung: Aphaniptera (∗Flöhe). Stark abgeleitete Gruppe, nur flügellose Parasiten. Stechend-saugende Mundwerkzeuge. Freilebende Larve ähnlich der der *Dipteren* (I, S. 216 C). Wichtig als Überträger von Infektionskrankheiten (Pest, Myxomatose).

23. Stamm: Tentaculata = Lophophora. Sessile *Protostomier* mit stets vor dem After liegendem Tentakelkranz (vgl. *Kamptozoa*, I, S. 247). Beziehungen zu ursprüngl. *Deuterostomiern* weisen auf eine systemat. Stellung nahe der Wurzel beider Entw.-Linien.

1. Klasse: Phoronidea (Hufeisenwürmer). 18 marine Arten. Wurmförmig, in Sekretröhren. Scheinbare Längsachse ist die Dorsoventralachse.

2. Klasse: Bryozoa = Ectoprocta (Moostierchen). 4000 Arten, meist marin, stockbildend. Ähnl. den *Phoronidea*, Einzeltiere aber sehr klein (bis 4 mm). Strudler. Vorderkörper und Tentakel in den basalen Körperabschnitt rückziehbar (F).

3. Klasse: Brachiopoda (Armfüßler). 280 marine Arten. Abgeflachter Körper von dorsaler und ventraler Kalkschale geschützt; mit Stiel angeheftet (G).

1. Unterklasse: Ecardines. Mit After. Schale ohne Schloß. *Zungenmuschel (Lingula)*.

2. Unterklasse: Testicardines. Schale mit Schloß. Darm endet blind.

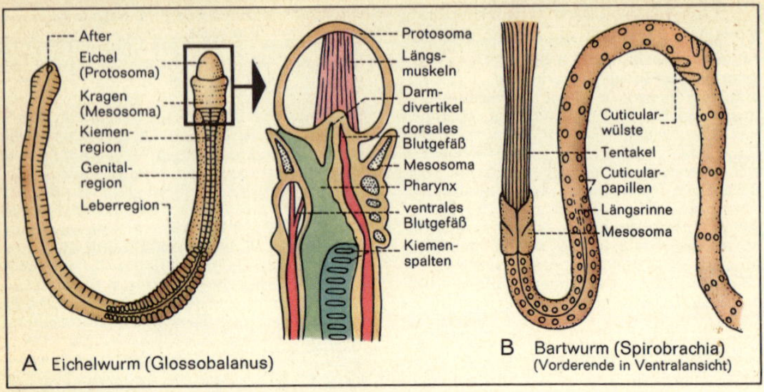

Kragentiere (Branchiotremata) und Bartwürmer (Pogonophora)

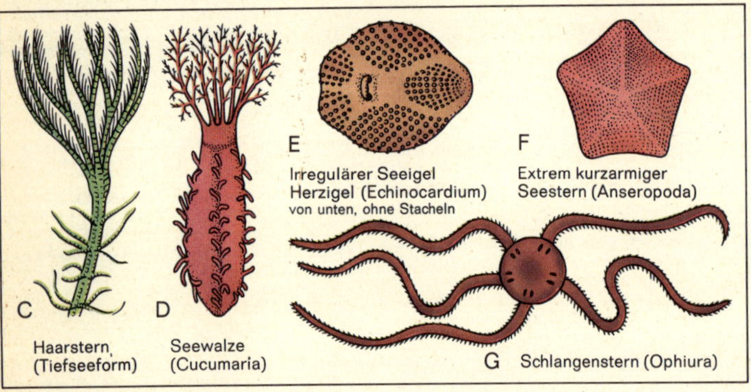

Stachelhäuter (Echinodermata)

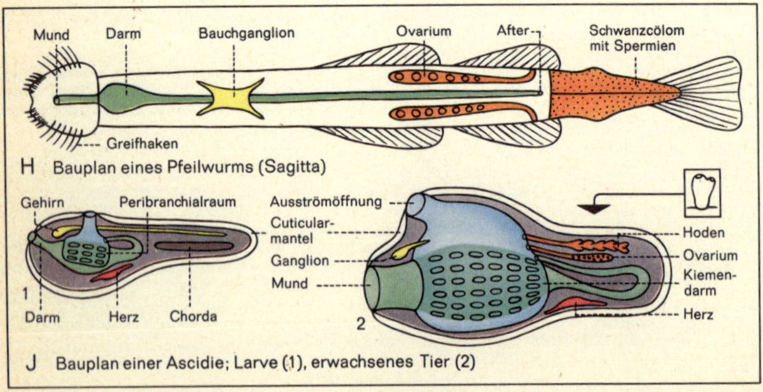

Pfeilwürmer (Chaetognatha) und Chordatiere (Chordata)

2. Stammreihe der Bilateria: Deuterostomia = Notoneuralia. Urmund wird zum After, der definitive Mund bricht sek. durch. NS dorsal. Skelettelemente entstehen im Körperinnern.

24. Stamm: Branchiotremata (Kragentiere). 3 Körperabschnitte, im 1. eine unpaare, in den anderen je eine paarige Cölomhöhle. Atmung durch Kiementaschen (Ausbuchtungen des Vorderdarms, ähnlich bei *Chordaten*; vgl. I, S. 118 A). Rein marine Gruppe.

1. Klasse: Enteropneusta (Eichelwürmer). 60 Arten, bis 2,5 m lang, Wurmförmig, Darm gerade (A).

2. Klasse: Pterobranchia (Flügelkiemer). 20 Arten, bis 1,4 cm lang, oft stockbildend. 2. Körperabschnitt mit tentakeltragenden Armpaaren. Darm V-förmig (Konvergenz zu *Bryozoen*).

25. Stamm: Pogonophora (Bartwürmer). Rein marin. In Röhren, wurmförmig, sehr dünn (bei 38 cm Länge 0,8 mm dick; B). Ohne Mund und Darm. Der 1. der drei Körperabschnitte mit zahlr. Tentakeln. Cölom wie beim vorigen Stamm; stehen isoliert.

26. Stamm: Echinodermata (Stachelhäuter). Rein marin. Das embryonal dreiteilige Cölom zeigt die Verwandtschaft zu den beiden vorigen Stämmen. (Baupläne s. I, S. 116, Embryonalentw. s. I, S. 171.)

1. Unterstamm: Pelmatozoa (Gestielte Stachelhäuter).

1. (einzige) Klasse: Crinoidea (Haarsterne). 620 Arten, dauernd oder in der Jugend sessil. Mundseite, an der auch der After liegt, nach oben gekehrt (G). An der Oberseite der 5 gegabelten, oft verzweigten Arme Flimmerrinnen zur Ernährung. Kalkskelett.

2. Unterstamm: Eleutherozoa = Echinozoa.

1. Klasse: Holothuroidea (Seewalzen). 1 100 Arten. Wurmförmig, in der Hauptachse gestreckt. Oft unterseits abgeplattet, so daß 3 Radien dem Boden aufliegen. Kalkskelett reduziert, Unterhaut lederartig. Tentakelkranz (umgewandelte Füßchen) um den Mund zur Ernährung (D).

2. Klasse: Echinoidea (Seeigel). 860 Arten. Kugelig; auch flach und herzförmig, mit Kalkskelett. Bewegl. Stacheln. Manche Arten graben sich sogar in Gestein. Fortbewegung auf Füßchen, bei langstacheligen Arten nur auf den Stacheln. Einteilung vermutl. künstlich.

1. Unterklasse: Regularia. Radiär symm. Formen von rundem Umriß, mit Zähnen und Kiefern. Weidegänger. ∗*Psammechinus*.

2. Unterklasse: Irregularia. Radiärsymm. von Bilateralsymm. überlagert (E). Partikelfresser. ∗*Herzigel (Echinocardium)*.

3. Klasse: Asteroiden (Seesterne). 1 500 Arten. Meist (5 bis 50) unverzweigte Arme, die allmähl. in die Scheibe übergehen (F). Skelett oft reduziert. Fortbewegung nur mit Füßchen. Räuberisch (Schlinger oder Außenverdauung mit vorstülpbarem Magen). ∗*Seestern (Asterias)*.

4. Klasse: Ophiuroidea (Schlangensterne). 1900 Arten, bis 70 cm Armlänge. Arme scharf von der Scheibe abgesetzt (G). After fehlt. Kalkskelett aus bewegl. Platten. Füßchen ohne Saugscheibe, Fortbewegung durch die Arme. Ernährung unterschiedl.: Räuber, Partikelfresser, Weidegänger, Netzfänger (verzweigte Arme), Ektoparasiten (auf Polypenstöcken).

1. Ordnung: Ophiurae. Arme unverzweigt.

2. Ordnung: Euryalae. Arme oft verzweigt, extrem bei den *Medusenhäuptern* (Familie *Gorgonocephalidae*).

27. Stamm: Chaetognatha (Borstenkiefer, Pfeilwürmer). Marine Arten, bis 10 cm lang. 3 Körperabschnitte (Kopf mit paarigen Greifhaken, Rumpf mit 2 Paar waagerechten Seitenflossen, Schwanz mit Schwanzflosse). Während der Embryonalentw. Cölom ebenfalls dreiteilig (Verwandtschaft zu den vorigen Stämmen). Sonst im System isoliert. Systemat. Gliederung noch unklar (Diagnose der Arten schwierig).

28. Stamm: Chordata (Chordatiere). *Deuterostomier* mit dorsalem Stützorgan (Chorda), röhrenförm. ZNS und wenigstens embryonal mit paarigen Kiemenspalten am Vorderdarm. Geschlossenes Blutgefäßsystem mit ventralem Herzen. Nephridien als Exkretionsorgane.

1. Unterstamm: Tunicata (Manteltiere).

1. Klasse: Copelata = Appendicularia. Kleine, im Meerwasser schwebende Arten, deren Bauplan larvale Züge trägt (vgl. *Ascidien*-Larve; J 1). Körper in Rumpf und Ruderschwanz gegliedert. Darm hufeisenförmig, After ventral. Der Mantel, ein gallertiges Gehäuse, bildet einen umfangreichen Filtrierapparat. Einige Organsysteme reduziert. ∗*Oikopleura*.

2. Klasse: Ascidiaceae (Seescheiden). Sessile marine Arten mit starkem Zellulosemantel, oft durch Knospung koloniebildend. Der bei der Larve deutliche *Chordaten*-Bauplan beim erwachsenen Tier sehr stark abgewandelt (J).

3. Klasse: Thaliaceae (Salpen). Schwebende marine Arten von der Gestalt eines offenen Rohres. Auch hier zeigt nur die Larve die typ. *Chordaten*-Merkmale. GW zw. einer ungeschlechtl. und einer geschlechtl. (zwittrigen) Generation.

2. Unterstamm: Acrania = Leptocardia (Schädellose). 30 marine Arten, bis 7 cm lang. (Bauplan I, S. 118 A.) Phylogenet. wichtig, da sich aus ihrem Bau *Tunicaten* und *Wirbeltiere* ableiten lassen. Sie selbst können allerdings nicht als Ahnenformen gelten, da sie Reduktionserscheinungen (Gehirn) und Sonderbildungen (Peribranchialraum, hohe Zahl der Kiemenspalten) zeigen. ∗*Lanzettfischchen*.

Kieferlose und Fische

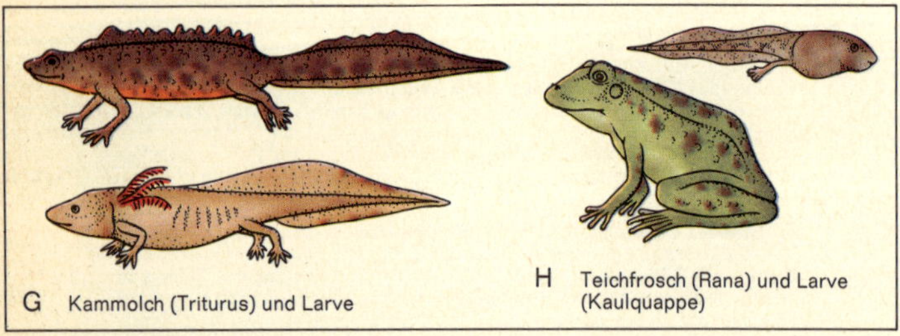

Lurche (Amphibia)

Kriechtiere (Reptilia)

3. Unterstamm: Vertebrata = Craniota (Wirbeltiere). 44000 Arten. Chorda selten erhalten, meist zur Wirbelsäule entw. (Einzelheiten s. I, S. 82ff., 118ff.) Zahlr. Typen in allen Biotopen. Ihre Klassen sind phylogenet. bes. wichtig, da sie die Evolution zum *Menschen* deutl. machen.

1. Klasse: Agnatha = Cyclostomata (Kieferlose). 45 Arten. Anders als alle anderen *Wirbeltiere* kieferlos (runder Saugmund). Bleibende Chorda, Skelett knorpelig. 6–14 meist getrennt mündende Kiementaschen-Paare. Nase unpaar; paarige Flossen fehlen. Räuber oder Parasiten (I, S. 217). Larve (Ammocoetes) ohne Saugmund. ∗*Meer-*, ∗*Flußneunauge* (A).

2. Klasse: Chondrichthyes (Knorpelfische). 600 Arten. Knorpelskelett, nur ansatzweise verknöchert (Wirbel). Kiefer mit Zähnen, die im Bau den Haut-(Placoid-)schuppen gleichen. Paarige Flossen. 4–7 getrennte, paarige Kiemenspalten. Ohne Schwimmblase. Innere Befruchtung, Bauchflossen als Begattungsorgan. Unsymm. (heterocerke) Schwanzflosse.

1. Unterklasse: Elasmobranchii.

1. Ordnung: Selachii (Haie). Meist stromlinienförmig, gute Schwimmer (B), räuberisch. ∗*Katzen-*, ∗*Dornhai*.

2. Ordnung: Batoidei (Rochen). Meist Bodentiere. Körper flach, Kiemenspalten ventral. ∗*Nagelrochen (Raja)*.

2. Unterklasse: Holocephali (Seedrachen). Wenige Arten. Konvergenzen zu *Knochenfischen* (Kiemendeckel).

3. Klasse: Osteichthyes (Knochenfische). 20 000 Arten. Schädel oder das ganze Skelett verknöchert. Kiemendeckel. Oft mit Schwimmblase. Meist äußere Befruchtung.

1. Unterklasse: Palaeopterygii (Altflosser).

1. Ordnung: Cladistia (Flösselhechte). Nur 11 Arten (Afrika). Viele fahnenart. Rückenflossen, Schwanzflosse heterocerk. 2 lungenartige Schwimmblasen. *Polypterus*.

2. Ordnung: Chondrostei (Störe). 24 Arten, bis 8 m lang. Haiähnl.; mit 5 Längsreihen großer Ganoidschuppen (C). Maul unterständig, rüsselartig vorstreckbar. ∗*Stör*, ∗*Sterlet*.

2. Unterklasse: Crossopterygii (Quastenflosser).

1. Ordnung: Actinistia. Einzige Art *Latimeria* (Familie *Coelacanthidae*; entdeckt 1938; D). Paarige gestielte Flossen, beinartig. Die fossile verwandte Art *Eusthenopteron* gilt als Ahnenform der *Landwirbeltiere*.

2. Ordnung: Dipnoi (Lungenfische). 6 Arten. Paarige Flossen beinartig (F). Paarige lungenartige Schwimmblasen.

3. Unterklasse: Neopterygii (Neuflosser). Skelett ganz verknöchert. Nase endet blind.

a) **Physostomi.** Luftgang zw. Vorderdarm und Schwimmblase. U. a. ∗*Heringsartige (Clupeidae)*, ∗*Edelfische* (*Salmonidae*; E), ∗*Karpfenfische (Cyprinidae)*.

b) **Physoclisti.** Schwimmblase ohne Luftgang. U. a. ∗*Schellfische (Gadidae)*, ∗*Plattfische* (*Pleuronectidae*; extrem angepaßte Grundfische), ∗*Barsche (Percidae)*.

4. Klasse: Amphibia (Lurche). 2 800 Arten. Larven im Wasser (mit Kiemen), erwachsene Tiere landlebend (mit Lungen). 4 Extremitäten (G, H; vgl. I, S. 120 B). Schädelskelett umgeformt (I, S. 120 A). Nase mit Mundhöhle verbunden (Choanen). Haut nackt, drüsenreich.

1. Ordnung: Urodela (Schwanzlurche). Körper gestreckt, langer Schwanz, kurze Gliedmaßen. ∗Familie *Salamandridae (Feuersalamander, Molche)*. *Axolotl* (geschlechtsreife Larve, Neotenie). *Grottenolm* (in Höhlengewässern, mit Larvenmerkmalen).

2. Ordnung: Anura (Froschlurche). Rumpf kurz, schwanzlos, mit sehr langen Hinterbeinen (Sprung- und Schwimmbeine). Larve (Kaulquappe) zunächst beinlos, mit Ruderschwanz. Wichtige Familien: ∗*Laubfrösche (Hylidae)*, ∗*Kröten (Bufonidae)*, ∗*Echte Frösche (Ranidae)*.

3. Ordnung: Gymnophiona (Blindwühlen). Wenige abgeleitete Arten. Fußlos, unterird. lebend.

5. Klasse: Reptilia (Kriechtiere). 5900 Arten. Haut mit Hornschildern und -schuppen. Innere Befruchtung; keine Larvenformen.

1. Ordnung: Chelonia = Testudines (Schildkröten). Körper in hornüberzogener Skelettkapsel (K). Kiefer zahnlos, mit Hornschneiden (wie bei *Vögeln*). **1. Unterordnung: Cryptodira.** Hals in vertikaler Krümmung rückziehbar. ∗*Sumpfschildkröte; Griech. Landschildkröte; Lederschildkröte* (bis 2,3 m lang). **2. Unterordnung: Pleurodira.** Hals in horizontaler Krümmung rückziehbar. Nur auf der Südhalbkugel.

2. Ordnung: Rhynchocephalia (Brückenechsen). Einzige Art *Sphenodon*. Äußerlich eidechsenähnl., aber mit ursprüngl. Merkmalen.

3. Ordnung: Crocodilia (Krokodile). Meist sehr große Arten. Körper mit Knochenplatten gepanzert; flacher Ruderschwanz (J). Familien: *Krokodile* (*Crocodilidae*; u. a. *Orinoko-Krokodil*, über 7 m lang), *Alligatoren (Alligatoridae)*, *Gaviale (Gavialidae)*.

4. Ordnung: Squamata (Schuppenkriechtiere). Bewegliches Quadratum, paariges Begattungsorgan. **1. Unterordnung: Sauria (Echsen).** Fast stets mit Extremitäten (L; ∗*Blindschleiche* jedoch beinlos). ∗*Zaun-*, ∗*Mauereidechse; Chamäleon, Leguan, Flugdrache*. **2. Unterordnung: Ophidia (Schlangen).** Immer ohne Gliedmaßen, Körper sehr gestreckt; linke Lunge reduziert. Kieferknochen sehr beweglich, Körper dehnbar (Schlinger). U. a. ∗*Ringelnatter*; zahlr. Arten mit Giftzähnen: z. B. ∗*Kreuzotter*.

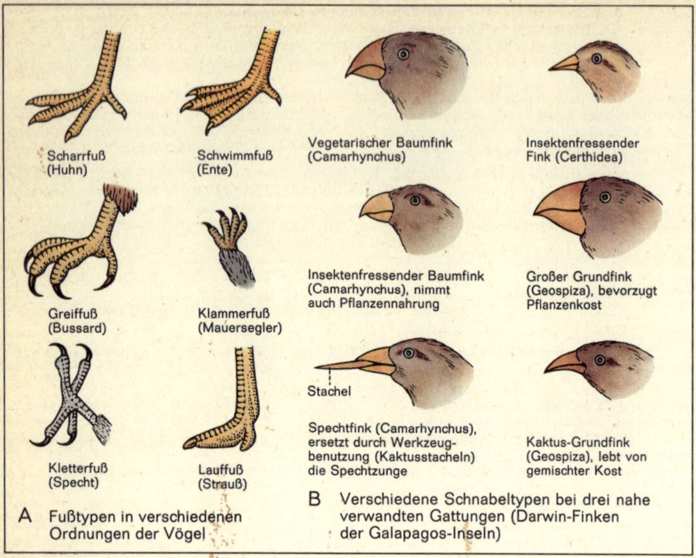

Vögel (Aves)

Säuger (Mammalia): Konvergente Typen bei Beutel- und Placentatieren

6. Klasse: Aves (Vögel). 8600 Arten. Federkleid; Vordergliedmaßen zu Flügeln umgestaltet. Flugfähige Arten mit Brustbeinkamm (Carina). Hornschnabel. Konstante Körpertemperatur (wie *Säuger*). Eierlegend, mit Brutpflege. Besiedeln wie die *Säuger* alle Biotope; trotz relativ geringer Artenzahl (vgl. *Insekten*, I, S. 256ff.) zahlr. unterschiedl. Typen (A, B). – Die Systematik ist in der Literatur uneinheitlich; man unterscheidet bis zu 30 Ordnungen, von denen hier nur einige genannt werden, die Umweltanpassungen bes. deutlich zeigen.

- **Laufvögel:** Flugunfähige, große Arten ohne Carina. *Strauße, Emus, Kasuare.*
- **Pinguine:** Flugunfähige Schwimmvögel; Flügel zu Flossen umgewandelt.
- **Stelzvögel:** Langbeinig und langschnäblig; dem Leben in Sumpf und Flachwasser angepaßt. **Reiher*, **Störche*.
- **Greifvögel:** Gewandte Flieger mit gutem Sehvermögen. Schnabel und Fuß zum Fang lebender Beute. **Falken*, **Adler*, *Geier*.
- **Entenvögel:** Nach Körper-, Fuß- und Schnabelform (Lamellenschnäbler) typ. Wasservögel. **Enten*, **Gänse*, **Schwäne*.
- **Hühnervögel:** Gute Läufer, geringes Flugvermögen. **Rebhuhn*, **Fasan*, **Haushuhn*.
- **Segler:** Sehr gute Flieger mit reduzierten Füßen. Suchen den Boden nicht mehr auf, verbringen anscheinend manchmal sogar die Nacht in der Luft. **Mauersegler*.
- **Spechte:** Nach Bau von Fuß, Schnabel, Zunge dem Leben an Baumstämmen angepaßt. **Bunt-*, **Schwarz-*, **Grünspecht*.
- **Sperlingsvögel:** Mit 5100 Arten größer als alle anderen Ordnungen zusammen. Die meisten Familien repräsentieren einen relativ einheitl. Typ (**Meisen*, **Drosseln*, **Finken*, **Grasmücken*, **Bachstelzen*; alle mehr oder weniger gesangsbegabt). Daneben gibt es in dieser Ordnung auch viele der oben erwähnten Anpassungen (**Baumläufer* entsprechen den *Spechten*, **Schwalben* den *Seglern*, **Würger* den *Greifvögeln*). Bes. auffällige Beispiele für Sonderanpassungen zeigt die kleine Gruppe der *Darwin-Finken* (B).

7. Klasse: Mammalia (Säugetiere). 6000 Arten. Haarkleid; Milchdrüsen. (Einzelheiten des Bauplans s. I, S. 82 ff., 118 ff.)

1. Unterklasse: Monotremata (Kloakentiere). Eierlegend; Regelung der Körpertemperatur noch unvollständig, weitere an *Reptilien* erinnernde Merkmale. *Schnabeltier, Ameisenigel.*

2. Unterklasse: Didelphia (Beuteltiere). Meist ohne Placenta; die sehr früh geborenen Jungen werden in einem Beutel getragen und gesäugt. In ihrem Hauptlebensraum (Australien) zeigen sie innerhalb einer einzigen Ordnung ähnlich spezialisierte Typen wie die höh. *Säuger* (C).

3. Unterklasse: Monodelphia (Placenta-Tiere). Mit Placenta; die Jungen werden in weiter entw. Zustand geboren.

1. Ordnung: Insectivora (Insektenfresser). Ursprüngl. Arten mit gleichzähnigem (homodontem) Gebiß. Stehen der Wurzel der *Placenta-Tiere* und der *Primaten* nahe. **Igel*, **Maulwurf*, **Spitzmäuse*.

2. Ordnung: Chiroptera (Flattertiere). Ursprüngl. Gruppe, bis auf die flügelartige Vorderextremität. **Fledermäuse*.

3. Ordnung: Galeopithecidae (Pelzflatterer). Wenige Arten, mit Beziehungen zu *Insektenfressern* und *Primaten*.

4.–6. Ordnung: Pholidota (Schuppentiere). Xenarthra (Faultiere, Ameisenbären, Gürteltiere). Tubulidentata (Erdferkel). Altertümliche, aber stark spezialisierte Formen.

7. Ordnung: Rodentia (Nagetiere). **Hasenartige* oft als eigene Ordnung abgetrennt. Meist kleine Formen, alle mit typ. Gebiß-Spezialisierung. **Eichhörnchen*, **Mäuse*, **Murmeltiere*, **Biber*.

8. Ordnung: Carnivora (Raubtiere). 1. Unterordnung: Fissipedia (Landraubtiere). 2. Unterordnung: Pinnipedia (Robben).

9. Ordnung: Cetaceae (Wale). Hochspezialisierte Arten, Abstammung von den *Carnivoren* durch Fossilfunde belegt. **1. Unterordnung: Odontoceti (Zahnwale). 2. Unterordnung: Mystacoceti (Bartenwale).**

Überordnung: Ungulata (Huftiere). Vereinigt die 10.–14. Ordnung; Endglieder der tragenden Zehen stets mit Horn umkleidet.

10. Ordnung: Perissodactyla (Unpaarzeher). Familien der *Tapire*, *Nashörner*, **Pferde*.

11. Ordnung: Artiodactyla (Paarzeher). – **1. Unterordnung: Nonruminantiae (Nichtwiederkäuer).** **Schweine*, *Flußpferde*. **2. Unterordnung: Ruminantiae (Wiederkäuer).** *Kamele*, **Hirsche*, *Giraffen*, **Rinder*, *Antilopen*, **Schafe*, **Ziegen*.

12.–14. Ordnung: Hyracoidea (Schliefer). Proboscidea (Elefanten). Sirenia (Seekühe). Erdgeschichtl. alte Huftier-Zweige mit langer Eigenentwicklung.

15. Ordnung: Primates (Herrentiere). In vielen Merkmalen ursprüngl. Gruppe, in der sich die Entwicklung besonders des Gehirns bis zum *Menschen* vollzog. Die Systematik ist verwickelt, doch lassen sich vier anatomisch-morphologische Stufen feststellen: a) **Spitzhörnchen (Tupaiidae),** von *Insektenfressern* kaum zu unterscheiden. b) **Halbaffen** (*Loris*, *Galagos*, *Lemuren*, *Indris*). Die *Krallenäffchen* stellen schon einen Übergang zur nächsten Stufe dar. c) **Tieraffen:** *Neuweltaffen* (*Ceboidea*), *Meerkatzenverwandte* (*Cercopithecoidea*), *Hundskopfaffen* (*Cynopithecinae*). d) **Menschenaffen** und **Menschen (Hominoidae):** mit den Familien *Gibbons* (*Hylobatidae*), *Eigentl. Menschenaffen* (*Pongidae*), *Menschenartige* (*Hominidae*; einzige regente Art *Homo sapiens*).

Register

Der Übersichtlichkeit halber ist das Register geteilt: im Namenverzeichnis sind alle Tier- und Pflanzennamen, im Sach- und Personenverzeichnis alle übrigen Stichwörter aufgenommen. Die Übersetzungen der im Text nicht näher erläuterten Fachausdrücke stehen in Klammern hinter den entsprechenden Stichwörtern.

Halbfette Ziffern: Das Stichwort steht auf dieser Seite an zentraler Stelle.

Namenverzeichnis

Sach- und Personenverzeichnis

Sämtliche Abbildungen wurden für den Deutschen Taschenbuch Verlag nach Entwürfen der Autoren gezeichnet; für die folgenden Abbildungen benutzten die Autoren Vorlagen: 26, 30 A–C, 32 C, 54 E, 132 B nach Nultsch; 62 A, F, 64 C–F, H, 76 E, 80 A, C, 94 A–C, E, 98 F, 102 A, 132 A, 198 A–C, 204 B, D–H, 208 A, B, 230 A–C, 232 A, C, 234 B, 236 A, B, J, 238, 240 nach Straßburger; 138 A–C nach Straßburger 1966; 62 B–D, G, H, 64 A, B, G, 76 A–D, 78, 92, 94 D, F, 96 D, 100 A, 102 E, F, 124 D–F, 202 B, C, 204 A, C, 206 D nach Troll; 70 E nach Benninghoff; 74 D–H nach Bucher 1962; 84 B nach Kummer; 84 C–F, 88 F, G, 90 C nach Mörike-Mergenthaler; 104, 106, 108 D, E, 110 A–C, 112 A–C, 114, 116 B–D, 118 A–D, 120 A, C, 254 A, 258 G, 260 J nach Kühn; 108 A–C, 202 D nach Schmeil; 110 D, 226 B, 242 A, B, D–F, H, J, L, 244 A, C, E, F, 246 B–E, 248, 250 A–E, 252, 254 F–H, 256 C, D, 258 F, 260 A, B, H nach Kaestner; 112 E nach Weber; 116 C, 242 G, 244 B nach Kükenthal-Matthes; 120 B nach Portmann; 122 C nach Pflugfelder; 148 A nach Barber 1951; 162 nach Bonner 1944, 1949, 1950; 178 B nach Vogt 1929, 1937; 178 C, D nach Holtfreter 1936; 178 E nach Holtfreter 1944; 186 nach Starck 1955; 196 B nach Schlottke, aus Kühn; 196 F nach Wesenberg-Lund; 198 D nach Galston; 200, 202 A nach Lundegårdh; 210 B nach Grzimek; 210 C, 214 B, 220 A nach Kühnelt; 212 B, C, 216 F, G, 218 A, C, E, 224 B nach Hesse-Doflein; 214 D, E, 216 E nach v. Frisch; 214 F–H nach Gößwald; 222 E nach Kirwald; 256 F, G nach Schmeil-Brohmer; 264 B nach Eibl-Eibesfeld.

dtv-Atlas zur Weltgeschichte Band 1 und 2

Hermann Kinder / Werner Hilgemann:
dtv-Atlas zur Weltgeschichte
Karten und chronologischer Abriß
Karten: H. und R. Bukor

Band 1
Von den Anfängen
bis zur Französischen Revolution
288 Seiten mit 128 mehrfarbigen
Kartenseiten. DM 6,80
Leinen DM 9,80
Im 230. Tausend

Band 2
Von der Französischen Revolution
bis zur Gegenwart
312 Seiten mit 105 mehrfarbigen
Kartenseiten und
Gesamtregister. DM 6,80
Leinen DM 9,80
Im 170. Tausend

»Dieses Taschenbuch ist ein Meisterwerk.
Es wird mindestens zwei Generationen
hervorragende Dienste leisten.«
Eckart Peterich, Süddeutsche Zeitung

»Eine großartige Sache, eine überaus
gelungene verlegerische, editorische
und kartographische Leistung.«
Die Welt

---

dtv

Deutscher
Taschenbuch
Verlag